中国科学院科学出版基金资助出版

现代化学基础丛书·典藏版 10

功能高分子

潘才元 编著

科学出版社
北 京

内 容 简 介

功能高分子是高分子学科中的一个重要分支，它强调的是高分子的功能。本书论述了功能高分子的各个领域，包括高分子催化剂；吸附分离功能高分子；高分子分离功能膜；高分子试剂；生物医用高分子；光敏高分子；液晶高分子和能量转换高分子等的制备、表征、功能和应用。对功能高分子的设计思想和研究课题作了探讨。本书比较系统地论述了功能高分子的基础理论知识，同时也介绍了最新研究成果。

本书可作为高分子专业硕士研究生的教学用书或参考书，对于从事高分子研究的高年级本科生和博士生也可以参考阅读。对于从事功能高分子研究和开发的科技人员具有重要的参考价值。

图书在版编目(CIP)数据

功能高分子/潘才元编著.—北京：科学出版社，2006
(现代化学基础丛书10/朱清时主编)

ISBN 978-7-03-017303-4

Ⅰ.功… Ⅱ.潘… Ⅲ.功能高聚物 Ⅳ.O631

中国版本图书馆CIP数据核字(2006)第054086号

责任编辑：周巧龙/责任校对：张怡君
责任印制：徐晓晨/封面设计：王 浩

科学出版社出版
北京东黄城根北街16号
邮政编码：100717
http://www.sciencep.com

北京凌奇印刷有限责任公司印刷

科学出版社发行 各地新华书店经销

*

2006年8月第 一 版 开本：B5(720×1000)
2017年1月第四次印刷 印张：23 1/4
字数：435 000

POD定价： 126.00元
(如有印装质量问题，我社负责调换)

《现代化学基础丛书》序

如果把1687年牛顿发表"自然哲学的数学原理"的那一天作为近代科学的诞生日，仅300多年中，知识以正反馈效应快速增长：知识产生更多的知识，力量导致更大的力量。特别是20世纪的科学技术对自然界的改造特别强劲，发展的速度空前迅速。

在科学技术的各个领域中，化学与人类的日常生活关系最为密切，对人类社会的发展产生的影响也特别巨大。从合成DDT开始的化学农药和从合成氨开始的化学肥料，把农业生产推到了前所未有的高度，以至人们把20世纪称为"化学农业时代"。不断发明出的种类繁多的化学材料极大地改善了人类的生活，使材料科学成为了20世纪的一个主流科技领域。化学家们对在分子层次上的物质结构和"态-态化学"、单分子化学等基元化学过程的认识也随着可利用的技术工具的迅速增多而快速深入。

也应看到，化学虽然创造了大量人类需要的新物质，但是在许多场合中却未有效地利用资源，而且产生了大量排放物造成严重的环境污染。以至于目前有不少人把化学化工与环境污染联系在一起。

在21世纪开始之时，化学正在两个方向上迅速发展。一是在20世纪迅速发展的惯性驱动下继续沿各个有强大生命力的方向发展；二是全方位的"绿色化"，即使整个化学从"粗放型"向"集约型"转变，既满足人们的需求，又维持生态平衡和保护环境。

为了在一定程度上帮助读者熟悉现代化学一些重要领域的现状，科学出版社组织编辑出版了这套《现代化学基础丛书》。丛书以无机化学、分析化学、物理化学、有机化学和高分子化学五个二级学科为主，介绍这些学科领域目前发展的重点和热点，并兼顾学科覆盖的全面性。丛书计划为有关的科技人员、教育工作者和高等院校研究生、高年级学生提供一套较高水平的读物，希望能为化学在新世纪的发展起积极的推动作用。

朱清时

2005年2月

前　言

对于我校的高分子化学与物理专业，“功能高分子”是硕士研究生的一门重要课程。作者从事这门课程的教学已有十几年的时间，积累了较为丰富的资料，曾一直想将其整理成书。在学校有关部门的鼓励下，在科学出版社周巧龙编辑的支持和帮助下，终于实现了这个愿望。

“功能高分子”是研究内容十分丰富、发展十分迅速的一门学科。为了在有限的篇幅内论述清楚功能高分子的各个方面，本书着重介绍功能高分子各领域的基础理论和基本知识，对于已经发表的许多研究成果，尽量加以系统地归纳和总结，以增加这门学科的系统性和科学性，便于读者理解和掌握。本书采用的资料，主要为发表在国内外杂志上的、相关领域的综述性论文，因为它们系统地、较为全面地总结了某一领域的研究成果，反映了该领域的发展方向；其次是发表在各类杂志上的研究论文。在书中，较为详细地引用论文中的研究思想和主要结果，而不是具体的数据。为了论述的系统性，也参阅了有关的专著和相应的教科书。在此，向这些作者们表示深深的谢意。

本书共有八章，第 1 章主要论述功能高分子设计思想和研究课题，基本上沿用了日本大阪大学的竹本喜一教授在我校所作“功能高分子”讲座的思路，不过对原有的内容作了大量的补充和修改，着重论述了仿生。第 2 章为高分子催化剂，包括聚电解质、高分子金属络合物、相转移催化剂和高分子固定化酶催化剂。系统地讨论了高分子骨架的各种因素、高分子金属络合物的结构对催化剂活性和选择性的影响；对高分子催化剂的各种效应作了介绍。第 3 章讨论了吸附功能高分子，包括吸附分离树脂、离子交换树脂、螯合树脂、亲和吸附和清除树脂等。虽然离子交换树脂研究得比较成熟，目前已有几本中外文专著出版。但是由于它在工业上已得到了广泛的应用，对于它的合成、性能和应用，仍有了解、熟悉的必要。除了离子交换树脂外，对螯合树脂、亲和吸附和清除树脂正在进行广泛的研究，并发现了它们的广泛应用。高分子分离功能膜在第 4 章中讨论。第 4 章主要论述了各类膜，如密度膜；多孔膜，包括微滤膜、超滤膜和超细滤膜；离子交换膜；能动输送膜；液体膜等的制备、分离物质的基本原理和应用。对膜的驱动力、描述膜性质的物理量也作了详细的介绍。第 5 章论述了在有机合成、多肽制备等领域广泛使用的高分子试剂。含膦和含硫高分子是在高分子试剂中使用最多的高分子载体，可以用来制备各种功能的高分子试剂，所以首先叙述。然后介绍不含膦和硫的高分子试剂，包括缩合、氧化还原、卤化和酰化试剂。固相合成不仅用于多肽的合成，而且可用于复杂化合物的合成和有机反应机理的鉴别，在本章中也作了较为详细的讨论。第6章为生物医用高分子，从医用高分子材料和高分子药物这两方面进行讨论。作为医用材料，首先要考虑它的生物相容性、血液相容性和生物降解性。本书对具有这样功能的高分子材料的结构作了详细的讨论，并介绍了这类材料在各方面的应用。高分子药物包括负载型药用高分子和高分子药物。对药物的释放方式，如缓释放、脉冲式释放的基本原理，高分子结构与释放机理的关系作了较为系统的论述。第7章论述的是光敏高分子，包括感光树脂、光致变色高分子、酸敏变色高分子、光降解高分子和高分子光稳定剂。由于感光高分子研究得比较成熟，应用也较为广泛，因此用了较多的篇幅进行论述。内容集中在制备各类感光高分子的基本原理和方法。由于收集到的能量转换用高分子的资料较少，所以与液晶高分子一起组成第8章论述。液晶高分子内容很多，本书着重论述液晶高分子的结构与液晶相和相转变的关系，对液晶相的表征和判别仅稍作介绍。对光能转变成化学能、机械能和电能的原理，所用高分子材料的结构进行了讨论，并列举了几个例子说明力化学体系的基本原理。

“功能高分子”涉及众多的领域，需要化学和物理、材料等多方面的知识。由于本人的知识面有限，书中难免会有不当之处，敬请读者批评指正。

作　者

2006年3月于中国科学技术大学

目　录

第1章 绪　　论

1.1 功能高分子的定义和特点

1.1.1 定义

为满足人们日常生活需要发展起来的塑料、人造纤维、橡胶、油漆涂料和高分子黏合剂等，我们称为通用高分子。随着经济和科学技术的发展，人们对高分子材料不断提出新的要求，如要求材料具有导电性、透水性和催化性能等。这就促使人们对高分子材料的功能，如电、光、磁和生物活性等进行广泛、深入的研究，设计并合成了具有特殊性质或功能的高分子材料，形成了所谓“功能高分子”。尽管人们对功能高分子的理解不一，对它的定义和研究范围也不尽相同，但“功能高分子”这一概念已被高分子科学工作者普遍接受。本书介绍的“功能高分子”是指在高分子的主链或侧链上具有反应性官能团，因而具有特定功能的高分子。例如阴离子交换树脂**1**是在高分子侧基上含有可交换的阴离子基团，是功能高分子的一种。

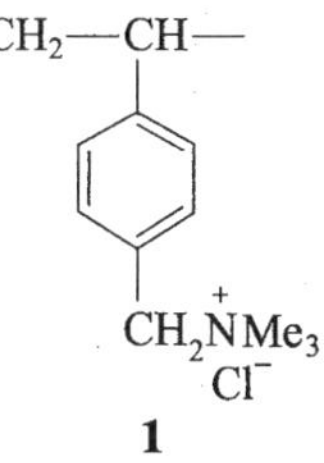

1

1.1.2 特点

与通用高分子相比，功能高分子的特点如下：

(1) 用量少、品种多。通常，功能高分子是为满足某一特定的需要而制备的，它的用量少，品种多。例如离子交换树脂，它可以从溶液中吸附金属和有机离子，每一种离子交换树脂又只适用于某一特定场合，应用范围的局限性造成了它的用量少；应用对象的多样性，又决定了它的品种多这一特点。例如催化各种反应需要不同种类的高分子催化剂；分离不同对象如气体、液体和离子等需要多种高分子分离膜等。

(2) 专一性强。对于某一功能高分子只具有某一特定的功能，例如，通过反应式(1-1)所示的方法得到的螯合树脂**2**，能从海水中选择性地吸附钾离子，对其他离子基本不吸附，具有很高的选择性，因此说它的专一性很强。

—CH_2—CH—(C$_6$H$_5$) $\xrightarrow[CH_2Cl_2]{HNO_3}$ —CH_2—CH—(C$_6$H$_4$$NO_2$) $\xrightarrow{Na_2S_x}$ —CH_2—CH—(C$_6$H$_4$$NH_2$) $\xrightarrow{\text{Cl-}C_6H_2(NO_2)_3\ (O_2N,\ NO_2,\ NO_2)}$

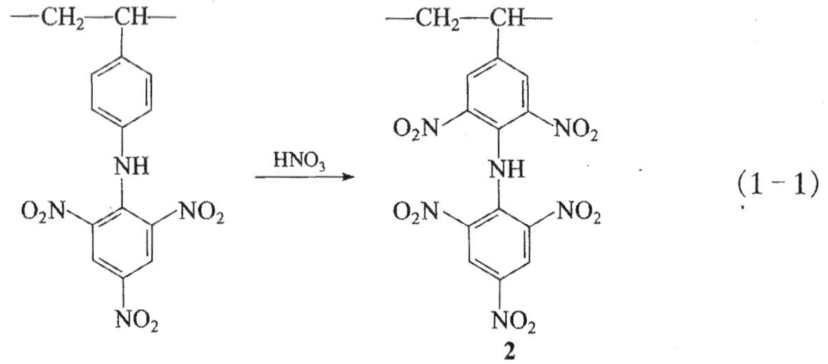

(1-1)

2

再如,化合物 **3** 进行不对称加氢反应以制备具有光学活性的化合物 **4** 时[见反应式(1-2)],需要用高分子配位体 **5** 与 Rh(Ⅰ)络合物作催化剂,得到产物 **4** 的光学收率可达91%。若用一般催化剂仅得到外消旋化合物。说明 **5**/Rh(Ⅰ)形成的催化剂具有很高的选择性。

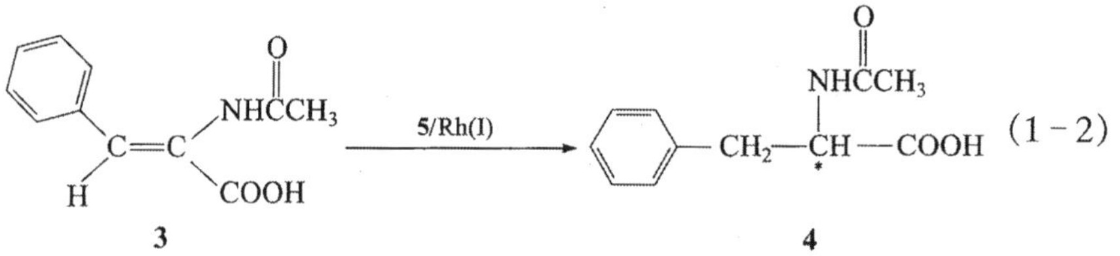

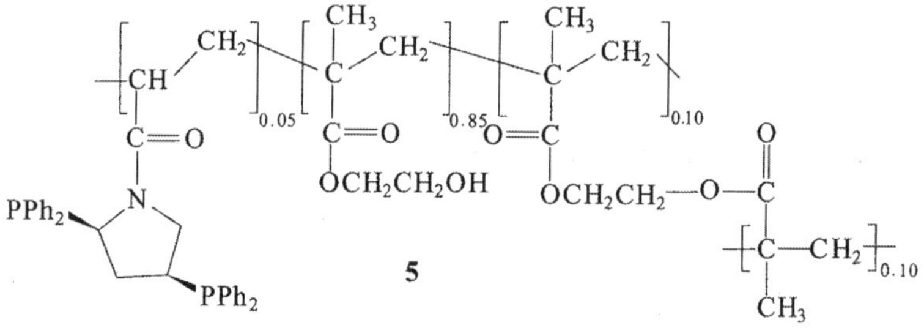

(1-2)

3　4

5

(3) 可以通过多种途径增加或增强功能高分子的功能。高分子合成化学的发展为增加或增强功能高分子的功能提供了多种手段。例如,在同一高分子上连接不同的功能基团,通过它们之间的相互作用来加强它们的功能;也可以通过共聚方法制备含有两种或两种以上功能基团的高分子材料。催化剂 **6** 可以催化丁二烯进行环化反应,生成不同的环烯烃[见反应式(1-3)];而催化剂 **7** 可催化烯烃进行加氢反应[见

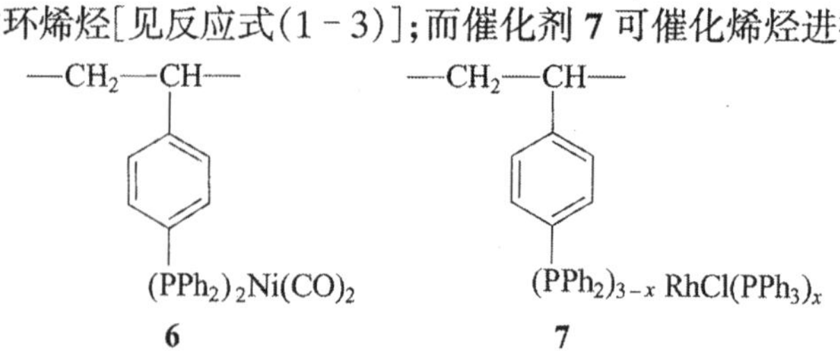

$(PPh_2)_2Ni(CO)_2$

6

$(PPh_2)_{3-x}RhCl(PPh_3)_x$

7

反应式(1-4)]。因此,通过反应式(1-3)和(1-4)二步反应可实现从丁二烯合成饱和环烷烃,这不仅操作麻烦,还影响产率。如果把这两种催化功能基团合成在同一高分子支持体上,可在同一反应釜中完成环化和加氢反应[见反应式(1-5)]。不仅节约了反应设备,而且简化了操作,提高了效率,在工业上是十分有意义的探索。

$$\xrightarrow{6} \quad + \quad + \qquad (1-3)$$

$$\xrightarrow{7} \qquad (1-4)$$

$$\xrightarrow[\substack{1.\ 110℃,\ 24h \\ 2.\ 50℃,\ 350psi^{1)}\ H_2,\ 4h}]{\text{Ⓟ}(PPh_2)_2Ni(CO)_2,\ (PPh_2)_{3-x}Rh(PPh_3)_x} \quad + \quad + \qquad (1-5)$$

正因为功能高分子材料有以上特点,近几十年来,国内外对功能高分子的基础理论以及新型功能高分子材料的开发和应用投入了越来越多的人力和物力,已成为高分子学科的重要研究方向之一。

1.2 功能高分子材料的设计思想

1.2.1 仿生是功能高分子材料的重要设计思想

为解决国民经济发展提出来的问题,遵循什么样的原则去设计和合成预定结构和性能的功能高分子,一直是高分子科学家们思考的问题。在众多的设计思想中,仿生是功能高分子的一种重要设计思想。生物体是由生物高分子构成的,它的功能性强,专一性好。例如生物体内有许许多多的酶,它们具有很高的催化活性和选择性,至今在工业上和实验室内仍合成不出来。所以观察生物高分子的功能,研究其结构和功能的关系,对于指导我们设计功能高分子是十分重要的。从哪几方面进行仿生呢?

1. 从合成化学角度仿生

生物体内进行的化学反应很多,它们的特点如下:

(1) 生物体内进行的所有化学反应都是在常温、常压下进行的,且转化率很

---

1) 非法定单位。1psi=6.894 76×10³Pa。

高。例如醇腈(醛化)酶(oxynitrilase)催化反应式(1-6)时,转化率和光学产率均为100%。这在实验室是很难做到的。工业上进行的许多反应,几乎没有一种催化剂有如此高的活性和选择性。

$$PhCHO + HCN \longrightarrow C_6H_5\overset{H}{\underset{OH}{C^*}}-CN \qquad (1-6)$$

(2) 无公害。生物体内的反应是循环进行的,不会产生对环境有害的物质。即使反应生成了有害的副产物,也能转化成无害的产物或起始原料。例如,在消化过程中产生的过氧化氢,长期积累会使生物体中毒。幸运的是生物体内有过氧化氢酶,它不断地催化分解 H_2O_2 生成水和氧。而在化工厂生产过程中,很难避免副产物的生成,生成的副产物也没有充分循环利用,形成了废物。

(3) 生物体合成的高分子具有非统计性,即所得聚合物的相对分子质量单一,结构规整,结构单元排列次序一定。用自由基聚合方法合成的聚合物,其相对分子

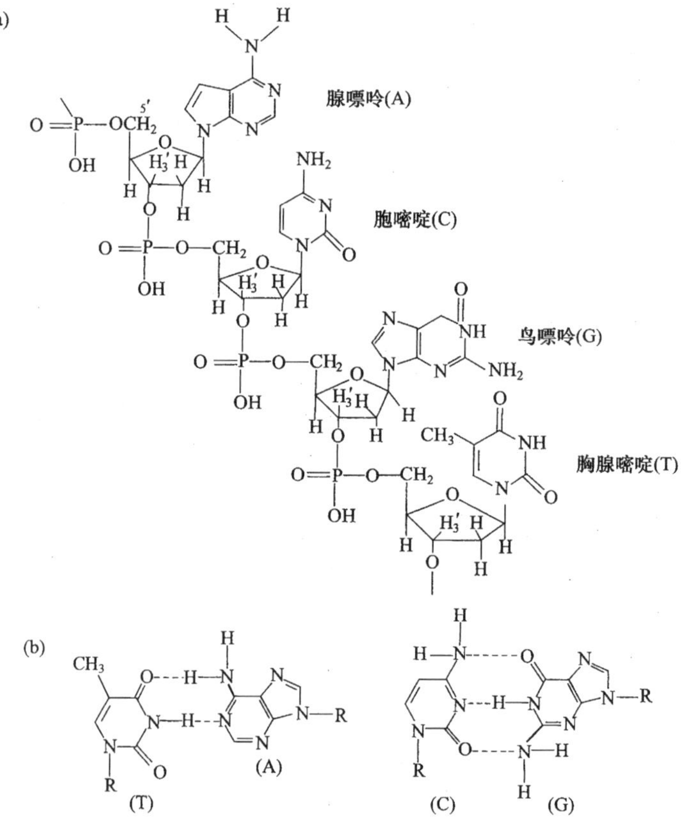

图1-1 聚脱氧核糖核苷酸结构(a)和核酸碱氢键相互作用(b)

质量有一定的分布,得不到相对分子质量单一的聚合物。即使用阴离子活性聚合方法也只能得到相对分子质量分布较窄、而得不到相对分子质量单一的聚合物,可是生物合成可以做到。例如由脱氧核糖核酸(DNA)聚合酶合成的DNA,其相对分子质量单一、结构单元排列次序一定。DNA具有磷酸和糖交替结合的主链结构。在糖单元上连接着腺嘌呤、鸟嘌呤、胞嘧啶和胸腺嘧啶四种有机碱[见图 1-1(a)]。

DNA是由两条多核苷酸链组成的双螺旋(double helix)结构。两个链上的核酸碱基之间形成氢键,使双螺旋结构稳定化。这里最显著的特点是能形成氢键的一对碱基搭配是严格固定的,腺嘌呤(A)只能和胸腺嘧啶(T),鸟嘌呤(G)只能和胞嘧啶(C)搭配形成氢键[见图 1-1(b)]。DNA的相对分子质量很大,一般在$10^7 \sim 10^9$之间。DNA的合成也可通过相应的单体核苷三磷酸进行缩聚反应来实现[见反应式(1-7)]。

$$\text{HO—P(=O)(OH)—O—P(=O)(OH)—O—P(=O)(OH)—O—CH}_2\text{—(脱氧核糖, B)} \longrightarrow \text{—P(=O)(OH)—O—CH}_2\text{—(脱氧核糖, B)—O—} + \text{HO—P(=O)(OH)—O—P(=O)(OH)—OH} \qquad (1-7)$$

催化剂为DNA多聚酶。它的催化聚合反应机理可能是这样的:首先,作为模板的DNA有一部分双螺旋结构被解开,成为一条单链;然后在单链的碱基上特异性地结合了带有其互补性的碱基单体。排列在DNA链上的单体就进行如反应式(1-7)所示的缩聚反应,生成新的DNA链。这样生成了与原来DNA的相对分子质量、结构相同的DNA双重链(见图 1-2)。

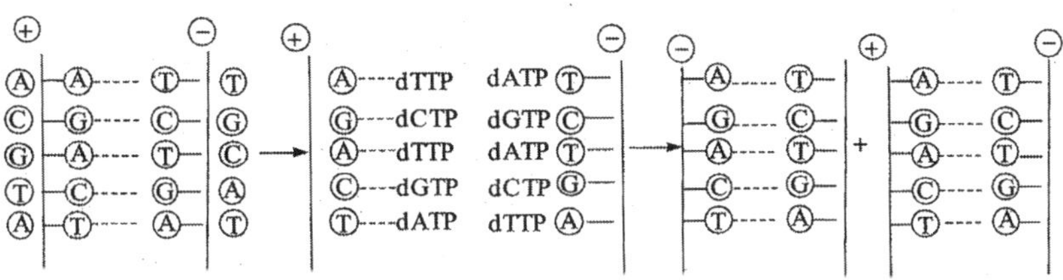

图 1-2　DNA复制示意图

这种合成相对分子质量单一、单体单元排列也一定的方法,至今在高分子合成中还很难做到。虽然在DNA模板聚合的启示下,已发展了一种模板聚合,能够在一定程度上控制单体的排列次序和相对分子质量,但要如生物合成的高分子那样单一,结构那么规整,目前尚存在一定的困难。

2. 高分子催化剂的仿生

前面讲过,人体内会产生一些有毒的H_2O_2,过氧化氢酶能使它分解生成H_2O和O_2。工业上用Fe^{3+}(**8**)催化H_2O_2分解,不过它的催化效率很差。在0℃下,H_2O_2的分解反应速率为10^{-5}mL/s。用血红素/Fe^{3+}(**9**)作催化剂,在同样条件下进行催化反应,其速率为10^{-2}mL/s。两者的反应速率相差10^3倍。用过氧化氢酶**10**作催化剂,则反应速率为10^5mL/s,是**8**作催化剂的10^{10}倍(见图1-3)。为什么过氧化氢酶有如此高的催化活性呢?可能生物体内的各种酶具有各种效应。为了提高分子催化剂的活性,可以将这些效应应用在高分子催化剂的设计和合成中。

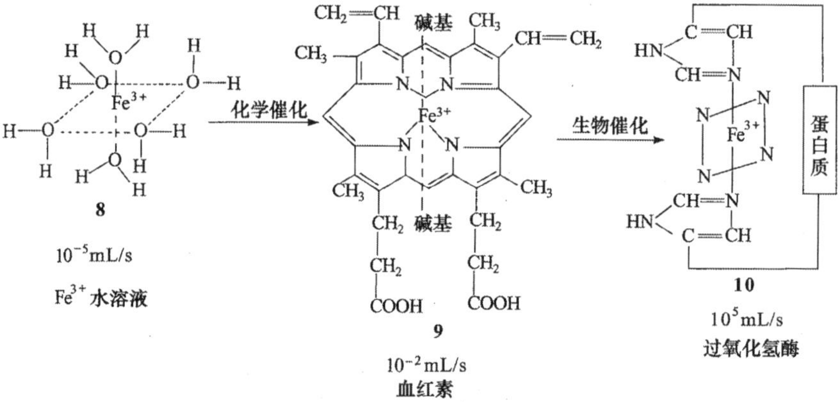

8 10^{-5}mL/s Fe^{3+}水溶液 —化学催化→ **9** 10^{-2}mL/s 血红素 —生物催化→ **10** 10^5mL/s 过氧化氢酶

图1-3 不同配体对H_2O_2分解活性的影响

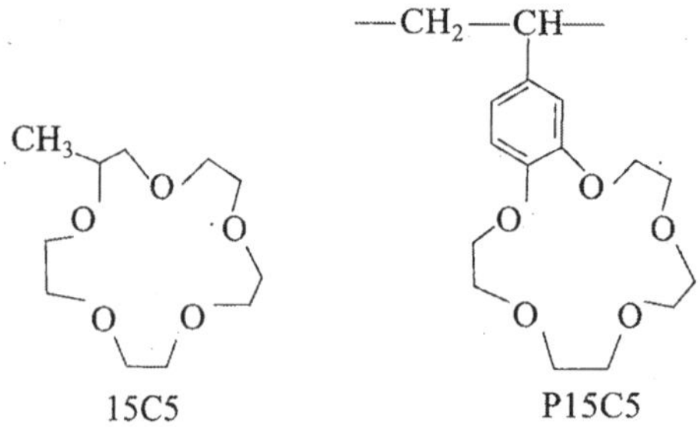

15C5 P15C5

(1) 协同效应。这是指连接在高分子主链上的两种或两种以上功能基,在反应中互相配合,加强了高分子的功能。例如,冠醚15C5对K^+的平均吸附量为每个冠醚吸附0.2个K^+。而高分子冠醚P15C5的平均吸附量却为0.4个K^+。其实,P15C5对Li^+、Na^+、K^+、Rb^+和Cs^+的络合能力都比相应的低分子冠醚强。这是由于高分子冠醚中,两个相邻冠醚协同络合碱金属离子的缘故。

(2) 静电效应。所谓静电效应就是高分子上某一基团,依靠静电相互作用把反应物拉向催化剂,使反应物的局部浓度增大,从而加速了催化反应。例如,用乙烯醇和乙烯磺酸共聚物作催化剂,催化淀粉进行水解反应。其水解速率远比硫酸、对甲苯磺酸和聚乙烯磺酸的速率快。研究证明,淀粉与共聚物中的聚乙烯醇分子之间发生氢键相互作用,将淀粉分子拉向共聚物线团内,使它的局部浓度增大,从而提高了磺酸基团催化淀粉进行水解反应的速率。

这一效应在许多催化反应中都存在。例如,用部分季铵化的聚(4-乙烯基吡啶)和铜的络合物作氧化分解抗坏血酸(AH_2)的催化剂(见图1-4),其催化活性比相应的低分子催化剂大10^3倍左右。这是由于季铵化的阳离子吸附了AH^-,使催化活性基团附近的AH^-局部浓度增大,导致氧化反应速率加快。

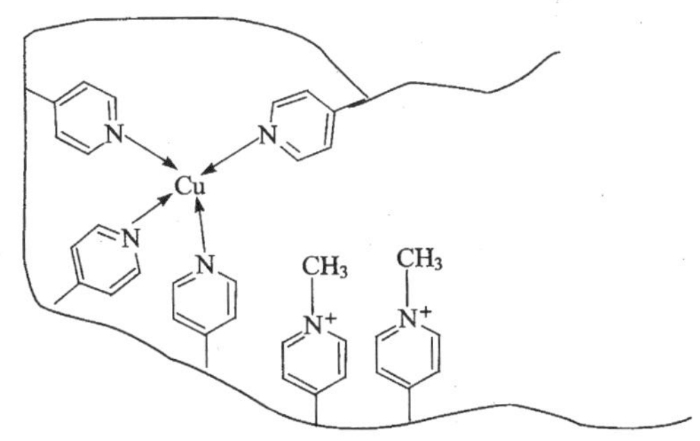

图1-4 季铵化聚(4-乙烯基吡啶)-Cu络化物催化剂

(3) 包结效应。自然界存在一些具有孔洞结构的化合物,它能包结有机或无机分子。环糊精是第一个发现具有这种功能的天然齐聚物。它是由6,7,8和9个葡萄糖结构单元组成的一系列聚合度不等的低聚物,依次称为α-、β-、γ-和σ-环糊精,它们的组成和物理性质列于表1-1中。可见,随聚合度的增加,环糊精的孔洞尺寸也增加。

表1-1 环糊精的物理性质

环糊精	葡萄糖链节数	相对分子质量	水中溶解度/(g/100mL)	比旋度 $[\alpha]_D^{15}/(°)$	熔点/℃	空洞尺寸/(10^{-1}nm)		
						内径	外径	高
α-	6	972	14.5	150.5±0.5	278,分解	4.5	13.5	6.7
β-	7	1135	1.85	162.5±0.5	300,分解	7.0	14.5	7.0
γ-	8	1297	23.2	177.4±0.5	—	8.5	16.5	7.0
σ-	9	1459	易溶	191±3	—	—	—	—

α-环糊精是由6个葡萄糖基以1,4-糖苷连成的环状六聚体,它在固相和液相

中均为椅式构象。环糊精孔洞内侧由 C—H 和苷键氧原子组成，提供了疏水和给电子性的微环境，能与一系列疏水化合物形成包结物。C_2、C_3 的仲羟基位于孔洞一端的边缘上，C_6 的伯羟基位于另一端。所以，每个 α-环糊精分子有 12 个仲羟基和 6 个伯羟基分别在孔洞的两端，具有很强的亲水性。

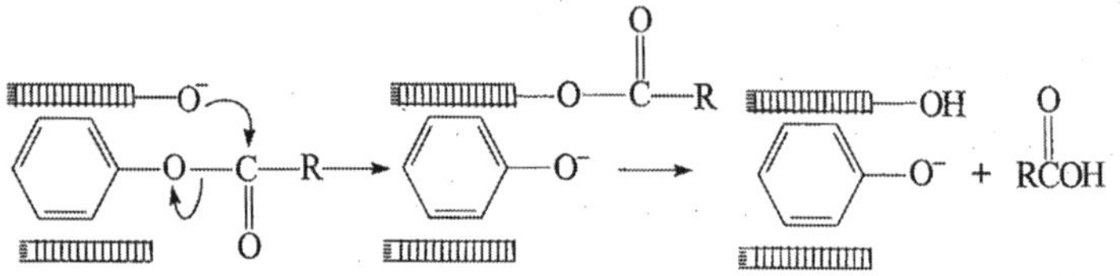

(1 - 8)

环糊精与各种化合物形成包结化合物的动力可以是疏水相互作用，也可以是与葡萄糖单元的羟基形成的氢键作用等。它所以能有效地催化羧酸苯酚酯的水解反应[见反应式(1 - 8)]，是因为环糊精疏水性内壁包结了羧酸苯酚酯的苯环，洞口边缘上的羟基攻击酰羰基，使酰基转移到环糊精上，继而进行水解反应。因此环糊精对羧酸苯酚酯的水解反应具有良好的催化作用。

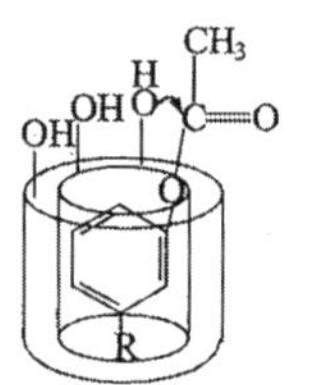

图 1 - 5　包结物中，间位取代苯酚酯易与羟基配合

另一有趣的现象是，环糊精催化羧酸取代苯酚酯进行水解反应时，不论苯环上的取代基是吸电子或推电子基团，环糊精总是对间位取代苯酚酯的水解反应具有较高的催化活性(见表 1 - 2)。这是由于环糊精洞口边缘上解离的羟基与反应物分子的酯基间能有效地互相配合，形成了如图 1 - 5 所示的结构，提高了间位取代苯酚酯的水解反应速率。

表 1 - 2　苯环上取代基的位置对环糊精催化羧酸苯酚酯的水解速率的影响

取代基	k_{cat}/k_{no}^{*}		
	邻-	间-	对-
CH_3	7.7	39	3.8
t-Bu		226	1.7
Cl		113	3.0
NO_2	10.1	103	

* k_{cat}：环糊精存在时的反应速率常数；k_{no}：无环糊精存在时的反应速率常数。

另一个具有包结效应的化合物是冠醚。它能催化氨基羧酸对硝基苯酚酯进行水解反应[见反应式(1 - 9)]。为了证明冠醚的包结效应，合成了冠醚 **11** 以及结构与 **11** 十分类似的开链醚 **12** 作为催化剂，催化水解反应(1 - 9)。结果证明，冠醚 **11** 的催化活性比开链醚 **12** 高2～3 个数量级。这是由于酯的氨基与冠醚上的氧原子发生相互作用，进入了冠醚环中，然后巯基发生协同亲核进攻，造成水解反应活性的提高。

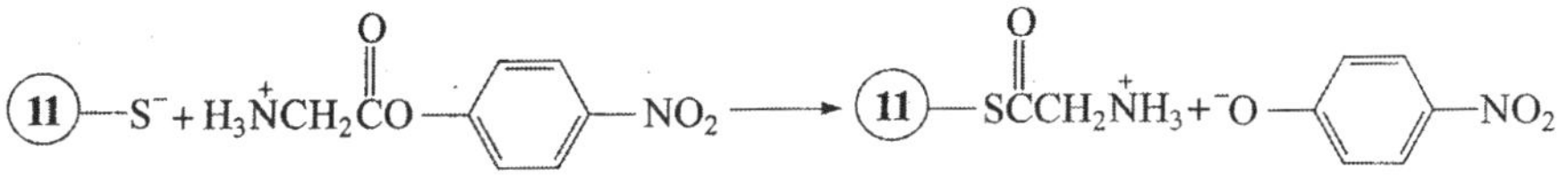

$$\text{(11)}-S^- + H_3\overset{+}{N}CH_2\overset{O}{\overset{\|}{C}}O-C_6H_4-NO_2 \longrightarrow \text{(11)}-S\overset{O}{\overset{\|}{C}}CH_2\overset{+}{N}H_3 + {}^-O-C_6H_4-NO_2 \quad (1-9)$$

CH₂SH O O O O O O CH₂SH

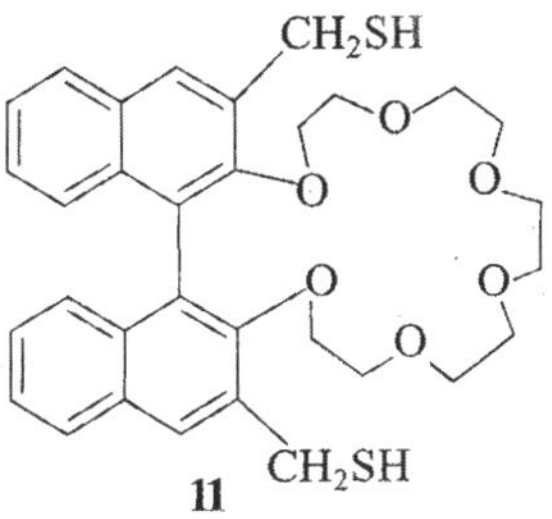

11

CH₂SH O O O—CH₃ O O—CH₃ O CH₂SH

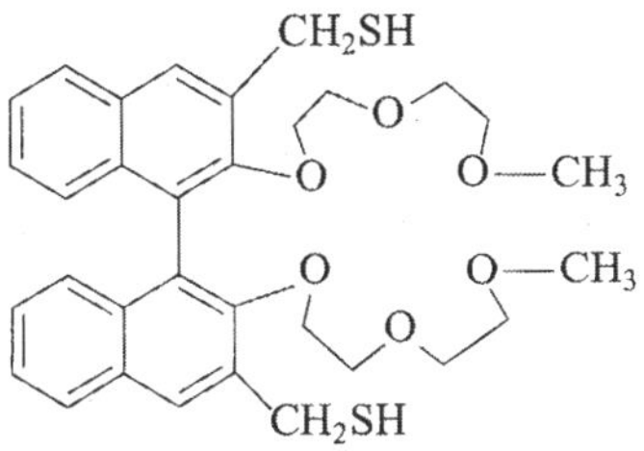

12

3. 从细胞膜方面进行仿生

(1) 细胞膜的功能。细胞膜将细胞内外隔开,即使外部环境改变,细胞内部仍维持适合的环境,这是细胞膜的第一个功能;第二个功能是能动输送。已经发现细胞膜内有相对分子质量为 10^4 左右的蛋白质,它能特异运载单糖、氨基酸和金属离子等。由于运载蛋白质分子的参与,化合物的输送速率比扩散速率快得多。还可以逆浓度梯度输送物质,也就是将某一物质从浓度低的地方输送到浓度高的地方,所谓能动输送。通常情况下,物质是从浓度高的地方扩散到浓度低的地方,生物膜却可以进行能动输送;第三是催化功能。有些蛋白质是酶,能催化生化反应的进行。

(2) 细胞膜的结构。细胞膜是由双层磷脂分子聚集体组成。在那里夹杂着蛋白质分子,有的穿过膜的两侧,有的只存在于膜的一侧。许多蛋白质分子和糖相结合。除此之外,人们发现膜的孔洞(hole)和隧道(channel)对输送物质起着重要作用。随着外部环境的变化,蛋白质分子的构象发生变化,引起孔洞大小的变化,从而控制特殊物质的渗透性,使膜具有很高的选择性。所以在制备高分子功能膜时,也应考虑这一结构。例如,将单体 **13** 和甲基丙烯酸羟乙酯共聚,得到聚合物 **14**;再与化合物 **15** 进行反应时,结构单元 **13** 上的氨基引发单体 **15** 进行开环聚合反应,得到了接枝共聚物 **16**[见反应式(1-10)];再将共聚物溶解在适当的溶剂中,在聚四氟乙烯板上成膜;然后进行水解反应,将苄醇水解掉。它占据的位置形成孔洞。改变醇基的大小可改变孔洞的大小。该膜用于淋巴球(lymphocytes)的分离时,取得了很好的结果。淋巴球主要由两种细胞组成:T 细胞和 B 细胞。目前普遍采用尼龙纤维柱的方法,回收率和重现性均很差。现在采用由聚合物 **16** 制成的膜,分离效果提高。

$$CH_2{=}CH{-}C_6H_4{-}(CH_2)_2{-}N(CH_3){-}(CH_2)_2{-}NH_2\ (\mathbf{13}) + CH_2{=}C(CH_3){-}COCH_2CH_2OH\ (C{=}O) \longrightarrow$$

$$-\!\!\left(CH_2-CH\right)_x\!\!-\!\!\left(CH_2-C(CH_3)\right)_{1-x}\!\!- \quad \text{side chains: } C_6H_4CH_2CH_2N(CH_3)CH_2CH_2NH_2;\ CO{-}O{-}CH_2CH_2OH \quad (\mathbf{14})$$

$$\xrightarrow{+\ \mathbf{15}:\ \text{(CH}_2)_2\text{COCH}_2C_6H_5\text{ substituted N-carboxyanhydride (CH–C(=O)–O–C(=O)–NH)}}$$

$$-\!\!\left(CH_2-CH\right)_x\!\!-\!\!\left(CH_2-C(CH_3)\right)_{1-x}\!\!- \quad \text{side chains: } C_6H_4CH_2CH_2N(CH_3)CH_2CH_2NH(\underset{\|}{\overset{}{C}}\,\underset{(CH_2)_2COCH_2C_6H_5}{CH}\,NH)_y{-}H;\ C(=O)OCH_2CH_2OH \quad (\mathbf{16}) \qquad (1-10)$$

4．从材料角度仿生

(1) 有机、无机复合材料。一般制成的复合材料均是无机物包在有机物里。如制备的白橡胶，是在天然橡胶或合成橡胶中充填了无机填料白炭黑，从而增加了橡胶的耐磨性。生物体能制成有机物包在无机物里。如贝壳中有 90% 以上是碳酸钙，可是不管采用什么样的结晶碳酸钙制作复合材料，也得不到如贝壳那样的强度。这可能是贝壳里含有 1% 有机物的缘故。

(2) 靠材料的物理性质的差别来制作复合材料。通常，复合材料是由两种或两种以上不同材料组成的，而自然界却可以用相同的材料制成复合材料。如树由木质素构成，大树在夏天生长快，木质素的密度小；冬天长得慢，其密度大，形成了所谓年轮。材料的组成虽一样，但密度不同，形成了复合材料，增加了树木的强度。

(3) 生物降解高分子材料。生物高分子都能进行生物降解。而合成高分子材料中，只有很少能进行生物降解，如聚丙交酯具有非常好的生物降解活性。为了赋予合成高分子材料的生物降解功能，首先研究天然高分子的结构，进一步合成与天然高分子相似的结构；或者用酶作催化剂，合成新型生物降解高分子材料。

自 20 世纪 80 年代以来,用微生物法合成新型高分子材料的研究得到了迅速发展。目前主要为聚羟基脂肪酸酯 PHA(**17**)。其中,$n=1$,$R=CH_3$ 为聚(3-羟基丁酸酯)(3-HB);$n=1$,$R=C_2H_5$ 为聚(3-羟基戊酸酯);$n=1$,$R=C_3H_7$ 为聚(3-羟基己酸酯);依次类推。n 可以为 1、2 和 3,但大多数场合,$n=1$。当 $n=2$,为聚(4-羟基丁酸酯)(4-HB);$n=3$,为聚(5-羟基戊酸酯)(5-HV)。通常它们与 3-HB 形成共聚酯,分别为 3HB-*co*-4HB,或 3HB-*co*-5HV。R 为侧基,可为饱和或不饱和烷基、卤素、芳环、环氧基和 CN 等。生成的 PHA 均为 D 型构象。

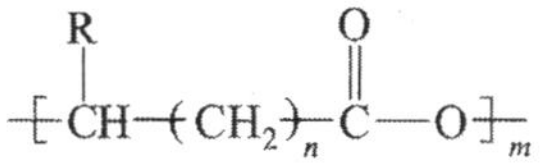

$$\left[\underset{\displaystyle R}{\overset{}{\mathrm{CH}}} - (\mathrm{CH_2})_n - \overset{\displaystyle O}{\overset{\|}{\mathrm{C}}} - \mathrm{O} \right]_m$$

17

从已合成的 PHA 的结构来分,大致可分为两大类:短链(SCLPHA)和中长链 PHA(MCLPHA)。MCLPHA 是低结晶的一种热塑弹性体。SCLPHA 如聚(3-羟基丁酸酯)(PHB)和聚(3-羟基戊酸酯)(PHV)是结晶度很高的热塑性塑料。例如,PHB 是热塑性塑料,力学性能与聚丙烯(PP)相似。但它的化学结构规整,结晶度高达 60%~80%,因而性脆,断裂伸长率很低,大大限制了它的应用。为此,制备了 3-羟基丁酸与 3-羟基戊酸共聚酯(PHBV),它的物理和加工性能大大提高。从 80 年代起,英国 Zeneca 公司以葡萄糖及丙酸为底物,利用罗氏真养杆菌(*Ralstonia eufropha*)来大规模生产 PHBV,商品名为 Biopol。Biopol 中 PHV 的含量从 0~50mol%调节,以使产品的性能满足使用要求。3-HB 和 4-HB 共聚酯(3HB-*co*-4HB)的性能不同于 P(3HB-*co*-3HV),它的熔点更低,断裂伸长率和生物降解活性更好。

由不同微生物菌种催化底物反应,可以得到不同结构的 PHA,PHA 的相对分子质量可通过选用不同的合成条件、不同菌种和不同底物来控制。合成 PHA 的微生物有:产碱杆菌属(*Alcaligenes*),假单胞菌属(*Pseudomonas*),甲基营养菌属(*Methylotrophs*),芽胞杆菌属(*Bacillus*),固氮菌属(*Azotobacter*)和红螺菌属(*Rhodospirillum*)等几大类。

由于合成酶的特异性,大多数能合成 PHB 和 PHV 的菌种不能合成 MCLPHA;同样,大多数能合成 MCLPHA 的假单胞菌只能合成 C_6 ~ C_{16} 的 MCLPHA。目前发现能够合成 P(HB-*co*-MCLPHA)的微生物仅有几种,且只能合成 3-羟基丁酸和 3-羟基己酸共聚物(3HB-*co*-3HH)。还没有发现能够合成 HB 与多于六个碳原子的 MCLPHA 共聚物天然菌种。一些共聚物的基本性能见表 1-3。分析表中的结果可知,在共聚物中引进少量的羟基己酸结构单元可大大提高 PHB 的断裂伸长率。为使利用微生物法合成更多的高分子品种,开发新的菌种是其研究方向之一。除直接从自然界中筛取菌种外,各国科学家还通过克隆技术获得了多种合成共聚物的工程菌。

表 1-3　P(3HB-*co*-3HH)的热性质及力学性质

样品	T_g/℃	T_m/℃	拉伸强度/MPa	断裂伸长率/%
P(3HB)	4	177	43	5
P(3HB-*co*-10%3HH)	−1	127	21	400
P(3HB-*co*-15%3HH)	−1	115	23	760
P(3HB-*co*-17%3HH)	−2	120	20	850

利用不同菌种和底物合成带功能基团的侧链 PHAs 是当前的研究课题之一。在 PHA 上引进的功能基团有双键、氰基、苯基、苯氧基、Cl、F 和 Br 等官能团,以使 PHA 具有独特性质,如生物降解性、增容性、憎水性、压电性和光活性等。下面是含有功能基的 PHA 的例子:以 1-癸烯为底物,用细菌 *P-Oleovorans* 合成含烯基为侧链的 PHA(**18**)。

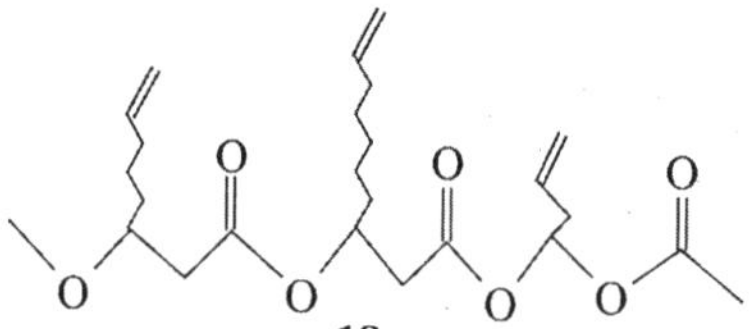

18

以细菌 *P. Putida* 催化壬酸及氟壬酸为原料的反应合成 PHA(**19**)。

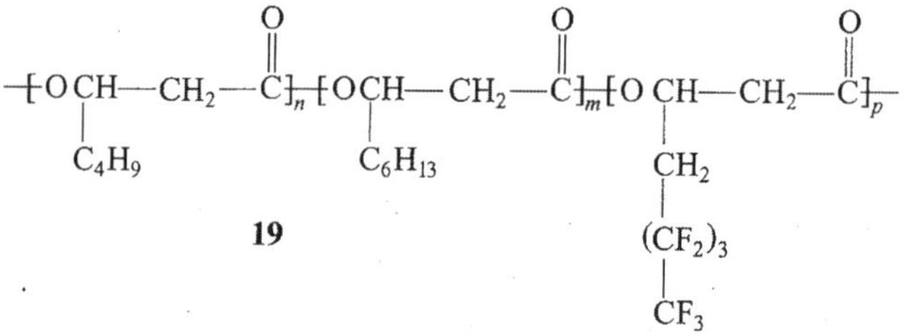

$$\left[\mathrm{O\underset{\underset{C_4H_9}{|}}{CH}-CH_2-\overset{\overset{O}{\|}}{C}}\right]_n\left[\mathrm{O\underset{\underset{C_6H_{13}}{|}}{CH}-CH_2-\overset{\overset{O}{\|}}{C}}\right]_m\left[\mathrm{O\,\underset{\underset{CH_2(CF_2)_3CF_3}{|}}{CH}-CH_2-\overset{\overset{O}{\|}}{C}}\right]_p$$

19

以细菌 *P. Putida* 作催化剂,以 11-苯氧基十一酸为原料合成芳香性共聚酯 **20**。

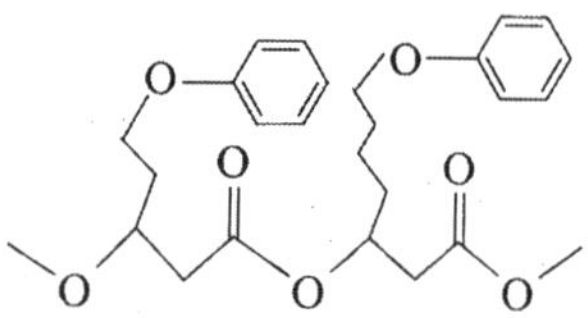

20

1.2.2　研究已知功能化合物的结构和功能是功能高分子的设计基础

现在,已经知道有许多具有功能的化合物,研究它们的结构和功能,进而合成预定结构的功能高分子是当前设计新型功能高分子的一个重要基础。例如,对-甲基过氧苯甲酸是从烯烃合成环氧化合物的有效催化剂[见反应式(1-11)]。它的缺点是稳定性不好,在空气中存放的过程中会逐渐失效;实验操作时要小心。为此,可以将过氧酸合成在高分子上,制备结构如**21**所示的聚合物。当烯烃氧化反应完成后,只要过滤,回收滤液,经处理后,就可得到纯的产品。聚合物**21**可以回收利用,稳定性大为改善,延长了存放时间。

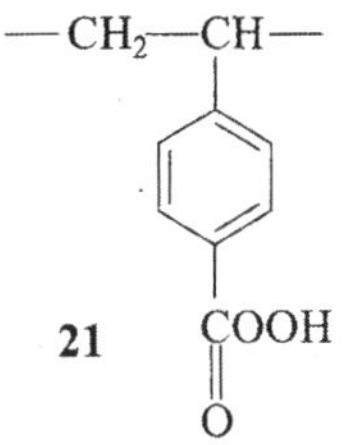

—CH_2—CH—(对位苯环上连接 $\overset{O}{\overset{\|}{C}}OOH$)

21

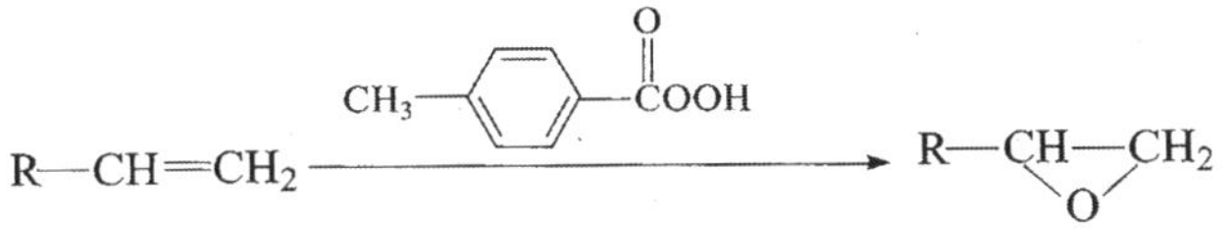

$$R—CH{=}CH_2 \xrightarrow{CH_3—C_6H_4—\overset{O}{\overset{\|}{C}}OOH} R—\underset{\diagdown O \diagup}{CH—CH_2} \qquad (1-11)$$

在设计功能高分子的合成路线时,要考虑功能化合物与高分子的差别和高分子化过程中对功能的影响。为此,要遵循如下基本原则。

1. 有利于功能的发挥

将功能基团接到高分子上常常会影响功能的发挥。例如,烯烃的加氢反应可用Wilkinson催化剂 $RhCl(PPh_3)_3$[见反应式(1-12)]。回收的催化剂再次使用时,其活性只是原来的一半。原因是Rh会发生二聚,生成Rh—Cl—Rh这样的结构,降低了催化活性。若将 $RhCl(PPh_3)_3$ 固定在高分子载体上,利用高分子的骨架效应,防止功能基团的接触,避免了Rh的二聚,从而使得回收的催化剂再次使用时活性不会下降。

$$R—CH{=}CH_2 \xrightarrow[H_2]{RhCl(PPh_3)_3} RCH_2CH_3 \qquad (1-12)$$

2. 避免功能基团参与反应

在功能高分子的制备过程中,要避免功能基团参与反应。例如,甲壳胺上有伯胺基,它具有杀菌功能。若要通过化学反应,将其固定在交联的高分子上,以制备具有抗菌性的高分子材料,要避免伯胺基参与反应。否则,它的功能就会丢失。

3. 功能基团与高分子骨架的匹配

在一定的微环境条件下,功能基团才能有效地发挥功能。例如,对于水溶性酯**22**的水解反应[见反应式(1-13)],用聚(4-乙烯基吡啶)作催化剂,由于它的亲水性较差,化合物**22**难以扩散到树脂中,催化水解反应的活性较低。如果用部分季铵化的树脂**23**,由于树脂内亲水性环境改善,化合物**22**被树脂吸附,造成局部浓度增大,提高了酯的水解反应速率。

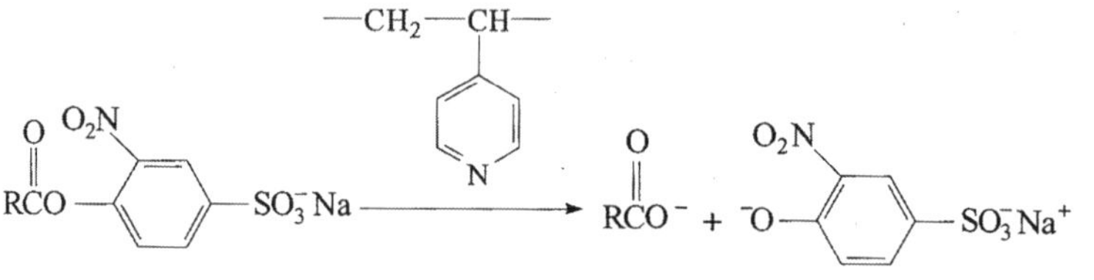

(1-13)

22

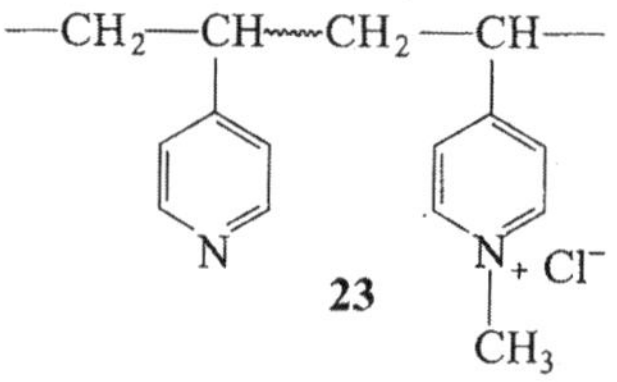

23

4．高分子骨架与功能基团的各种效应

在设计功能高分子时，高分子骨架与功能基团的各种效应要充分考虑，以使得到的高分子具有更好的功能。除了前面讲过的协同效应、静电效应和包结效应要充分利用外，其他的高分子骨架效应，如高分子骨架的空间位阻效应也应考虑。这一位阻效应在立体选择性有机合成中会起三方面的作用：①对于交联型功能高分子，小分子通过三维网状结构，与处在骨架上的官能团反应时，要经一次立体选择；②小分子进攻反应性官能团时，若在某一方向有位阻，阻碍了这一方向的反应，产生了立体选择性；③若在官能团附近形成手征性空穴，造成光学异构体选择性局部环境，为不对称化合物的合成提供了条件。充分利用这一位阻效应，可以合成高选择性高分子催化剂。例如，利用空间位阻合成光学纯 *R*-苯基乳酸 **24**（见图 1-6）。

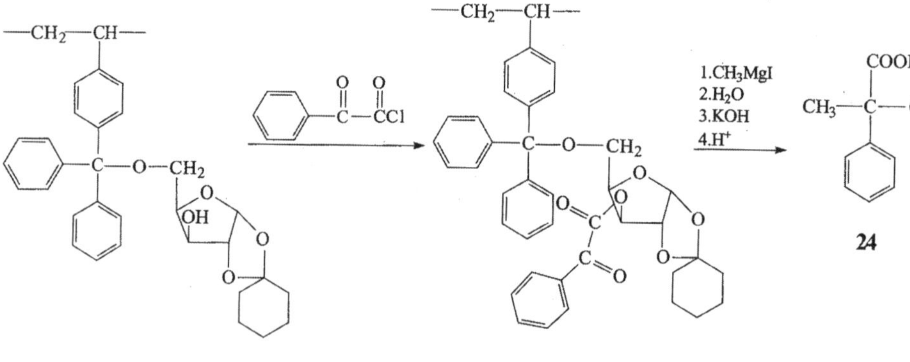

1. CH_3MgI
2. H_2O
3. KOH
4. H^+

24

图 1-6　利用高分子的空间位阻效应合成 *R*-苯基乳酸

由于树脂上接有光学活性的核糖取代基，在该功能基团附近形成了手征性空穴，规定了反应物进攻的方向，得到了光学纯 *R*-苯基乳酸。

1.3　功能高分子的研究课题

1.3.1　聚合物结构与功能间的关系

聚合物的结构，包括功能基团、高分子链的组成和结构以及高分子链的聚集态等决定了高分子的功能，或对功能有很大的影响。所以聚合物结构与功能间的关系是功能高分子的一个重要研究课题。

1. 官能团的性质对功能起着决定作用

聚合物上的功能基团对它的功能起着决定作用。例如，聚合物 **25** 中 SO_3H 是强酸，可以作为酯化反应的催化剂，也可以交换水中的阳离子，用作水处理剂。聚合物 **26** 中有强碱基团，它可以用作酯进行水解反应的催化剂，也可以作为阴离子交换树脂，用于湿法冶金和水处理等方面。聚合物 **27** 有液晶基元，使聚合物具有液晶性。聚合物 **28** 为导电高分子，是因为高分子上具有导电的结构单元。

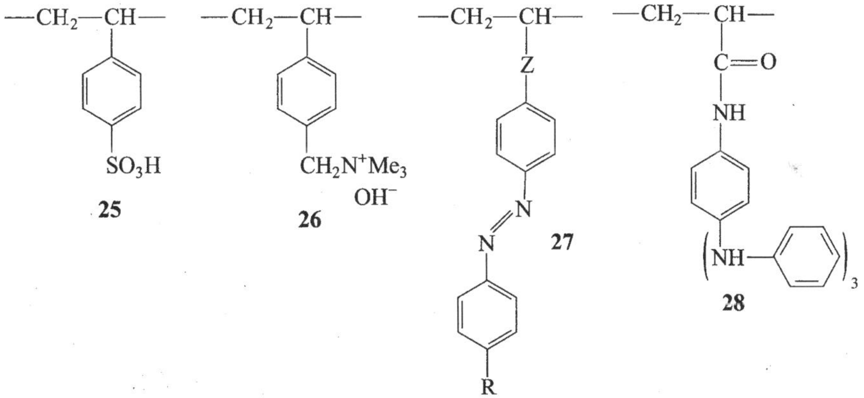

—CH_2—CH—　—CH_2—CH—　—CH_2—CH—　—CH_2—CH—

Z　C=O　NH

SO_3H　$CH_2N^+Me_3$　OH^-　N=N　(NH—)$_3$　R

25　**26**　**27**　**28**

聚合物上的功能基团不仅对它的功能起决定作用，而且影响聚合物的性质。例如，聚乙烯是不溶于水的，若在聚乙烯主链上引进—COOH、—OH、—NH_2 等基团，即形成聚丙烯酸、聚乙烯醇和聚乙烯胺，这些聚合物均溶于水，是水溶性聚合物。

2. 高分子的组成、结构与功能

高分子除了作为功能基团的支撑体外，它本身也可能具有功能。例如，主链液晶高分子 **29**，液晶基元在高分子的主链上，对它的液晶性起着决定作用。为了使它显示液晶性，还必须在苯环上接柔性侧链。又如，抗癌药物 **30**，起药效的是 5-氟尿嘧啶,它接在高分子主链上。待高分子药物进入生物体后,高分子主链会降解,释放出 5-氟尿嘧啶,从而起治疗疾病的作用。由此可见,聚合物的组成和结构与高分子的功能有着密切的关联。

高分子的化学结构影响了高分子链的物理性质,从而影响高分子的功能。例如,刚性链即使接有液晶基元,也不会显示液晶性。聚合物 **31** 没有液晶性,因为甲基丙烯酸甲酯主链阻碍液晶基元取向。如果该液晶基元接在柔性较高的聚硅氧烷或聚醚主链上,则会显示出液晶性。

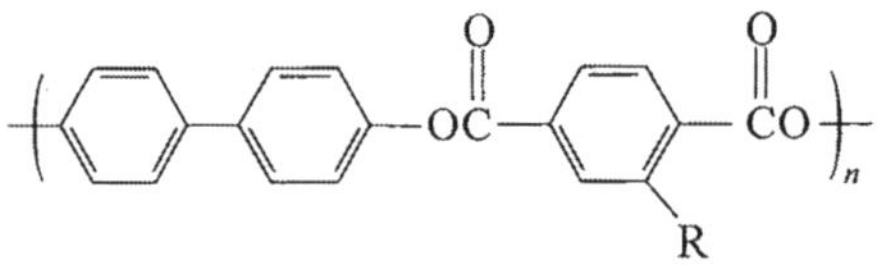

29

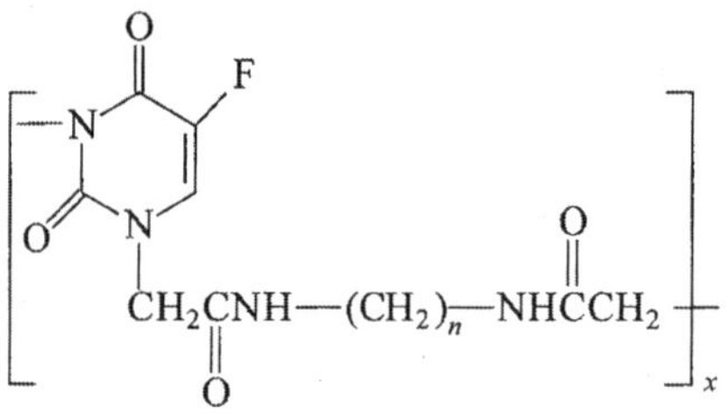

30

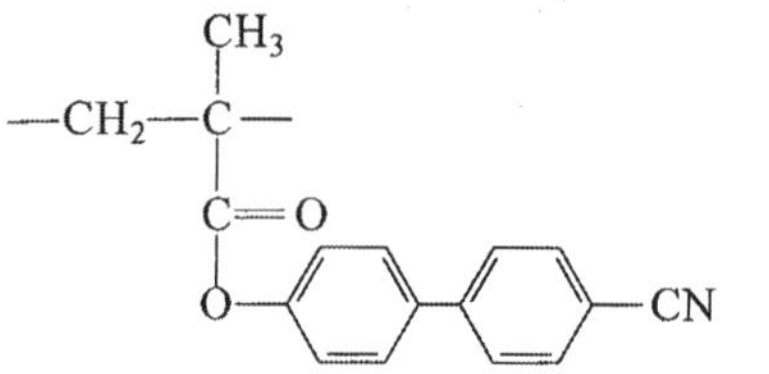

31

高分子的交联、凝聚态结构对功能的影响也是要考虑的重要因素。例如,以交联聚合物作为高分子催化剂时,交联度不适当会降低催化活性。因为只有底物与催化活性基接触才能起催化作用。如果底物分子大,在高分子载体中扩散速率很慢,催化反应速率由底物的扩散速率决定,催化活性便降低。如果用线形聚合物作载体,且它溶于催化反应体系,催化活性基可与底物分子充分接触,催化活性不会因底物扩散慢而降低。

高分子的凝聚态结构也会影响它的功能。例如,聚氨酯是很好的膜材料。它在成膜时,会形成无定形区和有序区,气体扩散主要发生在无定形区,有序区的扩散系数很小。适当控制无定形区的大小和在聚合物基体中的分布,使膜材料具有较好的透气性和选择性。

1.3.2　高分子骨架与高分子链效应

将功能化合物接到高分子载体上制成功能高分子。比较两者的性能和功能,可以发现,两者的化学与物理性质有很大差别;其功能性也有所不同。这显然是由于高分子骨架的引入引起的，说明高分子载体对其功能起着重要的作用。研究高分子骨架与功能基团的相互作用和它对功能的影响，是功能高分子的又一研究课题。下面简述高分子骨架的作用。

1. 高分子骨架的机械支撑作用

功能高分子中，功能基团是通过与高分子骨架的结合起作用的，或者通过高分子骨架与其他功能团相互作用加强了功能。高分子骨架起支撑体作用的一个例子是固相合成。例如多肽的合成，将带有保护基的氨基酸接到高分子上，待反应完成后，用大量的溶剂将未反应的氨基酸洗掉。再接另外一个氨基酸，如此反复，直到合成所预定结构的多肽为止[见反应式(1－14)]。

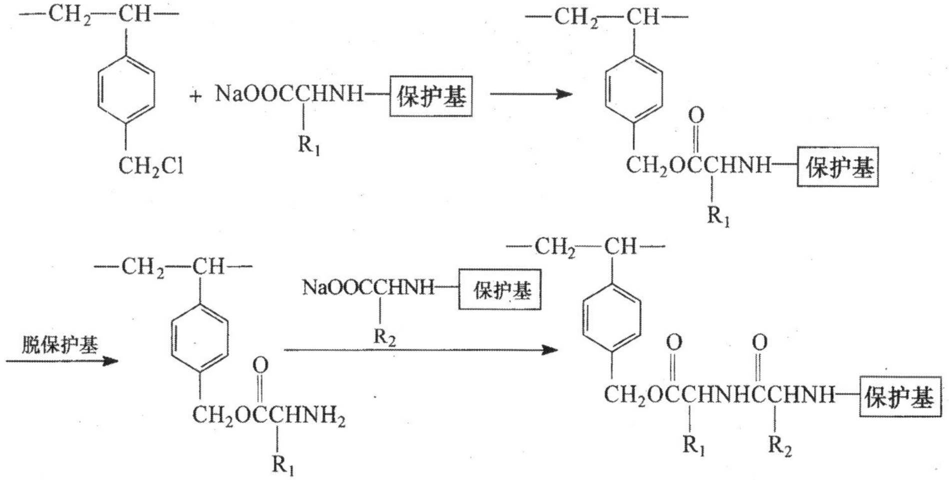

(1－14)

功能基团通过高分子骨架与另一功能基团相互作用，以提高它的功能。例如，在 pH 9.1 的 80%的乙醇-水溶液中进行乙酸对硝基苯酚酯的水解反应，乙烯基苯酚和乙烯基咪唑共聚物催化剂的催化活性($k=28.6\times10^4\mathrm{L\cdot mol^{-1}\cdot min^{-1}}$)约是纯聚乙烯基咪唑($k=3.2\times10^4\mathrm{L\cdot mol^{-1}\cdot min^{-1}}$)的 9 倍，这是由于酚阴离子与咪唑基之间存在协同作用(见图 1－7)。

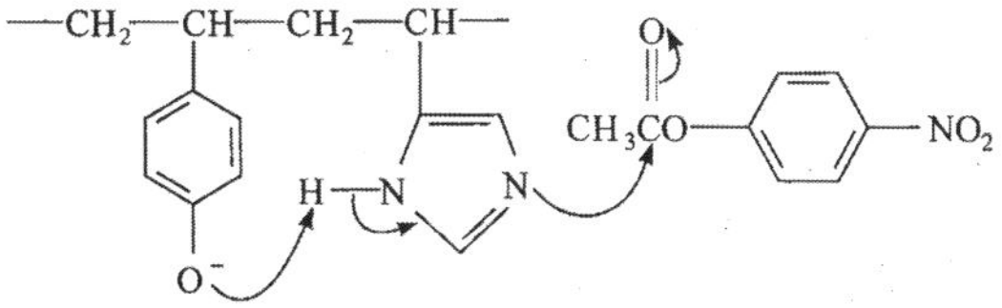

图 1－7 酚阴离子与咪唑基之间的协同作用

2. 聚合物的物理效应

将功能化合物接到高分子骨架上,最直接的作用是使功能化合物的挥发性和溶解性大大降低,避免了小分子化合物的毒性和难闻的气味。由于聚合物的保护作用,提高了功能化合物的稳定性,延长了存放时间。功能基团以共价键联结在高分子链上,降低了它在溶剂中的溶解度,有利于功能高分子的回收和重复利用。

3. 高分子骨架的邻位效应

利用相邻重复单元上的取代基间的相互作用,可以制备有机合成中难以制备的化合物。例如,利用反应式(1－15)制备化合物 **32**。由于化合物 **33** 在碱性条件下也会进行自缩合反应,得到的是混合物。如果这两个反应物接到聚合物上,由于邻位效应,降低了化合物 **33** 的自缩合反应[见反应式(1－16)],提高了收率(85%)。而在同样条件下进行的反应(1－15),收率只有 20%左右。

$$Cl-C_6H_4-COOCH_3 + C_6H_5-CH_2CH_2COOCH_3\ (\mathbf{33}) \xrightarrow[2.\ HBr/TFA\quad 3.\ \triangle]{1.\ Ph_3C^+Li^-} Cl-C_6H_4-CO-CH_2CH_2-C_6H_5\ (\mathbf{32}) \qquad (1-15)$$

$$[-CH_2-CH(C_6H_4CH_2OCOC_6H_4Cl)-CH_2-CH(C_6H_4CH_2OCOCH_2CH_2C_6H_5)-] \xrightarrow{Ph_3C^+Li^-} [-CH_2-CH(C_6H_4CH_2OH)-CH_2-CH(C_6H_4CH_2OCOCH(COC_6H_5)CH_2C_6H_5)-]$$

$$\xrightarrow[2.\ \triangle]{1.\ HBr/TFA} Cl-C_6H_4-COCH_2CH_2-C_6H_5\ (\mathbf{32}) \qquad (1-16)$$

4. 高分子骨架的模板效应

所谓模板效应是指利用高分子骨架的空间结构,包括构型和构象,在其周围建立起特殊的局部空间环境,在有机合成或其他的应用场合,提供一个类似于工业浇铸过程中所使用的模板。例如,单体**33**与适量的苯乙烯共聚,得到一高度交联的共聚物。在适当的条件下,将包在聚合物中间的葡萄糖分子水解下来。在高分子骨架上就会留下与葡萄糖分子相适应的空间,当它用于消旋化合物分离时,就能很好地将左、右旋化合物分离,这是由于聚合物上留有葡萄糖分子模板的缘故。

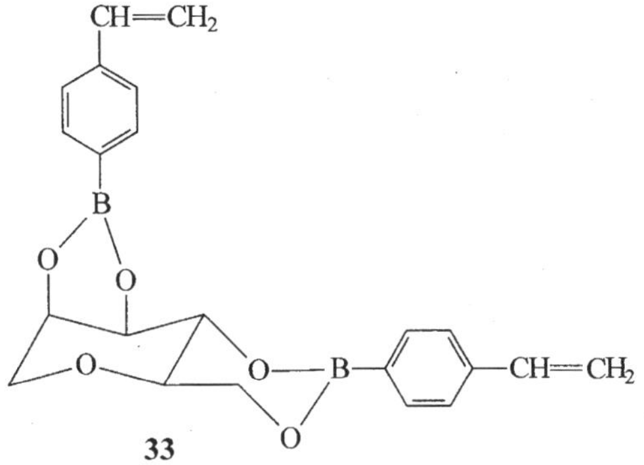

$CH{=}CH_2$ B O O O O—B O $CH{=}CH_2$

33

5. 聚合物的半透性和包络作用

大多数聚合物对某些气体或液体都有一定的渗透性,这是因为聚合物中存在无定形区域或微孔结构,或者对透过物质具有一定的溶解性,被透过物分子在聚合物中作扩散运动而造成的。聚合物的半透性在功能高分子中起着重要作用。例如,缓释放药物的缓释放作用就是依靠聚合物的半透性。

除了以上的研究课题外,开发新型功能高分子是功能高分子研究永恒的主题。随着科技和经济的发展,会对功能高分子提出新的需求,针对存在的问题和前人的研究结果,不断设计和制备新型功能高分子。

参考文献

陈义镛. 1988. 功能高分子. 上海:上海科学技术出版社

何天白,胡汉杰. 2001. 功能高分子与新技术. 北京:化学工业出版社, 28~31,212~215

井上祥平. 1987. 生物高分子. 宗惠娟,韩哲文,刘志滨译. 北京:科学出版社

赵文元,王亦军. 1996. 功能高分子材料化学. 北京:化学卫业出版社,3~12

Pan C-Y, Zong H-J. 1994. The effect of structures and compositions of polymer-metal complexes on the hydroformation of olefins. Macromol. Symp, 80: 265~288

第2章 高分子催化剂

我们称含有催化活性基团的高聚物为高分子催化剂。这就是说它由两部分组成:高分子主链和催化活性基团。后者可以在高分子主链上,也可以在侧基上。大多数高分子催化剂是将具有催化活性的低分子化合物,通过化学键联或物理吸附的方法,固定在高分子上。例如,苯乙烯的醛化反应,可以在催化剂**1**的存在下进行[见反应式(2-1)]。

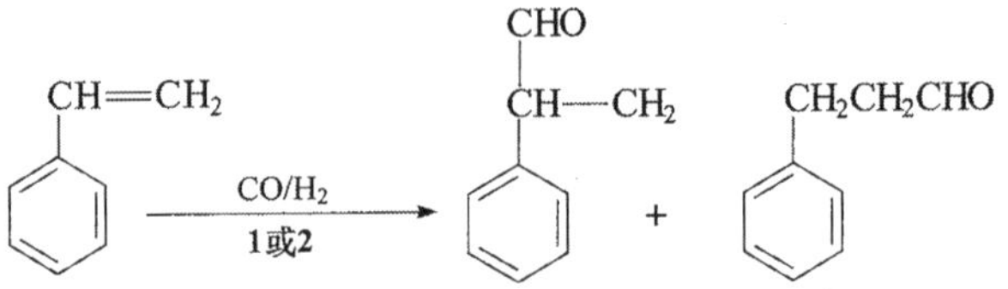

$$\text{PhCH=CH}_2 \xrightarrow[\text{1或2}]{\text{CO/H}_2} \text{PhCH(CHO)CH}_3 + \text{PhCH}_2\text{CH}_2\text{CHO} \qquad (2-1)$$

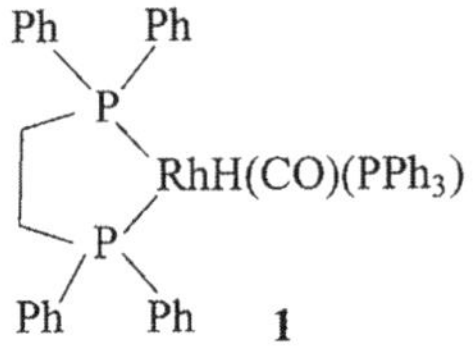

Ph Ph P RhH(CO)(PPh$_3$) P Ph Ph **1**

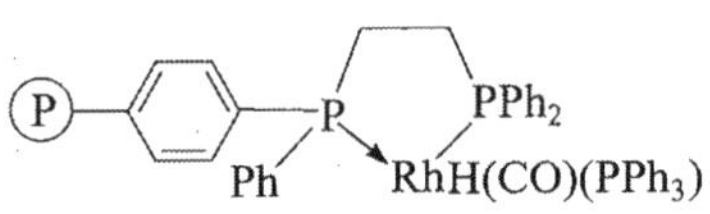

Ⓟ—C$_6$H$_4$—P(Ph) PPh$_2$ RhH(CO)(PPh$_3$) **2**

若把**1**接到高分子载体如苯乙烯-二乙烯苯共聚小球上,就可制得高分子催化剂**2**。该催化剂同样可以催化苯乙烯的醛化反应,选择性及活性均很高。与低分子催化剂比较,高分子催化剂有着如下明显的优点。

(1) 产物的分离比较容易。许多高效催化剂是贵重过渡金属,例如 $RhCl_3$,H_2PtCl_6 等。使用后,无论从经济、环保和产品质量角度考虑,回收催化剂是十分必要的。使用低分子均相催化剂,反应完成后,催化剂的回收十分困难。如果把它接到交联的高聚物上,只要过滤就可以回收催化剂,经适当处理就可重新使用。

(2) 有较高的稳定性,易于操作。将小分子催化剂固定在聚合物上,由于高分子的保护作用,使催化活性基团对水、空气的稳定性增加,便于操作。例如,$AlCl_3$ 对水很敏感,将其与聚苯乙烯形成络合物后,在空气中放置一年都不失效。用于催化反应时,只要反应所用的溶剂能溶胀聚合物,$AlCl_3$ 就会起催化作用。

(3) 提高反应的选择性。将小分子反应物固定在聚合物上,能提高其选择性。例如,用苯乙烯-二乙烯苯共聚物与 $Cr(CO)_6$ 配位制成的络合物,作山梨酸甲酯的氢化反应催化剂,生成产物**3**,**4**和**5**[见反应式(2-2)]。其中96%~98%是产物**3**。这样高的选择性是相应的低分子催化剂无法比拟的。

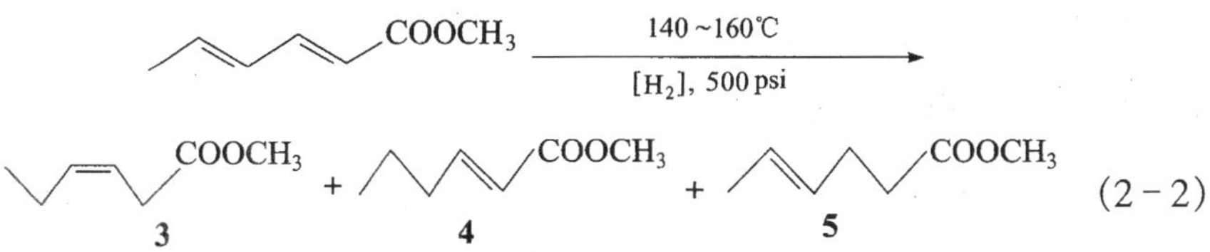

$$\text{CH}_3\text{CH=CHCH=CHCOOCH}_3 \xrightarrow[\text{[H}_2\text{], 500 psi}]{140\sim160^\circ\text{C}} \underset{\mathbf{3}}{} + \underset{\mathbf{4}}{} + \underset{\mathbf{5}}{} \quad (2-2)$$

COOCH₃ products 3, 4, 5

(4) 高分子催化剂的活性高，反应速率快、产率高。由于高分子效应，高分子催化剂比相应的低分子催化剂的活性高。例如，邻氯苯甲二缩乙醛 **6** 在 $AlCl_3$ 催化作用下进行水解反应，得到邻氯苯甲醛［见反应式(2－3)］，仅得到4％的收率。若用高分子催化剂 **7**，则收率可提高到 61％。

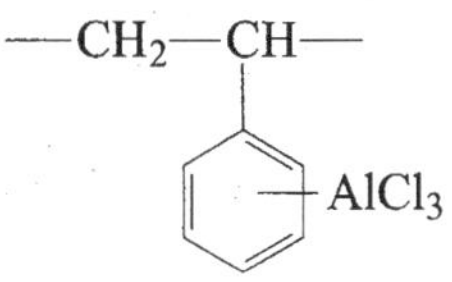

—CH_2—CH—（苯环—$AlCl_3$）

7

$$\underset{\mathbf{6}}{\text{o-ClC}_6\text{H}_4\text{CH(OEt)}_2} \xrightarrow{\text{AlCl}_3} \text{o-ClC}_6\text{H}_4\text{CHO} + \text{HOC}_2\text{H}_5 \quad (2-3)$$

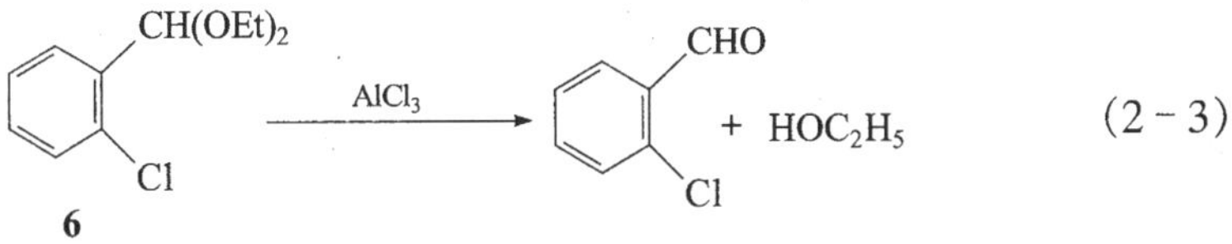

又如，低分子化合物二茂钛是炔烃或烯烃一类化合物的加氢催化剂。在催化反应过程中容易二聚或三聚失去活性，从而使催化反应活性降低。为此把这种催化剂接到苯乙烯-二乙烯苯载体上，得到高分子催化剂 **8**。催化烯烃进行加氢反应时，其活性是相应的低分子催化剂的好几倍。这是由于高交联载体的位阻效应，防止了二茂钛化合物的二聚。

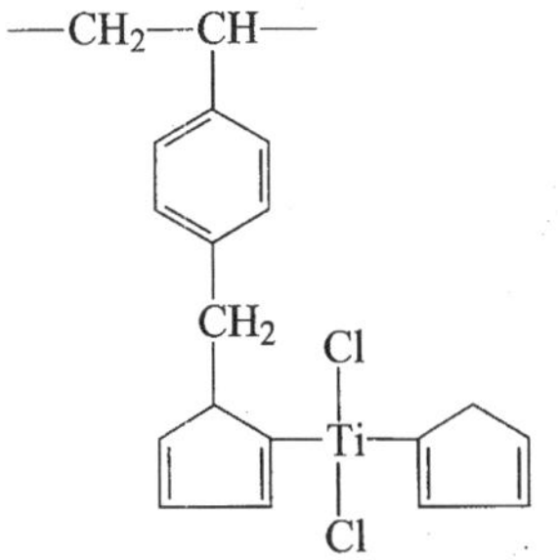

—CH_2—CH—（苯环—CH_2—C_5H_4—$TiCl_2$—C_5H_5）

8

以上事实说明了高分子催化剂有着低分子催化剂不可比拟的许多优点，所以近 20 多年发展极为迅速。目前能够用作高分子催化剂的品种有高分子聚电解质、高分子金属络合物、高分子相转移催化剂和固定化酶等。离子交换树脂是聚电解质，可以作为催化剂，催化多种有机化学反应。如强酸性阳离子交换树脂可代替硫酸作催化剂，催化羧酸和醇的酯化反应。由于高分子的保护作用，它比硫酸对设备的腐蚀性小，又可回收利用，在工业生产上得到了广泛的应用。离子交换树脂也具有离子交换功能，可用于回收金属和水处理等，将会在第 3 章中叙述。

2.1　高分子聚电解质

高分子聚电解质是在高分子的主链或侧链上含有催化功能的杂原子或杂环有机基团的一类高分子。它可以催化有机化合物的水解反应、重排反应、氧化还原反应，也可用来催化不对称有机合成。反应条件一般比较温和，产物纯化方便，回收后可以重复使用,比较经济,在工业上有着广泛的应用和开发前景。

2.1.1 聚电解质的合成

通常有两种方法合成聚电解质:①合成具有催化基团的单体,经加聚或缩聚反应制得;②利用现有的合成或天然高分子,经高分子反应引入具有催化功能的基团。下面分别叙述这两种方法。

1. 先合成具有催化功能的单体,然后进行聚合

1) 单体的合成

(1) α-或β-羟乙基衍生物的脱水,反应通式为

$$\mathrm{Cy{-}CH(OH){-}CH_3 \longrightarrow Cy{-}CH{=}CH_2} \tag{2-4a}$$

$$\mathrm{Cy{-}CH_2CH_2OH \longrightarrow Cy{-}CH{=}CH_2} \tag{2-4b}$$

式中,Cy 是具有催化功能的基团。该反应用的催化剂通常为 Al_2O_3、$KHSO_4$、P_2O_5、浓硫酸和 KOH 等。反应通常在高温、低压下进行。例如,3-α-羟乙基吡啶在 $KHSO_4$ 作用下,进行如反应式(2-5)所示的脱水反应。

$$\text{3-吡啶基}{-}\mathrm{CH(OH){-}CH_3} \xrightarrow[\triangle]{\mathrm{KHSO_4}} \text{3-吡啶基}{-}\mathrm{CH{=}CH_2} \tag{2-5}$$

对 β-羟乙基的脱水,也可以加氢氧化钾作催化剂,如,将 α-甲基吡啶与甲醛缩合得 β-羟乙基吡啶,在 KOH 催化作用下,脱水得 α-乙烯基吡啶。

$$\text{2-吡啶基}{-}\mathrm{CH_3} + \mathrm{CH_2O} \xrightarrow[\triangle]{\text{高压}} \text{2-吡啶基}{-}\mathrm{CH_2CH_2OH} \xrightarrow[\triangle]{\mathrm{KOH}} \text{2-吡啶基}{-}\mathrm{CH{=}CH_2} \tag{2-6}$$

(2) 氯乙基衍生物脱氯化氢。其反应通式见式(2-7a)和(2-7b)。

$$\mathrm{CyCHXCH_3 \longrightarrow CyCH{=}CH_2 + HX} \tag{2-7a}$$

$$\mathrm{CyCH_2CH_2X \longrightarrow CyCH{=}CH_2 + HX} \tag{2-7b}$$

该反应的催化剂主要为 KOH、醇钾、吡啶和三甲胺等。例如,4-乙烯基咪唑可以在三甲胺存在下,从化合物 **9** 经脱氯化氢和 CO_2 制得[见反应式(2-8)];或者化合物 **10** 脱 HCl 制备含咪唑基的化合物 **11**[见反应式(2-9)]。

$$\text{(imidazol-4-yl)}CH_2CH(NH_2 \cdot HCl)COOH \xrightarrow[\text{浓 } HCl]{HNO_2} \underset{\mathbf{9}}{\text{(imidazol-4-yl)}CH_2CHClCOOH} \xrightarrow{N(CH_3)_3}$$

$$\text{(imidazol-4-yl)}CH{=}CHCOOH \xrightarrow{[CO_2]} \text{(imidazol-4-yl)}CH{=}CH_2 \qquad (2-8)$$

$$\underset{\mathbf{10}}{\text{(benzimidazol-5-yl)}CH_2CH_2Cl} \xrightarrow{100mmHg^{1)}} \underset{\mathbf{11}}{\text{(benzimidazol-5-yl)}CH{=}CH_2} \qquad (2-9)$$

(3) 乙酸乙基酯的裂解。其反应通式见(2-10a)和(2-10b)。

$$Cy{-}CH(OCOCH_3){-}CH_3 \xrightarrow{\triangle} CyCH{=}CH_2 \qquad (2-10a)$$

$$Cy{-}CH_2CH_2OCOCH_3 \xrightarrow{\triangle} CyCH{=}CH_2 \qquad (2-10b)$$

通常,这一裂解反应是在 Al_2O_3 上进行,反应温度为400℃。例如,*N*-乙烯丁二酰亚胺是从相应的乙酸酯 **12** 在400~600℃,Al_2O_3 柱上进行裂解反应制得[见反应式(2-11)]。

$$\underset{\mathbf{12}}{CH_3COOCH_2CH_2{-}N(C{=}O)_2(CH_2)_2} \xrightarrow[400\sim600℃]{Al_2O_3} CH_2{=}CH{-}N(C{=}O)_2(CH_2)_2 + CH_3COOH \qquad (2-11)$$

又如,4-乙烯基咪唑也可以通过相应的乙酸酯 **13** 在 Al_2O_3 柱上进行裂解反应制得[见反应式(2-12)]。

$$HOCH_2C{\equiv}CCH_2OH \xrightarrow[{[H_2O]}]{HgSO_4\text{-}H_2SO_4} [HOCH_2C(O)CH_2CH_2OH] \xrightarrow[NH_3,CH_2O]{CuSO_4}$$

---

1) 1mmHg=1.333 22×10^2Pa。下同。

$$\text{4-(2-羟乙基)咪唑 } (CH_2CH_2OH) \xrightarrow{(CH_3C(=O))_2O} \underset{\textbf{13}}{\text{咪唑-}CH_2CH_2OC(=O)CH_3} \xrightarrow{Al_2O_3} \text{咪唑-}CH{=}CH_2 \tag{2-12}$$

(4) 与乙炔的加成反应。含氮的杂环化合物，由于氮上的氢比较活泼，能与乙炔进行加成反应，生成相应的烯类化合物。其反应通式如反应式(2－13)所示。

$$Cy—NH + CH\equiv CH \longrightarrow \underset{\displaystyle Cy}{\underset{|}{CH}}{=}CH_2 \tag{2-13}$$

通常，这类反应以 KOH 作催化剂，在高温、高压下进行。如邻苯二甲酰亚胺与乙炔加成，生成 *N*-乙烯基邻苯二甲酰亚胺［见反应式(2－14)］；又如化合物 **15** 与乙炔加成，生成乙烯基咔唑［见反应式(2－15)］。

$$\text{邻苯二甲酰亚胺 } (C_6H_4(C{=}O)_2NH) + CH\equiv CH \longrightarrow \underset{\textbf{14}}{C_6H_4(C{=}O)_2NCH{=}CH_2} \tag{2-14}$$

$$\underset{\textbf{15}}{\text{咔唑 } (N\text{—}H)} + CH\equiv CH \longrightarrow \text{咔唑 } (N\text{—}CH{=}CH_2) \tag{2-15}$$

2) 聚合反应

(1) 烯类单体的聚合。将具有催化官能团的单体，通过均聚、共聚和接枝等方法，合成具有催化功能的高分子聚电解质。

① 均聚合反应。根据单体的不同特点，可以用自由基、阳离子和阴离子作引发剂进行聚合反应。例如 4-乙烯基吡啶，可以在自由基引发剂 AIBN 存在下，进行本体或溶液聚合，也可以进行悬浮聚合。聚合物的软化点随聚合条件不同，在 190～200℃之间变化。均聚(4-乙烯基吡啶)溶于稀盐酸，但不溶解于 $CHCl_3$、DMF。4-乙烯基吡啶也可以用 BuLi 作引发剂，在烷烃溶剂中进行阴离子聚合反应［见反应式(2－16)］。得到的聚(4-乙烯基吡啶)能与 CH_3I 或 CH_3Cl 反应，生成水溶性的聚(4-乙烯基吡啶)季铵盐。这种聚电解质的水溶液的黏度较大，加入无机盐后，溶液的黏度会大大降低，是酯进行水解反应的催化剂。

$$\text{4-vinylpyridine} \xrightarrow[\text{Bu}^-\text{Li}^+]{C_nH_{2n+2}} \text{-(CH-CH}_2\text{)}_n\text{- (pyridin-4-yl)}$$

$$\text{-(CH-CH}_2\text{)}_n\text{- (pyridin-4-yl)} + CH_3I \longrightarrow \text{-(CH-CH}_2\text{)}_n\text{- (}N^+\text{-}CH_3\ I^-\text{ pyridinium)} \qquad (2-16)$$

② 共聚合。为了利用官能团之间的协同效应,提高催化剂的活性,可以将具有催化功能的单体与其他单体共聚,得到含有两个或以上功能基团的催化剂,以满足不同催化反应的需要。例如,4(5)-乙烯基咪唑[4(5)-vinylimidazole]可与马来酸酐、碳酸乙烯酯、丙烯醛、乙酸乙烯酯、丙烯酸和丙烯酰胺进行共聚,得到一系列的共聚物。例如,与乙酸乙烯酯的共聚反应[见反应式(2-17)],得到的共聚物再进行水解,生成了含有羟基和咪唑基的高分子催化剂,其中咪唑基团是酚酯水解的有效催化剂,羟基有协同作用,以提高催化剂的活性。

$$CH{=}CH_2\text{(imidazolyl)} + CH_2{=}CH\text{-O-C(=O)-}CH_3 \longrightarrow \text{-(}CH_2\text{-CH(imidazolyl))}_n\text{(}CH_2\text{-CH(OCOCH}_3\text{))}_m\text{-} \xrightarrow{[NaOH]} \text{-(}CH_2\text{-CH(imidazolyl))}_n\text{(}CH_2\text{-CH(OH))}_m\text{-} \qquad (2-17)$$

(2) 功能单体的缩聚反应。除了烯类单体聚合外,还可将含催化官能团的单体缩聚,制成高分子催化剂。醌和氢醌(HQ)组成一氧化还原体系[见反应式(2-18)]。如果将对苯二酚合成在高分子上,就可以得到氧化还原反应高分子催化剂。例如,对苯二酚和甲醛在碱性条件下进行缩聚反应[见反应式(2-19)]。

$$HO\text{-}C_6H_4\text{-}OH \rightleftharpoons O{=}C_6H_4{=}O + 2H^+ + 2e \qquad (2-18)$$

$$\text{—}CH_2\text{-[hydroquinone]-}CH_2\text{-[hydroquinone]-}CH_2\text{-[hydroquinone]-[hydroquinone]-}CH_2\text{—} \qquad (2-19)$$

另一个例子是在催化剂作用下,化合物 **16** 和 **17** 发生缩合反应。生成的聚合物在 HF 的作用下，脱去甲氧基，得到高分子氧化还原催化剂[见反应式(2-20)]。

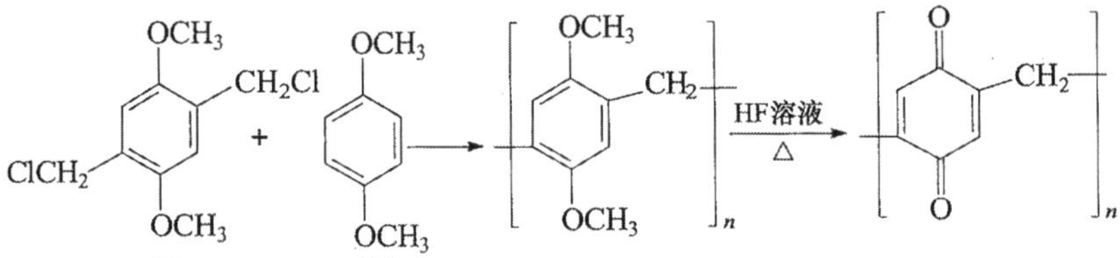

$$\text{16} + \text{17} \longrightarrow \left[\text{(2,5-二甲氧基苯-}CH_2\text{-)}\right]_n \xrightarrow[\triangle]{\text{HF溶液}} \left[\text{(对苯醌-}CH_2\text{-)}\right]_n \qquad (2-20)$$

2. 通过高分子反应的方法，将功能基团接到高分子主链上

高分子主链可以是聚苯乙烯、聚丙烯酸甲酯、聚乙烯醇和聚氯乙烯等，为了与产物易分离，通常要制备成适当交联度的聚合物。针对聚合物的不同性质，通过合理的反应步骤，制备高分子催化剂。下面分别叙述各类高分子骨架的高分子反应及制备得到的高分子催化剂。

1) 以聚苯乙烯为主链合成高分子催化剂

聚苯乙烯可以直接进行高分子反应，合成具有催化功能团的高分子催化剂(见图 2-1a)。

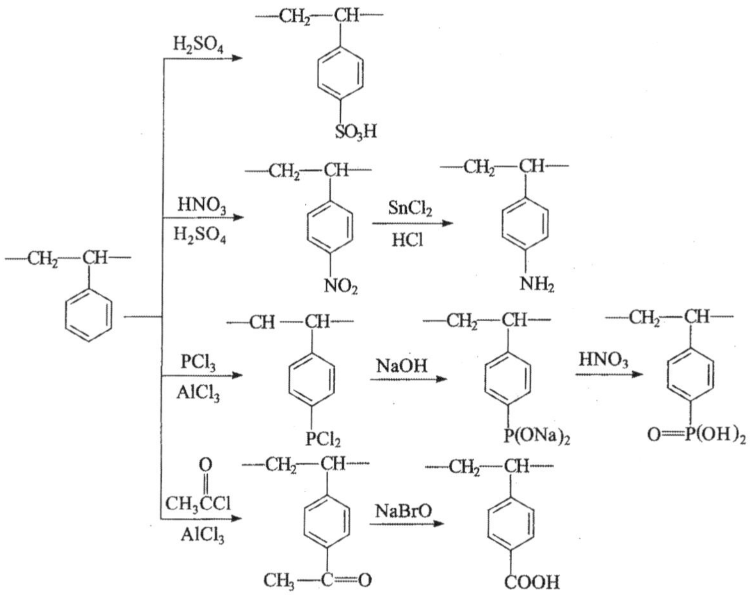

图 2-1a　从聚苯乙烯进行高分子反应合成高分子催化剂

也可以将聚苯乙烯先氯甲基化，通过与氯甲基的反应，将不同的催化活性基团接到高分子上，这是制备高分子催化剂的另一类合成反应(见图 2-1b)。

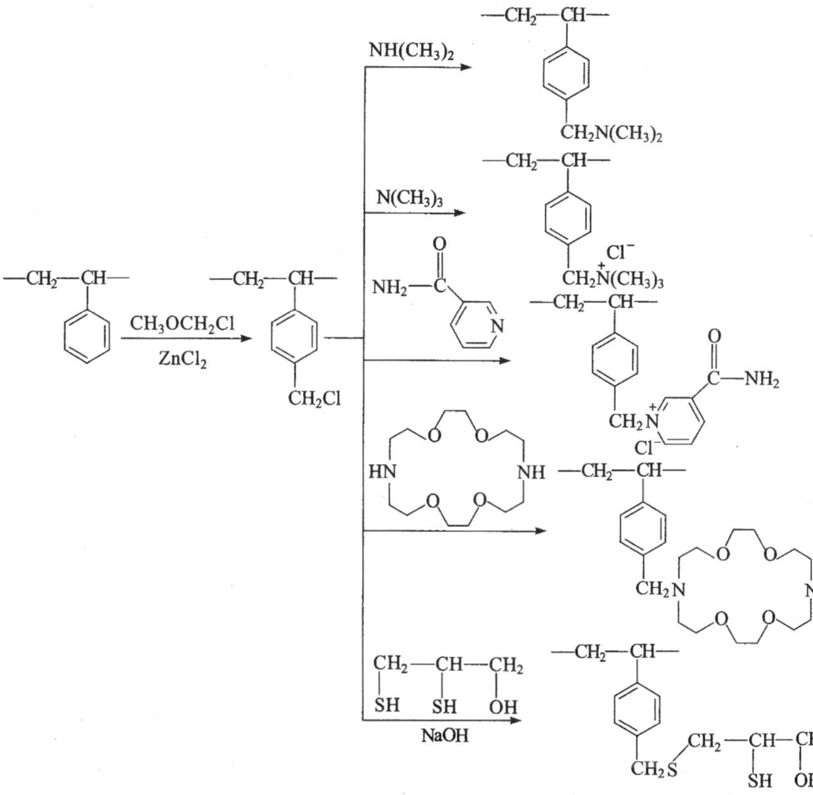

图 2－1b　从聚氯甲基苯乙烯合成高分子催化剂

2) 以聚氯乙烯为主链合成高分子催化剂

利用聚氯乙烯链上的氯与具有催化活性功能的小分子试剂反应，制得一系列的高分子催化剂(见图 2－2)。通常反应在聚氯乙烯和小分子试剂的共同溶剂中和合适的温度下进行。

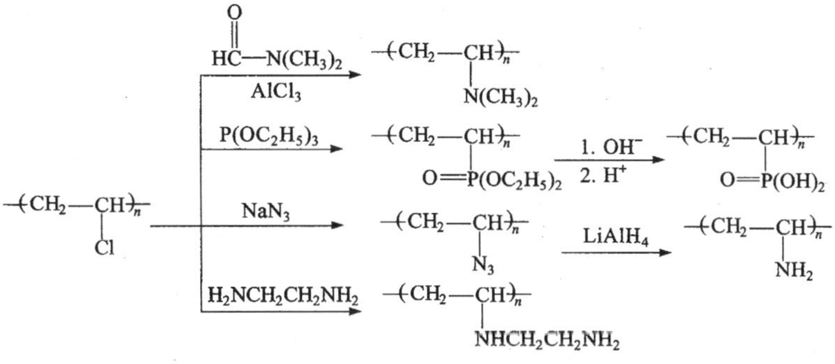

图 2－2　由聚氯乙烯合成高分子催化剂

3) 以聚环氧氯丙烷为主链合成高分子催化剂

该聚合物的侧链上有亚甲基氯，在一定条件下，可以与一些试剂反应，将功能基团接到高分子主链上(见图 2-3)。

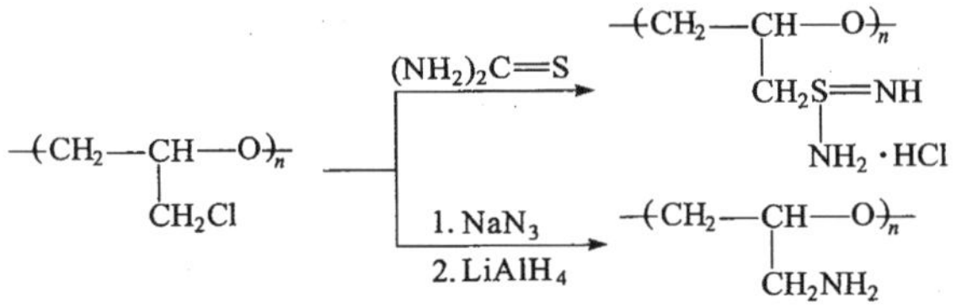

$-\!\!\left(CH_2-\underset{CH_2Cl}{CH}-O\right)_n\!\!-$ $\xrightarrow{(NH_2)_2C=S}$ $-\!\!\left(CH_2-\underset{CH_2S(=NH)NH_2\cdot HCl}{CH}-O\right)_n\!\!-$

$-\!\!\left(CH_2-\underset{CH_2Cl}{CH}-O\right)_n\!\!-$ $\xrightarrow[2.\ LiAlH_4]{1.\ NaN_3}$ $-\!\!\left(CH_2-\underset{CH_2NH_2}{CH}-O\right)_n\!\!-$

图 2-3　由聚环氧氯丙烷合成高分子催化剂

4) 以聚乙烯醇为主链合成高分子催化剂

聚乙烯醇含有羟基，它可以与一些试剂如 P_2O_5、氯乙酸和 4-氯甲基咪唑等反应，生成具有催化活性的功能基团(见图 2-4)。

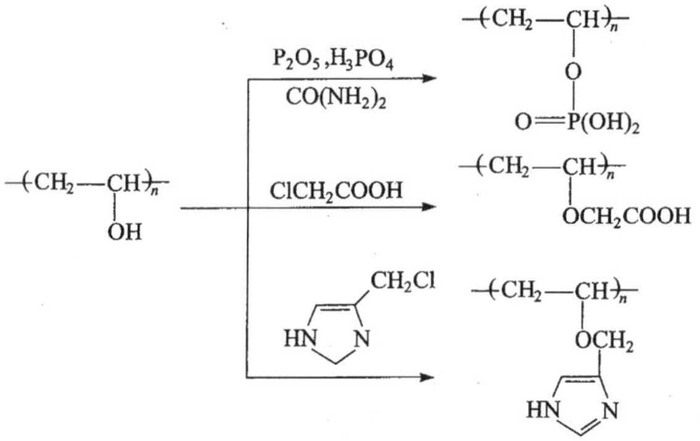

$-\!\!\left(CH_2-\underset{OH}{CH}\right)_n\!\!-$ $\xrightarrow[CO(NH_2)_2]{P_2O_5,H_3PO_4}$ $-\!\!\left(CH_2-\underset{O-P(=O)(OH)_2}{CH}\right)_n\!\!-$

$\xrightarrow{ClCH_2COOH}$ $-\!\!\left(CH_2-\underset{OCH_2COOH}{CH}\right)_n\!\!-$

$\xrightarrow{\text{4-(CH}_2\text{Cl)-咪唑 (HN, N)}}$ $-\!\!\left(CH_2-\underset{OCH_2-\text{咪唑基 (HN, N)}}{CH}\right)_n\!\!-$

图 2-4　利用聚乙烯醇的羟基合成有催化活性的功能基

5) 以聚乙烯亚胺为主链合成高分子催化剂

该聚合物主链上含有活泼的 NH，可以与很多试剂反应，生成具有催化活性的功能基团，例如与化合物 **18** 进行反应[见反应式(2-21)]。

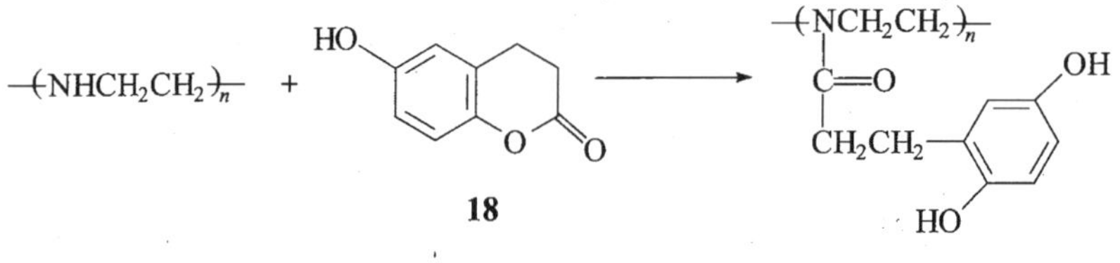

$$-\!\!\left(NHCH_2CH_2\right)_n\!\!- + \underset{\mathbf{18}}{\text{HO-(6-羟基二氢香豆素)}} \longrightarrow -\!\!\left(\underset{C(=O)CH_2CH_2-C_6H_3(OH)_2}{N}CH_2CH_2\right)_n\!\!- \qquad (2-21)$$

2.1.2 聚电解质的催化反应

1. 酯化反应

酯化反应采用的催化剂通常为无机酸,如硫酸、有机酸,如对-甲基苯磺酸。这些催化剂有较高的催化活性,但对设备的腐蚀性强,副反应较多,因此需要改进。若采用聚电解质,特别是交联的聚电解质,上述缺点就可以克服。例如乙二醇与乙酸的酯化反应可以用硫酸作催化剂[见反应式(2-22)]。

$$\begin{array}{l} CH_2OH \\ | \\ CH_2OH \end{array} + CH_3\overset{\overset{\displaystyle O}{\|}}{C}-OH \xrightarrow{H^+} \begin{array}{l} CH_2O\overset{\overset{\displaystyle O}{\|}}{C}CH_3 \\ | \\ CH_2O\underset{\underset{\displaystyle O}{\|}}{C}CH_3 \end{array} \tag{2-22}$$

也可以在乙二醇与乙酸的混合溶液中,加 Dowex-50 强酸性阳离子交换树脂作催化剂,在 100℃ 下反应 5~6h,过滤出树脂,蒸馏得乙二醇二乙酸酯。如果定期取样,用标准 NaOH 滴定来跟踪反应掉的乙酸。将时间与消耗掉的 NaOH 作图,就可以得如图 2-5 所示的曲线。可以看出,Dowex-50 的催化活性几乎与 H_2SO_4 的催化活性相同。另外,强酸型阳离子交换树脂与吸水剂如无水 Na_2SO_4 并用时,可使反应在室温或较低温度下进行,多数场合下都能定量反应。树脂与吸水剂都是不溶的,后处理方便;可再生,重复使用;生产设备和装置简单。

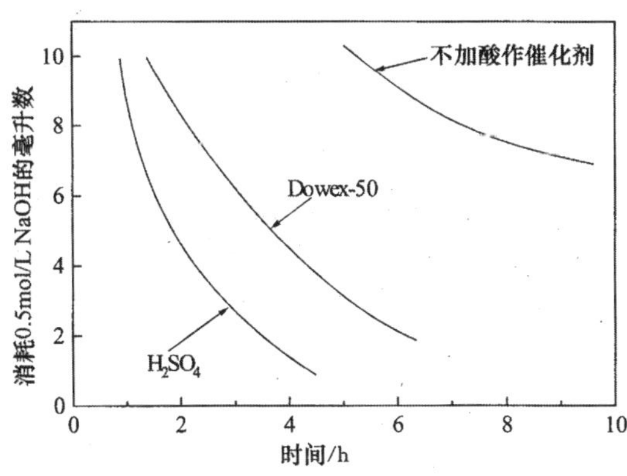

图 2-5 不同催化剂催化乙二醇与乙酸的酯化反应速率

再如,对乙酸和醇的酯化反应(2-23),可用 H^+ 型 Rexyn 101 树脂作催化剂。对乙酸甲酯,反应 10min,收率可达 94%;对乙酸丁酯和乙酸异丙酯,其收率分别达 100%和 93%。

$$CH_3-\overset{\overset{O}{\|}}{C}-OH + ROH \xrightarrow[H^+型]{Rexyn\ 101} CH_3-\overset{\overset{O}{\|}}{C}-OR \qquad (2-23)$$

R =	
CH_3	94%
C_4H_9	100%
$CH(CH_3)_2$	93%

当用强酸性阳离子交换树脂作催化剂时，影响反应速率的因素有：①催化剂的用量。随着催化剂用量增加，反应速率增加。但催化剂量增加到一定值后，反应速率不再增加。②催化剂的粒度和交联度。通常粒度和交联度小，反应速率快。这说明树脂的催化活性与反应物在树脂相的扩散速率有关。

2．缩合反应

醛的缩合反应一般可用对甲苯磺酸作催化剂，例如，正丁醛与乙二醇的缩合反应，若用聚苯乙烯磺酸作催化剂、无水硫酸钙作吸水剂，在室温下反应30min，收率高达99%[见反应式(2－24)]。甲缩醛可用甲醛和甲醇在732强酸性阳离子交换树脂催化作用下，按反应式(2－25)制取。当甲醇/甲醛的摩尔比[1)]为3，树脂732用量为1.84mmol H^+/g甲醛时，甲缩醛的收率为95%以上。树脂重复使用多次，其催化活性并未降低。

$$C_3H_7CHO + HOCH_2CH_2OH \xrightarrow{CH_3-C_6H_4-SO_3H} C_3H_7CH\langle O-CH_2CH_2-O\rangle \qquad (2-24)$$

$$CH_2O + HOCH_3 \xrightarrow[回流]{732磺酸树脂} CH_2(OCH_3)_2 \qquad (2-25)$$

3．水解反应

用离子交换树脂催化酯进行水解反应，是研究最为深入的课题。例如反应式(2－26)所示的水解反应。3-硝基-4-乙酰氧基苯甲酸 **19** 进行水解反应，在体系中加入聚(4-乙烯基咪唑)，水解反应速率大大提高。

$$\underset{\mathbf{19}}{CH_3\overset{\overset{O}{\|}}{C}O-C_6H_3(NO_2)-COO^-Na^+} + H_2O \longrightarrow CH_3\overset{\overset{O}{\|}}{C}OH + HO-C_6H_3(NO_2)-COO^-Na^+ \qquad (2-26)$$

1）影响催化剂活性的因素

①随树脂交联度增加，酯的相对分子质量增大，催化活性下降；②树脂粒度。一般细粒度树脂的催化活性较粗粒度的高；③树脂的疏水性。乙酸丁酯水解时，在

1）"摩尔比"为非法定用法，现应称为"物质的量比"。为遵从学科和读者阅读习惯，本书仍沿用该名称。

酯的浓度和咪唑基浓度不变的情况下，若使用交换容量低，即咪唑基含量小的树脂，由于树脂的疏水性，有利于酯的吸附，可加速酯的水解；④酯与树脂的空间位阻。一般支链酯的水解速率比相应的直链酯速率慢。因为支链酯在树脂相中扩散速率慢。酯的水解速率还受树脂的微环境影响。

2) 酶促反应

在生物体内，酯的水解反应是一个十分重要的反应，其催化剂一般为水解酶。为研究酶的水解反应特点，人们广泛采用含有咪唑基的催化剂，例如聚(4-乙烯基咪唑)进行模拟酶研究。下面叙述酶促反应，即在酶催化作用下，进行水解反应的特点。

(1) 酶的催化反应。酶(E)和底物(S)形成复合物(ES)，接着释放出产物 P 和活性酶。ES 称为 Michales 复合物。由反应式(2－27)可以看出，从 $E+S \longrightarrow ES$ 是二级反应，$ES \longrightarrow P+E$ 是一级反应。即酶将二级反应转换成一级反应，提高了催化剂的活性和选择性。因为酶只与特定的底物形成复合物，所以具有很高的选择性。

$$E+S \underset{k_{-1}}{\overset{k_1}{\rightleftharpoons}} ES \xrightarrow{k_2} P+S \tag{2-27}$$

(2) 速率公式。当 E、S 和 ES 迅速达到平衡，生成产物 P 的速率取决于 ES 的分解速率。所以有式(2－28)

$$\frac{d[P]}{dt}=k_2[ES] \tag{2-28}$$

当 ES 处于一稳定值时，则有式(2－29)

$$\frac{d[ES]}{dt}=k_1[E][S]-k_{-1}[ES]-k_2[ES]=0 \tag{2-29}$$

若$[E]_0$ 为酶催化剂的总浓度，则

$$[E]_0=[E]+[ES] \tag{2-30}$$

将$[E]=[E]_0-[ES]$代入式(2－29)得式(2－31)

$$[ES]=\frac{k_1[E]_0[S]}{k_{-1}+k_2+k_1[S]} \tag{2-31}$$

$$v=\frac{d[P]}{dt}=k_2[ES]=\frac{k_1k_2[E]_0[S]}{k_{-1}+k_2+k_1[S]}=\frac{k_2[E]_0[S]}{[S]+\left(\dfrac{k_{-1}+k_2}{k_1}\right)} \tag{2-32}$$

设 $K_m=\dfrac{k_{-1}+k_2}{k_1}$，将其称为 Michales 常数，并代入式(2－32)，得式(2－33)

$$v=\frac{k_2[E]_0[S]}{[S]+K_m} \tag{2-33}$$

$$1/v=\frac{K_m}{k_2[\mathrm{E}]_0}\times\frac{1}{[\mathrm{S}]}+\frac{1}{k_2[\mathrm{E}]_0} \tag{2-34}$$

将 $1/v$ 对$\frac{1}{[\mathrm{S}]}$作图可以得到一直线，由斜率和截距可以求出 k_2 和 K_m。

3) Michales-Menten 动力学模型

用含咪唑基、吡啶基的高分子催化剂催化酯的水解反应时，可以用反应式(2-35)表示：

$$\mathrm{Nu{:}}+\mathrm{R{-}\overset{\overset{\displaystyle O}{\|}}{C}{-}OR'}\underset{k_{-1}}{\overset{k_1}{\rightleftharpoons}}\mathrm{R{-}\underset{\underset{\displaystyle O^-}{|}}{\overset{\overset{\displaystyle Nu}{|}}{C}}{-}OR'}\xrightarrow{k_2}\mathrm{R{-}\overset{\overset{\displaystyle O}{\|}}{C}Nu}+{}^-\mathrm{OR'}\xrightarrow{k_3}\mathrm{R{-}\overset{\overset{\displaystyle O}{\|}}{C}{-}OH}+\mathrm{Nu} \tag{2-35}$$

若把反应式(2-35)改写成更普遍的反应式(2-36)，

$$\mathrm{C}+\mathrm{S}\underset{k_{-1}}{\overset{k_1}{\rightleftharpoons}}[\mathrm{CS}]\xrightarrow{k_2}\underset{\underset{\displaystyle P_1}{+}}{[\mathrm{CS}]'}\xrightarrow{k_3}\mathrm{P_2}+\mathrm{C} \tag{2-36}$$

则存在以下情况：

(1) 当式中 $k_{酰化}\ll k_{脱酰化}$，即 $k_1\ll k_3$ 时，则反应速率如式(2-37)所示。

$$v=\frac{\mathrm{d}[\mathrm{P_2}]}{\mathrm{d}t}=k_1[\mathrm{C}][\mathrm{S}] \tag{2-37}$$

式中，[S]是底物浓度；[C]是催化剂浓度。

(2) 当 $k_1\gg k_3$

[S]≫[C]时
$$v=\frac{k_c[\mathrm{S}][\mathrm{C}]}{K_m+[\mathrm{S}]} \tag{2-38}$$

[C]≫[S]时
$$v=\frac{k_c[\mathrm{S}][\mathrm{C}]}{K_m+[\mathrm{C}]} \tag{2-39}$$

在式(2-38)和式(2-39)中，

$$K_m=\frac{k_3}{k_2+k_3}\cdot K_s \tag{2-40}$$

式(2-40)中，K_s 为 CS 复合物的平衡常数，$K_s=\frac{k_{-1}}{k_1}$，当 $k_3\gg k_2$ 时，则式(2-40)为 $K_m=K_s$。式(2-38)和式(2-39)中，k_c 值如式(2-41)所示。

$$k_c=\frac{k_2\cdot k_3}{k_2+k_3} \tag{2-41}$$

由式(2-38)可以看出，当底物浓度大于催化剂浓度时，随[S]浓度增大，反应速率趋向于一极大值 $k_c[C]$。当底物浓度小于催化剂浓度时,反应速率与[S]成一直线。式(2-38)可改写为式(2-42),这就是 Lineweaver-Berk 公式。

$$\frac{1}{v}=\frac{K_m}{k_c[C]}\times\frac{1}{[S]}+\frac{1}{k_c[C]} \tag{2-42}$$

将 $1/v\sim1/[S]$ 作图可得一直线,由斜率和截距求出 K_m 和 k_c。

例如,用乙烯基咪唑-乙烯基吡咯烷酮共聚物 **20** 催化水解化合物 **21**。间隔一定时间取样,分析溶液中的底物浓度,求得反应速率。[S]与 v 及 $\frac{1}{[S]}$ 与 $1/v$ 的关系见图 2-6。由截距和斜率求出 $K_m=8.8\times10^{-3}$;$k_c=0.042\text{min}^{-1}$。

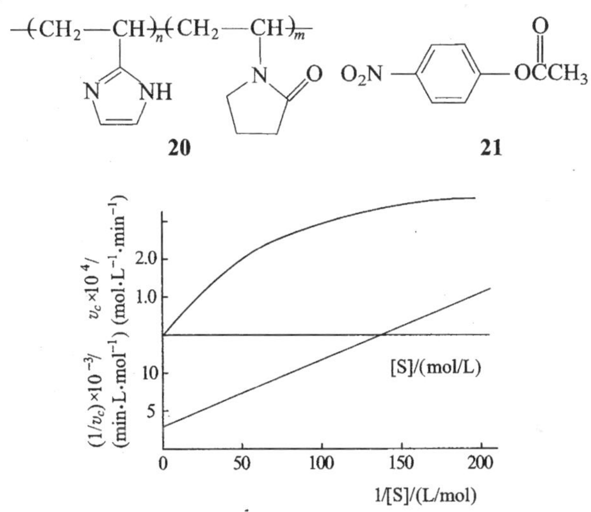

图 2-6　底物(S)浓度与反应速率的关系

底物:**21**;催化剂:**20**;反应条件:pH 8.0、30℃、KCl 浓度 1.0mol/L

4. 氧化还原反应

1) 氧化还原树脂的类型

从氧化还原活性部分的结构来看,氧化还原树脂可分为五种类型:

(1) 醌类:HO—⟨C₆H₄⟩—OH ⇌ O=⟨C₆H₄⟩=O + $2H^+ + 2e^-$

(2) 硫醇类:2R—SH ⇌ R—S—S—R + $2H^+ + 2e^-$

(3) 吡啶类:H_2⟨1,4-二氢吡啶⟩N—R + HA ⇌ $[$⟨吡啶⟩N—R$]^+$ $A^- + 2H^+ + 2e^-$

(4) 二茂铁类：Fe + HA ⇌ [Fe]$^{+}$ $A^- + H^+ + e^-$

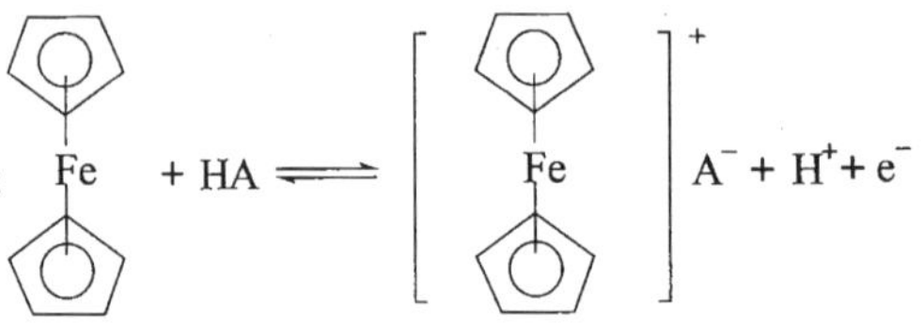

(5) 多核类：

R_2N … S … NR_2 ⇌ R_2N … S … N^+R_2 + $2H^+ + 2e^-$

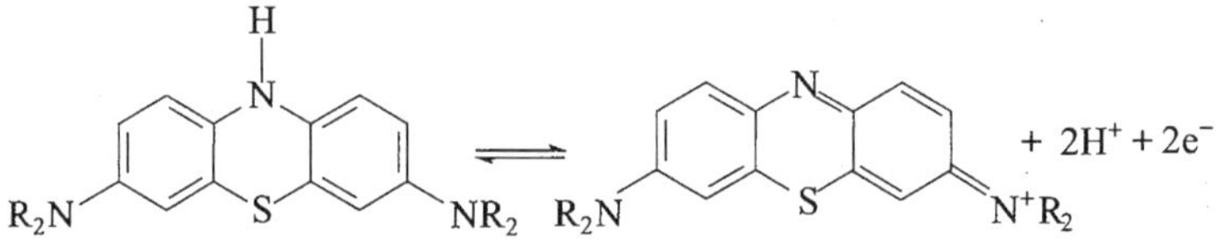

2) 氧化还原树脂的合成

(1) 设计氧化还原树脂时应考虑的因素。设计具有实用意义的醌型树脂的，需要考虑如下因素。

① 树脂的稳定性。聚乙烯氢醌树脂 **22** 是不稳定的，因为苯环上有未被取代的氢原子。当氧化成醌型时，易受游离基的攻击引起交联，降低了树脂的氧化还原可逆性。在苯环上引入甲基、氯和杂环等，可以提高其可逆性，例如聚合物 **23** 在苯环上引入甲基，环的稳定性提高了。但是引入取代基的给电子、吸电子性会影响催化剂的氧化还原电位。

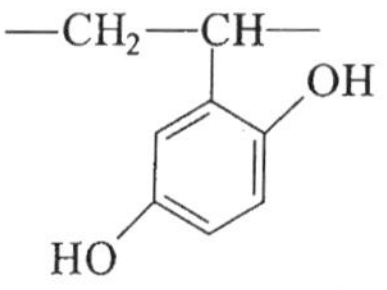

—CH_2—CH— OH HO

22

—CH_2—CH— CH_3 OH HO CH_3 CH_3

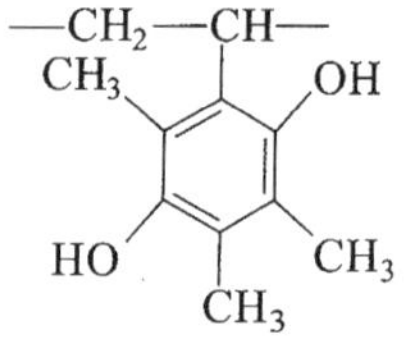

23

② 低交联度的树脂或高孔隙度的大孔树脂有利于底物的扩散，氧化还原反应活性高。例如，聚合物 **23** 上的功能基可以接到不同的支持体上，在催化对苯二酚氧化成对苯二醌的反应中，其催化剂活性有以下顺序：多孔玻璃＞硅胶＞大孔型树脂＞凝胶型树脂，说明催化反应速率与骨架的孔隙度有着密切的关系。

③ 避免相邻氧化还原功能基团之间的相互作用。通常，氧化还原基团间的相互作用会降低催化活性。为此，应避免树脂中氧化还原基团含量过大，即降低树脂中氧化还原基团的含量，使基团均匀分布在树脂基体中。另一方法是用高分子链把相邻基团隔开。例如，聚合物 **24** 就是以氨基甲酸酯的形式将对苯二醌功能基团隔开来的。

④ 树脂要有可湿性、溶胀性。树脂在反应体系中要溶胀才能很好地催化反应。对在水溶液中进行的反应，则要求树脂中含有磺酸基、季铵盐功能基以提高树脂的可湿性，例如聚合物 **25**。苯环磺化后，树脂在水中的溶胀性增加，有利于氧化还原反应。

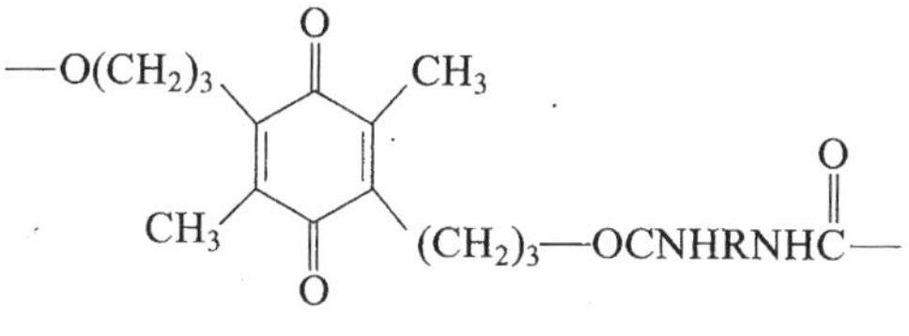

24

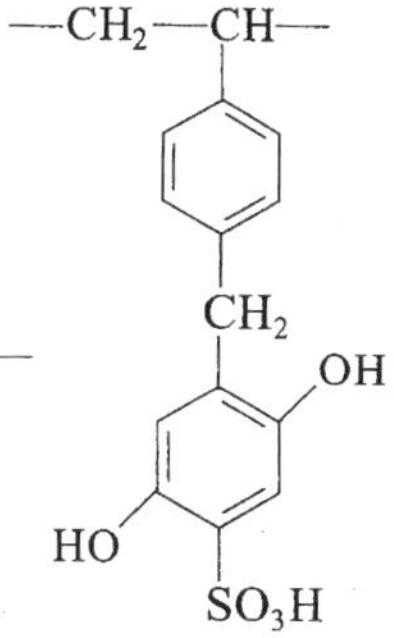

25

(2) 合成。

① 醌型树脂。通过自由基聚合制备醌型树脂时，首先要保护酚羟基，再在苯环上合成双键，如图 2-7 所示。

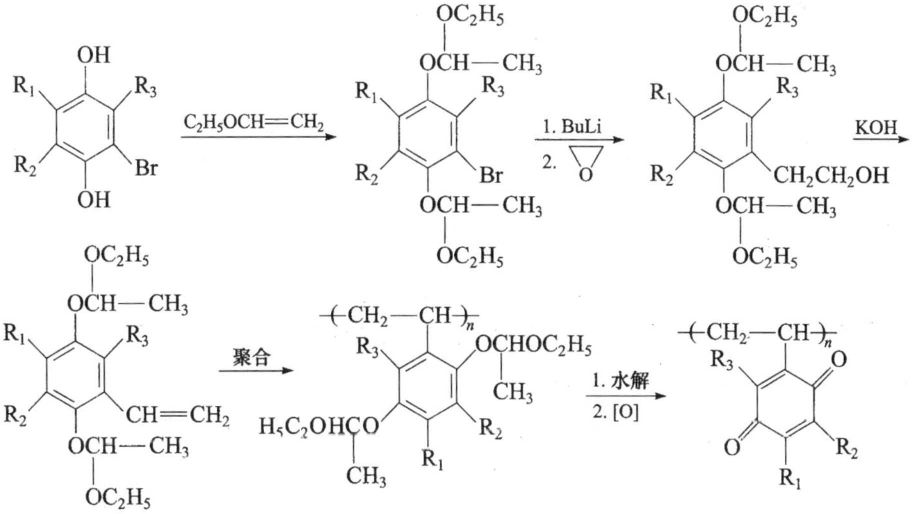

$C_2H_5OCH{=}CH_2$　1. BuLi　2.　KOH　聚合　1. 水解　2. [O]

图 2-7　合成醌型树脂的反应式

② 硫醇型树脂。交联聚苯乙烯经氯甲基化后，在适当的溶剂中，与 NaHS 反应制备[见反应式(2-43)]。

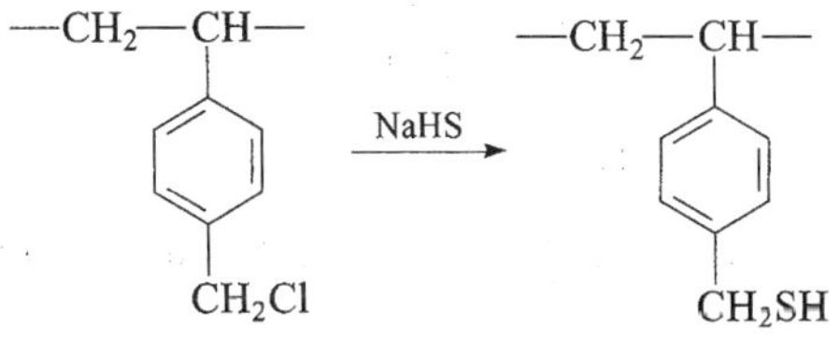

$$\text{—CH}_2\text{—CH— (C}_6\text{H}_4\text{CH}_2\text{Cl)} \xrightarrow{\text{NaHS}} \text{—CH}_2\text{—CH— (C}_6\text{H}_4\text{CH}_2\text{SH)} \quad (2-43)$$

也可以先聚合，再胺解制备[见反应式(2-44)]。

$$CH_2{=}CH\text{-}C_6H_4\text{-}SC(=O)CH_3 \xrightarrow{\text{聚合}} \text{—}CH_2\text{—}CH(C_6H_4\text{-}SC(=O)CH_3)\text{—} \xrightarrow{H_2NC_2H_4NH_2} \text{—}CH_2\text{—}CH(C_6H_4\text{-}SH)\text{—} \tag{2-44}$$

通常,苯甲硫醇比酚硫醇更易被氧化;高分子苯甲硫醇比相应的小分子活泼,所以高分子苯甲硫醇是活性较高的氧化还原催化剂。

③ 吡啶型氧化还原树脂。可以通过高分子反应制备[见反应式(2-45)]。烟酰胺是乙醇脱氢酸(ADH)和辅酶(NDA)的活性中心,在氧化还原反应中起重要作用。

$$\text{—}CH_2\text{—}CH(C_6H_4\text{-}CH_2Cl)\text{—} \xrightarrow{\text{烟酰胺(吡啶-3-}C(=O)NH_2)} \text{—}CH_2\text{—}CH(C_6H_4\text{-}CH_2N^{+}C_5H_4\text{-}C(=O)NH_2)\text{—}\ Cl^{-} \tag{2-45}$$

3) 催化反应

(1) 氧化反应。在高分子醌型氧化还原催化剂的作用下,苯肼氧化成偶氮苯[见反应式(2-46)]。将高分子醌型树脂充填在玻璃柱中,苯肼的乙醇溶液,经脱氧后通过该柱,流出液中含偶氮苯。

$$C_6H_5\text{—}NH\text{—}NH\text{—}C_6H_5 + \text{高分子醌型试剂} \longrightarrow C_6H_5\text{—}N{=}N\text{—}C_6H_5 + \text{对苯二酚聚合物} \tag{2-46}$$

(2) 有机物的还原反应。将含苯醌的 2N[1] H_2SO_4 溶液通过氢醌树脂,便发生如反应式(2-47)所示的反应,以制得对苯二酚。

$$\text{对苯醌} \xrightarrow[\text{催化剂}]{2N\ H_2SO_4} \text{对苯二酚(HO-}C_6H_4\text{-OH)} \tag{2-47}$$

将苯甲酰甲酸乙酯还原成扁桃酸乙酯,催化剂 **26** 是十分优良的氧化还原催化

1) "N"为非法定单位。为了遵从学科和读者阅读习惯,本书仍沿用该单位。

剂。将 **26**、锌粉和化合物 **27** 放在一起，于室温下搅拌，在 2 天内反应定量地完成[见反应式(2－48)]。若无 **26**，仅有锌粉则一个月也几乎没有扁桃酸乙酯生成。

$$PS-CH_2-{}^+N(C_5H_4)-(C_5H_4)N^+-CH_3$$

26

$$C_6H_5-\underset{\underset{O}{\|}}{C}-\overset{\overset{O}{\|}}{C}OC_2H_5 \xrightarrow[\text{室温}]{\text{锌粉}} C_6H_5-\underset{\underset{OH}{|}}{CH}-COOC_2H_5 \quad (2-48)$$

27

利用氧化还原树脂还可以将 H_2S 还原成 S。例如，将对苯二酚、甲醛和哌进行 Mannich 缩聚反应，得到聚合物 **28**[见反应式(2－49)]。它在碱性溶液中，被氧化成醌型聚合物。在 Na_2CO_3 水溶液中，将 H_2S 还原成 S[见反应式(2－50)]。

$$HO-C_6H_4-OH + CH_2O + HN(C_4H_8)NH \longrightarrow \left[C_6H_2(OH)_2-CH_2-N(C_4H_8)N-CH_2 \right]_n \quad (2-49)$$

28

$$\mathbf{28} \xrightarrow[\text{空气或氧}]{OH^-} \left[C_6H_2O_2-CH_2-N(C_4H_8)N-CH_2 \right]_n \quad (2-50)$$

29

该树脂可用于脱 H_2S。在碱性溶液中进行如反应式(2－51)所示的反应。首先，硫化氢被 Na_2CO_3 溶液所吸收，生成 NaHS 和 $NaHCO_3$。然后，在聚合物 **29** 的作用下，NaHS 还原成硫。而树脂被还原成对苯二酚，它可以在碱溶液中氧化成醌型树脂，从而反复使用。

$$Na_2CO_3 + H_2S \longrightarrow NaHS + NaHCO_3$$

$$\left[C_6H_2O_2-CH_2-N(C_4H_8)N-CH_2 \right]_n + NaHCO_3 + NaHS \longrightarrow$$

29

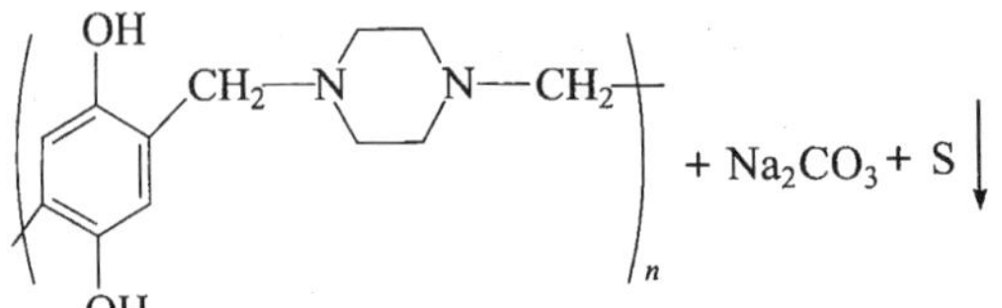

$$+ Na_2CO_3 + S\downarrow \qquad (2-51)$$

28

4) 氧化还原树脂活性的表示方法

氧化还原树脂用作氧化还原反应催化剂的报道较多。其活性和能力可分别用氧化还原标准电位和氧化还原容量表示。

(1) 氧化还原容量。通常,氧化型树脂可用 $TiCl_3$ 等还原剂还原;还原型树脂可用 Fe^{3+} 等氧化剂氧化。单位质量的氧化还原树脂消耗氧化剂或还原剂的毫克当量数或毫摩尔数称为氧化还原容量。例如,通过反应(2-52)合成了氧化还原树脂的前体 **30**。然后它与单体 **31** 共聚,得到一氧化还原树脂 **32**[见反应式(2-53)]。

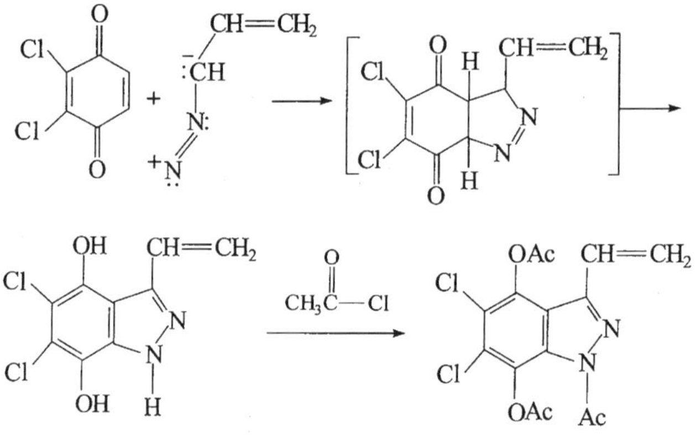

(2-52)

30

31

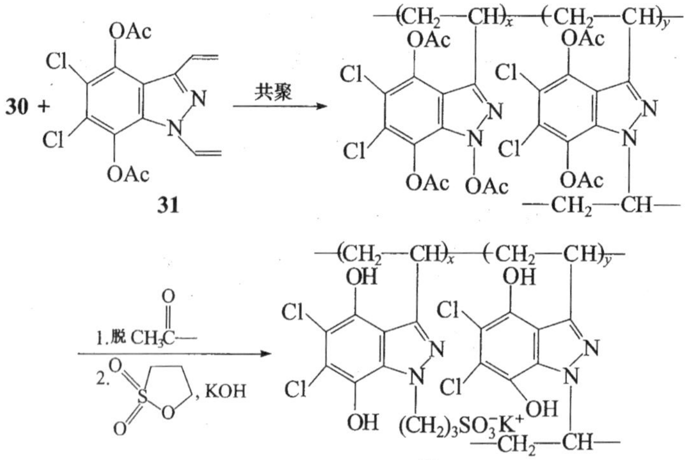

(2-53)

32

该树脂性能十分稳定，磺酸基的引入提高了树脂的可湿性，在广泛的 pH 范围内溶胀，树脂的体积变化很小，适宜于柱法操作。氧化还原容量为 4.25mmol/g。离子交换容量为 2.27mmol/g，表观标准氧化还原电位 $E_0 = 476\text{mV}(20℃)$。

(2) 标准氧化还原电位 E_0 是表示树脂氧化还原活性的尺度之一。对于醌型氧化还原树脂存在如反应式(2－54)所示的氧化还原反应。体系的电位可用式(2－55)表示。

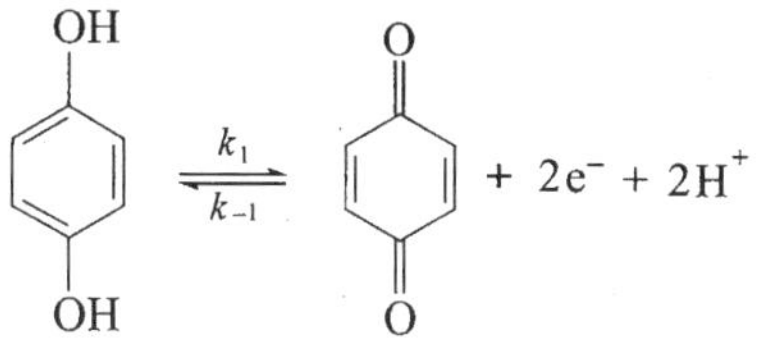

$$\text{HO-C}_6\text{H}_4\text{-OH} \underset{k_{-1}}{\overset{k_1}{\rightleftharpoons}} \text{O=C}_6\text{H}_4\text{=O} + 2e^- + 2H^+ \tag{2-54}$$

$$E = E_m + \frac{RT}{nF}\ln\frac{[Q]}{[H_2Q]} \tag{2-55}$$

式中，E_m 是中和点电位，即当$[Q]=[H_2Q]$时的电位；n 是与反应有关的电子数，在反应式(2－54)中，$n=2$；F 是法拉第常量(96494 库仑)。当 $n=2$ 时，标准氧化还原电位可用式(2－56)表示。

$$E_m = E_0 - 2.303\frac{RT}{F}\text{pH} \tag{2-56}$$

通常情况下，聚合物的氧化还原电位要比相应的单体模型高。例如，对于氧化还原树脂 **33**，其氧化还原电位比相应单体的电位高 200mV。若放进 1mol/L 的 KCl 测定时，其电位与单体相近。从而推断聚合物中对苯二酚上羟基的解离被相邻的羟基所抑制而不易被氧化。加 KCl 后，由于 K^+ 能促进 H^+ 解离，从而使氧化还原电位与单体体系接近。

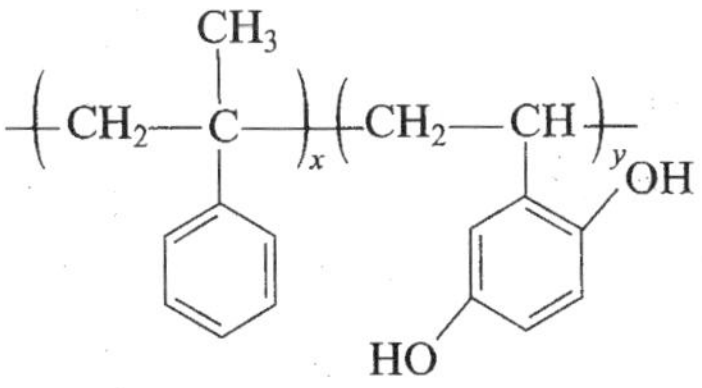

$$\left[\text{CH}_2\text{—C(CH}_3\text{)(C}_6\text{H}_5\text{)}\right]_x\left[\text{CH}_2\text{—CH(C}_6\text{H}_3\text{(OH)}_2\text{)}\right]_y$$

33

2.1.3　催化效应

在选择聚电解质作催化剂和催化反应条件时，要考虑多种催化效应。下面分别叙述。

1. 静电场效应

涉及离子-离子间的反应，在其体系中添加高分子聚电解质作催化剂时，根据离子反应物带电荷的不同，对催化反应的影响有两种情况。

（1）当两个反应物为相同符号电荷的离子，添加相反电荷的聚离子，则由于库仑引力吸引相反电荷的反应离子，将其浓缩在聚离子区域，因此显示催化作用。例如苯肼的重排反应，从 **34** 反应生成 **35** 涉及阳离子间的反应[见反应式(2－57)]，并控制整个反应速率。添加聚苯乙烯磺酸，比通常的低分子催化剂反应，速率增加 120 倍。

$$C_6H_5-NH-NH-C_6H_5 \xrightarrow{H^+} \underset{\mathbf{34}}{C_6H_5-NH_2^+-NH-C_6H_5} \longrightarrow \underset{\mathbf{35}}{{}^+H_3N-C_6H_4-C_6H_4-NH_3^+} \tag{2-57}$$

（2）对于阳离子-阴离子间反应，添加聚阳离子或聚阴离子，则因异符号离子相吸，而同符号离子相斥，产生了负的催化效果，即反应速率减慢。例如反应(2－58)涉及阳离子-阴离子间反应，若用聚丙烯酸盐作催化剂，该反应生成尿素的速率大大减慢，这是因为聚丙烯酸阴离子吸附 NH_4^+，排斥 OCN^-，使反应速率减慢。

$$NH_4^+ + OCN^- \longrightarrow H_2N\overset{\overset{\displaystyle O}{\|}}{C}NH_2 \tag{2-58}$$

2．疏水效应

酶具有很高的催化活性，可能与酶中含有疏水基团有关。在高分子聚电解质上接长链烷基，如聚(4-乙烯基吡啶)与 $C_{12}H_{25}Br$ 反应，生成聚合物 **36**[见反应式(2－59)]。当 10%～15%的吡啶环与烷基反应时，该聚电解质在水溶液中的溶解度明显下降，并能在烃类溶剂中溶解。它是硝基苯酯类化合物水解的有效催化剂。例如，用化合物 **37** 作催化剂，催化对硝基苯酚乙酯进行水解反应[见反应式(2－60)]。如果在体系中加入聚电解质 **36**，则反应速率将大大增加。由表 2－1 可知，若把乙基季铵化的聚乙烯基吡啶催化反应(2－60)的速率作为 1，由长链季铵化的聚乙烯基吡啶作催化剂，反应速率将大大增加。

$$-CH_2CH(C_5H_4N)-CH_2-CH(C_5H_4N)- + C_{12}H_{25}Br \longrightarrow \underset{\mathbf{36}}{-CH_2CH(C_5H_4N^+C_{12}H_{25}\,Br^-)-CH_2-CH(C_5H_4N)-} \tag{2-59}$$

$$CH_3(CH_2)_{12}\overset{O}{\overset{\|}{C}}NO^- + CH_3\overset{O}{\overset{\|}{C}}O-C_6H_4-NO_2 \longrightarrow CH_3(CH_2)_{12}\overset{O}{\overset{\|}{C}}\underset{CH_3}{\underset{|}{N}}O\overset{O}{\overset{\|}{C}}CH_3 + {}^-O-C_6H_4-NO_2 \tag{2-60}$$

37

表2-1　高分子聚电解质的加速作用

添加物	相对反应活性
2-乙烯基吡啶的聚合物胶束(十二烷基含量30%)	3600
4-乙烯基吡啶的聚合物胶束(十二烷基含量33%)	1700
聚乙烯基吡啶(乙基季铵化)	1

在水溶液中，聚合物**36**会形成胶束，疏水性强的化合物**37**被高分子胶束吸附，与阳离子形成离子对。在疏水区域，该阴离子具有很高的催化活性。

另外，被水解的反应物若具有长链结构，如化合物**38**，则聚电解质对它的水解活性要比相应的乙酸酯高得多。例如用聚乙烯基咪唑水解**38**，比相应的乙基咪唑活性高1600倍。

$$CH_3(CH_2)_{10}\overset{O}{\overset{\|}{C}}O-C_6H_3(NO_2)-COO^-Na^+ \qquad -CH_2-\underset{NH_3^+}{\underset{|}{CH}}-$$

38　　　　**39**

疏水性和静电场效应结合起来，能进一步提高催化剂的活性。对于反应(2-61)，加入聚乙烯胺酸盐**39**，反应显著地加速了。而且随聚合度增加，反应速率也增大。这是由于聚合物骨架疏水、亲水的NH_3^+功能基，带有正电荷基团的聚电解质周围形成一个静电场，强烈地吸引阴离子，使阴离子在聚阳离子周围高度浓缩，大大加快了反应速率。

$$CH_2BrCOO^- + S_2O_8^{2-} \longrightarrow CH_2(S_2O_8)_{1/2}COO^- + Br^- \tag{2-61}$$

3. 功能基团之间的协同作用

在设计高分子催化剂时，要有效地应用协同效应。例如，对硝基苯酚乙酸酯的水解反应，用聚乙烯基咪唑、咪唑作催化剂。我们可以发现，随着溶液的pH变化，反应速率也随之变化(见表2-2)，存在一个极大值。其原因是：咪唑基的叔氮起催化作用，仲氮起协同作用，催化酯的水解反应[见反应式(2-62)]。在不同的酸度下，存在如反应式(2-63)所示的平衡反应。当pH增大，叔胺基增多，即催化基团数增大，但起协同作用的 NH 基减少，反应速率减慢；当 pH 减小，仲胺基增多，即协同基团数增大，起催化作用的叔胺基团数减少，反应速率减慢。这一现象广泛存在于酯的水解反应中。

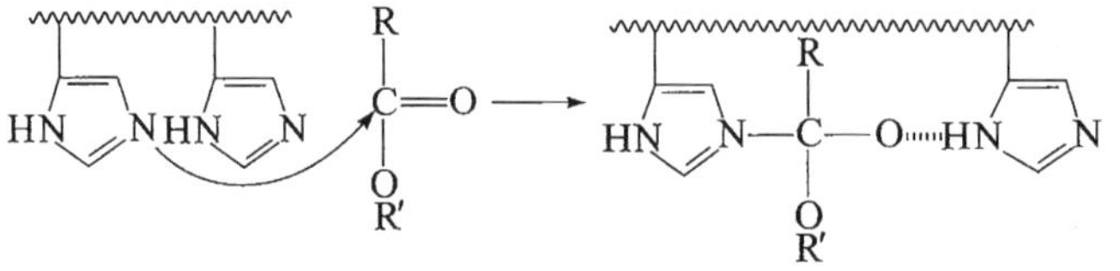

$$\text{(imidazole–imidazole polymer)} + R-C(=O)-OR' \longrightarrow \text{HN–imidazole–N–C(R)(OR')–O}\cdots\text{HN–imidazole} \tag{2-62}$$

$$\text{HN}^{+}\text{NH (imidazolium)} \underset{\text{pH 减小}}{\overset{\text{pH 增大}}{\rightleftharpoons}} \text{HN N (imidazole)} \underset{\text{pH 减小}}{\overset{\text{pH 增大}}{\rightleftharpoons}} \text{N}^{-}\text{N (imidazolate)} \tag{2-63}$$

表 2-2　咪唑和聚[4(5)-乙烯基咪唑]水解对硝基苯酚乙酸酯的反应速率

pH	$k_{cat}/(dm^3 \cdot mol^{-1} \cdot min^{-1})$	
	聚[4(5)-乙烯基咪唑]	咪唑
10% CH_3OH		
6.03	3.2	5.5
6.70	14.1	13.5
7.12	28.9	22.7
7.48	41.8	25.5
28.5% C_2H_5OH		
7.2	9.1	11.4
8.2	21.4	15.0
9.0	44.2	17.8

不仅在两种官能团之间存在协同作用，三个不同官能团之间也可能存在协同作用。例如聚合物 **40** 和 **41** 中含有咪唑基、羟基和羧基。对硝基苯酚乙酸酯进行水解反应时，它们的催化活性比相应的含两个不同官能团的催化剂 **42** 和 **43** 大，说明确实存在三个官能团之间的协同效应(见表 2-3)。

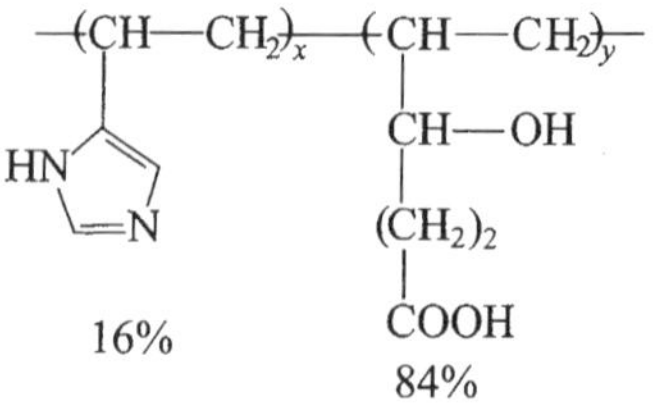

$$\text{+CH–CH}_2\text{+}_x\text{(imidazolyl, 16\%)}\ \text{+CH–CH}_2\text{+}_y\text{(–CH(OH)–(CH}_2)_2\text{–COOH, 84\%)}$$

40

$$\text{+CH–CH}_2\text{+}_x\text{(imidazolyl, 17\%)}\ \text{+CH–CH}_2\text{+}_y\text{(COOH, 42\%)}\ \text{+CH–CH}_2\text{+}_z\text{(OH, 41\%)}$$

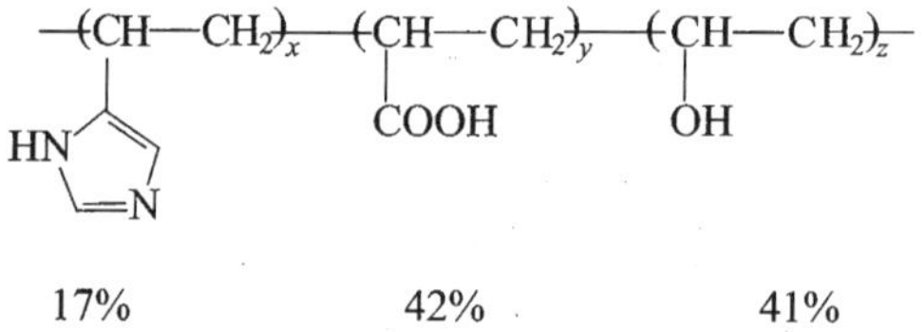

41

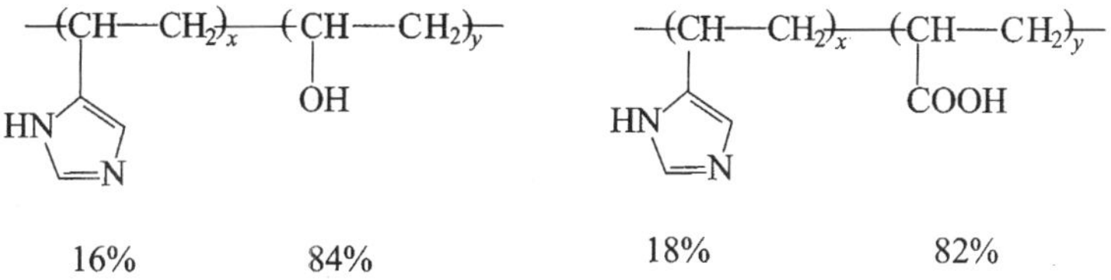

$-(CH-CH_2)_x-(CH-CH_2)_y-$（咪唑基；OH）　　$-(CH-CH_2)_x-(CH-CH_2)_y-$（咪唑基；COOH）

16%　84%　　18%　82%

42　　**43**

表 2-3　含多官能团的高分子催化剂催化对硝基苯酚乙酸酯的水解活性

催化剂	$k_{cat}/(dm^3 \cdot mol^{-1} \cdot min^{-1})$，$\mu=0.5mol/L$，pH=8.0
40	13.7
41	6.0
42	3.3
43	1.5

4．利用高分子特异结合场进行的聚合反应

1）模板聚合

在绪论中曾经提及，生物体内合成高分子具有非统计性，即它能合成相对分子质量均一、结构单元排列次序一定的聚合物。在生物合成的启示下，发展了一门特殊的聚合技术——模板聚合（template polymerization）。所谓模板聚合是指在聚合反应体系中，由于受到加入的另一种高分子的影响，使生成的聚合物具有与共存高分子相似的某些性质，如聚合度、相对分子质量分布和共聚物组成等。这是由于聚电解质中存在着某种结合能，影响了单体分子的排列和聚合物的生成，下面根据结合场的性质不同分别叙述。

（1）共价键结合。首先合成带有功能基的线形高分子，例如聚合物 **44** 溶解在适当的溶剂中，再与丙烯酰氯反应。在引发剂 AIBN 作用下，得到聚丙烯酸酯聚合物。水解后就可得到线形聚丙烯酸，其相对分子质量及相对分子质量分布与聚合物 **44** 基本上相似，如反应式(2-64)所示。

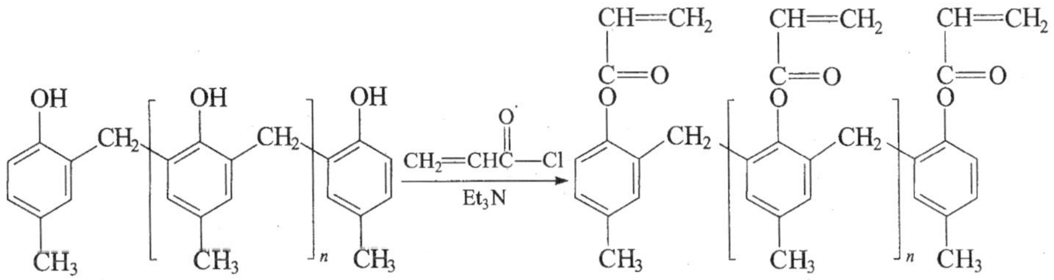

$$\textbf{44} \xrightarrow[Et_3N]{CH_2=CHC(=O)-Cl}$$

OH　CH_2　OH　CH_2　OH　CH_3　CH_3　n　CH_3

44

$CH=CH_2$　$C=O$　O　CH_2　CH_3　n

(2-64)

也可以先合成单体,然后进行聚合反应,例如反应式(2-65)所示。先合成单体,再在不同引发剂的作用下,得到聚合物;最后水解,得到两种相对分子质量和相对分子质量分布十分相似的聚合物。

(2-65)

(2) 静电场结合。在水溶液中,乙烯基吡啶进行聚合时,若加入聚苯乙烯磺酸,则聚合的反应按反应式(2-66)进行。这种聚合反应具有以下几种特点:①聚合物相对分子质量和相对分子质量分布与模板分子基本相似;②模板分子存在,使聚合反应加快。且模板相对分子质量越高,加速效应越显著;③当单体和模板分子的重复单元的摩尔比为1:1时,加速效应越显著;④若在体系中加入 H^+ 会起加速聚合作用,加入阳离子如 Na^+、K^+、Li^+ 等使聚合速率减慢。

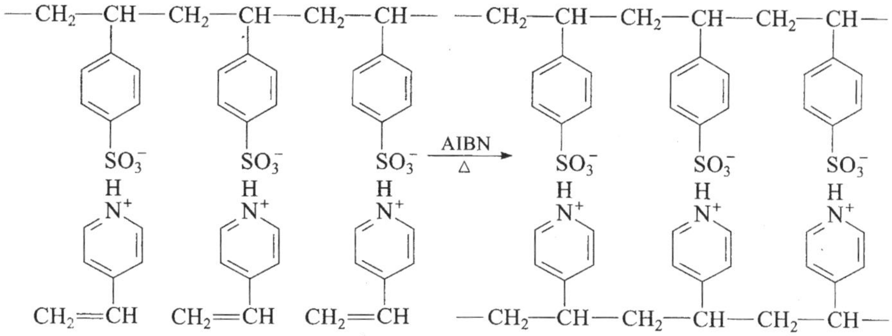

(2－66)

(3) 氢键相互作用。利用单体和模板聚合物之间的氢键相互作用,形成络合物,如在聚乙烯基吡咯烷酮存在下,丙烯酸进行的自由基聚合反应[见反应式(2－67)]。

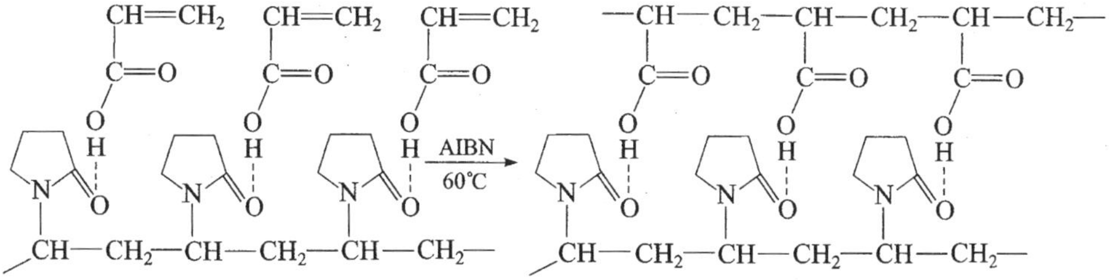

(2－67)

可以发现,加入聚(*N*-乙烯基吡咯烷酮)会使丙烯酸的聚合反应速率加快,而且当聚合物结构单元与丙烯酸单体的摩尔比为 1∶1 时,聚合速率最快。聚丙烯酸和聚乙烯基吡咯烷酮分离比较困难,可以用重氮甲烷处理成丙烯酸甲酯,这样分离就比较容易了。测定聚乙烯基吡咯烷酮和聚丙烯酸甲酯的相对分子质量,结果列于表 2－4,可以看出两者的相对分子质量十分接近。

表 2－4　用聚乙烯基吡咯烷酮作为模板进行丙烯酸自由基聚合

聚乙烯基吡咯烷酮的聚合度	聚丙烯酸的平均聚合度
72	76
360	450
720	950
1440	1850
3240	3475

(4) 电荷转移作用。电子受体和电子给体之间的相互作用可以形成络合物,再进行模板聚合。如乙烯基吡啶是电子给体,马来酸酐是电子受体,它们之间可以

形成 1∶1 的络合物。如果以聚(4-乙烯基吡啶)作模板,马来酸酐聚合,聚合反应在硝基甲烷中进行得很迅速,可以得到组成为 1∶1 的聚马来酸酐和聚乙烯基吡啶的混合物沉淀,将两种聚合物分离后,可以得到聚合度与聚乙烯基吡啶基本一样的聚合物[见反应式(2-68)]。

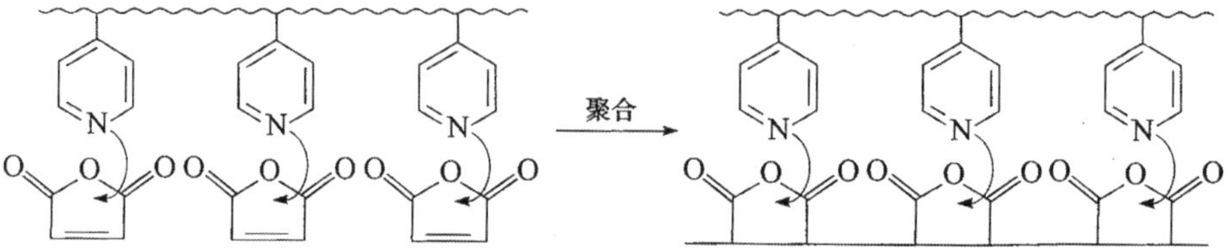

(2-68)

反过来,以聚丁烯二酸酐作模板,α-乙烯基吡啶或 4-乙烯基吡啶不需要加引发剂即能迅速聚合。聚合速率显著增大,且只有与模板络合的乙烯基吡啶才能聚合。

(5) 偶极相互作用。极性单体和模板聚合物之间可以通过偶极相互作用,使单体分子规整排列,然后进行模板聚合。例如,一般的聚丙烯腈只能被单体稍微溶胀。若丙烯腈在 77K 或 178K 用 γ 射线辐射,可以得到排开的聚丙烯腈[见反应式(2-69)]。它能与丙烯腈形成良好的共混体,除去过剩的丙烯腈。然后在 20℃ 进行 γ 射线辐射,可以发现混合物中的单体比普通情况下的丙烯腈的聚合速率快得多。这说明了模板效应的存在。

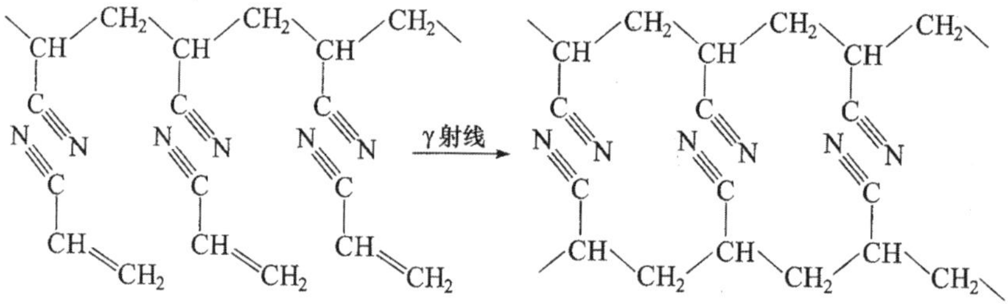

(2-69)

2) 其他结合场的聚合反应

以上讲的是模板聚合,是指单体在模板分子产生的力场作用下进行的聚合反应。下面介绍其他的在给定三维空间场内进行的聚合反应。

(1) 利用胶束的聚合反应。利用胶束进行的聚合反应不能控制聚合物的相对分子质量,但可以使聚合速率和聚合度增大。例如,形成胶束的 β-氨基丙酸酯能进行如反应式(2-70)所示的聚合反应,得到了聚丙酰亚胺。

$$3\ \text{〰S—C(=O)—CH}_2\text{CH}_2\text{NH}_3^+\text{Cl}^- \xrightarrow{\text{OH}^-} \text{〰S—C(=O)—CH}_2\text{CH}_2\text{NH}_2 + 2\ \text{〰S—C(=O)—CH}_2\text{CH}_2\text{NH}_3^+\text{Cl}^- \xrightarrow{\text{OH}^-}$$

$$\text{〰S—C(=O)—CH}_2\text{CH}_2\text{NH}_2 + \text{〰S—C(=O)—CH}_2\text{CH}_2\text{—NHC(=O)—CH}_2\text{CH}_2\overset{+}{\text{N}}\text{H}_3\text{Cl}^- + \text{〰SH} \longrightarrow \longrightarrow \longrightarrow$$

$$\text{—}\!\!\left(\text{C(=O)—CH}_2\text{CH}_2\text{NH}\right)_n\text{—C(=O)CH}_2\text{CH}_2\text{NH}_2 + 3\ \text{〰SH} \tag{2-70}$$

(2) 晶道聚合。有些有机化合物如尿素、硫脲、全氢三苯撑(perhydrotriphenylenc,**45**)等在结晶时,会形成形状、大小一定的管道。该管道提供了特殊的反应场。它使单体在管道中有规则地堆砌,得到的聚合物具有优良的立体规整性。例如,硫脲筒状物的内径为 6～7Å,可以将 2,3-二甲基丁二烯规则地排列在晶道内,在高能射线作用下聚合得到反式-1,4-聚合物。尿素形成的晶道内径小,可以包结丁二烯、氯乙烯和丙烯腈等单体,只有分子较大的丁二烯在高能电子作用下,得到 100%的反式-1,4-丁二烯聚合物。其余单体因包结不紧密,如,氯乙烯仅得到部分规整聚合物;丙烯腈得到无规共聚物。

45

HO　COOH

胆汁酸

胆汁酸是天然产物,它结晶形成层状聚合体。单体可包在层间,并进行聚合。例如丁二烯聚合可得到 100%反式-聚丁二烯。若将不对称单体包在里面聚合,可得到光学活性产率很高的聚合物。

(3) 拓扑化学聚合(topochemical polymerizatio)。拓扑化学聚合一般指单体在晶态时的聚合反应。在晶体中，单体分子有规律地紧密排列着，可聚合的功能基之间非常靠近，有较低的聚合活化能，易受光或热的激发而聚合。聚合物是高度结晶的，其晶形与单体晶形一致。这种聚合反应快，得到的聚合物的立构规整性好。例如1,4-二取代-1,3-丁二炔在晶态时受光照或加热生成深色的共轭的聚合物，具有半导体或光导电性。

2.2　高分子金属络合物

高分子金属络合物是指高分子配体与金属形成的络合物，它具有多种功能：①具有催化功能，能催化有机化学反应；②具有特殊的光、电磁性能，耐高温，可作导电高分子或耐热高分子等；③当高分子配体从溶液中捕集金属离子时，高分子形态会发生变化，产生所谓力化学效应。本节着重讲述用作催化剂的高分子金属络合物。

2.2.1　高分子金属络合物的合成方法

高分子金属络合物的合成方法可概略地表示为以下三种。

(1) 高分子配体与金属或金属络合物反应。高分子配位体与金属离子的络合反应，生成了三种结构的络合物：单配位、分子内螯合和分子间交联的三种络合物[见反应式(2-71)]。

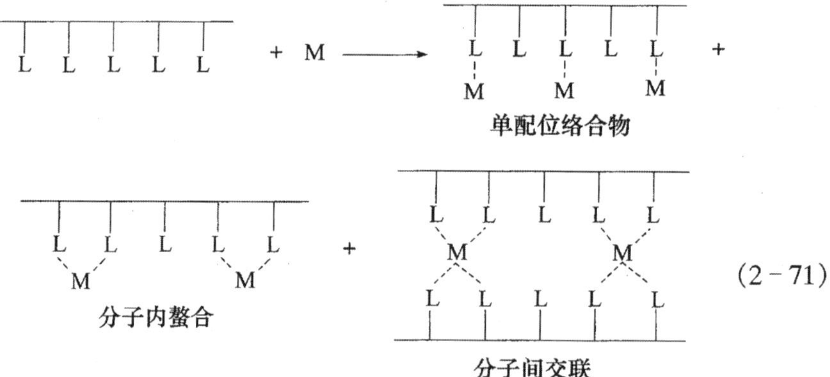

(2) 低分子配体与金属离子反应生成高分子金属络合物。含多配位基的低分子配体与金属离子相互作用，形成主链上含有金属离子的链状高分子[见反应式(2-72)]；或者通过低分子配体与金属离子反应，再经配体间缩合反应生成网状高分子[见反应式(2-73)]。

L L + M ⟶ M L L M L L M　　(2-72)

$$L + M \longrightarrow \begin{array}{c} -L-L-L-L- \\ M\ M\ M \\ -L-L-L-L- \\ M\ M\ M \\ -L-L-L-L- \end{array} \tag{2-73}$$

(3) 含金属的低分子络合物进行自由基聚合或进行缩聚反应。先合成稳定的、带有双键的低分子金属络合物单体，再进行烯类聚合；或含功能基的低分子金属络合物进行缩聚反应，制得高分子金属络合物[见反应式(2-74)]。

$$\begin{array}{c} F \\ | \\ L \\ \vdots \\ M \end{array} \longrightarrow \begin{array}{c} -\!\!(CH_2-CH)_n\!\!- \\ | \\ L \\ \vdots \\ M \end{array} \tag{2-74}$$

下面分别介绍以上三种高分子金属络合物的合成方法。

1. 高分子配位体与金属离子的络合反应

这是被广泛采用的一种方法。因为该方法可以利用现成的聚合方法，合成各种类型的高分子配位体；可以通过改变[配体]/[金属离子]的配比，制成一系列的金属络合物，并研究结构与性能的关系。这样的制备方法也存在一定的缺点：金属离子在聚合物上的分布不易均一；配位度，即配位基与金属离子的配位当量一般小于 1。尽管如此，由于该法合成方便，被普遍采用。

1) 配位体的合成

(1) 首先合成含配位基的烯类单体，然后进行聚合反应。反应式(2-75)是一个例子。将甲基丙烯酸甲酯在碱件条件下与丙酮缩合，得到含 1,3-丁二酮配体的烯类单体，再进行聚合反应。

$$CH_2{=}\underset{COOCH_3}{\overset{CH_3}{C}} + CH_3\overset{O}{\overset{\|}{C}}CH_3 \xrightarrow[CH_3OH]{OH^-} CH_2{=}\overset{CH_3}{C}-C(=O)-CH_2-C(=O)-CH_3 \xrightarrow[\triangle]{AIBN} -\!\!(CH_2-\overset{CH_3}{C})_n\!\!- \text{ with side chain } C(=O)-CH_2-C(=O)-CH_3 \tag{2-75}$$

$$CH_2{=}CHBr \xrightarrow[Et_2O]{Mg} CH_2{=}CHMgBr \xrightarrow{ClPPh_2} CH_2{=}\underset{PPh_2}{CH} \xrightarrow[\triangle]{AIBN} -\!\!(CH_2-\underset{PPh_2}{CH})_n\!\!- \tag{2-76}$$

合成含膦配体的聚合物也可以采用先合成含膦配体的烯类单体，再进行自由基聚合或共聚合[见反应式(2－76)]。该方法可以将配位基团原封不动地引入高分子，其络合能力通常由于位阻而降低。

(2) 含有配位基的单体进行缩合反应。有一些化合物具有配位基，例如水杨酸，能进行缩合反应，得到含配位基的高分子[见反应式(2－77)]。

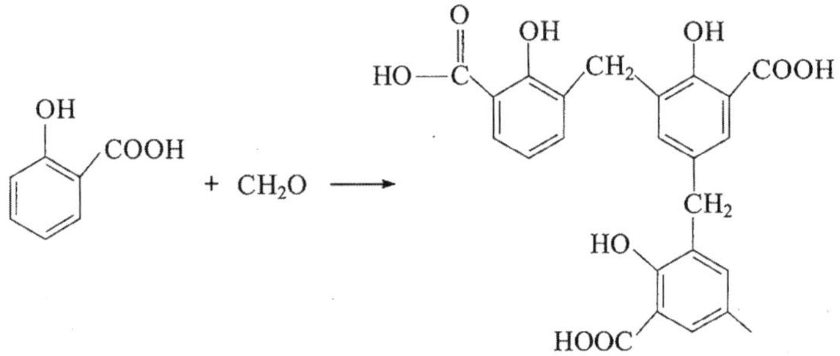

OH COOH + CH_2O ⟶ HO—C(=O) OH CH_2 OH COOH CH_2 HO HOOC (2－77)

(3) 通过高分子反应，将配位基接到高分子上。这是目前采用最多的方法。例如，从交联聚苯乙烯小球出发，通过高分子反应，接上各种配位基团[见反应式(2－78)]。

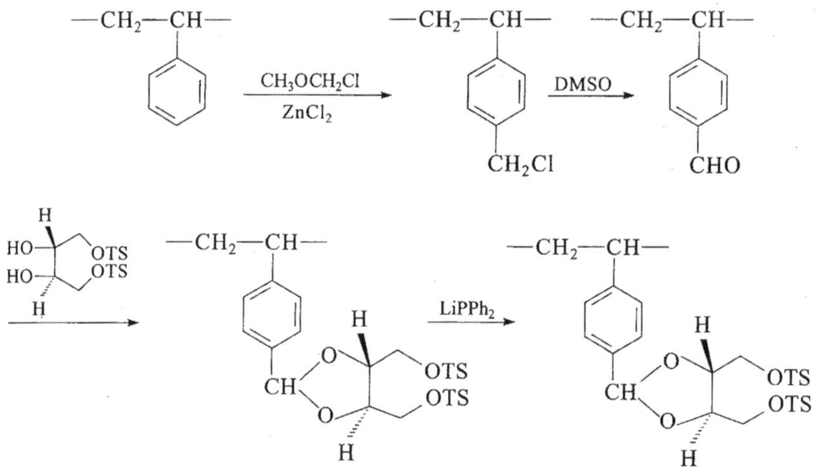

—CH_2—CH— $\xrightarrow[ZnCl_2]{CH_3OCH_2Cl}$ —CH_2—CH— CH_2Cl $\xrightarrow{DMSO}$ —CH_2—CH— CHO

H HO OTS HO OTS H ⟶ —CH_2—CH— CH O O H OTS OTS H $\xrightarrow{LiPPh_2}$ —CH_2—CH— CH O O H OTS OTS H

(2－78)

2) 与金属离子的络合反应

(1) 单配位络合物。当配位基只含有一个配位原子，与它反应的金属离子或金属络合物只有一个空配位时，生成单配位络合物。若金属离子上含有两个空配位，则要选择合适的反应条件和配比，如高分子配体与过量的金属离子反应，则大部分生成单配位络合物。例如，Co(Ⅲ)的乙二胺水溶液，慢慢加到聚(4-乙烯基吡啶)的乙醇溶液中。加完后在80℃反应2～6h，就得到结构稳定的高分子金属络合物[见反应式(2－79)]。分析聚合物中金属离子与乙烯基吡啶的当量比，可以发现只有部分乙烯基吡啶与 Co(Ⅲ)离子配位。影响高分子配体的配位能力的因素有：①空间位阻。若高分子链上每个配位基都与低分子金属络合物反应，则官能团之间的空间位阻较大。例如反应式(2-79)中，Co(Ⅲ)和乙二胺络合物占据较大的空间。②静电斥力。反应式(2-79)中，配体形成络合物时，生成了正电荷，相邻基团的斥力阻止了络合反应的进行。③聚合物的规整性亦影响配位能力。例如聚苯乙烯与三乙腈三羰基铬的络合反应[见反应式(2-80)]，其络合反应活性按如下顺序减小：无规＞全同立构＞交联聚苯乙烯。

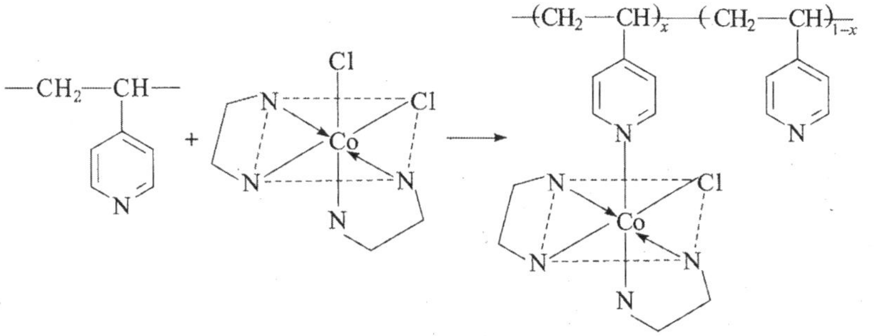

(2-79)

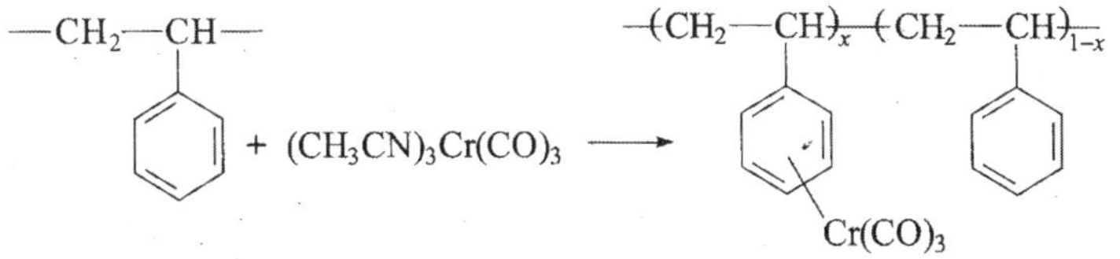

(2-80)

(2) 多配位络合物。当高分子配体含有两个或两个以上的配体原子或配位基团时，如 $N(CH_2COOH)_2$，$N(CH_2)_nNH_2$，$N(CH_2)_nOH$ 和 $NC(=S)S^-$，就有可能与金属离子形成多配位结构的络合物。例如，化合物 **46** 与 $CuCl_2$ 的反应，生成多配位络合物[见反应式(2-81)]：

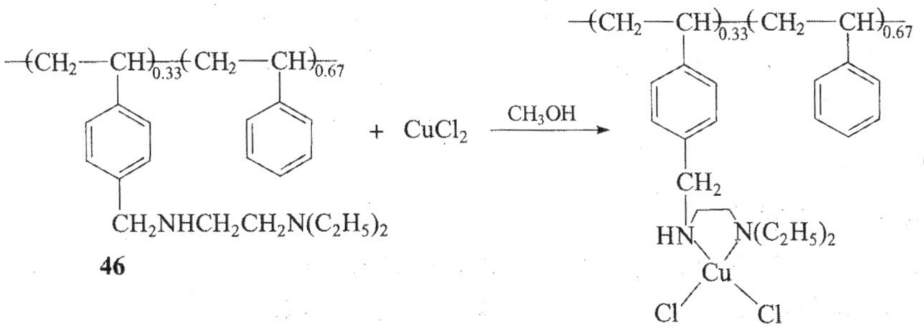

(2-81)

(3) 分子间交联。高分子配体与金属离子反应，常常生成分子内或分子间的交联结构。得到的聚合物不溶于水或有机溶剂，加温时不熔融。例如，聚(4-乙烯基吡啶)与化合物 **47** 反应时，可生成交联结构的聚合物[见反应式(2-82)]。

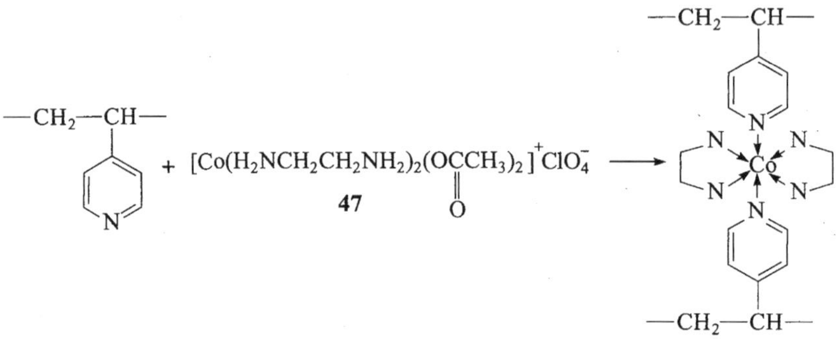

$$\text{—CH}_2\text{—CH—(4-pyridyl)} + [Co(H_2NCH_2CH_2NH_2)_2(OCCH_3)_2]^+ClO_4^- \ (\mathbf{47}) \longrightarrow \text{polymer-bound Co complex} \quad (2-82)$$

2. 低分子配体与金属离子的反应

1) 线形高分子

这类高分子主链是以螯合键形成的。聚合物的相对分子质量一般较低。早在20世纪50年代就有对这类高分子的合成研究,以期得到耐热、半导体高分子。低分子配体上含有两个或两个以上配位原子,它们与两个或两个以上空配位的金属离子反应时,就有可能生成高分子金属络合物。例如反应式(2-83)所示的聚合反应,得到主链为螯合键的高分子金属络合物。

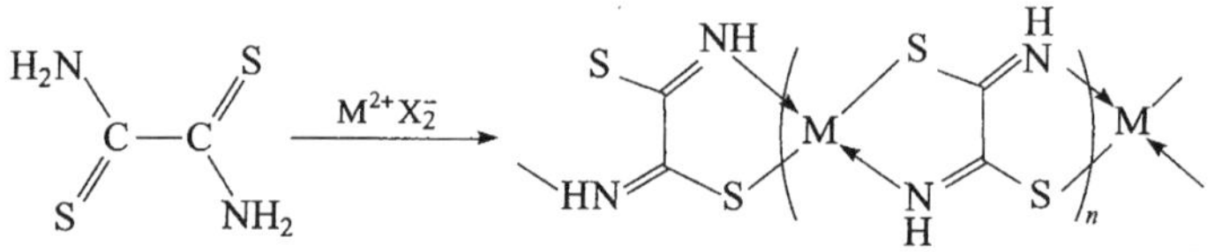

$$H_2N\text{—C(=S)—C(=S)—}NH_2 \xrightarrow{M^{2+}X_2^-} \text{[—M—(chelate)—]}_n \quad (2-83)$$

也可以通过化学反应合成主链含金属的高分子。例如以炔类化合物与金属络合物反应,生成具有刚性结构的聚合物[见反应式(2-84)],它可以溶解在多种有机溶剂中。

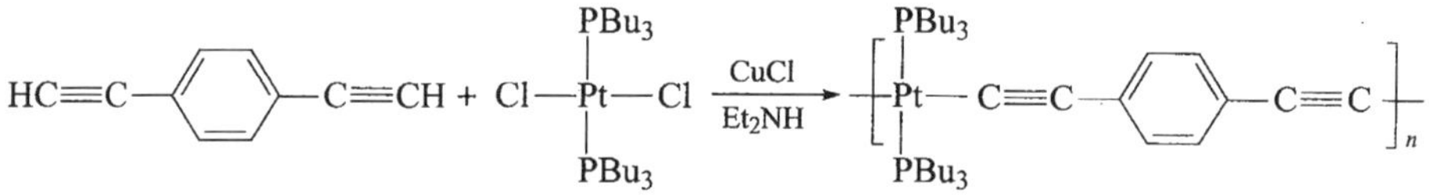

$$HC\equiv C\text{—C}_6H_4\text{—}C\equiv CH + Cl\text{—}Pt(PBu_3)_2\text{—}Cl \xrightarrow[Et_2NH]{CuCl} \left[\text{—}Pt(PBu_3)_2\text{—}C\equiv C\text{—C}_6H_4\text{—}C\equiv C\text{—}\right]_n \quad (2-84)$$

2) 镶嵌型、交联的高分子

配体上除了含有两个和两个以上配位原子外,还要求配位基之间能互相反应,有可能生成镶嵌型交联高分子。例如,均苯四乙腈与金属离子反应,就可以得到镶嵌型的高分子[见反应式(2-85)]。这种高分子金属络合物可以作半导体材料、颜料和催化剂。

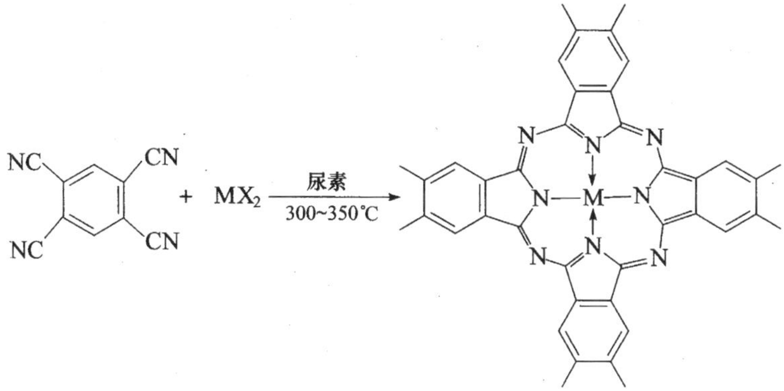
NC
CN
NC
CN
+ MX2
尿素
300~350℃
N
N
N
N
N
M
N
N
N

(2-85)

3. 含金属的烯类单体的聚合反应

这类聚合物有明确的配位结构。只是单体合成较为困难，数目相当有限。例如，含 Fe^{3+} 的烯类单体 **48**，经聚合后，得到含铁配位络合物的聚合物[见反应式(2-86)]。

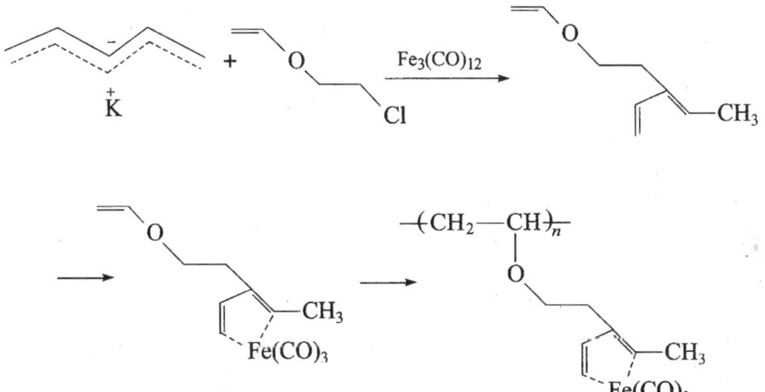
K
+
O
Cl
Fe3(CO)12
O
CH3
O
CH3
Fe(CO)3
CH2
CH
n
O
CH3
Fe(CO)3

48

(2-86)

2.2.2 高分子金属络合物的催化反应

金属酶具有很高的催化活性和选择性，而高分子金属络合物是金属离子和高分子配体的复合体，可以期望它有较高的催化活性和选择性。它催化的反应包括：氧化、加氢、醛化、过氧化氢分解、自由基引发聚合和不对称合成等。下面分别叙述。

1. 氧化反应

与相应的低分子金属络合物比较，用高分子金属络合物作有机氧化反应的催化剂，其优点是：①反应平稳，安全；②提供了特殊的反应环境，提高了催化反应活性，所以氧化产物的收率高；③选择性好。例如重铬酸本身是一个很好的氧化反应催化剂，如果把 $Na_2Cr_2O_7$ 制成高分子催化剂 **49**，则能催化伯醇氧化成醛、仲醇氧化为酮[见反应式(2－87)]。其氧化产物的产率是很高的(见表 2－5)。这说明该催化剂具有很高的催化活性；而且不会把醛继续氧化成酸，具有较高的选择性。

$$\text{Ⓟ}-C_6H_4-CH_2\overset{+}{N}(CH_3)_3HCrO_4^- \ (\mathbf{49}) + \begin{matrix}R_1\\R_2\end{matrix}\!>CHOH \longrightarrow \begin{matrix}R_1\\R_2\end{matrix}\!>C{=}O \qquad (2-87)$$

表 2－5　高分子催化剂 49 催化醇氧化反应的结果

反应物	产物	产率/%
$C_6H_5-CH_2OH$	C_6H_5-CHO	98
$n\text{-}C_7H_{15}CH_2OH$	$n\text{-}C_7H_{15}CHO$	94
$(CH_3)_2C{=}CHCH_2OH$	$(CH_3)_2C{=}CHCHO$	91
$n\text{-}C_9H_{19}-CH(OH)-CH_3$	$n\text{-}C_9H_{19}-C(=O)-CH_3$	73
环己基—OH	环己基=O	77
芴基—OH	芴基=O	97

50

从乙苯氧化制取苯乙酮可以使用多种高分子金属络合物。如将聚丙烯腈包敷在二氧化硅的表面，然后经过热处理得到如 **50** 所示的结构式。它能与 Cu^+、Cu^{2+}、Co^{2+} 和 Mn^{2+} 等金属离子络合形成高分子络合物。得到的络合物 **50** 催化乙苯进行氧化反应[见反应式(2－84)]。若金属离子为 Cu^{2+} 时，产率可达 87%[见反应式(2－88)]；若用离子交换树脂与 Co^{2+} 的络合物，乙苯可以被空气定量地氧化成苯乙酮。对于异丙苯，能催化氧化成枯基醇和苯乙酮[见反应式(2－89)]。

$$C_6H_5CH_2CH_3 \xrightarrow[100℃,\ 48h]{Cu^{2+}} C_6H_5-C(=O)-CH_3 \ (87\%) \qquad (2-88)$$

$$C_6H_5-CH(CH_3)-CH_3 \xrightarrow[100^\circ C,\ 48h]{Cu^{2+}} C_6H_5-\underset{\text{收率28\%}}{C(=O)-CH_3} + C_6H_5-\underset{\text{收率63\%}}{C(CH_3)(OH)-CH_3} \qquad (2-89)$$

2. 加氢反应

已有大量的文献报道了高分子金属络合物作烯烃加氢反应的催化剂，并证明了该催化剂比相应的低分子催化剂具有很多优越性，这与高分子配体具有下列功能有关。

(1) 作金属络合物的载体制成固相催化剂。例如，$Ir(PPh_3)_2(CO)Cl$ 能催化环辛二烯进行加氢反应，生成环辛烷。虽然该催化剂的活性高，但反应结束后不容易从反应体系中分离，这样影响产率和产品的纯度。若将该金属络合物接到高分子配体上，形成络合物 **51**。反应结束后，只要通过过滤就能将催化剂回收，不仅提高了产品收率和纯度，而且催化剂可重复使用。

$$\text{Ⓟ}-C_6H_4-(PPh_2)_x\,Ir(PPh_3)_{2-x}(CO)Cl$$

51

(2) 由于高分子配体的位阻效应，造成金属离子的配位不饱和，使催化剂具有较高的活性。高分子铑络合物催化烯烃进行加氢反应时，其机理如图 2-8 所示。只有 Rh(Ⅰ)有空配位时，才有可能与氢分子加成为二氢化物。该化合物可以用核磁共振氢谱检测到；然后 Rh(Ⅱ)与烯烃形成络合物 Rh(Ⅲ)；经迁移插入反应，生成铑的烷基化合物(Ⅳ)；进一步消去烷基，活性 Rh(Ⅰ)又复原。加氢反应如此循环。

从图 2-8 所示的机理可以看出，金属离子上至少要有一个空配位，才能与反应物生成络合物，完成催化反应。而高分子链的位阻效应，将有助于形成金属离子

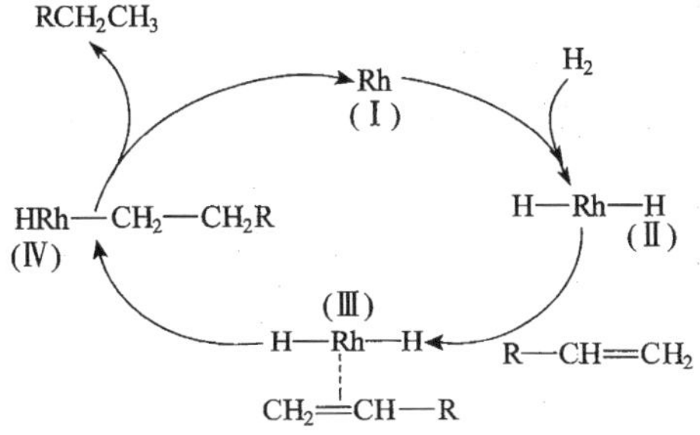

图 2-8 铑络合物催化烯烃加氢反应机理

的空配位，增加加氢反应的催化活性。例如，聚炔烃与 Rh 的络合物 **52**，由于刚性链结构，妨碍了配位体与金属离子进一步配位，使金属铑存在空配位，提高了它的催化活性。

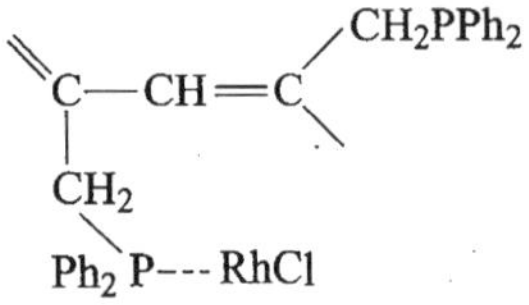

52 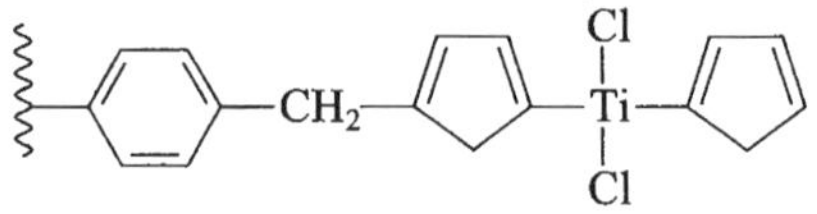　　**53**

(3) 高分子链结构的位阻效应，防止因催化活性基的二聚或多聚而降低催化活性。二茂钛络合物有较高的催化活性，可是在均相催化加氢时容易发生二聚或三聚，使催化活性大为降低。若把它接到高分子配体上，形成高分子络合物 **53**。它催化活性要比相应的低分子络合物的活性高 15～120 倍。这是由于高分子链的位阻防止了二茂钛二聚或多聚。

(4) 高分子配位体增加了金属络合物的选择性。高分子金属络合物的选择性规律至今没有能很好掌握，但能增加加氢反应的选择性已被公认。例如络合物 **54** 催化乙烯基环己烯加氢反应时，生成 90% 左右的单烯烃，只生成少量的饱和烷烃[见反应式(2-90)]。该催化剂催化双烯烃加氢生成单烯烃的速率要比单烯烃加氢生成烷烃的速率快。又如催化剂 **55** 对催化支链化烯烃有很高的选择性。

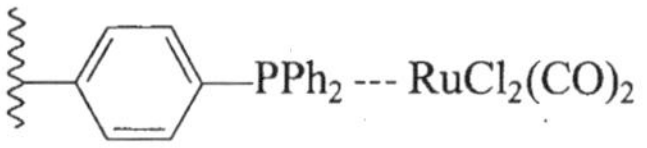

54 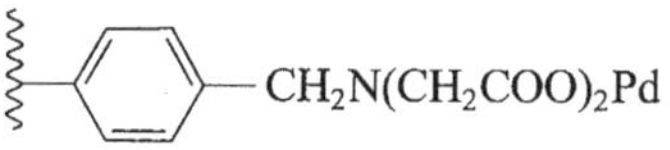　　**55**

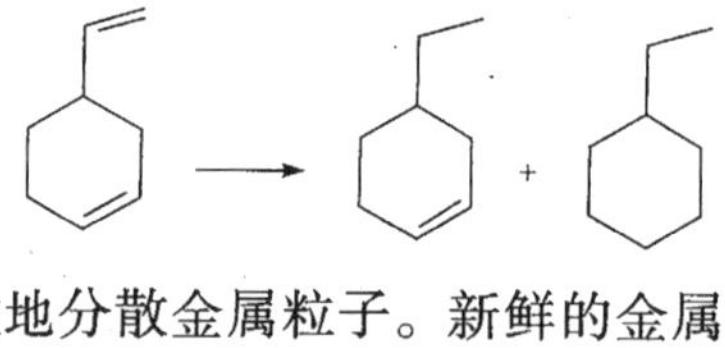

(2-90)

(5) 高分子链能有效地分散金属粒子。新鲜的金属粒子，如钯和铂等粒子具有很高的加氢催化活性。一般方法制备的金属粒子较大，活性较小，使用寿命较短。人们将金属粒子分散在聚合物链结构里，以制备粒子小、催化活性高的纳米金属粒子。例如，将 $RhCl_3$、甲醇和聚乙烯基吡咯烷酮(PVA)组成的混合物，加热回流，刚开始生成直径为 8Å 的铑粒子，以后慢慢长大成直径为 40Å 的铑粒子[见反应式(2-91)]。

$$RCl_3 \xrightarrow[\text{CH}_3\text{OH}]{\text{聚乙烯基吡咯烷酮}} \underset{\text{络合物}}{Rh^{3+}\text{—PVA}} \longrightarrow \text{Rh 粒子(8Å)} \longrightarrow \text{Rh 粒子(40Å)} \qquad (2-91)$$

甲醇还原 Rh^{3+} 生成金属铑的过程如反应式(2-92)所示。采用同样方法可以制备分散在聚乙烯基吡咯烷酮的钯粒子[见反应式(2－93)]。

$$RhCl_3 + 3/2CH_3OH \longrightarrow Rh^{(0)} + 3/2CH_2O + 3HCl \tag{2-92}$$

$$PdCl_2 + CH_3OH \xrightarrow[\text{吡咯烷酮}]{\text{聚乙烯基}} Pd^{(0)} + CH_2O + 2HCl \tag{2-93}$$

人们发现,纳米铑粒子具有很高的催化活性,它能在常温、常压下催化烯烃进行加氢反应,并且随着胶体粒子减小,催化剂的活性增加(见表 2－6)。

表 2－6　不同胶体铑粒子对烯烃催化活性的影响

反应物	烯烃的类型	加氢速率/[$mgH_2·(molRh)^{-1}·s^{-1}$]		
		3.4nm	2.2nm	0.9nm
1-乙烯	末端	15.8	14.5	16.9
环乙烯	内烯	5.5	10.3	19.2
甲基乙烯酮	末端	3.7	4.3	7.9
丙烯酸甲酯	末端	11.2	17.7	20.7
甲基丙烯酸甲酯	末端	5.8	15.1	27.6

3. 烯烃的羰基化反应

烯烃是石油化工的重要工业产品,通过羰基化反应可以合成脂肪醛、脂肪酸、脂肪酯及许多化工原料。所以这是一重要反应。

(1) 醛化反应。最常用的醛化反应的催化剂是膦铑络合物 **56**。可以将该络合物接到高分子上制成高分子催化剂 **57**[见反应式(2－94)]。

Ⓟ—C₆H₄—Br + PhP(Li)CH₂CH₂PPh₂ ⟶

Ⓟ—C₆H₄—P(Ph)CH₂CH₂PPh₂ + RhH(CO)(PPh₃)₃ ⟶ Ⓟ—C₆H₄—P(Ph)(CH₂CH₂)PPh₂·RhH(CO)PPh₃

56　　**57**

(2－94)

在 CO,H_2 存在下,该络合物可以催化烯烃进行醛化反应。如 1-戊烯的醛化反应,得到正构(n)和异构(b)两种醛(**58** 和 **59**)[见反应式(2－95)]。用 $Rh(CO)(PPh_3)_3$作催化剂时,当 P/Rh＝19 则 $n/b \approx 3.3$。人们研究发现,在均相溶液中,存在如反应式(2－96)所示的平衡。双膦配位的铑络合物 **60** 催化烯烃进行醛化反应时,主要生成物为正构醛 **58**。单膦配位的铑络合物 **61** 催化烯烃进行醛化反应时,主要生成异构醛 **59**。可见,在体系中加入 PPh_3 配体有利于正构醛的生成。如果要提高产物中正构醛的比例，在合成高分子催化剂时，要使用高膦含量的配体，制备高 P/Rh 比的高分子金属络合物。例如，选择有 40％以上苯基接有膦配位基的高分子配体，当 P/Rh = 19，在催化 1-戊烯进行醛化反应时，$n/b = 12.1$。因为在局部区域内，膦配体的浓度 10 倍于均相体系的浓度。

$$C_3H_7CH{=}CH_2 \xrightarrow{CO/H_2} \underset{\mathbf{59}}{C_3H_7\overset{\overset{\displaystyle CHO}{|}}{C}HCH_3} + \underset{\mathbf{58}}{C_5H_{11}CHO} \tag{2-95}$$

$$RhH(CO)(PPh_3)_3 \underset{+PPh_3}{\overset{-PPh_3}{\rightleftharpoons}} \underset{\mathbf{60}}{RhH(CO)(PPh_3)_2} \underset{+PPh_3}{\overset{-PPh_3}{\rightleftharpoons}} \underset{\mathbf{61}}{RhH(CO)(PPh_3)} \tag{2-96}$$

除了高分子膦铑络合物外，高分子钴络合物如 **62**，也是烯烃醛化反应的催化剂，能在温和的条件下，催化戊烯-1 或环己烯进行醛化反应。这一类催化剂比较稳定，即使暴露在空气中，仍能保持一定的活性，且能回收使用，特别适宜作工业化催化剂。

$$\text{—}C_6H_4\text{—}CH_2\text{—}P(Ph)_2\text{—}Co(CO)_2\text{—}Co(CO)_2\text{—}P(Ph)_2\text{—}CH_2\text{—}C_6H_4\text{—}$$

62

(2) 酰化反应。卤代烯烃经羰基化反应可以合成酰氯。例如氯丙烯在催化剂 **63** 作用下，与一氧化碳反应，生成了丁烯酰氯[见反应式(2－97)]。若用均相催化剂$[Pd(NH_3)_4]^+$，当催化剂浓度低时，则产率和选择性均较好；在高催化剂浓度下，由于金属钯的聚集，生成活性低、结构未知的复合物，催化活性较低。若用高分子催化剂 **63**，即使在高浓度下，其活性基本不变。

$$\text{Ⓟ—}C_6H_4\text{—}SO_3^-[Pd(NH_3)_4]^+$$

63

$$CH_2{=}CHCH_2Cl + CO \xrightarrow[1000psi]{100℃} CH_2{=}CHCH_2\overset{\overset{\displaystyle O}{\|}}{C}\text{—}Cl \tag{2-97}$$

(3) 酯化反应。丙烯在一氧化碳和甲醇存在下，用膦钯锡络合物 **64** 作催化剂，可以制备丁酸甲酯[见反应式(2－98)]。生成正构酯的选择性可达 85％。

$$CH_2{=}CH\text{—}CH_3 \xrightarrow[CO/CH_3OH]{\text{Ⓟ—}C_6H_4\text{—}PPh_2Pd(SnCl_3)PPh_3\ (\mathbf{64})} C_3H_7\overset{\overset{\displaystyle O}{\|}}{C}\text{—}OCH_3 + CH_3\text{—}\overset{\overset{\displaystyle COOCH_3}{|}}{C}H\text{—}CH_3 \tag{2-98}$$

4. 自由基聚合反应

有些高分子金属络合物能引发烯类单体进行自由基聚合反应。通常情况下，其活性比相应的低分子金属络合物高。最典型的例子是 Cu^{2+} 与聚乙烯醇、聚乙烯胺、纤维素和淀粉等的络合物。表 2－7 列出 Cu^{2+} 和多种高分子配体形成的络合物，在含有少量四氯化碳的水溶液中，能引发多种烯类单体进行聚合反应。一般认为这是自由基引发聚合机理。例如尼龙-6 与 Cu^{2+} 的络合物，在 CCl_4 存在下，发生如反应式(2－99)所示的聚合反应。

$$\sim\sim\overset{\displaystyle O}{\overset{\|}{C}}(CH_2)_5\overset{\displaystyle Cu^{2+}\leftarrow NH_2}{\overset{\uparrow}{HN}}{-}\underset{\displaystyle O}{\underset{\|}{C}}{-}(CH_2)_5 \longrightarrow Cu^{+}NH_2{-}(CH_2)_5{-}\overset{\displaystyle O}{\overset{\|}{C}}{-}\dot{N}{-}(CH_2)_5{-}\overset{\displaystyle O}{\overset{\|}{C}}\sim\sim$$

$$\xrightarrow{CCl_4} \cdot CCl_3 \xrightarrow{MMA} MMA\cdot \longrightarrow \longrightarrow \longrightarrow P(MMA) \qquad (2-99)$$

其聚合反应活性与反应条件有关系。例如，聚乙烯胺/Cu^{2+} 络合物在 CCl_4-H_2O 存在下，引发丙烯腈和甲基丙烯酸甲酯的聚合反应，聚合物收率与溶液的 pH 显示如图 2－9 所示的关系，在 pH7.7 附近显示极大值。当 pH 在 9.4 以后继续增大，聚合物产率显著增加。原因是，pH 在 4～7.7 之间，因有铵离子 NH_3^+ 存在，抑制了 Cu^{2+} 还原成 Cu^+ 的反应，自由基生成速率减少，聚合速率降低。当 pH 在 7.7～9.4 之间，铵离子变成游离胺，易使 Cu^{2+} 还原成 Cu^+；另一方面，高分子链在碱性溶液中收缩，抑制了氧化还原反应。由于后一种因素超过了前者，使反应活性略为下降。当 pH>9.4，OH^- 的存在有利于 Cu^{2+} 还原反应和氮自由基的生成，所以活性迅速增大。

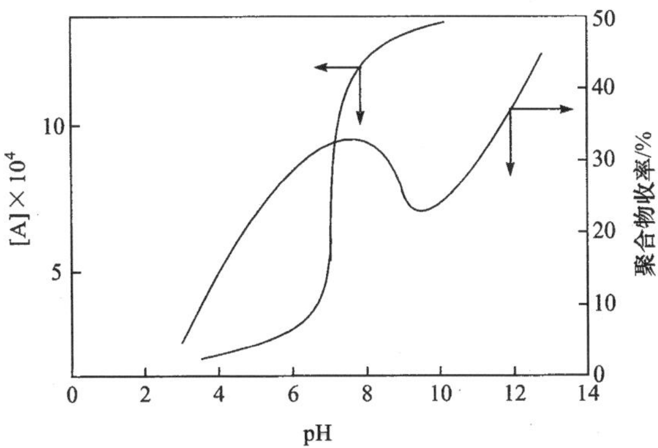

图 2－9　聚合物收率及 NH_2 浓度[A]与 pH 的关系

表 2-7　Cu(Ⅱ)的高分子金属络合物引发烯类单体的聚合反应

金属离子	高分子配体	引发聚合的单体
Cu(Ⅱ)	$-[CH_2-CH_2]_m-[CH_2-CH(NH_2)]_n-$	丙烯腈
Cu(Ⅱ)	$-[CH_2-CH(NH_2)]_n-$	丙烯腈
Cu(Ⅱ)	$-[CH_2-CH(OH)]_n-$	丙烯腈
Cu(Ⅱ)	$-[CH_2-CH(OH)]_m-[CH_2-CH(NH_2)]_n-$	丙烯腈
Cu(Ⅱ)	$-CH_2-CH(C_5H_4N)-$	丙烯腈
Cu(Ⅱ)	纤维素	MMA
Cu(Ⅱ)	可溶性淀粉	MMA

2.3　高分子金属络合物结构与催化活性

2.3.1　催化活性基的活性不等同性

前面已经讨论过，高分子催化剂有着与低分子催化剂不同的特点。例如，对于交联高分子催化剂，并不是催化剂上所有的活性基都具有相同的催化活性。催化剂 **65** 是将1,4-二氢烟酰胺接到交联的大孔聚苯乙烯小球上制成的。它催化化合物 **66** 进行如反应式(2-100)所示的反应。

$$\text{Ⓟ}-C_6H_4-CH_2N(C_5H_4)(H)(H)-C(=O)-MH_2$$

65

$$\underset{\mathbf{66}}{\text{(9-H-10-}CH_3\text{-acridinium)}\ ClO_4^-} \longrightarrow \text{Ⓟ}-C_6H_4-CH_2N^+(C_5H_4)-C(=O)-MH_2 + \text{(9,9-}H_2\text{-10-}CH_3\text{-acridan)} \qquad (2-100)$$

用紫外光谱法追踪 **66** 的浓度，可以发现随着树脂中 1,4-二氢烟酰胺浓度的减少，表观反应速率减慢（见图 2-10）。进一步研究发现，剩余的1，4-二氢烟酰胺从树脂表面到内部逐渐增加。这说明处于树脂表面的活性基易起催化反应。

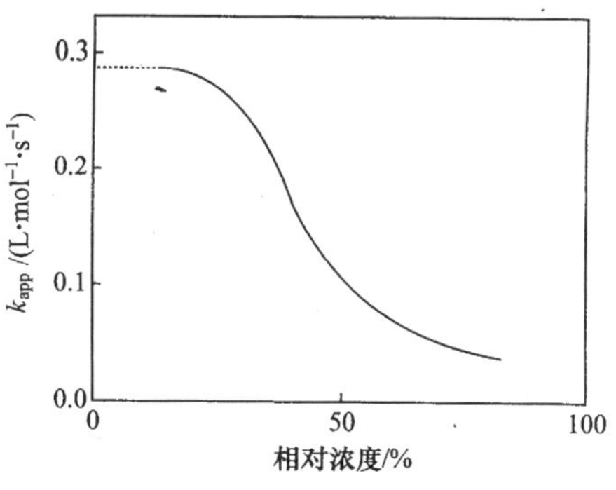

图 2-10　1，4-二氢烟酰胺浓度与表观反应速率的关系

对线形聚合物制成的催化剂，在浓度稀时，以线团形式存在。线团区域像一个微反应器。活性基接在高分子链上，并参与链段运动。因此，高分子链结构、活性基种类、活性基之间的平均链长、链的柔性、沿高分子链的电荷分布等都会影响催化活性。影响微反应的其他因素，如溶剂的种类、温度、外加离子等均影响催化活性。下面讨论各种效应。

2.3.2　多配位基团效应

1. 基本概念

在线团内部或在交联的高分子小球内，配位基团的局部浓度较大，一旦金属离子进入线团，与第一配位基形成络合物后，二配位、三配位反应就比较容易，这就是多配位基团效应(polydentate effect)。例如，聚(4-乙烯基吡啶)在水溶液中与 Cu^{2+} 进行络合反应，生成含有 4 个吡啶基的配位络合物[见反应式(2-101)]。

$$\text{～}\!\!-\!\!\text{C}_5\text{H}_4\text{N} + Cu^{2+} \longrightarrow \text{～}\!(\text{C}_5\text{H}_4\text{N})_4\!\!\rightarrow Cu^{2+} \qquad (2-101)$$

测定 4 个反应的络合常数可以发现，第一步络合常数较相应的吡啶基小，而第二、三和四步络合常数比吡啶基大得多（见表 2-8）。这说明 Cu^{2+} 一旦进入高分子线团，并与其中一个基团络合，由于吡啶基团的局部浓度较高，使与第二、三和四个吡啶基配位就十分容易。另外，聚(4-乙烯基吡啶)和 Cu^{2+} 的表观络合常数比吡啶大10^2～10^4 倍，这说明由于多配位基团效应提高了高分子配位体的络合能力。

表 2-8　Cu(Ⅱ)-聚(4-乙烯基吡啶)的表观及各步络合物常数

$\overline{DP}$	各步络合常数/(L/mol)				表观络合常数/(L/mol)
	$\lg k_1$	$\lg k_2$	$\lg k_3$	$\lg k_4$	$\lg k_{app}$
108	1.1	2.6	2.7	4.4	9.7
19	1.1	2.2	2.7	4.6	10.5
1	2.5	1.9	1.3	0.8	6.5

可以预见,当配位基的配位能力弱,金属的配位数较高,即络合物分子中含有较多配位基团时,多配位基团效应越明显。

2．多配位基团效应的作用

1）高分子催化剂的重复使用

高分子金属络合物中的金属离子,由于多配位基团效应不易扩散到交联的高分子小球外面。这就是高分子金属络合物作为催化剂使用时,可以连续、重复使用的基本原因。

2）防止金属络合物二聚或三聚成催化活性较低的络合物

一些催化活性较高的低分子金属络合物,因为发生二聚或三聚,生成了活性较低的络合物。例如硫醇氧化反应生成硫醚,用酞花菁四磺酸钠-钴络合物[$CoPc(SO_3Na)_4$]作催化剂[见反应式(2-102)]。

$$4RSH + O_2 \xrightarrow{CoPc(SO_3Na)_4} 2RSSR + 2H_2O \qquad (2-102)$$

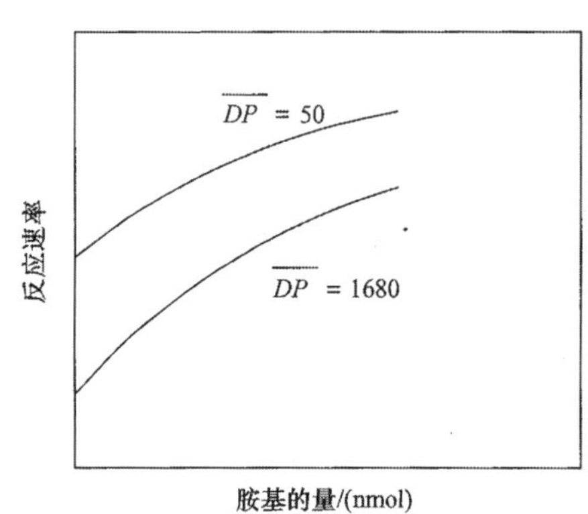

图 2-11　聚乙烯胺的相对分子质量及用量对硫醇氧化速率的影响

该催化剂会二聚,其活性大为降低。若在反应体系中加入聚(乙烯胺),酞花菁-Co 的络合物将会孤立在高分子线团内,防止了二聚,则可保持其催化活性。将数均聚合度为 50 和 1680 的聚乙烯胺加入该氧化反应体系中,测定其反应速率,将它与聚乙烯胺的加入量作图(见图 2-11)。可以看出,随着聚乙烯胺加入量的增加,氧化反应速率增加。加入聚合度小的聚乙烯胺,催化活性较聚合度大的高。原因是,对于同一聚合度的高分子,用量多,聚合物分子数增加。对于不同聚合度的配位体,在相同质量高分子配体情况下,聚合度小,聚乙烯胺线团数多,在一个线团内存在一个 $CoPc(SO_3Na)_4$ 的概率增加,所以催化活性较高。我们可以用统计方法计算 Co 络合物孤立在一个线团内的概率[见式(2-103)]。

$$x_{\omega_1 1} = \frac{(1-p)^2}{(1-p+pq)^2} \qquad (2-103)$$

式中,$p = 1 - 1/\overline{DP}$;q =(酞花菁-钴络合物的数目)/胺基的官能团数。

2.3.3　局部介质效应(Local Medium Effect)

在反应体系中存在的每一个线团可以看作一个微反应器。在微反应器内,催化活性基活性的改变可能由下列因素造成:①邻近基团的协同效应;②微反应器内溶剂组成的变化;③底物富集在线团内;④线团尺寸的变化。相邻基团的协同效应已讨论过了,这里不再叙述。

1. 线团尺寸的变化

在微反应器内,溶液组成可能与整个反应体系不一样,这会影响催化剂的活性。例如,用聚(4-乙烯基咪唑)作催化剂,催化对硝基苯酚乙酸酯在乙醇-水混合溶剂中进行水解反应[见反应式(2-104)]。改变乙醇和水的比例,可以发现,当乙醇含量为 20% 时,其水解速率是乙醇含量为 60% 的 200 倍。当乙醇含量超过 60%时,水解速率会加快。研究聚合物溶液的黏度会发现,当溶剂中水含量较多时,聚合物线团收缩,催化活性咪唑基团局部浓度增大,线团内乙醇含量较高,使相邻咪唑基团的协同效应增大,反应速率加快。当乙醇含量超过 60%时,由于氢键作用,使线团收缩,催化活性增大(见图 2-12)。

$$CH_3\overset{\overset{\displaystyle O}{\|}}{C}O-C_6H_4-NO_2 \xrightarrow[C_2H_5OH/H_2O]{\text{—}CH_2\text{—}CH\text{—(咪唑基)}} CH_3\overset{\overset{\displaystyle O}{\|}}{C}OH + HO-C_6H_4-NO_2$$

$$CH_3\overset{\overset{\displaystyle O}{\|}}{C}O-C_6H_4-NO_2 \xrightarrow[C_2H_5OH/H_2O]{\text{—}CH_2\text{—}CH\text{—(咪唑基)}} CH_3\overset{\overset{\displaystyle O}{\|}}{C}OH + HO-C_6H_4-NO_2 \quad (2-104)$$

2. 微反应器内的环境变化

由于静电和极性等相互作用,反应物富集在带有催化活性基的线团内,造成反应速率增加。例如,使用催化剂 **67** 催化氧化低分子化合物 BNAH[见反应式(2-105)]。在催化剂 **67** 上,R 为含有季铵基团的高分子载体。当氧化反应(2-105)在 25℃、pH=8、异丙醇-水混合溶液中进行时,底物 BNAH 会富集在微反应器内,局部浓度增大,反应速率加快。图 2-13 列出了不同 β 值的催化剂随异丙醇相对含量增加时反应速率的变化情况。异丙醇含量增加,化合物 BNAH 在异丙醇中有较高的溶解度,线团内的富集程度减小。高 β 值,即聚合物中含有较多季铵基团的催化剂有较高的催化活性。因为微反应器内较大的极性环境,有利于氢转移生成带电荷的反应产物,即反应速率提高了。所以随 β 值增加,反应速率加快。

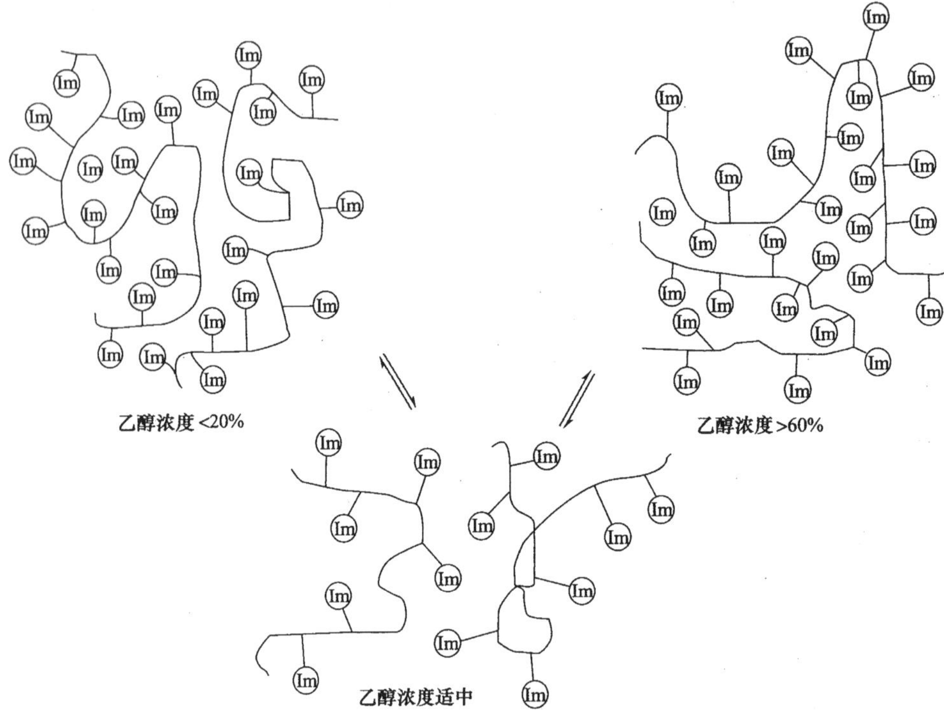

图 2 - 12　用聚(4-乙烯基咪唑)作催化剂,催化对-硝基苯酚乙酸酯在乙醇-水混合溶剂中进行水解反应,乙醇-水的比例对高分子催化剂形态的影响

$$\mathbf{67} + \text{BNAH} \underset{k_4}{\overset{k_1}{\rightleftharpoons}} (\mathbf{67}\cdot\text{BNAH}) \xrightarrow[\text{H}^+]{k_2}$$

$$\mathbf{68} + (\text{BAN}^+) \xrightarrow[{[O_2]}]{k_3} \mathbf{67}$$

67　C_2H_5, N, O, N—R　　(BNAH)　C—NH_2, O, N, CH_2

68　C_2H_5 H, N, O, N—R, N—H　　(BAN^+)　C—NH_2, O, N^+, CH_2

$$R = -CH_3,\ -\!\!(CH_2-CH)_{\alpha}\!\!-\!\!(CH_2-CH)_{\beta}\!\!-\!\!(CH_2-CH)_{1-\alpha-\beta}\!\!-$$

(上式中三个 CH 分别连接：$C_6H_4CH_2-$；$C_6H_4CH_2\overset{+}{N}(C_2H_5)_3\ Cl^-$；$C_6H_5$)　(2-105)

3. 局部溶剂组成的变化

由于高分子金属络合物的结构与底物和溶剂的相容性的差别，造成高分子催化剂内部和溶液中的溶液组成不同。例如，以苯乙烯-二乙烯苯为支持体的催化剂**69**，可催化环己烯加氢反应。若反应在苯-乙醇混合溶剂中进行，当乙醇含量增加到 50% 时，加氢反应速率出现了极大值，它是苯作溶剂的 2.4 倍。其原因是，环己烯在苯中的溶解度较高，随混合溶剂中乙醇含量增加，它在催化剂小球中的富集程度增加，即环己烯在小球中的相对含量比溶液中高。如果底物为丙烯醇，则在纯苯中，丙烯醇的加氢速率是苯-乙醇(1:1)的 4.3 倍。这是由于丙烯醇在苯中的溶解度小，它在高分子催化剂颗粒内富集造成的。随着混合溶剂中乙醇含量增加，丙烯醇在催化剂小球中的富集程度减小，加氢速率减小。

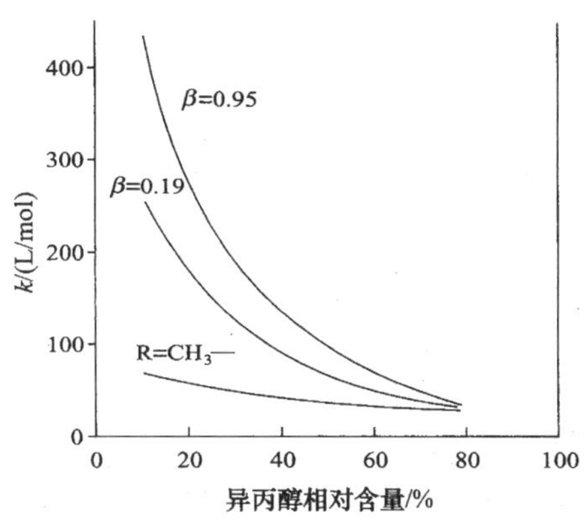

图 2-13　异丙醇相对含量对催化反应的影响

$$\text{Ⓟ}-C_6H_4-(PPh_2)_3RhCl$$

69

2.3.4　高分子链效应(Polymer Chain Effect)

高分子链的运动，在溶剂中的溶解或溶胀性能等会影响配体与金属元素的络合，所以高分子链的结构、柔性、电荷分布等均影响催化活性。

1. 交联结构与底物分子大小的关系

通常，交联度大小会影响底物和产物分子在树脂中的扩散。例如，如表 2-9 所示，用交联度为 1.8% 的交联聚苯乙烯作支持体，催化活性基为膦-Rh 络合物。它在催化不同大小的烯烃加氢反应时，分子小的 1-己烯，有较快的加氢反应速率，而分子大的胆甾烯的加氢速率仅是环己烯的 1/32。相应的低分子加氢反应催化剂对不同分子大小烯烃的选择性较小。

表 2 - 9　烯烃分子大小不同对加氢速率的影响*

底物	催化剂	
	Ⓟ—$(CH_2PPh_2)_xRhCl(PPh_3)_{3-x}$	$RhCl(PPh_3)_3$
1-己烯	2.5	1.4
环己烯	1	1
环十二烯	1/4.45	1/1.5
胆甾烯	1/32	1/1.4

* 以环己烯的催化反应速率为 1。

2. 对立体选择性的影响

一般讲,高分子催化剂由于受大分子链的影响有较高的选择性。例如,化合物 **70a** 与二乙胺反应时会生成顺、反两种异构体[见反应式(2 - 106)]。若将 $Pd(PPh_3)_4$ 接到高分子上作反应(2 - 106)的催化剂,如果底物为 **70a**,则得到 100% 的 **70b**;若底物为 **70d**,则得到 100% 的 **70c**,结果列于表 2 - 10 中。表明了高分子链的位阻效应,使二乙胺只能从一个方向进攻底物。

$COOCH_3$　Et_2NH / THF,$Pd^{(0)}$　$COOCH_3$　+　$COOCH_3$　Et_2NH / THF,$Pd^{(0)}$　$COOCH_3$

O　$OC—CH_3$　NEt_2　NEt_2　O　$OC—CH_3$

70a　**70b**　**70c**　**70d**

(2 - 106)

表 2 - 10　用 $Pd(PPh_3)_4$ 和Ⓟ—$(PPh_2)_4Pd$ 催化化合物 70a、70d 的反应

底物	催化剂	产物		收率/%
		70b	**70c**	
70a	$Pd(PPh_3)_4$	67	33	85
70a	Ⓟ—$(PPh_2)_xPd(PPh_3)_{4-x}$	100	—	83
70d	$Pd(PPh_3)_4$	35	65	60
70d	Ⓟ—$(PPh_2)_xPd(PPh_3)_{4-x}$	—	100	80

3. 相邻配位基之间的链长对催化活性的影响

对于配位金属络合物作催化剂时,相邻配位基之间的链长会影响与金属元素的配位络合物的形成,从而影响催化活性。例如,反应 (2 - 107),以 Cu(Ⅱ)络合物作催化剂催化取代苯酚的偶合反应。当配位体 L 为 **71**，**72** 或 **73** 时，随 α 值增大即聚合物中活性基含量的增加，相邻配位基之间的平均链长减少，催化活性增加。其原因是，相邻配位基之间平均链长减小，有利于双铜络合物 **74** 的形成，使催化反应活性增加。随配位基与主链之间的距离增加，配位基的活动性增加，有利于它与 Cu^{2+} 的配位，生成配位络合物，所以它的催化活性提高(见图 2-14)。

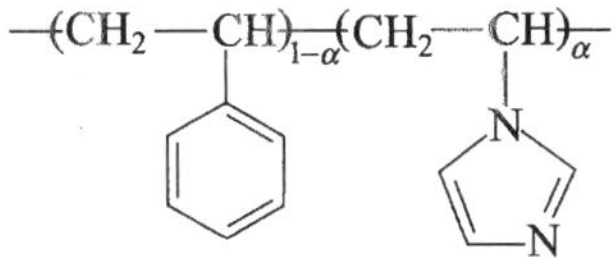

71

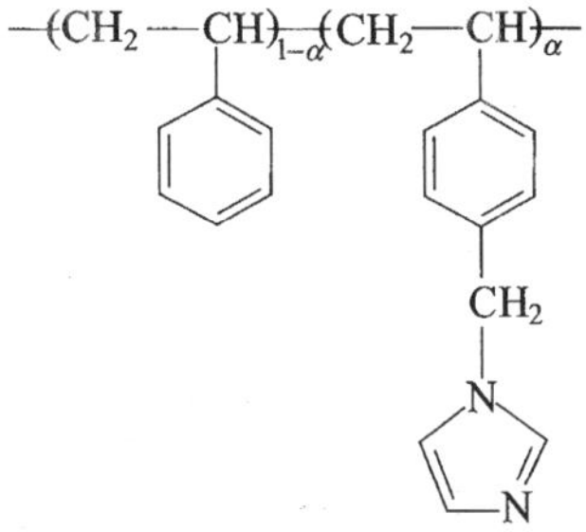

72

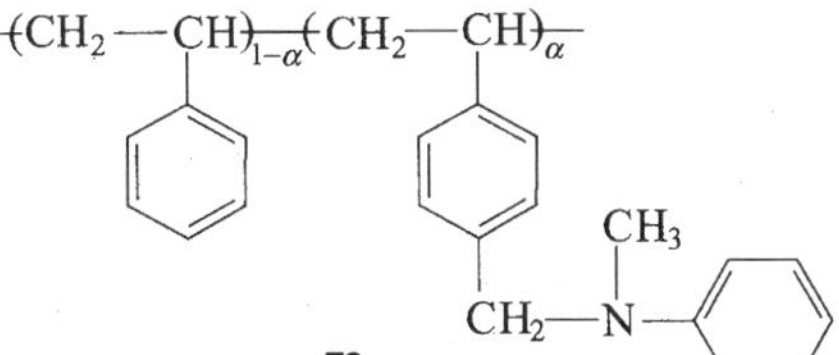

73

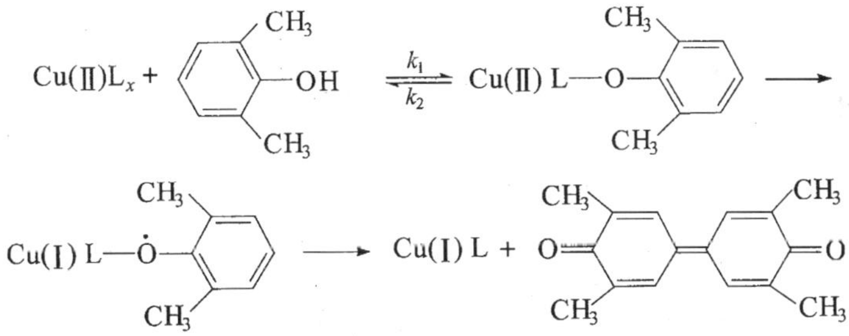

$$Cu(II)L_x + \text{2,6-二甲基苯酚} \underset{k_2}{\overset{k_1}{\rightleftharpoons}} Cu(II)L{-}O{-}Ar \longrightarrow$$

$$Cu(I)L{-}\dot{O}{-}Ar \longrightarrow Cu(I)L + O{=}C_6H_2(CH_3)_2{=}C_6H_2(CH_3)_2{=}O \quad (2-107)$$

10
8
6
4
2
0
0.0
0.1
0.2
α
$R_p\times10^5/(mol\cdot L^{-1}\cdot s^{-1})$
73
72
71

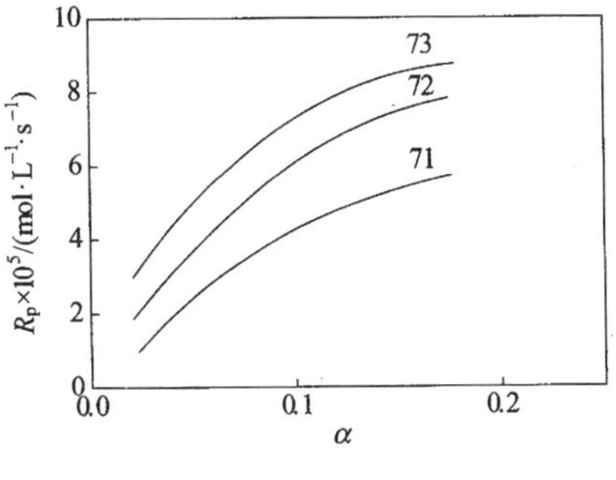

图 2-14　催化活性与 α 的关系

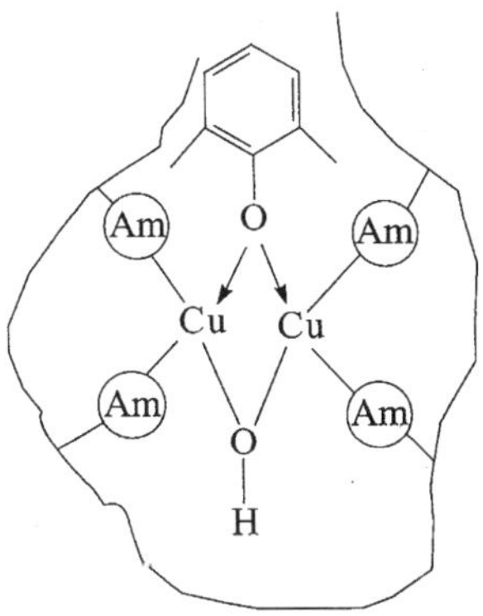

Am
Am
Am
Am
O
Cu
Cu
O
H

74

2.3.5 高分子催化剂的固定化

我们经常遇到的一个现象是，将金属络合物接到交联高分子配位体上，催化活性降低。究其原因，是由于交联高分子链限制了催化活性基的活动性。如何制备高分子金属络合物，使它既保持均相催化剂的活性，又实现异相化，这是值得研究的课题。可能的方法如下：

(1) 将聚苯乙烯从苯甲醇溶液中慢慢结晶，得到的固体产物中含有 30% 的全同立构聚合物，其表面有一层无规聚苯乙烯。控制一定的反应条件，使无规聚苯乙烯氯甲基化，然后接上配位基，再与金属离子进行络合反应。例如，与 Cu(Ⅱ)配位，得到的 Cu(Ⅱ)配位络合物，它在催化 2,6-二甲基苯酚进行氧化偶合反应［见反应式(2－107)］时，与均相催化剂具有相同的催化活性。

(2) 非孔硅球的功能化。

在硅球的表面合成自由基引发剂，引发含配位基的单体进行自由基聚合反应，得到表面接枝高分子的硅球。然后与金属离子或金属络合物配位，其催化活性与均相催化剂相同。例如，通过反应(2－108)合成催化剂 **75**。用这样的催化剂催化 2,6-二特丁基苯酚进行氧化偶合反应［见反应式(2－109)］，化合物 **76** 是唯一产物，产率比相应的均相络合物高。同时实现了异相化。

SiO_2(OH)(OH) + Cl_3SiCH_2–C_6H_4–NO_2 ⟶ SiO_2(O)(O)(O)Si–CH_2–C_6H_4–NO_2

$\xrightarrow{SnCl_2/HCl}$ SiO_2(O)(O)(O)Si–CH_2–C_6H_4–NH_2 $\xrightarrow{NaNO_2/HCl}$

SiO_2(O)(O)(O)Si–CH_2–C_6H_4–$N_2^+Cl^-$ $\xrightarrow{RMgX}$ SiO_2(O)(O)(O)Si–CH_2–C_6H_4–N=N–R

$\xrightarrow[CH_2=CH(C_6H_5),\ CH_2=CH(C_5H_4N)]{60℃}$ SiO_2(O)(O)(O)Si–CH_2–C_6H_4–$(CH_2–CH(C_5H_4N))_x(CH_2–CH(C_6H_5))_{1-x}$

75

(2－108)

$$\text{2,6-di-}t\text{-Bu-phenol (OH)} \xrightarrow[\text{Cu(II)L}]{[O_2]} \text{O}=\text{(diphenoquinone)}=\text{O} \quad \mathbf{76} \tag{2-109}$$

2.4　不对称合成

有机反应常生成含有不对称碳原子的化合物。例如,氢氰酸与苯甲醛的加成反应,可以得到两种旋光性异构体。如果反应过程中不存在一种特殊的力场,氢氰酸从两个方向进攻的概率是相等的,得到外消旋化合物。通过不对称合成试剂与反应物的相互作用,增加氢氰酸从一个方向进攻醛的概率,得到光学活性的产物。这就是不对称合成。

酶催化有机反应时,得到了旋光产率极高的有机化合物。究其原因,可能是组成酶的氨基酸具有不对称性,其高级结构也是不对称的,所以酶是不对称性非常高的旋光性高分子。用它作催化剂时,能规定试剂进攻的方向,进行不对称合成。为此,人们合成了含有催化活性基的具有旋光性的高分子作催化剂,在催化有机反应时,得到了旋光性化合物。比起酶来讲,合成催化剂的专一性较差,即同一不对称高分子可催化不同底物进行不对称合成,也可以对不同种类的反应进行催化。例如,旋光性聚乙烯亚胺,可以催化苯甲醛与氢氰酸的加成反应,也可以催化甲基乙烯铜与硫醇的加成反应。与 Ru 络合后,可以催化乙酰乙酸乙酯的不对称加氢反应。

2.4.1　旋光性高分子作催化剂

有些光活性高分子可以作催化剂。例如,聚(*S*-异丁基乙烯亚胺)能催化 α,β-不饱和羰基化合物与硫醇的加成反应[见反应式(2-110)],生成具有光活性的加成产物。其中 α,β-不饱和羰基化合物可为甲基丙烯酸甲酯,丙烯酸甲酯,甲基乙烯酮,苯基乙烯酮,反式-丁烯二酸甲酯和顺式-丁烯二酸甲酯等。聚(*S*-异丁基乙烯亚胺)可按反应式(2-111)所示的方法制备。原料为 *S*-亮氨酸。

当顺式-丁烯二酸二甲酯与十二烷基硫醇进行加成反应[见反应式(2-112)],得到的加成物 **77** 具有旋光性。当反应在 DMF 溶剂中进行时,产物的旋光度为 +1.49°;在 DMA 中,旋光度为 -1.55°。若用具有光活性的低分子化合物作催化剂,产物无旋光性(见表 2-11)。

$$CH_2{=}CH{-}\overset{\overset{\displaystyle O}{\|}}{C}R' + R''SH \xrightarrow{-\!\!\left(\overset{i\text{-Bu}}{\overset{|}{\overset{*}{C}H}}-CH_2NH\right)_{\!n}-} CH_3{-}\underset{\underset{\displaystyle SR''}{|}}{\overset{\overset{\displaystyle H}{|}}{C^*}}{-}\overset{\overset{\displaystyle O}{\|}}{C}{-}R' \tag{2-110}$$

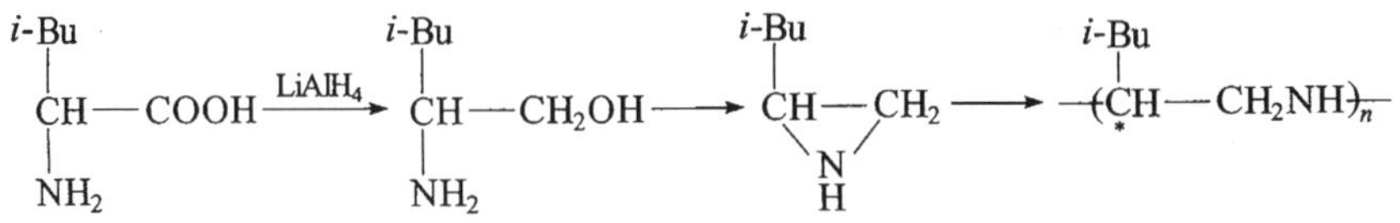

$$i\text{-Bu}\underset{NH_2}{\overset{|}{CH}}-COOH \xrightarrow{LiAlH_4} i\text{-Bu}\underset{NH_2}{CH}-CH_2OH \longrightarrow i\text{-Bu}CH-CH_2(\text{N-H 氮丙啶}) \longrightarrow -\!\!(\overset{i\text{-Bu}}{\overset{*}{C}H}-CH_2NH)_n\!\!- \quad (2-111)$$

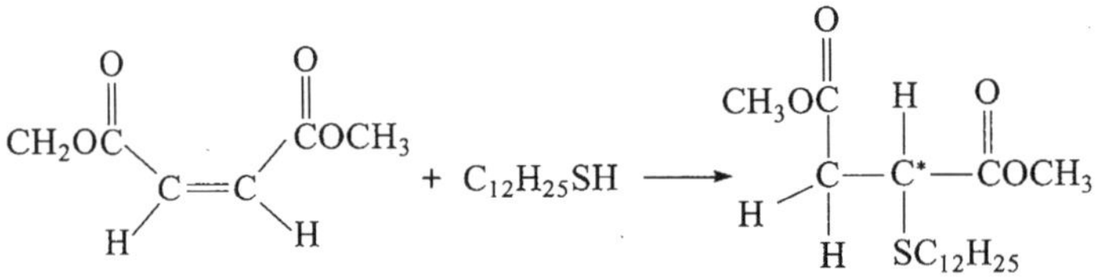

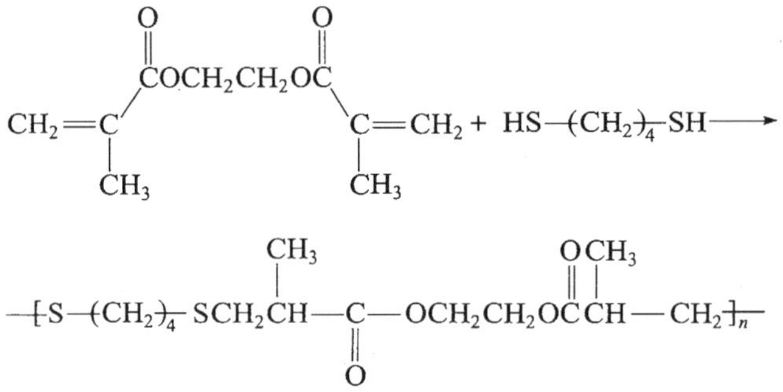

$$CH_2O\overset{O}{\overset{\|}{C}}CH=CH\overset{O}{\overset{\|}{C}}OCH_3 + C_{12}H_{25}SH \longrightarrow CH_3O\overset{O}{\overset{\|}{C}}-CH_2-\overset{*}{C}H(SC_{12}H_{25})-\overset{O}{\overset{\|}{C}}OCH_3 \quad (2-112)$$

77

$$CH_2=C(CH_3)-\overset{O}{\overset{\|}{C}}OCH_2CH_2O\overset{O}{\overset{\|}{C}}-C(CH_3)=CH_2 + HS-(CH_2)_4-SH \longrightarrow$$

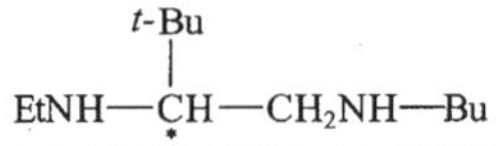

$$-[S-(CH_2)_4-SCH_2\overset{CH_3}{\overset{|}{C}H}-\underset{O}{\underset{\|}{C}}-OCH_2CH_2O\overset{O}{\overset{\|}{C}}\overset{CH_3}{\overset{|}{C}H}-CH_2]_n- \quad (2-113)$$

78

表 2-11　催化剂对反应(2-112)所得产物的旋光性的影响

催化剂	产物旋光度/(°)	
	DMF	DMA
$-(NH-\overset{t\text{-Bu}}{\overset{|}{C}H}-CH_2)_n-$	+1.49	-1.55
$EtNH-\overset{t\text{-Bu}}{\overset{|}{\underset{*}{C}H}}-CH_2NH-Bu$	0	0
$H_2N-\overset{Ph}{\overset{|}{\underset{*}{C}H}}-CH_3$	0	0

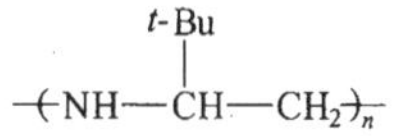

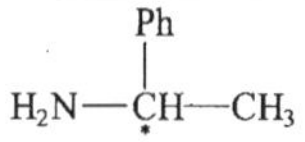

若 α,β-不饱和羰基化合物与二元硫醇反应时,可得具有光活性的聚合物[见反应式(2-113)]。表 2-11 的结果说明,用聚(S-异丁基乙烯亚胺)作催化剂时,得到聚合物 **78** 的旋光度$[\alpha]_D = +1.48°$。若用其旋光性小分子亚胺化合物作催化剂,所得聚合物无旋光性,说明高分子链能规定单体的加成方向。

2.4.2　旋光性高分子金属络合物作催化剂

用高分子金属络合物进行不对称反应的类型有：加氢、醛化、硅氢加成和重排反应等。下面就这些反应作一概述。

1. 加氢反应

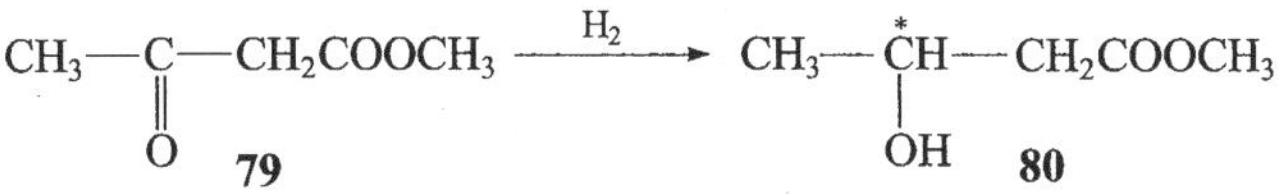

$$\underset{\mathbf{79}}{CH_3-\overset{\displaystyle O}{\overset{\|}{C}}-CH_2COOCH_3} \xrightarrow{H_2} \underset{\mathbf{80}}{CH_3-\underset{\displaystyle OH}{\underset{|}{\overset{*}{C}H}}-CH_2COOCH_3} \qquad (2-114)$$

与通常的烯烃加氢反应一样，常用的不对称加氢催化剂为 Rh 的络合物，但要用旋光性高分子作配体。例如，用聚-L-2-甲基乙基亚胺与钌的络合物 **81** 来催化化合物 **79** 的加氢反应[见反应式(2-114)]。化合物 **79** 经加氢得到 D-构型的产物 **80**，该催化剂之所以具有立体选择性，是因为配位体的立体构型控制了反应的进程(见 **81**)。

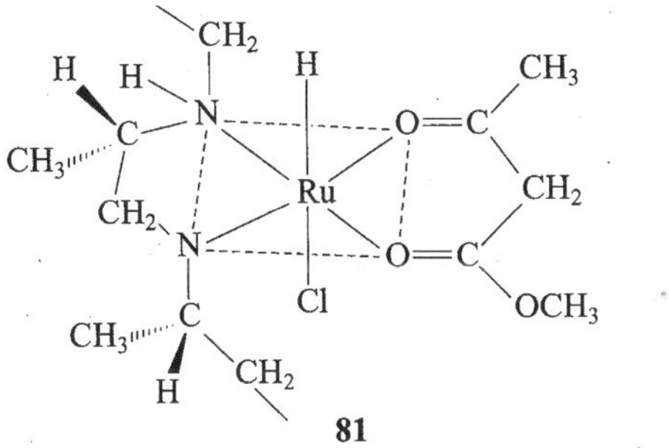

81

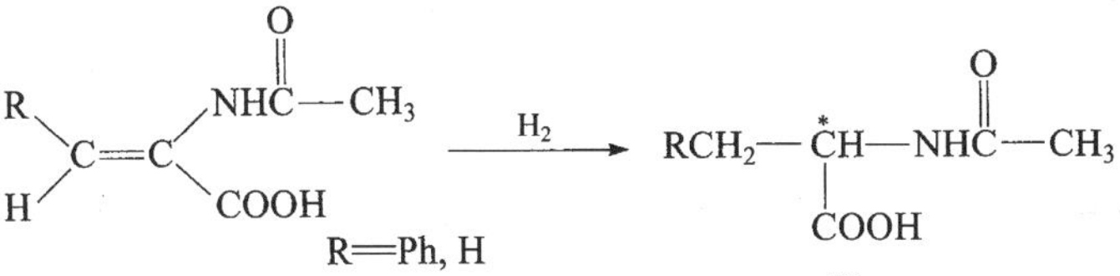

$$\underset{\mathbf{82}}{\overset{R}{\underset{H}{\ }}\!\!>C{=}C<\!\!\overset{NH\overset{O}{\overset{\|}{C}}-CH_3}{\underset{COOH}{\ }}} \quad R{=}Ph,\ H \xrightarrow{H_2} \underset{\mathbf{83}}{RCH_2-\underset{\displaystyle COOH}{\underset{|}{\overset{*}{C}H}}-NH\overset{\displaystyle O}{\overset{\|}{C}}-CH_3} \qquad (2-115)$$

化合物 **82** 进行不对称加氢反应，生成了产物 **83**[见反应式(2-115)]，催化剂为双膦-Ru 络合物 **84**。当 R=Ph 时，产物 **83** 为 *R* 构型，光学产率达 90%；若用催化剂 **85**，化合物 **82** 上 R=H 时，加氢反应转化率可达 100%，光学产率为 76%。

2. 醛化反应

烯烃进行醛化反应时，可得到直链及支链两种醛，其中支链醛上有不对称碳原子，存在 *R* 和 *S* 两种构型。例如，苯乙烯在 CO/H_2 存在下的醛化反应，生成了异构醛 **87** 和正构醛 **88**[见反应式(2-116)]。若用旋光性 Rh 络合物 **86** 作催化剂，

生成的异构醛 **87** 的光学产率可达35%。

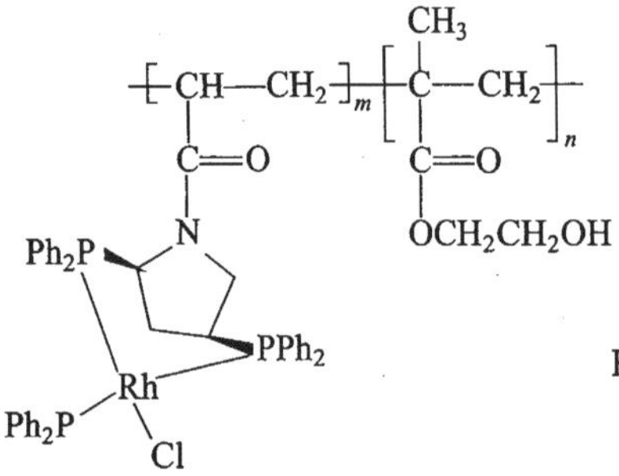

84 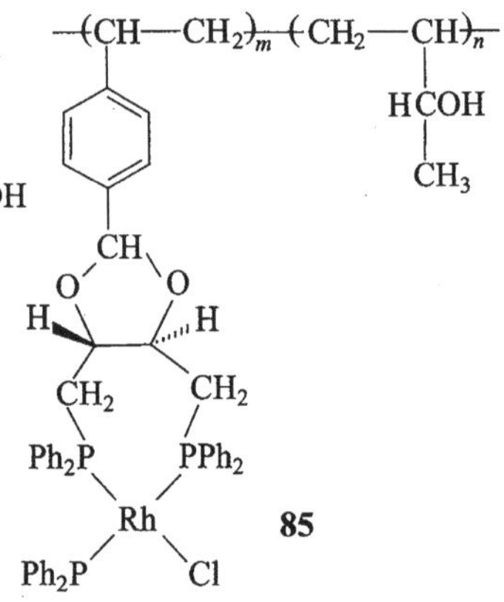　**85** 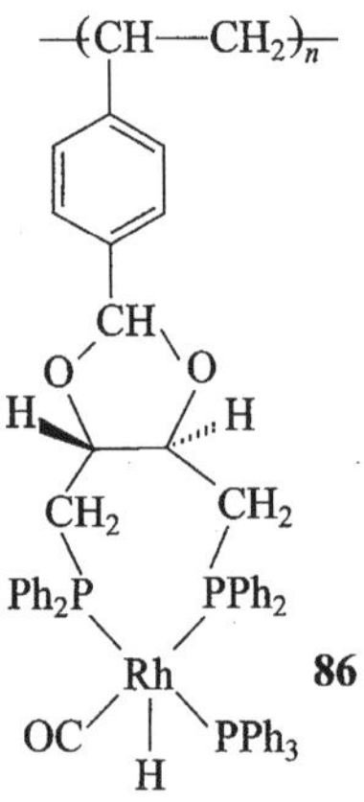　**86**

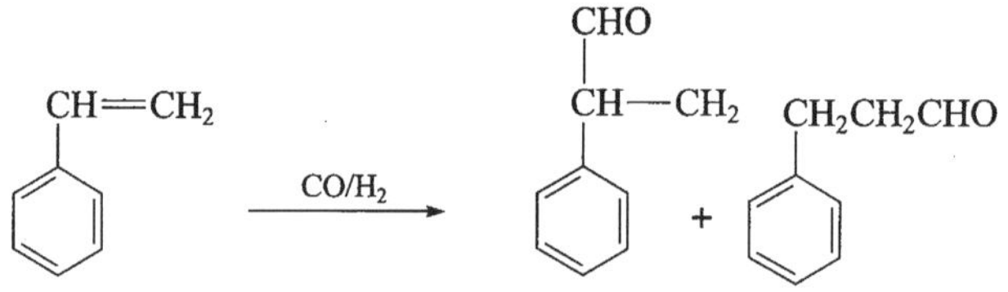

$$\text{CH=CH}_2\text{-C}_6\text{H}_5 \xrightarrow{\text{CO/H}_2} \underset{\mathbf{87}}{\text{C}_6\text{H}_5\text{-CH(CHO)-CH}_3} + \underset{\mathbf{88}}{\text{C}_6\text{H}_5\text{-CH}_2\text{CH}_2\text{CHO}} \qquad (2-116)$$

2-丁烯醛化反应时，只能得到异构醛 **89**，无正构醛生成[见反应式(2－117)]。用旋光性 Rh 络合物 **86** 作催化剂，得到具有旋光性的产物 **89**，其光学产率可达 22.4%。

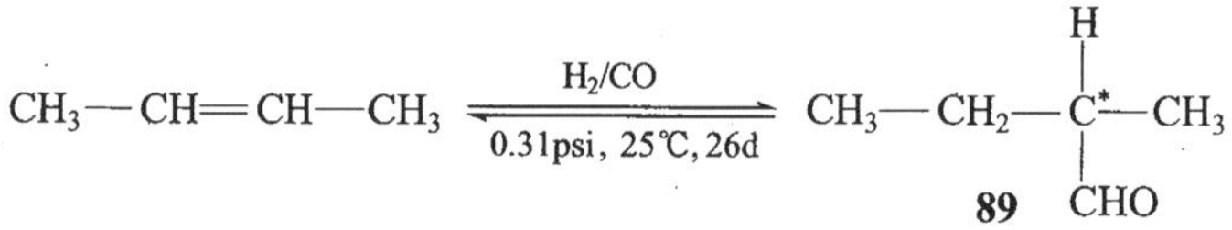

$$\text{CH}_3\text{—CH=CH—CH}_3 \xrightleftharpoons[\text{0.31psi, 25℃, 26d}]{\text{H}_2\text{/CO}} \underset{\mathbf{89}}{\text{CH}_3\text{—CH}_2\text{—C}^*\text{H(CHO)—CH}_3} \qquad (2-117)$$

3. 其他反应

格氏试剂 **90** 与溴乙烯反应，生成了具有不对称碳原子的产物 **91**[见反应式(2－118)]。若用具有旋光性的高分子配体 **92** 与 $NiCl_2$ 配位，得到的高分子催化剂催化反应(2－118)，生成了具有旋光性的产物 **91**。当反应完成后，只需经过滤，再经分离就可得到产物，催化剂也可以回收使用。

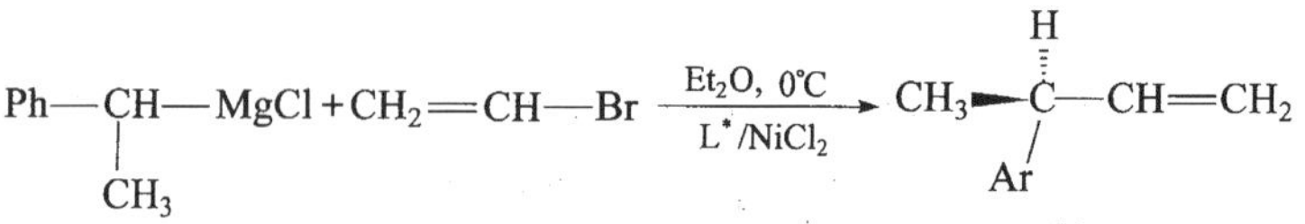

$$\underset{\mathbf{90}}{\text{Ph—CH(CH}_3\text{)—MgCl}} + \text{CH}_2\text{=CH—Br} \xrightarrow[\text{L}^*\text{/NiCl}_2]{\text{Et}_2\text{O, 0℃}} \underset{\mathbf{91}}{\text{CH}_3\text{—C}^*\text{H(Ar)—CH=CH}_2} \qquad (2-118)$$

$$L^* = Ⓟ—CH_2—P(Ph)—CH_2—C^*H(R)N(CH_3)_2 \quad [R= —CH(CH_3)_2, —CH_2Ph]$$

92

2.4.3 不对称选择性反应

酶具有很高的选择性,它只催化某一特定构型的化合物进行有机反应,可以利用这一特性来分离外消旋化合物。如果设计并合成这种高分子催化剂,它仅催化某一对映体反应,生成具有旋光性产物;未反应的底物为另一对映体,也具有旋光性,这样,也可以用来分离外消旋化合物。例如,对于化合物 **93**,在聚 *S*-赖氨酸-Cu(Ⅱ)络合物的催化作用下进行水解反应,得到氨基酸 **94**[见反应式(2-119)]。该催化剂催化 *R*-构型的酯时,有较快的水解反应速率;对 *S*-构型的酯的水解反应速率较慢(见表 2-12)。因此剩下的主要为 *S*-构型的酯。

$$C_6H_5—N^*HCH_2CHCOOCH_3 \xrightarrow{\text{聚}S\text{-赖氨酸-Cu(II)}} C_6H_5—N^*HCH_2CH_2COOH \tag{2-119}$$

93　　　　**94**

表 2-12　聚 *S*-赖氨酸-Cu^{2+} 络合物催化酯的水解反应*

催化剂	酯浓度$\times 10^{13}$/(mol/L)	$k\times 10^3$/min^{-1}
P-13(470)-Cu^{2+}	(*R*)8.04	6.13
	(*S*)8.04	1.84
P-14(920)-Cu^{2+}	(*R*)8.51	22.1
	(*S*)9.22	9.12
	(*R*)3.76	3.80
	(*S*)4.26	0.92

* 24.8℃,pH=7.0, $c_{Cu^{2+}}=5.2\times 10^{-4}$mol/L, $c_{Cu}/c_N=0.13$。

P-13,P-14 为聚合物样品编号;括号中数字(470),(920)表示聚合度。

2.4.4 外消旋体的拆分

通常,外消旋化合物含有等量的两种对映体,在医学上,常常只有一种对映体有疗效。这就存在如何将两种对映体分离的问题。下面简要介绍拆分外消旋体的基本原理。

1. 空穴分离

把要分离的手征性化合物的形状合成在高交联的载体内,主要依靠形状的选择性而不是它们之间的相互作用达到外消旋化合物分离的目的。例如,先合成苯乙烯硼酸酯 **95**,再与具有旋光性化合物如葡萄糖衍生物反应,得到产物 **96**[见反应式(2-120)]。该单体与二乙烯基苯共聚,再用甲醇水溶液把葡萄糖衍生物分解下来。这样制得具有手征性空穴的聚合物,用于分离外消旋对映体。不过,该聚合物中不对称空穴并非永恒。在使用过程中,聚合物经溶胀、收缩,空穴会失去原来的手征性。

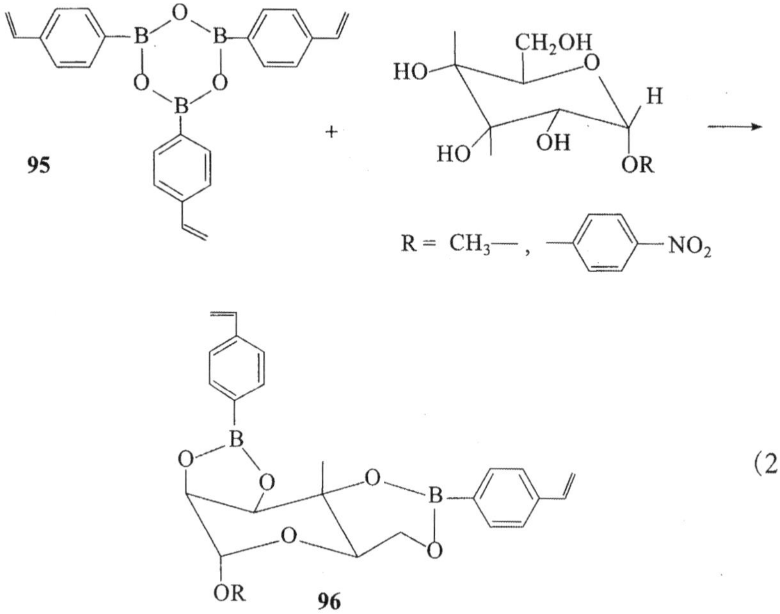

95

CH_2OH　HO　H　HO　OH　OR

R = CH_3—, —C_6H_4—NO_2

(2-120)

96

OR

2. 络合法

树脂载体应具有手性螯合基团,它能与外消旋化合物中的两个对映体形成配合物。在某一溶剂中,两个配合物的稳定性不同。通过在手征性固定相中多次配位交换,形成不稳定配合物的对映体首先淋洗出来,达到对映体分离的目的。例如,具有旋光性的聚合物 **97** 与 Cu^{2+} 进行配位后,可以分离氨基酸,如 α-氨基丙酸、α-氨基丁酸等。基本原理是,它与 D-, L-构型的氨基酸形成的配合物的稳定性不一样,其中 D-构型稳定一些,不稳定的 L-构型先淋洗出来,达到了分离的目的。其中对 D-,L-2-甲基-2-氨基苯乙酸的分离效率 $\alpha = 1.63$。

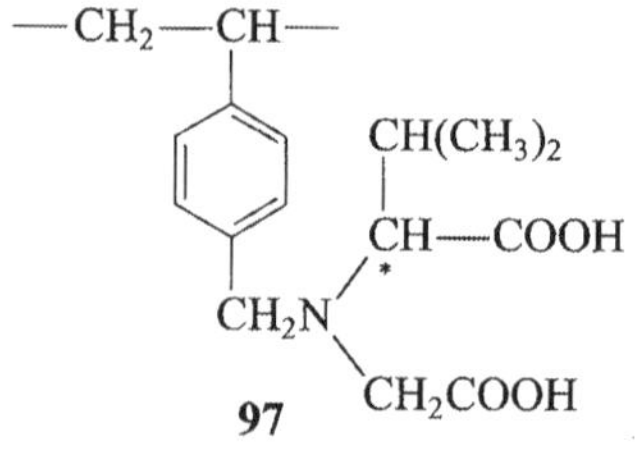

—CH_2—CH—

$CH(CH_3)_2$

$\overset{*}{C}H$—COOH

CH_2N

CH_2COOH

97

2.5　相转移催化剂

2.5.1　基本概念

当两个反应物分别处于不相容的液体中，或者一个反应物为固体、另一个为液体，且互不相容时，这样的反应速率极慢。为了提高反应速率，一个方法是在反应体系中加入共溶剂，如乙醇、丙酮、二氧六环、四氢呋喃、二甲基亚砜、二甲基甲酰胺(DMF)、乙腈和六甲基膦胺(HMPA)等试剂，使两相变为一相。这一方法的优点是方法简单。但是，这些试剂通常很贵，反应结束后难于从产物中完全分离。为此，发展了一种相转移催化反应。例如，反应(2-121)中，氯代烷溶于有机相，氰化钠溶于水，由于两个反应物接触困难，反应速率很慢。加入一种相转移催化剂，以加快这一反应，提高氰化物的收率。其原理见图 2-15。

$$RCl + NaCN \longrightarrow RCN + NaCl \qquad (2-121)$$

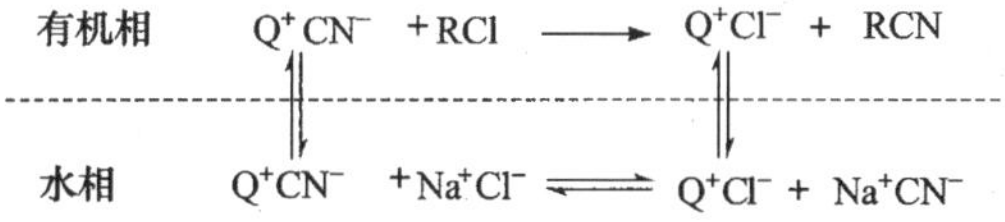

有机相　$Q^+CN^- + RCl \longrightarrow Q^+Cl^- + RCN$

$\quad\quad\quad\quad \rightleftharpoons \quad\quad\quad\quad\quad \rightleftharpoons$

水相　$Q^+CN^- + Na^+Cl^- \rightleftharpoons Q^+Cl^- + Na^+CN^-$

图 2-15　相转移反应机理示意图

在水中，季铵盐 Q^+Cl^- 与 NaCN 迅速平衡，产生了 Q^+CN^-。由于 Q^+ 的亲油性，把亲核试剂 CN^- 带入有机相，与氯代烷发生取代反应，生成烷基腈。被取代的 Cl^- 被 Q^+Cl^- 带入了水相，再与 NaCN 迅速平衡，生成 Q^+CN^-。如此循环，直到反应结束。在图 2-13 中，Q^+Cl^- 为相转移催化剂，一般为鎓盐(onium salt)，如季铵盐、季鏻盐、冠醚和开链醚等。

2.5.2　高分子相转移催化剂

1. 三相催化反应

低分子相转移催化剂的一个缺点是，在反应结束后，要把催化剂从反应混合物中分离出来，以制得纯产品。对于制备困难、价格昂贵的相转移催化剂还要回收利用。相转移催化剂的分离、回收是一困难和繁杂的步骤。若把相转移催化剂接到交联的高分子上，分离就方便得多，只要过滤就行。第一个成功的例子是 Regen 在做溴戊烷与异硫氰化钠反应时[见反应式(2-122)]，采用了高分子相转移催化剂 **98**，得到了 94% 的收率。

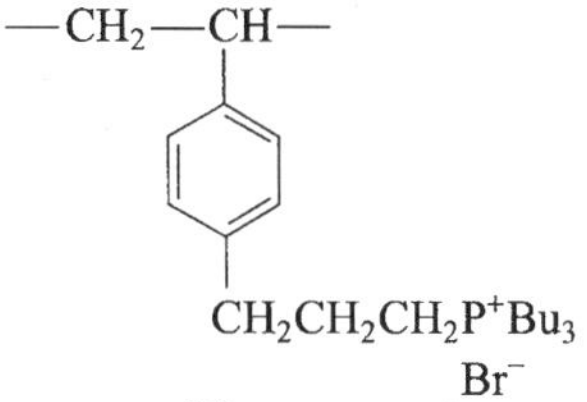

—CH_2—CH—（苯环对位）$CH_2CH_2CH_2P^+Bu_3$ Br^-

98

他认为这是三相催化反应，即 SCN^- 在水相、有机相和固相之间转移（见图 2－16）。

$$CH_3-(CH_2)_4-Br + KSCN \longrightarrow CH_3-(CH_2)_4-SCN + KBr \qquad (2-122)$$

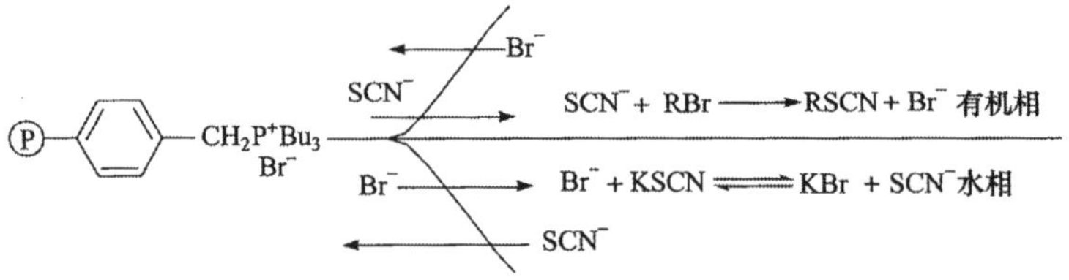

Ⓟ—C₆H₄—$CH_2P^+Bu_3$ Br^-

Br^-，SCN^-

$SCN^- + RBr \longrightarrow RSCN + Br^-$ 有机相

$Br^- + KSCN \rightleftharpoons KBr + SCN^-$ 水相

图 2－16 三相催化机理示意图

溶解在水中的阴离子 SCN^- 与树脂上的 Br^- 交换进入树脂相，Br^- 进入水相。树脂相的 SCN^- 与有机相的 Br^- 交换进入有机相，并与溴代烷反应生成异硫氰酸酯。可见在树脂上的侧基 $CH_2P^+Bu_3$ 的帮助下，阴离子 SCN^- 和 Br^- 在水相-固相和固相-有机相界面进行输送，实现了将水相中的 SCN^- 输送到有机相，将反应生成的 Br^- 输送到水相。根据这个机理可以推测，相转移催化基团—$CH_2P^+Bu_3Br^-$ 活动性越强，即它离高分子主链越远，相转移催化剂活性就越高。为了证实这一观点，Brown 合成了三种季铵盐 **99**、**100** 和 **101**。在催化反应(2－122)时，活性基离主链远的 **99** 和 **100** 具有较高的活性。

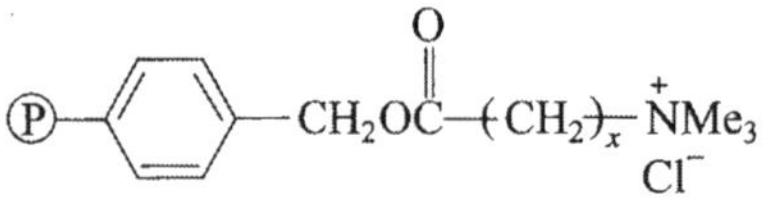

Ⓟ—C₆H₄—$CH_2OC(=O)-(CH_2)_x-\overset{+}{N}Me_3\ Cl^-$　　Ⓟ—C₆H₄—$CH_2\overset{+}{N}Me_3\ Cl^-$

x=5　**99**

x=11　**100**　　　**101**

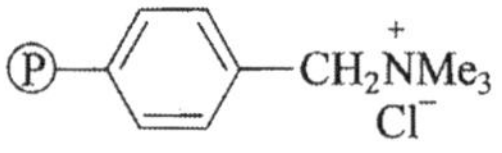

2．高分子相转移催化剂的合成

(1) 季铵类。最常用、活性较高的是季铵盐，季鏻盐次之，季钟盐则很少用。季铵类高分子相转移催化剂可以用高分子反应的方法制备。例如，伯胺与带有季铵基团的酰氯反应，制备季铵类相转移催化剂[见反应式(2－123)]。

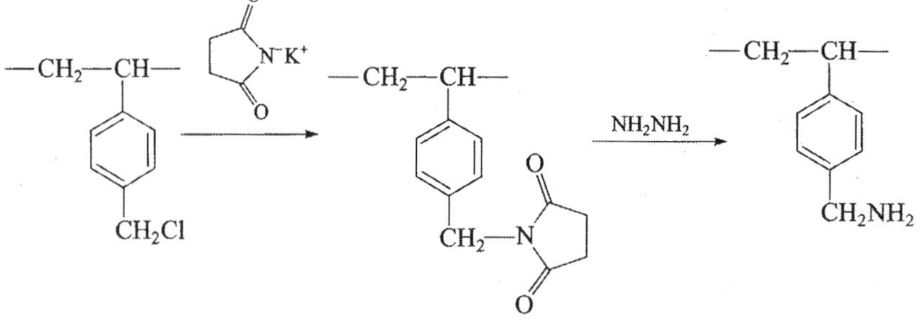

—CH_2—CH—(C₆H₄—CH_2Cl) + 琥珀酰亚胺钾（N^-K^+）⟶ —CH_2—CH—(C₆H₄—CH_2—N-琥珀酰亚胺) $\xrightarrow{NH_2NH_2}$ —CH_2—CH—(C₆H₄—CH_2NH_2)

$$\xrightarrow{ClC(=O)\text{—}(CH_2)_{10}\text{—}\overset{+}{N}(CH_3)_3\ Br^-} \text{—}CH_2\text{—}CH\text{—}(C_6H_4)CH_2NH\text{—}C(=O)\text{—}(CH_2)_{10}\text{—}\overset{+}{N}(CH_3)_3\ Br^- \qquad (2-123)$$

(2) 季鏻类。将官能团 $P(n\text{-}Bu)_3$ 与交联的氯甲基化聚苯乙烯反应，就可以得到季鏻型相转移催化剂[见反应式(2－124)]。

$$\text{—}CH_2\text{—}CH(C_6H_4CH_2Cl)\sim CH_2\text{—}CH(C_6H_5)\text{—} + P(n\text{-}Bu)_3 \longrightarrow \text{—}CH_2\text{—}CH(C_6H_4CH_2\overset{+}{P}(n\text{-}Bu)_3\ Cl^-)\sim CH_2\text{—}CH(C_6H_5)\text{—} \qquad (2-124)$$

(3) 冠醚类。通常，先合成反应性冠醚，再通过高分子反应，将冠醚接到交联的聚苯乙烯树脂上。如反应式(2－125)所示。对于未反应的氯苄，可以用甲醇钠处理，得到苯甲醚。

$$\text{OCH-苯并冠醚} \xrightarrow[2.[H_2]/\text{Ranney Ni}]{1.\ n\text{-}C_3H_7NH_2} n\text{-}C_3H_7NHCH_2\text{-苯并冠醚}$$

$$\text{—}(CH_2\text{—}CH(C_6H_4CH_2Cl))_n\text{—}(CH_2\text{—}CH(C_6H_5))_m\text{—} \longrightarrow \text{—}(CH_2\text{—}CH(C_6H_4CH_2Cl))_n\text{—}(CH_2\text{—}CH(C_6H_4CH_2N(n\text{-}C_3H_7)CH_2\text{-苯并冠醚}))_m\text{—} \qquad (2-125)$$

3．催化反应

(1) 亲核取代反应。卤代烷与 KI、NaCN、酚钠和乙酸钾等一类亲核取代反应，通常在两相中进行，加相转移催化剂会加速反应的进行。例如反应式(2－126a)～(2－126d)所示。两相分别为甲苯和水溶液，对于(2－126a)和(2－126b)可用相转移催化剂 **100**；(2－126c)用 **102**，反应(2－126d)用 **103** 作相转移催化剂。

$$-CH_2-CH- \quad (\text{p-}C_6H_4CH_2\overset{+}{N}(CH_3)_3\ Cl^-) \quad \mathbf{102}$$

$$-CH_2-CH- \quad (\text{p-}C_6H_4CH_2N(CH_3)-P[N(CH_3)_2]_2) \quad \mathbf{103}$$

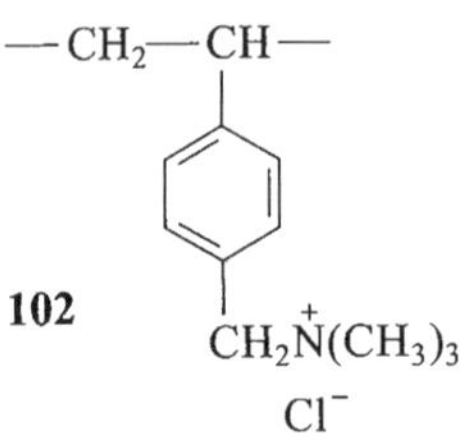

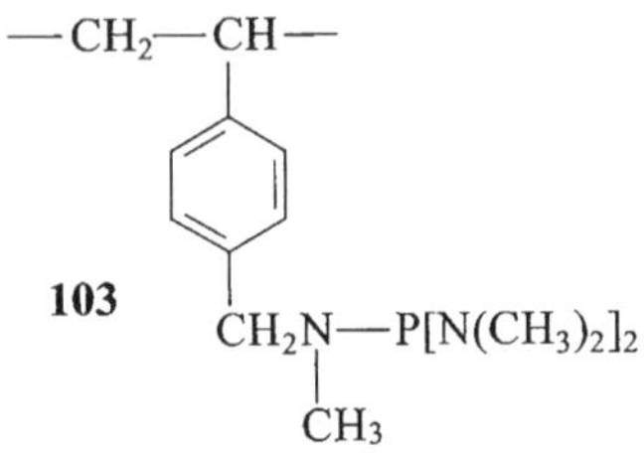

$$n\text{-}C_8H_{17}Br + KI \longrightarrow n\text{-}C_8H_{17}I + KBr \qquad (2-126a)$$

$$n\text{-}C_8H_{17}Br + KCN \longrightarrow n\text{-}C_8H_{17}CN + KBr \qquad (2-126b)$$

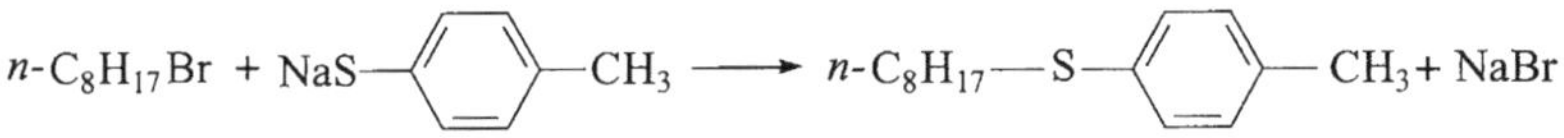

$$n\text{-}C_8H_{17}Br + NaS-C_6H_4-CH_3 \longrightarrow n\text{-}C_8H_{17}-S-C_6H_4-CH_3 + NaBr \qquad (2-126c)$$

$$n\text{-}C_8H_{17}Br + CH_3\overset{O}{\overset{\|}{C}}O^-K^+ \longrightarrow n\text{-}C_8H_{17}O\overset{O}{\overset{\|}{C}}CH_3 + KBr \qquad (2-126d)$$

(2) 醚的合成。在相转移催化剂存在下，卤代烷和酚钠反应可生成酚醚。例如，反应(2－127)在苯/水两相中进行，用聚环氧乙烷(PEO)作相转移催化剂，反应速率比不加催化剂快 11 倍。随 PEO 的相对分子质量增加，反应速率加快。直至 PEO 的相对分子质量达 1×10^4 后，再增加相对分子质量，反应速率不再增加。

$$n\text{-}C_4H_9Br + NaO-C_6H_5 \xrightarrow{PEO} n\text{-}C_4H_9-O-C_6H_5 \qquad (2-127)$$

卤化烷与酚反应生成烷基醚的反应是什么地方进行的？人们详细研究了萘酚钠与苄基溴的反应。若在水中进行，得到的主要产物为苯环上取代的产物[见反应式(2－128a)]；在极性溶剂，如 CH_3Cl 中进行反应，取代反应发生在氧上[见反应式(2－128b)]。若反应在 $H_2O\text{-}CHCl_3$ 组成的两相体系中进行，用季铵盐作催化剂，全部产物为萘基苄基醚，说明了萘氧阴离子转移到有机溶剂中，与苄基溴反应。由于萘酚阴离子没有溶剂化，所以比较活泼。

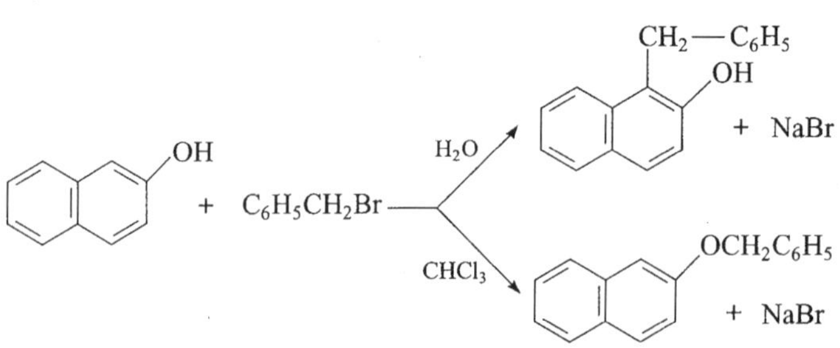

$$\text{2-萘酚} + C_6H_5CH_2Br \xrightarrow{H_2O} \text{1-}(CH_2-C_6H_5)\text{-2-萘酚} + NaBr \qquad (2-128a)$$

$$\text{2-萘酚} + C_6H_5CH_2Br \xrightarrow{CHCl_3} \text{2-}OCH_2C_6H_5\text{-萘} + NaBr \qquad (2-128b)$$

(3) 加成反应。对于烯烃和氯仿的加成反应，需要氢氧化钠活化氯仿，反应才能顺利进行。因此要加相转移催化剂，如季铵树脂[见反应式(2－129)]。这时有机相为氯仿，水相为氢氧化钠水溶液。该反应几乎能定量进行。

$$R_1R_2C{=}CH_2 / CHCl_3 + NaOH(\text{水相中}) \xrightarrow{Ⓟ-C_6H_4-CH_2\overset{+}{N}Me_3\ OH^-} R_1R_2\overset{\triangle}{C-CH_2-CCl_2} \quad (2-129)$$

(4) 取代反应。苯乙腈与溴代烷发生取代反应，也需要氢氧化钠活化。所以要加季铵型的阴离子交换树脂作相转移催化剂，使反应顺利进行，产物收率也很高［见反应式(2-130)］。

$$C_6H_5CH_2CN / RBr + NaOH(\text{水溶液}) \xrightarrow[Ⓟ-C_6H_4-CH_2\overset{+}{N}Me_3\ OH^-]{70℃} C_6H_5CH(R)(CN) + NaBr + H_2O \quad (2-130)$$

(5) Wolff-Kishmer 反应(W-K 反应)。对于 W-K 反应(2-131)，若无相转移催化剂，反应是极难进行的。当用带冠醚 18C6 的聚合物 **104**、KOH 作催化剂时，还原物产率可达 70%。用 NaOH 作催化剂时，产率仅为 12.5%。

$$\sim C_6H_4-CH_2SCH_2-\underset{HC-O}{HC-O}\!\!>CH-(\text{苯并-18-冠-6})$$

104

$$(C_6H_5)_2C{=}N-NH_2 \xrightarrow[\text{甲苯,回流}]{KOH,\mathbf{104}} (C_6H_5)_2CH_2 \quad (2-131)$$

2.5.3　固液相转移催化反应

对于固液相反应，若两相互不相溶，则反应十分缓慢，产率也不高。对于如反应式(2-132)所示的反应，使用 SiO_2 上接有季鏻盐或者含有 18C6 的高分子作相转移催化剂，产物的收率可达到 95%。

$$\text{邻苯二甲酰亚胺}\ \bar{N}K^+ + C_6H_5CH_2Cl \longrightarrow \text{邻苯二甲酰亚胺-}N-CH_2-C_6H_5 \quad (2-132)$$

2.6 固定化酶

酶是十分优良的催化剂,具有很高的活性和选择性,反应条件温和。所以,在研究酶的催化功能和活性的同时,也有人直接用酶催化有机反应。研究结果发现,反应后产物难以分离和纯化;有些酶由于反应条件改变,活性消失。为了克服这些缺点,把酶固定在高分子载体上,制成所谓的固定化酶。其优点是:①能得到不被酶污染的纯产物;②酶能反复使用(对于贵重酶尤为重要);③采用柱方法有可能进行连续合成操作;④易变性酶更趋稳定。缺点是,在固定化酶时,活性会降低。所以要选择最好的偶联方法使酶的活性尽量少降低。

2.6.1 酶的结构和分类

1. 酶的结构

迄今为止,已经知道酶超过 2000 多种,其中 150 种酶已经得到结晶。绝大多数酶是蛋白质,相对分子质量为 $1.2\times10^4\sim1.0\times10^6$,是由氨基酸缩聚而成的。所以多肽链的一端是氨基,另一端是羧基。例如,溶菌酶由 129 种氨基酸按一定序列缩聚而成,从氨基末端数起的第 35 个是谷氨酸。其中有些酶如溶菌酶、胰蛋白酶等,仅由蛋白质分子中氨基酸残基实现催化功能。另一些酶除了蛋白质之外,还必须有其他组分才具有催化活性。这组分称作辅助因子,可以是:①无机离子如 Zn^{2+}、Fe^{2+}、Mn^{2+} 等;②有机分子,如硫胺素焦磷酸、黄素腺嘌呤二核苷酸和磷酸吡哆醛等。这些化合物统称辅酶;③同时有金属离子和辅酶。酶蛋白和辅助因子的结合一般很疏散,但有的两者结合很紧密。这种结合紧密的辅助因子称为辅基。一个完整的、由酶蛋白和辅助因子组成的有催化活性的酶,又称全酶。

2. 酶的分类

酶按其催化反应,主要有 6 种类型:①氧化还原酶,催化氧化还原反应,如 CH 键氧化生成 C—OH,CHOH 生成羰基(C═O),饱和—CH—CH—键生成碳碳双键(—C═C—);②转移酶,催化转移各种基团,如醛、酮、酰基、醣和膦酰基等;③水解酶,催化水解反应,包括酯、酰胺、酸酐和糖酐等的水解;④裂解酶,催化 C—C,C—O,C—N 及某些键的裂解反应;⑤异构酶,催化多种类型的异构化反应,如 C═C的位移,顺反异构及消旋化反应等;⑥连接酶或合成酶,催化形成 C—C,C—O,C—N键等。

2.6.2 酶的固定方法及其活性

酶的固定方法有物理法和化学键合法两种。化学法是将酶通过化学键连接到合成的或天然的高分子载体上，或连接到无机载体上。物理法是通过物理吸附、包埋和微胶囊法将酶固定在载体上。靠物理吸附法制成的固定化酶，在使用过程中，酶会逐渐流失。化学法在固定酶时，要控制一定的反应条件，尽量减少活性的降低。在酶进行固定化反应时，应考虑的基本原则是：反应介质不应对酶或载体有溶解性；应避免高温、高压、强酸和强碱，以尽量减少固化反应对酶活性的影响；固化反应应选择酶结构中非催化活性官能团；载体应有一定的机械强度和化学稳定性。

1. 化学法

用化学法制备固定化酶时，酶上可被利用的基团有—NH_2，—OH，—SH，咪唑基和苯基等。作为载体的高分子必须含有能与上述基团反应的功能基，如，—$N_2^+X^-$，—F，—COCl，—SO_2Cl，—NCO，—NCS，—CHO 等。当酶进行固定化时，要选择合适的条件，使反应对酶的活性无多大影响。

1) 合成高分子作载体

(1) 聚丙烯酸。将酶进行固定化反应时，要求温和的反应条件。可以先将聚丙烯酸制成酰氯，再与酶反应[见反应式(2-133)]。

$$\left(CH_2-\underset{\displaystyle COOH}{\underset{|}{CH}}\right)_n \xrightarrow{SOCl_2} \left(CH_2-\underset{\displaystyle O{=}C-Cl}{\underset{|}{CH}}\right)_n \xrightarrow{E-NH_2} \left(CH_2-\underset{\displaystyle O{=}C-NH-E}{\underset{|}{CH}}\right)_n \tag{2-133}$$

另一种方法是使用 Woodward 试剂活化载体上的羧基，然后再与酶反应得到固定化酶[见反应式(2-134)]。

$$Ⓟ-COO^- + (3\text{-}SO_3^-C_6H_4)-C{=}CH-CH{=}N^+(C_2H_5)-O\ (\text{环}) \longrightarrow Ⓟ-COO-C(C_6H_4SO_3^-){=}CH-C(=O)-NH-C_2H_5 \xrightarrow{E-NH_2} (SO_3^-C_6H_4)-C(=O)-CH_2-C(=O)-NH-C_2H_5 + Ⓟ-CONH-E \tag{2-134}$$

固定在聚丙烯酸上的 α-胰凝乳蛋白酶具有很高的活性。

(2) 聚顺丁烯二酐和它的共聚物。利用聚合物上酸酐与酶上氨基的反应，可将酶固定在高分子上。适当选择酶，还可得到交联的高分子[见反应式(2-135)]。如聚顺丁烯二酸酐与胰蛋白酶反应，固定化后，再将未反应的顺丁烯二酸酐水解，载体变成了水溶性高分子。固定化胰蛋白酶保持了 70% 的对酯进行水解的反应活性，且在高 pH 条件下，固定化酶比原来的酶更稳定。

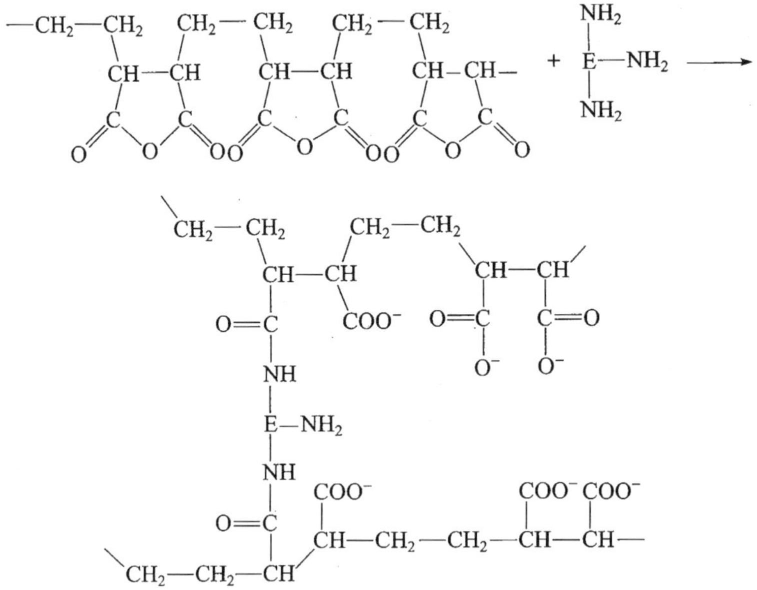

$$\text{(聚马来酸酐共聚物)} + E(NH_2)_3 \longrightarrow \text{(酶通过 } —C(=O)—NH—E(NH_2)—NH—C(=O)— \text{ 连接的交联产物，其余为 } COO^- \text{)} \qquad (2-135)$$

(3) 聚丙烯酰胺及其共聚物。丙烯酰胺和 N,N'-亚甲基双丙烯酰胺共聚制得交联共聚物。高分子上的氨基需进一步反应，生成比较活泼的基团如$—N_3$，才能在温和条件下与酶反应[见反应式(2-136)]。

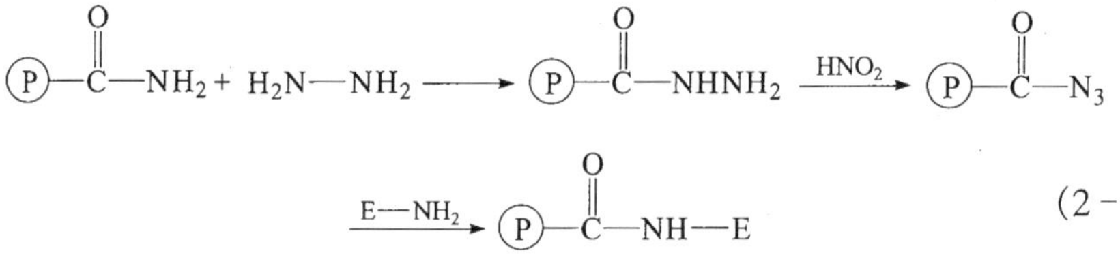

$$\text{Ⓟ}—\overset{O}{\overset{\|}{C}}—NH_2 + H_2N—NH_2 \longrightarrow \text{Ⓟ}—\overset{O}{\overset{\|}{C}}—NHNH_2 \xrightarrow{HNO_2} \text{Ⓟ}—\overset{O}{\overset{\|}{C}}—N_3$$

$$\xrightarrow{E—NH_2} \text{Ⓟ}—\overset{O}{\overset{\|}{C}}—NH—E \qquad (2-136)$$

丙烯酰胺、N,N'-亚甲基双丙烯酰胺和苯乙烯胺进行共聚合反应，得到交联共聚物 **105**。经与硫代光气反应，得到了活泼的异硫氰酸酯。它与酶，如淀粉酶反应得到固定化酶[见反应式(2-137)]。

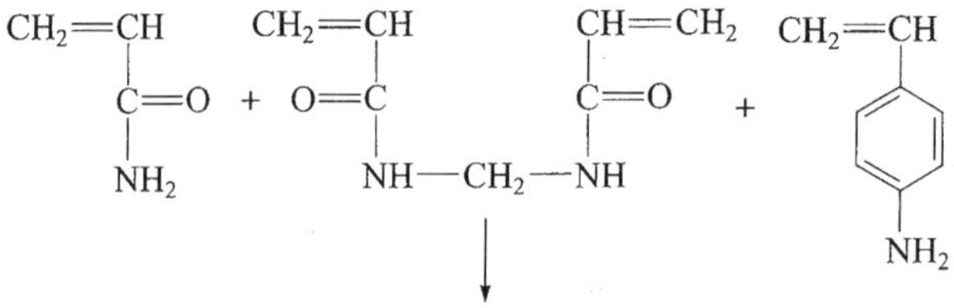

$$CH_2{=}CH—C(=O)—NH_2 + CH_2{=}CH—C(=O)—NH—CH_2—NH—C(=O)—CH{=}CH_2 + CH_2{=}CH—C_6H_4—NH_2$$

$$\downarrow$$

$$\begin{array}{l}\text{—CH}_2\text{—CH—CH}_2\text{—CH—CH}_2\text{—CH—}\\ \quad\ \ \text{O=C—NH}\quad\ \text{C=O}\quad\ \text{C}_6\text{H}_4\text{—NH}_2\\ \qquad\quad\ \text{CH}_2\qquad\ \ \text{NH}_2\\ \quad\ \ \text{O=C—NH}\\ \text{—CH}_2\text{—CH—}\end{array}\quad \mathbf{105}$$

$$\downarrow CSCl_2$$

$$\begin{array}{l}\text{—CH}_2\text{—CH—CH}_2\text{—CH—CH}_2\text{—CH—}\\ \quad\ \ \text{O=C—NH}\quad\ \text{C=O}\quad\ \text{C}_6\text{H}_4\text{—NCS}\\ \qquad\quad\ \text{CH}_2\qquad\ \ \text{NH}_2\\ \quad\ \ \text{O=C—NH}\\ \text{—CH}_2\text{—CH—}\end{array}$$

$$\downarrow E—NH_2$$

$$\begin{array}{l}\text{—CH}_2\text{—CH—CH}_2\text{—CH—CH}_2\text{—CH—}\\ \quad\ \ \text{O=C—NH}\quad\ \text{C=O}\quad\ \text{C}_6\text{H}_4\text{—NHC(=S)—NH—E}\\ \qquad\quad\ \text{CH}_2\qquad\ \ \text{NH}_2\\ \quad\ \ \text{O=C—NH}\\ \text{—CH}_2\text{—CH—}\end{array}\qquad (2-137)$$

(4) 聚苯乙烯及其共聚物。含重氮基的聚苯乙烯可以与淀粉糖化酶、胃蛋白酶、核糖核酸酶反应。未反应的重氮基可以用 α-萘酚处理[见反应式(2-138)]。

$$\text{⁅CH}_2\text{—CH⁆}_n(\text{C}_6\text{H}_4\text{—NH}_2) \xrightarrow[\text{HCl}]{\text{NaNO}_2} \text{⁅CH}_2\text{—CH⁆}_n(\text{C}_6\text{H}_4\text{—N}_2^+\text{X}^-) \xrightarrow{\text{E—NH}_2} \text{⁅CH}_2\text{—CH⁆}_n(\text{C}_6\text{H}_4\text{—NH—E}) \qquad (2-138)$$

在 4-氟代苯乙烯、甲基丙烯酸和二乙烯基苯共聚物上,硝基可使氟原子活化,易与酶如木瓜酶、淀粉糖化酶等发生脱氟化氢反应[见反应式(2-139)]。用此法固定酶的结合力好,结合量可达 324mg/g 载体。其活性是原来酶的一半。

$$\text{⁅CH}_2\text{—CH⁆}_n\text{⁅CH}_2\text{—C(CH}_3\text{)(COOH)⁆}_m\ [\text{CH上连 3,5-(O}_2\text{N)}_2\text{-4-F-C}_6\text{H}_2] + \text{E—NH}_2 \longrightarrow \text{⁅CH}_2\text{—CH⁆}_n\text{⁅CH}_2\text{—C(CH}_3\text{)(COOH)⁆}_m\ [\text{CH上连 3,5-(O}_2\text{N)}_2\text{-4-(E—NH)-C}_6\text{H}_2] \qquad (2-139)$$

2) 天然高分子作载体

许多天然高分子是固定化酶的良好载体，如纤维素、琼脂糖等有疏水的骨架、亲水的羟基。它们便宜，易得，亲水性好，容易化学加工，即可以采用多种化学反应把酶接到高分子上。

(1) 重氮化法。用如反应式(2-140)所示的方法，可将多种酶固定在纤维素上。如将核糖核酸酶、胰凝乳蛋白酶固定在纤维素上，但活性很小，可能是交联、溶胀性较差造成的。因为底物相对分子质量越小，固定化酶溶胀性越高，活性也越高。

$$
\text{—OH} + \text{ClCH}_2\text{—C}_6\text{H}_4\text{—NO}_2 \longrightarrow \text{—OCH}_2\text{—C}_6\text{H}_4\text{—NO}_2 \xrightarrow{\text{SnCl}_2/\text{HCl}} \text{—OCH}_2\text{—C}_6\text{H}_4\text{—NH}_2
$$

$$
\xrightarrow{\text{NaNO}_2/\text{HCl}} \text{—OCH}_2\text{—C}_6\text{H}_4\text{—N}_2^+\text{X}^- \xrightarrow{\text{E—NH}_2} \text{—OCH}_2\text{—C}_6\text{H}_4\text{—NH—E} \qquad (2-140)
$$

(2) 叠氮化法。将羧甲基纤维素叠氮化，再与酶反应[见反应式(2-141)]。例如将水溶性胰凝乳蛋白酶固定在纤维素上，其活性与原来的酶相同，甚至更高一些。

$$
\text{—OCH}_2\text{—COOH} \xrightarrow[\text{H}^+]{\text{CH}_3\text{OH}} \text{—OCH}_2\text{—COOCH}_3 \xrightarrow{\text{N}_2\text{H}_4} \text{—OCH}_2\text{—C(=O)—NHNH}_2
$$

$$
\xrightarrow[\text{HCl}]{\text{NaNO}_2} \text{—OCH}_2\text{—C(=O)—N}_3 \xrightarrow{\text{E—NH}_2} \text{—OCH}_2\text{—C(=O)—NH—E} \qquad (2-141)
$$

(3) 溴化氰法。作为载体的多糖聚合物有许多羟基，它可以与 BrCN 反应，生成活性较高的基团，再与酶(E—NH_2)反应[见反应式(2-142)]。

$$
\begin{array}{l}
\text{(—OH)}_2 \xrightarrow{\text{BrCN}} \begin{cases} \xrightarrow{\text{H}_2\text{O}} \text{—OC(=O)—NH}_2 \,/\, \text{—OH} \\ \longrightarrow \text{(—O)}_2\text{C=NH} \begin{cases} \xrightarrow{\text{E—NH}_2} \text{—OC(=NH)—NH—E} \,/\, \text{—OH} \\ \xrightarrow{\text{E—NH}_2} \text{(—O)}_2\text{C=N—E} \\ \xrightarrow{\text{E—NH}_2,\ \text{H}_2\text{O}} \text{—OC(=O)—NH—E} \,/\, \text{—OH} \end{cases} \end{cases}
\end{array} \qquad (2-142)
$$

(4) 均三嗪法。多聚糖载体上的羟基可以通过与三聚氰酸衍生物反应，生成活泼的基团。它与酶(E—NH_2)反应生成固定化酶[见反应式(2-143)]。

$$\text{-OH} + \text{Cl-C}_3\text{N}_3(\text{Cl})(\text{R}) \longrightarrow \text{-O-C}_3\text{N}_3(\text{Cl})(\text{R}) \xrightarrow{E-NH_2} \text{-O-C}_3\text{N}_3(\text{NH-E})(\text{R}) \tag{2-143}$$

(5) 异硫氰酸酯法。利用天然高分子上的羟基与活泼基团，如环氧基团反应，生成能与酶(E—NH_2)反应的基团[见反应式(2-144)]。

$$\text{-OH} + \underset{O}{\triangle}\text{-CH}_2\text{-C}_6\text{H}_4\text{-NO}_2 \longrightarrow \text{-OCH}_2\text{-CH(OH)-CH}_2\text{-C}_6\text{H}_4\text{-NO}_2 \xrightarrow{SnCl_2/HCl}$$

$$\text{-OCH}_2\text{-CH(OH)-CH}_2\text{-C}_6\text{H}_4\text{-NH}_2 \xrightarrow{CSCl_2} \text{-OCH}_2\text{-CH(OH)-CH}_2\text{-C}_6\text{H}_4\text{-NCS} \xrightarrow{E-NH_2}$$

$$\text{-OCH}_2\text{-CH(OH)-CH}_2\text{-C}_6\text{H}_4\text{-NHC(=S)-NH-E} \tag{2-144}$$

3) 无机物作载体

无机高分子载体通常采用多孔玻璃和硅胶。其中多孔玻璃珠与酶的结合量低，但强度高，对酶和微生物是惰性的，化学稳定性好。例如，用 γ-氨丙基三乙氧基硅烷与多孔硅胶反应，引入氨基。氨基与羧基在缩合剂双环己基碳化双亚胺(DCC)存在下形成酰胺，把酶(E—COOH)固定在无机载体上[见反应式(2-145)]。也可以引入芳香胺基，再重氮化，进一步与酶(E—咪唑基，即 E 连接的 1H-咪唑)偶联生成固定化酶[见反应式(2-146)]。

$$\text{SiO}_2(\text{OH})_2 + (C_2H_5O)_3SiCH_2CH_2CH_2NH_2 \longrightarrow \text{SiO}_2(\text{O})_2\text{Si(O-)}\text{-CH}_2\text{CH}_2\text{CH}_2\text{NH}_2$$

$$\xrightarrow[DCC]{E-COOH} \text{SiO}_2(\text{O})_2\text{Si(O-)}\text{-CH}_2\text{CH}_2\text{CH}_2\text{NHC(=O)-E} \tag{2-145}$$

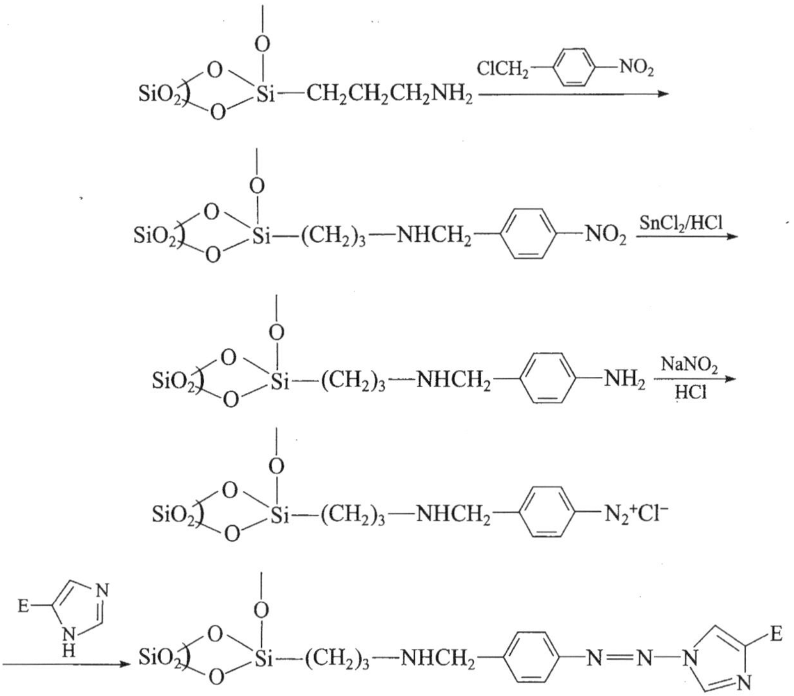

$$SiO_2\text{-}O_3Si-CH_2CH_2CH_2NH_2 \xrightarrow{ClCH_2-C_6H_4-NO_2}$$

$$SiO_2\text{-}O_3Si-(CH_2)_3-NHCH_2-C_6H_4-NO_2 \xrightarrow{SnCl_2/HCl}$$

$$SiO_2\text{-}O_3Si-(CH_2)_3-NHCH_2-C_6H_4-NH_2 \xrightarrow[HCl]{NaNO_2}$$

$$SiO_2\text{-}O_3Si-(CH_2)_3-NHCH_2-C_6H_4-N_2^+Cl^-$$

$$\xrightarrow{E\text{-imidazole (NH)}} SiO_2\text{-}O_3Si-(CH_2)_3-NHCH_2-C_6H_4-N{=}N-N(\text{imidazole})\text{-}E \quad (2-146)$$

2. 物理法

1) 物理吸附法

利用载体的毛细孔吸附酶制备固定化酶。例如,微孔玻璃珠能吸附尿酶、胃蛋白酶。随玻璃珠前处理方法不同,所得固定化酶的稳定性也有所差别。除此之外,还有人研究酶在木炭、$Al(OH)_3$ 上的吸附。用此法得到的固定化酶在使用中,酶易脱掉。

2) 包埋法

利用水溶性单体、交联剂和酶在水溶液中混合均匀后,用引发剂在常温下引发聚合;或用光、X 射线、γ 射线辐射引发单体聚合形成的交联共聚物中包埋了酶。例如,将丙烯酰胺、N,N'-亚甲基双丙烯酰胺溶解于 0.1mol/L 磷酸缓冲溶液中,与酶均匀混合后,在光照下聚合 2～14min,得到了包埋酶的共聚物。为防止酶在光照过程中变性,容器需要冰冷。反应完成后,将聚合物粉碎即可得到固定化酶。包埋法制得的固定化酶,对底物特别是大的底物扩散比较困难。

3) 微胶囊法

所谓微胶囊是由聚合物构成的中空球,如图 2－17 所示。酶包裹在微胶囊中,底物分子透过半透膜,在酶催化作用下反应生成产物 P,然后扩散出微胶囊,而酶分子较大,无法透过半透膜。本方法的特点是在微胶囊形成时,酶本身没有参与反应,除有薄膜存在外,与天然酶相同。缺点是不适于底物分子大的催化反应。合成微胶囊的方法有以下三种。

(1) 水中干燥法。将酶的水溶液乳化分散于聚合物的苯溶液中，形成了水溶液(W_1)/有机相(O)乳液。再将此乳液分散于含有保护胶体的大量水中，形成 $W_1/O/W_2$ 型复合乳液。在稍许减压下，保持在 35～40℃，使苯慢慢蒸发。聚合物开始在酶水溶液液滴周围析出，形成薄膜。用过滤或离心法分离出制得的微胶囊。

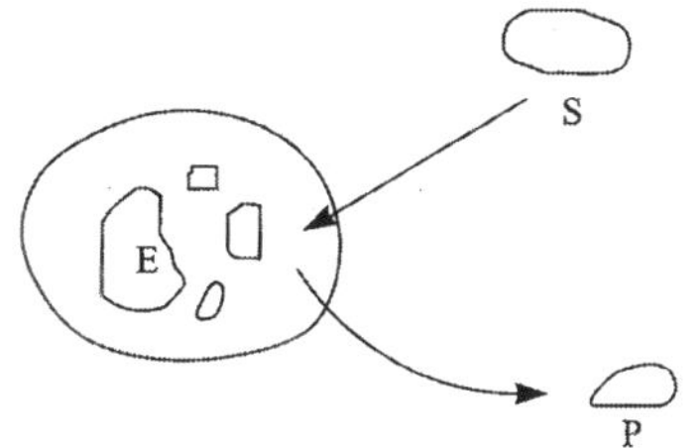

图 2－17　含酶半透膜微胶囊示意图
E:酶;S:底物;P:生成物

(2) 界面缩聚法。将胺如己二胺溶解于含有酶的氢氧化钠水溶液中，然后加到有机溶剂如环己烷-氯仿溶液中搅拌、乳化。再加入二元酰氯如癸二酰氯的溶液。在酶液滴界面进行缩聚反应，形成聚酰胺微胶囊。由于要中和缩聚反应过程中生成的酸，需要碱的存在。该方法仅适用于在强碱下稳定的酶。

(3) 有机溶液体系的相分离方法。将酶水溶液加到溶有聚合物的有机溶剂中，然后加入聚合物的不良溶剂，使聚合物薄膜在水溶液液滴表面慢慢析出，形成微胶囊。该方法的条件设定比较困难。

2.6.3 固定化酶的应用

大多数酶经过固定化后，活性降低。原因很多，可能是：在固定化过程中，酶蛋白中心的氨基酸残基有一部分被破坏；酶蛋白的高次结构也会发生变化；底物分子要透过膜才能与酶接触，生成物分子要及时扩散出膜，将酶负载在高分子上，必定会影响酶促效果；载体表面的电荷分布也影响酶蛋白分子上电荷的分布，从而影响酶的催化活性等。

固定化酶的优点是：酶与反应物分离方便，且可重复使用；容易保存。这样为酶的工业应用开拓更为宽广的前景。现有的 2000 多种酶中仅有少数用于工业生产，主要为水解酶。

1. 糖化反应

1) 葡萄糖的制备

将淀粉糖苷酶以化学键固定在二乙氨乙基纤维素上。这样制得的固定酶悬浮在 30％的淀粉溶液中。在 55℃下搅拌，可使淀粉定量、连续地水解得到葡萄糖溶液。连续运转 3～4 周，固定化酶的活性几乎不变。

固定化方法是将淀粉糖苷酶接到由 2-氨基-4，6-二氯三氮嗪活化的二乙氨基乙基纤维素上，这样制成的固定化酶允填到 5×13cm 的柱子中，以柱层析法操作，在 55℃下水解淀粉制取葡萄糖。每小时可制得 3.8kg 葡萄糖。

2) 果糖的制备

采用制备淀粉糖苷酶相似的方法，将葡萄糖异构酶固定在乙基纤维素上，用作葡萄糖异构化成果糖反应的催化剂[见反应式(2－147)]。

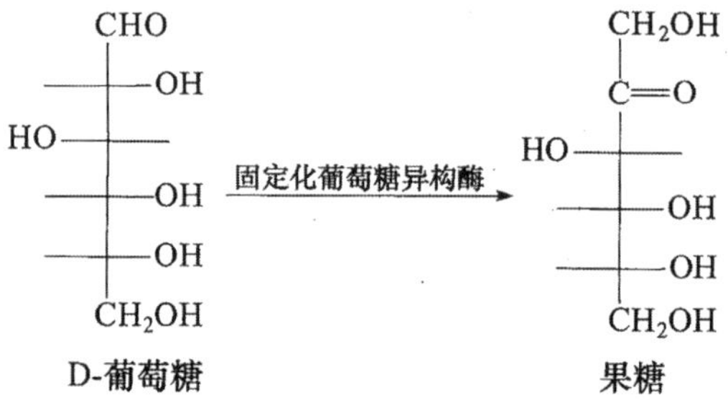

$$\underset{\text{D-葡萄糖}}{\begin{array}{c}\text{CHO}\\ \text{H—C—OH}\\ \text{HO—C—H}\\ \text{H—C—OH}\\ \text{H—C—OH}\\ \text{CH}_2\text{OH}\end{array}} \xrightarrow{\text{固定化葡萄糖异构酶}} \underset{\text{果糖}}{\begin{array}{c}\text{CH}_2\text{OH}\\ \text{C=O}\\ \text{HO—C—H}\\ \text{H—C—OH}\\ \text{H—C—OH}\\ \text{CH}_2\text{OH}\end{array}} \quad (2-147)$$

另一种方法是将葡萄糖2-位氧化成酮，然后加氢还原1-位的醛基成羟基[见反应式(2－148)]。

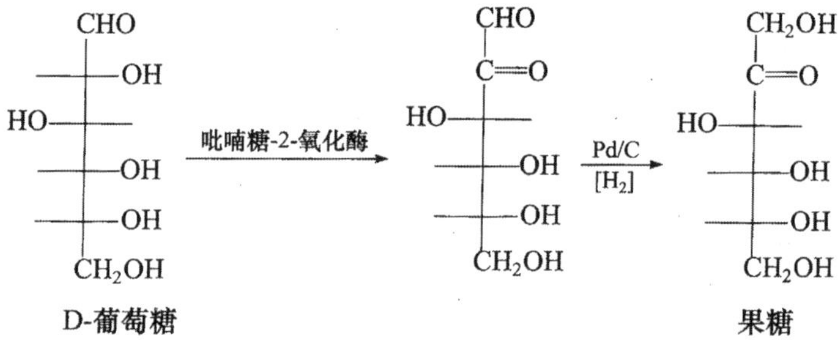

$$\underset{\text{D-葡萄糖}}{\begin{array}{c}\text{CHO}\\ \text{H—C—OH}\\ \text{HO—C—H}\\ \text{H—C—OH}\\ \text{H—C—OH}\\ \text{CH}_2\text{OH}\end{array}} \xrightarrow{\text{吡喃糖-2-氧化酶}} \begin{array}{c}\text{CHO}\\ \text{C=O}\\ \text{HO—C—H}\\ \text{H—C—OH}\\ \text{H—C—OH}\\ \text{CH}_2\text{OH}\end{array} \xrightarrow[\text{[H}_2\text{]}]{\text{Pd/C}} \underset{\text{果糖}}{\begin{array}{c}\text{CH}_2\text{OH}\\ \text{C=O}\\ \text{HO—C—H}\\ \text{H—C—OH}\\ \text{H—C—OH}\\ \text{CH}_2\text{OH}\end{array}} \quad (2-148)$$

2. 在合成化学上的应用

1) 6-氨基青霉素酸的合成

6-氨基青霉素酸是生产多种青霉素的主要原料。将青霉素酰胺酶(penicillin amidase)结合在用2,4-二氯-6-羧甲基氨基-三氮嗪活化的二乙氨基乙基纤维素上，催化苯乙酰基青霉素(青霉素G)的水解反应，得到6-氨基青霉素[见反应式(2－149)]。例如，将该固定化酶装在柱子中，于37℃下催化反应(2－149)，经提纯后，得到纯的6-氨基青霉素。连续运行11周，酶的活性也不降低。本方法比传统的微生物法好，它具有分离方便、产品纯、质量好等优点，所以能得到实际应用。

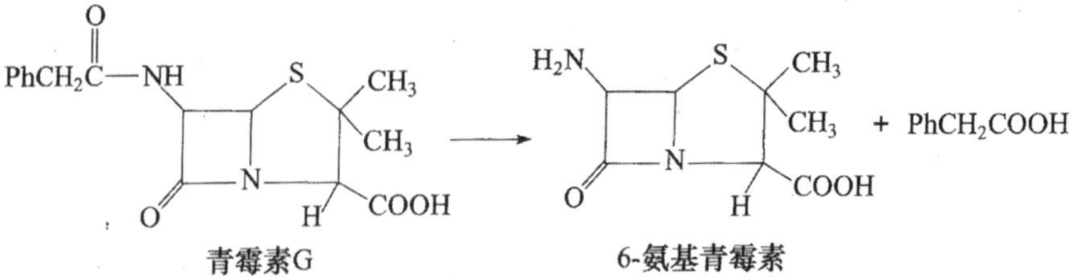

$$\underset{\text{青霉素G}}{\text{PhCH}_2\text{C(=O)—NH—[β-内酰胺-噻唑烷环, S, CH}_3\text{, CH}_3\text{, N, H, COOH, O]}} \longrightarrow \underset{\text{6-氨基青霉素}}{\text{H}_2\text{N—[β-内酰胺-噻唑烷环, S, CH}_3\text{, CH}_3\text{, N, H, COOH, O]}} + \text{PhCH}_2\text{COOH}$$

(2－149)

目前工业上用化学法从青霉素 G 经化学扩环，再经水解反应、酰胺化等步骤制备头孢霉素[见反应式(2－150)]。该方法的最大优点是使用青霉素酰化酶作水解反应的催化剂，具有高度选择性，它能水解侧链酰胺键而不影响 β-内酰胺。这样简化了分离步骤，提高了产品纯度。

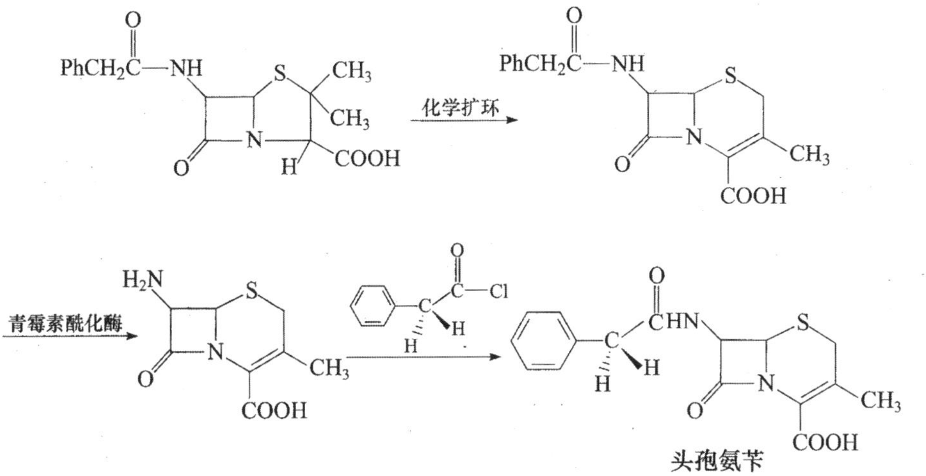

化学扩环

青霉素酰化酶

头孢氨苄

(2－150)

2) 光学纯 L-氨基酸的生产

(1) 酰化酶。将固定化的酰化酶(acylase)装入柱中，让外消旋酰基化 D,L-氨基酸连续地流过此柱子。酰化酶选择性催化 L-酰氨基酸水解。流出的 D-氨基酸经过外消旋化后，又流经固定化酶柱子，如此循环可以制得纯 L-氨基酸。此法已大规模地用于工业生产(见图 2－18)。例如，从 *Aspergillus aryzae* 菌中提取氨基酰酶(aminoacylase)，将其吸附在 N,N-二乙胺乙基葡萄糖上制得固定化酶，从 N-乙酰-D,L-亮氨酸外消旋体中制取光学纯的亮氨酸。柱子连续使用一个月，固定化酶的活性只下降 30%～40%。

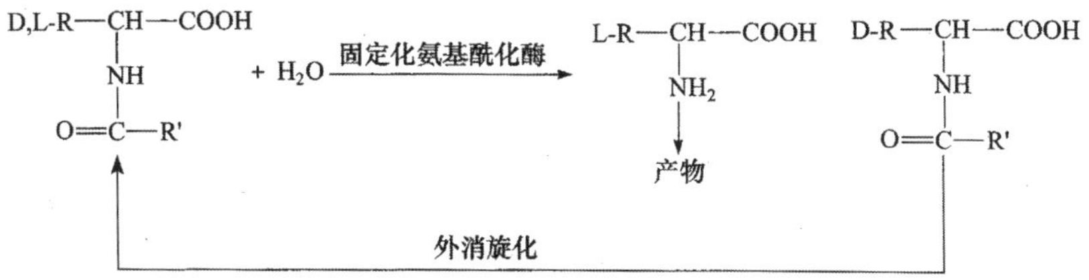

固定化氨基酰化酶

产物

外消旋化

图 2－18　外消旋氨基酸拆分得 L-氨基酸工作原理图

(2) 水解酶。利用水解酶水解氨基酸酯的高度立体选择性，用于拆分外消旋氨基酸，以获得光学活性的氨基酸。用作水解反应的催化剂可以是胰蛋白酶和枯草杆菌酶，其中以胰凝乳蛋白酶应用最广。例如利用固定胰凝乳蛋白酶在催化 D,

L-氨基酸酯进行水解反应时，对 L-酯的水解活性高，所以在水解反应液中 L-氨基酸的含量高。经反复酯化-水解，就可以将 D,L-氨基酸酯分开[见反应式(2－151)]。

$$\text{D,L-R}-\underset{\underset{\text{NH}_2}{|}}{\text{CH}}-\overset{\overset{\text{O}}{\|}}{\text{C}}-\text{OR}'+\text{H}_2\text{O}\xrightarrow{\alpha\text{-胰凝乳蛋白酶}}\text{L-R}-\underset{\underset{\text{NH}_2}{|}}{\text{CH}}-\text{COOH}+\text{D-R}-\underset{\underset{\text{NH}_2}{|}}{\text{CH}}-\text{COOR}' \qquad (2-151)$$

(3) 合成酶。合成酶能选择性地将 HX 加成到 C═C 双键上。例如，从大肠杆菌提取，得到天门冬氨酸酶，催化反式-丁烯二酸与氨进行加成反应，得到 L-天门冬氨酸[见反应式(2－152)]。固定化富马酸酶可以将丁烯二酸转化成 L-苹果酸。这两种酶都是胞内酶，当对细胞进行固定化处理时，酶的稳定性提高。一个 $10m^3$ 的固定化酶柱，每月可生产数吨 L-天门冬氨酸和 L-苹果酸。

$$\text{HOOC(H)C}=\text{C(H)COOH}+\text{NH}_3\xrightarrow{\text{天门冬氨酸酶}}\text{HOOCCH}_2-\underset{\underset{\text{NH}_2}{|}}{\overset{*}{\text{C}}\text{H}}-\text{COOH} \qquad (2-152)$$

L-天门冬氨酸

3. 在食品工业中的应用

酶的固定化在食品工业中得到了广泛的应用，促进了食品工业的发展。例如柑橘类加工产品存在过度苦味，是柑橘加工业中较重要的问题。造成苦味的物质有二类：一类为柠檬苦素的二萜烯二内酯化合物；另一类为果实中多种黄酮苷。脱除苦味有二种方法：吸附法和固定化酶法。前法是一次吸附，除去苦味物质。而酶法脱苦主要是利用不同的酶，分别作用于柠檬苦和柚皮苷，生成不含苦味的物质。

工厂生产中，常采用固定化柚皮苷酶减少柑橘类果汁中的柚皮苷含量。采用的方法是将柚皮苷酶固定在甲壳素上，或者固定在空心玻璃球上。其他可用作载体的聚合物有：单宁-2-氨基乙基纤维素、海藻糖、醋酸纤维和三醋酸纤维制成的膜等。

4. 作特异吸附剂

将特定的酶固定在载体上，制成固定化酶。利用酶对特定底物的选择吸附作用来分离、精制酶、抗体和核酸酶等。常用的载体有纤维素、葡萄糖和琼脂糖等，例如将黄素酶固定在纤维素上，可以从肝脏中精制得到黄素氧化酶；将 DNA 固定在纤维素上，可以精制得 DNA 聚合酶等。

参考文献

曹黎明,陈欢林. 2003. 酶的定向固定化方法及其对酸活性的影响. 中国生物工程杂志, 23(1):22～29

陈义镛. 1988. 功能高分子. 上海:上海科学技术出版社

崔娟,吴坚平,杨立荣,孙志浩. 2005. 脂肪酶固定化研究和应用. 化学反应工程与工艺,21(1):43～48

党辉,张宝善. 2004. 固定化酶的制备及其在食品工业的应用. 食品研究与开发, 25(3):68～72

何天白,胡汉杰主编. 2001. 功能高分子与新技术. 北京: 化学工业出版社. 128～149

黄维垣,闻建勋. 1994. 高技术有机高分子材料进展. 北京: 化学工业出版社. 362～428

刘秀伟,司芳,郭林等. 2003. 酶固定化研究进展. 化工技术经济, 21(4):12～17

竹本喜一,国武丰喜,今西幸男,清水刚夫. 1976. 高分子触媒. 东京: 株式会社讲谈社,242～252

Akelah A. 1981. Heterogeneous organic synthesis using functionalized polymers. Chem. Rev., 413～438

Benaglia M, Puglisi A, Cozzi F. 2003. Polymer-supported organic catalysts, Chem. Rev., 9: 3401～3430

Berqbreiter D E. 2002. Using soluble polymers to recover catalysts and ligands. Chem. Rev., 102: 3345～3384

Fan Q H, Li Y M, Chan A S C. 2002. Recoverable catalysts for asymmetric organic synthesis. Chem. Rev., 102: 3385～3466

Leadbeater N E, Macro M. 2002. Preparation of polymer-supported ligands and metal complexes for use in catalysis. Chem. Rev., 102: 3217～3273

Maruoka K, Ooi T. 2003. Enantioselevtive amino acid synthesis by chiral phase-transfer catalysis. Chem. Rev., 103: 3013～3028

Murakami Y, Kikuchi J, Hisaeda Y, Hayashida O. 1996. Artificial enzymes. Chem. Rev., 96:721～758

Pittman Jr. 1980. Polymrer-supported reactions in organic synthesis. //Hodge P, Sherrington D C. Polymer Supported Catalysts. Chechister: Wiley

Toshima N. 2003. Recent progress in applications of ligand-stablized metal nanoclusters. Macromol. Symp., 204: 219～226

第3章　吸附分离功能高分子

吸附是指液体或气体中的分子通过各种键力的相互作用结合在固体物质上。由于固体物质对液体或气体中不同组分的吸附性有差别，即吸附选择性，可以用来分离复杂物质和产品的提纯，因此在冶金、化工、核能和制造等工业具有重要的应用价值。利用吸附现象实现物质的分离称为吸附性分离。从液体或气体中吸附某种或某类分子的材料称为吸附剂；被吸附的物质称为吸附质。分馏、分步结晶以及膜分离等技术解决的是含量较高物质组分的分离和纯化。对于含量少、甚至痕量物质的分离，通常通过吸附选择性来分离。

3.1　吸附分离功能高分子的分类和合成

由于吸附功能高分子材料的新品种不断出现，应用范围日益拓展，对吸附分离功能高分子的分类就显得十分必要。下面简要介绍不同的分类方法。

3.1.1　吸附分离功能高分子的分类

1. 按吸附机理分类

按照吸附机理，吸附剂可以分为化学吸附剂、物理吸附剂和亲和吸附剂。

1) 化学吸附剂

通过化学键，包括离子键、配位键和易裂解的共价键的吸附称为化学吸附。相应的吸附剂分别为离子交换树脂、螯合树脂和高分子试剂。

(1) 离子交换树脂。根据离子交换树脂上可交换离子的类型，将它分为阳离子、阴离子和特殊离子交换树脂。可交换基团为阳离子的树脂称为阳离子交换树脂。如果可交换基团为强酸，如—SO_3H，则称这类树脂为强酸性阳离子交换树脂，如磺酸树脂**1**；如果可交换基团为弱酸，如—COOH、—PO_3H_2、—PO_2H_2、—AsO_3H_2

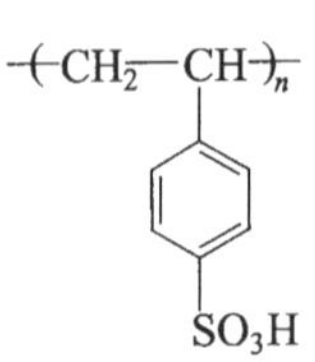

$-(CH_2-CH)_n-$（苯环对位 SO_3H）　**1**

$-(CH_2-CH)_n-$（苯环对位 PO_3H_2）　**2**

$-(CH_2-CH)_n-$（COOH）　**3**

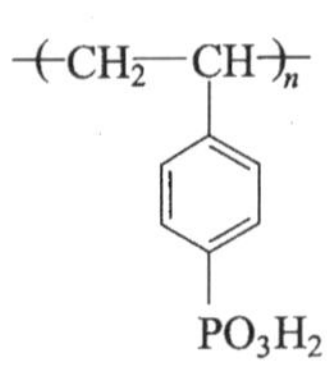

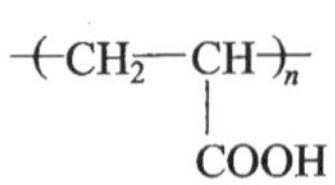

和—SeO_3H_2 等，则称为弱酸性阳离子交换树脂，例如，磷酸树脂 **2** 和羧酸树脂 **3**。当可交换基团为阴离子时，这类树脂称为阴离子交换树脂。根据交换基团碱性强弱，又可分为强、弱碱性阴离子交换树脂。对于一类以 N^+X^-、P^+X^-、S^+X^- 为交换基团的树脂，则称为强碱性阴离子交换树脂。例如，季铵型阴离子交换树脂 **4**。以三级胺以下的胺基，如≡NH^+X^-、═$NH_2^+X^-$、—$NH_3^+X^-$ 等作为交换基团的树脂，称为弱碱性阴离子交换树脂。例如 **5** 和 **6** 是弱碱性阴离子交换树脂。若树脂上既有阳离子交换基团，又有阴离子交换基团，则称为两性离子交换树脂。例如聚合物 **7** 上既有可交换的阳离子，又有阴离子，所以称为两性离子交换树脂。

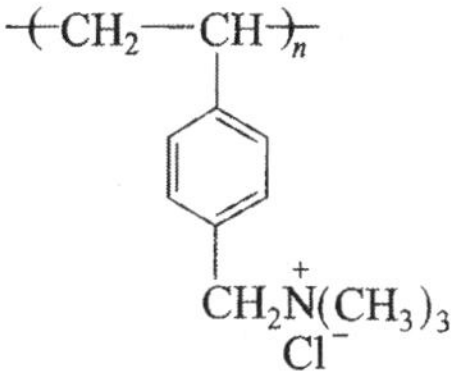

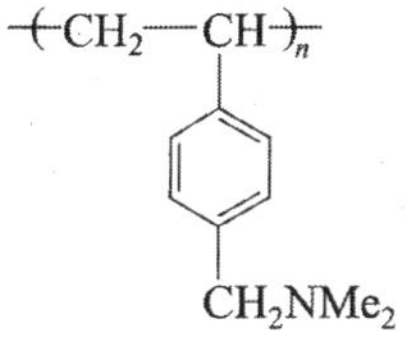

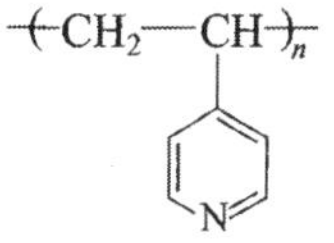

4　　**5**　　**6**

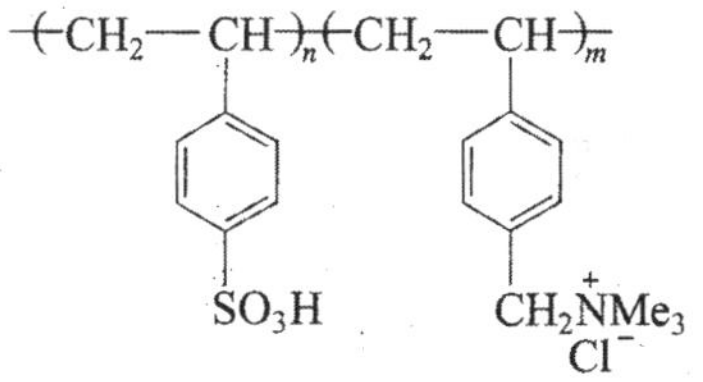

7

(2) 螯合树脂。这是一种特殊的离子交换树脂。吸附溶液中的金属离子时，除了形成离子键外，还形成若干配位键。例如含有氨基乙二酸、氨基磷酸和羟肟酸等。如聚合物 **8** 是通过反应(3－1)来吸附溶液中的 Cu^{2+} 的，是与金属离子的络合过程。

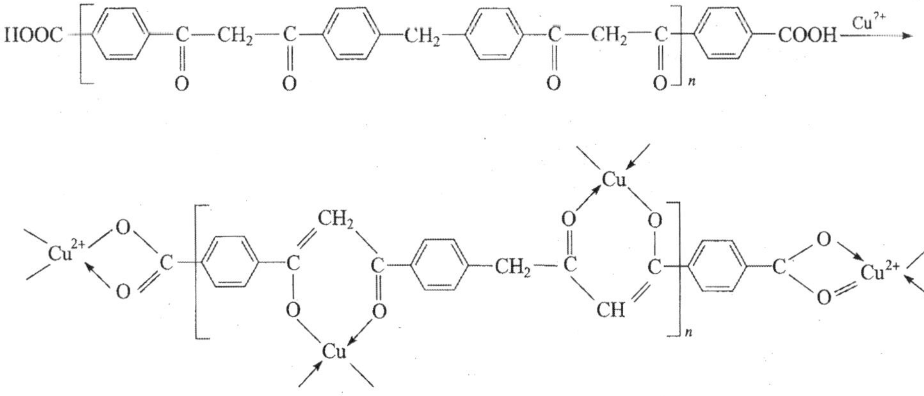

(3－1)

(3) 高分子试剂。将在第 **5** 章叙述。

2）物理吸附剂

这类吸附剂主要通过范德华力、偶极-偶极相互作用和氢键等较弱作用力来吸附物质。高分子吸附剂，即吸附树脂，根据其极性大小，可分为非极性、中极性和强极性三类树脂。非极性树脂主要为交联聚苯乙烯大孔树脂，工业生产的不同型号的这类树脂，只是孔径和比表面积不同，从而对不同大小的吸附质呈现出选择性。它主要通过范德华力从水溶液中吸附具有一定疏水性的物质。中极性吸附树脂主要是交联聚甲基丙烯酸甲酯、交联甲基丙烯酸甲酯及（甲基）丙烯酸酯与苯乙烯的共聚物。它从水中吸附物质，除了范德华力以外，氢键也起一定作用。强极性吸附树脂有亚砜类、聚丙烯酰胺类、氧化氮类、脲醛树脂类等。它们对水中物质的吸附主要通过氢键作用、偶极-偶极相互作用进行。因此其中一些吸附剂可称为氢键吸附树脂。

3）亲和吸附剂

这类吸附剂是通过生物亲和原理设计合成的。它对目标物质的吸附有专一性和高选择性，是基于范德华力、氢键作用力和偶极-偶极相互作用力等多种作用力的空间协同作用。主要用于生化物质的分离、临床检测和血液净化处理等方面。

2. 按树脂形态和孔结构分类

按树脂的形态可以分为无定形、球形和纤维状三类。无机吸附剂多为无定形；人工合成的高分子吸附剂多为球形；根据特殊要求，可以合成纤维状吸附剂。吸附剂的孔结构是影响吸附选择性和吸附动力学的一个重要因素。根据孔结构，吸附剂可分为微孔（凝胶型）、中孔、大孔、特大孔和均孔等。

3.1.2 吸附分离功能高分子的合成

本节主要讲述各类吸附剂所用载体的合成方法。尽管吸附剂的外形可分为无定形、球形和纤维形，但球形既适用于间歇操作，又适用于连续操作；既可用于固定床，又可用于流动床；所以对于球形吸附分离功能高分子的研究最为深入，理论也较为成熟。以下讨论球形高分子的合成。

1. 成球技术

（1）球形聚苯乙烯的合成。通常，用悬浮聚合方法制备直径为 0.007～2mm 的交联聚苯乙烯小球。在合成过程中，应考虑的主要问题为：①球的大小和分散性的控制。球的大小可以通过调节搅拌速度、油相/水相的比例、反应器和搅拌装置的结构来控制。所用的分散剂通常为明胶和聚乙烯醇。明胶因产地不同和规格差别导致试验重复性差。聚乙烯醇的相对分子质量和醇解度对球的大小和分散性有影响。通常相对分子质量大、醇解度低，或用量大，得到球的粒径小。②交联度和交联结构的均匀性对微球的强度和溶胀性有很大的影响。交联度主要决定于交联剂。一般用二乙烯基苯作为交联剂。商品二乙烯基苯一般是含量不同的混合物，有 *m*-，*p*-二乙烯基苯；*m*-，*p*-乙基苯乙烯和少量二乙基苯。国产二乙烯基苯的含量往往低于 50%。其中，间、对位异构体的比例大约为 2.5∶1。在二乙烯基苯中，使用 *m*-二乙烯基苯可制备交联均匀的交联聚苯乙烯，因为苯乙烯(St，M1)/*m*-二乙烯基苯(DVB，M2)的竞聚率 $r_1 = 0.65$，$r_2 = 0.6$；St/*p*-DVB 的 $r_1 = 0.24$，$r_2 = 0.5$。所以在聚合反应早期，*p*-二乙烯基苯聚合得多，交联密度大；反应后期它参与聚合反应少，交联密度小，导致交联密度不均匀。在凝胶化后期，未反应的双键进一步反应，会加剧交联的不均一性。

(2) 含极性基团单体的悬浮聚合。丙烯酸甲酯(MA)、甲基丙烯酸甲酯(MMA)、丙烯腈(AN)和乙酸乙烯酯(VA)等在水中有一定的溶解度，所以生成均匀圆球较为困难。解决的办法是：①在水相中，加 NaCl；在单体中加非极性溶剂，以增大两相之间的极性差，减少单体在水中的溶解度。②用偶氮二异丁腈(AIBN)作引发剂，以降低反应温度，抑制单体在水中的溶解。在水相中加入自由基捕捉剂，进一步减少在水相中的聚合反应。③树脂交联的不均匀性。因为交联不均匀会导致树脂使用过程中结块，机械强度下降。解决的方法是，避免使用二乙烯基苯，可使用二甲基丙烯酸乙二醇酯、衣康酸二丙烯酸酯和甲基丙烯酸烯丙酯、三聚异氰酸三丙烯酰胺等作交联剂，生成的交联结构均匀，强度较好。

(3) 反相悬浮聚合。当单体和聚合物均为水溶性时，通常采用反相悬浮聚合。分散相为黏度较高、密度较大、化学惰性的有机液体，如氯苯、液体石蜡、变压器油、邻苯二甲酸二辛酯等。考虑价格和环境污染等因素，液体石蜡是比较理想的反相悬浮聚合分散介质。聚合过程是将单体、交联剂和致孔剂溶解在水中，在适当温度下，预聚成黏稠的预聚物，再倒入溶有分散剂的油相中，在较高温度下，继续聚合、固化成球。

2. 成孔技术

当吸附树脂在溶剂中不能充分溶胀，或者被吸附物质的分子过大，都会使树脂的表观吸附容量降低。为提高树脂的吸附和解吸动力学性能，在树脂中做均匀、大小适宜的孔是一很重要的方法。成孔方法有以下几种。

(1) 惰性溶剂成孔。对于水相悬浮聚合体系，单体、交联剂和惰性溶剂(不参与聚合反应，沸点高于聚合温度，能与单体互溶，是聚合物的沉淀剂)混合均匀，在低于溶剂的沸点下进行聚合反应。待聚合完成后，留在聚合物珠体内的溶剂，通过蒸馏、溶剂萃取或冷冻干燥处理等方法除去。原则上，惰性溶剂占据的空间成为聚合物珠体中的孔。改变溶剂的性质来控制树脂的孔结构是一简便的方法。其成孔机理描述如下：在悬浮聚合的小球内，随着聚合反应的进行，高分子链增长到一定相对分子质量，就会出现相分离，一相为含单体和少量聚合物的溶剂相，另一相为含少量单体和溶剂的聚合物相。聚合物相内的高分子链继续增长，在链缠结、交联和界面张力作用下，发生凝胶化，聚合物相成为粒径为5～20nm的微胶核。微胶核表面继续聚合，进一步合并聚集形成粒径为60～500nm的微球。最终，微球在珠体内凝结和交联，形成直径为0.1～1.0mm的聚合物珠体。珠体内部微胶核之间、微球之间的空隙为致孔溶剂所占据，除去后即形成孔。在该聚合物珠体内存在三种孔：①凝胶孔，即微胶核内高分子链间的空隙；②微孔，微球内微胶核之间的孔，孔径在几纳米至几十纳米之间；③大孔，即微球之间的孔，孔径在25nm以上。如果所用溶剂是聚合物的良溶剂，出现相分离和凝胶化时间均较迟，交联对微凝胶核的形成发挥重要作用，最终形成的聚合物珠体主要由微凝胶核组成，胶核之间孔的孔径小，比表面积大。若为不良溶剂，相分离和凝胶化时间早，珠体主要由微胶组成。微球间孔隙大，比表面积较小，为了调节孔结构，可采用聚合物的良和不良溶剂的混合溶剂成孔。调节二者的比例，就可以控制孔结构。

交联度是孔形成的一个重要参数。所谓交联度，就是交联剂的质量百分含量，例如，苯乙烯-二乙烯苯共聚制得的共聚物，二乙烯苯的质量百分含量称为该树脂的交联度。形成孔的临界交联度与溶剂的性质有关，通常良溶剂的临界交联度比不良溶剂高。例如，甲苯是交联聚苯乙烯的良溶剂，只有在甲苯用量大于45%时，才会形成大孔结构。

(2) 线形聚合物致孔。将线形聚合物，如聚苯乙烯、聚乙酸乙烯酯和聚甲基丙烯酸酯类等，溶解在单体中，进行悬浮聚合。在聚合过程中，线形高分子促进相分离的发生。随着聚合反应的进行，单体消耗，线形高分子卷曲成团。聚合反应结束后，用溶剂抽提出珠体内的线形高分子，得到孔径大的大孔树脂。

(3) 无机微粒致孔。对于一些无机纳米粒子，如二氧化硅、二氧化钛在中性或弱酸性条件下是不溶的，但能在碱性条件下溶解。因此，可将均一粒径的这些纳米粒子分散在单体相中，悬浮聚合后再将无机纳米粒子溶出，原无机粒子占据的空间就成了孔。在聚合过程中，起致孔作用的无机粒子外形稳定，留下的孔很规整。如果无机粒子用量较大，则粒子间会接触，形成连通的贯穿孔，提高了吸附的动力学性能。

制成的高分子载体，通过高分子反应，制备得到各种分离功能材料。其制备方法将分别在后续各节中讲述。

3.2 离子交换树脂

对于离子交换现象,早在1935年两位英国化学家就发现了,这促使许多化学家从事离子交换树脂的合成和性能研究工作,出现了不同种类的离子交换树脂。随着人类对环境污染、公害的认识,离子交换树脂有了惊人的发展。下面介绍各种离子交换树脂的合成、基本性能及其应用。

3.2.1 离子交换树脂的结构、特点和分类

1. 结构和特点

所谓离子交换树脂就是带可交换的阴离子和阳离子的不溶性固体材料。当固体材料与电解质水溶液接触时,水溶液中的离子就会与固体材料中的离子发生交换,产生所谓离子交换现象。例如反应式(3-2)中,固体上的钠离子与水溶液中的钙离子发生交换,这是典型的阳离子交换。若固体上的 Cl^- 与溶液中的硫酸根离子发生交换,这是典型的阴离子交换[见反应式(3-3)]。

$$2Na^+ ⓟ^-(固体)+CaCl_2(水溶液) \rightleftharpoons Ca^{2+} ⓟ^{2-}(固体)+2NaCl(水溶液) \qquad (3-2)$$

$$2 ⓟ^+ Cl^-(固体)+Na_2SO_4(水溶液) \rightleftharpoons 2 ⓟ^{2+} SO_4^{2-} +2NaCl(水溶液) \qquad (3-3)$$

所以离子交换树脂的结构包括两部分:一部分为高分子骨架,其作用是担载离子交换基团,为离子交换过程提供必要的动力学条件;另一部分是离子交换基团,通常为具有一定解离常数的酸性或碱性基团,其性质决定了离子交换树脂的类型、吸附性能和吸附选择性。一般情况下,根据使用目的和条件,对离子交换树脂有不同的具体要求。具体包括:①良好的耐溶剂性,保证在使用条件下,不溶解、不流失。一般可通过适当的交联剂交联来满足这一要求;②良好的化学稳定性,以保证较长的使用寿命。作为分离分析材料,要求树脂不与使用体系发生化学反应;③良好的机械性能。通常树脂是在流动状态下使用,为了保证较长的使用寿命,要求树脂在使用条件下不碎、不裂和不变形;④具有一定的交换容量。要求树脂有尽可能多的交换基团,以达到使用少的离子交换树脂,处理尽可能多的溶液;⑤对某些离子具有高的选择性,以保证较高的分离效果;⑥较大的比表面积、适宜的孔径和孔隙率,以保证良好的动力学分离条件。

2. 分类

(1) 根据离子交换树脂上可交换离子的类型,可将它分为阳离子、阴离子和特殊离子交换树脂。这在3.1.1节中已讨论。

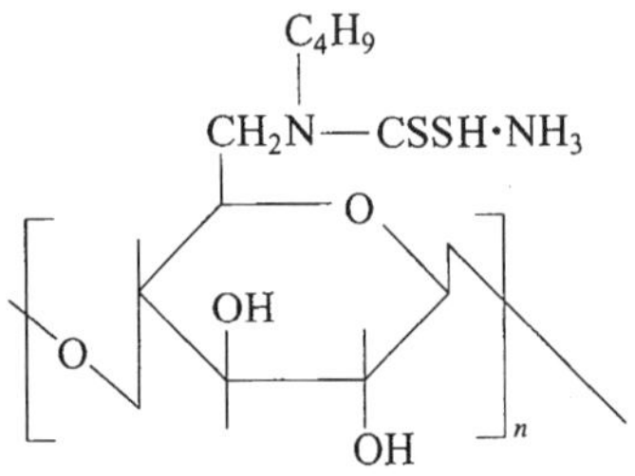

C_4H_9

CH_2N—$CSSH \cdot NH_3$

O　OH　O　OH　n

8

(2) 根据得到树脂母体的聚合方法，可分为：①自由基聚合体系。烯类单体通过自由基聚合方法制得母体，再通过高分子反应的方法，接上交换基团。这一类树脂，有苯乙烯体系，丙烯酸-甲基丙烯酸体系等。②缩聚体系。通过缩聚方法合成的离子交换树脂，如苯酚-间苯二胺体系；环氧氯丙烷-多乙烯多胺体系等。通常加聚反应制得的离子交换树脂机械强度好，化学稳定性高，是工业上大量生产的一类离子交换树脂。③天然高分子。自然界存在纤维素、海藻酸、甲壳素、蚕丝、羊毛和泥炭等天然高分子离子交换树脂，它们对各种金属离子具有吸附能力。有的也可以通过化学改性，引入其他螯合基以增强其络合能力。例如，纤维素经化学改性，制得如 **8** 所示的结构。在低 pH 值时，优先吸附 Cr^{6+}、Mo^{6+}、Sb^{3+}、Sn^{4+}、Se^{4+}、Te^{4+}；在中性条件下，优先吸附 As^{5+}、Ca^{2+}、Cu^{2+}、Hg^{2+}、In^{3+}、Pb^{2+}；在高 pH 值时，对 Ag^{+}、Co^{2+} 的吸附量增大。

自然界也存在如蒙脱石等一类无机吸附剂，能吸附水溶液中的金属离子。

(3) 按树脂母体的物理结构分，可分为：①凝胶型树脂，这一类树脂在水中能溶胀。水占据的高分子链之间的体积，即所谓溶胀孔一般是很小的。例如，苯乙烯-二乙烯苯共聚得到的小球，再经磺化得到的磺酸树脂，一般是透明的小球，说明光透过粒子时，不发生折射，小球内的孔很小。②大孔离子交换树脂，这一类树脂内存在一定大小的、均匀的物理孔道。例如，在制备苯乙烯-二乙烯苯小球时，加入惰性溶剂如正庚烷，溶剂挥发后，得到了大孔树脂。与凝胶树脂不同，大孔树脂为乳白色。一般孔径在几百到几千埃之间；比表面积可达 $100m^2/g$。大孔树脂有许多优点：交换速度快；再生液量少，洗脱液浓度高；有较高的抗氧化性能；吸附-再生时，体积变化小，机械强度高。所以近二三十年来发展较快。

3.2.2　离子交换树脂的合成

离子交换树脂是一类不溶性高分子，例如，交联的聚苯乙烯，一般要通过高分子反应引入交换基团，形成离子交换树脂。最早的离子交换树脂是块状的聚合物，经粉碎，再筛分成一定粒度。如今市售的离子交换树脂是球形的，粒度范围为 20～80 目。

离子交换树脂的合成方法是多种多样的，但主要有两种合成途径：一是含有交换基团的单体经过自由基聚合、缩聚等方法制取。例如乙烯基吡啶与二乙烯基苯混合均匀，在 AIBN 引发剂的作用下，经悬浮共聚合反应制得一定粒度的交联聚乙烯基吡啶[见反应式(3-4)]。该合成方法制得的树脂的优点是：交换容量大；交换基团在树脂上分布均匀，机械强度较高。

$$CH_2{=}CH\text{-}C_6H_4\text{-}CH{=}CH_2 + CH_2{=}CH\text{-}C_5H_4N \longrightarrow \text{-(}CH_2\text{-}CH(C_5H_4N)\text{)}_n\text{-(}CH_2\text{-}CH(C_6H_4\text{-(}CH\text{-}CH_2\text{)}_m)\text{)}_m\text{-} \qquad (3-4)$$

另一种合成方法是利用合成的或天然的高分子，通过高分子化学反应的方法引入具有交换性能的基团。例如，强碱性阴离子交换树脂是聚苯乙烯经氯甲基化、胺化反应制得[见反应式(3-5)]。绝大多数离子交换树脂是通过此方法合成的，因为可以从市场购买各种单体，经悬浮聚合，得到各种高分子母体，高分子反应也较为容易，交换基团在树脂上的浓度和分布是可以调节的。此法所得树脂的交换容量较低，交联密度不易均匀。下面分别介绍典型离子交换树脂的合成方法。

$$\text{-(}CH_2\text{-}CH(C_6H_5)\text{)}_n\text{-} \xrightarrow[ZnCl_2]{CH_3OCH_2Cl} \text{-(}CH_2\text{-}CH(C_6H_4CH_2Cl)\text{)}_n\text{-} \xrightarrow[CH_3OH]{HOCH_2CH_2N(CH_3)_2} \text{-(}CH_2\text{-}CH(C_6H_4CH_2\overset{+}{N}(CH_3)_2CH_2CH_2OH\ Cl^-)\text{)}_n\text{-} \qquad (3-5)$$

1．强酸性阳离子交换树脂

强酸性阳离子交换树脂是以—SO_3H 作交换基团的树脂，有缩聚体系和聚苯乙烯体系两大类。目前商品化的大部分是聚苯乙烯体系，因为它的综合性能较缩聚体系好。

1）聚苯乙烯树脂

$$\text{-(}CH_2\text{-}CH(C_6H_5)\text{)}_n\text{-} \xrightarrow{H_2SO_4} \text{-(}CH_2\text{-}CH(C_6H_4SO_3H)\text{)}_n\text{-} \qquad (3-6)$$

首先合成苯乙烯-二乙烯苯小球，然后在磺化试剂存在下进行磺化反应，得到磺酸树脂[见反应式(3-6)]。磺化试剂可以是：硫酸、氯磺酸、发烟硫酸等。为了使磺化反应顺利进行，还要加聚苯乙烯的溶胀剂，如二氯乙烷、四氯乙烷等，这样还可以防止树脂产生裂纹，增加树脂强度。这类树脂国内的商品化牌号有 717，732；

美国有:Dowex-50, Amberlite IR-120, Amberlice XE-100;其他国家有:Rexyn101-R204 或 R231,Zeokarb, Wofatifp, Lawatits100 等。

2) 缩合树脂

可以是含有交换官能团的单体进行缩聚反应,直接合成离子交换树脂;也可以先制得缩聚物,再经高分子反应,制备离子交换树脂。例如,苯酚和甲醛缩合得到交联的酚醛树脂。再用浓硫酸磺化,制得强酸性阳离子交换树脂[见反应式(3-7)]。

OH
$+ CH_2O \longrightarrow$
CH_2　OH　CH_2　OH　CH_2
—CH_2
$\xrightarrow{H_2SO_4}$
CH_2　OH　CH_2　OH　CH_2
—CH_2　SO_3H

(3-7)

2. 弱酸性阳离子交换树脂

弱酸性阳离子交换树脂是以—COOH,—PO_3H_2,—AsO_3H_2,—SeO_3H_2 基作为交换基团的离子交换树脂。这类树脂常见的有羧酸型树脂和磷酸型树脂两种。

1) 羧酸型树脂

丙烯酸与二乙烯苯进行共聚,可得含有羧基的离子交换树脂[见反应式(3-8)]。

$CH_2{=}CH$ (COOH) + $CH_2{=}CH$—C_6H_4—$CH{=}CH_2$ $\longrightarrow$ $\leftarrow CH_2—CH(COOH) \rightarrow_n \leftarrow CH_2—CH(C_6H_4) \rightarrow_m$
—CH_2—CH—

(3-8)

也可以先将甲基丙烯酸甲酯与二乙烯苯共聚,得到共聚小球,经水解,得到含羧基的离子交换树脂[见反应式(3-9)]。反应式(3-8)和(3-9)两方法制得的树脂,前者的交换容量高。由于丙烯酸有较大的水溶性,难以制备光滑的小球。后一方法需要经水解方可制得含羧基的树脂。由于静电斥力,水解不能完全,但制备小球比较容易。

$CH_2{=}C(CH_3)$ ($COOCH_3$) + $CH_2{=}CH$—C_6H_4—$CH{=}CH_2$ $\longrightarrow$ $\leftarrow CH_2—C(CH_3)(COOCH_3) \rightarrow_n \leftarrow CH_2—CH(C_6H_4) \rightarrow_m$
—CH—CH_2—

$$\xrightarrow[C_2H_5OH]{NaOH} \xrightarrow{H^+} \text{-(-}CH_2\text{-}\underset{COOH}{\overset{CH_3}{C}}\text{-)}_n\text{-(-}CH_2\text{-}\underset{C_6H_4\text{-}CH\text{-}CH_2\text{-}}{CH}\text{-)}_m \qquad (3-9)$$

马来酸酐与二乙烯苯共聚反应比较容易进行。水解后得到含有较高容量的羧酸树脂[见反应式(3-10)]，但在水溶液中进行悬浮聚合比较困难，难以制备成光滑的小球。若将丙烯腈与二乙烯基苯共聚，得到交联的小球，然后在浓盐酸溶液中进行水解反应，可制得含羧基的阳离子交换树脂[见反应式(3-11)]。

$$\text{马来酸酐} + CH_2{=}CH\text{-}C_6H_4\text{-}CH{=}CH_2 \xrightarrow{BPO} \text{-(-}CH\text{-}CH\text{-)}_n(\text{酸酐环})\text{-(-}CH_2\text{-}\underset{C_6H_4\text{-}CH\text{-}CH_2\text{-}}{CH}\text{-)}_m$$

$$\xrightarrow{\text{水解}} \text{-(-}\underset{O=C\text{-}O^-}{CH}\text{-}\underset{C(=O)\text{-}O^-}{CH}\text{-)}_n\text{-(-}CH_2\text{-}\underset{C_6H_4\text{-}CH\text{-}CH_2\text{-}}{CH}\text{-)}_m \qquad (3-10)$$

$$\underset{CN}{CH_2{=}CH} + CH_2{=}CH\text{-}C_6H_4\text{-}CH{=}CH_2 \xrightarrow{BPO} \text{-(-}CH_2\text{-}\underset{CN}{CH}\text{-)}_n\text{-(-}CH_2\text{-}\underset{C_6H_4\text{-}CH\text{-}CH_2\text{-}}{CH}\text{-)}_m$$

$$\xrightarrow[\text{水解}]{HCl} \text{-(-}CH_2\text{-}\underset{COOH}{CH}\text{-)}_n\text{-(-}CH_2\text{-}\underset{C_6H_4\text{-}CH\text{-}CH_2\text{-}}{CH}\text{-)}_m \qquad (3-11)$$

采用缩聚反应制备羧酸树脂，有如反应式(3－12)和(3－13)所示的合成路线。

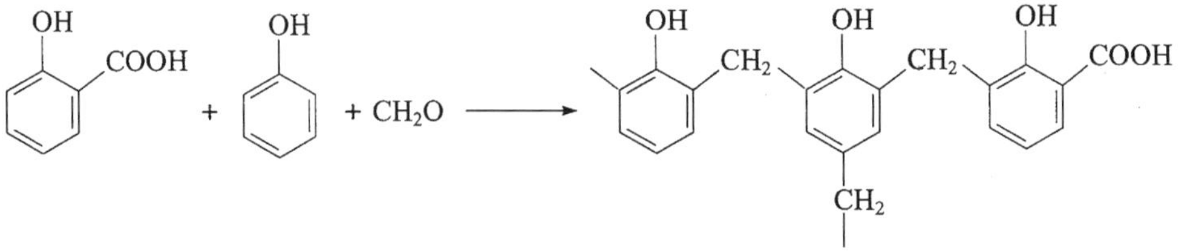

OH, COOH ＋ OH ＋ CH_2O ⟶ OH, CH_2, OH, CH_2, OH, COOH, CH_2

(3－12)

ONa ＋ $ClCH_2COOH$ ⟶ OCH_2COOH ＋ OH ＋ CH_2O

⟶ CH_2, OCH_2COOH, CH_2, OH, CH_2, OCH_2COOH, CH_2, CH_2

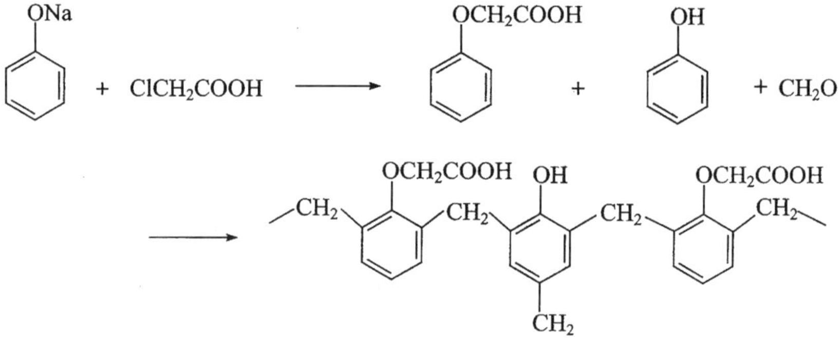

(3－13)

目前已经商品化的羧酸型树脂有：Lewatit CNP、Wofatit CP300、KB-1 和KB-2。

2）磷酸型树脂

磷酸型树脂是生产量较大的另一类弱酸性树脂，有两个可交换的 H^+。大部分以苯乙烯-二乙烯苯为骨架，在 $AlCl_3$ 催化作用下，与三氯化磷进行付氏反应，再经氧化、水解制得磷酸型离子交换树脂[见反应式(3－14)和(3－15)]。

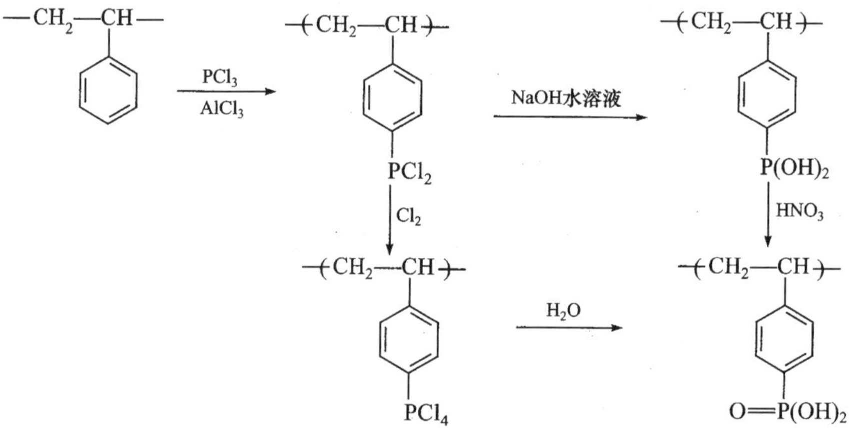

—CH_2—CH— $\xrightarrow[AlCl_3]{PCl_3}$ ⟮CH_2—CH⟯ (PCl_2) $\xrightarrow{\text{NaOH水溶液}}$ ⟮CH_2—CH⟯ ($P(OH)_2$)

PCl_2 $\xrightarrow{Cl_2}$ ⟮CH_2—CH⟯ (PCl_4) $\xrightarrow{H_2O}$ ⟮CH_2—CH⟯ ($O{=}P(OH)_2$)

$P(OH)_2$ $\xrightarrow{HNO_3}$ ⟮CH_2—CH⟯ ($O{=}P(OH)_2$)

(3－14)

$$
\begin{array}{c}\text{-}\!\!\left(CH_2\text{—}CH\right)_n\text{-}\\ |\\ C_6H_4\\ |\\ CH_2Cl\end{array}
\xrightarrow[AlCl_3]{P(OEt)_3}
\begin{array}{c}\text{-}\!\!\left(CH_2\text{—}CH\right)_n\text{-}\\ |\\ C_6H_4\\ |\\ CH_2PO(OEt)_2\end{array}
\xrightarrow[2.\ H^+]{1.\ NaOH水溶液}
\begin{array}{c}\text{-}\!\!\left(CH_2\text{—}CH\right)_n\text{-}\\ |\\ C_6H_4\\ |\\ CH_2PO(OH)_2\end{array}
\qquad (3-15)
$$

3．强碱性阴离子交换树脂

1）季铵型阴离子交换树脂

这一类树脂绝大部分从苯乙烯-二乙烯苯的共聚小球出发，经氯甲基化和胺化反应制得强碱性阴离子交换树脂，其合成过程如反应式(3－16)～(3－19)所示。氯甲基化反应(3－20)，可以用 $ZnCl_2$，$AlCl_3$，$SnCl_4$ 和 $SbCl_5$ 等 Lewis 酸作催化剂。该反应不易控制，常常会产生副反应[如反应式(3－21)]，得到的是交联的次甲基桥，提高了交联度，降低了交换容量。根据应用的需要，可选择不同的胺进行季铵化反应，得到不同性能的季铵化树脂。通常，季铵化反应比较容易进行。

$$
\begin{array}{c}\text{—}CH_2\text{—}CH\text{—}\\ |\\ C_6H_4\\ |\\ CH_2Cl\end{array}
\xrightarrow{C_5H_5N\ (吡啶)}
\begin{array}{c}\text{—}CH_2\text{—}CH\text{—}\\ |\\ C_6H_4\\ |\\ CH_2\overset{+}{N}C_5H_5\ \ Cl^-\end{array}
\qquad (3-16)
$$

$$
\xrightarrow{N(Me)_3}
\begin{array}{c}\text{—}CH_2\text{—}CH\text{—}\\ |\\ C_6H_4\\ |\\ CH_2\overset{+}{N}Me_3\ \ Cl^-\end{array}
\qquad (3-17)
$$

$$
\xrightarrow{N(CH_3)_2CH_2CH_2OH}
\begin{array}{c}\text{—}CH_2\text{—}CH\text{—}\\ |\\ C_6H_4\\ |\\ CH_2N^+(CH_3)_2(CH_2CH_2OH)\ \ Cl^-\end{array}
\qquad (3-18)
$$

$$
\xrightarrow{N(CH_2CH_2OH)_3}
\begin{array}{c}\text{—}CH_2\text{—}CH\text{—}\\ |\\ C_6H_4\\ |\\ CH_2\overset{+}{N}(CH_2CH_2OH)_3\ \ Cl^-\end{array}
\qquad (3-19)
$$

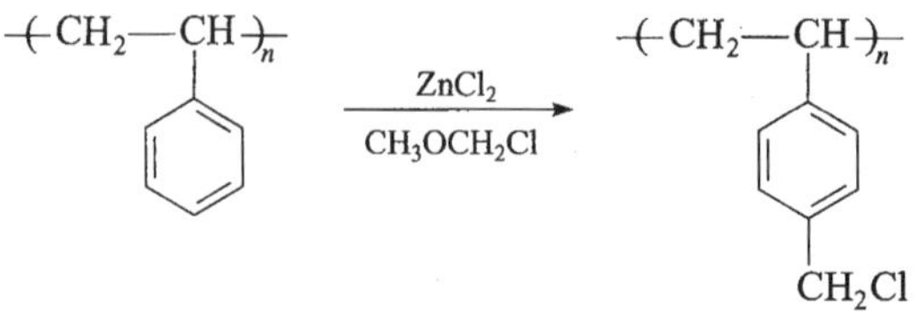

$$-\!\!\left(CH_2-\underset{\substack{|\\ C_6H_5}}{CH}\right)_n\xrightarrow[CH_3OCH_2Cl]{ZnCl_2}-\!\!\left(CH_2-\underset{\substack{|\\ C_6H_4-CH_2Cl}}{CH}\right)_n \tag{3-20}$$

$$\sim CH_2-CH(-C_6H_4-CH_2Cl)\sim + C_6H_5-CH(\sim CH_2\sim)\longrightarrow \sim CH_2-CH(-C_6H_4-CH_2-C_6H_4-)CH-CH_2\sim \tag{3-21}$$

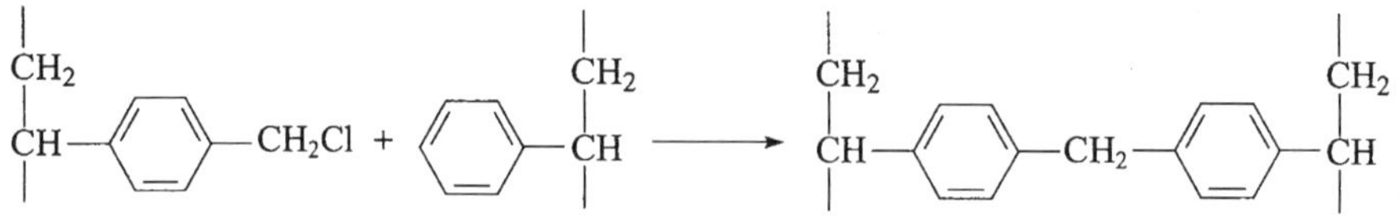

2）季鏻型树脂

季鏻型树脂有多种制备方法，由三苯基膦衍生物 **9** 和硫酸二甲酯进行季鏻化反应，得到化合物 **10**；进一步与甲醛缩合，制备季鏻化合物[见反应式(3－22)]，这是其中的一种方法。由于化合物 **10** 的反应活性不高，为了使缩合反应进行得比较顺利，在反应体系中要加适量的苯酚，以制备交联的树脂。

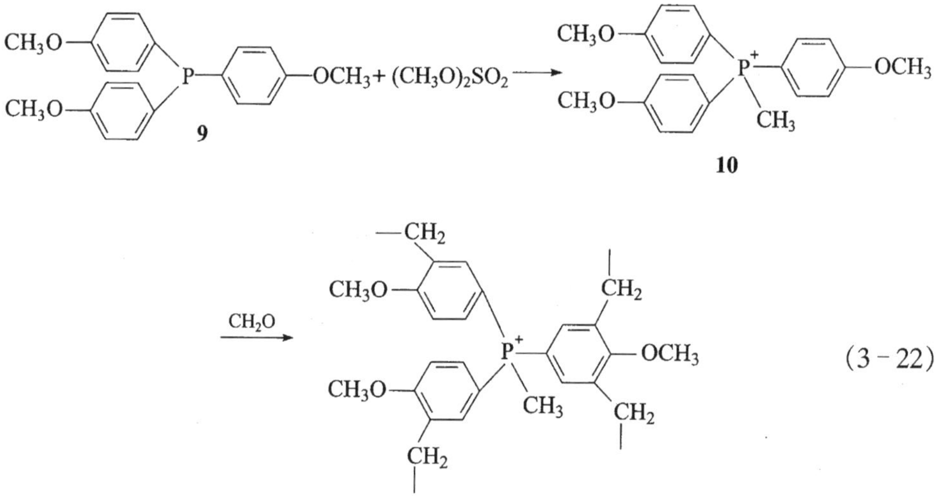

$$(CH_3O-C_6H_4)_3P\ (\mathbf{9}) + (CH_3O)_2SO_2 \longrightarrow (CH_3O-C_6H_4)_3P^+-CH_3\ (\mathbf{10})$$

$$\xrightarrow{CH_2O} (CH_3O-C_6H_3(-CH_2-))_2(CH_3O-C_6H_2(-CH_2-)_2)P^+-CH_3 \tag{3-22}$$

3）季锍型树脂

采用与合成季鏻型树脂相似的方法合成季锍型树脂。首先用 $AlCl_3$ 作催化剂，与 SO_3 发生付氏反应，合成季锍盐 **11**，再与甲醛进行缩合反应，可以得到季锍型树脂[见反应式(3－23)]。与合成季鏻型树脂相同的理由，在聚合体系中要加入适量的苯酚。

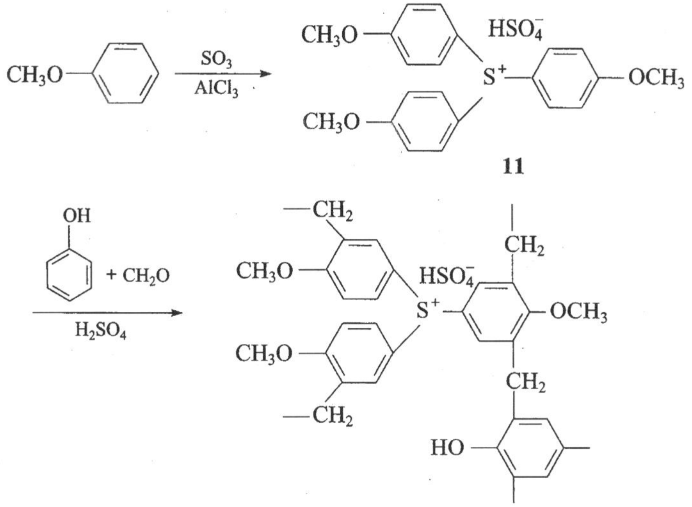

CH_3O—C₆H₄ $\xrightarrow[AlCl_3]{SO_3}$ 11

$\xrightarrow[H_2SO_4]{\text{苯酚} + CH_2O}$　　(3－23)

4. 弱碱性阴离子交换树脂

含有伯、仲或叔胺的单体，经缩聚或自由基聚合，直接制备含有—NR_2，—NHR和—NH_2 的弱碱性阴离子交换树脂。也可以先合成高分子母体，再经高分子反应，引进弱碱性功能基团，制备弱碱性阴离子交换树脂。

1）高分子反应

采用与制备强碱性阴离子交换树脂相似的方法，首先制备氯甲基化聚苯乙烯-二乙烯苯小球，再与相应的胺反应［见反应式(3－24)～(3－26)］，得到碱性不同的弱碱性阴离子交换树脂。一般在制备伯胺离子交换树脂时，不能采用氨水与氯球反应，因为存在多种副反应，得不到纯的伯胺树脂。所以采用如反应式(3－27)所示的反应，制得纯的伯胺树脂。

除了交联聚苯乙烯外，也可以使用交联聚(甲基)酸酯作母体，例如，丙烯酸乙酯与二乙烯苯共聚物，经适当溶剂溶胀后，母体上的酯基与 *N*,*N*-二甲基乙胺进行胺解反应，生成弱碱性阴离子交换树脂［见反应式(3－28)］。

2）缩聚反应方法

带功能基的单体进行缩聚反应是制备弱碱性阴离子交换树脂的另一种方法。例如，*m*-苯二胺与甲醛进行缩聚反应，可以得到交联的弱碱性离子交换树脂［见反应式(3－29)］。

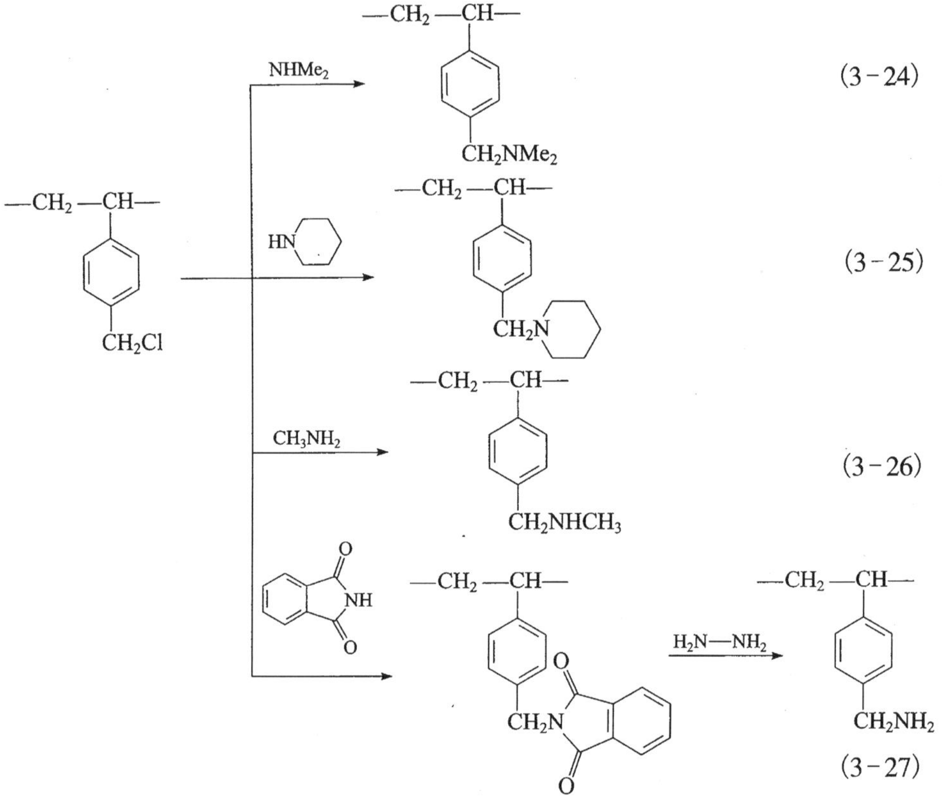

(3-24)

(3-25)

(3-26)

(3-27)

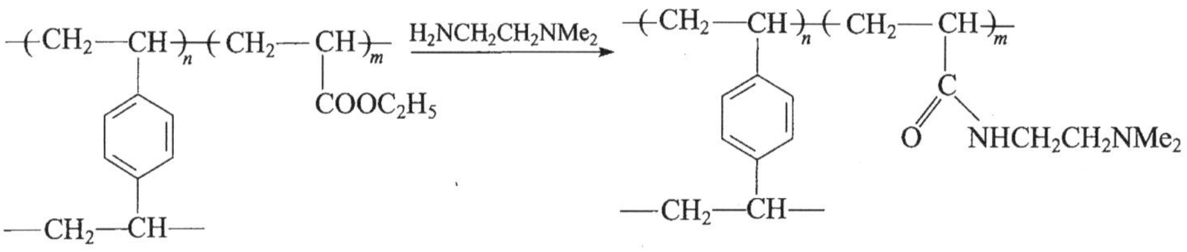

(3-28)

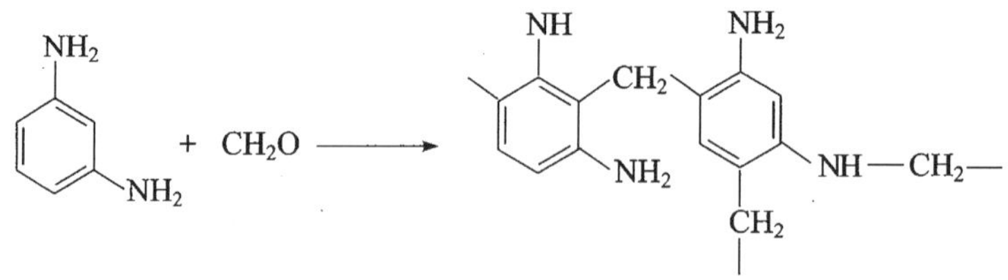

(3-29)

以一定摩尔比的二乙烯三胺或三乙烯四胺或四乙烯五胺与环氧氯丙烷反应，控制反应温度和时间，以形成一定相对分子质量的线形聚合物。将黏稠的聚合物倒入预先加热至反应温度、含有分散剂的液体石蜡中，控制搅拌速度以制成需要大小的小球。在较高温度下进一步反应生成交联的聚合物小球[见反应式(3-30)]。

$$H_2N(CH_2CH_2NH)_3CH_2CH_2NH_2 + ClCH_2\underset{\backslash O /}{CH-CH_2} \longrightarrow$$

$$CH_2-\sim\sim$$
$$HO-CH$$
$$CH_2$$
$$H_2NCH_2CH_2NHCH_2CH_2\overset{+}{N}CH_2CH_2NHCH_2CH_2NHCH_2\underset{OH}{CH}-CH_2-\sim\sim \quad Cl^-$$
$$CH_2$$
$$CHOH \qquad\qquad (3-30)$$
$$CH_2$$
$$\sim\sim-HNCH_2CH_2NHCH_2CH_2N-CH_2CH_2N-CH_2CH_2NHCH_2-\underset{OH}{CH}-CH_2-\sim\sim$$
$$CH_2$$
$$CH-OH$$
$$\sim\sim-CH_2$$

一般缩聚反应制得的树脂机械强度差,缩聚反应不完全,化学稳定性较低。环氧氯丙烷与四乙烯五胺进行缩聚反应制得的树脂,交换容量和性能都较好。

5. 特殊的离子交换树脂

1) 两性离子交换树脂

两性离子交换树脂具有阳离子交换基团,又含有阴离子交换官能团,所以具有特殊的性质。其合成方法,一般通过高分子反应将两种不同的交换基团反应到共聚物支持体上。例如,苯乙烯-二乙烯苯-氯乙烯共聚,得到共聚物,再经季铵化和磺化,得到含有磺酸和季铵基团的两性离子交换树脂[见反应式(3-31)]。

$$CH_2{=}CH(C_6H_5) + CH_2{=}CHCl + CH_2{=}CH-C_6H_4-CH{=}CH_2 \longrightarrow -\!\!(CH_2-\underset{C_6H_5}{CH})_n\!\!-\!\!(CH_2-\underset{Cl}{CH})_m\!\!-\!\!(CH_2-\underset{C_6H_4-CH-CH_2-}{CH})_p\!\!-$$

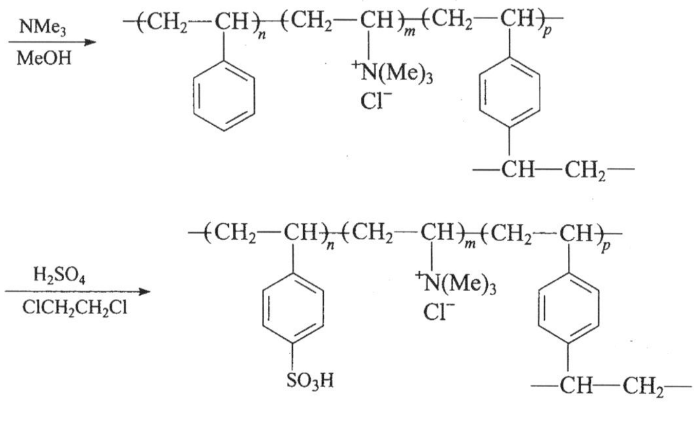

$$\xrightarrow[\text{MeOH}]{\text{NMe}_3} \text{-(CH}_2\text{—CH)}_n\text{-(CH}_2\text{—CH)}_m\text{-(CH}_2\text{—CH)}_p\text{-}$$

（苯基）　$^{+}N(Me)_3$ Cl^-　（—C₆H₄—CH—CH₂—）

$$\xrightarrow[\text{ClCH}_2\text{CH}_2\text{Cl}]{\text{H}_2\text{SO}_4} \text{-(CH}_2\text{—CH)}_n\text{-(CH}_2\text{—CH)}_m\text{-(CH}_2\text{—CH)}_p\text{-} \qquad (3-31)$$

（$C_6H_4SO_3H$）　$^{+}N(Me)_3$ Cl^-　（—C₆H₄—CH—CH₂—）

两性树脂中，最有意义的可算“蛇笼树脂”(snake-cage ion exchangers)。其合成方法如下：在强碱性阴离子交换树脂内，吸附阴离子单体，在引发剂作用下聚合得到线形聚合物。由于线形阴离子高分子与交联的聚阳离子之间的静电引力，在使用过程中不会被洗脱，而能反复使用。交联树脂谓之笼，线形聚合物称之为蛇，蛇笼树脂由此得名。如结构式 **12** 所示，强碱性阴离子交换树脂吸附丙烯酸阴离子，然后在 AIBN 引发剂存在下，聚合成线形聚丙烯酸。由于羧基阴离子与阳离子间的静电吸引力，解吸时，聚丙烯酸不易洗脱而保持在交联的树脂中。反之，将乙烯吡啶溶液通过磺酸型离子交换树脂时，乙烯吡啶被磺酸基吸附，聚合后，在交联的树脂内，生成了线形聚乙烯基吡啶(见分子式 **13**)。

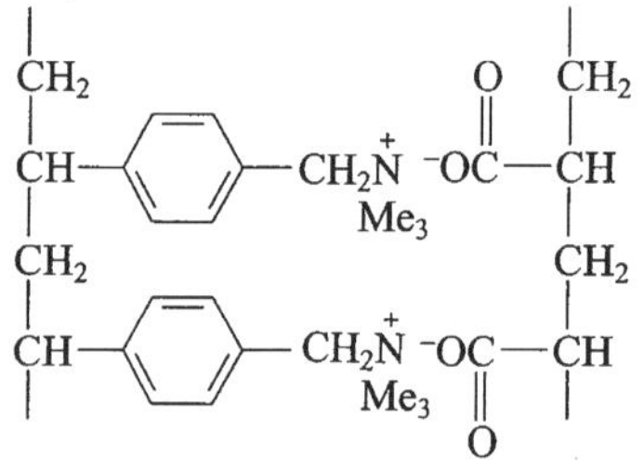

CH_2—CH—C₆H₄—$CH_2\overset{+}{N}Me_3$ $^{-}$OC(=O)—CH—CH_2

CH_2—CH—C₆H₄—$CH_2\overset{+}{N}Me_3$ $^{-}$OC(=O)—CH—CH_2

12

CH_2—CH—C₆H₄—SO_3^-H ^{+}N（吡啶环）—CH—CH_2

CH_2—CH—C₆H₄—SO_3^-H ^{+}N（吡啶环）—CH

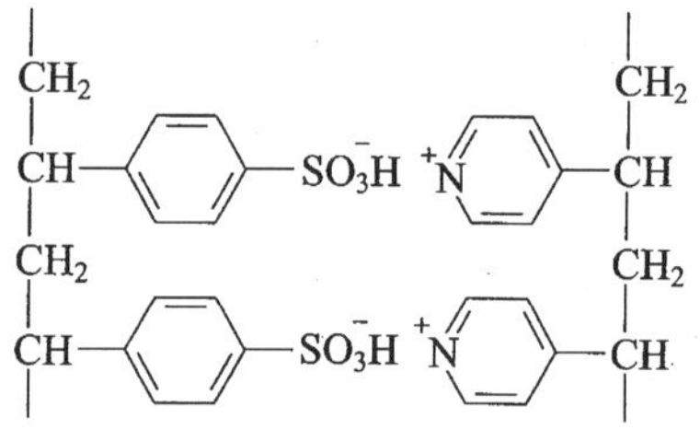

13

蛇笼树脂与普通的两性树脂最大的不同点是：两性树脂中，两种不同的基团都固定在交联骨架上，各自需有相对应的反离子以保持电中性。而蛇笼树脂中，交换基团互相中和成盐，不需要另外的反离子。当它处理水时，有机盐和无机盐会交换到树脂上。吸附饱和后，只需用水再生，不必用强酸和强碱分别再生阳离子和阴离子交换树脂。例如将 NaCl 水溶液通过蛇笼树脂，Na^+ 和 Cl^- 同时被吸附。再生只要用水即可[见反应式(3－32)]，比较经济、方便，实用性强。

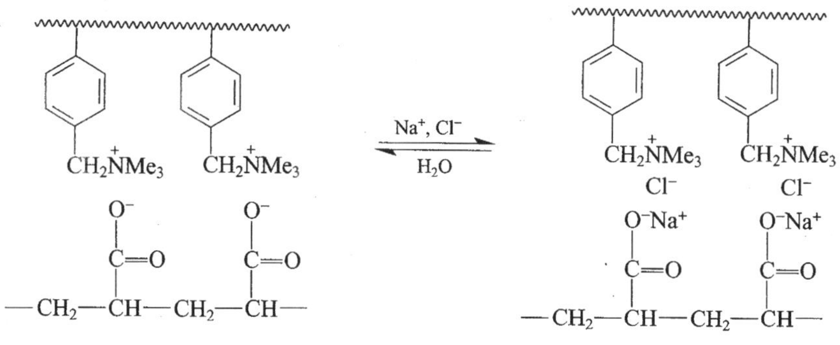

(3-32)

2）离子交联树脂的耐热性

强碱性阴离子交换树脂的使用温度通常在 60℃以下。强酸性阳离子交换树脂的使用温度要控制在 120℃以下，否则强酸性阳离子交换树脂会发生如反应式(3-33)所示的分解反应。

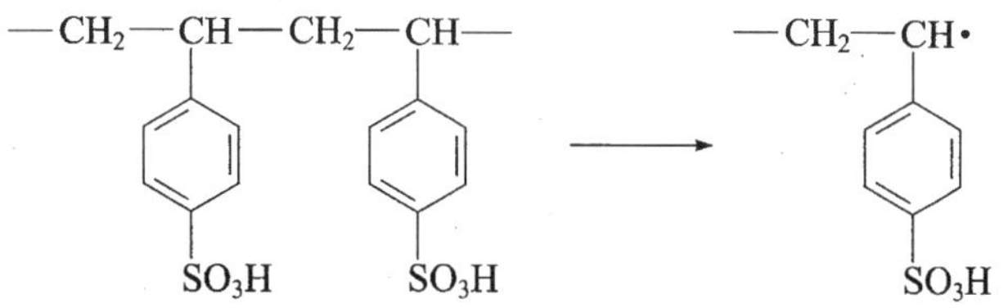

(3-33)

为了改进树脂的耐热性，人们采用各种方法合成耐热性高的离子交换树脂。其中之一如反应式(3-34)所示：

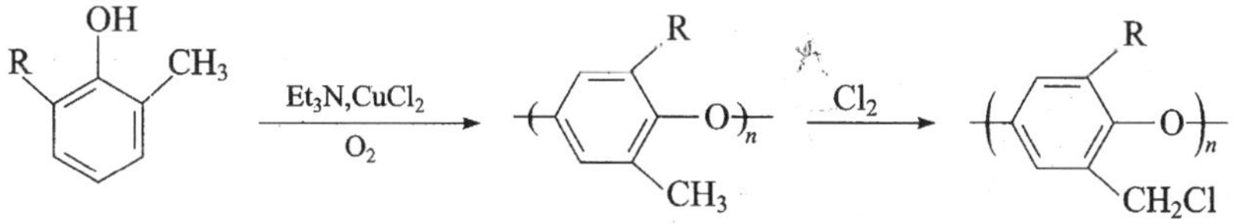

(3-34)

将 2,6-二取代苯酚，如 2-甲基-6-烷基苯酚在催化剂作用下进行缩合聚合反应，生成聚苯醚。使苯环的侧基氯化后，生成氯甲基化线形聚合物。可用多种试剂进行交联，如用 ω,ω'-烷二巯基钠进行交联反应，生成交联聚合物[见反应式(3-35)]。

也可以用二元醇钠作交联剂[见反应式(3-36)]。

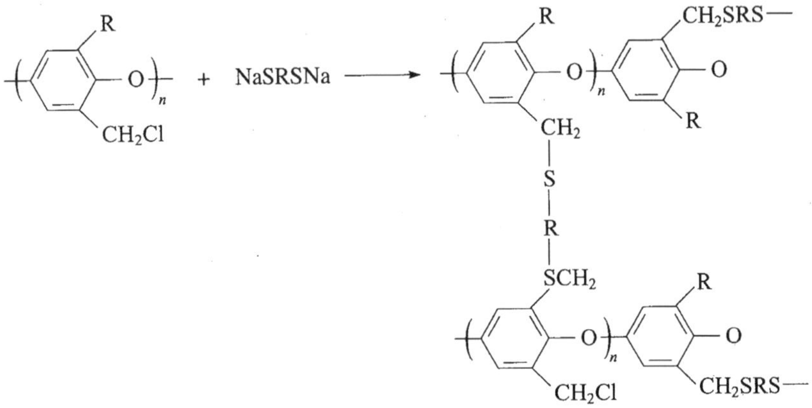

$$(3-35)$$

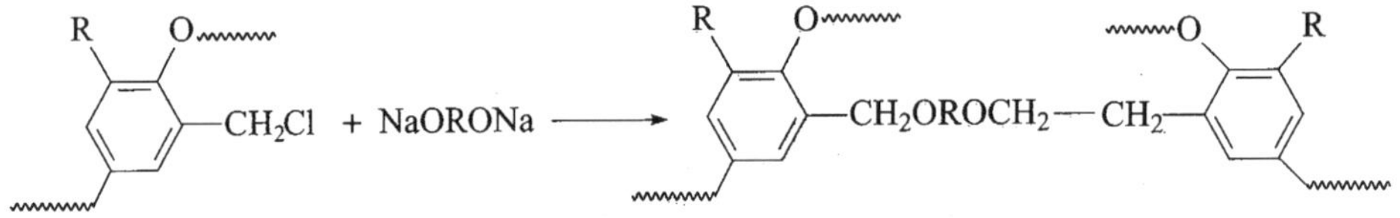

$$(3-36)$$

控制交联剂与氯甲基苯基团的比例，以得到预定交联度的树脂。树脂上未参与交联反应的氯甲基再与—NMe_3 反应，生成季铵型树脂。也可以磺化生成强酸性磺酸树脂，或用其他反应制成羧酸和磷酸树脂。

3.2.3　离子交换树脂的基本性能

1. 湿含量和密度

市售的离子交换树脂中，所含的水分由两部分组成：键合水和吸附水。吸附水，即非键合水可以用适当方法，如离心法除去。键合水的量与交换基团的性质、数量、反离子和交联度有关。交联度大的树脂，键合水量小(见图 3－1)。反离子对树脂的吸湿量的影响(见图 3－2)有如下顺序：H^+ 型＞Li^+ 型＞Na^+ 型＞K^+ 型≈NH_4^+ 型。阴离子交换树脂的干态密度约为 1.2g/mL。湿态密度随不同的形式有些变化，一般在 1.1g/mL。阳离子交换树脂的干态密度约为 1.4g/mL，湿态约为 1.3g/mL。

2. 粒度

根据不同的使用场合选择不同大小的树脂球。例如，在实验室使用，选择直径为 0.3～0.5mm 的树脂球；用作离子色谱分离柱，要求高的分离系数时，采用 100～200目的树脂。一般讲，粒子小的树脂，水的流动阻力大，流速慢。小粒度树脂充填的树脂层，在使用时，树脂的膨胀和收缩比粒度大的树脂大。小粒度树脂交换速率快，机械强度好。

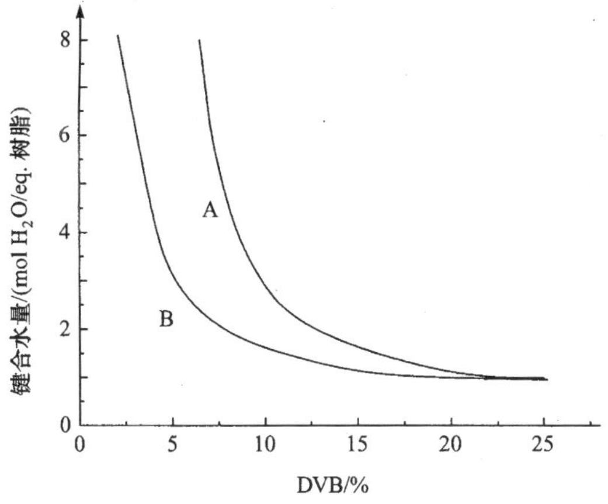

图 3-1　不同交联度阳离子交换树脂的键合水量

A 强酸性阳离子交换树脂;B 弱酸性阳离子交换树脂

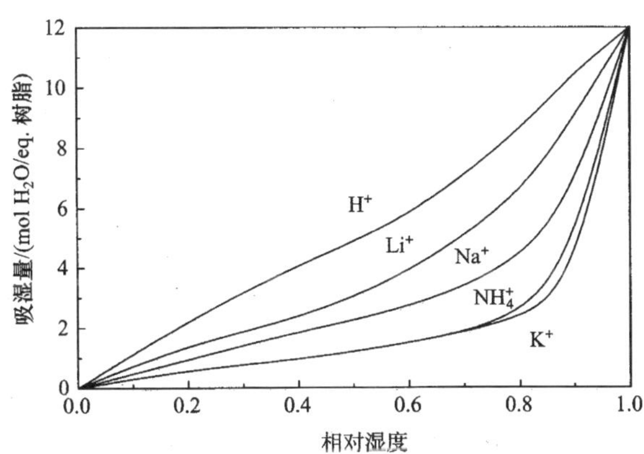

图 3-2　强酸性阳离子交换树脂的吸湿量与相对湿度及反离子有关

3. 交换容量

离子交换树脂的交换容量有如下两种表示方法：

(1) 质量交换容量。所谓质量交换容量就是每单位质量的干树脂中，含有可交换基团的毫克当量数[1)]，单位为 meq[2)]/g 干树脂。其测定原理如下：

对于阳离子交换树脂。首先使其充分转换成 H^+ 型，即用一定浓度的硫酸水

1) "克当量数"现为非法定用法。为了遵从学科与读者阅读习惯，本书仍沿用该用法。

2) eq 为非法定用法。为了遵从学科与读者阅读习惯，本书仍沿用该用法。

溶液,将树脂上的 Na^+ 交换下来[见反应式(3-37)]。最后用去离子水洗去残留的硫酸,烘干,待测。

$$\text{—}CH_2\text{—}CH\text{—}(C_6H_4)SO_3^-Na^+ + H_2SO_4 \rightleftharpoons \text{—}CH_2\text{—}CH\text{—}(C_6H_4)SO_3H + Na_2SO_4 \quad (3-37)$$

若为阴离子交换树脂,则将其充分转换成 OH^- 或 Cl^- 型,分别如反应式(3-38),(3-39)所示:

$$\text{—}CH_2\text{—}CH\text{—}(C_6H_4)CH_2\overset{+}{N}Me_3\,Cl^- + Na^+ + OH^- \rightleftharpoons \text{—}CH_2\text{—}CH\text{—}(C_6H_4)CH_2\overset{+}{N}Me_3\,OH^- + 2NaCl \quad (3-38)$$

$$\text{—}CH_2\text{—}CH\text{—}(C_6H_4)CH_2\overset{+}{N}Me_3\,SO_4^{2-} + NaCl \rightleftharpoons \text{—}CH_2\text{—}CH\text{—}(C_6H_4)CH_2\overset{+}{N}Me_3\,Cl^- + Na_2SO_4 \quad (3-39)$$

将 H^+ 型(或 Cl^- 型,OH^- 型)树脂用去离子水充分洗涤,把树脂烘干至恒量。将阳离子交换树脂浸泡在标准的、一定体积的氢氧化钠溶液中,即发生如反应式(3-40)所示的中和反应。测定溶液中剩余的 OH^- 浓度,由式(3-41)就可求出阳离子交换树脂的交换容量。

$$\text{—}CH_2\text{—}CH\text{—}(C_6H_4)SO_3H + NaOH \rightleftharpoons \text{—}CH_2\text{—}CH\text{—}(C_6H_4)SO_3Na + H_2O \quad (3-40)$$

$$\text{交换容量(meq/g)} = \frac{V_0(N_0 - N)}{W} \quad (3-41)$$

式中,N_0 为标准 NaOH 溶液的浓度(meq/mL);N 为浸泡阳离子交换树脂后,

NaOH 溶液的浓度(meq/mL)；V_0 为标准 NaOH 溶液的体积(mL)；W 为干树脂的质量(g)。

对于阴离子交换树脂，则要浸泡在标准硝酸溶液中，发生如反应式(3－42)所示的反应。测定溶液中残余的 H^+，根据式(3－43)计算阴离子交换树脂的交换容量。

$$—CH_2—CH(C_6H_4CH_2\overset{+}{N}Me_3\ OH^-)— + HNO_3 \rightleftharpoons —CH_2—CH(C_6H_4CH_2\overset{+}{N}Me_3\ NO_3^-)— + H_2O \quad (3-42)$$

$$交换容量(meq/g)=\frac{V_0(N_0-N)}{W} \quad (3-43)$$

式中，V_0 为标准 HNO_3 溶液的体积(mL)；N_0 为标准 HNO_3 溶液的浓度(meq/mL)；N 为经树脂吸附后，HNO_3 溶液的浓度(meq/mL)；W 为测试时所用干树脂的质量(g)。

若测定 Cl^- 型树脂的交换容量，则可用 Na_2SO_4 溶液将 Cl^- 充分淋洗下来，再用标准 $AgNO_3$ 溶液滴定置换下来的 Cl^-，由此计算阴离子交换树脂的容量。

若阴离子交换树脂中既有强碱基团，又有弱碱基团，如 **14** 所示，我们可以用如反应式(3－44)所示的反应来测定树脂中强碱和弱碱的交换容量。

$$—CH_2—CH(C_6H_4CH_2\overset{+}{N}Me_3\ OH^-)—\sim—CH_2—CH(C_6H_4CH_2NMe_2)— \ (\mathbf{14}) + Na_2SO_4 \longrightarrow —CH_2—CH(C_6H_4CH_2\overset{+}{N}Me_3\ 1/2SO_4^{2-})—\sim—CH_2—CH(C_6H_4CH_2NMe_2)— + 2NaOH$$

$$\xrightarrow{+HNO_3} —CH_2—CH(C_6H_4CH_2\overset{+}{N}Me_3\ 1/2SO_4^{2-})—\sim—CH_2—CH(C_6H_4CH_2NMe_2\ HNO_3)— \quad (3-44)$$

首先用硫酸钠将树脂上的 OH^- 交换下来,用标准酸滴定交换下来的 OH^- 的摩尔数,根据标准酸的消耗体积和浓度,可计算出强碱交换容量。再用标准 HNO_3 浸泡树脂,用标准 NaOH 溶液滴定剩余的 HNO_3,就可计算出树脂上的弱碱交换容量。也可以将已知质量的树脂浸泡在标准 HNO_3 中,测定残余 HNO_3 的量,以此计算出树脂的总交换容量。

用上述方法测定的是树脂的质量交换容量。该值不随测定条件而变化,表达了树脂的一个特征,对于苯乙烯型强酸性阳离子交换树脂,若每一个苯环上有一个磺酸基,其交换容量为 5.34meq/g。

(2) 体积交换容量(meq/mL)。所谓体积交换容量就是单位体积充分溶胀的离子交换树脂中含有可交换离子的毫摩尔数(meq/mL),这是有实用意义的物理容量。其测定方法是:量取一定体积充分溶胀的强酸性 H^+ 型离子交换树脂,或强碱性 OH^- 型阴离子交换树脂,装柱后用 Na_2SO_4 将树脂上的 H^+(或 OH^-)充分置换下来。用标准 NaOH 溶液滴定 H^+,或用标准 HNO_3 溶液滴定 OH^-。这样就可以求出树脂的体积交换容量。质量交换容量和体积交换容量之间存在如(3-45)所示的关系式。

$$Q_{vol} = (1-\beta)\bar{\rho}\,\frac{100-\overline{W}}{100}Q_m \tag{3-45}$$

式中,Q_{vol} 为体积交换容量(meq/mL);Q_m 为质量交换容量(meq/g);β 为充填柱的孔隙体积占整个柱体积的分数;$\overline{W}$ 为树脂中水的含量(质量百分数);$\bar{\rho}$ 为溶胀树脂的密度(g/cm^3)。

体积交换容量不是一固定值,随测定条件的变化而改变。它与下列因素有关:①与树脂型式有关。量取的阳离子交换树脂是 H^+ 型,还是 Na^+、K^+、Li^+ 型,阴离子交换树脂是 OH^- 型,还是 Cl^-、SO_4^{2-}、NO_3^- 型;②与测定溶液的组成、浓度有关;③与测试方法有关。量取树脂时是否让其充分溶胀,静置时,树脂的沉降情况;④与交联度也有密切的关系。通常低交联树脂,溶胀较大,体积交换容量小。

4. Donnan 电位与 Donnan 平衡

(1) Donnan 电位的概念。离子交换过程包括离子的扩散和交换,还要考虑电位差。如果把阳离子交换树脂放在强电解质的稀溶液中,固、液相之间存在很大的浓度差。在阳离子交换树脂中,阳离子浓度较大,它要向溶液扩散。结果树脂表面带负电,溶液带正电。事实上,只要起初几个离子一扩散,在界面的静电场就建立起来。它把阳离子拉回树脂相,这个电位差称为“Donnan 电位”。当浓度差造成的扩散力与 Donnan 电位平衡时,两相之间不存在表观的离子扩散,这时就达到了 Donnan 平衡。

对于阴离子交换树脂亦存在这一现象，只是 Donnan 电位的符号相反。

(2) Donnan 电位值很小。两相之间即树脂和溶液相的电位差很大。但并不意味着在离子交换树脂中，或在溶液中存在着用化学分析方法能测定得到的电位差。只要有一些离子迁移就有可能建立强的电场，以防止离子进一步的迁移。该电位差与电中性的偏离值是很小的，不能用任何精确的方法检测出来(测定电场本身除外)。从实用观点看，离子交换体系处于电中性，在任何场合都是正确的。

Donnan 电位是离子交换树脂吸附电解质的必然结果。它排斥与交换树脂电性相同的离子，如阳离子交换树脂排斥阴离子；阴离子交换树脂排斥阳离子。

(3) 影响 Donnan 电位的因素有：①交联度和交换容量。交换树脂的交换容量越高，交联度越大，外部溶液中离子浓度相对较稀，两相间浓度差增加，Donnan 电位增大，排斥相同离子的作用增加。②离子价。离子价高，Donnan 电位高。

5. 离子交换平衡

离子交换树脂放在电解质溶液中，将会发生离子交换平衡。例如，对于阴离子交换树脂存在着如反应式(3-46)所示的平衡。

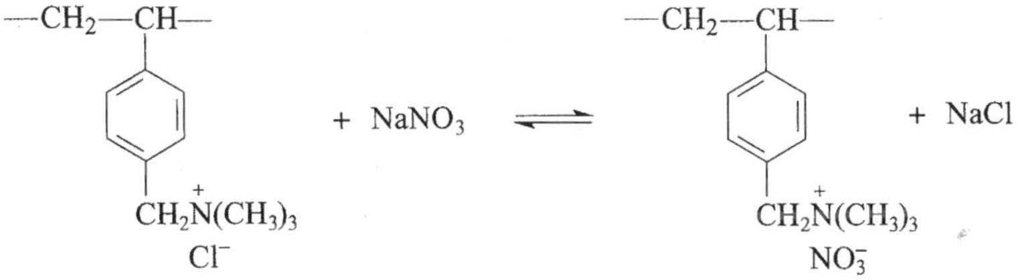

—CH₂—CH— (苯环) $CH_2\overset{+}{N}(CH_3)_3$ Cl^- + $NaNO_3$ ⇌ —CH₂—CH— (苯环) $CH_2\overset{+}{N}(CH_3)_3$ NO_3^- + NaCl　(3-46)

上述离子交换平衡，可以用一般反应式(3-47)来表示：

$$y\bar{A}^{x-} + xB^{y-} \rightleftharpoons x\bar{B}^{y-} + yA^{x-} \quad (3-47)$$

其中，$\bar{A}$，$\bar{B}$ 分别表示在离子交换树脂中的 A，B 离子；A，B 分别表示在溶液中的 A 和 B 离子；x，y 分别为 A 和 B 离子的离子价。

两种离子如 A，B 在树脂相的浓度通常与溶液中的浓度不同。而离子交换树脂对某一种离子，如 A 离子的吸附能力大于另一种离子，如 B 离子。结果在树脂相中，A 离子的浓度大于 B 离子浓度，这就是所谓选择性。下面介绍描述离子交换平衡的一些物理量。这些物理量仅适用于树脂与水溶液之间的平衡，对于与有机相之间的平衡，需要作一些修改。

(1) 分离因素(separation factor)。树脂对两种离子中的一种吸附得较多，用分离因素来表示。在交换柱操作中，使用这个量进行计算比较方便，定义 α_B^A 为分离因素[见式(3-48)]。

$$\alpha_B^A = \frac{C_A\,C_B}{C_B\,\bar{C}_A} = \frac{x_A\,\bar{x}_B}{x_B\,\bar{x}_A} \quad (3-48)$$

式中，$\overline{C}_A$，$\overline{C}_B$ 分别为 A、B 离子在树脂中的浓度；C_A，C_B 分别为 A、B 离子在溶液中的浓度；$\bar{x}_A$，$\bar{x}_B$ 分别为 A、B 离子在树脂中的摩尔分数；x_A，x_B 分别为 A、B 离子在溶液中的摩尔分数。

若树脂对 A 离子的亲和力大于 B 离子，则 $\alpha_B^A>1$。α_B^A 的大小与浓度单位无关。但它不是一常数，与溶液的总浓度、温度等有关。

(2) 选择性系数(selectivity coefficient)

通常用离子交换平衡常数 k_B^A 来表示选择性系数[见式(3-49)]

$$k_B^A=\frac{\overline{C}_A^y C_B^x}{\overline{C}_B^x C_A^y} \tag{3-49}$$

式中，x，y 分别表示 A、B 离子价数的绝对值；k_B^A 是一常数，它不随测定的条件而变化。

(3) 影响选择性的各种因素

下面定性地讨论影响选择性的各种因素。

① 离子价。离子的价数强烈地影响离子交换平衡。通常离子交换树脂对高价离子的亲和力强。且随溶液浓度变稀，对高价离子的亲和性越强。

② 离子的溶剂化和溶胀压。在离子交换树脂中，溶剂化强的反离子会造成离子交换树脂较大的溶胀。使交联点之间的高分子链伸展，由于高分子链的弹性，聚合物网络趋于收缩，产生了溶胀压。溶剂化大的反离子，产生较大的溶胀压。所以离子交换树脂对溶剂化程度小的离子具有较强的吸附能力。根据这一原则，我们很容易解释，阳离子交换树脂交换碱金属离子时，其选择性有如下次序：$Li^+<Na^+<K^+<Rb^+\leqslant Cs^+$。这一顺序与离子的水合半径减小顺序是一致的。在阴离子交换树脂中，溶胀压和水合离子大小似乎不很重要。可能是由于阴离子的水合作用较弱。

综合上述讨论的结果，可以得出：

a. 在稀溶液中，阳离子交换树脂对水溶液中不同离子价的离子之间的交换，对离子价高的离子亲和力强，因此，有如下吸附顺序：$Th^{4+}>Ce^{3+}>Ca^{2+}>Na^+$。

b. 当离子价相同时，水合离子体积小的，阳离子交换树脂对其亲和力大。因此，有如下吸附顺序：$K^+>Na^+>Li^+$ 和 $Ba^{2+}>Sr^{2+}>Ca^{2+}>Mg^{2+}$。

c. 对于阴离子交换树脂对阴离子的吸附，有如下顺序：$I^->Br^->Cl^->F^-$。

③ 树脂的孔径大小效应。无论是凝胶树脂，还是大孔离子交换树脂都存在一定孔径和孔分布的孔。比孔大的无机离子或有机离子，不能在树脂体内扩散，因此不能被吸附。所以，离子交换树脂不能吸附比孔大的离子。例如 Zeolites 树脂含有规则、固定的孔，它不吸附比它的孔径还大的 Cs^+。通常交联度大的离子交换树脂有比较大的孔径效应，即它对被吸附离子的大小有较高的选择性。如表 3-1 中，交联度为 15 的阳离子交换树脂对离子大小的选择性，比交联度小的

树脂高。

表 3-1　不同交联度的苯乙烯型阳离子交换树脂对不同有机阳离子的相对交换量

阳离子	交联度/(%DVB)			
	2	5	10	15
$(CH_3)_4N^+$	100	90	69	63
Et_4N^+	100	87	63	48
$(PhCH_2)(CH_3)_3N^+$	100	94	80	58
$(C_8H_{17})(CH_3)_3N^+$	100	100	71	38
$(PhCH_3)_2(CH_3)_2N^+$	100	94	43	15
$(C_{16}H_{33})(CH_3)_3N^+$	74	48	10	—

④ 特殊的相互作用。在考虑选择吸附性时，还必须考虑吸附离子与树脂相的固定离子之间的相互作用和溶液中存在的其他相互作用。

a. 形成离子对和缔合时，离子交换树脂优先吸附与固定离子能形成强的离子对甚至键合的抗衡离子。若交换基团为络合试剂，它能与抗衡离子形成稳定的络合物，或者能与它形成沉淀，则离子交换树脂优先吸附该离子。例如，高分子吸附剂 **15** 能与 K^+ 形成在水中沉淀的络合物，可以从存在大量阳离子的海水中分离 K^+[见反应式(3-50)]。

$$\mathbf{15} + K^+ \longrightarrow \qquad (3-50)$$

15

b. 静电引力。静电作用力决定于离子的电荷以及抗衡离子与固定离子之间的距离。所以离子价高、水合半径小的离子吸附能力强。但在有一些情况下，电荷相同、水合半径相似的离子吸附能力亦有差别，例如强酸性阳离子交换树脂对 Ag^+ 和 Tl^+ 的亲和力要比碱金属离子大得多。虽然它们有相似的水合离子半径，Ag^+ 和 Tl^+ 有较大的极化偶极，在 SO_3^{2-} 静电场作用下，它们会产生诱导偶极，形成较大的静电引力。又如，膦酸基团是很好的质子接受体，又有极强的极化效应。所以它优先吸附体积大、水合强而又容易极化的阳离子。

c. London 作用力。当考虑有机离子的选择性时，要考虑被吸附离子与聚合物基体之间的 London 作用力。离子交换树脂优先吸附具有与树脂相似的有机离子。例如聚苯乙烯树脂对芳族离子的吸附能力要大于脂族离子。表 3－2 列出的磺酸型树脂选择性地吸附体积大的、带二个苯环取代基的季铵阳离子。

表 3－2　阳离子交换树脂(酚-甲醛缩合磺化树脂)对季铵离子的选择系数

抗衡离子	$K_{NH_4^+}$	抗衡离子	$K_{NH_4^+}$
$(CH_3)_4N^+$	3.67	$Ph,(CH_3)_2C_2H_5N^+$	25.2
Et_4N^+	5.0	$Ph,PhCH_2(CH_3)_2N^+$	44.4
$n\text{-}C_5H_{11}(CH_3)_3N^+$	8.24		

d. 抗衡离子在溶液中的缔合和络合。在水溶液中，抗衡离子自身缔合，或与存在于水中的反离子形成络合物，这就会影响式(3－47)的平衡。如果在水溶液中，B 离子与反离子形成强的络合物时，则 A 离子就优先被树脂吸附。即离子交换树脂优先吸附在溶液中缔合能力差，或与溶液中反离子络合能力弱的抗衡离子。例如，当溶液中有弱酸存在时，与 H^+ 比较，强酸性阳离子交换树脂优先吸附其他一价阳离子。如果在溶液中存在 Cl^-，它与 Hg^{2+} 形成比较强的络合物，阳离子交换树脂优先吸附其他阳离子，而不是优先吸附 Hg^{2+}。

当阳离子能与阴离子配体形成正、负或中性的络合物时，不仅络合强度，而且络合物的有效电荷也会影响式(3－47)的平衡。一般来说，阳离子树脂优先吸附那些与阴离子形成配位数小的络合物阳离子。相反，对于阴离子交换树脂则优先吸附能与阳离子形成强的、配位数高的阴离子。

e. 温度和压力

温度对离子交换平衡的影响用式(3－51)表示。一般来讲，离子交换不是化学反应，它的热效应小，温度对式(3－47)的平衡影响较小。

$$\left(\frac{d\ln {}^{N}K_{B}^{A}}{dT}\right)_{\rho} = \frac{\Delta H^{0}}{RT^{2}} \tag{3-51}$$

式中，${}^{N}K_{B}^{A}$ 为热力学平衡常数。ΔH^0 为离子交换平衡的标准热焓的变化。

在离子交换平衡反应中，几乎无热的吸收和释放。通常 $\Delta H < 2$kcal/mol，在个别情况下达到 10kcal/mol，所以离子交换平衡对温度的依赖关系是很小的。然而离子交换常常与一些有较大热焓变化的反应同时存在。例如阳离子交换反应时，存在如反应式(3－52)所示的中和反应，共反应热达 37kcal/mol。

$$\overline{H^+} + Na^+ \rightleftharpoons \overline{Na^+} + H^+$$

$$H^+ + OH^- \longrightarrow H_2O \tag{3-52}$$

这时,温度会影响离子交换平衡。在大多数情况下,选择性是由于形成络合物、离子对和溶剂化等造成的,升高温度会降低选择性。压力对离子交换平衡和选择性的影响是很小的。

将上述讨论归纳起来为:离子交换树脂优先吸附:①高价抗衡离子(counterion);②溶剂化较小的抗衡离子;③极化大的抗衡离子;④与固定离子交换基团或树脂基体作用强的抗衡离子;⑤与固定离子形成络合物的抗衡离子。

3.2.4 离子交换树脂的应用

1. 水处理方面

(1) 基本原理。目前,用离子交换法制备高纯度的去离子水仍是水处理中最重要的方法。通常水中含有的阳离子为 Ca^{2+}、Mg^{2+}、Na^+ 等。当水通过离子交换床,水中的离子就会与阳离子交换树脂上的 H^+ 发生交换反应[见反应式(3-53)];溶液中的阴离子,如 SO_4^{2-},CO_3^{2-},NO_3^- 和 Cl^- 等与阴离子交换树脂上的 OH^- 发生如反应式(3-54)所示的交换反应。交换到水中的 H^+ 和 OH^- 发生中和反应,从而制得纯水。

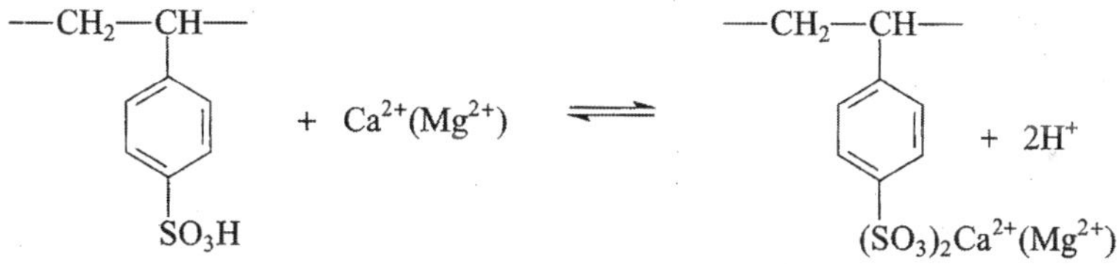

$$\text{—CH}_2\text{—CH—}(C_6H_4)SO_3H + Ca^{2+}(Mg^{2+}) \rightleftharpoons \text{—CH}_2\text{—CH—}(C_6H_4)(SO_3)_2Ca^{2+}(Mg^{2+}) + 2H^+ \tag{3-53}$$

$$\text{—CH}_2\text{—CH—}(C_6H_4)CH_2\overset{+}{N}(CH_3)_3\ OH^- + SO_4^{2-} \rightleftharpoons \text{—CH}_2\text{—CH}(C_6H_4)CH_2\overset{+}{N}(CH_3)_3\ SO_4^{2-} + 2OH^- \tag{3-54}$$

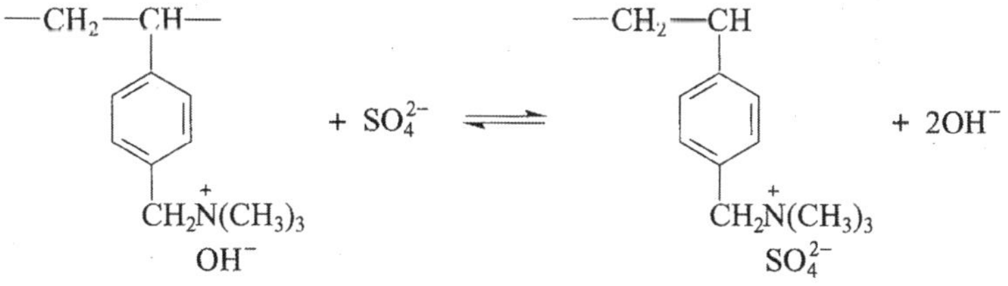

$$H^+ + OH^- \longrightarrow H_2O$$

当阳离子交换树脂被 Ca^{2+},Mg^{2+} 和 Na^+ 等离子吸附饱和后,或阴离子交换树脂被 SO_4^{2-},NO_3^- 等阴离子吸附饱和后,树脂就失去了净化水的能力,需要再生。通常用 H_2SO_4 再生阳离子交换树脂[见反应式(3-55)],NaOH 再生阴离子交换树脂[见反应式(3-56)]。

$$\text{—CH}_2\text{—CH—}(\text{C}_6\text{H}_4)\text{SO}_3^-\text{M}^+ + \text{H}_2\text{SO}_4 \rightleftharpoons \text{—CH}_2\text{—CH—}(\text{C}_6\text{H}_4)\text{SO}_3\text{H} + \text{M}_2\text{SO}_4 \tag{3-55}$$

$$\text{—CH}_2\text{—CH—}(\text{C}_6\text{H}_4)\text{CH}_2\overset{+}{\text{N}}(\text{CH}_3)_3\ \text{Cl}^- + \text{NaOH} \rightleftharpoons \text{—CH}_2\text{—CH—}(\text{C}_6\text{H}_4)\text{CH}_2\overset{+}{\text{N}}(\text{CH}_3)_3\ \text{OH}^- + \text{NaCl} \tag{3-56}$$

(2) 脱盐方法。制备纯水或脱盐的方法有二种。一种是混合床，把 H^+ 型强酸性阳离子交换树脂和 OH^- 型强碱性阴离子交换树脂混合在一个离子交换柱中。水通过混合床后就得到纯水。再生时，可用逆冲法，利用阴、阳两种树脂比重的差别，上层为阴树脂，下层为阳树脂，然后分别再生。另一种是复合床。阳、阴两种树脂分别装在两根柱中，然后串联使用。通常混合床易制得高纯度的水，而复合床再生时，消耗强酸、强碱量少，比较经济。

(3) 热再生树脂的脱盐。一般树脂在再生时需要用大量的酸和碱，这是不经济的。所以人们千方百计寻找一种不用酸碱再生的树脂。蛇笼树脂是其中的一种。利用在交联的弱酸性树脂中，聚合生成弱碱性线形高分子；或者在交联的弱碱性离子交换树脂中，合成线形弱酸性高分子，制成复合离子交换树脂。利用在20℃和80℃时，离子交换平衡的不同。在20℃时，通过稀盐水，树脂能吸附盐离子；80℃时，又能用热水再生。其离子交换平衡如反应式(3－57)所示。这一方法称为 Sirotherm 方法，是制备纯水的改进方法。

$$R_3N + R'COOH + Na^+ + Cl^- \underset{80℃}{\overset{20℃}{\rightleftharpoons}} R_3N\cdot HCl + R'COO^-Na^+ \tag{3-57}$$

2. 湿法冶金

离子交换树脂适用于含量低、甚至是痕量金属的分离和提纯。它从水溶液中浓缩、纯化金属是否能工业化，取决于经济效益，如有的金属贵，如 Rh，Pt，Au 和铀等，不仅价高，而且含量低，具有工业化价值。另一种是有的金属很毒，从环境保护角度必须从溶液中提取出来。

(1) 铀。铀是核工业的重要原料。当矿的品位低时，其硫酸浸出液中的铀含量很低,必须用阴离子交换树脂进行浓缩和提纯[见反应式(3-58)]。吸附了铀的树脂可用 HNO_3-$NaNO_3$ 溶液淋洗,制得高浓度的铀溶液[见反应式(3-59)]。

$$\left[\begin{array}{c}-CH_2-CH- \\ | \\ C_6H_4 \\ | \\ CH_2\overset{+}{N}Me_3\end{array}\right]_2 SO_4^{2-} + UO_2(SO_4)_3^{4-} \rightleftharpoons \left[\begin{array}{c}-CH_2-CH- \\ | \\ C_6H_4 \\ | \\ CH_2\overset{+}{N}Me_3\end{array}\right]_4 UO_2(SO_4)_3^{4-} \qquad (3-58)$$

$$\left[\begin{array}{c}-CH_2-CH- \\ | \\ C_6H_4 \\ | \\ CH_2\overset{+}{N}Me_3\end{array}\right]_4 UO_2(SO_4)_3^{4-} + NO_3^- \rightleftharpoons \begin{array}{c}-CH_2-CH- \\ | \\ C_6H_4 \\ | \\ CH_2\overset{+}{N}Me_3 \\ NO_3^-\end{array} + UO_2(SO_4)_3^{4-} \qquad (3-59)$$

树脂经 Na_2SO_4-H_2SO_4 再生后可重复使用。浓缩的铀溶液用浓氨水进行沉淀,过滤出沉淀物,用水洗涤,干燥。该过程可回收 98%的铀。

(2) 金。金与 CN^- 会形成络合物 $Au(CN)^{-1}$。阴离子交换树脂对这种络合物的吸附能力特别强,即使其他离子浓度很大,也能从水溶液中吸收微量金。这样高的吸附选择性导致了解吸十分困难。

离子交换树脂对其他贵金属如 Pt,Ag 等的吸附、回收,也已取得了很好的结果。

(3) 糖的纯化处理。在制糖工业中,常常用离子交换树脂来处理蔗糖糖浆(cane sugar juice)。蔗糖中含有阳离子(Na^+,K^+,Mg^{2+},Ca^{2+} 和 Fe^{3+} 等)及阴离子如无机阴离子、氨基酸、脂肪酸及其他有机酸,可以用阳离子和阴离子交换树脂处理掉这些阳离子和阴离子。部分着色剂也可以被树脂吸附。经离子交换树脂处理的蔗糖,产率可提高 3%~6%,灰分含量可降低 95%。一般经活性炭处理糖浆后,用离子交换树脂(凝胶型和大孔型均可)进一步除去浆液中的带色物质。

在甜菜制糖工业(beet sugar industry)中应用了大量离子交换树脂。其作用有两个方面:①脱盐,用阳离子交换树脂除去 Ca^{2+},Mg^{2+} 等离子,减少黑色糖浆液,提高糖的产率;②脱色。利用大孔树脂如 Ambalite IRA-900 单独脱色,不需要与活性炭结合使用,或者用 Ambalite IRA-4015 和 Ambalite XE-258 结合起来使用,具有很好的脱色效果。离子交换树脂的脱色效果与活性炭一样,使用却更简单。

3.3　螯合树脂

3.3.1　简述

1. 与离子交换树脂的不同

与离子交换树脂不同，螯合树脂在吸附溶液中的金属离子时，没有离子交换，而是高分子上多配位官能团与金属离子形成了络合物。如亚胺二乙酸树脂在弱酸性和中性范围内，与二价金属离子形成了1∶1的络合物[见反应式(3－60)]。亚胺二乙酸为螯合官能团。我们称这种树脂为螯合树脂。

$$\text{Ⓟ—N}\begin{matrix}\diagup CH_2COOH \\ \diagdown CH_2COOH\end{matrix} + M^+ \rightleftharpoons \text{Ⓟ—N}\begin{matrix} CH_2C(=O)—O^- \\ \longrightarrow \\ CH_2C(=O)—O^- \end{matrix} M(H_2O) + 2H^+ \quad (3-60)$$

2. 螯合树脂的分类

从结构看，螯合树脂分为两大类。一类是螯合基团作为高分子的侧基，另一类是螯合基团在高分子主链上。

(1) 螯合基团在侧基上。螯合基团作为高分子侧基，如图3－3所示。L为配位基，M^{n+}为金属离子。螯合树脂**16**就属于这一种。

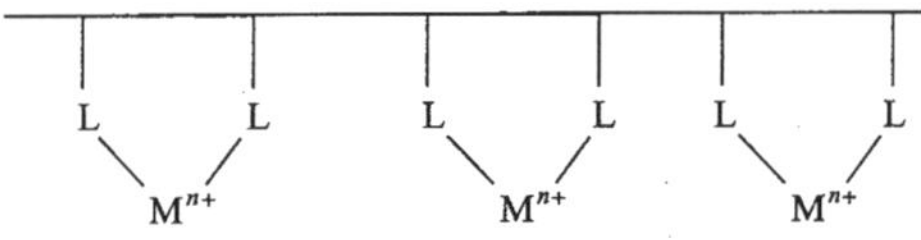

图3－3　螯合基团为侧基的螯合树脂

—CH₂—CH—（对位苯基—N=N—，连接于8-羟基喹啉的5位）

16

(2) 螯合基团在主链上。螯合基团在高分子主链上，如图3－4所示。化合物**17**就属于这一类。

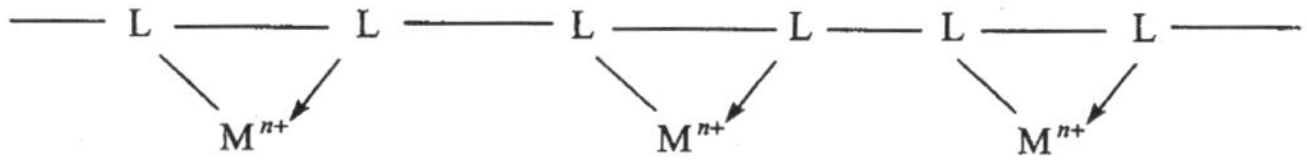

图 3-4　主链含有螯合基团的高分子螯合树脂

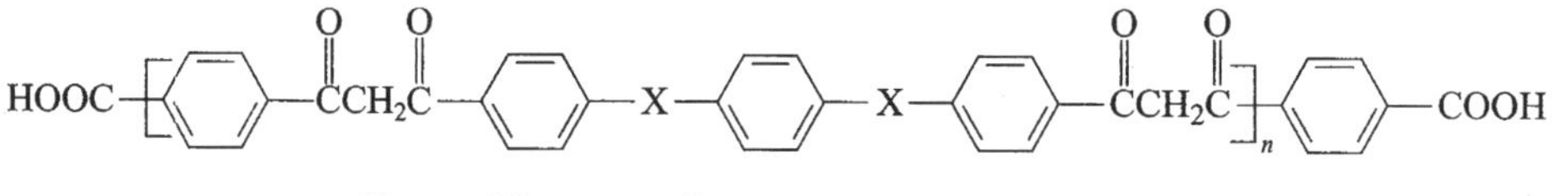

$X = -CH_2-,\ -O-$　　**17**

3．螯合树脂的应用

螯合树脂在无机、冶金、分析、放射化学、药物、催化和海洋化学等领域得到了迅速的发展。特别是近年来重金属离子对水质的污染、化学工业污水的净化处理等问题日趋严重,地球化学、环境保护化学、公害防治等领域对螯合树脂的需求也越来越高。从工业废液中回收有用物质,这不仅有利于环境保护,而且可以充分利用资源,提高经济效益。除此以外,高分子金属络合物可作为耐高温材料、半导体材料、催化剂,用于手征性氨基酸、肽的外消旋体的分离,有的用作输送氧的载体,光敏树脂、耐紫外光吸收剂、抗静电剂、黏合剂和表面活性剂等,用途极为广泛。

3.3.2　金属螯合物化学

螯合剂 H_nZ 在水溶液中的解离平衡,可用反应式(3-61)表示。具有 i 个质子的络合物的平衡常数 k_i 可用式(3-62)来表示。

$$\begin{aligned}
&H_nZ \xrightleftharpoons{k_1} H_{n-1}Z^- + H^+\\
&H_{n-1}Z^- \xrightleftharpoons{k_2} H_{n-2}Z^{2-} + H^+\\
&H_{n-2}Z^{2-} \xrightleftharpoons{k_3} H_{n-3}Z^{3-} + H^+\\
&H_iZ^{(n-i)-} \xrightleftharpoons{k_i} H_{i-1}Z^{(n-i+1)-} + H^+
\end{aligned} \tag{3-61}$$

$$k_i = \frac{[H_{i-1}Z^{(n-i+1)-}][H^+]}{[H_iZ^{(n-i)-}]} \tag{3-62}$$

若金属离子 M^{m+} 和 Z^{n-1} 形成 1:1 的络合物[见反应式(3-63)],则

$$M^{m+} + Z^{n-1} \rightleftharpoons (MZ)^{(m-n)^+} \tag{3-63}$$

其络合常数 K 的表示式为式(3-64)

$$K = \frac{[MZ^{(m-n)^+}]}{[M^{m+}][Z^{n-}]} \tag{3-64}$$

螯合物有以下几方面的特征：

(1) 螯合效应。螯合物比相应的单配位化合物稳定。例如三(乙二胺)钴络合物 $Co(NH_2CH_2CH_2NH_2)_3$ 比六氨合钴 $Co(NH_3)_6^{3+}$ 要稳定得多。这种因多配位体和金属离子形成螯合环而使稳定性增加的现象叫作螯合效应(chelate effect)。

(2) 稳定性规律。金属螯合物的稳定性与螯合基团的种类、螯合物结构和金属离子种类的不同而不同，一般有如下规律：①环结构，五元环比六元环稳定。若螯合环中含有双键，有时六元环更稳定。②同一配位体与不同金属离子形成络合物的稳定性，随金属离子正电荷的增大、离子半径的减小而增大。③同种结构的配位体，其配位数越多，形成络合物时螯合环数目越多，就越稳定。以氨基羧酸型配位体为例，其络合稳定性有以下顺序：

$$—N(CH_2COOH)_2 < —N(CH_2COOH)_3 < (HOOCCH_2)_2NCH_2CH_2N(CH_2COOH)_2 <$$

$$(HOOCCH_2)_2NCH_2CH_2N(CH_2COOH)CH_2CH_2N(CH_2COOH)_2$$

3.3.3　螯合树脂的合成

有两种制备螯合树脂的方法，一种先合成含有螯合基团的单体，经过自由基聚合或逐步聚合等方法进行合成，如反应式(3-65)所示。

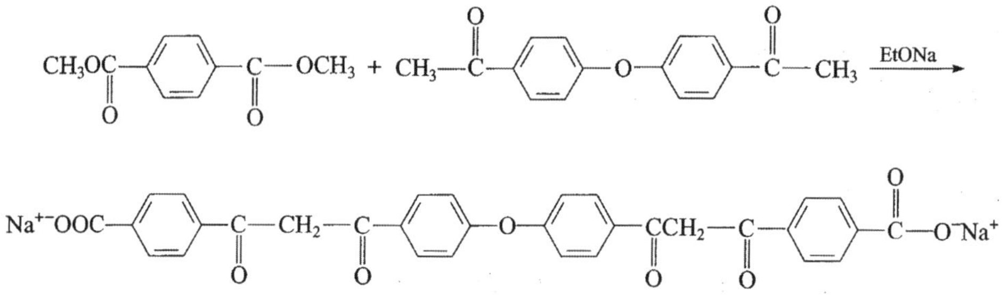

$$CH_3OC(=O)-C_6H_4-C(=O)-OCH_3 + CH_3-C(=O)-C_6H_4-O-C_6H_4-C(=O)-CH_3 \xrightarrow{EtONa}$$

$$Na^{+-}OOC-C_6H_4-C(=O)-CH_2-C(=O)-C_6H_4-O-C_6H_4-C(=O)CH_2-C(=O)-C_6H_4-C(=O)-O^-Na^+ \quad (3-65)$$

另一种方法是利用合成的或天然的高分子，通过高分子反应引入具有螯合功能的侧基来合成螯合树脂。例如从聚苯乙烯出发，通过硝化、还原、偶氮和偶合多步反应制得螯合树脂[见反应式(3-66)]。

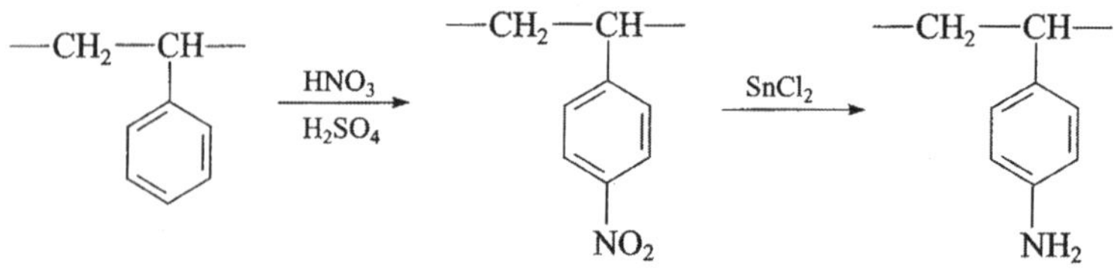

$$—CH_2—CH(C_6H_5)— \xrightarrow[H_2SO_4]{HNO_3} —CH_2—CH(C_6H_4NO_2)— \xrightarrow{SnCl_2} —CH_2—CH(C_6H_4NH_2)—$$

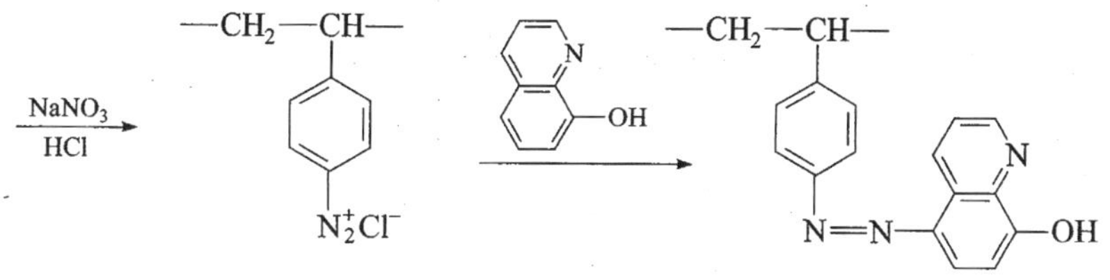

$$\xrightarrow[HCl]{NaNO_3} -CH_2-CH(C_6H_4N_2^+Cl^-)- \xrightarrow{\text{8-羟基喹啉}} -CH_2-CH(C_6H_4-N{=}N-\text{8-羟基喹啉-5-基})- \quad (3-66)$$

在螯合树脂中,配位原子主要有 O、N、P、S、As、Se 等。其中 O、N、S 更为重要。

1. 亚胺羧酸型树脂

高分子中含有—$NHCH_2COOH$,—$N(CH_2COOH)_2$ 等一类官能团的树脂,也称为 EDTA 型树脂,它的用途广泛,产量大。国产的牌号有 401(南开大学化工厂);751(上海树脂厂)。美国有 Dowex A-1,Amberlite XE-318, Chelex 100, Ambelite XE-243。主要用于金属离子的分离和提取。其合成方法主要有以下两种。

(1) 通过高分子反应在高分子载体上引入配位体(见图 3-5)。

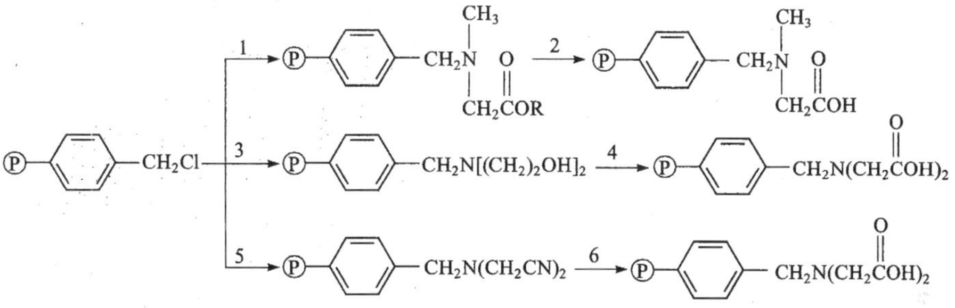

$$Ⓟ-C_6H_4-CH_2Cl \xrightarrow{1} Ⓟ-C_6H_4-CH_2N(CH_3)CH_2COOR \xrightarrow{2} Ⓟ-C_6H_4-CH_2N(CH_3)CH_2COOH$$

$$Ⓟ-C_6H_4-CH_2Cl \xrightarrow{3} Ⓟ-C_6H_4-CH_2N[(CH_2)_2OH]_2 \xrightarrow{4} Ⓟ-C_6H_4-CH_2N(CH_2COOH)_2$$

$$Ⓟ-C_6H_4-CH_2Cl \xrightarrow{5} Ⓟ-C_6H_4-CH_2N(CH_2CN)_2 \xrightarrow{6} Ⓟ-C_6H_4-CH_2N(CH_2COOH)_2$$

图 3-5　通过高分子反应在交联聚苯乙烯载体上引入亚胺羧酸配体

1. $HN(CH_3)CH_2COOR$;2. OH,H^+;3. $HN(CH_2CH_2OH)_2$;4. Fe^{3+},HNO_3,70℃,14h;

5. $HN(CH_2CN)_2$;6. 浓盐酸,△

以交联聚乙烯亚胺作高分子载体,与氯乙酸反应,制备乙二胺-N,N'-二乙酸型树脂[见反应式(3-67)]。

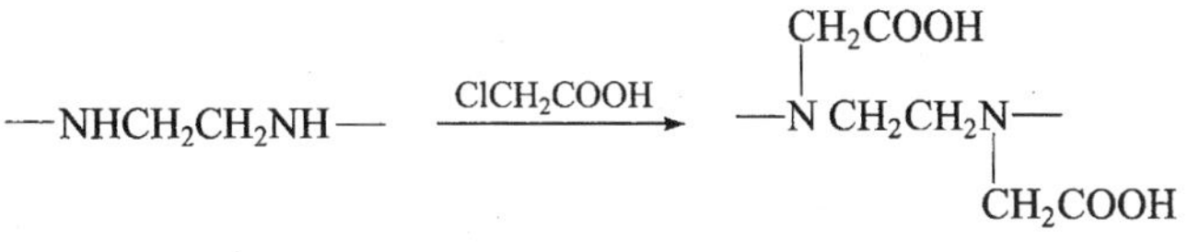

$$-NHCH_2CH_2NH- \xrightarrow{ClCH_2COOH} -N(CH_2COOH)CH_2CH_2N(CH_2COOH)- \quad (3-67)$$

聚乙烯醇也可以作母体,通过环氧与羟基的反应,将胺基二乙酸接到高分子上[见反应式(3-68)]。

$$\text{—}\underset{\text{OH}}{|}\text{—} + \underset{\text{O}}{\text{CH}_2\text{—CHCH}_2}\text{—N(CH}_2\text{COOEt)}_2 \xrightarrow[2.\ H^+]{1.\ OH^-} \text{—}\underset{|}{\text{OCH}_2}\text{—}\underset{\text{OH}}{\text{CHCH}_2}\text{—N(CH}_2\text{COOH)}_2 \qquad (3-68)$$

(2) 含有胺基羧酸的烯类单体的聚合反应。首先要合成含胺基羧酸的烯类单体,再进行聚合反应。例如,由氯甲基苯乙烯,合成对甲胺基苯乙烯,经胺基与马来酸二乙酯进行加成反应,得到的化合物水解后,得到胺基羧酸单体,它进行自由基聚合,生成胺基羧酸树脂[见反应式(3-69)]。这类树脂从含 Cu^{2+},Zn^{2+} 的水溶液中选择性地吸附 Cu^{2+},而不吸附 Zn^{2+}。吸附 Cu^{2+} 的树脂可用稀酸解吸,由树脂的蓝色是否完全消失可说明解吸是否彻底。

$$CH{=}CH_2\text{-}C_6H_4\text{-}CH_2Cl \longrightarrow CH{=}CH_2\text{-}C_6H_4\text{-}CH_2NH_2 \xrightarrow{CH(COOC_2H_5){=}CH(COOC_2H_5)} CH{=}CH_2\text{-}C_6H_4\text{-}CH_2NHCH(COOH)CH_2COOH \longrightarrow \text{—}CH(C_6H_4CH_2NHCH(COOH)CH_2COOH)\text{—}CH_2\text{—} \qquad (3-69)$$

2. Schiff 碱型树脂

这类高分子中含有 Schiff 碱键—CH ═N—,与相邻的—OH、—SH 等基团形成配位体。

(1) 缩合反应。二元醛和二元胺进行缩合反应,可得到在主链上有 Schiff 碱的高分子螯合物[见反应式(3-70)]。

$$\text{HO, OCH, OH-substituted benzaldehyde (CHO)} + H_2N\text{—R—}NH_2 \longrightarrow \left[\text{—C}_6\text{H(OH)—CH}{=}\text{N—R—N}{=}\text{CH—C}_6\text{H(OH)(O—)—CH}{=}\right]_n \qquad (3-70)$$

式中, R=$-(CH_2)_2-$, $-(CH_2)_3-$, $-C_6H_4-$, $-C_6H_4-C_6H_4-$。这类树脂能与 Cu^{2+},Co^{2+},Zn^{2+},Fe^{2+},Ni^{2+} 等金属离子络合。

(2) 从聚苯乙烯出发,通过高分子反应,生成侧基为 Schiff 碱的螯合高分子[见反应式(3-71)]。这类树脂能与 Cu^{2+},Co^{2+} 等金属离子强烈地配位。

$$-CH_2-CH(C_6H_4CH_2CH(CN)_2)- \xrightarrow{LiAlH_4} -CH_2-CH(C_6H_4CH_2CH(CH_2NH_2)_2)- \xrightarrow{RCHO} -CH_2-CH(C_6H_4CH_2CH(CH_2N{=}CHR)_2)- \tag{3-71}$$

(3) 合成丙烯酰胺衍生物，进行自由基聚合，得到含螯合基团的高分子[见反应式(3－72)]。

$$\text{(邻羟基苯亚甲基氨基)}C_6H_4NHCH_3 + CH_2{=}CH{-}C({=}O){-}Cl \longrightarrow CH_2{=}CH{-}C({=}O){-}N(CH_3){-}C_6H_4{-}N{=}CH{-}C_6H_4OH \xrightarrow[2.\ 加M^{2+}]{1.\ 聚合} \text{螯合高分子}(M \leftarrow N, O) \tag{3-72}$$

当 $M = Ni^{2+}$, Co^{2+} 和 Cu^{2+} 时，螯合物具有良好的热性能，热分解温度在 300℃以上。

3．羟肟酸型树脂

由聚丙烯酸酯与羟胺反应可制得羟肟酸树脂[见反应式(3－73)]。也可以通过高分子反应的方法制备。例如，酚醛树脂与适当的试剂反应制备羟肟酸树脂[见反应式(3－74)]；从交联聚苯乙烯经与乙酰氯、亚硝基甲烷及羟胺进行反应，制得聚苯乙烯羟肟酸树脂[见反应式(3－75)]。

$$-CH_2-CH(COOR)- + H_2NOH \longrightarrow -CH_2-CH(C({=}O)NHOH)- \tag{3-73}$$

$$-CH_2-C_6H_3(OH)_2 \xrightarrow{ClCH_2C(=O)-C(=N-OH)-CH_3} -CH_2-C_6H_3(OH)(OCH_2-C(=O)-C(=NOH)-CH_3)$$

$$\xrightarrow{H_2NOH} -CH_2-C_6H_3(OH)(OCH_2-C(=NOH)-C(=NOH)CH_3) \qquad (3-74)$$

$$-(CH_2-CH)_n-C_6H_4-C(=O)C_2H_5 \xrightarrow[HCl]{CH_3ONO} -(CH_2-CH)_n-C_6H_4-C(=O)-C(=N-OH)-CH_3 \xrightarrow{H_2NOH} -(CH_2-CH)_n-C_6H_4-C(=NOH)-C(=NOH)-CH_3 \qquad (3-75)$$

利用乙烯和CO共聚制得的共聚物**18**,在亚硝酸化合物存在下反应,得到羟肟酸树脂[见反应式(3-76)]。

$$\underset{\mathbf{18}}{-CH_2-CH_2C(=O)-} \xrightarrow[HCl]{C_4H_9ONO} -CH_2-C(=N-OH)-C(=O)- \xrightarrow[NaOH]{H_2NOH\cdot HCl} -CH_2-C(=N-OH)-C(=N-OH)- \qquad (3-76)$$

该树脂与 Fe^{2+}、Co^{2+} 和 Ni^{2+} 的螯合物具有特殊吸附能力,能可逆地吸附氧气。铁的螯合物甚至能可逆地吸附一氧化碳(见表3-3)。

表3-3　聚肟-金属螯合物对 O_2 和CO的吸附性

金属	金属含量/%	O_2					CO	
		纯氧			空气		CO	
		无溶剂	CH_3OH	H_2O	无溶剂	CH_3OH	无溶剂	CH_3OH
Fe	18.63	1.71	2.02	1.75	1.08	1.14	2.49	1.88
	12.03	0	0	0	—	—	0	0
Co	19.12	1.86	2.04	1.68	1.18	1.10	0	0
	10.38	—	0	0	—	—	—	—
Ni	19.40	1.12	1.19	0.99	—	—	0	0

4. 含酰肼、草酰胺结构的树脂

侧基为酰肼的树脂 **19** 能从粘胶纤维工业废弃的，含有 Na^+、Zn^{2+} 和 Ca^{2+} 等离子的溶液中分离、回收 Zn^{2+}，容量为 22.2g Zn^{2+}/g 树脂。该树脂的合成方法见反应式(3-77)，是聚甲基丙烯酸甲酯与联胺的反应，生成侧基为酰肼的螯合树脂 **19**。

$$—CH_2—\underset{O=COCH_3}{\overset{CH_3}{C}}— \xrightarrow{H_2NNH_2/H_2O} —CH_2—\underset{O=C—NHNH_2}{\overset{CH_3}{C}}— \quad (\mathbf{19}) \qquad (3-77)$$

主链含有酰肼结构的高分子螯合剂，与 Cu^{2+}，Ni^{2+} 和 Co^{2+} 形成的螯合物，在 250～300℃范围内，导电率在 10^{-13}～$10^{-8}\Omega/m$ 之间。它是通过间苯二酰氯与草酰肼进行缩聚反应得到的[见反应式(3-78)]。

$$Cl—\underset{\|}{\overset{}{C}}(O)—C_6H_4—\underset{\|}{C}(O)—Cl + H_2NNH—\underset{\|}{C}(O)—\underset{\|}{C}(O)—NHNH_2 \longrightarrow \left[\underset{\|}{C}(O)—C_6H_4—\underset{\|}{C}(O)—NHNH—\underset{\|}{C}(O)—\underset{\|}{C}(O)—NHNH\right]_n \qquad (3-78)$$

5. 含 β-二酮的树脂

含 β-二酮的螯合树脂的合成方法大致有二类。一种是首先合成含有 β-二酮的烯类单体，然后进行聚合反应，如反应式(3-79)所示。

$$CH_2=CH—C_6H_4—\underset{\|}{C}(O)—OC_2H_5 + CH_3—\underset{\|}{C}(O)—CH_3 \xrightarrow{C_2H_5ONa} CH_2=CH—C_6H_4—\underset{\|}{C}(O)—CH_2\underset{\|}{C}(O)CH_3 \xrightarrow{\text{聚合}} \left(CH_2—\underset{C_6H_4—\underset{\|}{C}(O)—CH_2\underset{\|}{C}(O)CH_3}{CH}\right)_n \qquad (3-79)$$

该聚合物与 Cu^{2+} 的络合物能催化过氧化氢的分解反应，其活性大于相同的低分子乙酰丙酮与 Cu^{2+} 的络合物。且随聚合物相对分子质量的提高，铜络合物的催化活性也提高。

第二种方法是通过高分子反应的方法合成 β-二酮。在催化剂作用下，聚甲基乙烯基酮与乙酸酐反应，会生成两种不同结构的 β-二酮，一个在侧基上，另一个羰基分别在主链的两侧[见反应式(3-80)]。得到的 β-二酮聚合物对 UO_2^{2+}，Cu^{2+} 形成较强的络合物。

$$\text{-(}CH_2-\underset{\underset{C(=O)CH_3}{|}}{CH}\text{)}_n\text{-} + (CH_3\overset{\overset{O}{\|}}{C})_2O \xrightarrow{BF_3} \text{-(}CH_2-\underset{\underset{C(=O)CH_2C(=O)CH_3}{|}}{CH}\text{)}_n\text{-(}CH_2-\overset{\overset{C(=O)CH_3}{|}}{\underset{\underset{C(=O)CH_3}{|}}{C}}\text{)}_m\text{-} \qquad (3-80)$$

β-酮酸酯具有与 β-二酮相似的结构，其络合性质也相似。例如，在 DMF 溶剂中，聚乙烯醇与 $CH_2=C=O$ 反应，生成了 β-二酮酯[见反应式(3-81)]。

$$-CH_2-\underset{\underset{OH}{|}}{CH}- + CH_2=C=O \xrightarrow[\Delta]{DMF} -CH_2-\underset{\underset{O-\overset{\overset{O}{\|}}{C}-CH_2-\overset{\overset{O}{\|}}{C}-CH_3}{|}}{CH}- \qquad (3-81)$$

也可以用反应(3-82)，从聚乙烯醇和化合物 **20** 制备 β-酮酸酯。这类树脂对三价铝离子有络合作用，生成高分子螯合交联涂料。

$$-CH_2-\underset{\underset{OH}{|}}{CH}- + \underset{\mathbf{20}}{R\overset{\overset{O}{\|}}{C}CH_2\overset{\overset{O}{\|}}{C}OC_2H_5} \xrightarrow[\Delta]{PbO} -CH_2-\underset{\underset{O\overset{\overset{}{}}{\underset{\underset{O}{\|}}{C}}CH_2\underset{\underset{O}{\|}}{C}-R}{|}}{CH}- \qquad (3-82)$$

6. 水杨酸树脂

水杨酸树脂也有两种合成方法，即通过高分子反应，将水杨酸基团接到高分子载体上。例如，从水杨酸和交联聚氯甲基苯乙烯出发，在催化剂 $ZnCl_2$ 作用下，进行付氏反应，得到水杨酸树脂[见反应式(3-83)]。

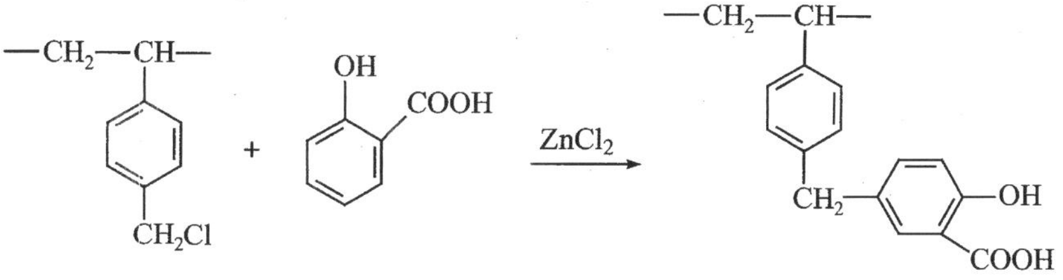

(3-83)

另一种方法是先合成含水杨酸基团的烯类单体，例如，水杨酸硼酸酯，再进行自由基聚合，得到了聚合物。再在酸性条件下进行水解，得到含水杨酸基团的树脂[见反应式(3-84)]。

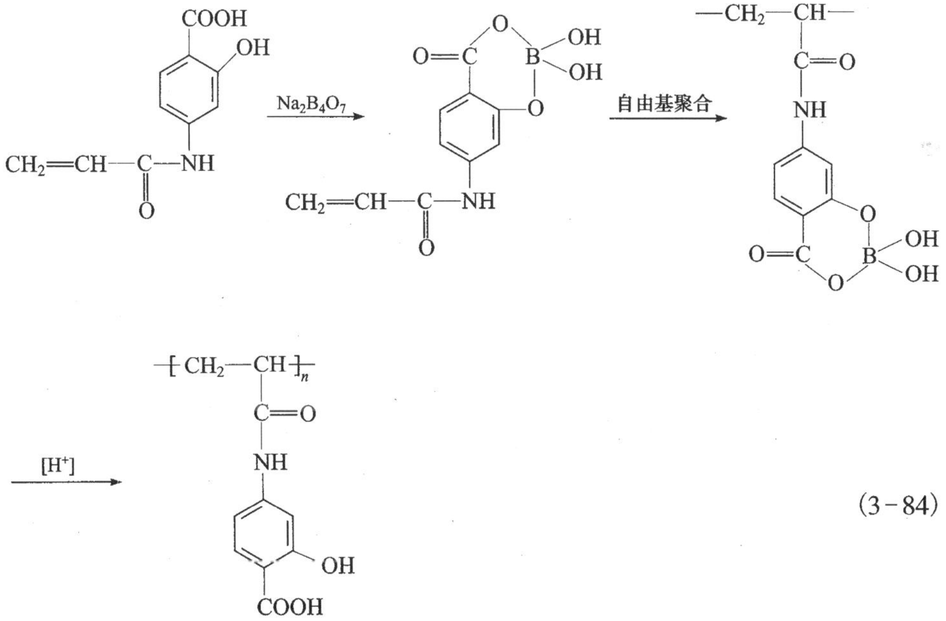

(3-84)

该树脂中，酚基结构能阻聚自由基聚合反应，所以先合成硼酸酯，聚合后，将硼酸酯水解，再生出水杨酸基团就比较容易。这类树脂在重金属离子的分离、脱色，特别在维生素和抗生素的选择性吸附等方面都具有十分重要的意义。

7. 巯基树脂

巯基树脂 **21** 能定量地吸附 Hg^{2+}，吸附饱和后，可用 1,2-二巯基丙烷的氨水溶液处理后，再生出该树脂。

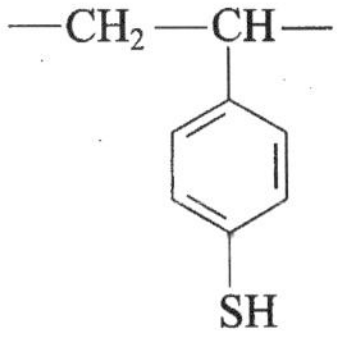

巯基树脂的另一个制备方法是聚乙烯亚胺与 CS_2 反应，生成巯基树脂[见反应式(3-85)]。或者先与异腈酯反应，生成交联聚合物，再与 CS_2 反应，生成巯基树脂[见反应式(3-86)]。

21

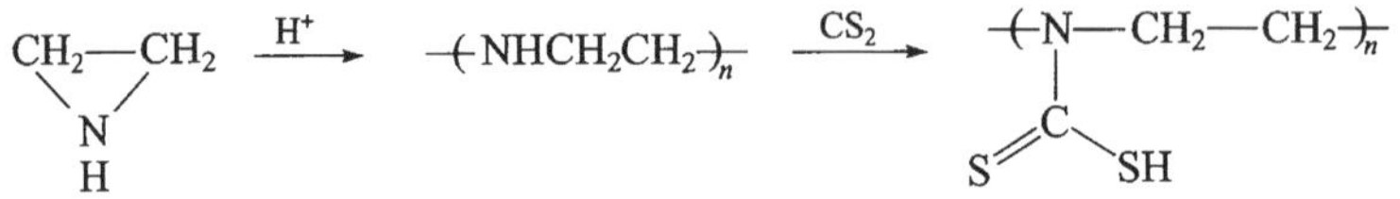

$$\underset{\text{N-H}}{CH_2\text{—}CH_2}\xrightarrow{H^+}\text{—}(NHCH_2CH_2)_n\text{—}\xrightarrow{CS_2}\text{—}(\underset{\underset{S=C-SH}{|}}{N}\text{—}CH_2\text{—}CH_2)_n\text{—}\quad(3-85)$$

$$\text{—}(NHCH_2CH_2)_n\text{—}\xrightarrow{\text{CH}_3\text{-}C_6H_3(NCO)_2}\sim\sim NHCH_2CH_2N(CH_2\text{—}CH_2\sim\sim)\text{—}\overset{O}{\overset{\|}{C}}\text{—}NH\text{—}C_6H_3(CH_3)\text{—}NH\overset{O}{\overset{\|}{C}}N(CH_2CH_2\sim\sim)CH_2CH_2NH\sim\sim$$

$$\xrightarrow[NH_4OH]{CS_2}\sim\sim N(CSSH)CH_2CH_2N(CH_2\text{—}CH_2\sim\sim)\text{—}\overset{O}{\overset{\|}{C}}\text{—}NH\text{—}C_6H_3(CH_3)\text{—}NH\overset{O}{\overset{\|}{C}}N(CH_2CH_2\sim\sim)CH_2CH_2N(CSSH)\sim\sim\quad(3-86)$$

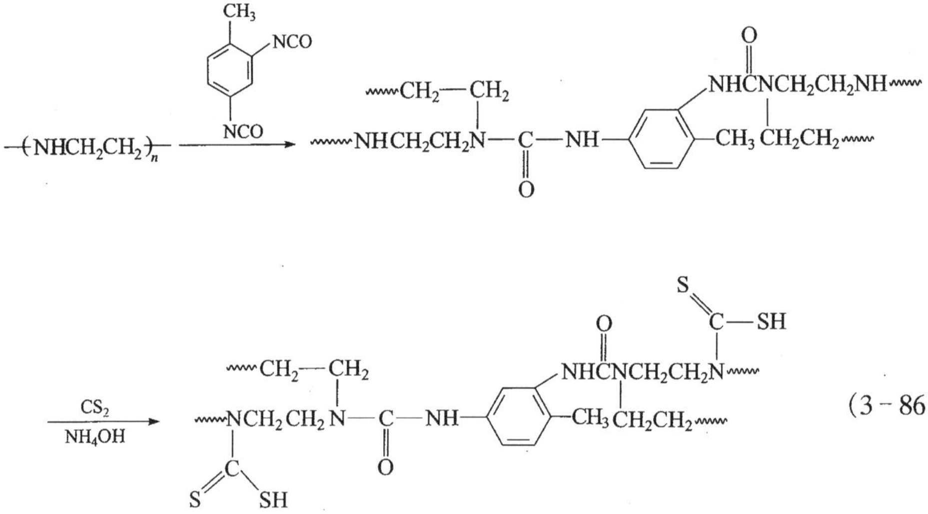

胺基能引发环硫丙烷进行开环聚合，所以含伯胺基的交联聚苯乙烯用环硫丙烷处理，生成含聚硫醚的树脂[见反应式(3－87)]。该树脂在0.1～0.2mol/L的HCl溶液中，选择性地吸附Au^{3+}，其吸附容量为239.5mg Au(Ⅲ)/g树脂。

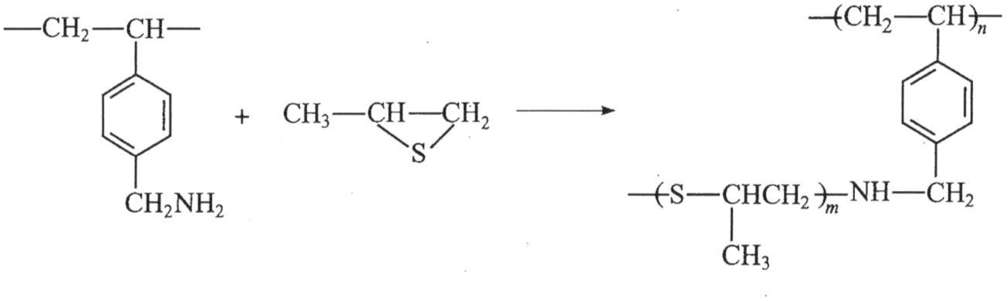

$$\text{—}CH_2\text{—}CH(C_6H_4CH_2NH_2)\text{—}+CH_3\text{—}\underset{S}{CH\text{—}CH_2}\longrightarrow\text{—}(CH_2\text{—}CH)_n\text{—}(C_6H_4CH_2\text{—}NH\text{—}(CH_2\underset{\underset{CH_3}{|}}{CH}\text{—}S)_m\text{—})\quad(3-87)$$

8. 高分子大环化合物

高分子冠醚或含N和S的大环聚合物，能分离Na^+，K^+等碱金属离子。如含15C5和18C6的树脂**22**对NH_4^+及碱金属离子的吸附能力优于相应的低分子冠醚。其合成方法可以先合成含冠醚的烯类单体，经自由基聚合反应制得；或从适当的单体经过缩聚反应[见反应式(3－88)、(3－89)]得到。

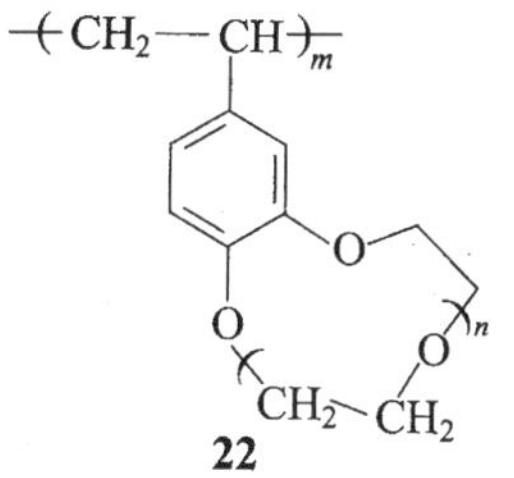

$n=3$, P15C5　　　$n=4$, P18C6

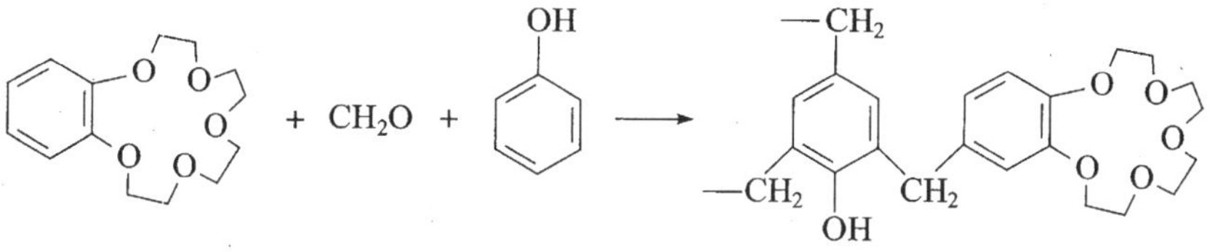

22

(3-88)

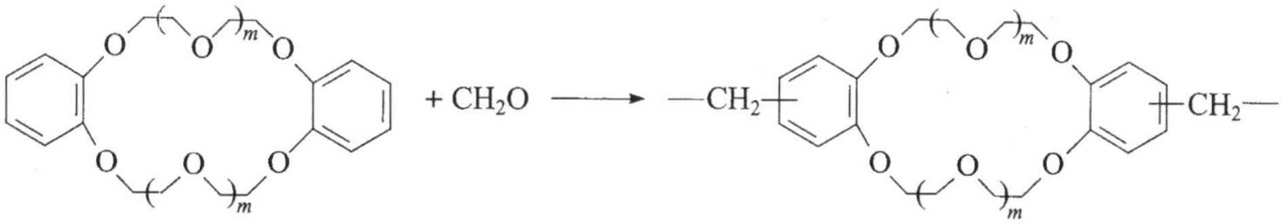

$m=1$，18C6；$m=2$，24C8；$m=3$，30C10　　(3-89)

这类树脂的选择性不仅与环的孔径大小有关，也与溶剂的性质有关。不同的冠醚树脂对碱金属的选择性见表 3-4。

表 3-4　冠醚的孔径和对碱金属的选择性

冠醚树脂	环孔径/nm	对碱金属的选择性
15C5	1.7～2.2	$K^+>Na^+=Rb^+>Cs^+>Li^+$
18C6	2.6～3.2	$K^+>Rb^+>Na^+>Cs^+>Li^+$
21C7	3.4～4.3	$Rb^+>K^+>Cs^+>Na^+>Li^+$
24C8	>4.0	$Cs^+>Rb^+>K^+>Na^+=Li^+$

利用 β-二酮上活泼的亚甲基与氯苄的反应，可以将化合物 **23** 反应到交联的聚氯甲基苯乙烯上，得到聚合物 **24**[见反应式(3-90)]。它能与金属离子发生络合反应。例如，当 $n=4$ 时，该螯合树脂能与 $Cu(Ac)_2$ 反应，生成高分子铜螯合物。吸附饱和后，可用 10% HCl 定量解吸 Cu^{2+}。

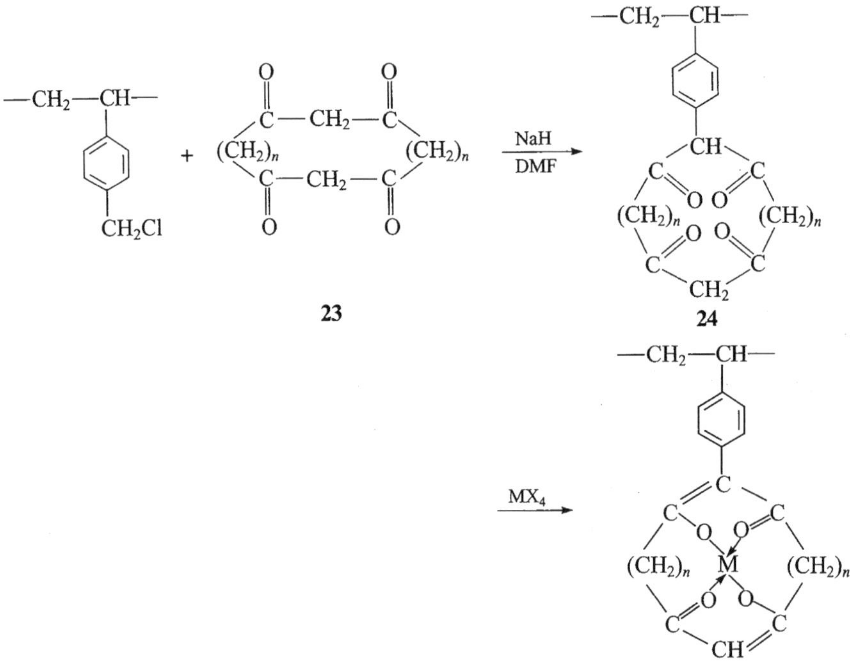

$$\text{(3-90)}$$

(3-90)

用相似的方法，还可以在交联的氯甲基苯乙烯上合成含氮和含氧、含氮、含硫的冠醚，如结构式 **25** 和 **26** 所示。也可用缩聚方法合成含硫冠醚，如结构式 **27** 所示。

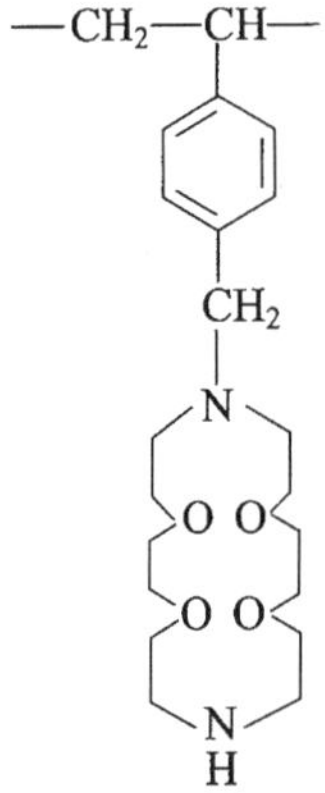

25 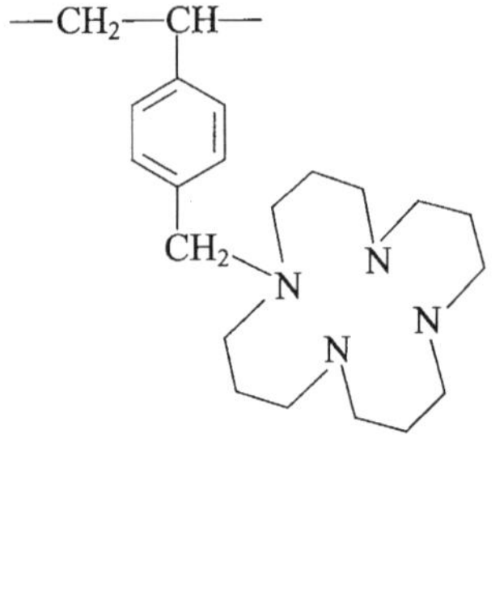　　**26** 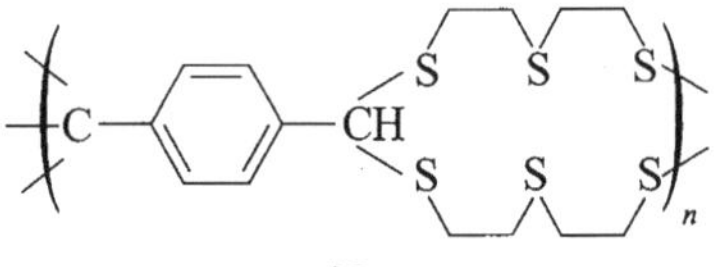　　**27**

含硫冠醚树脂 **27** 对 Hg^{2+} 的吸附能力很强，比对 Pb^{2+}，Cd^{2+}，Ni^{2+}，Mg^{2+} 和 Ca^{2+} 的吸附能力大 $10\sim10^2$ 倍。可以在其他离子存在下，选择性地吸附 Hg^{2+}，可用于含汞废水的处理。

3.3.4　螯合树脂的应用

1. 金属离子的定量分离

采用螯合树脂**28** 可以从酸性水溶液中分离 Ag(Ⅰ)、Hg(Ⅱ)、Au(Ⅲ)、Cu(Ⅱ)和 Bi(Ⅲ)。如用树脂 **29**，可以从溶液中分离 U(Ⅳ)、Zr(Ⅳ)和 Th(Ⅳ)。

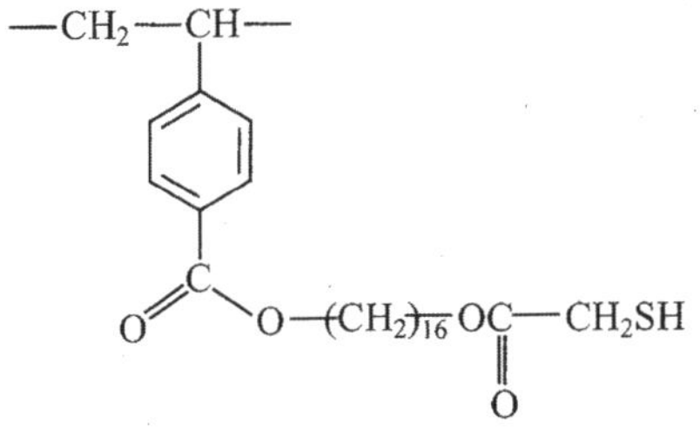

28 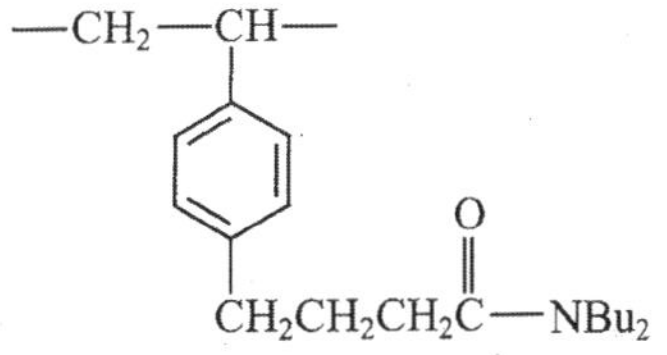　　**29**

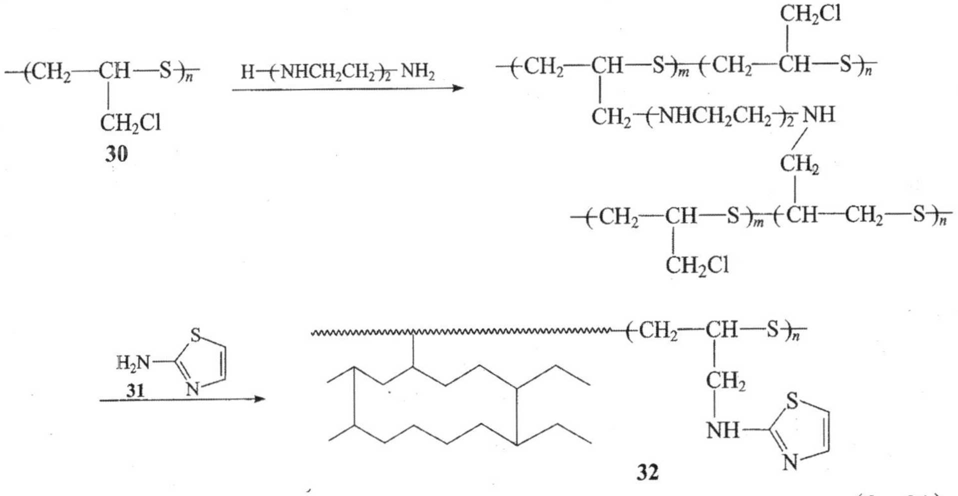

30　　**31**　　**32**

(3-91)

聚硫醚 **30** 经二乙烯三胺处理，得到的聚合物与化合物 **31** 反应，得到了树脂 **32**[见反应式(3-91)]，可以从海水中定量回收 UO_2^{2+} 和 Cu^{2+}。树脂 **32** 对 Au^{3+} 有很好的选择性，可以用 2% 硫脲溶液解吸树脂。

2. 痕量金属离子的分离、浓缩和回收

铀是重要的核原料，天然铀矿的品位越来越低，能开采的将越来越少。海水中的铀是取之不尽的来源，但海水中的铀含量为 $10^{-6}\sim10^{-7}$mg/L。从海水中提铀，用普通的离子交换树脂是不行的，必须用特殊的、螯合能力特强的树脂。例如，曾报道用乙二醛与 2-羟基苯胺的缩合物与甲醛缩合制得树脂 **33**[见反应式(3-92)]，可以从海水中回收 UO_2^{2+} 和 Cu^{2+}。

$$OHC-CHO + H_2N-C_6H_4(OH) \longrightarrow (HO)C_6H_4-N=CH-CH=N-C_6H_4(OH) \xrightarrow{+CH_2O} [-CH_2-(HO)C_6H_2(-CH_2-)-N=CH-CH=N-C_6H_2(OH)(-CH_2-)_2]\ \mathbf{33} \tag{3-92}$$

双(β-羟基缩苯胺)型缩聚树脂，可由海水中回收 UO_2^{2+} 和 Cu^{2+}。

开链环氧乙烷齐聚物能与一些金属离子络合。它可以通过高分子反应接到高分子上。例如，环氧乙烷齐聚物的钠盐，通过脱 NaCl 反应，接到交联聚氯甲基苯乙烯上[见反应式(3-93)]。

$$-CH_2-CH(C_6H_4CH_2Cl)- + R\!+\!OCH_2CH_2\!+_n\!OH \xrightarrow[1,4\text{-二氧六环}]{Na} -CH_2-CH(C_6H_4-CH_2O\!+\!CH_2CH_2O\!+_n\!R)- \tag{3-93}$$

R=H, n=1,2,3,4
R=CH_3, n=2
R=C_4H_9, n=2

在 1～6mol/L HCl 溶液中，除 R=H，n=1 树脂以外，其他树脂对 Au(Ⅲ)的回收率很好，达 90%～100%；Pt(Ⅳ)为 40%～60%；对共存的 Cu^{2+}，Pd(Ⅱ)，Cd^{2+}，Ni^{2+} 仅为 0～15%。其中 R=CH_3，n=2 对 Au(Ⅲ)的最高吸附量容量为 226.3mg Au(Ⅲ)/g。用 3%硫脲-1mol/L 盐酸溶液为洗脱剂洗脱，洗脱率可达 95.8%。

3.4 吸附树脂

离子交换树脂是依靠离子交换将溶液中的离子吸附在树脂上；螯合树脂是根据螯合基团与金属离子的络合作用吸附溶液中的金属离子。对于那些由范德华作用力、偶极-偶极相互作用以及氢键作用而吸附物质的，称之为物理吸附。主要由氢键作用吸附物质的又称为氢键吸附，所用的吸附剂又称为氢键吸附树脂。将生物中互相识别的，例如，抗原-抗体，药物-受体，酶-底物等主客体中，主体分子或客体分子固定在高分子载体上，形成了亲和吸附剂。下面分别讨论这几类吸附剂。

3.4.1　物理吸附树脂的合成及应用

根据树脂的极性大小，物理吸附树脂可分为非极性、中等极性和强极性吸附树脂。下面分别讨论。

1. 非极性吸附树脂的合成及应用

非极性吸附树脂通过范德华作用吸附水溶液中的疏水性物质。如吸附在水中少量的汽油和非极性有机化合物等，在保护环境方面有着广泛的用途。通常为交联的大孔聚苯乙烯。针对不同的应用，选择制备吸附树脂的材料和孔结构。例如，处理浮于水面的石油，应制备比重小、能浮在水面上的巨孔吸附剂。树脂内的孔结构可以是闭孔，被吸附的物质能通过树脂骨架进入孔中。为了便于热回收吸附的油，要选择一定耐热性和机械强度的高分子材料。

2. 中等极性吸附树脂的合成和应用

(1) 非极性树脂的修饰。许多天然皂苷，如人参皂苷、三七皂苷和甜菊苷等是药品和保健食品的添加剂，通常是从中草药等植物中提取出来的。由于吸附树脂对皂苷的吸附是通过疏水作用进行的，极性太大的树脂，对皂苷的吸附作用力太弱。例如，含伯胺基的交联聚合物 **34** 对甜菊苷的吸附量较低(约 189mg/g 吸附剂)。极性太小，树脂在水溶液中的溶胀程度小，也不利于树脂的吸附。例如，含甲醚基的树脂 **35**，吸附容量也不是很高(约为 234mg/g 吸附剂)。而含有酮基的树脂 **36**，在相同的吸附条件下，有较高的吸附容量(约为 423mg/g 吸附剂)。所以，选择合适的极性基团，以提高树脂对天然皂苷的吸附能力是十分重要的。非极性载体的修饰，通常采用高分子反应的方法。例如，交联聚氯甲基苯乙烯通过化学反应，使之含有一定量的极性基团。如反应式(3-94)和(3-95)，聚合物载体上的氯甲基分别与苯酚、对-苯乙酮苯酚等反应，使之具有一定量的极性基团。

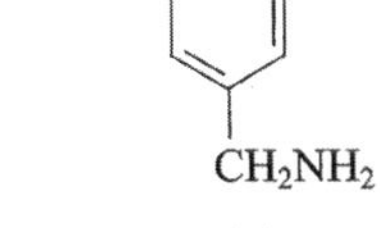

—CH_2—CH—（苯环）—CH_2NH_2
34

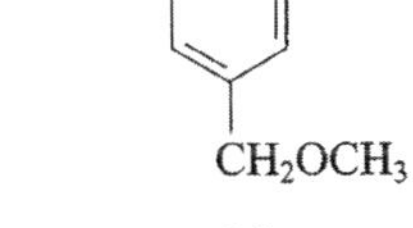

—CH_2—CH—（苯环）—CH_2OCH_3
35

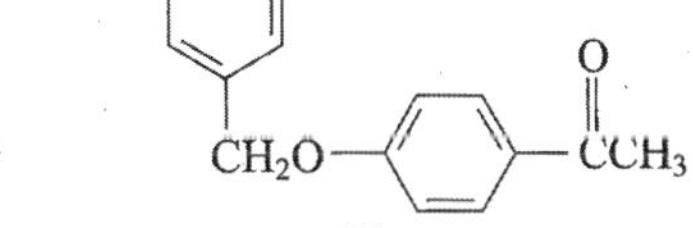

—CH_2—CH—（苯环）—CH_2O—（苯环）—C(=O)CH_3
36

$$\text{—CH}_2\text{—CH—}(\text{C}_6\text{H}_4)\text{CH}_2\text{Cl} \xrightarrow[\text{DMF/NaOH}]{\text{HO—C}_6\text{H}_4\text{—C(=O)CH}_3} \text{—CH}_2\text{—CH—}(\text{C}_6\text{H}_4)\text{CH}_2\text{—O—C}_6\text{H}_4\text{—C(=O)CH}_3 \quad (3-94)$$

$$\text{—CH}_2\text{—CH—}(\text{C}_6\text{H}_4)\text{CH}_2\text{Cl} \xrightarrow[\text{DMF/NaOH}]{\text{HO—C}_6\text{H}_4\text{—OH}} \text{—CH}_2\text{—CH—}(\text{C}_6\text{H}_4)\text{CH}_2\text{—O—C}_6\text{H}_4\text{—OH} \quad (3-95)$$

(2) 与中等极性单体共聚。制备中等极性吸附树脂的另一方法是与中等极性的单体,例如甲基丙烯酸甲酯,进行共聚合反应。为了提高树脂的吸附能力,改善吸附动力学,通常要使树脂形成大孔结构。例如,甲基丙烯酸甲酯、苯乙烯、二乙烯基苯和致孔剂混合均匀后,进行悬浮聚合,调节致孔剂的用量,得到需要孔结构的中等极性吸附树脂。在从绞股兰皂苷溶液中提取绞股兰皂苷时,极性大的交联聚乙烯基吡咯烷酮的吸附容量最低(约 115.3mg/g 吸附剂)。而中等极性吸附剂 **37**(约 273.3mg/g 吸附剂)和 **38**(约 253.3mg/g 吸附剂)有较高的吸附容量。

$$\text{—CH}_2\text{—CH—CH}_2\text{OC(=O)CH}_3 \quad (\mathbf{37}) \qquad \text{—CH}_2\text{—CH—C(=O)CH}_3 \quad (\mathbf{38})$$

3. 强极性吸附树脂的合成及应用

许多植物的根、叶和皮中,含有丰富的天然黄酮成分,可在药物上应用。例如,银杏叶中的银杏黄酮等。黄酮类化合物含有酚羟基、酮羰基。可以考虑通过氢键作用来吸附黄酮,进行富集。为达此目的,可合成交联聚(甲基)丙烯酰胺。例如,使甲基丙烯酸甲酯与二乙烯基苯共聚,得到的产物与胺化合物反应,生成强极性吸附树脂 **39** 和 **40**[见反应式(3-96)和(3-97)]。

将吸附树脂 **39** 和 **40** 用于银杏黄酮分离,实验结果表明,银杏黄酮和萜内酯的质量分数分别高于 24%和 6%。如果用极性更大的吸附树脂,大孔交联聚脲醛树脂来提取银杏黄酮,则产品的回收率增加,含量还可以提高(黄酮苷的含量达 30%,萜内酯达 9%)。可见,增加吸附树脂的氢键作用,有利于对能形成氢键物质的吸附。

$$\left[CH_2-CH\right]_m\left[CH_2-C(CH_3)(COOCH_3)\right]_n \text{(苯环连接 }-CH_2-CH-\text{)} \xrightarrow{H_2NCH_2CH_2OH} \left[CH_2-CH\right]_m\left[CH_2-C(CH_3)(C(=O)NHCH_2CH_2OH)\right]_n \quad \mathbf{39} \tag{3-96}$$

$$\xrightarrow[2.\ CH_3CCl(=O)]{1.\ H_2NCH_2CH_2NH_2} \left[CH_2-CH\right]_m\left[CH_2-C(CH_3)(C(=O)NHCH_2CH_2NHC(=O)CH_3)\right]_n \quad \mathbf{40} \tag{3-97}$$

3.4.2　亲和吸附树脂的合成和应用

众所周知,抗原-抗体的结合具有专一性。将抗原或抗体结合在树脂载体上,合成的免疫吸附剂对于抗体或抗原具有特殊的识别作用。合成免疫吸附剂所用的载体主要为亲水性的聚合物,例如,琼脂糖凝胶、葡萄糖凝胶、纤维素球和交联的聚乙烯醇球等。除了负载抗体或抗原外,应根据不同的使用目的,赋予载体一定的功能。例如,血液净化免疫吸附剂要求它与血液有很好的相容性。用于分离目的的免疫吸附剂最好具有磁性等,便于使用后分离。将抗原或抗体负载在高分子载体上的方法如下:通常,抗体或抗原等蛋白质类分子上含有较多的胺基。利用少量的胺基进行固定化反应,以尽量减少对其活性的影响。例如免疫球蛋白(IgG),可与交联的含有环氧丙烷基的聚乙烯醇反应,制得亲和吸附树脂[见反应式(3-98)]。

$$-CH_2-CH(OCH_2CH\overset{O}{-}CH_2)- \xrightarrow{IgG} -CH_2-CH(OCH_2CH(OH)-CH_2(IgG))- \tag{3-98}$$

一个具体例子,乙型肝炎(Hepatities B, HB)是乙肝病毒(Hepatities B virus, HBV)引起的免疫性疾病。血液中存在乙肝表面抗原(Hepatities B surface antigan, HBsAg)是乙肝病毒感染的一个重要标志。合成免疫吸附剂,不仅能分离、纯化HBsAg,而且通过血液灌流,可以清除血液中的 HBsAg 和 HBV,增强患者的肝细胞恢复功能。

用于固定化酶的许多方法，也可用于亲和吸附树脂的合成。例如，交联的聚乙烯醇，用 BrCN 处理后，再与 HBsAg 抗体反应，制得亲和吸附树脂[见反应式(3-99)]。也可以用反应(3-98)将其固定在交联聚乙烯醇载体上，这两种方法相比较，环氧丙烷活化法制得的吸附树脂具有较高的热稳定性，吸附率高，且能重复使用多次。

$$—CH_2—\underset{\displaystyle OH}{\underset{|}{CH}}— \xrightarrow{BrCN} —CH_2—\underset{\displaystyle OCN}{\underset{|}{CH}}— \xrightarrow[\text{HBsAg抗体}]{H_2N—Ⓐ} —CH_2—\underset{\displaystyle OC(=O)—NH—Ⓐ}{\underset{|}{CH}}— \quad (3-99)$$

3.4.3 清除树脂

在有机反应中，为了使反应完全，通常其中一个试剂过量。如反应式(3-100)中，B 与过量的 A 反应，得到了产物 P 和过量的反应物 A。如果 P 和 A 的沸点、极性等十分相似，或者热不稳定，分离将会变得十分困难。在体系中加清除树脂，它与过量的 A 反应而结合在树脂上，只要过滤，就可除去杂质，滤液经适当处理后，就可得到纯的产品。

$$1.5A + B \longrightarrow P + 0.5A \xrightarrow[\text{过滤}]{} P$$

$$\underset{\text{清除树脂}}{Ⓟ—X} \longrightarrow Ⓟ—X—A \quad (3-100)$$

对于酰氯与胺的酰胺化反应，例如，化合物 **41** 与苄基胺反应，生成产物 **42**[见反应式(3-101)]。通常使酰氯过量，使苄胺完全反应。所以，在反应结束后，除了产物 **42** 外，还有未反应的化合物 **41**。考虑到酰氯与吡啶的反应，可在产物进一步处理前，反应液用交联的聚乙烯基吡啶处理，**41** 会结合在树脂上，过滤就可将未反应物除去，蒸发掉溶剂，可得到纯度大于 95% 的产品。

$$\underset{\mathbf{41}}{\text{(2-噻吩基)}—C(=O)—Cl} + C_6H_5—CH_2NH_2 \longrightarrow \underset{\mathbf{42}}{\text{(2-噻吩基)}—C(=O)—HNCH_2—C_6H_5} + \text{(2-噻吩基)}—C(=O)—Cl \quad (3-101)$$

当胺与异氰酸酯反应，合成酰胺时，若反应中使用过量的异氰酸酯，则磺酰胺、脲和硫脲等是一高效、洁净的化学清除剂。只要将这些基团反应到适当的交联树脂上，制得的清除树脂可有效地结合过量的反应物和副产物，经简单的过滤后，就可得纯产物。如正丁胺与过量的异氰酸酯 **43** 合成脲的反应式(3-102)，在反应结束后，加入伯胺树脂 **44**，异氰酸酯 **43** 会与树脂上的伯胺基团发生如反应式(3-103)所示的反应。通常在室温、极性溶剂，如二氯甲烷或二甲基甲酰胺或四氢呋喃中进行0.5～4h清除反应。然后过滤，蒸发掉溶剂，就可得到纯化的产物。

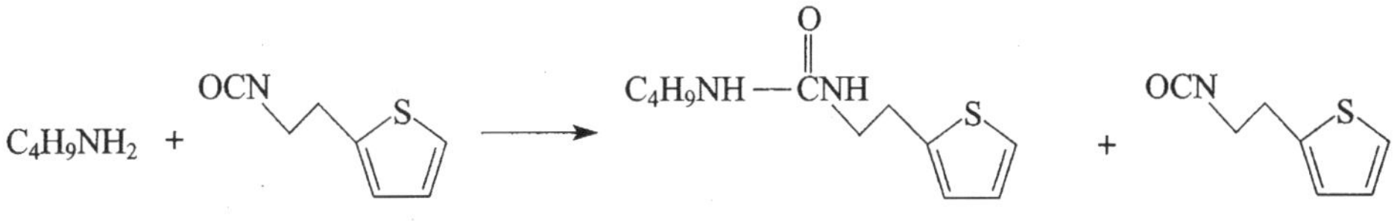

$C_4H_9NH_2$ + OCN–CH_2CH_2–(2-噻吩基) **43** → C_4H_9NH—C(=O)NH–CH_2CH_2–(2-噻吩基) + OCN–CH_2CH_2–(2-噻吩基)

(3-102)

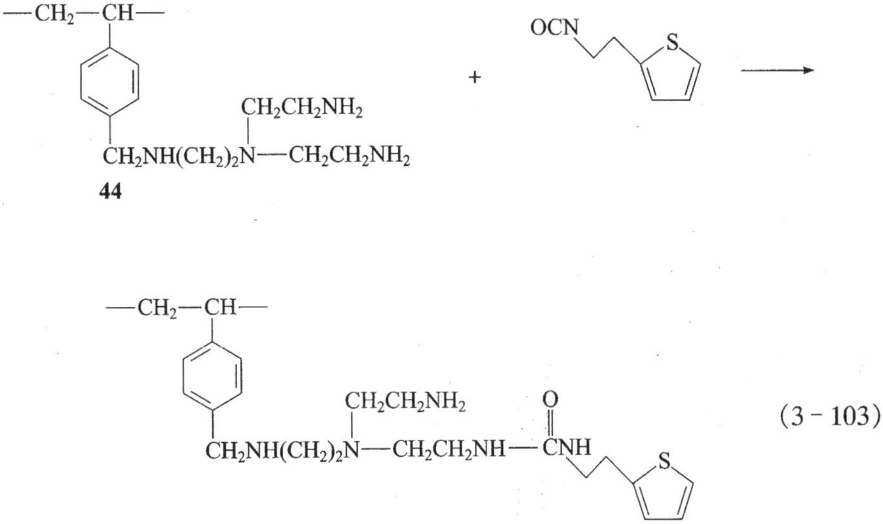

—CH_2—CH—(对亚苯基)–$CH_2NH(CH_2)_2N(CH_2CH_2NH_2)$—$CH_2CH_2NH_2$ **44** + OCN–CH_2CH_2–(2-噻吩基) →

—CH_2—CH—(对亚苯基)–$CH_2NH(CH_2)_2N(CH_2CH_2NH_2)$—$CH_2CH_2NH$—C(=O)NH–$CH_2CH_2$–(2-噻吩基)

(3-103)

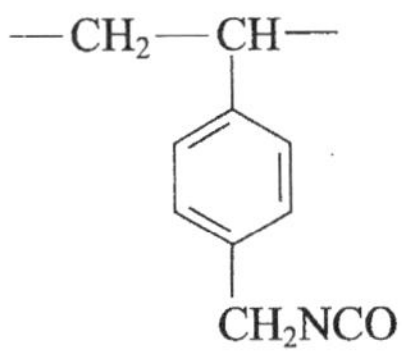

—CH_2—CH—(对亚苯基)–CH_2NCO **45**

伯胺树脂可以清除酰氯、异氰酸酯、硫代异氰酸酯、磺酰氯和不饱和 α,β-二酮。异氰酸苄酯树脂 **45** 可以在室温下，与脂肪一、二级胺和脂肪醇迅速反应，能有效地除去含有这些基团的未反应物。

参考文献

卞建国. 2004. 苯乙烯型阴离子交换树脂的研究进展. 化工时报, 18(3):19～21

陈义镛. 1988. 功能高分子. 上海:上海科学技术出版社

郭永学,李楠,杨美燕等. 2004. 大孔吸附树脂在中草药研究中的应用进展. 药品评价,5(1):376～379

何天白,胡汉杰主编. 2001. 功能高分子与新技术. 北京:化学工业出版社. 13～50

许景文. 1994. 多酚系螯合树脂的性能与应用. 离子交换与吸附,10(3):247～286

Beauvais R A, Alexandrators S P. 1998. Polymer-supported reagents for the selective complexation of metal ions. React. Functional Polym., 36: 113

Dierssen H, Balzer W, Landing W M. 2001. Simplified synthesis of an 8-hydroxyquinoline chelating resin and a study of trace metal profiles from jellyfish lake, Palau. Marine Chemistry, 73: 173～192

Helfferich F. 1962. Ion Exchenge. Near York: McGraw-Hill Book Company, Inc

Pomogailo A D. 1990. Uflyand I E. Polymers containing metallochelate units. Adv. in Polym. Sci., 97: 61～105

Rivas B L, Geckeler K E. 1993. Syntesis and metal complexation of poly(ethyleneimine) and derivatives. Adv. in Polym. Sci., 102: 171～188

Shan G R, Xu P Y, Wang Z X, Huang Z M. 2003. Synthesis and properties of oil adsorption resins filled of polybutadiene. J. Appl. Polym. Sci., 89: 3309～3314

Topp K D, Grote M. 1996. Synthesis and characterization of a 1,2,4,5-tetrazine-modified ion exchange resin. React. & Funct. Polym., 31: 117～136

第 4 章　高分子分离功能膜

膜是一种二维材料，广泛存在于自然界中，它具有分隔、分离和选择性透过的功能。我们常见的膜材料，如农业上广泛应用的塑料薄膜，其主要功能为隔离和保护，我们称其为普通膜材料，属于常规材料科学研究范围。本章介绍的高分子分离功能膜，主要为一种具有选择性透过能力的膜材料。对于其他性质的膜，如 Langmuir-Blogett 膜，自组装膜本章不作介绍。

4.1　高分子分离膜概述

几种单质混合形成混合物的过程，是熵降低的过程，一般不需要能量。相反，从混合物分离出各个组分，例如，从乙醇和水的混合溶液中，分离出乙醇和水，需要蒸馏分离；对固液分离，需要浓缩。这些均涉及相变，需消耗能量。

膜分离过程是一种不涉及相变、新型的节能分离方法。其驱动力为压力、电场。为了加速传质过程，有时需要加热，总的来说，能量消耗较低。所以在水资源的再生、纯水的制备、废水废气中有用物质的回收利用等方面有广泛的用途，对环境保护有重要意义。

4.1.1　高分子功能膜的发展和现状

在高分了功能膜的发展史上，具有特别重要意义的是：1935 年 Teorell 发明了有离子选择性透过功能的离子交换膜，并在 1949 年由 Juda 和 McRae 完成实用化过程。1927 年微滤膜在法国发明，1950 年在美国实现工业化生产。1960 年以来，膜科学进入黄金发展时期。在这一时期，各种各样的膜大量出现。如 1967～1980 年，超细滤膜法用于水的脱盐和纯化，找到了降低成本、替代蒸馏的简便方法。1965～1967 年，血液透析法出现，逐渐成为血液分析和治疗的重要手段。随着人们对膜科学的认识不断加深，研究手段不断提高，膜材料大面积进入实用化、工业化。大量的技术突破，使膜材料的研究、生产和应用得到了空前的发展。

4.1.2　膜分离原理

被分离物质从膜的一侧，克服膜的阻力，透过膜，扩散到膜的另一侧。有的物质容易透过膜，有的物质则较困难。膜的这种分离机理，目前大致可为：

(1) 机械过滤作用。分离膜上有孔，其孔径大小和孔尺寸的分布，决定了它的分离功能。被分离物质尺寸大于孔径的，则难以通过膜。所以被分离物质能否通过膜，还取决于被分离物质的尺寸，包括长度、体积和形状。被分离物质以分子状态分散时，分子大小就是它的尺寸。若以聚集状态存在时，则为聚集态颗粒的尺寸。

(2) 溶解-扩散作用。当某一种物质在膜材料中具有一定的溶解度时，在驱动力的作用下，溶解的物质能够在膜中扩散运动，从膜的一侧扩散到另一侧，再从膜扩散到另一侧的溶液中。

(3) 物质交换作用。被分离的物质与膜上的某一物质交换，例如 Na^+ 与阳离子交换膜上 H^+ 发生交换，然后从膜的另一侧扩散到溶液中。

上述分离过程不能自发完成，需要外力参与，这类外力包括浓度差驱动力、压力驱动力和电场驱动力。

4.1.3　膜分离驱动力

1. *浓度梯度驱动力*

无论是溶液，还是气体，溶质或气体分子均会从高浓度向低浓度方向扩散，直到两边浓度相等为止。当两种不同浓度的溶液或者气体用具有一定透过性的膜隔开，溶质或气体分子会受浓度梯度驱动力的驱动，从浓度高的一侧向浓度低的一侧迁移。单位时间、单位面积上溶质或气体分子的扩散速率 R 与浓度梯度 $\mathrm{d}c/\mathrm{d}x$ 成正比，如式(4-1)所示。

$$R = -D\mathrm{d}c/\mathrm{d}x \tag{4-1}$$

式中，D 为扩散系数；$\mathrm{d}c/\mathrm{d}x$ 为浓度梯度；负号表示迁移方向与浓度梯度方向相反。扩散系数与扩散物质的分子性质和扩散介质有直接关系。

以浓度梯度为驱动力，被分离物质主要为气体和液体。为讨论方便起见，以气体分离膜为例。气体透过高分子膜为溶解－扩散机制。气体首先溶解于膜的高压侧表面，然后在膜中扩散，在膜的低压侧溶解。在膜的高、低压侧面的气体浓度分别为 c_1 和 c_2，膜厚为 l 时，在稳流状态下，存在如式(4-2)所示的公式：

$$\mathrm{d}c/\mathrm{d}x = -(c_1 - c_2)/l \tag{4-2}$$

单位时间内，透过单位膜面积的气体为透过速率 R

$$R = D(c_1 - c_2)/l \tag{4-3}$$

膜对气体的透过率 Q 可用式(4-4)求出

$$Q = DAt(c_1 - c_2)/l \tag{4-4}$$

式中，A 和 t 分别为膜面积和透过时间。气体溶于膜的浓度 c 和气体压力 p 之间的关系由亨利定律给出，即 $c = Sp$，S 为溶解系数。这样式(4-4)可改写为

$$Q = DSAt(p_1 - p_2)/l \tag{4-5a}$$

或

$$Q = PAt(p_1 - p_2)/l \qquad (4-5b)$$

式中，p_1 和 p_2 分别为膜高、低压侧的气体压力；$P = DS$，为膜对某一气体的透过系数。高分子膜的透过系数主要决定于气体的种类和性质，膜材料的组成和结构。当同一种气体透过不同的高分子膜时，透过系数主要决定于气体在膜中的扩散系数；而不同气体透过同一种膜时，该值取决于气体在膜中的溶解系数。

2. 电场驱动力

电解质在水溶液中会解离成正、负离子。在电场中，正、负离子会向符号相反的电极方向移动。移动的速度取决于电场强度、离子的电荷密度以及溶液的阻力。如果在移动过程中遇到高分子膜，移动速度还将受到膜的透过性制约。如阳离子交换膜允许阳离子通过，阴离子膜允许阴离子通过。各种带电、不带电粒子在电场中受的力是不一样的。所以在电场和膜的双重作用下，混合物中不同组分得到分离，或者液体得到净化。这种在电场作用下，完成的膜分离过程称为电场驱动力膜分离。这不仅可用于水处理，也可以用于物质的提纯。

我们以电透析法来说明电场驱动力作用下的膜分离过程。电透析脱盐的基本原理如图 4－1 所示。阳离子和阴离子交换膜交替放置在电解质溶液中，构成一串联式电透析装置。在电场力作用下，阳离子和阴离子分别向阴极和阳极方向移动。但阴离子交换膜只让阴离子通过，阳离子不能通过；阳离子可通过阳离子交换膜，而不能通过阴离子交换膜。结果在一半透析池中，无机盐得到了浓缩；另一半透析池中无机盐浓度大大降低，成为淡水池。改变上述透析装置，即淡水池中的淡水不断取走，要处理的水不断进透析池，使静态透析成为动态透析，以提高透析效率。在透析过程中，施加的电压必须大于所有膜电势的总和，同时还要考虑电流的不可逆消耗和热效应对电压的消耗。

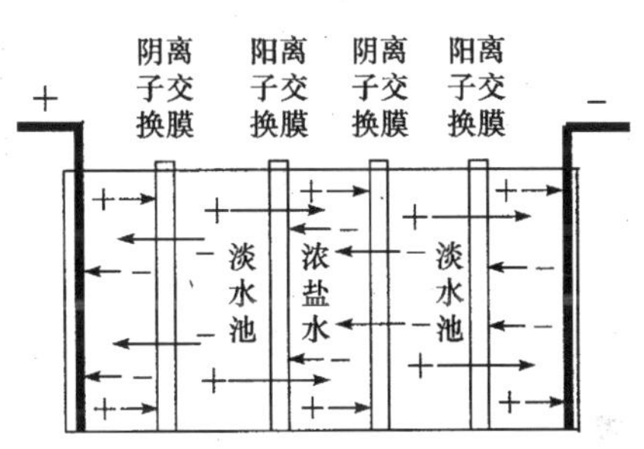

图 4－1　电透析脱盐装置示意图

3. 压力驱动膜分离

以压力为驱动力的分离过程，需要在膜的两侧造成压力差，使被分离物质从高压一侧向低压方向移动。被分离物质能否通过膜，达到分离的目的，取决于被分离物质和分离膜的性质以及它们之间的相互作用。膜两侧的压力差可以用两种方法获得。一是在给料一侧施加正压力，迫使被分离物向常压一侧移动，这一方法称为正压分离过程；另一方法是在收料一侧进行减压，与处于常压的另一侧形成压力差，被分离物质向负压一侧移动，这一方法称为减压分离法。

在以压力为驱动力的分离过程中，使用的膜主要为多孔性分离膜。根据膜孔径的大小，可将膜进一步分成微滤膜、超滤膜和超细滤膜。这三种膜的孔特性和操作压力差别见表 4－1。

表 4－1　微滤膜、超滤膜和超细滤膜的孔特性和操作压力

膜名称	孔径/nm	孔隙率/%	孔密度/(个/cm^2)	最大使用浓度	最大通过的相对分子质量	操作压力/MPa
微滤膜	10^2～10^4	70	10^9	10%	极大	0.069～0.207
超滤膜	1～10^2	60	10^{11}	10^{-3}mol/L	10^3～10^6	0.345～0.69
超细滤膜	0.1～10	50	>10^{12}	1mol/L	10～10^2	0.69～5.52

1) 微滤膜

微滤膜的分离机理类似于机械过筛，是根据被分离物质的粒径、形状与膜孔径进行分离的。微滤膜的孔径大(约 10^2～10^4nm)，孔隙率高(～70%)，阻力较小，需要的驱动力较小。所用操作压力一般在 0.207MPa 以下。

膜的透过性主要由膜的孔径、孔密度决定；被分离微粒的性质和它与膜的相互作用，溶液浓度和施加的压力对透过性也有影响。所以，膜的孔径是微滤膜的一个重要指标。孔径通常采用鼓泡方法测量。首先将膜浸泡在水中，捞出后，孔中会形成液膜，必须加压使液膜破裂，空气才能通过。记录刚好使空气通过时的空气压力 p，由式(4－6)求出平均孔径 r

$$r = 2\sigma/p \tag{4-6}$$

式中，σ 为水-空气的表面张力。

膜孔径还可以通过在恒定压力下，给定时间内流过膜的水体积 Q，由式(4－7a)计算得到

$$Q = \frac{n\pi r^4 Apt}{8\eta d} \tag{4-7a}$$

式中，Q 为单位时间内，透过膜的水体积；n 为每平方厘米的微孔数；A 为膜的有效面积(cm^2)；p 为施加的压力；t 为时间；η 为流过液体的黏度；d 为分离膜的厚度。式(4－7a)可以改写为式(4－7b)

$$r = \sqrt[4]{\frac{8Q\eta d}{n\pi Apt}} \tag{4-7b}$$

微滤膜广泛应用于自来水的消毒，除去水和非水溶液中的悬浮微粒。

2) 超滤膜

超滤膜的孔径较微滤膜小(约 1～10^2nm)，孔隙率中等(60%)；被分离物质通过膜的阻力比微滤膜大，操作压力为 0.345～0.69MPa。通常，超滤膜用来除去水中的胶体微粒或滤去大分子溶质。膜的过滤效率常常用过筛常数 Φ 来表示

$$\Phi = C_f / C_S \tag{4-8}$$

式中，C_f 为通过膜的溶液的浓度；C_S 为未通过膜溶液的浓度。不考虑少量被分离物质吸附在膜的表面和截留在膜孔内的。当吸附和阻塞作用可以忽略不计时，Φ 值可以通过膜孔径与微粒直径之比，由式(4-9)计算得到

$$\Phi = 2(1 - R/r)^2 - (1 - R/r)^4 \tag{4-9}$$

式中，R 为滤去微粒的半径；r 为多孔膜半径；当吸附或堵塞较为严重时，Φ 要适当修改。

超滤膜主要用于分离胶体和溶液中的聚合物分子。如从静电喷涂废液中回收胶体涂料；从食品工业废弃的乳清中回收蛋白质；对相对分子质量分布较宽的聚合物溶液进行分级等。

3) 超细滤膜

超细滤膜的孔径很小(约 0.1～10nm)；孔隙率低(50%)；阻力较大，操作压力为 0.69～5.52MPa。超细滤膜也称为反渗透膜。在外力作用下，高浓度溶液中的溶剂分子，逆扩散力方向渗透到低浓度溶液中。例如，用超细滤膜将海水和淡水隔开。如果没有外力作用，淡水中的水在扩散力的驱动下，通过膜扩散到海水一侧，将海水冲稀，直到两侧的浓度相等为止，这一现象称为渗透。如果在高浓度一侧施加压力，当压力大于渗透压时，高浓度溶液中的水，将会通过膜扩散到低浓度的溶液中，该现象称为反渗透。施加的压力称为反渗透压；超过渗透压的部分称为有效压力，是驱动溶剂迁移的动力。由于超细滤膜的孔径非常小，膜的阻力较大，操作压力一般在 0.69～5.52MPa 之间。

对于渗透压可以用 van't Hoff 理论估计。在稀溶液中，渗透压与理想气体有相似的表达式，即式(4-10)

$$\pi V - nRT \tag{4-10}$$

式中，π 为渗透压；V 为溶液的体积；n 为溶质的物质的量；R 为摩尔气体常量；T 为热力学温度。因 $n/V = c$，所以，渗透压可由式(4-11)估算

$$\pi = cRT \tag{4-11}$$

对于超细滤膜的分离机理有两种解释：一种是 Sourirajan 的优先吸附-毛细流动模型；另一种是 Lonsdale 的溶液扩散模型。下面分别解释这两种模型。

(1) 优先吸附-毛细流动模型。以氯化钠水溶液的过滤为例，该模型认为，膜对水和氯化钠的吸附力是不一样的，对氯化钠的吸附是负值。所以在膜表面有一薄层纯水。当膜的孔径为纯水膜厚的 2 倍时，在有效压力作用下，薄层纯水通过膜上孔内的毛细流动，渗透到膜的另一侧。根据这一理论，脱盐效率与离子的性质有关。电荷密度大，离子半径小，水合作用强的离子，脱盐效率高，所以，$Li^+ > Na^+ > K^+$。对半径大的离子，水合作用不是主要的影响因素，离子半径大的，脱盐效率高。因此脱盐效率的顺序为：$Cs^+ > Rb^+ > K^+$。

(2) 溶液扩散模型。这是根据气体和液体透过密度膜的理论演变过来的。根据这一模型，盐溶液中，水的透过率是它在分离膜中溶解度和扩散性质的函数[见式(4－12)]

$$Q_w = -D_w \times C_w \times (V_w/RT) \times [(\Delta p - \pi)/d] \tag{4-12}$$

式中，Q_w为单位时间内通过膜的水量(mL/s)；D_w为水在膜中的扩散系数(mL/s)；C_w为水在膜中的平均浓度(g/mL)；V_w为水在膜中的分摩尔体积(mL)；R为摩尔气体常量；T为热力学温度；d为膜厚(cm)；$\Delta p - \pi$为有效压力。D_w和C_w可以分别从密度膜的渗透和吸附实验中获得。相应地，盐的透过率Q_s可由式(4－13)求得

$$Q_s = D_s K(\Delta C_2/d) \tag{4-13}$$

式中，Q_s为单位时间内通过膜的盐量(g/s)；D_s为盐在聚合物膜内的扩散系数；K为盐在膜内和膜外溶液的分配系数；ΔC_2为盐在膜内和膜外溶液的浓度差。

理论上，根据式(4－12)和式(4－13)两个公式，可以在任何给定的浓度和压力条件下，求出超细滤膜的脱盐效率。然而，这一理论基础是密度膜。超细滤膜与密度膜有较大的差别，所以理论计算值与实测值差距较大，需要修正。

超细滤膜的主要用途是海水或苦咸水的脱盐；高硬度水的软化；被有机污染水的处理等。在应用中存在的问题是，随着溶液中盐的浓度增加，有效压力减小。为保持一定的处理速度，应逐渐增加压力。另一方面，溶质浓度增加，溶质会析出沉积在膜的表面，造成膜的阻塞而失去功能。

4.2 描述分离膜特性的物理量

4.2.1 透过性

透过性(permeability)是指单位时间内，被分离物质通过单位面积膜的量。例如气体，它在单位时间内通过单位面积的速率为R_p，可由式(4－14a)得到。

$$R_p = DS \times (p_1 - p_2)/d \tag{4-14a}$$

式中，D和S分别为气体在膜中的扩散系数和溶解系数；d为膜厚；p_1和p_2分别为膜两侧的气体压力。气体的透过系数$P = DS$，所以式(4－14a)可改写为式(4－14b)

$$R_p = P \times (p_1 - p_2)/d \tag{4-14b}$$

对于液体，有相似的式(4－15)

$$R_p = D \times (C_1 - C_2)/d \tag{4-15}$$

式中，C_1、C_2分别为膜两侧溶液的浓度。

影响膜透过性的因素如下：

(1) 高分子材料的组成和结构。高分子膜的官能团，例如—OH，—NH_2，—COOH 和—CHO 等基团对透过性有很大影响。如亲水性基团能破坏水分子的缔合作用，容易使水透过膜。含亲水基团少的膜，水的透过性差。对于共聚物，无论是嵌段、无规还是接枝共聚物，由于聚合物之间的相溶性，造成相分离形成不同微相分离的材料，从而影响被分离物质在膜中的扩散，影响透过性。

(2) 被分离物质在高分子膜的溶解性能。若溶解性能好，则透过性好。渗透过程包括两个步骤：首先被分离物质溶解在高分子膜内；接着它在高分子膜内扩散到另一侧，再扩散到溶剂中。当被分离物质与膜和溶剂相容性好时，它在膜和溶剂中均能溶解，它不会残留在膜内。若它在溶剂中的溶解性能差，则被分离物质会残留在膜内，因为它不能有效地溶解在溶剂中。

(3) 分离膜的聚集态结构和超分子结构。对于结晶态或无定形高分子膜，气体在无定形高分子中扩散较快。因为结晶高分子间的相互作用强，分子链之间的间隙小，气体扩散困难。这可以用高分子的内聚能密度来判断，例如聚丙烯腈内聚能密度大，分子排列致密，气体的透过系数很小。

(4) 被透过物质的物理化学性质。体积较大的，或与高分子膜相互作用力大的物质，在膜内扩散较差，透过性也差。

4.2.2 选择性分离系数

选择性分离系数 α 是指在相同条件下，两种物质的透过量之比。例如单位时间内，A 和 B 物质通过单位面积的量分别为 Q_A 和 Q_B，透过选择性则为 $\alpha_{A/B}=Q_A/Q_B$。

对于气体，在高浓度一侧中有 A、B 两种气体，其摩尔浓度分别为 W_A 和 W_B；在低浓度一侧的气体组分的摩尔浓度分别为 y_A 和 y_B，则膜对混合气体中 A、B 组分的选择性分离系数 $\alpha_{A/B}$有如下关系

$$\alpha_{A/B}=\frac{y_A/y_B}{W_A/W_B}=\frac{y_A W_B}{W_A y_B} \tag{4-16a}$$

如果用气体的分压值 p_A 和 p_B 来代替浓度时，式(4－16a)可改写为式(4－16b)

$$\alpha_{A/B}=\frac{y_A W_B}{y_B W_A}=P_A/P_B \tag{4-16b}$$

影响渗透选择性系数 $\alpha_{A/B}$的因素如下：

(1) 聚合物的化学性质和官能团。聚合物的凝聚态结构和官能团的性质对被分离物质透过膜有很大的影响。例如，有—SO_3^- 和—PO_3H_2 等基团的阳离子交换膜能选择性地透过 Na^+，而 SO_4^{2-} 透过很困难。或者不同的阳离子如 Na^+、K^+、Ca^{2+} 和 Mg^{2+} 等，由于它们与膜上阴离子官能团相互作用力不一样，透过膜的速率

也不一样，这就是渗透选择性。

(2) 聚合物与被分离物质的相互作用力。作用力小的在膜中易扩散。例如电解质和非电解质在离子交换膜内的扩散阻力是不一样的，因为离子通过膜涉及电荷转移。在无外电场时，扩散过程必定造成扩散电位，阻止离子进一步扩散。非电解质扩散不会形成扩散电位，易通过膜。

(3) 高分子材料的聚集态结构。对同种膜材料，不同聚集态结构其透过性是不一样的。例如无定形聚硅氧烷材料，对氧气有较好的选择性。

(4) 膜的孔大小和分布决定了通过膜的分子大小。

4.2.3 膜电位

1. 膜电位的产生

被膜隔开的两电解质溶液，其电位是不一样的，其电位差称为膜电位。形成的原因是，在浓度差扩散力的驱动下，起初少量的阴或阳离子通过膜迁移到另一侧的溶液中，造成膜两侧溶液间存在电位差，它阻止离子进一步迁移。电位差的大小与离子的性质，膜的特性、厚度、横截面积有关。与膜的形状无关，但有例外，例如，在达到稳态前，即扩散和电位达到平衡前，其短暂的电位由膜的形状和厚度所决定。

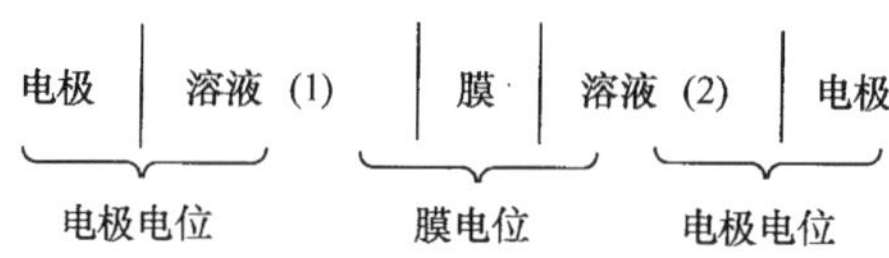

图 4-2　测定膜电位示意图

2. 膜电位的测定

膜电位是不能直接测定的。用图 4-2 所示的方法测定的电位是由二个电极电位和一个膜电位组成。膜电位由膜内的扩散电位和相界面电位组成。在离子交换树脂中，相界面电位(phase-boundary potential)称为 Donnan 电位。接触的两相不管是否平衡，都存在电位差，该电位差称之为界面电位，是由于可移动离子非平衡分布造成的。浓度电位(concentration potential)是把膜放在浓度不同的电解质溶液之间所产生的膜电位。一般来讲，阳离子交换膜对阳离子有较高的渗透性，即比阴离子渗透速度快。过量的阳离子迁移而形成了电位差。使用阳离子交换膜时，稀溶液带正性；使用阴离子交换膜时，稀溶液带负性。

4.2.4 反渗透压

1. 定义

这里要讨论溶剂分子的扩散作用。当某一种高分子分离膜把含有相同溶质分子的浓溶液和稀溶液隔开(见图 4－3),溶质分子不能通过膜时,溶剂分子将从稀溶液向浓溶液扩散。其扩散力与两溶液之间的浓度差成正比。渗透未开始前,两毛细管的液面高度是一样的。渗透压使浓溶液一边的毛细管液面上升,直到两液面差形成的静压与渗透压平衡为止。这时,两毛细管的液面差,称之为反渗透压(anomalous osmosis)。其大小与溶解在水中的离子或分子的总浓度有关,与个别粒子的性质无关。如果水在毛细管中的液面达到理论高度,那么该反渗透压是正常的。在浓溶液一边的毛细管中液面常常瞬时升高许多倍于理论高度,称之为正反渗透压;或者比理论高度低,称之为负反渗透压。正、负反渗透压的存在表明,渗透压不是推动溶剂分子迁移的唯一作用力,还有另外的力促使溶质分子带动溶剂分子迁移。

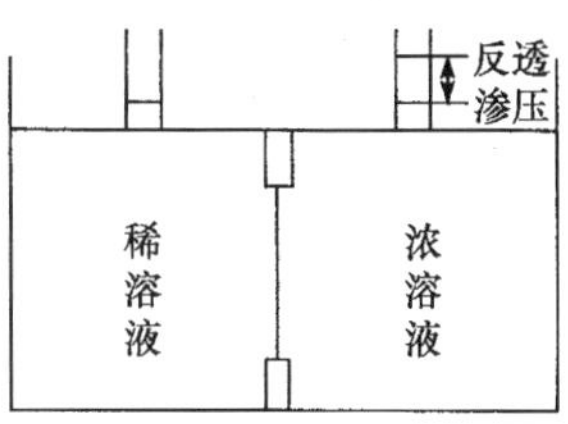

图 4－3　产生反渗透压的示意图

2. 产生反渗透压的原因

处于稀、浓溶液的膜溶胀程度不一样,在稀溶液一侧的膜溶胀大,产生的溶胀压大;处于浓溶液一侧的膜溶胀小,溶胀压小。溶胀压差将溶剂分子推向浓溶液,产生负反渗透压。另一方面,理论上,反渗透压膜不能透过溶质分子。少量的阳、阴离子在膜中扩散是不可避免的。当它们在膜中迁移时,阳、阴离子迁移速度相差很大时,就会形成扩散电位。如果阳离子扩散快,会推动膜中带电的水化阴离子向浓溶液扩散,形成正反渗透压;若阴离子迁移速度快,电场造成相反的效应,把孔中的液体拉向稀溶液,则产生了负反渗透压。

4.3 高分子分离膜的分类和制备

4.3.1 高分子分离膜的分类

基于研究目的、观察角度不同,高分子分离膜有很多种分类方法,没有统一的方法。下面介绍几种膜的分类方法。

1. 根据被分离物质性质不同分类

(1) 气体分离膜,用于混合气体的分离。例如,从气体中分离出 O_2、CO 的膜;从空气中分离乙烯等的膜。

(2) 液体分离膜,用于液体物质的分离。例如,从乙醇和水的混合液中,分离出乙醇的膜。

(3) 离子分离膜,用于离子的分离。例如,用于海水、苦水纯化用的离子交换膜。

(4) 微生物分离膜,用于微生物的分离。例如,除去水中细菌用膜。

2. 根据被分离物质粒子大小分类

根据被分离粒子的大小,可使用孔径大小不同的膜。根据膜上的孔径大小,可分为超细滤膜(hyperfiltration membrane,HFM),超滤膜(ultrafiltration membrane,UFM);微滤膜(microfiltration membrane,MFM)。具体的分类方法见表 4-1。

3. 根据膜的形成过程分类

根据制备膜的方法和膜的形成过程,可以将膜分为,沉淀膜(deposited film)、熔融拉伸膜(melt-extruded film)、溶剂注膜(solvent-cast film)、界面膜(interface film)和动态形成膜(dynamically formed membrane)。

4. 根据膜性质不同分类

密度膜(dense membrane),是指膜上几乎不存在人为的微孔。

相变形成膜(phase-inversion membrane),是采用相变方法制成的膜。例如,使聚合物溶液转变成大分子溶胶,溶剂挥发后,形成了一种多孔膜。

乳化膜(emulsion-type membrane)。在界面膜中介绍的是一种乳化膜。

多孔膜(porous membrane),是指具有孔结构的高分子分离膜。

5. 从膜的宏观外形分类

(1) 管状膜。其特征为膜的侧面为封闭环形,被分离的溶液可以从管的内部加入,也可从管的外部加入,在相对一侧流出。在使用中将许多这样的管排列在一起组成分离器。管状膜最大的特点是容易清洗,适用于分离浓度很高或者污物较多的场合。在其他构型中容易造成膜表面的污染、凝结、极化等问题,在管状膜中,由于溶液在管中不断流动冲刷,这些问题大大减轻。管状分离膜的缺点在于使用密度小;在一定使用体积下,有效分离面积小。同时,为了维持系统循环,需要较多的能源消耗。

(2) 中空纤维。由半渗透性材料通过特殊工艺,制成中空式纤维。通常,中空纤维的外径在 50～300μm 之间,壁厚在 20μm 左右,依据外径不同而变化。使用时,加压使物料通过纤维外表面,内部为分离的收集液。使用密度高是中空纤维过滤装置的主要特征。由于机械强度高,可在高压力场合下使用。中空纤维的缺点是:在使用中容易被污染,受污染后也难以清洗。因此在分离前,分离液要经过预处理。中空纤维可用于血液透析设备(采用大孔径中空纤维)和人工肾脏(外径250μm,壁厚10～12μm)的制备。

(3) 平面型分离膜。平面型分离膜可分为:无支持膜(仅分离膜本身);增强分离膜(膜中含有增强机械强度的纤维);支撑型分离膜(膜外加有起支撑作用的材料)。通常用于超细滤膜、超滤膜和微滤膜等。平面型分离膜容易制作,使用方便、成本低廉,因此使用比较广泛。

4.3.2　高分子分离膜的制备

1. 密度膜

密度膜是指膜本身没有明显的孔隙,被分离的气体或液体,通过分子在膜中的溶解和扩散运动实现分离的一种膜。其制备方法有聚合物溶液注膜,熔融拉伸膜和直接聚合成膜三种方法。下面分别介绍。

(1) 聚合物溶液注膜成型。将聚合物溶解在合适的溶剂中,配成浓度和黏度一定的聚合物溶液,将其刮涂在玻璃或不锈钢板的表面,在室温下让溶剂挥发至触干,再转移到烘箱或真空烘箱中干燥,即可制得密度膜。若要制备较薄(＜1μm)的分离膜,可用旋转平台方法(spin coating)。

溶剂对分离膜的物理、机械和渗透性质有重要影响。一般规律是,溶剂的溶解能力越强,生成的聚合物的结晶度越低,膜的渗透性越好。另一因素是溶剂的挥发速度。脱溶剂速度快,高分子链聚集快,分子来不及调整构象,易形成无定形聚合物。温度和溶剂的挥发性是决定脱溶剂速度的主要因素。在脱溶剂过程中,环境的湿度对膜的性质有影响。一般湿度大时,易形成孔隙率大的膜,提高了膜的渗透性。

(2) 熔融拉伸成膜。该方法的制膜过程为,首先将聚合物熔融拉伸,通过模板成型,然后冷却、固化成分离膜。其性能取决于聚合物的组成和结构,包括分子链的刚性,聚合物的结构,如支化等,相对分子质量和相对分子质量分布和分子间相互作用等。另一因素是成膜后的淬火和退火。快速淬火导致形成细小晶区;退火使晶区增大,结晶度提高。被分离物分子是在无定形区域扩散的。所以,结晶度提高不利于渗透性的改进。

(3) 直接聚合成膜。将溶有单体和引发剂的溶液,放在模板上,用适当的方法使其聚合。一般聚合反应与成膜同时进行。最后,彻底除去溶剂便成分离膜。例如,间苯二胺与三苯磺酰氯溶解在一溶剂中,倒在一块模板如玻璃板上。加热,随溶剂挥发,缩聚反应也同时进行。最后在烘箱中烘干,成膜。

2. 多孔膜

在概述中我们已经提及微滤膜、超滤膜和超细滤膜是孔径和孔密度不同的分离膜。下面将讨论多孔膜的制备方法。

1) 相转换法

这是经典的制备多孔分离膜的方法。相转变有两种情形:一是以分子分散的均一溶液,转变成分子聚集体分散的两相液体,进一步凝胶化形成多孔膜;另一是直接制备两相液体,再凝胶化成膜。从分子分散到大分子溶胶转化有四种方法:①将聚合物溶解在低沸点的良溶剂和高沸点的不良溶剂组成的混合溶剂中。通过加热,随低沸点溶剂不断挥发,不良溶剂的比例增加,聚合物溶解度下降,该溶液依次变为分子聚集体分散的液体和大分子胶体,这一过程称为干法。②将均一的聚合物溶液倒入不良溶剂中,由于溶剂交换,原溶液中的不良溶剂比例上升,聚合物的溶解度下降,逐步形成大分子溶胶,这一过程称为湿法。③有些溶剂对聚合物的溶解度有较大的温度系数时,首先使聚合物在高温下溶解,随后不断地降温,使聚合物的溶解度逐步下降,溶液转变成大分子溶胶,这一过程称为热法。④首先将两种相溶性好的聚合物溶解在同一溶剂中,制成聚合物溶液。注膜成型后,放在另一种溶剂中,它只能溶解其中一种聚合物,形成多孔性膜。该方法称为聚合物辅助法。下面分别介绍这四种制备方法。

(1) 干法成膜。通常将聚合物溶解在混合溶剂中,其中不良溶剂的沸点应高于良溶剂约 30℃左右。制得的聚合物溶液注膜后,提高温度,低沸点的溶剂挥发,聚合物在溶剂中的溶解度慢慢下降,逐步形成聚合物为连续相的溶胶。继续提高温度除去不良溶剂,形成多孔性膜。例如,将硝基纤维素溶解在乙酸甲酯和水、甘油组成的混合溶剂中,注膜成型后,随乙酸甲酯挥发,形成了聚合物溶胶,继续蒸发掉溶剂和不良溶剂,其占据的位置就留下了孔,得到多孔性膜。

膜的透过性和选择性受孔径、孔密度和微结构的影响。影响的因素有:①良溶剂和不良溶剂的用量比。该比例决定了溶液转变成双连续相时的聚合物浓度。当良溶剂的用量多时,相分离时聚合物浓度较高,形成的孔径小,孔隙率就低。②不良溶剂与聚合物的体积比。由于不良溶剂在膜中占据的空间,在它挥发后形成了孔,所以不良溶剂与聚合物的体积比与膜的孔隙率和孔径成正比。欲得到较高孔隙率和较大孔径的分离膜,应增加不良溶剂的用量。③若水是聚合物的不良溶剂时,环境湿度会影响膜的孔径和孔隙率。良溶剂挥发时会吸热,造成空气中水气冷凝在聚合物基体中,膜的孔径和孔隙率均提高。④增大溶剂和不良溶剂的沸点差,有利于提高膜的孔隙率和孔径。因为良溶剂挥发时,不良溶剂的挥发损失少,留在膜中的多,有利于孔的形成。

(2) 湿法成膜。湿法成膜有两种方法:一种是制得的聚合物溶液,先经不完全蒸发，以增加聚合物溶液的浓度和黏度。然后将此溶液放入不良溶剂浴中进行溶剂交换，使聚合物溶液发生相转变，发生凝胶化。另一种是直接将制得的聚合物溶液放入不良溶剂中进行。相转变是由蒸发和扩散两个物理过程引起的。湿法成膜的要求是聚合物溶液的黏度要大，防止它在放入不良溶剂过程中受力不均匀，以及液体的流动造成膜的撕裂。高浓度要求溶剂用量少，因此与膜的高孔隙率有矛盾。为了提高孔隙率，可以在聚合物溶液中加入成孔剂。

在湿法成膜中，不良溶剂通常为水。但水的性质会由于聚合物溶液中组成的改变而改变，如由不良溶剂变成溶胀剂。脂肪族醇可作为良溶剂或溶胀剂。一般溶液中醇的含量提高，膜的孔隙率增加。凝胶化温度对膜结构和功能有明显的影响，提高温度会促进膜的凝胶化过程，增加膜的孔隙率、溶胀度和透过率，但膜的选择性有所下降。膜的后处理对膜的性能是有影响的。若退火温度高于 T_g，将降低膜的孔隙率、孔径和透过率，但会提高选择性。

(3) 热法相变成膜。热法成膜是根据溶剂在不同温度下对聚合物的溶解性不同，通常在高温下是聚合物的良溶剂，低温下是不良溶剂。热法中选择的溶剂，在常温下可以是液体或固体，在高温下溶解聚合物制得聚合物溶液。随着温度降低，逐渐变成分子聚集体，再凝胶化成膜。由于它的沸点高，难以用蒸发手段去除。在成膜后，采用一种溶剂将其萃取出分离膜。

该法的优势在于它既适用于极性聚合物，又适用于非极性聚合物，目前研究得最多的是聚烯烃材料。

(4) 聚合物辅助相转变法。首先用一种溶剂将两种相溶性较好的聚合物溶解，形成溶液。将溶液注膜成型，制成双组分密度膜，然后将其浸在一种溶剂中。该溶剂对其中一种聚合物是良溶剂，对另一种是不良溶剂。在溶剂作用下，可溶性聚合物被除去，形成无表面致密层的多孔型分离膜。用这种方法制成的分离膜的结构和性能决定于两种聚合物的相溶性，相溶性越好，孔径越小。这种膜的优点是膜内外结构一致；孔分布均匀；机械强度好。孔隙率与第二种聚合物的加入量有关。

2) 粉末烧结法

把聚合物粉末，如高密度聚乙烯或聚丙烯粉末筛分，得到一定粒度范围的聚合物颗粒，经高压压制成不同厚度的板材和管材。在略低于熔点的温度下进行热处理时，微粒表面软化，由于聚合物的自重和表面张力，颗粒间接触面增大，冷却后，成为联在一起的多孔材料。烧结成型得到的产品的孔径在微米级，大都用作复合膜的机械支撑材料。

膜的孔径和分布与聚合物颗粒的大小、均匀性有关系。最好是用均匀的球形颗粒，用它制备的分离膜孔径分布较窄，分离性能较好。除此以外，烧结过程中温度的均匀性、加热方式和加热的速度对于膜的质量有影响。

3) 拉伸致孔法

将聚合物如低密度聚乙烯和聚丙烯薄膜，在室温下拉伸，其无定形区在拉伸方向上可出现狭缝状细孔(长宽比约为 10∶1)，再在较高温度下定型，即可得到多孔膜。可以是平面膜状，也可以是中孔纤维。聚四氟乙烯难以找到溶剂溶解，它的多孔膜也可以用相似的方法制备。

4) 核径迹法

聚合物，例如聚碳酸酯膜，在高能粒子流(质子、中子等)辐射下，粒子经过的径迹，经碱液刻蚀后，可生成孔径非常单一的多孔膜。膜孔成贯穿圆柱状，孔径大小可控，孔大小分布极窄，但孔隙率较低。单位面积的水通过量较小。

3. 离子交换膜

根据离子交换膜的结构可分为均相膜、半均相膜和异相膜，下面分别介绍这些膜。

1) 异相膜

将离子交换树脂粉碎成很细的小颗粒，经筛分后，得到粒度较为均匀的树脂颗粒。然后与高分子材料如聚乙烯，加热共混，制成一定形状和大小的离子交换膜。例如，将国产的 732 阳离子交换树脂或 717 阴离子交换树脂粉碎成 200 目的细颗粒，然后与聚乙烯和聚异丁烯混炼，以锦纶为增强绸布，热压成离子交换膜。这种膜的生产工艺简单，机械强度较好。但它们的电化学性质不太好，如膜电阻较大。

2) 均相膜

均相膜是指离子交换基团在膜上均匀分布的一种离子交换膜。它的制备方法，可以是将具有交换基团的聚合物溶解在一定的溶剂中，用溶液注膜法成膜；也可以直接聚合成膜。例如将环氧氯丙烷与四乙烯五胺缩聚成一定黏度的线形聚合物浆液[见反应式(4-17)]。将浆液放在玻璃板上，成膜后，升高温度，使高分子发生交联反应。脱膜后，便成均相离子交换膜。

$$H_2N(CH_2)_2NH(CH_2)_2NH(CH_2)_2NH(CH_2)_2NH_2 + \underset{\diagdown O \diagup}{CH_2-CHCH_2Cl}$$

$$\longrightarrow H_2N(CH_2)_2NH(CH_2)_2\underset{\substack{|\\CH_2\\|\\HO-CH\\|\\CH_2Cl}}{N}(CH_2)_2\underset{\substack{|\\CH_2\\|\\CH-OH\\|\\CH_2Cl}}{N}(CH_2)_2NH-CH_2\underset{\substack{|\\OH}}{CH}CH_2Cl$$

$$\xrightarrow{120\sim130^\circ C} \text{交联聚合物离子交换膜} \qquad (4-17)$$

或者将高分子膜经高分子化学反应，接上离子交换基团，制成离子交换膜。例如一定规格的聚乙烯薄膜，经紫外光，或者^{60}Co γ 射线辐照，生成了链自由基，将它放在苯乙烯单体溶液中，引发苯乙烯聚合，得到接枝聚苯乙烯[见反应式(4-18)]。

然后进行磺化反应，可以制得阳离子交换膜。或者经氯甲基化、胺化得到阴离子交换膜。一般来说，均相膜的机械强度不如异相膜，但它的电化学性能远远优于异相膜。

$$\sim CH_2-CH_2\sim \xrightarrow{h\nu} \sim CH_2-\dot{C}H\sim \xrightarrow{CH_2=CH-C_6H_5} \sim CH_2-CH\sim \text{（侧链 }-\!\!(CH-CH(C_6H_5))_n\!-\text{）} \quad (4-18)$$

3) 半均相膜或复合膜

半均相膜的制备方法有：①含浸法。将聚合物膜，例如以聚偏氟乙烯为基膜，浸于苯乙烯和二乙烯苯混合物中。被单体充分溶胀的聚偏氟乙烯经适当方法聚合，再通过高分子反应，在苯环上引入磷酸基或磺酸基或季铵基团等。②流延法。将含有交换基团的聚合物，例如将聚 α,β,β'-三氟苯乙烯磺酸溶解在极性溶剂如 DMF 中。经胶体磨、研磨、过滤和脱气泡，将此高分子浆液倒在抛光的平板玻璃上流延成膜，待溶剂挥发，烘干后，便成了离子交换膜。如 SF-1 离子交换膜就是这样做的。该法的缺点是消耗大量溶剂，不仅浪费，也污染环境。③刮浆法，又称糊法。它是生产离子交换膜最好的一种方法，适宜于大规模、连续的生产，自动化程度高。具体的制备方法是将线形无功能基的聚合物，溶解或分散在可引入交换基团的烯类单体和交联剂的混合溶液中，调成糊状，并刮涂在增强用的网布上，在适当条件下进行聚合，得到基膜。通过高分子反应引入离子交换基团，制成离子交换膜。Neosepta 膜和 selemion 膜均是用刮浆法做的。国内研究最多的是：将聚氯乙烯溶解在苯乙烯、二乙烯苯、邻苯二甲酸二辛酯和过氧化苯甲酰的混合溶液中，制成糊状。涂刮在经丁苯橡胶预处理的聚氯乙烯膜上，加热聚合形成基膜。再经磺化或者氯甲基化、季铵化分别制成阳、阴离子交换膜。④浸胶法。将增强用网布浸渍在含有功能基的聚合物溶液中，溶剂挥发后制成了膜。本方法有利于大型自动化生产。例如将聚砜溶于二氯乙烷中，经氯甲基化制得氯甲基化的聚砜，将其溶解在环己酮或 DMF 中配成浆液。网布浸渍此浆液后，焙烘掉溶剂，制成了氯甲基化聚砜增强基膜，再胺化得半透膜[见反应式(4－19)]。例如 S-203 膜就是这种膜。

$$-C_6H_4-C(CH_3)_2-C_6H_4-O-C_6H_4-SO_2-C_6H_4-O- \xrightarrow[ZnCl_2]{CH_3OCH_2Cl}$$

$$\text{—}C_6H_4\text{—}C(CH_3)_2\text{—}C_6H_3(CH_2Cl)\text{—O—}C_6H_4\text{—}SO_2\text{—}C_6H_4\text{—O—} \xrightarrow[20\sim25℃]{(CH_3)_3N}$$

$$\text{—}C_6H_4\text{—}C(CH_3)_2\text{—}C_6H_3(CH_2\overset{+}{N}Me_3)\text{—O—}C_6H_4\text{—}SO_2\text{—}C_6H_4\text{—O—} \qquad (4-19)$$

4.4　特殊吸附分离高分子膜

为应用目的,设计并合成的有特殊性能的高分子膜,可以解决实际存在的问题。所以这类高分子膜的功能专一性较强。

4.4.1　光活性高分子膜

与使用具有光学活性的配体制备高分子催化剂以催化有机化学反应得到光学活性产物一样,也可以制备具有光学活性基团的高分子膜,用于旋光性物质的分离。这类高分子膜称为光活性高分子膜。例如,将 2-氨基苯丙酸溶于氢氧化钠水溶液中,在冷却条件下,与丙烯酰氯反应,合成丙烯酸衍生物 **1** [见反应式(4-20)],然后将其与适当的单体如乙酸乙烯酯共聚。得到的共聚物溶解在适当的溶剂中,将聚合物溶铺在玻璃板上,让溶剂慢慢挥发便可得到高分子膜。这种膜可以用来分离外消旋苯丙胺酰替苯胺乙酸盐 **2**,具有较高的分离效率。

$$C_6H_5\text{—}CH_2\overset{*}{C}H(NH_2)\text{—}COOH + CH_2{=}CH\text{—}C(=O)\text{—}Cl \longrightarrow C_6H_5\text{—}CH_2\overset{*}{C}H(COOH)\text{—}NHC(=O)\text{—}CH{=}CH_2 \;\; \mathbf{1} \qquad (4-20)$$

$$C_6H_5\text{—}CH_2CH(NH_2\cdot HOOCCH_3)\text{—}C(=O)\text{—}NH\text{—}C_6H_5 \;\; \mathbf{2}$$

4.4.2　能动输送膜

通常,物质总是从高浓度向低浓度方向扩散。反渗透膜要求在外加压力下,溶剂分子从高浓度向低浓度方向扩散；或者在外加电场作用下，溶质分子从低浓度向高浓度扩散。可是生物体内的细胞膜，能将稀溶液中的溶质输送到细胞内的浓溶液中，这是由于细胞膜内的特殊功能基团，选择性地吸附某种物质的结果。能否合成一种膜，即所谓能动输送膜，它不需外加电场和压力，靠膜内的化学反应，使溶质分子从低浓度向高浓度方向扩散。为合成能动输送膜，有些互变异构反应可以利用，例如，羟乙基酰胺化合物，在酸或碱存在下，会发生如反应式(4－21)所示的互变异构反应。

$$\mathrm{R\overset{O}{\overset{\|}{C}}NHCH_2CH_2OH \underset{NaOH}{\overset{HCl}{\rightleftharpoons}} \text{(环状: }RC(HO)\text{—}\overset{+}{N}H_2(Cl^-)\text{—}CH_2\text{—}CH_2\text{—}O\text{—)} \underset{NaOH}{\overset{HCl}{\rightleftharpoons}} R\overset{O}{\overset{\|}{C}}—OCH_2CH_2NH_3^+X^-} \quad (4-21)$$

为了把羟乙基酰胺基团合成在高分子膜上，方法之一是先合成含反应活性基团的聚合物，再通过高分子反应，把羟基酰胺接到高分子上。例如，使丙烯酰氯与丙烯酸甲酯聚合，得到的聚合物再与 2-羟乙基胺反应，得到聚合物 **3**[见反应式(4－22)]。

$$\mathrm{CH_2{=}CH(C{=}O)Cl + CH_2{=}CH(C{=}O)OCH_3 \xrightarrow{AIBN} {+}CH_2{—}CH(C{=}O)Cl{+}_n{+}CH_2{—}CH(C{=}O)OCH_3{+}_m}$$

$$\mathrm{\xrightarrow{H_2NCH_2CH_2OH} {+}CH_2{—}CH(O{=}C{—}NHCH_2CH_2OH){+}_n{+}CH_2{—}CH(O{=}C{—}OCH_3){+}_m} \quad (4-22)$$

3

将得到的高分子 **3** 溶解在适当的溶剂，如苯/甲醇(9/1，*V*/*V*)中，用流延法制膜。放在如图4－4所示的仪器中。池子左边放 1mol/L HCl 水溶液；右边放 1mol/L NaOH 和 2mol/L NaCl 水溶液。右边池的溶液中，氯离子的浓度高；左边池的溶液中，氯离子浓度低。由于 H^+ 和 OH^- 的中和反应，氯离子从低浓度的左边池中，扩散到浓度高的右边池中。其输送机理如图 4－5 所示。为论述方便，图中显示的是不同功能基团的分布。与 HCl 溶液接触的膜，含有 $COCH_2CH_2NH_2 \cdot HCl$ 结构；与 NaOH 溶液接触的膜，含有 $CONHCH_2CH_2OH$ 结构。左边溶液中的 Cl^-，由于与 NH_2 反应，进入膜中；膜的右边，由于 OH^- 存在，2-氨基酯互变为中性的 2-羟基酰胺，游离出 Cl^-；由于 Na^+ 的相互吸引作用，Cl^- 进入浓度高的右池溶液中，从而实

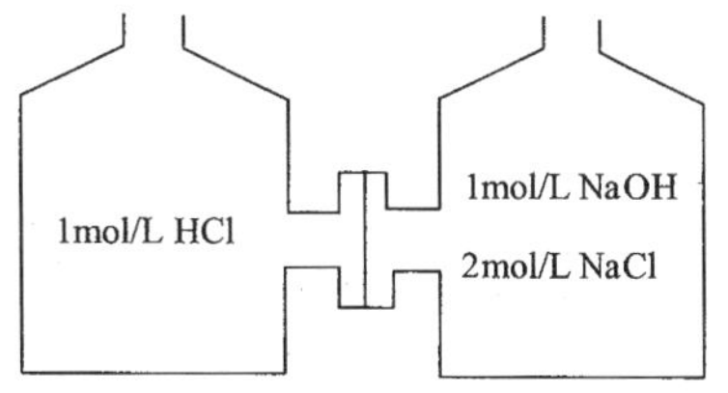

图 4－4　能动输送膜原理示意图

现了 Cl^- 从低浓度向高浓度的扩散。

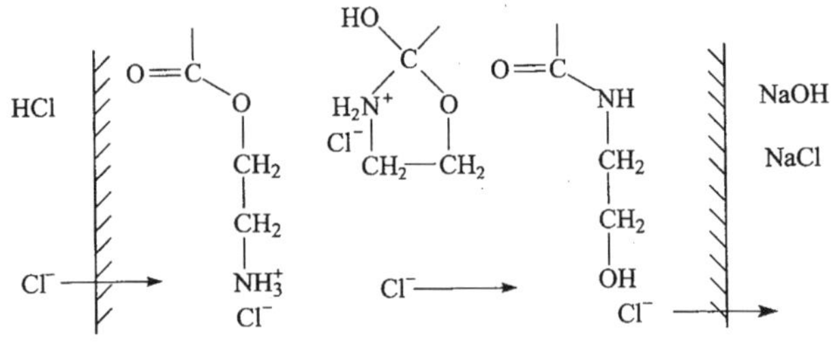

图 4 - 5　能动输送膜将离子从低浓度向高浓度输送的基本原理图

4.4.3　液体膜

处在液体和气体或液体和液体相界面的、具有半透过性的膜称为液体膜。如果膜是在使用过程中形成的，那么该膜称为动态形成膜。如果膜是预先制备的，则有乳化型液体膜和支撑型液体膜。

1. 乳化型液体膜

这是一种在两种不相混溶液体乳化时，在两相界面上形成的液体膜，又称为表面活性剂液体膜。然后将乳化生成的液体胶囊，分散到第三相液体中使用。所以，要求形成膜的液体，在第三相中不溶解。如果第三相为水，则乳化液应为油包水；如果第三相为油，则乳化液应是水包油。这类液体膜在废水处理等环境保护领域有广泛的用途。例如，以液体石蜡和 20% 的硫酸水溶液为不相容的两种液体，加乳化剂使其乳化，形成直径为 0.1～0.5mm 的油包水型胶囊，囊心为硫酸水溶液。将此乳液加到待处理的废氨水中，氨分子可以通过液体膜，与硫酸反应，生成的硫酸铵不能穿过液体膜。当乳液从处理的废水中分离出来后，氨即除去。

2. 支撑型液膜

这是在多孔型固体支撑物上形成的液体膜。形成的液体膜可以在支撑体的表面，也可以在支撑体的孔内，所以是液体膜和固体膜复合在一起的复合膜。与乳化型液体膜相似，形成液体膜的分子应具有两亲性。液膜的亲水一面朝向水溶液；另一面与油溶液接触。主要应用于水溶液的脱盐。例如，将聚乙烯基甲醚溶于四氯化碳中，配成 0.1% 的溶液，将其涂敷在固体膜的表面，溶剂挥发后，形成了液体膜。与固体膜相比，该液体膜具有良好的扩散性和溶解性，有较高的选择性。

3. 动态形成膜

是指多孔固体膜在分离过程中，溶解在分离液中的膜材料不能穿过多孔固体，在多孔固体和分离液体的界面形成了液体分离膜。例如，含盐水进行脱盐时，在含盐的水溶液中加入百分之几的聚乙烯基甲醚，当此溶液通过固体分离膜时，在固体膜上形成了聚乙烯基甲醚液膜，从而大大提高了脱盐效率。能用作聚合物液膜的材料有羟乙基纤维素、聚环氧乙烷、磺化聚苯乙烯、聚丙烯酸、季铵化的聚乙烯胺、聚乙烯基吡咯烷酮、硫化淀粉等。

4.5　高分子分离膜的应用

4.5.1　高分子气体分离膜

1. 气体分离膜的特性

气体通过高分子膜的机制为溶解-扩散机制，即气体分子首先溶于膜的高压侧表面，然后在膜内扩散。再从低压接触的膜表面溶解出来。

评价膜性能的参数有两个：一个是膜对气体的透过系数 P；另一个是膜对不同气体的选择分离系数 α。对于双组分混合气体 A、B 来讲，选择分离系数可近似地用两种气体的透过系数来表征，即 $\alpha_{A/B}=P_A/P_B$。

气体的透过系数 P 决定于气体在膜中的扩散系数和溶解系数。气体分子在高分子中扩散时，主要发生在无定形区域，即形成高分子自由体积的高分子链间的间隙部分。这些间隙就是气体扩散的通道。通道的大小、分布状况等影响了气体的扩散速度。温度升高，高分子链的热运动加剧，通道数目增多，自由体积也增大，所以透过系数受温度影响。可见，气体的透过系数 P 与高分子的结构有密切的关系，例如聚炔化合物上有不同取代基，其气体透过性能有很大差别（见表 4－2）。从表 4－2 的数据说明，取代基对透过系数的影响按下列顺序增加：$SiMe_3 > t\text{-Bu} > Ph$。说明主链和侧基的结构对膜的透过性能起着主导作用。合成与气体相容性好的聚合物，以增加气体在聚合物中的溶解系数，有利于提高透过系数。例如聚乙炔基三甲基硅烷（PTMSP）的 P_{O_2} 比聚二甲基硅氧烷（PDMS）大一个数量级，达到 5.6×10^{-4}mL(STP)·cm·min^{-1}·m^{-2}·Pa^{-1})。这是由于 PTMSP 对氧气的溶解系数比 PDMS 大 10 倍。气体透过性还与聚合物的形态有密切关系。例如 4-甲基-1-戊烯（PMP）分别溶解在环己烷、三氯乙烯、四氯乙烯、环己烷/三氯乙烯及环己烷/四氯乙烯溶剂中，然后浇铸成膜，不同溶剂形成的膜，其结晶性质或表面形态有不同。对 O_2、N_2、H_2、CO_2 等气体的透过行为表明，气体透过主要发生在 PMP 的无定形区。但在 PMP 的结晶区也有透过，主要是由于 PMP 晶区的密度低于无定形区的密度这一特殊性质造成的。

表 4-2 聚炔烃的气体透过性*

透过系数 P \ 聚合物	$-\!\!(C{=}C)_n-$ (CH_3, $SiMe_3$)	$-\!\!(C{=}C)_n-$ (H, t-Bu)	$-\!\!(C{=}C)_n-$ (Cl, Ph)
O_2	3.19×10^{-4}	0.24×10^{-4}	6.38×10^{-7}
N_2	1.60×10^{-4}	0.08×10^{-4}	1.36×10^{-7}
CO_2	14.4×10^{-4}	1.09×10^{-4}	48.8×10^{-7}
CH_4	3.35×10^{-4}	0.13×10^{-4}	2.07×10^{-7}
He	3.27×10^{-4}	3.19×10^{-4}	27.8×10^{-7}
H_2	2.31×10^{-4}	3.19×10^{-4}	35.8×10^{-7}
$\alpha_{O_2/N_2}=P_{O_2}/P_{N_2}$	2.0	3	4.7
$\alpha_{CO_2/CH_4}=P_{CO_2}/P_{CH_4}$	4.3	8.5	23.5

* 25℃,P 的单位:mL(STP)·cm·min^{-1}·m^{-2}·Pa^{-1})。

在实际应用中,要求高分子膜有较高的透过速率 Q,$Q=P\cdot\Delta p\cdot A/L$,其中,$P$ 为透过系数;Δp 为膜两侧的压力差;A 为膜面积;L 为膜厚度。提高 P 的方法有增加膜的塑性,或采用液膜促进气体的输送;降低 L,可制成超薄膜;增加膜面积 A,如制成中空纤维。

利用膜进行气体分离的研究工作开始得较早。目前已有实际应用。人工肺就要利用气体透过性能好的高分子膜。人工肺吸入空气,空气中的氧透过膜,进入血液,同时排出 CO_2。要求制备这种膜的聚合物不仅透过性能好,又要不损坏血液。一般用硅橡胶制备。

2. O_2/N_2 分离

目前,富氧膜是一个重要的研究方向。一般,空气中含氧量为 20.9%(质量浓度)。含氧量大于 20.9%的空气称为富氧空气。所谓富氧,就是把空气中的含氧量提高,变成富氧空气。它可用于燃烧过程,医疗,供高原缺氧地区人员呼吸用氧等。特别是代替普通空气参与燃烧过程,可以大大提高燃烧过程的热效率。对节约资源、保护环境具有重大意义。空气中的主要成分为氮气,所以,富氧主要要除去空气中的氮气,氮和氧的主要性质见表 4-3。富氧方法有深冷法、分子筛变压吸附法和高分子膜法。就目前技术水平而言,以 $10^2\sim10^4$Nm^3/h 规模,制造含氧为 23%~24%的富氧空气时,用高分子膜法最为经济。

表 4-3　氧、氮气体的性质

		O_2	N_2
分子直径/nm		0.296	0.316
介电形变	$\alpha_{/\!/}(10^{-24}\cdot cm^3)$	2.35	2.38
	$\alpha_{\perp}(10^{-24}\cdot cm^3)$	1.21	1.45
偶极矩/(10^{-18}deb)		0	0
四极矩/(10^{-28}deb)		-0.4	-1.5
溶度参数/(cal[1]/cm^3)$^{1/2}$		8.20	5.31

一般高分子膜对氧的透过系数 $P_{O_2}=8\times10^{-6}\sim8\times10^{-12}$mL(STP)·cm·min^{-1}·m^{-2}·Pa^{-1}，$\alpha_{O_2/N_2}=2\sim4$ 之间。其中透氧最好的为聚二甲基硅氧烷，$P_{O_2}=2.4\times10^{-5}\sim4.8\times10^{-5}$mL(STP)·cm·min^{-1}·m^{-2}·Pa^{-1}，$\alpha_{O_2/N_2}\approx2$，可将空气富集到 28%；聚(4-甲基-1-戊烯)，$P_{O_2}=2.4\times10^{-6}$mL(STP)·cm·min^{-1}·m^{-2}·Pa^{-1}，$\alpha_{O_2/N_2}=3.9$；聚(2,6-二甲基苯撑氧)(PPO)，$P_{O_2}=1.28\times10^{-6}$mL(STP)·cm·min^{-1}·m^{-2}·Pa^{-1}，$\alpha_{O_2/N_2}=4.3$；因聚二甲基硅氧烷的内旋转活化能低，分子间隙大，具有较大的自由体积，因而 P_{O_2} 较高。聚(4-甲基-1-戊烯)有较大的侧基，对气体的透过也很有利。

与含硅聚合物相反，含杂原子，尤其是含氧高聚物，其 α_{O_2/N_2} 较高，P_{O_2} 小。含氟聚合物的溶解系数大，是富氧的重要材料。一般的高分子材料的 α_{O_2/N_2} 大，P_{O_2} 小；P_{O_2} 大的材料，α_{O_2/N_2} 小。怎样制备 α_{O_2/N_2} 及 P_{O_2} 均大的高聚物呢？共聚是改善膜透过性和选择性分离系数的一种方法。共聚物中，能形成透过性膜的单体在共聚物中的比例与共聚物膜的透过系数的关系，大致可分为四种类型，如图 4-6 所示。

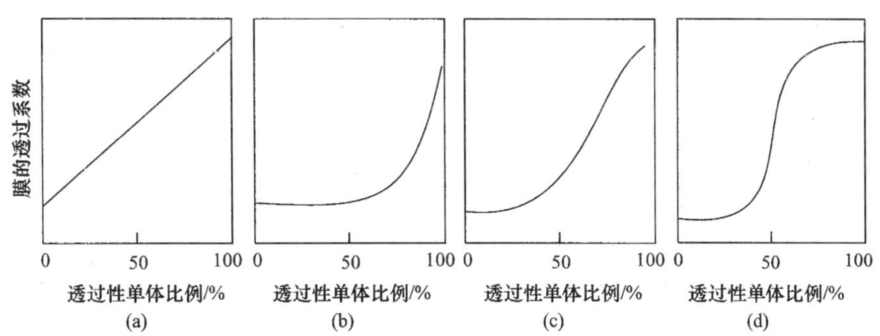

图 4-6　能形成透过性膜的单体比例与共聚物的透过性之间关系的几种类型

图 4-6(a)为无规共聚物。这种类型的高分子，在分离膜中很少见到；图

1) “cal”为非法定单位。1cal=4.184J。

4－6(b)和(c)是在透过性结构中，加入少量非透过性结构单元，会使透过性能急剧下降；对图 4－6(d)类型来说，即使引进一定量的非透过性单体单元，共聚物膜的透过性下降甚少(不超过 40%)。若引入 40%～50%以上，则透过性明显下降。例如，聚二甲基硅氧烷和含双酚 A 结构的聚碳酸酯的嵌段共聚物相当于图 4－6(c)的类型。聚碳酸酯膜对氧气的透过系数为：1.44×10^{-7}mL(STP)·cm·min^{-1}·m^{-2}·Pa^{-1}，约为 PDMS 的 1/300。当共聚物中聚硅氧烷的含量超过 50%时，透过系数达 1.2×10^{-5}mL(STP)·cm·min^{-1}·m^{-2}·Pa^{-1}，$\alpha_{O_2/N_2}=2.1$ 左右。

高分子膜中能否形成微相分离的结构，对膜的透过分离性能影响很大。嵌段共聚物易形成微相分离的结构，气体往往从透过系数较大的一相中快速通过。使聚合物膜的透过性能接近于形成连续相对应的均聚物的透过性。近年来研究了有机硅-高分子嵌段共聚物，已报道的有：硅聚合物-聚碳酸酯；硅聚合物-聚(2,6-二甲基苯撑氧)；含胺基有机硅；硅聚合物-聚芳醚等。到目前为止，已知链段相对分子质量大于 2000 形成的嵌段共聚物，其 P_{O_2} 和 α_{O_2/N_2} 值基本上接近于嵌段共聚物中连续相组分的均聚物的特性。当链段长度缩短到二聚体左右时，形成的嵌段共聚物 P_{O_2} 及 α_{O_2/N_2} 才出现同向增长的趋势。总之，以均聚物和共聚物高分子为基材的膜，近年来已在富集分离方面得到了应用。但 P_{O_2} 仍很低，有待于进一步研究。

目前正在研究采用中空聚酯纤维来分离 N_2 和 CO，若能实现 N_2/CO 分离，就可能实现从空气中制取可燃性的 CO 原料。

为了提高输氧效果，现正在研究一种促进输送膜。即在多孔性高分子膜的孔隙中吸进液体，使液体成为连续相。这种形态的膜叫做固定化液体膜。若将能与指定气体分子产生可逆反应的载体引入液膜内，就可以大大提高混合气体中某一气体组分的选择透过性。这类似于人体内血红蛋白输送氧的膜，称为促进输送膜，膜的介质可为水或有机溶剂。载体一般为非挥发性的金属盐或金属配位化合物。能选择性输送氧的载体有血红蛋白，Co^{2+}-组氨酸，Co^{2+}-Schiff 碱等。如化合物 **3** 和 **4**。Band Research 公司采用了与过渡金属形成的络合物，制备了有可能实用的氧促进输送膜，可将氧浓度从 21%富集到 88%。

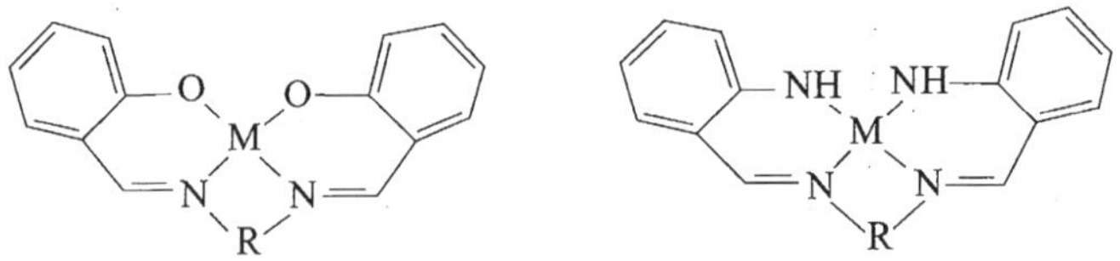

R = —CH_2—CH_2—，—CH_2NHCH_2—

3　　**4**

这一方法除了用于氧的富集外，也可用于其他气体的富集。例如，在聚丙烯酸酯内添加 50%左右对 SO_2、CO_2 溶解系数较高的乙二醇，所得膜对 SO_2 的透过系数可达

4×10^{-4}mL(STP)·cm·min^{-1}·m^{-2}·Pa^{-1}，SO_2/N_2 的分离系数则可达到 1100 这样高的值。要使高分子膜具有较大的溶解系数，则要求膜与欲溶解的气体具有类似的化学结构。例如，聚丙烯酸酯与 CO_2 的结构类似，它的 $\alpha_{CO_2/N_2}=31$，可用于选择性地分离混合气体中的 CO_2。

3．其他气体的分离

对于加压下不凝聚的气体，如 N_2、O_2 和 H_2 等在高分子膜内，溶解度相似，透过速率主要决定于扩散速率，而扩散速率与气体的分子尺寸有关。研究空气与 C1～C4烃类气体的分离时，它们在不同聚合物中溶解度有差别。例如，N_2 和 CH_4 在聚砜膜中的透过速率，N_2 要大于 CH_4。而在硅橡胶膜中，CH_4 的透过速率大于 N_2；丁烷的透过速率要比 CH_4 还大，因为前者在膜中的溶解度大。所以用硅橡胶膜从天然气中分离回收 C3 和 C4 气体。

4.5.2　电透析膜的应用

1．脱柠檬酸

电透析膜除了用于脱盐和制备淡水外，在工业上有许多用途。例如，从柠檬汁中脱柠檬酸。柠檬汁中含柠檬酸，影响了口味，是影响产品质量的重要原因。所以要脱除柠檬酸。用离子交换膜脱柠檬酸是一经济、有效的方法。其基本原理如图 4－7 所示。阴离子交换膜将电解池分隔成具有连续流动能力的电透析池。相邻

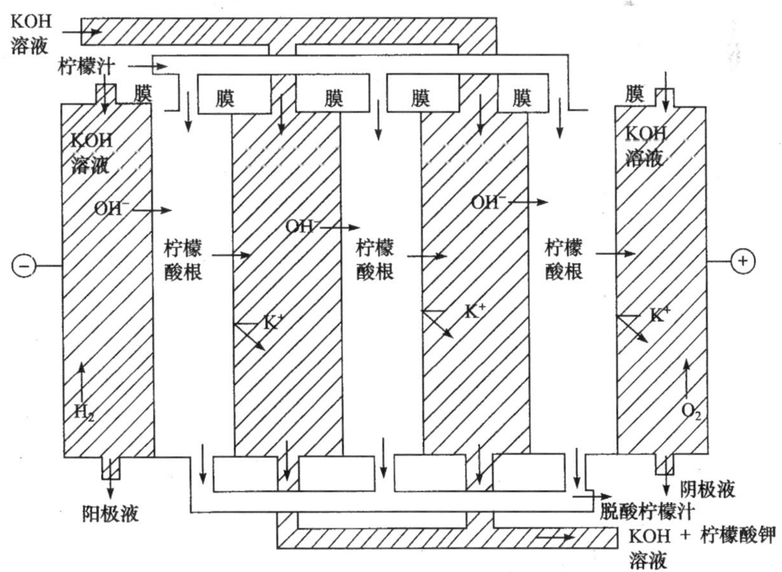

图 4－7　电透析法脱柠檬汁中的柠檬酸装置示意图

的两个池中,分别通入 KOH 溶液和含柠檬酸过多的柠檬汁溶液。在电场作用下,OH^- 和柠檬酸负离子透过阴离子交换膜,向阳极移动。在柠檬酸透析池中,透析进来的氢氧根负离子与质子结合成水;在氢氧化钾透析池中,透析过来的柠檬酸根与钾离子反应,生成了柠檬酸钾。所以,从柠檬汁池流出的柠檬汁,酸度下降。从氢氧化钾透析池流出的溶液中含柠檬酸钾。根据同样原理,电透析法也可以用在食品工业中,除去镁、钙和钾等其他离子。

2. 氯碱工业

用电解法从氯化钠制备氯气和烧碱形成的氯碱工业,主要生产工艺为汞电极法。由于能耗高、环境污染等问题,推动了膜电解法在氯碱工业上的应用。膜电解法采用阳离子交换膜,将电解池分成两部分。在阳极一侧注入食盐水,经电解产生氯气;钠离子透过分离膜,进入阴极一侧,与电解生成的氢氧根离子结合成氢氧化钠溶液流出。同时阴极放出电解生成的氢气。因此,要求所用离子交换膜的离子电导大,电流效率较高。

从以上原理可以看出,膜电解法生产氢氧化钠的关键是性能优良的离子交换膜,膜材料还要耐浓碱的腐蚀。20 世纪 50 年代初生产的聚烯烃离子交换膜,化学稳定性差,在电解条件下,很快就被破坏,不能使用。60 年代初,开发出全氟磺化聚合物。其合成步骤如图 4－8 所示。四氟乙烯和三氧化硫反应,生成环状单体;经开环聚合,热解生成带烯基的大分子单体;再与四氟乙烯共聚,得磺化膜。以此为原料,生产出的阳离子交换膜,基本上解决了稳定性问题,成为第二代氯碱工业用膜。它的耐酸、耐碱和耐溶剂性能得到了大大改善。

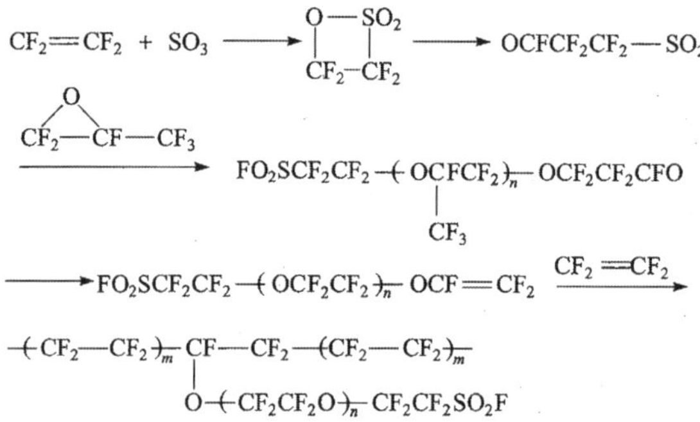

$$CF_2{=}CF_2 + SO_3 \longrightarrow \begin{array}{c} O - SO_2 \\ | \quad\quad | \\ CF_2 - CF_2 \end{array} \longrightarrow OCFCF_2CF_2{-}SO_2F$$

$$\xrightarrow{\overset{O}{\triangle}\ CF_2-CF-CF_3} FO_2SCF_2CF_2{-}\!\left(\underset{\underset{CF_3}{|}}{OCF}CF_2\right)_n\!{-}OCF_2CF_2CFO$$

$$\longrightarrow FO_2SCF_2CF_2{-}\!\left(OCF_2CF_2\right)_n\!{-}OCF{=}CF_2 \xrightarrow{CF_2{=}CF_2}$$

$$-\!\left(CF_2{-}CF_2\right)_m\!{-}\underset{\underset{O-\left(CF_2CF_2O\right)_n-CF_2CF_2SO_2F}{|}}{CF}{-}CF_2{-}\!\left(CF_2{-}CF_2\right)_m\!-$$

图 4－8　全氟磺化高分子的合成

作为氯碱工业用离子交换膜,需要考虑三个问题:机械强度;阳离子选择性;电流效率。为了进一步提高离子交换膜的电流效率,发展了第三代工业应用的阳离子交换膜。它用的膜材料,也是全氟聚合物。按照如图 4－9 所示的合成步骤,从四氟乙烯合成出来。与第二代氯碱工业用膜不同的是,聚合物上是羧酸弱酸性离子交换基团。这种离子交换膜可提供更高的电流效率。

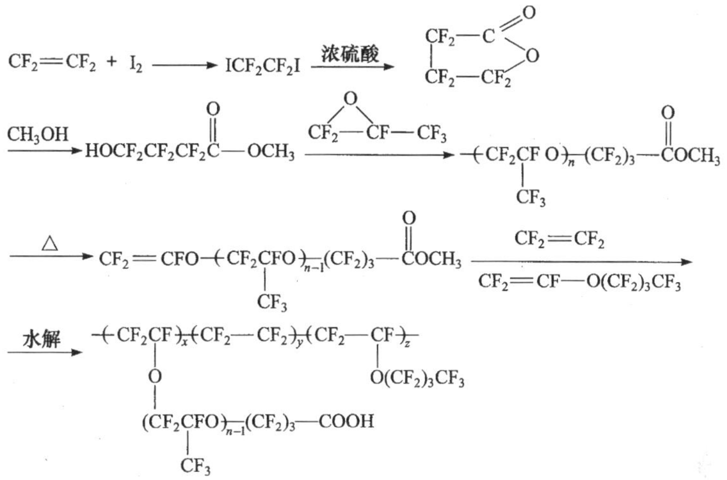

$$CF_2{=}CF_2 + I_2 \longrightarrow ICF_2CF_2I \xrightarrow{\text{浓硫酸}} \begin{matrix} CF_2{-}C({=}O) \\ | \qquad\quad O \\ CF_2{-}CF_2 \end{matrix}$$

$$\xrightarrow{CH_3OH} HOCF_2CF_2CF_2\overset{\overset{O}{\|}}{C}{-}OCH_3 \xrightarrow{CF_2{-}\overset{O}{\widehat{\ \ }}{-}CF{-}CF_3} {-}\!\!(\underset{\underset{CF_3}{|}}{CF_2CF}\,O)_n{-}(CF_2)_3{-}\overset{\overset{O}{\|}}{C}OCH_3$$

$$\xrightarrow{\triangle} CF_2{=}CFO{-}\!\!(\underset{\underset{CF_3}{|}}{CF_2CF}O)_{n-1}(CF_2)_3{-}\overset{\overset{O}{\|}}{C}OCH_3 \xrightarrow[CF_2{=}CF{-}O(CF_2)_3CF_3]{CF_2{=}CF_2}$$

$$\xrightarrow{\text{水解}} {-}\!\!(\underset{\underset{\underset{\underset{\underset{CF_3}{|}}{(CF_2CFO)_{n-1}(CF_2)_3{-}COOH}}{|}}{O}}{|}}{CF_2CF})_x{-}\!\!(CF_2{-}CF_2)_y{-}\!\!(\underset{\underset{O(CF_2)_3CF_3}{|}}{CF_2{-}CF})_z{-}$$

图 4-9　羧酸型全氟聚合物的合成路线

4.5.3　微滤、超滤和纳滤膜在水处理方面的应用

以液体,特别是水溶液为分离对象的分离膜技术,常见的有反渗透(RO)、超滤、微滤、超细滤(或纳滤)、电透析以及渗透汽化等。它们能分离的物质如图 4-10所示。微滤膜可以分离掉悬浮颗粒;超滤膜可以分离大分子有机物;纳滤膜可以截留糖类等一类低分子有机物,多价盐如 $MgSO_4$,对单价盐的截留率仅为 10%～80%,具有相当大的透过性;对二价及多价盐的截留在 90%以上。反渗透膜可以过滤掉所有的盐和有机物。

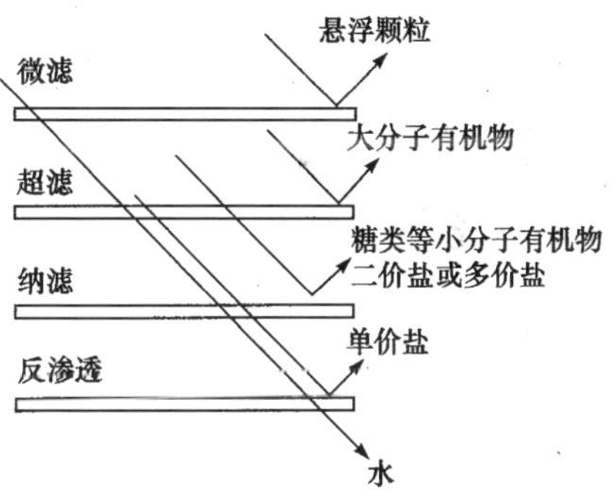

图 4-10　各种分离膜的分离特性

1．微滤膜

微滤膜的驱动力为压力。膜的孔径范围为 0.1～10μm 之间;孔密度约为 10^9 个/cm^2,操作压力在 69～207kPa 之间。主要用于含水溶液的脱菌消毒,因而在饮用水处理、食品和医药卫生工业中有广泛应用。在用于果汁澄清及含胶质废水处理,如从亚硫酸纸浆中回收木质素磺酸钠时,极易堵塞,要频繁回洗。采用聚四氟乙烯微滤膜,可方便堵塞物的清除。

微滤膜的另一用途是脱除溶液中的悬浮粒子。适用于浓度约 10% 的悬浮粒子的分离。它的透过选择性主要取决于孔径尺寸。

2. 超滤膜

超滤膜也是应用压力为驱动力的分离过程，膜的孔径范围在 1～100nm 之间，孔密度约为 10^{11}个/cm^2，操作压力为 345～689kPa 之间。用于脱除粒径小，包括胶体级的微粒和大分子的分离。其分离机理为机械过滤，选择性依据为孔大小，又称为分子筛膜。可以分离相对分子质量为 300 的糖类和相对分子质量为 2×10^5 的蛋白质。与反渗透膜相同，它不需加热，就可以进行溶液的浓缩、分离和精制，特别适用于蛋白质、酶和核酸等活性物质的处理。

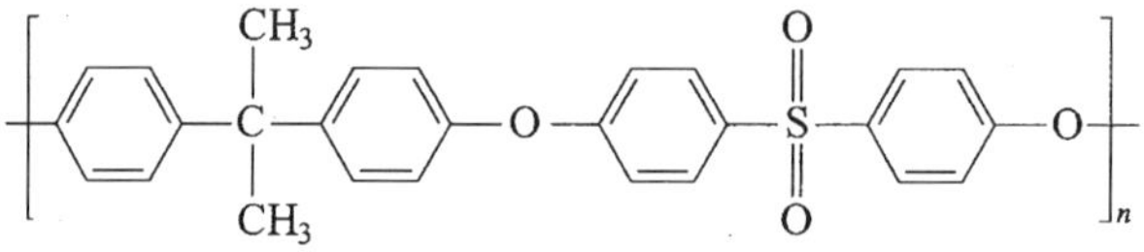

$$\left[\text{-C}_6\text{H}_4\text{-C(CH}_3)_2\text{-C}_6\text{H}_4\text{-O-C}_6\text{H}_4\text{-SO}_2\text{-C}_6\text{H}_4\text{-O-}\right]_n$$

5

用作超滤膜的材料有纤维素及其衍生物，如醋酸纤维素、硝化纤维素；乙基纤维素、聚砜和聚丙烯腈是当今普遍使用的三大膜材料。纤维素膜材料有两个缺点，一是耐热性不够，不能在 130℃ 进行蒸汽杀菌和消毒；二是膜容易被污塞。为此发展了聚芳醚砜，如 **5** 和聚偏氟乙烯超滤膜，但成本较高，限制了应用。聚乙烯亚胺、芳香族聚酰胺等高分子材料也用于制作超滤膜。如美国的 Dupont 公司生产的聚芳酰胺 **6** 和 **7**。这些聚合物可以单独使用，也可以复合使用。

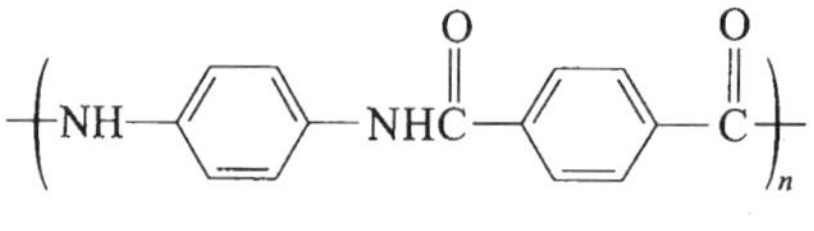

$$\left(\text{-NH-C}_6\text{H}_4\text{-NHC(=O)-C}_6\text{H}_4\text{-C(=O)-}\right)_n$$

6

$$\left[\text{-(2-benzimidazolyl)-(5,5'-bibenzimidazole)-(2-yl)-C}_6\text{H}_4\text{-}\right]_n$$

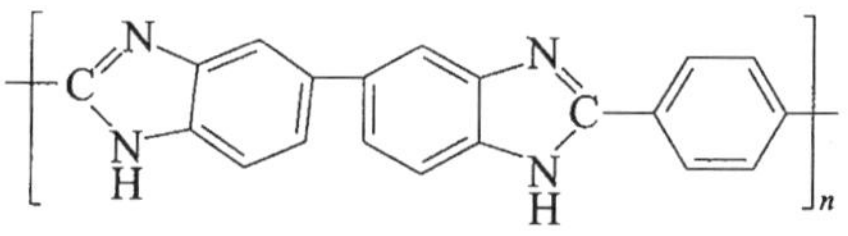

7

3. 纳滤膜

超滤膜一般是用中性的高分子材料制成的，而纳滤膜大部分是用荷电的高分子材料制备的。它的孔径在 0.5～10nm，与超滤膜相似。纳滤膜对盐的截留性能，主要是由离子与膜之间的静电相互作用决定的；对中性的物质，例如，乳糖、葡萄糖和麦芽糖等的截留，是根据膜的纳米级微孔的分子筛效应。盐离子的电荷强度不同，也影响膜对离子的截留率。

纳滤膜所用的高分子材料为醋酸纤维素、磺化聚砜、磺化聚醚砜、聚酰亚胺和聚乙烯醇等。除此以外，也有用聚丙烯腈做成纳滤膜；或者使用复合膜。

纳滤膜属于压力驱动的膜过程。超滤膜的孔径较大，主要是孔流形式的传质过程;反渗透膜属于无孔致密膜,其传质机理为溶解-扩散机理。纳滤膜的孔径小,其传质机理处于孔流机理和溶解-扩散之间的过渡态。孔流和溶解-扩散机理的差别在于传质通道,即孔存在的持续时间。以孔流机理传质的膜中,传质通道的位置和大小不会发生改变,是永久孔。而以溶解-扩散传质机理的反渗透膜中的孔是暂时性的,即随高分子链间的自由体积波动而出现。

纳滤膜的应用在以下三个方面:对单价盐的截留率要求不高;欲实现不同价态离子的分离;高、低相对分子质量有机物的分离。纳滤膜最大的应用领域是饮用水的软化和有机物的除去。水的硬度是因水中存在硫酸和碳酸的钙、镁盐,要软化才能饮用。水的软化过程如图 4－11 所示。由于滤膜易被硅酸盐、锰及铁离子污染,在前处理过程中,要用过滤柱沉降,去掉这些盐。经两步纳滤膜分离过程,透过膜的水已被纯化,进一步氯处理,即可制成标准饮用水。浓缩的水被排放。一般操作压力为 0.5～0.7MPa,能脱除 85%～95%的硬度,70%的单价离子。纳滤除了用于水的软化外,还可用于制备超纯水;重金属、纺织业、造纸业和食品加工业的废水处理;氨基酸的分离等。

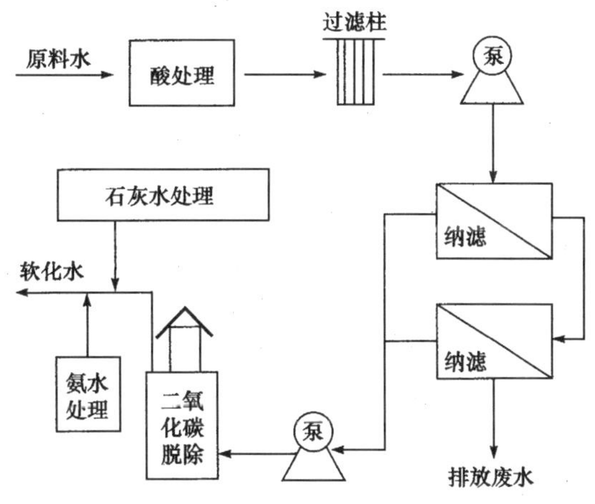

图 4－11　纳滤膜进行水的软化过程

4.5.4　有机液混合体系的分离

有机液混合物通常采用渗透汽化过程来分离。其基本原理是利用液体在膜中经历溶解-扩散过程后,以气相的形式,从膜的另一侧逸出。由于膜对混合物各组分的溶解性不同及各组分在膜中的扩散速度不同,从而达到分离的目的。原则上,该方法适用于一切液体混合物的分离,包括共沸物、近沸物混合物和热不稳定物质的分离。该技术主要的应用领域有:①水/有机液体的分离,包括有机溶剂,如乙醇、甲醇、异丙醇、丙酮、二氧六环、四氢呋喃和甘油等,少量水分的脱除,以及水中少量有机物的除去。②有机液/有机液混合物的分离，包括芳烃/烷烃、芳烃/醇、醇/醚/烃类化合物、二甲苯异构体等的分离。③渗透汽化过程与反应过程结合。例如，渗透汽化过程与酯化反应结合，不断将酯化反应中生成的水脱除，以提高酯化反应的速度和转化率。

1. 苯和环己烷混合物的分离

苯和环己烷的许多物理、化学性质相近，如沸点只差 0.6℃；在苯的质量分数为 61%时，两者形成共沸物，共沸温度为 77.4℃。可以用偏氟乙烯膜进行渗透汽化过程来分离，它的分离系数约为 20，但是渗透通量很小。在料液中添加二甲亚砜和二甲基甲酰胺作膜的增溶剂，结果渗透通量提高，分离系数下降。为此在制备膜材料时，加入无机组分 Co。利用苯的轨道易与 Co 形成 π 络合物，而环己烷没有 π 轨道，不能与 Co 形成络合物，从而使两组分在膜中的溶解度有差异，提高了膜的选择性分离，得到较高的分离系数。

2. 环己酮/环己醇/环己烷混合物的分离

环己酮和环己醇是尼龙工业中的主要原料，由环己烷空气氧化得到。在反应混合物中，存在大量的环己烷，传统的分离方法需经三步蒸馏，能耗大。若以 *N*-乙烯基吡咯烷酮和丙烯腈共聚物为膜材料，利用 *N*-乙烯基吡咯烷酮中的羰基可与环己醇的羟基形成氢键；与环己酮存在极性相互作用，而与环己烷之间无任何作用这一差异来实现分离。即环己醇先透过膜，分离系数可达 15。利用同样的原理，在聚环氧乙烷上，接枝尼龙，用得到的共聚物制成膜，在分离环己酮/环己醇/环己烷时，环己醇优先透过膜。

参 考 文 献

陈俸荣，陈洪钫. 1996. 渗透蒸发透水膜的进展. 膜科学与技术，16(3):12～21

何天白，胡汉杰. 2001. 功能高分子与新技术. 北京:化学工业出版社. 51～62

黄维垣，闻建勋主编. 1994. 高技术有机高分子材料进展. 北京:化学工业出版社. 6～107

Murder M. 1999. 膜技术基本原理. 李琳译. 北京:清华大学出版社

让耐尔，平郑骅. 1995. 渗透蒸发研究的现状. 高分子通报，4:193～204

赵文元，王亦军编著. 1996. 功能高分子材料化学. 北京:化学工业出版社. 162～202

周金盛，曹曙光，施艳荞，陈观文. 1997. 渗透汽化在有机混合体系分离方面的应用. 石油化工，26(11):773～777

周金盛，曹曙光，施艳荞，陈观文. 1998. 有机液/有机液渗透汽化分离膜的研究进展. 膜科学与技术，18(1):1～9

周金盛，陈观文. 1999. 纳滤膜技术的研究进展. 膜科学与技术，19(4):1～10

Acharya H R, Stern S A. 1988. Separation of liquid benzene/cyclohexane mixture by perstraction and pervaporation. J. Membr. Sci., 37: 205～232

Bowen W R, Mukhtar H. 1996. Characterization and prediction of separation performance of nanofiltration membranes. J. Membr. Sci., 112: 263～274

Lipnizki F, Field R W, Ten P K. 1999. Pervaporation-nased hybrid process: a review of process design, applications and economics. J. Membr. Sci., 153: 183～210

Vankelecom I F J. 2002. Polymeric membranes in catalytic reactors. Chem. Rev., 102: 3779～3810

第 5 章　高分子试剂

高分子试剂是指高分子主链或侧基上，接有可以进行化学反应的功能基团。例如反应式(5-1)，高分子试剂 **1** 是在聚乙烯基吡啶上，含有使有机物氧化的基团。它能使丁醇氧化成丁醛。

$$\text{Ⓟ}\!-\!C_5H_4NHCr_2OCl\ (\mathbf{1}) + C_4H_9OH \longrightarrow C_3H_7CHO \tag{5-1}$$

高分子试剂与生物化学、有机合成、特殊分离、有机金属化合物、分析等有着极为密切的关系。有很强的应用前景。

5.1　概　　述

5.1.1　高分子试剂的作用

1963 年 Merrifield 成功地在高聚物上进行多肽的固相合成。人们才逐渐认识到高分子试剂的重要性。与低分子试剂比较起来，高分子试剂有许多特点。

(1) 反应产物很容易从副产物中分离出来，避免了复杂的分离过程。如反应式(5-2)所示，过量的氧化试剂以及反应后生成的聚苯乙烯苯甲酸，皆不溶于氧化环己烷及环己烯中。只要进行简单的过滤，就可以得到低分子化合物。为了提高反应速度及收率，可以使用过量的高分子试剂。而失活的高分子试剂，可以通过简单的方法再生后，重复使用。活性并不显著降低。

$$\text{环己烯} + \left[CH_2-CH(C_6H_4C(=O)OOH)\right]_n \longrightarrow \text{环氧环己烷} + \left[CH_2-CH(C_6H_4COOH)\right]_n \tag{5-2}$$

(2) 避免副反应。就一般情况而言，两种可溶性反应物 A 和 B，在溶液中进行反应时，可能发生如反应式(5-3)和(5-4)所示两种情况。

$$A+B \longrightarrow A—B \tag{5-3}$$

$$A+A \longrightarrow A—A(\text{副反应}) \tag{5-4}$$

当 A—B 和 A—A 沸点接近，或其他物理性质、化学性质相似时，分离就比较困难。若把其中一种反应物如 A 接到高分子上，制成含有官能团 A 的高分子试剂时，由于在载体上的 A 官能团难以接近，相互之间不会反应，副产物 A—A 就可以避免生成[见反应式(5-5)]。例如反应式(5-6)中，苯乙酸乙酯除与对硝基苯甲酰氯反应外，还能进行自身缩合反应，生成副产物，使产物 **2** 分离纯化困难。

$$\text{Ⓟ}\langle^{A}_{A} + B \longrightarrow \text{Ⓟ}—A + A—B \qquad (5-5)$$

$$C_6H_5CH_2COOC_2H_5 \xrightarrow[O_2N-C_6H_4-COCl]{Ph_3CLi} C_6H_5-CH(COOC_2H_5)-CO-C_6H_4-NO_2$$

$$\xrightarrow{HBr/TFA} C_6H_5-CH_2-CO-C_6H_4-NO_2 \quad \textbf{2} \quad 产率\ 22\% \qquad (5-6)$$

若将苯乙酸通过酯键接到高分子载体上，它的含量可以做得较低，使酯基团之间难接触、反应。这样避免了副反应，提高了产率及产品纯度[见反应式(5-7)]。

$$—CH_2—CH(C_6H_4CH_2OCOCH_2C_6H_5)—CH_2—CH(C_6H_5)—CH_2—CH(C_6H_4CH_2OCOCH_2C_6H_5)—$$

$$\xrightarrow[3.\ HBr/TFA]{1.\ (C_6H_5)_3CLi\quad 2.\ O_2N-C_6H_4-COCl} O_2N-C_6H_4-CO-CH_2-C_6H_5 \quad 43\% \qquad (5-7)$$

(3) 利用两高分子上基团相互难接近性，验证反应机理。对于乙酰乙酸甲酯与乙胺的反应(5-8)，生成了产物 **3**。可以用两种机理解释，一是胺进攻酯羰基，生成 **3**；另一是在碱性条件下生成活泼的中间体 **4**，再与乙胺进行加成反应，生成产物 **3**[见反应式(5-9)]。

$$CH_3\overset{O}{\overset{\|}{C}}CH_2\overset{O}{\overset{\|}{C}}OCH_3 + C_2H_5NH_2 \longrightarrow \underset{\mathbf{3}}{CH_3\overset{O}{\overset{\|}{C}}CH_2\overset{O}{\overset{\|}{C}}-NHC_2H_5} \tag{5-8}$$

$$CH_3\overset{O}{\overset{\|}{C}}CH_2\overset{O}{\overset{\|}{C}}OCH_3 \longrightarrow \underset{\mathbf{4}}{CH_3\overset{O}{\overset{\|}{C}}-CH=C=O} \xrightarrow{C_2H_5NH_2} \underset{\mathbf{3}}{CH_3\overset{O}{\overset{\|}{C}}CH_2\overset{O}{\overset{\|}{C}}-NHC_2H_5} \tag{5-9}$$

哪一种机理是对的？用通常的反应方法很难鉴别。所以将乙酰乙酸酯和伯胺分别反应在二个不同的树脂基体上，得到高分子试剂 **5** 和 **6**，然后将其放在含有三乙胺的1,4-二氧六环溶液中。可以证明反应(5-10)能顺利进行，这就说明活性中间体 **4** 从固体 **5** 转移到固相 **6**。因为在固体 **6** 上的胺不可能进攻树脂 **5** 上的酯键。利用这一方法，可以用来证明寿命短、活性高的中间体的存在。

$$\underset{\mathbf{5}}{\text{—CH}_2\text{—CH—}(C_6H_3)(NO_2)\text{—O}\overset{O}{\overset{\|}{C}}CH_2\overset{O}{\overset{\|}{C}}CH_3} + \underset{\mathbf{6}}{\text{—CH}_2\text{—CH—}C_6H_4\text{—}CH_2NH_2} \xrightarrow[\text{1,4-二氧六环}]{\text{三乙胺}} \text{—CH}_2\text{—CH—}(C_6H_3)(NO_2)\text{—OH} + \text{—CH}_2\text{—CH—}C_6H_4\text{—}CH_2NH\overset{O}{\overset{\|}{C}}CH_2\overset{O}{\overset{\|}{C}}CH_3 \tag{5-10}$$

(4) 操作方便，易实现连续循环操作。高分子试剂可以装在柱中进行连续循环操作。在多步合成中，可以把几种高分子试剂柱串联起来，构成一个连续的化学反应器，大大简化操作步骤。

(5) 可以作基团的保护试剂。当反应物是多官能团化合物，在进行某一步反应时，不该反应的官能团也参与反应。这时，需要将其中不该反应的官能团保护起来。在需要反应的时候，经简单反应后，使官能团复原。例如，通过反应(5-11)，制备两个不同氨基酸的缩合物 **7**。

$$\text{—CH}_2\text{—CH—}C_6H_4\text{—}CH_2Cl + HO\overset{O}{\overset{\|}{C}}\underset{R_1}{\underset{|}{CH}}NH\text{—Ⓟ} \xrightarrow{NaOH} \text{—CH}_2\text{—CH—}C_6H_4\text{—}CH_2O\overset{O}{\overset{\|}{C}}\underset{R_1}{\underset{|}{CH}}\text{—NH—Ⓟ}$$

Ⓟ为保护基团

$$\xrightarrow{[H^+]} \text{—CH}_2\text{—CH—}(C_6H_4)\text{CH}_2\text{OC(=O)CH(R}_1\text{)NH}_2 \xrightarrow{\text{HOC(=O)CH(R}_2\text{)NH—Ⓟ}} \text{—CH}_2\text{—CH—}(C_6H_4)\text{CH}_2\text{OC(=O)—CH(R}_1\text{)NHC(=O)CH(R}_2\text{)—NHⓅ}$$

$$\xrightarrow{\text{HBr/TFA}} \text{—CH}_2\text{—CH—}(C_6H_4)\text{CH}_2\text{OH} + \underset{\mathbf{7}}{\text{NH}_2\text{CH(R}_2\text{)C(=O)NH—CH(R}_1\text{)C(=O)—OH}} \tag{5-11}$$

首先把氨基酸上的氨基保护,以防止树脂上的氯甲基与羧酸钠反应时,氨基也反应。在第一步反应完成后,水解保护基团,还原氨基。彻底洗掉在树脂内的所有杂质,再进行下一步与第二个氨基酸反应。待第二步反应完成后,将产物从树脂上水解下来,得到了纯的产物 **7**。

相比较起来,高分子试剂具有许多优点:安全,易控制;有高度的选择性,收率高;有较好的稳定性、防水性,不挥发,无气味,降低毒性。

5.1.2　高分子试剂的反应类型

利用高分子试剂进行化学合成,一般有三种类型。

1) 高分子试剂本身参与反应

如图 5 - 1 所示,在高分子试剂参与下,小分子有机反应物进行了化学反应,生成了产物。过滤后,滤液经纯化得到产物;因高分子试剂参与反应,所以固体物需经再生,生成高分子试剂,才能继续使用。为了说明这一试剂的作用,以含硫高分子试剂参与下,从苯甲醛合成过氧化苯乙烯的反应过程作说明(见图 5 - 2)。

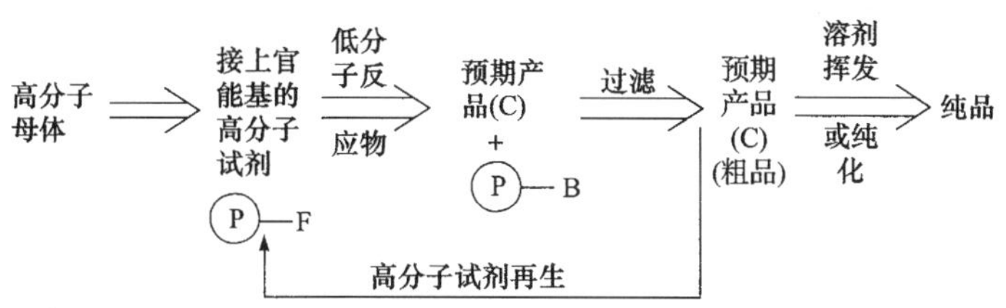

图 5 - 1　高分子试剂参与反应示意图

从图 5 - 2 可以看出,过滤后的固体上季硫醚基团上甲基参与了反应,生成了甲硫醚基团。若要继续使用,必须再与 CH_3I 反应。这种高分子试剂品种很多,在有机合成中十分重要,如高分子酰化试剂、卤化试剂、缩合剂等。

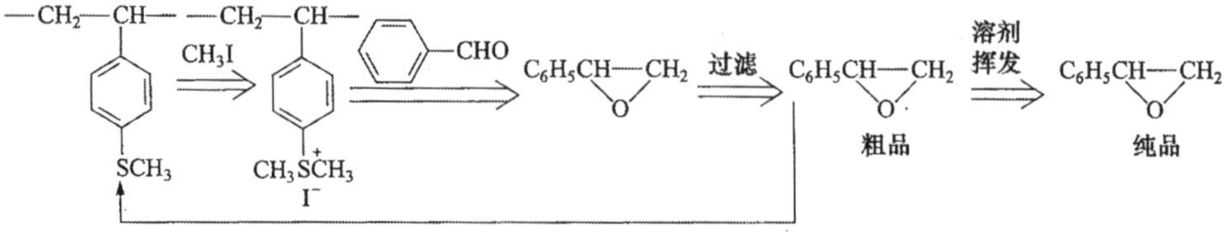

图 5-2　以含季硫醚的聚苯乙烯作高分子试剂，苯甲醛生成氧化苯乙烯的反应

2）高分子试剂仅起催化作用，即高分子催化剂

3）高分子试剂仅作负载低分子反应物的支持体

从图 5-3 可见，反应生成的中间产品结合在高分子支持体上。经过反应后，生成了目标产品，再从高分子支持体上解离下来。过滤、挥发掉溶剂，就可以得到纯产品。在反应过程中，高分子试剂没有参与反应。生成物从支持体上解离后，不必经再生，可直接使用。为进一步说明这一过程，以含光活性胺的高分子试剂与环己酮反应为例说明(见图 5-4)，环己酮键合在高分子上。进一步反应，生成产物 **8**。过滤、回收得到的是原来结构的高分子试剂。它没有基团进入产物 **8**。

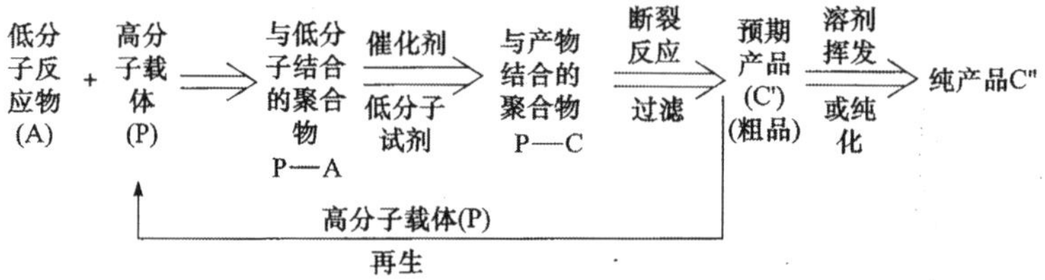

图 5-3　高分子试剂仅作载体参与反应的示意图

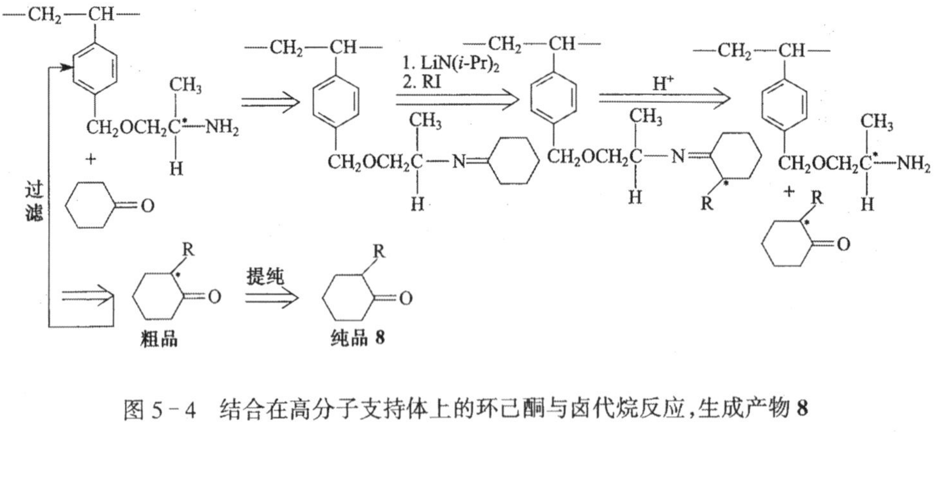

图 5-4　结合在高分子支持体上的环己酮与卤代烷反应，生成产物 **8**

5.2　高分子试剂的制备及其应用

制备高分子试剂有两种方法:①采用物理吸附方法,将反应基团吸附在高分子载体上。例如,将 CrO_3 吸附在聚(4-乙烯基吡啶)支持体上,如反应式(5-12)所示。

$$\text{—CH}_2\text{—CH—(4-pyridyl)} + CrO_3 \xrightarrow{HCl} \text{—CH}_2\text{—CH—(4-pyridyl, N·HCr}_2\text{OCl)} \qquad (5-12)$$

采用物理吸附方法制备的高分子试剂,在使用过程中,反应基团常会解离,即在循环使用过程中,反应活性会损失。②通过化学反应,将催化活性基以共价键联到高分子载体上,能够循环使用,即使用过的高分子试剂,只要经适当的化学处理,就可以重复使用。还可将生成的副产物残留在不溶的高分子载体上,只要简单分离,就可以从反应混合物中,分离出需要的产物。原则上,在使用过程中,反应活性基不会消失。下面,我们分类叙述高分子试剂的合成及其应用。

5.2.1　含膦高分子试剂

含膦高分子试剂(polymeric phosphine reagents)可以通过反应式(5-13),(5-14)所示的方法制备。得到的含膦化合物的聚合物,可以作多种反应的高分子试剂。

$$CH_2{=}CH\text{—}C_6H_4\text{—}Br \xrightarrow{AIBN} \text{—(}CH_2\text{—}CH\text{)}_n\text{—}C_6H_4\text{—}Br \xrightarrow{LiPPh_2} \text{—(}CH_2\text{—}CH\text{)}_n\text{—}C_6H_4\text{—}PPh_2 \qquad (5-13)$$

$$\downarrow BuLi$$

$$\text{—(}CH_2\text{—}CH\text{)}_n\text{—}C_6H_4\text{—}Li + ClPPh_2 \longrightarrow \text{—(}CH_2\text{—}CH\text{)}_n\text{—}C_6H_4\text{—}PPh_2 \qquad (5-14)$$

1. Wittig 反应

Wittig 反应是研究得比较多的有机反应。它是从卤化物和醛或酮合成烯烃的反应[见反应式(5－15)]。通常该反应的产率很高。存在的问题是:①分离困难,生成物烯烃很难从副产物 Ph_3PO 中分离出来;②试剂成本高。

$$n\text{-}C_4H_9Br + \begin{matrix} C_6H_5 \\ \quad\diagdown \\ \quad C{=}O \\ \quad\diagup \\ CH_3 \end{matrix} \xrightarrow{Ph_3P} \begin{matrix} C_6H_5 \\ \quad\diagdown \\ \quad C{=}CH(n\text{-}C_3H_7) \\ \quad\diagup \\ CH_3 \end{matrix} + Ph_3PO \tag{5-15}$$

若使用含膦高分子试剂,反应后,生成的副产物残留在高分子支持体上。经过过滤,就可以得到需要的产物,烯烃的产率和纯度均很高。

反应式(5－16)是 CH_3I 与环己酮反应,生成了亚甲基环己烷。副产物三苯基氧膦接在高分子主链上,用过滤方法可以将产物与固体物分开。固体物不能继续用作高分子试剂,用还原方法,例如用三氯硅烷还原,进行再生[见反应式(5－17)]。

$$\text{—}CH_2\text{—}CH\text{—}(C_6H_4)\text{—}P(Ph)_2 + CH_3I \longrightarrow \text{—}CH_2\text{—}CH\text{—}(C_6H_4)\text{—}P^+(Ph)_2(CH_3)\,I^- \xrightarrow[B^-]{\text{环己酮}} \text{环己烷}{=}CH_2 + \text{—}CH_2\text{—}CH\text{—}(C_6H_4)\text{—}P({=}O)(Ph)_2 \tag{5-16}$$

$$\text{—}CH_2\text{—}CH\text{—}(C_6H_4)\text{—}P({=}O)PhPh + Cl_3SiH \longrightarrow \text{—}CH_2\text{—}CH\text{—}(C_6H_4)\text{—}PhPPh \tag{5-17}$$

Wittig 反应是按反应式(5－18)所示的反应进行的。第一步是平衡反应,第二、三步是消去三苯基氧膦的反应。可能这两步反应同时发生。随反应物的不同,决定速率的步骤可为第 1 步或第 2、3 步。

$$Ph_3\overset{+}{P}\text{—}\overset{R'}{\underset{-}{C}}\text{—}R + O{=}C\lt \overset{1}{\rightleftharpoons} Ph_3\overset{+}{P}\text{—}\overset{R'}{C}\text{—}R \;(\text{下接 }{}^-O\text{—}C\lt) \xrightarrow{2} \begin{matrix} Ph_3P\text{—}\overset{R'}{C}\text{—}R \\ |\qquad | \\ O\text{—}C\text{—} \end{matrix} \xrightarrow{3} Ph_3P{=}O + \begin{matrix} R' \\ | \\ C\text{—}R \\ \| \\ C\text{—} \end{matrix} \tag{5-18}$$

$$CH_3CH_2Br + C_6H_5CHO \longrightarrow \underset{\text{顺式: 92\%}}{\begin{matrix} C_6H_5 \qquad CH_3 \\ C{=}C \\ H \qquad\quad H \end{matrix}} + \underset{\text{反式: 8\%}}{\begin{matrix} C_6H_5 \qquad H \\ C{=}C \\ H \qquad CH_3 \end{matrix}} \tag{5-19}$$

当用 Wittig 反应合成 1,2-双取代烯烃时，存在着顺式和反式两种异构体[见反应式(5-19)]。用通常的方法制备，烯烃中顺式和反式的比例相差不大。当在 LiCl 存在下进行 Wittig 反应，则产物中顺式和反式的比例将会改变。用低分子膦化合物，主要生成反式烯烃。若使用高分子试剂，在加入高分子试剂前，将 Li^+ 盐过滤掉，则主要产物为顺式烯烃。例如溴乙烷与苯甲醛进行 Wittig 反应生成的产物中，顺式和反式的比例为 92:8。

2. 卤化反应

含三苯基膦的高分子试剂，可以进一步反应生成卤化试剂，制备方法见反应式(5-20)～(5-22)。取代基为三苯氧膦时，则要用光气制备氯化试剂[见反应式(5-20)]；若为三苯基膦时，则在四氯化碳溶剂中，与 Cl_2 或 Br_2 反应，生成氯化或溴化试剂[见反应式(5-21)]。

$$—CH_2—CH(C_6H_4P(=O)Ph_2)— \xrightarrow{COCl_2} —CH_2—CH(C_6H_4PCl_2Ph_2)— \tag{5-20}$$

$$—CH_2—CH(C_6H_4PPh_2)— \xrightarrow[CCl_4,\ 25℃]{X_2,H_2SO_4} —CH_2—CH(C_6H_4PX_2Ph_2)— \quad X=Br,Cl \tag{5-21}$$

含三苯基膦的高分子试剂，在 CCl_4 溶剂中，会形成复合物，可作为氯化试剂[见反应式(5-22)]。

$$—CH_2—CH(C_6H_4PPh_2)— \xrightarrow[25℃]{CCl_4} —CH_2—CH(C_6H_4PPh_2\cdot CCl_4)— \tag{5-22}$$

这些氯化试剂具有较高的反应活性，是反应条件温和的试剂，能催化以下的反应。

(1) 酰氯化反应。含苯基膦和四氯化碳复合物的高分子试剂，在使羧酸酰氯化时，具有较高的活性，收率也很高[见反应式(5-23)]。

$$\text{PhCH}_2\text{COOH} \xrightarrow[\text{—CH}_2\text{—CH(C}_6\text{H}_4\text{PPh}_2\text{)—, CCl}_4\text{, 回流4h}]{\text{CH}_2\text{Cl}_2} \text{PhCH}_2\text{COCl}\quad \text{产率100\%} \tag{5-23}$$

(2) 醇转化为卤代烃。经氯气处理的三苯基膦高分子试剂，可以使苯甲醇生成苄氯[见反应式(5－24)]。

$$\text{—CH}_2\text{—CH(C}_6\text{H}_4\text{PPhPhCl}_2\text{)—} + \text{PhCH}_2\text{OH} \xrightarrow{\text{CH}_3\text{CN}} \text{—CH}_2\text{—CH(C}_6\text{H}_4\text{P(=O)Ph}_2\text{)—} + \text{PhCH}_2\text{Cl}\ \text{产率 88\%} \tag{5-24}$$

将高分子含膦试剂、CCl_4 和 ROH 一起回流，醇中的羟基转变成氯[见反应式(5－25)]。反应是在中性条件下进行，不产生氯化氢气体，反应收率很高。

$$\text{—CH}_2\text{—CH(C}_6\text{H}_4\text{PPh}_2\text{)—} + \text{CCl}_4 + \text{ROH (PhCH}_2\text{OH)} \xrightarrow{\Delta} \text{—CH}_2\text{—CH(C}_6\text{H}_4\text{P(=O)Ph}_2\text{)—} + \text{RCl (PhCH}_2\text{Cl, 99\%)} + \text{CHCl}_3 \tag{5-25}$$

(3) 醚的断裂反应。高分子卤化试剂可以使醚键断裂，生成卤代烷，如反应式(5－26)所示。

$$i\text{-C}_3\text{H}_7\text{O—}i\text{-C}_3\text{H}_7 + \text{—CH}_2\text{—CH(C}_6\text{H}_4\text{PPhPhBr}_2\text{)—} \longrightarrow i\text{-C}_3\text{H}_7\text{Br (产率82\%)} + \text{—CH}_2\text{—CH(C}_6\text{H}_4\text{P(=O)Ph}_2\text{)—} \tag{5-26}$$

若用 THF 与该试剂反应，可以生成 1,4-二溴丁烷，收率 82％。

(4) 腈化反应。酰胺和羟肟化合物，在高分子卤化试剂存在下，会脱水生成腈化物[见反应式(5－27)和(5－28)]。

$$\text{C}_6\text{H}_5\text{CONH}_2 + \text{(P)}\text{-C}_6\text{H}_4\text{-PPh}_2\text{Cl}_2 \longrightarrow \text{C}_6\text{H}_5\text{CN} + \text{(P)}\text{-C}_6\text{H}_4\text{-Ph}_2\text{P=O} \tag{5-27}$$

产率78%

$$\text{C}_6\text{H}_5\text{CH=N-OH} + \text{(P)}\text{-C}_6\text{H}_4\text{-PPh}_2\text{Cl}_2 \longrightarrow \text{C}_6\text{H}_5\text{CN} \tag{5-28}$$

产率76%

(5) 氯化反应。与苯乙酮的反应，不是甲基上氯化，而是生成化合物**9**[见反应式(5-29)]。

$$\text{(P)}\text{-C}_6\text{H}_4\text{-Cl}_2\text{PPh}_2 + \text{C}_6\text{H}_5\text{COCH}_3 \xrightarrow[\triangle]{CH_3CN} \underset{\mathbf{9}}{\text{C}_6\text{H}_5\text{C(Cl)=CH}_2} + \text{(P)}\text{-C}_6\text{H}_4\text{-Ph}_2\text{P=O} \tag{5-29}$$

在以上所有反应中，过滤、回收得到的高分子试剂上含有三苯基膦氧基团，经Cl_3SiH还原处理，得到的高分子试剂可以重复使用。

3. 烷基化试剂

含三苯基膦的高分子试剂还可以进一步反应生成烷基化试剂[见反应式(5-30)]。

$$\text{(P)}\text{-C}_6\text{H}_4\text{-PPh}_2 \xrightarrow{(Bu_2S)_2CuI} \text{(P)}\text{-C}_6\text{H}_4\text{-Ph}_2\text{PCuI} \xrightarrow{RLi} \text{(P)}\text{-C}_6\text{H}_4\text{-Ph}_2\text{P}\cdot\text{CuR}_2\text{Li} \tag{5-30}$$

该烷基化试剂的活性很高，它能使卤代烷、甲苯磺酸酯进行烷基化反应，收率很高[见反应式(5-31)和(5-32)]。

$$\text{(P)}\text{-C}_6\text{H}_4\text{-Ph}_2\text{P}\cdot\text{CuR}_2\text{Li} + \text{R}_1'\text{X} \longrightarrow \text{R}_1\text{—R} + \text{(P)}\text{-C}_6\text{H}_4\text{-Ph}_2\text{P} + \text{CuX} + \text{LiX} \tag{5-31}$$

(注：(P)表示聚合物主链 —CH₂—CH— 。)

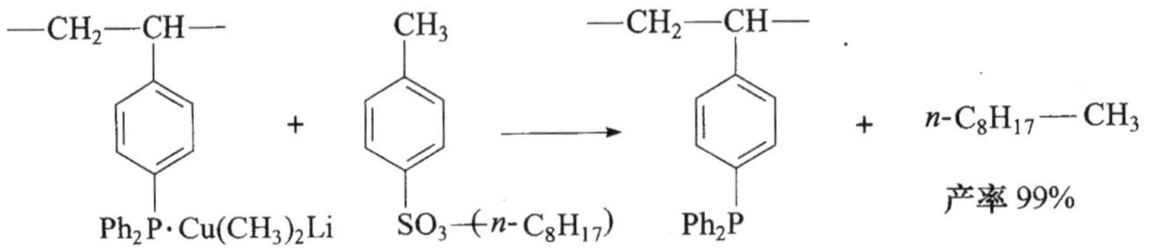

$$—CH_2—CH—(C_6H_4)—Ph_2P\cdot Cu(CH_3)_2Li + CH_3—C_6H_4—SO_3(n\text{-}C_8H_{17}) \longrightarrow —CH_2—CH—(C_6H_4)—Ph_2P + n\text{-}C_8H_{17}—CH_3 \quad (5-32)$$

产率 99%

在与 α，β-不饱和酮进行反应时，通常为 1,4-加成，在 β-位发生烷基化反应，得到 β-取代烷基酮[见反应式(5－33)]。

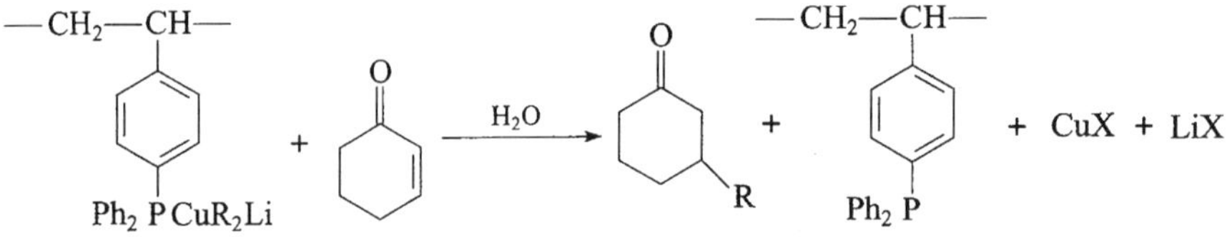

$$—CH_2—CH—(C_6H_4)—Ph_2PCuR_2Li + \text{环己烯酮} \xrightarrow{H_2O} \text{3-R-环己酮} + —CH_2—CH—(C_6H_4)—Ph_2P + CuX + LiX \quad (5-33)$$

4. 硫氰化试剂

含膦高分子试剂与$(SCN)_2$反应，得到了硫氰化试剂 **10** [见反应式(5－34)]。或者氯化试剂 **11** 与 KSCN 反应，也可生成硫氰化试剂 **10**[见反应式(5－35)]。

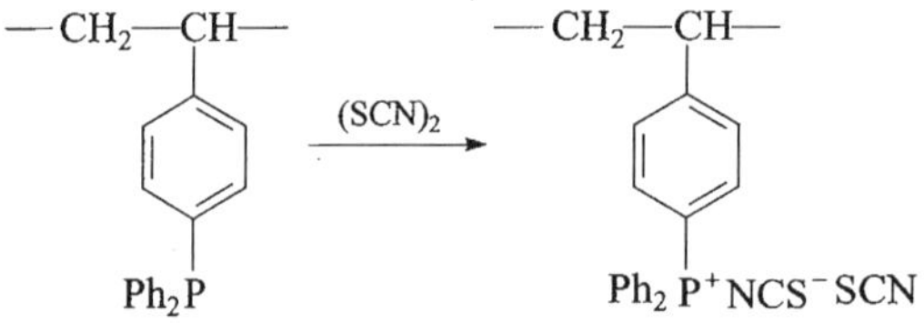

$$—CH_2—CH—(C_6H_4)—Ph_2P \xrightarrow{(SCN)_2} —CH_2—CH—(C_6H_4)—Ph_2P^+NCS^-SCN \ (\mathbf{10}) \quad (5-34)$$

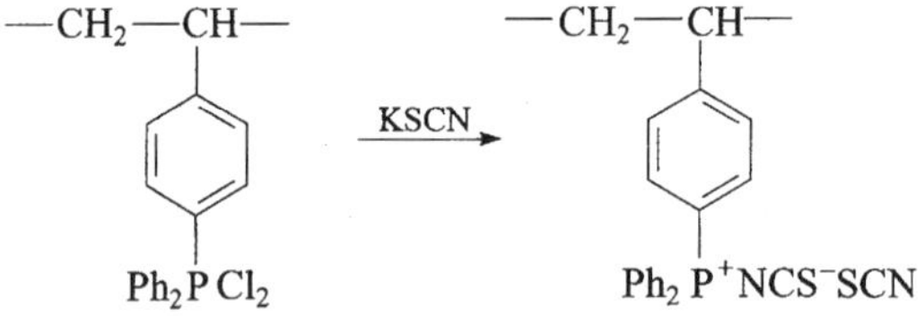

$$—CH_2—CH—(C_6H_4)—Ph_2PCl_2 \ (\mathbf{11}) \xrightarrow{KSCN} —CH_2—CH—(C_6H_4)—Ph_2P^+NCS^-SCN \ (\mathbf{10}) \quad (5-35)$$

该试剂与醇反应生成 RSCN，收率很高[见反应式(5－36)]。生成的氧化膦型树脂用 $COCl_2$ 处理，再与 KSCN 反应，得到的硫氰化试剂 **10**，可反复使用。

$$\text{—}CH_2\text{—}CH\text{—}(C_6H_4)\text{—}Ph_2P^+NCS^-SICN + ROH \longrightarrow \text{—}CH_2\text{—}CH\text{—}(C_6H_4)\text{—}Ph_2P{=}O + RSCN$$

$$\text{—}CH_2\text{—}CH\text{—}(C_6H_4)\text{—}Ph_2P{=}O \xrightarrow{COCl_2} \text{—}CH_2\text{—}CH\text{—}(C_6H_4)\text{—}Ph_2PCl_2 \xrightarrow{KSCN} \text{—}CH_2\text{—}CH\text{—}(C_6H_4)\text{—}Ph_2P^+NCS^-SICN \quad (5-36)$$

5.2.2 含硫高分子试剂

在有机合成中,含硫试剂是广泛使用的试剂之一,因为它有许多优点:操作方便,反应条件温和;试剂费用低。但也存在缺点:在使用过程中有恶臭;产物分离困难。若将含硫试剂接到高分子载体上,可以克服上述缺点。使用过的高分子试剂,经再生后可重复使用。下面介绍含硫高分子试剂的应用。

1. 制备氧化烯烃

$$\text{Ⓟ}\text{—}C_6H_4\text{—}\overset{+}{S}(CH_3)_2\ X^- + C_6H_5CHO \xrightarrow[CH_2Cl_2,\ 室温,\ (n\text{-}Bu)_4N^+OH^-]{40\%\ NaOH水溶液} C_6H_5\text{—}\underset{\diagdown O \diagup}{CH\text{—}CH_2} + \text{—}CH_2\text{—}CH\text{—}(C_6H_4)\text{—}SCH_3 \quad (5-37)$$

反应式(5－37)所示的反应是苯甲醛生成氧化苯乙烯的反应,该反应是在室温下,三相之间进行。相转移催化剂为 Bu_4NOH^-。式中,X 可为 FSO_3^-,$CH_3SO_3^-$,$C_2H_5SO_3^-$。反应后回收的树脂,与溴甲烷进行如反应式(5－38)所示的反应,生成季锍树脂,可以重复使用多次,活性不降低。但在 DMF 溶剂中,将二苯酮转化为环氧化合物,收率为 90%;回收后再使用,产率下降为 60%;第三次回收使用,产率下降为 0。

$$-CH_2-CH(C_6H_4SCH_3)- + CH_3Br \longrightarrow -CH_2-CH(C_6H_4S^+(CH_3)_2Br^-)- \quad (5-38)$$

合成季锍树脂有以下二种方法:①从聚氯甲基苯乙烯出发,先与二甲基硫醚反应,再用碘甲烷处理,得到季锍树脂[见反应式(5-39)]。与相应的小分子试剂比较,这样制得的树脂在使用中,无挥发性,无恶臭,毒性小。

$$-CH_2-CH(C_6H_4CH_2Cl)- \xrightarrow[2.\ CH_3I]{1.\ CH_3SCH_3,\ KI} -CH_2-CH(C_6H_4CH_2S^+(CH_3)_2\ I^-)- \xrightarrow{t\text{-BuOK}} -CH_2-CH(C_6H_4CH{=}S(CH_3)_2)- \quad (5-39)$$

11

②从聚 *p*-溴代苯乙烯出发,先与 BuLi 反应,生成苯基锂,再与$(CH_3S)_2$反应,生成的产物用CH_3Br处理,得到季锍树脂[见反应式(5-40)]。

$$-CH_2-CH(C_6H_4Br)- \xrightarrow{BuLi} -CH_2-CH(C_6H_4Li)- \xrightarrow{CH_3SSCH_3} -CH_2-CH(C_6H_4SCH_3)- \xrightarrow{CH_3Br} -CH_2-CH(C_6H_4S^+(CH_3)CH_3\ Br^-)- \quad (5-40)$$

12

2. 氧化试剂

聚合物 **13a** 在 -10℃ 下,用氯气处理就可得到氧化试剂 **13b**[见反应式(5-41)]。与相应的低分子试剂比较,高分子试剂活性高,选择性也好。

$$-CH_2-CH(C_6H_4SCH_3)- \xrightarrow[-10℃]{Cl_2/CH_2Cl_2} -CH_2-CH(C_6H_4S^+(CH_3)Cl\ Cl^-)- \quad (5-41)$$

13a **13b**

氧化试剂 **13b** 具有很高的活性和较好的选择性。例如,将二元醇中一个羟基氧化成醛。可以将伯醇氧化成醛，仲醇氧化成酮[见反应式(5-42)]。这一反应的收率很高。在反应(5-43)中，化合物 **14** 是子宫收缩药物的中间体，若使用 **13b** 作氧化试剂，能定量地将反应物氧化，生成产物 **14**。

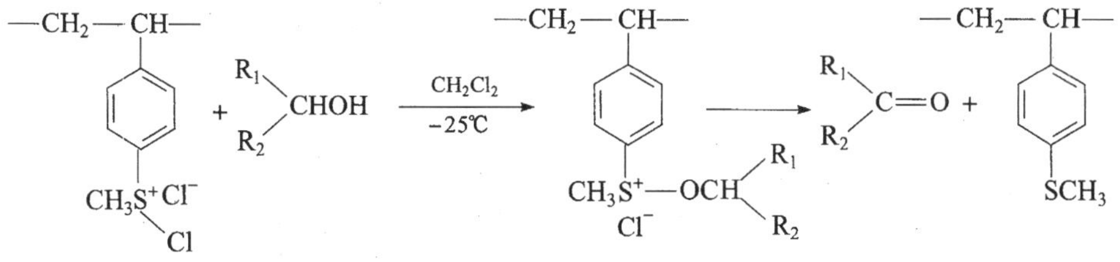

(5-42)

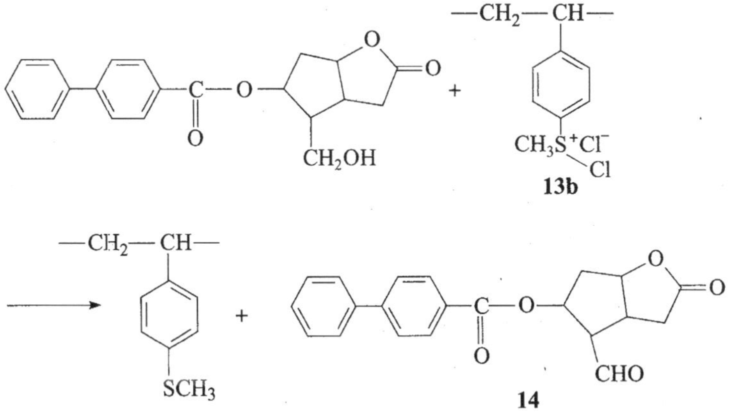

13b

14

(5-43)

还可以利用高分子氧化试剂 **13b** 来研究高分子链的孤立效应。例如，若用一般的氧化试剂氧化二元醇，可得到对称的二元醛。若用硫含量低，例如，甲硫醚含量为~0.66mmol/g 的氧化试剂 **13b** 来氧化二元醇，当该分子的一端羟基与活性基反应时，另一端的羟基难以与另一活性基接触，从而单元醛的产率可以提高。如反应式(5-44)所示，1,6-己二醇在氧化试剂 **13b** 的作用下，氧化得到的单元醛产率可达 51%，而二元醛的收率仅为 5%。

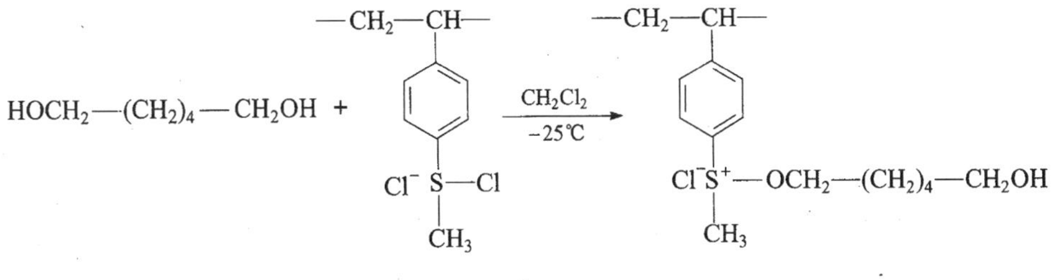

$$HOCH_2—(CH_2)_4—CH_2OH + \text{(polymer)}—C_6H_4—S^+(Cl^-)(Cl)CH_3 \xrightarrow[-25℃]{CH_2Cl_2} \text{(polymer)}—C_6H_4—S^+(Cl^-)(CH_3)—OCH_2—(CH_2)_4—CH_2OH$$

$$\xrightarrow[CH_2Cl_2]{Et_3N} OCH—(CH_2)_4—CHO + OCH—(CH_2)_4—CH_2OH + \text{—CH}_2\text{—CH— (C}_6\text{H}_4\text{—SCH}_3\text{)} \quad (5-44)$$

产率5%　　产率51%

3. 烷基化试剂

含硫高分子试剂的另一用途是作烷基化试剂。将试剂上的硫甲基用丁基锂处理,得到硫甲基锂型高分子烷基化试剂。它与碘代烷或二碘代烷同系列化合物反应,将生成物从支持体上脱下来,得到的碘化物,其碳链的长度增加了[见反应式(5-45)]。该反应的收率较高,反应回收后的试剂,与丁基锂反应,可再生成烷基化试剂,可以重复使用。

$$\text{—CH}_2\text{—CH—(C}_6\text{H}_4\text{—SCH}_3) \xrightarrow{n\text{-BuLi}} \text{—CH}_2\text{—CH—(C}_6\text{H}_4\text{—S—CH}_2^-\text{Li}^+) \xrightarrow{R(CH_2)_nCH_2I} \text{—CH}_2\text{—CH—(C}_6\text{H}_4\text{—S—CH}_2\text{—(CH}_2)_{n+1}\text{R)}$$

$$\xrightarrow{NaI/CH_3I/DMF} \text{—CH}_2\text{—CH—(C}_6\text{H}_4\text{—S—CH}_3) + ICH_2\text{—(CH}_2)_{n+1}R \quad (5-45)$$

4. 砜的制备

砜化合物是从化合物 **15** 和卤代物,通过有机反应(5-46)制备的。

$$CH_3\text{—C}_6\text{H}_4\text{—SO}_2^-\overset{+}{N}Bu_4 \ (\mathbf{15}) + RX \longrightarrow CH_3\text{—C}_6\text{H}_4\text{—S(=O)}_2\text{—R} + Bu_4N^+X^- \quad (5-46)$$

而化合物 **15** 是通过反应(5-47)制备的。为使反应彻底,产物易于分离,通常要求对甲苯亚硫酸钠过量两倍。所以只有 1/2 的对甲亚硫酸钠参与反应,这不经济。如果采用高分子试剂就可解决此问题。例如,用反应(5-48)制备化合物 **16**,产率可达 93%。这样不仅可以有效地利用试剂,因为过量的、未反应的亚硫酸钠仍在树脂上，再生时，亚硫酸钠的用量可以减少，而且整个分离过程简单。经过滤、回收的树脂可用苯亚硫酸钠处理，就可以重复使用。

$$CH_3-C_6H_4-SO_2Na + Bu_4N^+Br^- \longrightarrow CH_3-C_6H_4-SO_2^-\ \overset{+}{N}Bu_4 \quad (\mathbf{15}) \tag{5-47}$$

$$\text{—}CH_2\text{—}CH\text{—}(C_6H_4)CH_2\overset{+}{N}(CH_3)_3\ \overset{-}{O_2}S-C_6H_5 + C_2H_5OC(=O)-CH{=}C(CH_3)-CH_2Br \longrightarrow C_6H_5-S(=O)_2-CH_2-C(CH_3){=}CH-C(=O)OC_2H_5\ (\mathbf{16},\ \text{产率}93\%) + \text{—}CH_2\text{—}CH\text{—}(C_6H_4)CH_2N^+(CH_3)_3\ Cl^- \tag{5-48}$$

5．磺酰肼

在有机合成中，磺酰肼是烯烃的加氢试剂。通常，磺酰肼可用通过磺酰氯与水合联胺反应得到［见反应式(5-49)］。如果将该试剂反应在高分子载体上，如反应式(5-49)所示，得到的高分子磺酰肼，也能使烯烃加氢，而且活性比相应的小分子试剂高，所以产率很高。例如，内烯基苄基硫醚加氢时，收率可达99%［见反应式(5-50)］。

$$\text{—}CH_2\text{—}CH\text{—}(C_6H_4)SO_2Cl + H_2NNH_2\cdot H_2O \longrightarrow \text{—}CH_2\text{—}CH\text{—}(C_6H_4)SO_2NHNH_2 \tag{5-49}$$

$$\text{—}CH_2\text{—}CH\text{—}(C_6H_4)SO_2NH\text{—}NH_2 + C_6H_5CH_2SCH_2CH{=}CH_2 \longrightarrow C_6H_5CH_2SCH_2CH_2CH_3\ (99\%) \tag{5-50}$$

若在同一分子中有羰基的烯烃，该试剂仅还原烯烃，羰基不还原［见反应式(5-51)］。所以该试剂对加氢反应有较高的选择性。

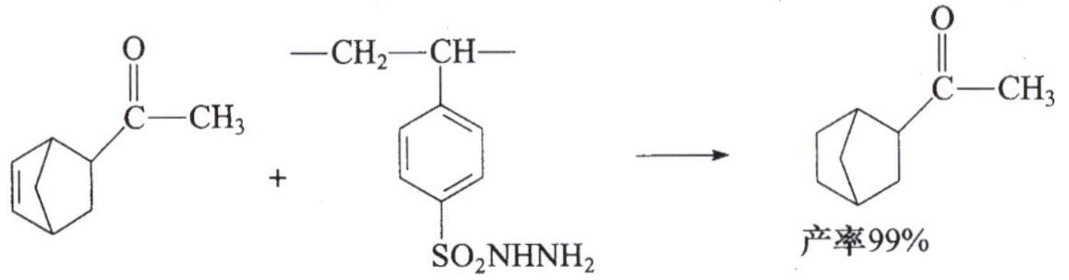

产率99%

(5-51)

5.2.3 高分子缩合试剂

1. 碳化双亚胺

二环己基碳化双亚胺(dicyclohexylcarbodimide,DCC)是酯化反应等的有效缩合试剂,广泛用于酸酐、酯和肽的合成。反应生成的副产物分离比较困难。若将DCC接到树脂上,合成如 **17** 所示的高分子缩合试剂(polymeric condensing reagent)。反应后,生成的副产物留在树脂载体上,分离困难就可以克服。高分子试剂 **17** 用得最普遍,其合成方法如反应式(5-52)所示。接上去的DCC功能团的量,可用乙酸生成酸酐或草酸法测定,一般负载量在3.60mmol/g左右。

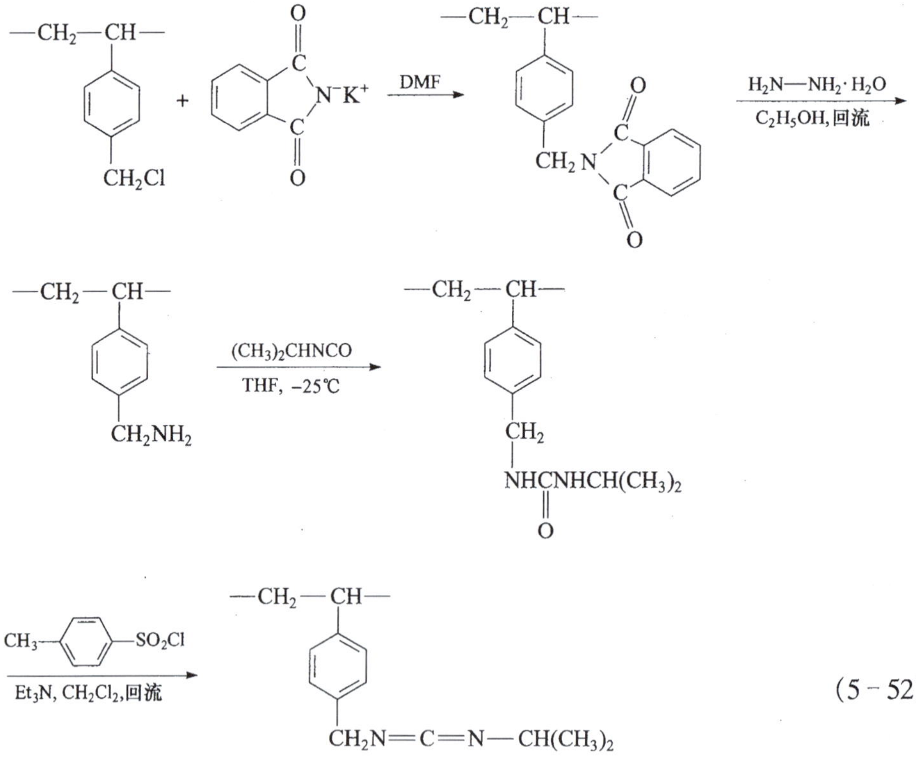

DMF

$H_2N—NH_2·H_2O$
C_2H_5OH,回流

$(CH_3)_2CHNCO$
THF, -25℃

$CH_3-C_6H_4-SO_2Cl$
Et_3N, CH_2Cl_2,回流

$CH_2N=C=N—CH(CH_3)_2$

17

(5-52)

试剂 **17** 是一种非常有效的缩合试剂。例如，在 **17** 的存在下，戊二酸定量地转化成戊二酸酐[见反应式(5－53)]；乙酸转化成乙酸酐。生成的脲衍生物保留在树脂上，只要过滤，蒸馏滤液就可得比较纯的产物。回收的树脂经对甲苯磺酰氯处理，就可以使用。

$$CH_2(CH_2COOH)_2 \xrightarrow[\text{室温, 2d}]{\text{17, 苯/乙醚}} \text{戊二酸酐}\ (CH_2-C(=O)-O-C(=O)-CH_2,\ \text{环内含 }CH_2) \qquad (5-53)$$

化合物 **17** 也是氧化剂。特别适用于高度敏感而易变的化合物的氧化。例如欲将前列腺素中间体 **18** 氧化成醛，可用高分子试剂 **17** 在丙酮溶液中反应，收率可达 91%[见反应式(5－54)]。

$$\mathbf{18}\ (C_6H_5-C_6H_4-C(=O)-O-\text{内酯环戊烷}-CHOH) + (-CH_2-CH-)-C_6H_4-CH_2N{=}C{=}N-CH(CH_3)_2 + CH_3C(=O)CH_3$$

$$\xrightarrow[\text{室温, 3h}]{\text{苯, 磷酸}} C_6H_5-C_6H_4-C(=O)-O-\text{内酯环戊烷}-CHO + (-CH_2-CH-)-C_6H_4-CH_2NHC(=O)NHCH(CH_3)_2 \qquad (5-54)$$

利用小分子碳化亚胺化合物与氯甲基化树脂反应，也可以合成缩合试剂，例如利用反应(5－55)制备化合物 **19**。

$$(-CH_2-CH-)-C_6H_4-CH_2Cl + (CH_3)_2N(CH_2)_3-N{=}C{=}N-R \longrightarrow (-CH_2-CH-)-C_6H_4-CH_2\overset{+}{N}(CH_3)_2-(CH_2)_3-N{=}C{=}N-R\ \ \mathbf{19} \qquad (5-55)$$

2. 氯磺酸

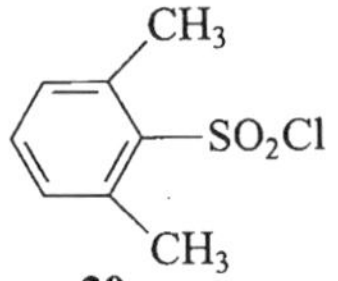

采用反应(5-56)和(5-57)两种方法制备磷酸二元酯时,无论采用哪一种方法,要加入位阻很大的苯磺酰氯,如化合物 **20** 作缩合试剂。这样会遇到三个问题:①反应过程中,生成的磺酸副产物很难从产物中完全除去;②水解产物是乳化剂,水洗时分层困难;③尽管苯磺酰氯有很大位阻,仍生成少量硫酸酯,这样会降低收率,也给分离带来一定的困难。

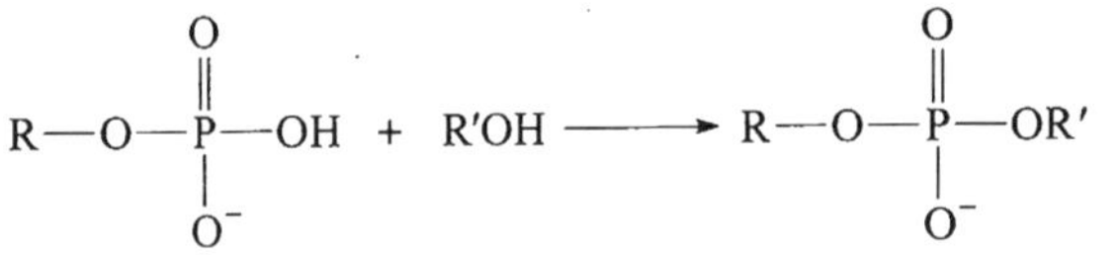

20

$$R-O-P(=O)(O^-)-OH + R'OH \longrightarrow R-O-P(=O)(O^-)-OR' \qquad (5-56)$$

$$R-O-P(=O)(OCH_2CH_2CN)-OH + R'OH \longrightarrow R-O-P(=O)(OCH_2CH_2CN)-OR' \xrightarrow{OH^-} R-O-P(=O)(O^-)-OR' \qquad (5-57)$$

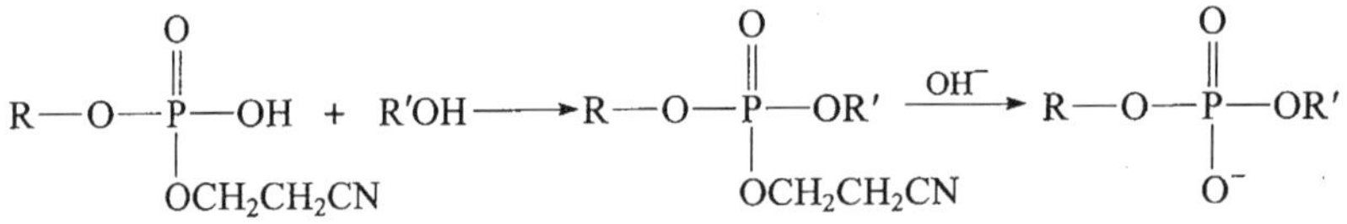

如果将位阻大的苯磺酰氯合成在高分子载体上,这些小分子缩合试剂存在的问题也许可以解决。其中一个合成含磺酰氯高分子试剂的方法如反应式(5-58)所示。

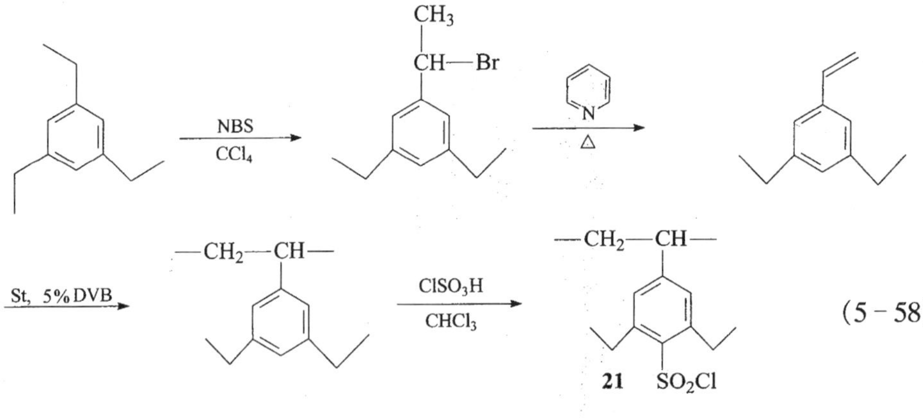

$$\xrightarrow[CCl_4]{NBS} \qquad \xrightarrow[\triangle]{\text{吡啶}} \qquad \xrightarrow{St,\ 5\%DVB} \qquad \xrightarrow[CHCl_3]{ClSO_3H} \qquad (5-58)$$

21

得到的高分子缩合试剂 **21** 可用于低聚核苷酸的合成。以合成二聚核苷酸的反应式(5-59)为例,说明使用这一试剂的基本原理。经过二步缩合后,得到二聚核苷酸的收率约为 70%。

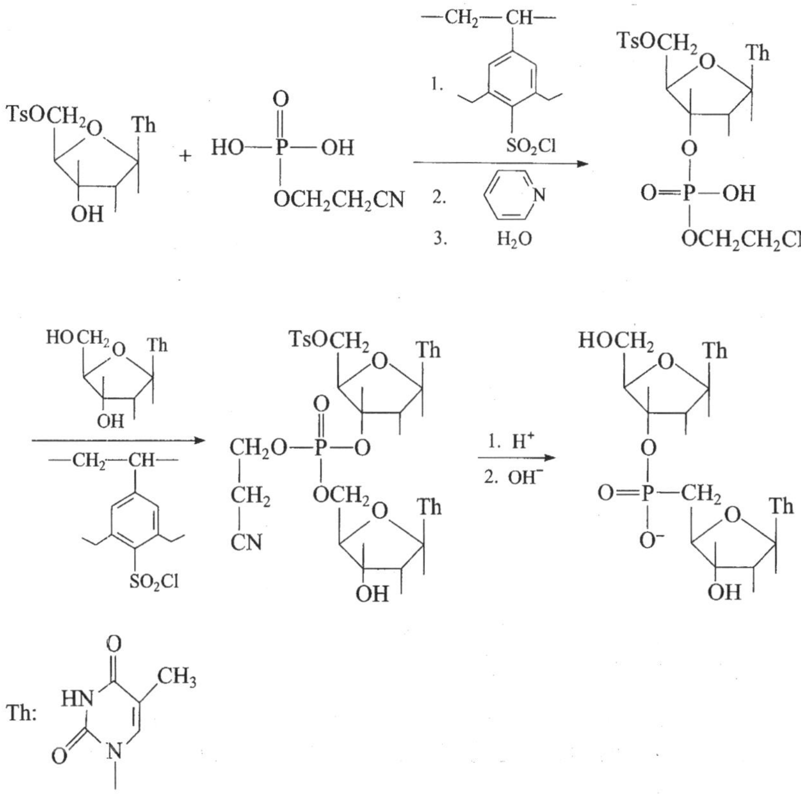

(5 - 59)

Th:

5.2.4　高分子氧化还原试剂

含有醌 氢醌、吡啶 二氢吡啶基团的高分子氧化-还原催化剂在 2.1.2 节已经讲过，本节只讲述一些特殊的氧化剂和还原剂。

1. 氧化剂

1) 过氧酸

有机过氧酸已广泛地用于有机化合物的合成中，但它不稳定，易分解。将过氧酸合成在高分子上，生成高分子过氧酸，可以克服这个缺点。典型的高分子过氧酸合成路线见图 5 - 5。

图 5 - 5 给出了从高分子交联聚苯乙烯出发，合成过氧酸树脂**22**的三条不同路线。与低分子过氧酸相比，高分子过氧酸的稳定性好，分解缓慢。在 20℃ 情况下保存 70 天，氧化容量下降一半；于 - 20℃ 下可放置数月，活性不下降。

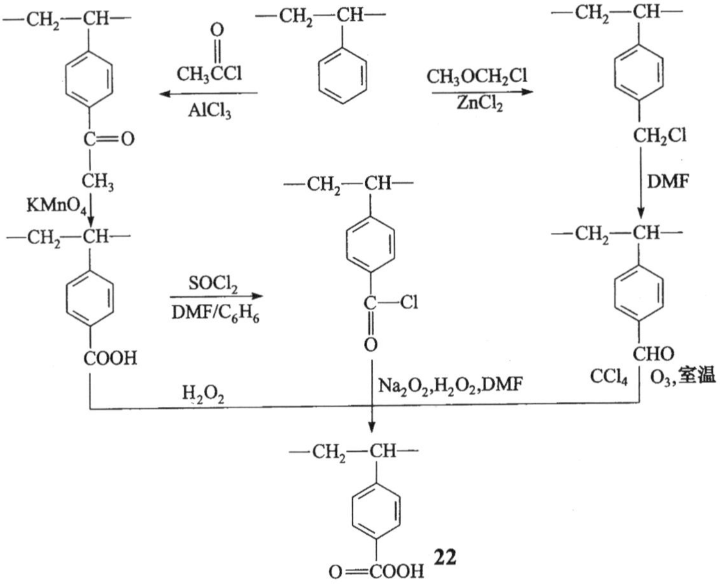

图 5 - 5　高分子过氧酸的合成

它可以氧化各种烯烃，生成环氧化合物。表 5 - 1 列出了利用过氧酸树脂**22**氧化不同烯烃的结果。例如，它氧化环己烯，生成环氧化合物[见反应式(5 - 60)]，收率达到 86%。得到的羧酸树脂，经过氧化氢氧化再生成过氧酸树脂，可以反复使用。

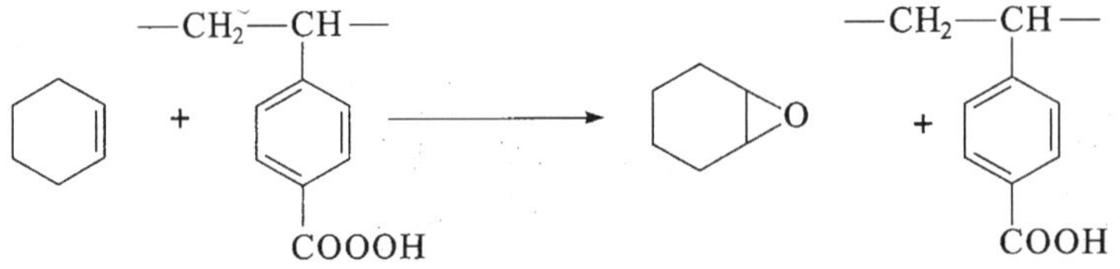

(5 - 60)

表 5 - 1　利用树脂 12 氧化烯烃的结果

烯烃	产物	收率/%	烯烃回收率/%
cis-$CH_3(CH_2)_4CH{=}CH{-}CH_3$	$CH_3(CH_2)_4{-}CH{-}CH{-}CH_3$（环氧，O桥）	50	13
trans-$CH_3(CH_2)_4CH{=}CH{-}CH_3$	$CH_3(CH_2)_4{-}CH{-}CHCH_3$（环氧，O桥）	76	9
trans-$CH_3CH{=}CH{-}C_6H_5$	$CH_3{-}CH{-}CH{-}C_6H_5$（环氧，O桥）	62	8

续表

烯烃	产物	收率/%	烯烃回收率/%
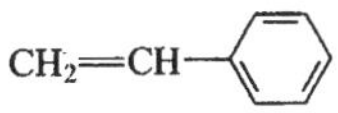 $CH_2{=}CH-$	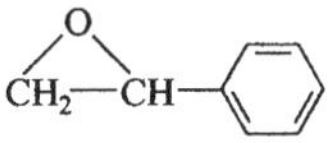 $\overset{O}{CH_2-CH}-$	7	60
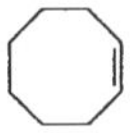	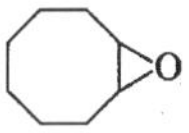 O	95	2
$CH_2{=}CH(CH_2)_8COOCH_3$	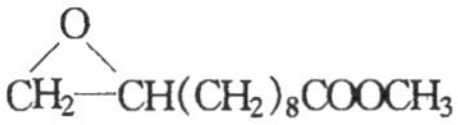 $\overset{O}{CH_2-CH}(CH_2)_8COOCH_3$	1	82

2）硒氧化物

低分子有机硒化合物能氧化烯烃生成二元醇，但是有恶臭和毒性，给操作带来麻烦。将硒化合物合成在高分子上，生成高分子硒试剂，可避免这一缺点。

高分子硒试剂的合成，可以从对溴苯乙烯出发，在 THF 溶剂中与镁反应，生成格氏试剂。与 Se 反应后，经酸性水解，生成含硒的苯乙烯。由 AIBN 引发聚合得到的聚合物与溴苯反应后，生成还原型高分子有机硒试剂，再经氧化得到高分子硒氧化试剂[见反应式(5-61)]。

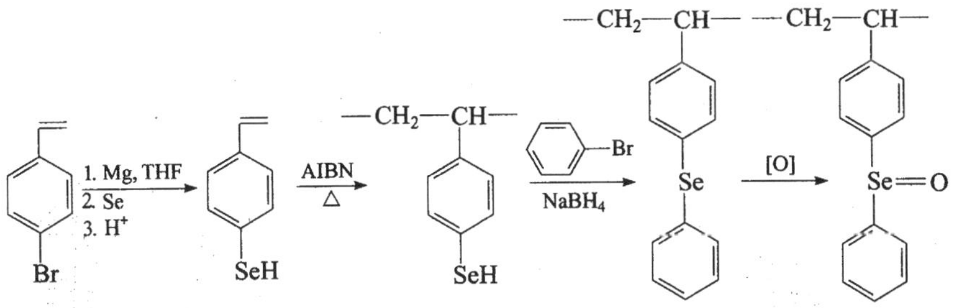

Br　—(1. Mg, THF　2. Se　3. H^+)→　SeH　—(AIBN, △)→　$-CH_2-CH-$ SeH　—(Br, $NaBH_4$)→　$-CH_2-CH-$ Se　—([O])→　$-CH_2-CH-$ Se=O　(5-61)

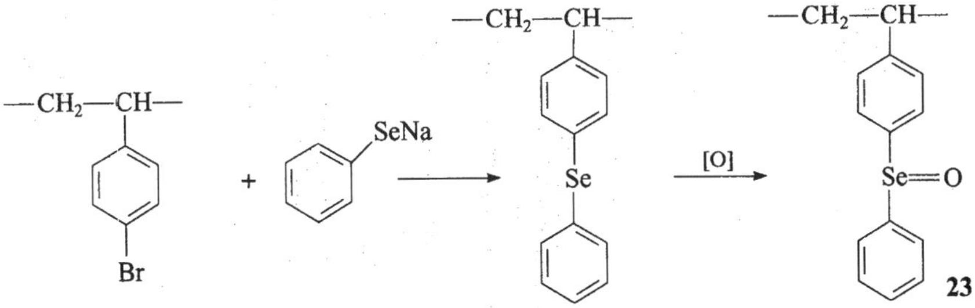

$-CH_2-CH-$ Br　+　SeNa　⟶　$-CH_2-CH-$ Se　—([O])→　$-CH_2-CH-$ Se=O　**23**　(5-62)

也可以交联聚苯乙烯先溴化，再与苯硒化钠反应制得高分子硒氧化试剂 **23**[见反应式(5-62)]。高分子硒化合物 **23**，具有良好的选择氧化性。例如异辛烯氧化生成二元醇[见反应式(5-63)]；甲基萘氧化成萘甲醛[见反应式(5-64)]。

生成的硒化物再经氧化处理后，可反复使用。

$$(CH_3)_2C{=}CH{-}(CH_2)_3{-}CH_3 + \text{P-}C_6H_4{-}Se(=O){-}C_6H_5 \longrightarrow CH_3{-}C(CH_3)(OH){-}CH(OH){-}(CH_2)_3{-}CH_3 + \text{P-}C_6H_4{-}Se{-}C_6H_5 \qquad (5-63)$$

$$\text{2-甲基萘} + \text{P-}C_6H_4{-}Se(=O){-}C_6H_5 \longrightarrow \text{2-萘甲醛(CHO)} + \text{P-}C_6H_4{-}Se{-}C_6H_5 \qquad (5-64)$$

（P 表示 $-CH_2-CH-$ 聚合物主链）

3）高价碘氧化试剂

与小分子试剂一样，高价碘氧化高分子试剂具有很好的氧化活性和选择性。从交联聚苯乙烯出发，合成高价碘氧化高分子试剂 **24** 的合成步骤如反应式(5－65)所示。

$$\text{P-}C_6H_5 \xrightarrow[H_2SO_4]{I_2/HIO_4} \text{P-}C_6H_4{-}I \xrightarrow[40℃]{CH_3COOH} \text{P-}C_6H_4{-}I(OAc)_2\ (\mathbf{24}) \qquad (5-65)$$

在温和条件下，高分子试剂 **24** 可以使醇氧化成醛[见反应式(5－66)]、苯乙酮氧化成醇[见反应式(5-67)]、苯酚氧化成醌[见反应式(5-68)]，还可以发生氧化-脱

$$C_6H_5{-}CH_2OH \xrightarrow[CH_2Cl_2/CH_3CN]{\mathbf{24},\ \triangle} C_6H_5{-}CHO \qquad (5-66)$$

$$C_6H_5{-}C(=O){-}CH_3 \xrightarrow[\mathbf{24},\ r.t.^{1)}]{CH_2Cl_2/CH_3CN} C_6H_5{-}C(=O){-}CH_2OH \qquad (5-67)$$

1）r.t.指室温。

水-成环反应[见反应式(5－69)]。

$$\text{2-R-hydroquinone} \xrightarrow[\mathbf{24},\ \text{r.t.}]{CH_2Cl_2/CH_3CN} \text{2-R-1,4-benzoquinone} \tag{5-68}$$

$$\text{4-HO-}C_6H_4\text{-}CH_2\text{-}CH(R)\text{-}COOH \xrightarrow[\mathbf{24},\ \text{r.t.}]{CH_2Cl_2/CH_3CN} \text{7-hydroxy-3-R-dihydrocoumarin} \tag{5-69}$$

4）吸附型氧化剂

H_2CrO_4 的氧化性较强，反应不易控制。如果将其吸附在高分子上，生成高分子试剂 **25**[见反应式(5－70)]。

$$\text{—}CH_2\text{—}CH\text{—}(C_6H_4\text{-}CH_2\overset{+}{N}(CH_3)_3\ Cl^-) + H_2CrO_4 \longrightarrow \text{—}CH_2\text{—}CH\text{—}(C_6H_4\text{-}CH_2\overset{+}{N}(CH_3)_3\ HCrO_4^-)\ \mathbf{25} \tag{5-70}$$

该氧化剂 **25** 能将仲醇氧化成酮，例如，反应式(5－71)，将2-十一醇氧化成 2-十一酮。由于微环境的影响，提高了 $HCrO_4^-$ 的亲核性，从而增加了氧化反应速率和产率。

$$\text{—}CH_2\text{—}CH\text{—}(C_6H_4\text{-}CH_2\overset{+}{N}(CH_3)_3\ HCrO_4^-) + n\text{-}C_9H_{19}\text{—}\underset{}{\overset{OH}{CH}}\text{—}CH_3 \longrightarrow n\text{-}C_9H_{19}\text{—}\overset{O}{\overset{\|}{C}}\text{—}CH_3 \quad \text{收率73\%} \tag{5-71}$$

高分子试剂 **25** 还可以氧化卤代烃生成酮和醛，如反应式(5－72)所示，将苯基苄基溴氧化成二苯甲酮。

2．高分子还原剂

1）有机锡氧化物和有机硅还原试剂

$$(C_6H_5)_2CH{-}Br + \text{25}\ [\text{—}CH_2\text{—}CH\text{—}\ (p\text{-}C_6H_4CH_2\overset{+}{N}(CH_3)_3\ HCrO_4^-)] \longrightarrow C_6H_5\text{—}\overset{O}{\overset{\|}{C}}\text{—}C_6H_5 \tag{5-72}$$

有机锡氧化物是我们熟知的选择性羰基还原剂。双氢化合物通常比相应的单氢化合物活泼,但是不稳定。如果把低分子双氢锡化合物接到高分子上,制成高分子还原剂,则稳定性会大大提高。制备方法如反应式(5-73)所示。这样得到的试剂，活泼氢的含量为2.0～2.5mmolH_2/g。比起相应的小分子锡氢化物,该高分子试剂比较稳定,在20℃下保存约2个月,活性减少一半;无气味,低毒性;易与产物分离。它是很好的还原试剂。

$$\text{—}CH_2\text{—}CH\text{—}(p\text{-}C_6H_4Li) \xrightarrow[Et_2O]{MgBr_2} \text{—}CH_2\text{—}CH\text{—}(p\text{-}C_6H_4MgBr) \xrightarrow{n\text{-}BuSnCl_3} \text{—}CH_2\text{—}CH\text{—}(p\text{-}C_6H_4\text{—}Sn(Cl)_2\text{—}n\text{-}Bu) \xrightarrow[THF]{LiAlH_4} \text{—}CH_2\text{—}CH\text{—}(p\text{-}C_6H_4\text{—}SnH_2\text{—}n\text{-}Bu) \tag{5-73}$$

高分子锡氢化试剂易将苯甲醛、苯甲酮和叔丁基甲基酮还原成相应的醇,收率可达91%～92%[见反应式(5-74)]。一般情况下,用该试剂还原醛和酮时,需要较长的反应时间。

$$C_6H_5\text{—}\overset{O}{\overset{\|}{C}}\text{—}CH_3 + \text{—}CH_2\text{—}CH\text{—}(p\text{-}C_6H_4\text{—}SnH_2\text{—}n\text{-}Bu) \xrightarrow[\text{回流45h}]{\text{甲苯}} C_6H_5\text{—}\underset{OH}{\underset{|}{CH}}\text{—}CH_3\ (92\%) \tag{5-74}$$

当用低分子锡氢化物作还原剂,还原醛和酮的机理如反应式(5-75),(5-76)所示。首先Sn—H与C═O发生加成反应,生成CH—O—Sn;再在Sn—H的作用下,生成了仲醇及Sn—Sn化合物。在使用高分子试剂时,反应(5-76)不会发生。因为高分子骨架限制了基团的活动性。反应结束后,要水解CH—O—Sn键,才能获得还原产物。

$$\rangle Sn\text{—}H + \rangle C{=}O \longrightarrow \rangle CH\text{—}O\text{—}Sn\langle \tag{5-75}$$

$$\rangle CH—O—Sn\langle + —\rangle Sn—H \longrightarrow \rangle CH—OH + —\rangle Sn—Sn\langle \quad (5-76)$$

该试剂具有较大的选择性，例如还原对苯二甲醛时，可以选择性地还原成单醛，生成单元醇和二元醇的比例为 6:1[见反应式(5 - 77)，(5 - 78)]。所以有如此高的选择性，是因为分子上第一个醛基与聚合物中活性基接近反应时，第二个醛基不易接近高分子上的活性基 Sn—H。

$$OHC-C_6H_4-CHO + (—CH_2—CH—)\text{-}C_6H_4\text{-}n\text{-}BuSnH_2 \longrightarrow HOCH_2-C_6H_4-CHO + HOCH_2-C_6H_4-CH_2OH \quad (5-77)$$

$$o\text{-}C_6H_4(CHO)_2 + (—CH_2—CH—)\text{-}C_6H_4\text{-}n\text{-}BuSnH_2 \longrightarrow o\text{-}C_6H_4(CHO)(CH_2OH) + o\text{-}C_6H_4(CH_2OH)_2 \quad (5-78)$$

还原试剂还可以将脂肪族或芳族卤代烃还原成相应的烷烃和芳烃，如反应式(5 - 79)所示。一般用过量的 $C_8H_{17}I$ 与高分子还原试剂反应，以测定树脂中活泼氢的量。

$$C_8H_{17}I + (—CH_2—CH—)\text{-}C_6H_4\text{-}SnH_2\text{—}n\text{-}Bu \longrightarrow C_8H_{18} \quad (5-79)$$

产率99%

另一种是具有 Si—H 结构的聚合物如 **26**。它不能单独使用，必须与有机锡氧化物如$(Bu_3Sn)_2O$ 配合使用[见反应式(5 - 80)]。反应结束后，有机硅发生了交联，不溶于反应溶液。这对分离是十分有利的，但难于再生和重复使用。相比 Bu_3SnH，聚合物**26**比较稳定，容易保存。反应中生成锡氢化合物，它能还原羰基和卤化物[见反应式(5 - 81)～(5 - 83)]。

$$—Si(CH_3)(H)—\left(O—Si(CH_3)(H)\right)_n—O— + (Bu_3Sn)_2O \longrightarrow —Si(CH_3)(O—)—\left(O—Si(CH_3)(O—)\right)_n—O— + 2Bu_3SnH \quad (5-80)$$

26

$$\text{1,1-二溴环丙烷} + \left(-\underset{\text{H}}{\overset{\text{CH}_3}{\text{Si}}}\!-\!\text{O}\!-\!\underset{\text{H}}{\overset{\text{CH}_3}{\text{Si}}}\!-\right)_n\!\text{O}- + (\text{Bu}_3\text{Sn})_2\text{O} \longrightarrow \text{环丙烷} \quad (5-81)$$

产率85%

$$\text{ClCH}_2\text{CH}_2\text{CH}_2\text{CN} + \left(-\underset{\text{H}}{\overset{\text{CH}_3}{\text{Si}}}\!-\!\text{O}\!-\!\underset{\text{H}}{\overset{\text{CH}_3}{\text{Si}}}\!-\right)_n\!\text{O}- + (\text{Bu}_3\text{Sn})_2\text{O} \longrightarrow \text{CH}_3\text{CH}_2\text{CH}_2\text{CN} \quad (5-82)$$

产率93%

$$\text{CH}_3\text{-C}_6\text{H}_{10}\text{=O} + \left(-\underset{\text{H}}{\overset{\text{CH}_3}{\text{Si}}}\!-\!\text{O}\!-\!\underset{\text{H}}{\overset{\text{CH}_3}{\text{Si}}}\!-\right)_n\!\text{O}- + (\text{Bu}_3\text{Sn})_2\text{O} \longrightarrow \text{CH}_3\text{-C}_6\text{H}_{10}\text{-OH} \quad (5-83)$$

产物75%

$$(\text{Bu}_2\text{CH}_3\overset{\text{O}}{\overset{\|}{\text{C}}}\text{OSn})_2\text{O}$$

27

若用二丁基乙酸氧化锡 **27** 代替三丁基氧化锡，**27** 的用量为催化剂量，在溶剂乙醇中进行反应，锡化合物仅起转移氢的作用，并不消耗。这是十分经济、方便的方法。其机理可能如反应式(5－84)～(5－87)所示。

$$>\!\text{Sn—O—Sn}\!< \; + \; -\text{O}-\underset{\text{H}}{\overset{\text{CH}_3}{\text{Si}}}- \longrightarrow \; >\!\text{Sn—H} + -\text{O}-\underset{|}{\overset{\text{CH}_3}{\text{Si}}}-\text{O}-\underset{|}{\overset{|}{\text{Sn}}}- \quad (5-84)$$

$$>\!\text{Sn—H} \; + \; >\!\text{C}\!=\!\text{O} \longrightarrow \; >\!\text{Sn—O—CH}\!< \quad (5-85)$$

$$>\!\text{Sn—O—CH}\!< \; + \; \text{C}_2\text{H}_5\text{OH} \longrightarrow \; >\!\text{Sn—O—C}_2\text{H}_5 + \; >\!\text{CHOH} \quad (5-86)$$

$$>\!\text{Sn—O—C}_2\text{H}_5 + -\text{O}-\underset{|}{\overset{\text{CH}_3}{\text{Si}}}-\text{H} \longrightarrow \; >\!\text{Sn—H} + -\text{O}-\underset{|}{\overset{\text{CH}_3}{\text{Si}}}-\text{OC}_2\text{H}_5 \quad (5-87)$$

从反应机理可见，Sn—H 与羰基的加成产物[见反应式(5－85)]，在乙醇作用下生成醇和乙氧基锡。在 Si—H 作用下，后者还原成 Sn—H[见反应式(5－86)和(5－87)]，可继续参与还原反应。

2）硼氢化合物

硼氢化合物是优良的还原剂。可将它负载在高分子载体上，制成高分子试剂。它主要采用吸附方法制备，例如，交联乙烯基吡啶吸附硼氢化钠时，生成 BH_3[见反应式(5－88)]。该试剂可还原醛和酮，其反应过程如反应式(5－89)，(5－90)所示。先生成硼酸酯[见反应式(5-89)],待反应结束后,用酸分解硼酸酯,生成产物醇[见反应式(5-90)]。

$$\text{—CH}_2\text{—CH—(4-吡啶基, }N^+H\,Cl^-) + NaBH_4\ (过量) \longrightarrow \text{—CH}_2\text{—CH—(4-吡啶基, N}\cdot BH_3) + NaCl + H_2 \qquad (5-88)$$

$$\text{—CH}_2\text{—CH—(4-吡啶基, }N^+\,BH_3^{\ominus}) + R_1R_2C{=}O \xrightarrow{70℃} \text{—CH}_2\text{—CH—(4-吡啶基, }N^+\text{—}B(\text{—O—CHR}_1R_2)_3) \qquad (5-89)$$

$$\text{—CH}_2\text{—CH—(4-吡啶基, }N^+\text{—}B(\text{—O—CHR}_1R_2)_3) + HCl \longrightarrow \text{—CH}_2\text{—CH—(4-吡啶基, }N^+\,HCl^-) + 3\,R_1R_2CH\text{—OH} + B(OH)_3 \qquad (5-90)$$

也可用交联聚(α-乙烯基吡啶)吸附 BH_3 制备还原试剂,如反应式(5-91)所示。它还原苯乙酮、环己酮和正辛醛成相应的醇时,产率为 93%~100%。

$$\text{—CH}_2\text{—CH—(2-吡啶基)} + BH_3 \xrightarrow[THF]{CH_3SCH_3} \text{—CH}_2\text{—CH—(2-吡啶基, N}\cdot BH_3) \qquad (5-91)$$

除了用交联聚乙烯基吡啶外,强碱阴离子交换树脂也可以吸附硼氢化钠,生成高分子还原试剂 **28**。它的还原容量是以苯甲醛还原成苄醇的能力来衡量的,其值在 11.0~13.3mmol 苯甲醛/g 树脂之间。树脂的孔径提高了还原的选择性。例如,能将 4-叔丁基环己基酮选择性地还原成顺式-4-叔丁基环己基醇[见反应式(5-92)]。

$$\text{—CH}_2\text{—CH—}C_6H_4\text{—}{}^+N(CH_3)_3\ BH_3 \qquad \mathbf{28}$$

$$(CH_3)_3C\text{—}C_6H_{10}{=}O \longrightarrow \text{顺式-}(CH_3)_3C\text{—}C_6H_{10}\text{—}OH\ (H) \qquad (5-92)$$

含硫的高分子也可以用来作吸附 BH_3 的载体，如反应式(5－93)所示。该试剂可以定量地将酮还原成醇[见反应式(5－94)]。

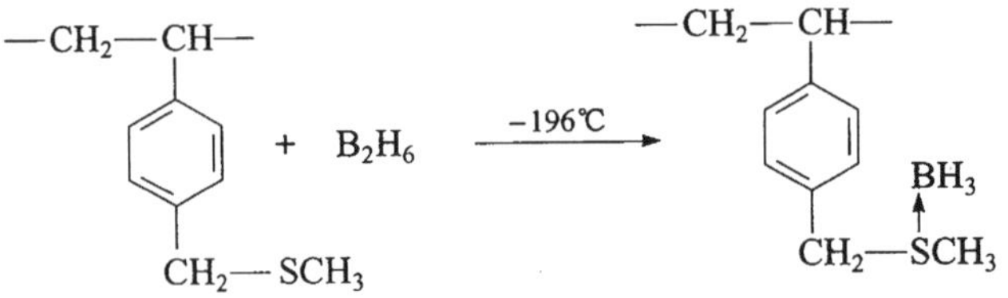

—CH₂—CH— … + B_2H_6 $\xrightarrow{-196℃}$ … $CH_2—S(\rightarrow BH_3)CH_3$　　(5－93)

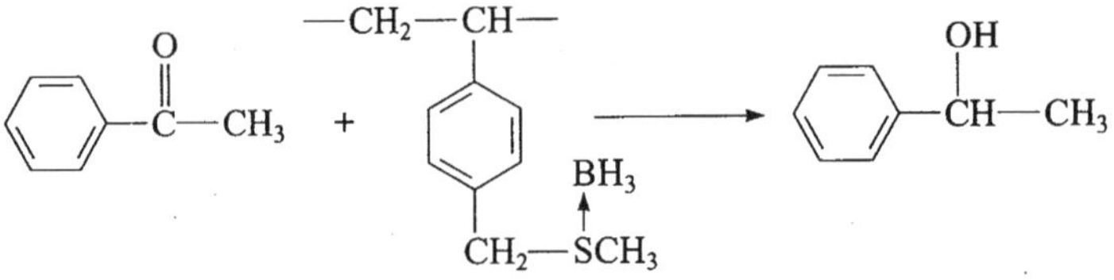

(5－94)

5.2.5　高分子卤代试剂

在卤代试剂中，经常使用的试剂为 *N*-卤代酰亚胺，如 *N*-卤代丁二酰亚胺 **29**，*N*-卤代磺酰胺 **30**，氯胺 T **31**，吡啶或 1,4-二氧六环与卤素的络合物(**32** 和 **33**)等。相应高分子卤代试剂(polymeric halogenation reagents)中，也含有这些卤代试剂。其中 *N*-溴代丁二酰亚胺型高分子和聚乙烯基吡啶与溴的络合物研究得较多。合成方法见反应式(5－95)，(5－96)。

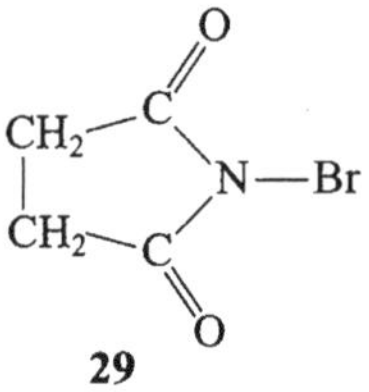

29 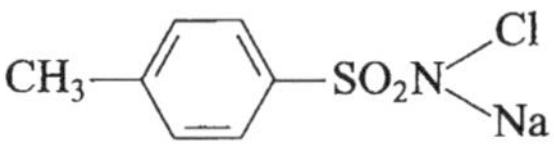　　**30**

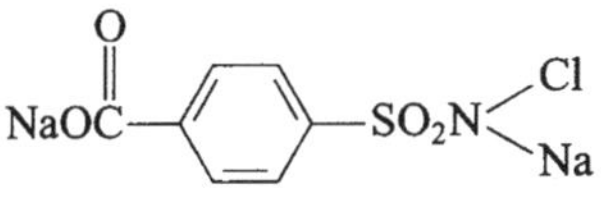

31 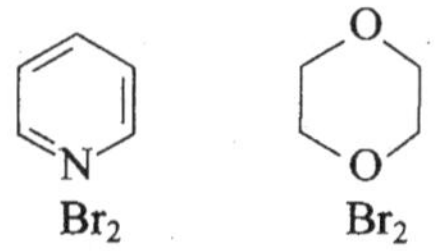　　**32**　　**33**

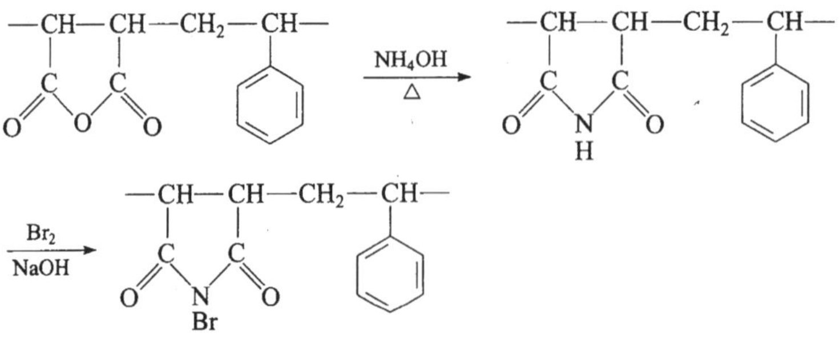

$\xrightarrow[\triangle]{NH_4OH}$

$\xrightarrow[NaOH]{Br_2}$　　(5－95)

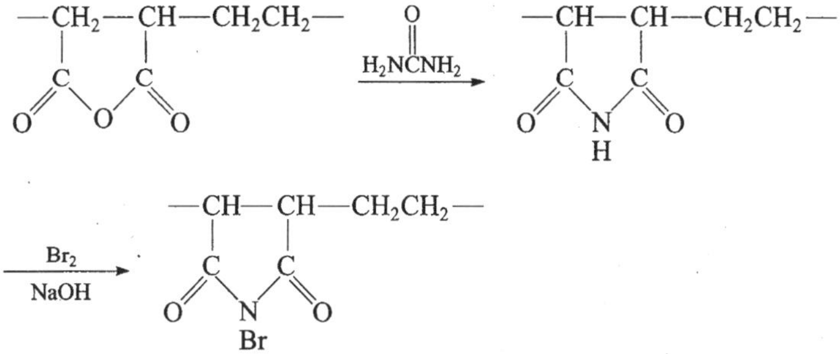

$$—CH_2—CH—CH_2CH_2— \xrightarrow{H_2NCONH_2} —CH—CH—CH_2CH_2— \text{(丁二酰亚胺, N—H)} \xrightarrow[NaOH]{Br_2} —CH—CH—CH_2CH_2— \text{(N—Br)} \quad (5-96)$$

在有机合成中，使用小分子卤化试剂进行卤化反应时，选择性较差。例如，在无溶剂和自由基存在下，甲苯与 N-氯代丁二酰亚胺进行氯化反应，得到的是侧基和苜环氯代产物的混合物[见反应式(5-97)]。

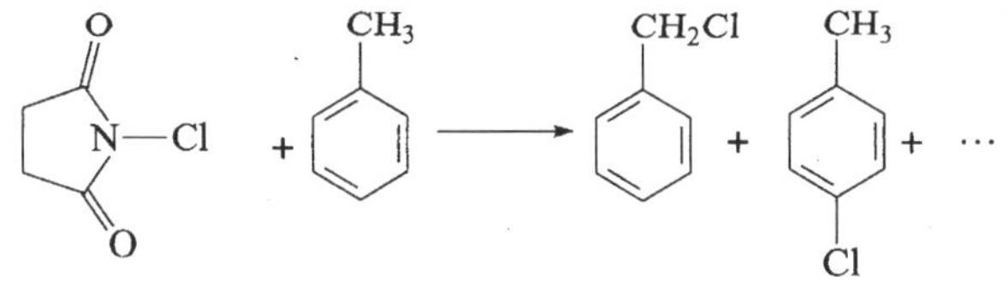

$$\text{N-氯代丁二酰亚胺} + C_6H_5CH_3 \longrightarrow C_6H_5CH_2Cl + p\text{-}ClC_6H_4CH_3 + \cdots \quad (5-97)$$

若利用 N-氯代丁二酰亚胺聚合物作氯化试剂，反应产物仅为单一的苯环氯化产物[见反应式(5-98)]。

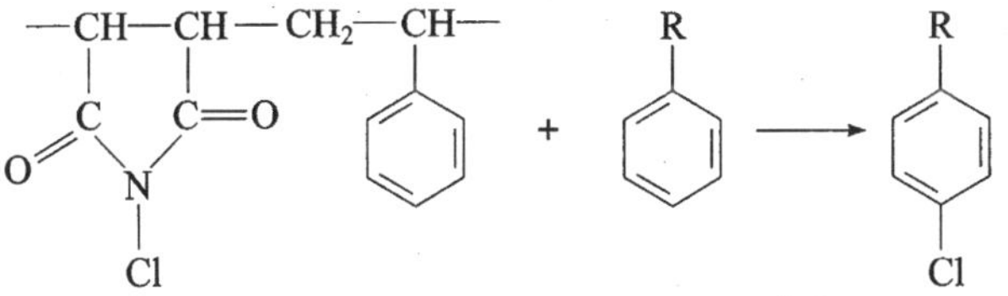

$$—CH—CH—CH_2—CH(C_6H_5)— \text{(N—Cl)} + C_6H_5R \longrightarrow p\text{-}RC_6H_4Cl \quad (5-98)$$

R	产率
CH_3—	85%
t-Bu—	70%
i-C_3H_7—	80%

对 N-溴代丁二酰亚胺聚合物作溴化试剂，得到的产物就比较复杂。如甲苯溴化，主要得侧链溴化产物[见反应式(5-99)]。

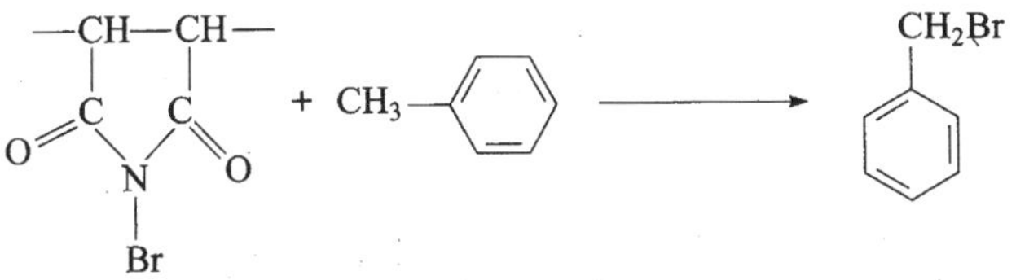

$$—CH—CH— \text{(N—Br)} + CH_3—C_6H_5 \longrightarrow C_6H_5CH_2Br \quad (5-99)$$

对于异丙苯的溴化反应，若用小分子试剂 NBS，α-溴化产物的收率为 80%[见反应式(5-100)]；若将 NBS 基团合成在高分子上，得到高分子 NBS 试剂。在溴化异丙苯时，得到多种溴化产物的混合物[见反应式(5-101)]。随着高分子 NBS

用量的变化,各种产物的比例也有所变化(见表 5 - 2)。

表 5 - 2　Ⓟ—NBS 的用量对产物的影响

投料比(摩尔比)		收率/%
$-CH-CH-$ (C=O, C=O, N, Br)	$C_6H_5-CH(CH_3)_2$	$C_6H_5-CBr(CH_2Br)_2$
2.33	1	48
3.7	1	85

$$\text{NBS} + C_6H_5CH(CH_3)_2 \longrightarrow C_6H_5CBr(CH_3)_2 \quad (\text{产率}80\%) \tag{5-100}$$

$$C_6H_5CH(CH_3)_2 \xrightarrow[CCl_4\cdot BPO]{Ⓟ-NBS} C_6H_5CBr(CH_3)_2 \xrightarrow{-HBr} CH_3C(C_6H_5)=CH_2 \xrightarrow{Br_2}$$

$$CH_3-CBr(C_6H_5)-CH_2Br \xrightarrow{-HBr} CH_3C(C_6H_5)=CHBr \quad (\text{收率}15\%)$$

$$CH_3-CBr(C_6H_5)-CH_2Br \longrightarrow CH_2=C(C_6H_5)-CH_2Br \ (\text{收率}13\%) \xrightarrow{Br_2} BrCH_2-CBr(C_6H_5)-CH_2Br \ (\text{收率}48\%) \tag{5-101}$$

小分子和高分子溴化试剂,在溴化乙苯时,溴化反应也发生在侧链上[见反应式(5 - 102)]。随着高分子溴化试剂和乙苯配比增加,产物的比例也有所变化(见表 5 - 3)。

—CH—CH— (C=O, N—Br, C=O) + C_2H_5—C_6H_5 ⟶ C_6H_5—CH(Br)—CH_3 + C_6H_5—$CHBrCH_2Br$　　(5－102)

表 5－3　Ⓟ—NBS 的用量对产物的影响

投料比(摩尔比)		产物及产率/%	
—CH—CH— (C=O, N—Br, C=O)	C_2H_5—C_6H_5	C_6H_5—CHBr—CH_3	C_6H_5—$CHBrCH_2Br$
1.13	1	40	31
3.3	1	—	71

溴化试剂与烯烃的反应。小分子试剂 NBS,主要在碳-碳双键的 α-位上发生溴化反应[见反应式(5－103)]。而高分子溴化试剂,则在双键上发生溴的加成反应,生成 1,2-双取代溴化物[见反应式(5－104)]。

环己烯 —NBS→ 3-溴环己烯(Br)　　(5－103)

产率54%

环己烯 —Ⓟ—NBS→ 1,2-二溴环己烷(Br, Br)　　(5－104)

产率50%

聚乙烯基吡啶(PVP)与 Br_2、HBr_3、BrCl、ICl 等络合,生成高效高分子卤化试剂。例如,将苯乙烯、二乙烯基苯和乙烯基吡啶共聚,生成交联共聚物。用二氧六环溶胀共聚物,放在 48% HBr 水溶液中,反应成盐。再在 0℃下,与溴反应,制得的溴化试剂[见反应式(5－105)],含溴量为 63%,功能基含量为 0.0026molBr_3^-/g 树脂。它能使烯烃进行溴的加成反应。反应条件十分温和,收率也好。同样,也能使酮的 α-H 被溴取代,生成溴代产物。反应后的树脂可以再生,即重新与溴化氢和溴络合,得到的高分子试剂,可重复使用,活性不降低。

—CH_2—CH—(4-吡啶基) —1. 48%HBr; 2. Br_2, 0℃→ —CH_2—CH—(4-吡啶基, N $H^+Br_3^-$)　　(5－105)

34

在表 5 - 4 中列出各种烯烃，在高分子溴化试剂 **34** 存在下进行溴化反应得到的产物和收率。可见所有的反应条件温和，收率很高。

表 5 - 4 在高分子溴化试剂 34 存在下，各种烯烃的溴化反应条件和结果

烯烃、酮	反应温度	产物	收率/%
$C_6H_5CH{=}CHC_6H_5$	室温	$C_6H_5CHBrCHBrC_6H_5$	98
 环己烯	室温	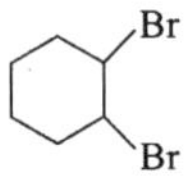 1,2-二溴环己烷	88
$C_6H_5CH{=}CH_2$	室温	$C_6H_5CHBrCH_2Br$	99
$CH_2{=}CH(CH_2)_4CH{=}CH_2$	室温	$CH_2BrCHBr(CH_2)_4CHBrCH_2Br$	87
$C_6H_5CH{=}CHCOOH$	甲醇回流	$C_6H_5CHBrCHBrCOOH$	89
$C_6H_5CH{=}CHCH_2OH$	室温	$C_6H_5CHBrCHBrCH_2OH$	55
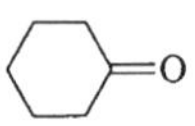 环己酮	室温	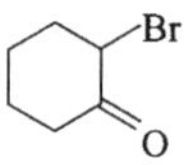 2-溴环己酮	100
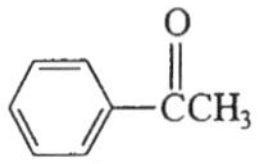 $C_6H_5COCH_3$	室温	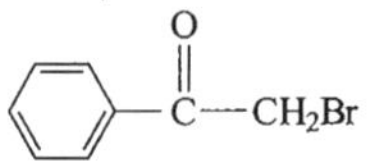 $C_6H_5COCH_2Br$	99
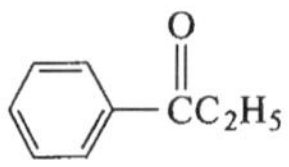 $C_6H_5COC_2H_5$	甲醇回流	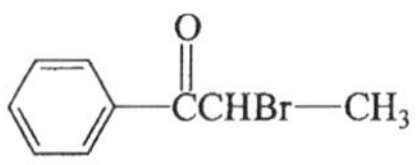 $C_6H_5COCHBr{-}CH_3$	100

5.2.6 高分子氟代试剂

高分子氟代试剂 **35** 能在双键上进行加成反应，产率极高[见反应式(5 - 106)]。很明显，在加成过程中分子内发生了重排反应，得到不对称取代产物。

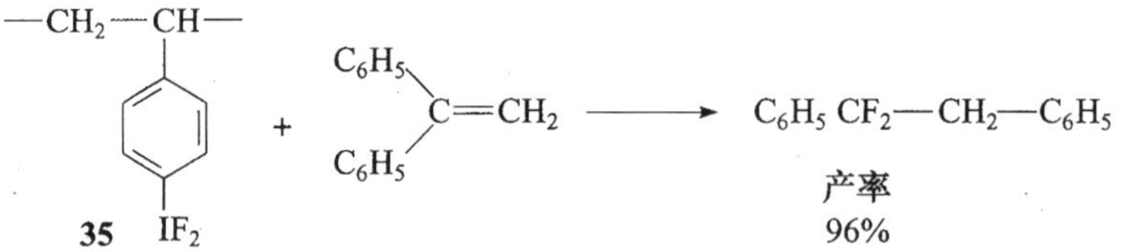

$$\text{—CH}_2\text{—CH—}(p\text{-}C_6H_4IF_2)\ (\mathbf{35}) + (C_6H_5)_2C{=}CH_2 \longrightarrow C_6H_5CF_2{-}CH_2{-}C_6H_5 \quad \text{产率 } 96\% \tag{5-106}$$

对不同的烯烃，包括苯乙烯，在高分子氟化试剂 **36** 存在下，均生成不对称的氟取代产物[见反应式(5 - 107)]。这是与高分子溴化试剂不同的地方。

对于氯化试剂 **37**，它与双键进行加成反应时，得到的是 1,2-双取代产物 **38** [见反应式(5 - 108)]。

$$-CH_2-CH(C_6H_4IF_2)- \ (\mathbf{36}) \xrightarrow{C_6H_5CH=CH_2} C_6H_5CH_2CHF_2 \quad 产率86\%$$

$$\mathbf{36} + \text{1-苯基环戊烯} \longrightarrow \text{1,1-二氟-2-苯基环戊烷} \quad 产率91\% \qquad (5-107)$$

$$\mathbf{36} + \text{1-苯基环己烯} \longrightarrow \text{1,1-二氟-2-苯基环己烷} \quad 产率85\%$$

$$-CH_2-CH(C_6H_4ICl_2)- \ (\mathbf{37}) + \text{环己烯} \longrightarrow \text{1,2-二氯环己烷} \ (\mathbf{38}) \qquad (5-108)$$

5.2.7　酰化试剂

1．活性酯

将活性酯合成在高分子载体上，得到的高分子活性酯，在使醇、胺等进行酰化反应时，活性提高，产物收率增加。反应(5－109)是合成高分子酰化试剂最常用的方法。

$$p\text{-}CH_3COC_6H_4OCH_3 \xrightarrow[200℃]{1.\ H_2,Pd/C \quad 2.\ KHSO_4} p\text{-}CH_2{=}CHC_6H_4OCH_3 \xrightarrow[60℃]{DVB,AIBN} \text{+CH}_2\text{—CH(C}_6\text{H}_4\text{OCH}_3\text{)+}_n\text{CH}_2\text{—CH(C}_6\text{H}_4\text{—CH—CH}_2\text{—)}$$

$$\xrightarrow{HNO_3} \text{+CH}_2\text{—CH(3-NO}_2\text{-4-OCH}_3\text{C}_6\text{H}_3\text{)+}_n\text{CH}_2\text{—CH(C}_6\text{H}_4\text{—CH—CH}_2\text{—)} \xrightarrow[H^+]{HBr} \text{+CH}_2\text{—CH(3-NO}_2\text{-4-OHC}_6\text{H}_3\text{)+}_n\text{CH}_2\text{—CH(C}_6\text{H}_4\text{—CH—CH}_2\text{—)} \ (\mathbf{39}) \qquad (5-109)$$

高分子酰化试剂 **39** 是常用的酰化试剂。它是从对甲氧基苯乙酮出发，经还原、脱羟基、聚合等反应，最终生成酰化试剂[见反应式(5－109)]。这是一种活性很高的酰化试剂，可以在比较温和的条件下进行酰胺化反应。例如，在酰化试剂 **39** 存在下，分别使胺和醇酰化，生成酰胺[见反应式(5－110a)]和酯[见反应式(5－110b)]。

$$\text{—CH}_2\text{—CH— (C}_6\text{H}_3\text{(NO}_2\text{)OH)} \xrightarrow{\text{Ph—C(=O)—Cl}} \text{—CH}_2\text{—CH— (C}_6\text{H}_3\text{(NO}_2\text{)—O—C(=O)—Ph)}$$

$$\xrightarrow{\text{RNH}_2} \text{Ph—C(=O)—NH—R} \qquad (5-110a)$$

$$\xrightarrow{\text{ROH}} \text{Ph—C(=O)—OR} \qquad (5-110b)$$

2. 酸酐

活泼的酸酐是另一种酰化试剂，如高分子酰化试剂 **40**。它的合成方法如反应式(5－111)所示。

$$\text{—CH}_2\text{—CH— (C}_6\text{H}_4\text{—CH}_2\text{OH)} \xrightarrow[\text{苯}]{\text{COCl}_2} \text{—CH}_2\text{—CH— (C}_6\text{H}_4\text{—CH}_2\text{OC(=O)—Cl)} \xrightarrow[\text{Et}_3\text{N}]{\text{R—COOH}} \text{—CH}_2\text{—CH— (C}_6\text{H}_4\text{—CH}_2\text{OC(=O)—OC(=O)—R)}\ \mathbf{40}$$

(5－111)

如果反应式(5－111)中，R 为苯基，则可以得到酰化试剂 **41** 。该试剂与苯甲酸反应，生成苯甲酸酐；与苄胺和正丙胺反应，分别生成 *N*-苯甲基和 *N*-正丙基苯甲酰亚胺[见反应式(5－112a)、(5－112b)和(5－112c)]。

$$\mathbf{41}:\ \text{—CH}_2\text{—CH— (C}_6\text{H}_4\text{—CH}_2\text{OC(=O)—OC(=O)—C}_6\text{H}_5)$$

$$\xrightarrow{\text{C}_6\text{H}_5\text{COOH}} \text{C}_6\text{H}_5\text{—C(=O)—O—C(=O)—C}_6\text{H}_5 \qquad (5-112a)$$

$$\xrightarrow{\text{C}_6\text{H}_5\text{CH}_2\text{NH}_2} \text{C}_6\text{H}_5\text{—C(=O)—NH—C}_6\text{H}_5 \qquad (5-112b)$$

$$\xrightarrow{n\text{-C}_3\text{H}_7\text{NH}_2} \text{C}_6\text{H}_5\text{—C(=O)—NH—}n\text{-C}_3\text{H}_7 \qquad (5-112c)$$

另一种是混合酸酐，更活泼的酰化试剂。例如反应式(5－113)所示，从磺酸型离子交换树脂与乙酰氯反应，生成混合酸酐。

$$\text{—CH}_2\text{—CH— (C}_6\text{H}_4\text{—SO}_3\text{H)} + \text{CH}_3\text{—C(=O)—Cl} \xrightarrow{\text{CH}_3\text{CN}} \text{—CH}_2\text{—CH— (C}_6\text{H}_4\text{—SO}_2\text{OC(=O)—CH}_3) \qquad (5-113)$$

混合酸酐能在室温下，分别与醇和胺定量反应生成酯和酰胺，如反应式(5-114a)和(5-114b)所示。

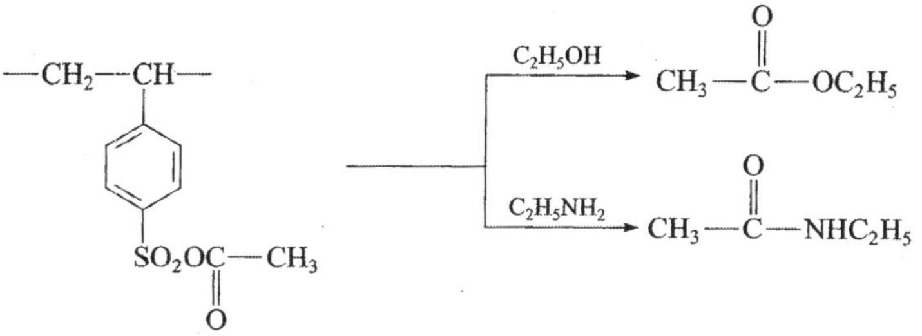

$$\text{—CH}_2\text{—CH—}(\text{C}_6\text{H}_4\text{SO}_2\text{OCOCH}_3) \xrightarrow{C_2H_5OH} CH_3—\overset{O}{\overset{\|}{C}}—OC_2H_5 \quad (5-114a)$$

$$\xrightarrow{C_2H_5NH_2} CH_3—\overset{O}{\overset{\|}{C}}—NHC_2H_5 \quad (5-114b)$$

5.2.8 复杂结构有机化合物的合成

需要多步合成才能得到的有机化合物，若用高分子试剂，则合成显得更为方便，分离更为简单。例如，目标产物为**42**的化合物，可以通过显示在图5-6的反应路线制备，合成过程中，使用多种高分子试剂，简化了分离步骤，提高了收率。

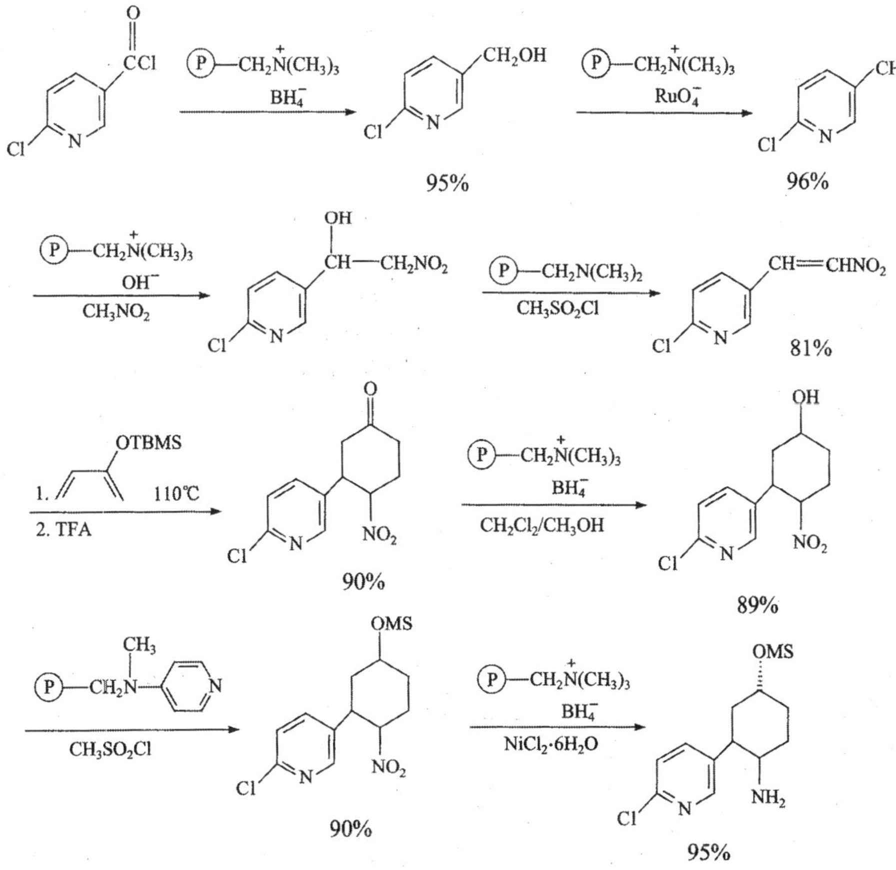

Ⓟ—$CH_2\overset{+}{N}(CH_3)_3$ BH_4^- 95%
Ⓟ—$CH_2\overset{+}{N}(CH_3)_3$ RuO_4^- CHO 96%
Ⓟ—$CH_2\overset{+}{N}(CH_3)_3$ OH^- CH_3NO_2 OH CH—CH_2NO_2
Ⓟ—$CH_2N(CH_3)_2$ CH_3SO_2Cl CH═$CHNO_2$ 81%
OTBMS 1. 110℃ 2. TFA O NO_2 90%
Ⓟ—$CH_2\overset{+}{N}(CH_3)_3$ BH_4^- CH_2Cl_2/CH_3OH OH NO_2 89%
CH_3 Ⓟ—CH_2N— N CH_3SO_2Cl OMS NO_2 90%
Ⓟ—$CH_2\overset{+}{N}(CH_3)_3$ BH_4^- $NiCl_2\cdot 6H_2O$ OMS NH_2 95%
Cl N

图5-6 用高分子试剂合成化合物**42**的反应路线

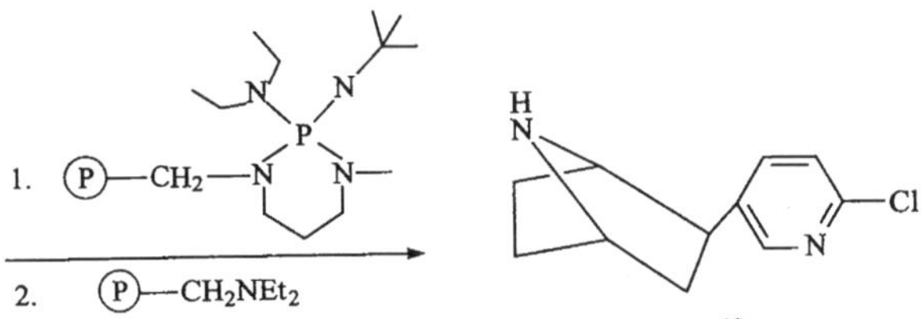

1. Ⓟ—CH_2—(1,3,2-diazaphosphinane reagent)
2. Ⓟ—CH_2NEt_2

42

图 5-6　续图

5.3　固相合成

自 1963 年，Merrifield 报道在高分子载体上合成多肽，不仅使复杂的有机合成简单化，也为合成的自动化操作打下基础。例如，采用液相合成方法，合成一种叫舒缓激肽的有生物活性的九肽化合物，需要整整一年时间。而采用固相合成，仅需要 8 天。所以，固相合成法在有机合成化学研究领域具有重要意义。

5.3.1　高分子试剂与保护试剂

1. 基本原理

固相合成与高分子试剂不同的是，整个反应过程自始至终在高分子骨架上进行。高分子上的活性基团，只参与第一步和最后一步反应。例如，图 5-7 中，载体上的活性基团 X 与试剂 A 反应，A 以共价键接到高分子上，以后的反应中，活性基团不再参与反应。经多步反应后，生成了化合物 A—B—C。最后一步为水解反应，将产物从载体上释放出来。这种方法广泛用于有机化合物、多肽、低聚核苷酸和光活性化合物等的合成，极大地推动了有机合成化学的发展。

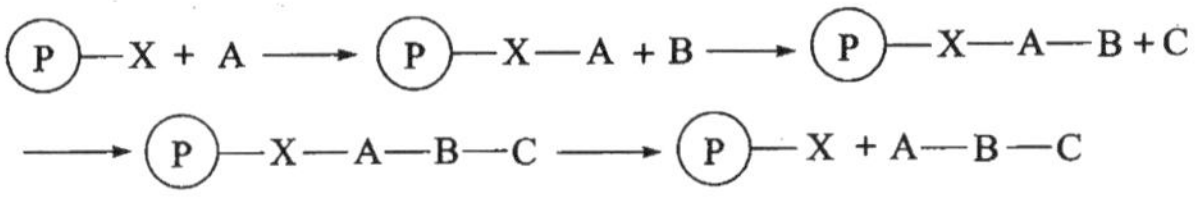

Ⓟ—X + A ⟶ Ⓟ—X—A + B ⟶ Ⓟ—X—A—B + C

⟶ Ⓟ—X—A—B—C ⟶ Ⓟ—X + A—B—C

图 5-7　固相合成示意图

2. 对载体的要求

用作固相合成的高分子载体，要求在反应介质中不溶解，不参与化学反应，是化学惰性的；在反应介质中，能很好溶胀；载体上活性基团与反应物的反应活性高；形成的键在温和条件下，容易解离，在反应过程中要稳定。

5.3.2　高分子保护基团

欲使对称的双官能团化合物中，只有一个官能团反应，利用低分子保护试剂是比较困难的，采用高分子试剂则比较容易。例如，欲使 ω,ω'-二元醇中的一个羟基反应，而另一个羟基要保护起来,可用高分子载体 **43** 与二元醇反应[见反应式(5-115)]。

只要增大二元醇/树脂 **43** 的用量比,就可避免二元醇的二个端羟基同时发生酯化反应。即保护一个端羟基,另一羟基可以进一步反应。例如,它与三苯基氯反应,待反应结束后,进行水解,就可生成一端为三苯甲烷,另一端为羟基的化合物 **44**[见反应式(5-116)]。

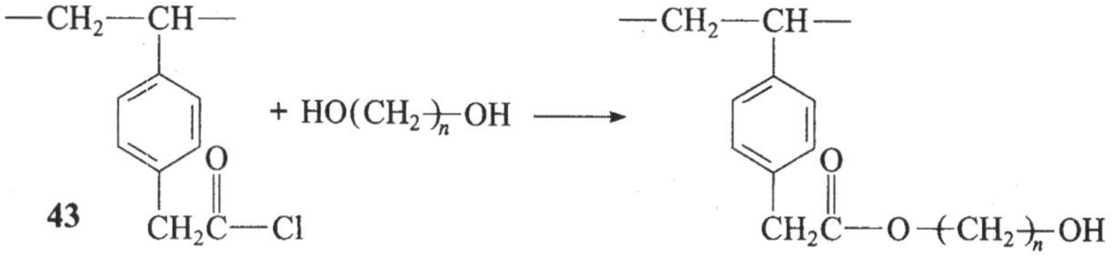

$$\text{43}:\ -CH_2-CH(C_6H_4CH_2COCl)- + HO\text{+}CH_2\text{+}_nOH \longrightarrow -CH_2-CH(C_6H_4CH_2COO\text{+}CH_2\text{+}_nOH)- \qquad (5-115)$$

$$-CH_2-CH(C_6H_4CH_2COO\text{+}CH_2\text{+}_nOH)- + (C_6H_5)_3C-Cl \longrightarrow -CH_2-CH(C_6H_4CH_2COO\text{+}CH_2\text{+}_nO-C(C_6H_5)_3)-$$

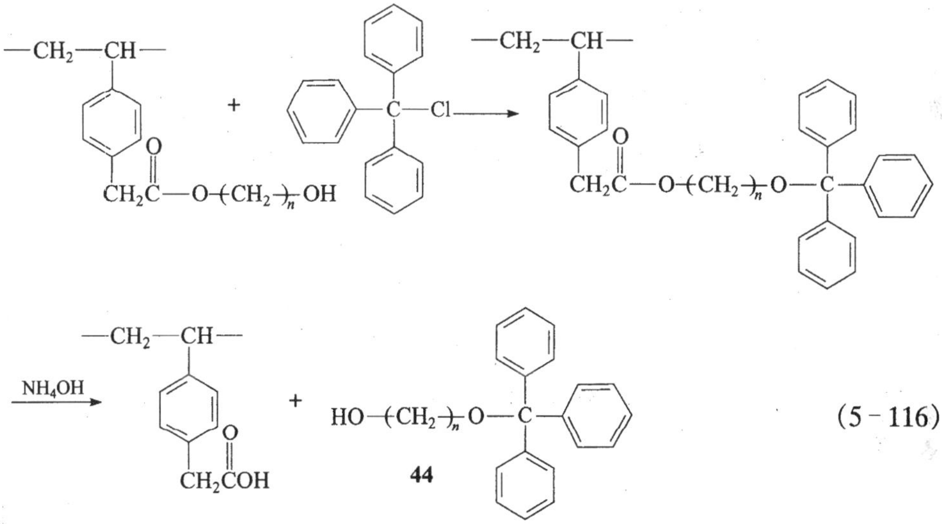

$$\xrightarrow{NH_4OH} -CH_2-CH(C_6H_4CH_2COOH)- + \underset{\textbf{44}}{HO\text{+}CH_2\text{+}_nO-C(C_6H_5)_3} \qquad (5-116)$$

载体的选择要考虑到它的可溶胀性,不为副产物所污染,能重复使用。另外,要考虑用什么样的保护基团,通常,这由另一基团进行的反应来决定。如反应式(5-116)所示,一端羟基与卤代物反应,生成醚键。则保护羟基的基团应选择酰氯。因为酯键碱性水解时,醚键是稳定的,不会被破坏。若另一羟基进行的是酯化反

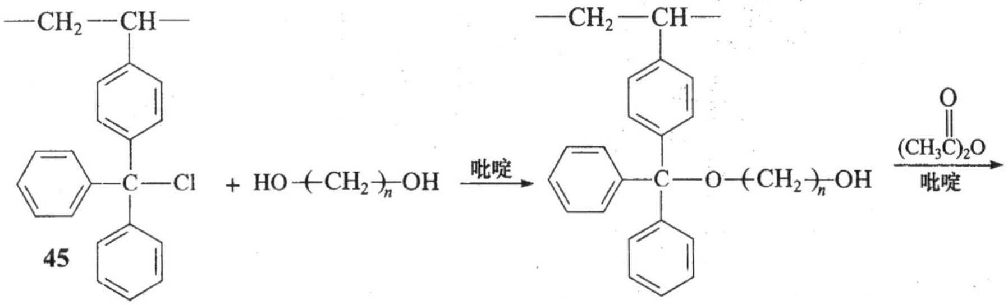

$$\underset{\textbf{45}}{-CH_2-CH(C_6H_4C(C_6H_5)_2Cl)-} + HO\text{+}CH_2\text{+}_nOH \xrightarrow{\text{吡啶}} -CH_2-CH(C_6H_4C(C_6H_5)_2O\text{+}CH_2\text{+}_nOH)- \xrightarrow[\text{吡啶}]{(CH_3\overset{O}{\overset{\|}{C}})_2O}$$

$$\text{—CH}_2\text{—CH—}(C_6H_4)\text{—C}(C_6H_5)_2\text{—O}\!\left(\text{CH}_2\right)_n\text{OCCH}_3(\text{=O}) \xrightarrow{\text{HCl}} \text{—CH}_2\text{—CH—}(C_6H_4)\text{—C}(C_6H_5)_2\text{—Cl} + \text{HO}\!\left(\text{CH}_2\right)_n\text{OC}(\text{=O})\text{—CH}_3 \quad (5-117)$$

应,则应用生成醚键来保护羟基。例如,在制取昆虫性引诱剂时,树脂**45**是优良的载体。它通过醚键保护与二元醇的一个羟基,另一个羟基与乙酸酐反应。待反应结束,用酸性水解,使生成的单酯化合物从载体上水解下来[见反应式(5-117)]。

表5-5列出了在高分子保护试剂参与下,不同的二元醇与乙酸酐反应生成单酯的结果。可以看出,这样的合成方法,收率很高。

表5-5　固相合成法合成昆虫性引诱剂的收率

昆虫性引诱剂	n	m	收率/%
$CH_3C(=O)O\!\left(CH_2\right)_n CH{=}CH\!\left(CH_2\right)_m OH$	6	3	94
	8	3	89
	9	2	93
	10	1	99

同样原理,芳族二酚也可以用高分子保护试剂,保护一个酚羟基,另一个酚羟基反应,如反应式(5-118)所示。

$$\text{—CH}_2\text{—CH—}(C_6H_4)\text{—COCl} + \text{HO—}C_6H_4\text{—OH} \longrightarrow \text{—CH}_2\text{—CH—}(C_6H_4)\text{—C(=O)—O—}C_6H_4\text{—OH} \xrightarrow[\text{2. RX}]{\text{1. }t\text{-BuOK}}$$

$$\text{—CH}_2\text{—CH—}(C_6H_4)\text{—C(=O)—O—}C_6H_4\text{—OR} \xrightarrow{\text{NaOH}} \text{—CH}_2\text{—CH—}(C_6H_4)\text{—COONa} + \text{HO—}C_6H_4\text{—OR} \quad (5-118)$$

$R = CH_3—, C_2H_5—, C_6H_5CH_2—;\ X = Cl, Br, I$

醛基的保护基团为1,2-或1,3-二羟基,它们与醛基缩合,生成缩醛基团。在酸性条件下,该基团易分解,恢复成原来的二羟基和醛基。例如,要使ω,ω'-二元醛中一个醛基反应，可以利用含有这一基团的高分子保护试剂。通过缩醛形式，保护其中的一个醛基，另一个醛基待反应。活性基团的含量一般在 0.2～0.4mmol/g 之间，反应式(5－119)所示是合成这种保护试剂的一种方法。

—CH₂—CH— (C₆H₄—CH₂Cl) + NaOCH₂—CH—CH₂ (O,O-异亚丙基, $(CH_3)_2C$) → —CH₂—CH— (C₆H₄—CH₂OCH₂CH—CH₂, O,O-异亚丙基) —H⁺→ —CH₂—CH— (C₆H₄—CH₂OCH₂CH(OH)—CH₂OH) **46**

(5－119)

从交联聚氯甲基苯乙烯出发，合成了高分子保护试剂 **46**[见反应式(5－119)]。该试剂上的 1,2-二羟基可以与对苯二甲醛进行缩合反应，保护一个醛基，另一个醛基可进行醛化合物的有关反应。待反应结束后，加入稀酸溶液处理，反应生成物就释放出来[见反应式(5－120a)～(5－120d)]。

—CH₂—CH— (C₆H₄—CH₂OCH₂CH(OH)—CH₂—OH) + OCH—C₆H₄—CHO → —CH₂—CH— (C₆H₄—CH₂OCH₂CH—O—CH(—C₆H₄—CHO)—O—CH₂)

—1. NH_2OH; 2. H^+ → OCH—C₆H₄—CH═NOH 71%~86% (5－120a)

—1. PhMgBr; 2. H^+ → OCH—C₆H₄—CH(OH)—Ph (5－120b)

—1. Ph—C(=O)—CH_3/CH_3ONa; 2. H^+ → OCH—C₆H₄—CH═CH—C(=O)—C₆H₅ 96%~100% (5－120c)

—1. $NaBH_4$; 2. H^+ → OCH—C₆H₄—CH_2OH (5－120d)

用此方法可以合成许多有机化合物。例如用反应式(5－121)合成胡萝卜素，得到纯度高的产物。

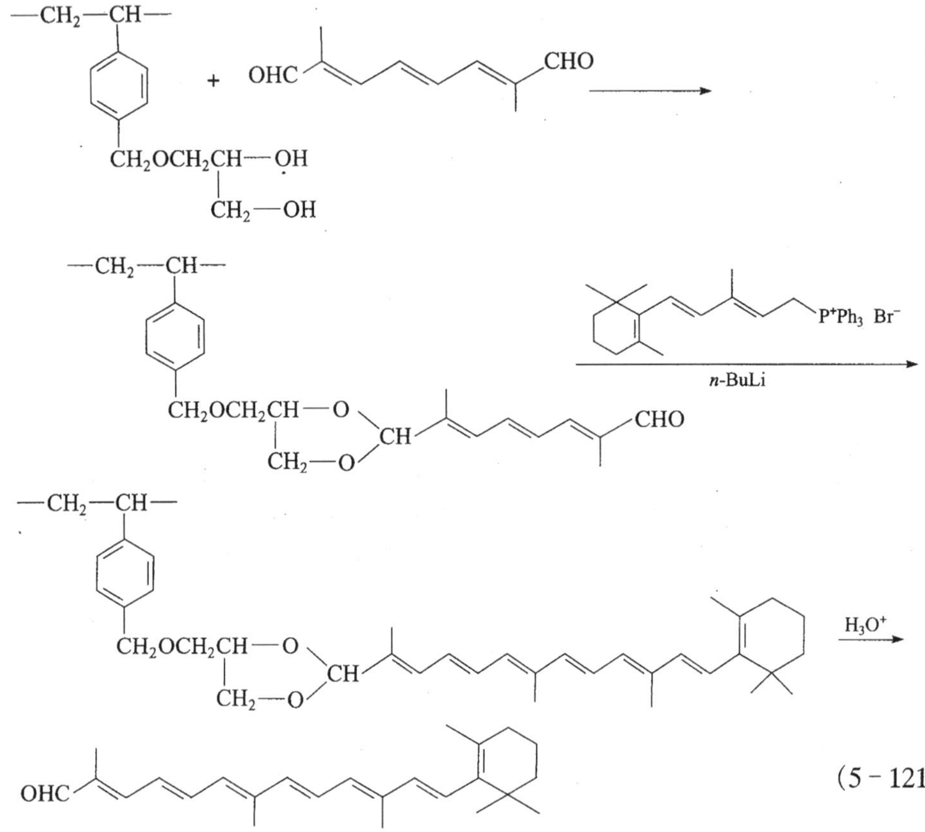

(5 - 121)

1,3-二元醇也可以用作官能团,其合成方法如反应式(5 - 122)所示。该试剂可与活性较低、位阻较大的邻苯二甲醛形成单缩醛,另一醛基反应,生成目标化合物。如反应式(5 - 123)所示。

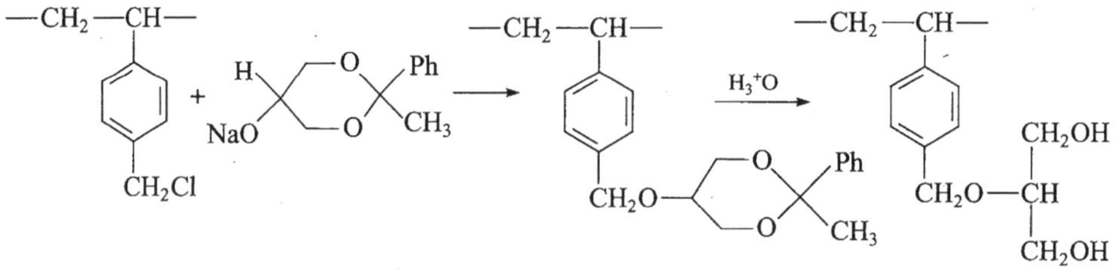

(5 - 122)

对于多羟基化合物,常采用硼酸酯作保护基团。在干燥情况下,硼酸酯稳定,环状硼酸酯也容易形成。但是对湿气十分敏感,吸湿后会分离出苯基硼酸。利用这个性质,可以保护分子上相邻的两个羟基。如反应式(5 - 124)所示,形成硼酸酯

(5-123)

后，分子上其他羟基可以反应。反应完成后，在温和条件下进行水解反应。得到产品后，回收的高分子试剂不经处理就可重复使用，活性也不损失。

(5-124)

5.3.3 烷基化反应

采用有机反应，如反应式(5-125)所示方法合成化合物如 **47** 或 **48** 时，除了生成目标产物外，还会生成多个副产物，如酯的自身缩合形成的产物。这样，会降低产物的收率，增加产品提纯的困难。若采用高分子试剂，可以避免副反应，提高反应产物的收率，使提纯简单、方便。

$$R_2—CH_2COOC_2H_5 + R_1COCl \xrightarrow{OH^-} R_2—CH(COOC_2H_5)—CO—R_1\ (\mathbf{47}) \xrightarrow{1.\ OH^-;\ 2.\ H^+;\ 3.\ \Delta} R_1—COCH_2—R_2\ (\mathbf{48}) \quad (5-125)$$

以在高分子试剂 **49** 存在下的反应(5-126)为例，说明高分子试剂的作用。**49** 含有苯乙酸酯基，在碱性条件下，对硝基苯甲酰氯(或正溴丁烷)会在苯乙酸酯基的

α 位发生取代反应，生成化合物 **50**。经水解、加热，得到目标产物 **51**（或正溴丁基取代物）。如果是普通的有机反应，在碱性条件下，苯乙酸酯会自身缩合，缩合产物又会与对硝基苯甲酰氯反应，得到多种副产物。这样，产物的收率降低了，得到纯的目标产物也很困难。由于位阻，在 **49** 上的苯乙酸酯相互之间反应可以避免，因此收率提高，分离简化。

$$\textbf{49}\ \text{—CH}_2\text{—CH—}(C_6H_4)CH_2OC(=O)CH_2-C_6H_5 \xrightarrow{Ph_3CLi} \text{—CH}_2\text{—CH—}(C_6H_4)CH_2OC(=O)\bar{C}H-C_6H_5 \xrightarrow{O_2N-C_6H_4-C(=O)Cl}$$

$$\textbf{50}\ \text{—CH}_2\text{—CH—}(C_6H_4)CH_2OC(=O)CH(C(=O)C_6H_4NO_2)-C_6H_5 \xrightarrow[2.\ \triangle]{1.\ HBr/TFA} O_2N-C_6H_4-C(=O)-CH_2-C_6H_5\ \textbf{51} \qquad (5-126)$$

5.3.4　Michael 反应

如反应(5－127)的 Michael 反应，除了生成目标产物以外，在碱性条件下，乙酰乙酸乙酯也会自身缩合，生成副产物。利用高分子的孤立效应，在高分子的载体上进行这一反应，可以避免酯的自身缩合，如反应式(5－127)所示。

$$CH_3C(=O)-\bar{C}HC(=O)OC_2H_5 + CH_2{=}CHC(=O)CH_3 \xrightarrow{OH^-} C_2H_5OC(=O)-CH(C(=O)CH_3)CH_2-\bar{C}HC(=O)CH_3$$

$$\xrightarrow{CH_3OH} C_2H_5OC(=O)-CH(C(=O)CH_3)CH_2-CH_2C(=O)CH_3 \qquad (5-127)$$

在高分子载体上进行如反应式(5－128)所示的 Michael 缩合反应。首先，把乙酰乙酸酯缩合在高分子载体上，然后在碱性条件下，与烯酮化合物进行缩合反应。得到的产物水解后，就可得到目标产物。因为载体上的基团具有光活性，甲基乙烯酮在加成反应中有方向性,得到的产物也具有光活性。

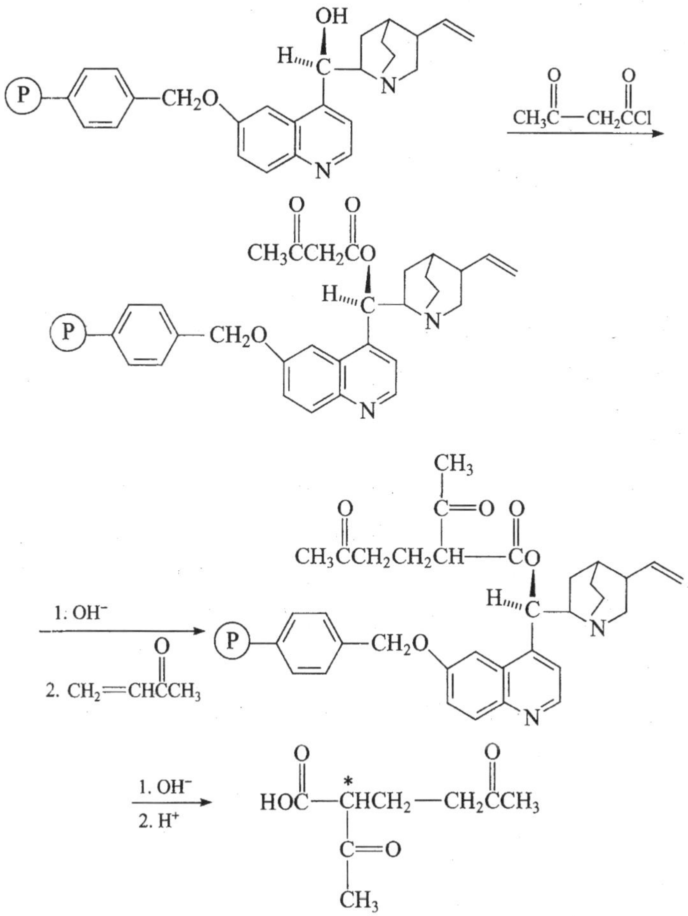

$$\text{Ⓟ}-C_6H_4-CH_2O-(\text{quinine})-CH(OH) \xrightarrow{CH_3COCH_2COCl} \text{Ⓟ}-C_6H_4-CH_2O-(\text{quinine})-CH(OCOCH_2COCH_3)$$

$$\xrightarrow[2.\ CH_2{=}CHCOCH_3]{1.\ OH^-} \text{Ⓟ}-C_6H_4-CH_2O-(\text{quinine})-CH-OCO-CH(COCH_3)CH_2CH_2COCH_3 \qquad (5-128)$$

$$\xrightarrow[2.\ H^+]{1.\ OH^-} HOOC-\overset{*}{C}H(COCH_3)CH_2-CH_2COCH_3$$

5.3.5　环化反应

1．分子内的环化反应

通常在稀溶液中进行分子内的环化反应,以制备环状化合物。在高分子载体上进行的环化反应,不仅利用了高分子载体的稀释效应,而且简化了分离步骤。例如,在 ω,ω'-羟基羧酸的缩合反应中,存在着缩合和环化反应,见反应式(5-129)。

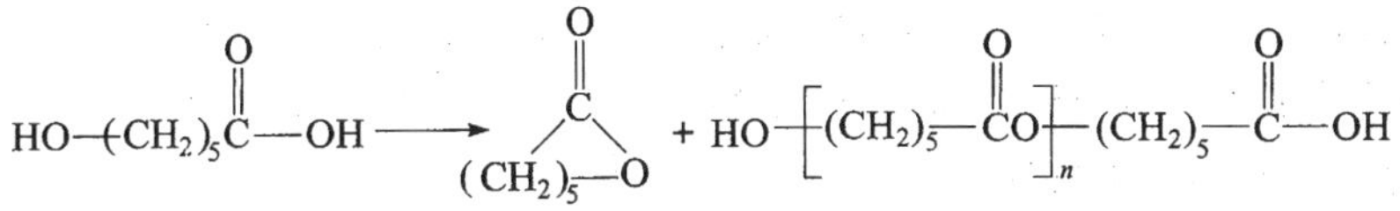

$$HO-(CH_2)_5\overset{O}{\overset{\|}{C}}-OH \longrightarrow \overset{O}{\overset{\|}{C}}\!\!<\!\!{}^{(CH_2)_5}_{O}\!\!> + HO\!\left[(CH_2)_5-\overset{O}{\overset{\|}{C}}O\right]_n\!(CH_2)_5-\overset{O}{\overset{\|}{C}}-OH \qquad (5-129)$$

为了提高环状化合物的产率,要求反应液的浓度很稀。若能在高分子载体上进行这一反应,其稀释效应远远超过了溶剂的稀释效应。对于如反应式(5-130)

所示的反应，生成了两种酯，一种酯在树脂上，另一种酯在溶液中，只要过滤就可将两种酯分开，得到纯的产物。在溶液中的酯，当 R = H 时，产率为 46%；当 R = C_2H_5 时，产率为 15%。

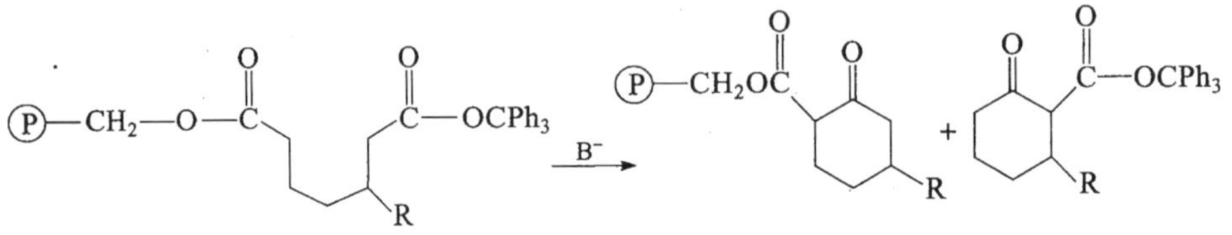

(5 - 130)

用经典方法合成上述酯时，得到了相对分子质量完全一样的两种酯，分离比较困难。在高分子载体上合成时分离就比较容易。

2．分子间的环化反应

除了分子内的环化反应外，还存在分子间的环化反应。例如，将癸二酸单特丁酯接到对羟甲基聚苯乙烯载体上，在特丁醇钾作用下，发生了如反应式(5 - 131)所示的反应。该反应中，除了有水解下来的癸二酸单特丁酯，还生成了两种大环化合物，一种在载体上，另一种在溶液中。所以很容易将两种大环化合物分开。

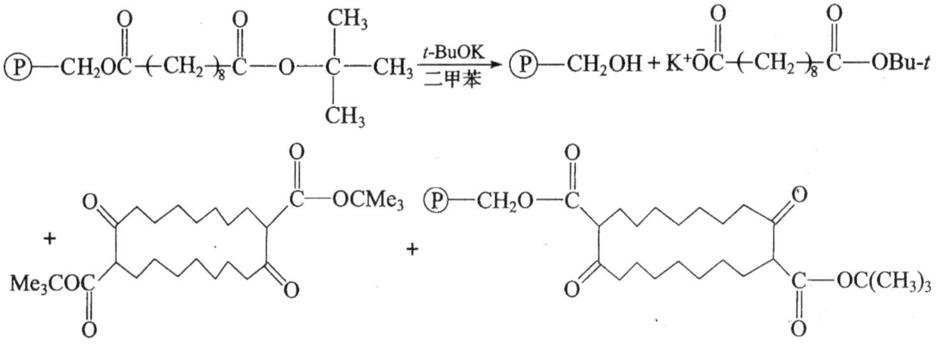

(5 - 131)

3．特殊结构化合物的合成

所谓 threaded 化合物就是在环状化合物中间串进一长链化合物。用经典的有机合成方法制备该化合物时，由于分离困难，很难得到这种结构的纯化合物，如 1mg 以上的这种产品。若用高分子支持体，则分离较为简单，易得到纯产物。例如反应式(5 - 132)所示的制备方法。将环状化合物接到高分子支持体上，在溶胀条件下，使癸二醇和三苯基氯甲烷反应。反应结束后，用溶剂充分洗涤树脂，以除去没有形成的 threaded 化合物，然后水解，得到纯的索烃。

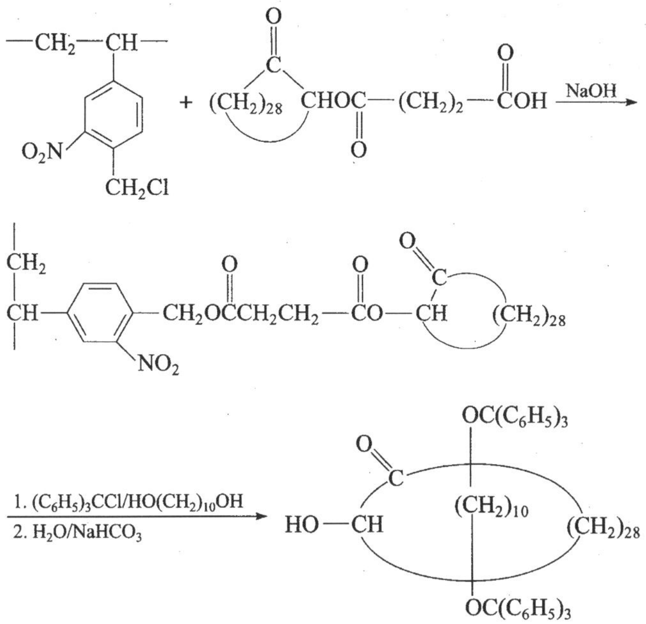

$$\text{—CH}_2\text{—CH— (4-}CH_2Cl\text{-3-}NO_2\text{-phenyl)} + \text{cyclo[C(=O)(CH}_2)_{28}\text{CH]—OC(=O)—(CH}_2)_2\text{—COOH} \xrightarrow{NaOH}$$

$$\text{—CH}_2\text{—CH(—C}_6H_3(NO_2)\text{—CH}_2\text{OCOCH}_2\text{CH}_2\text{—CO—O—CH[cyclo (CH}_2)_{28}\text{C=O]})\text{—}$$

$$\xrightarrow[\text{2. } H_2O/NaHCO_3]{\text{1. } (C_6H_5)_3CCl/HO(CH_2)_{10}OH} \text{HO—CH[cyclo C(=O)(CH}_2)_{28}\text{], (CH}_2)_{10}\text{, OC(C}_6H_5)_3\text{, OC(C}_6H_5)_3 \qquad (5-132)$$

5.3.6　多肽的合成

蛋白质是以氨基酸为基本单元，按照一定序列连接而成的多肽。肽合成的困难在于，氨基酸有氨基和羧基两个活性基团可以互相反应，形成酰胺键。当两个氨基酸在液相中反应时，不能按照预定的方向进行酰胺化反应，而生成复杂的混合物，使分离十分困难。固相合成基本上解决了上述问题。例如，以交联的聚氯甲基苯乙烯作载体，首先使氨基保护的氨基酸与氯苄反应，脱保护基 R，再与另一种氨基酸反应。如此反复进行，就可得到预定结构的多肽(见图 5-8)。

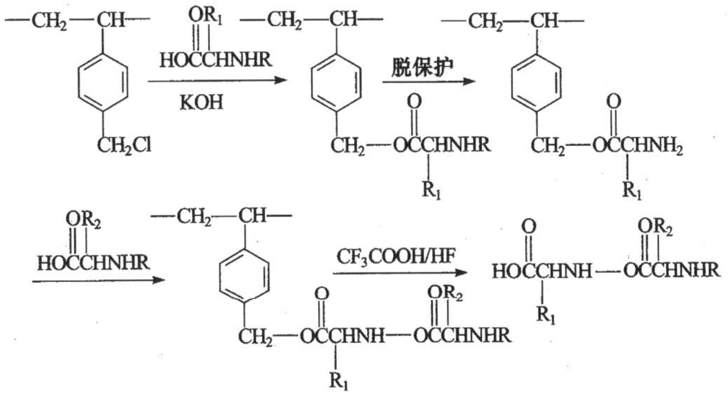

$$\text{—CH}_2\text{—CH—(C}_6H_4\text{CH}_2Cl) \xrightarrow[KOH]{HO\overset{O}{\overset{\|}{C}}CH(R_1)NHR} \text{—CH}_2\text{—CH—(C}_6H_4\text{CH}_2\text{—O}\overset{O}{\overset{\|}{C}}\text{CH(R}_1)\text{NHR)} \xrightarrow{\text{脱保护}} \text{—CH}_2\text{—CH—(C}_6H_4\text{CH}_2\text{—O}\overset{O}{\overset{\|}{C}}\text{CH(R}_1)\text{NH}_2)$$

$$\xrightarrow{HO\overset{O}{\overset{\|}{C}}CH(R_2)NHR} \text{—CH}_2\text{—CH—(C}_6H_4\text{CH}_2\text{—O}\overset{O}{\overset{\|}{C}}\text{CH(R}_1)\text{NH—}\overset{O}{\overset{\|}{C}}\text{CH(R}_2)\text{NHR)} \xrightarrow{CF_3COOH/HF} HO\overset{O}{\overset{\|}{C}}CH(R_1)NH\text{—}\overset{O}{\overset{\|}{C}}CH(R_2)NHR$$

图 5-8　固相合成多肽示意图

在合成过程中，要求反应非常完全。这就要求氨基酸中反应性基团的活性非常高。每次反应完成后，用溶剂充分洗涤，洗去未反应的试剂。反应结束后，要选择温和条件，把产物分离下来。

用作固相合成的载体可以是交联聚苯乙烯 **52a～52d**，硅球 **53** 等。与氨基酸反应生成苄酯键时，要用催化剂和吸收生成 HCl 的试剂，通常为有机碱。反应完成后，苄酯链的断裂可用 HBr 和乙酸混合溶液。这一断键反应不影响形成的肽键。用固相合成多肽的图 5－9，进一步说明其基本原理。

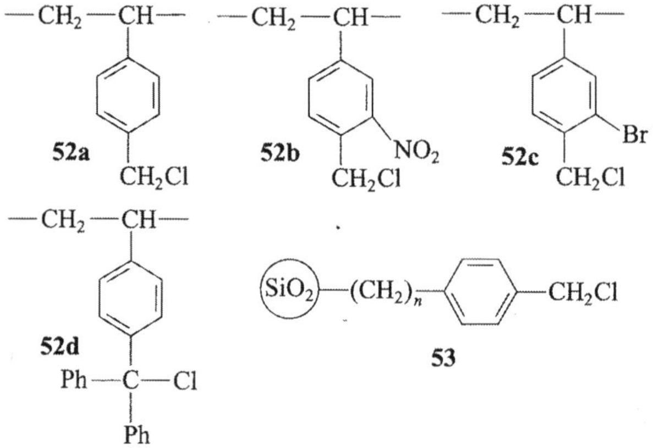

—CH_2—CH—　—CH_2—CH—　—CH_2—CH—

52a CH_2Cl　**52b** NO_2 CH_2Cl　**52c** Br CH_2Cl

—CH_2—CH—

52d Ph—C—Cl, Ph

SiO_2—$(CH_2)_n$—C_6H_4—CH_2Cl

53

Ⓟ—C_6H_4—C(Ph)(Ph)—Cl + HOC(=O)—CH(CHOHCH_3)NH—C(=O)OC(CH_3)$_2$—CH_3 $\xrightarrow{NaOH}$

Ⓟ—C_6H_4—C(Ph)(Ph)—OC(=O)—CH(CHOHCH_3)NH—C(=O)OC(CH_3)$_2$—CH_3 $\xrightarrow{HCl/CH_3COOH}$

Ⓟ—C_6H_4—C(Ph)(Ph)—OC(=O)—CH(CHOHCH_3)NH_2 + HOC(=O)—CH(CH_2C(=O)O—*n*-Bu)NH—C(=O)OC(CH_3)$_2$—CH_3 $\xrightarrow[(Dic)]{i\text{-}PrN=C=NPr\text{-}i}$

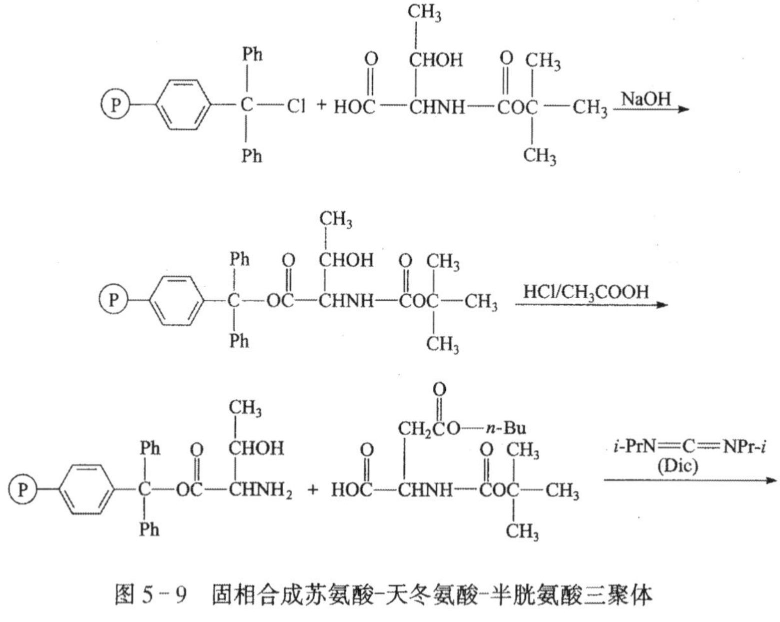

图 5－9　固相合成苏氨酸-天冬氨酸-半胱氨酸三聚体

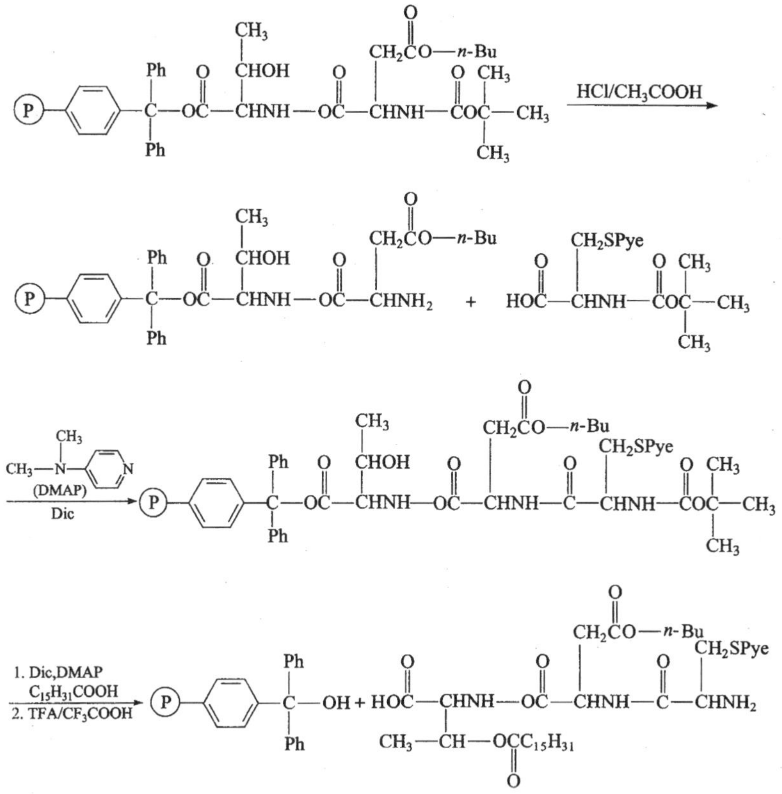

图 5-9 续图

5.3.7 不对称合成

利用含手征性功能基的高分子载体，使反应物在进行有机反应时，在某一特定方向形成立体位阻，而产生立体选择性。例如，利用反应(5-133)合成光活性取代环己酮 **54**。高分子载体上，含有手征性功能基团 2-氨基苯丙醇，它使碘代烷与环己酮反应时，有较高的立体选择性。

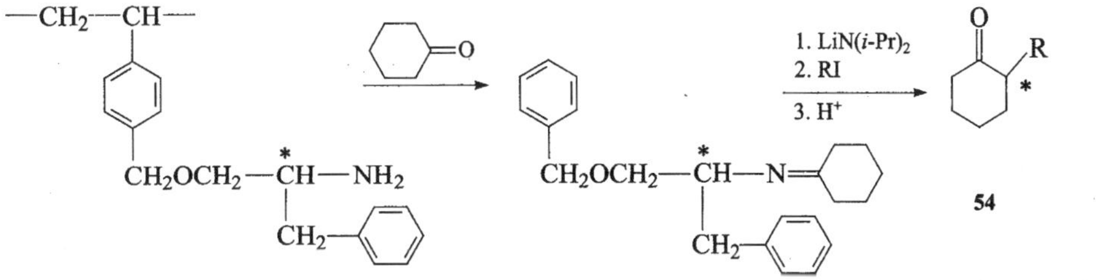

(5-133)

参考文献

陈义镛. 1988. 功能高分子. 上海:上海科学技术出版社

Adjidjonou K, Caze C. 1995. Asymmetric reduction of acetophenone with chiral polymeric reagents: supported sodium borohydride on chiral amino-alcohol bound to a polymer. Eur. Polym. J., 31(8): 749～754

Akelah A. 1981, Heterogeneous organic synthesis using fuctiomalised polymers. New York: American Chemical Society Publisher

Benaglia M, Puglisi A, Cozzi F. 2003. Polymer-supported organic catalysts. Chem. Rev., 9: 3401～3430

Brunel J M. 2005. BINOL: A versatile chiral reagent. Chem. Rev., 105: 857～897

Delgado M, Janda K D. 2002. Polymeric supports for solid phase organic synthesis. Current Organic Chemistry, 6 (12): 1031～1043

Dikerson T J, Reed N N, Janda K D. 2002. Soluble polymers as scaffolds for recover catalysts and reagents. Chem. Rev., 102: 3325～3344

Fischer P M. 2003. Diketopiperazines in peptide and combinatorial chemistry. J. Peptide Sci., 9: 9～35

Labadie J W. 1998. Polymeric supported for solid synthesis. Current Opinion in Chemical Biology, 2: 346～352

Meldal M. 1997. Properties of solid supports. Methods In Enzymology, 289: 83～104

Osburn P L, Bergbreiter D V. 2001. Molecular engineering of organic reagents and catalysts using soluble polymers. Prog. Polym. Sci. 26: 2015～2081

Patchornik A. 2002. Past, present and future in the field of polymeric reagents. Polym. Adv. Technol., 13: 1078～1090

Sherrington D C. 2001. Polymer-supported reagents, catalysts and sorbents: evolution and exploitation—a personalized view. J. Polym. Sci. Part A: Polym. Chem., 39: 2364～2377

Tzschucke C C, Markert C, Bannwarth W, Roller S, Hebel A, Haag R. 2002. Modern separation techniques for the efficient workup in organic synthesis. Angew. Chem. Int. Ed. 41: 3964～4000

Zaragoza F. 2000. New sulfur-and selenium-based traceless linkers-more than just linkers. Angew. Chem. Int. Ed., 39(12): 2077～2079

第6章 生物医用高分子

生物医用高分子包括医用高分子和药用高分子两大方面。医用高分子是指用于治疗作用的高分子材料,它可分为生物体外的高分子材料,如各种手术器械、输血用具、各种输液用管道、手术衣、一次性针筒和创伤膏等。生物体内高分子材料,如人工关节、人工肺、人工心脏和人工血管等。药用高分子材料包括缓释放药物和高分子药物等。

随着人民生活水平的提高,医疗技术的发展,对医用高分子材料的要求越来越严格,需求量也逐渐增大。下面分别叙述医用高分子和药用高分子。

6.1 医用高分子材料

6.1.1 对医用高分子材料的要求

对医用高分子材料的共同要求是:稳定性好;耐生物老化;无毒、无害,不会引起炎症、癌症或其他疾病;与生物体相容性好;有一定的耐热性,便于高温消毒,易于高温成型。对一些用于身体内的非永久性材料,如手术缝合线,要求在一定时间内被生物降解,降解后的产物对身体无害,容易排出。以上是一般要求。对于不同的应用场合,对材料有特殊的要求。例如,作心脏及动脉血管用的高分子材料必须有很高的强度及很好的弹性,生物体内的液体含有一定的氯化钠,因此要求有较好的耐食盐腐蚀的性能。

在所有这些要求中,高分子材料的生物相容性,特别是血液相容性是生物医用材料与一般工业应用高分子材料的最大区别,是医用和药用高分子材料的共同要求。生物降解性是对生物医用高分子材料的又一要求,所以在下面专门讨论。

6.1.2 生物相容性高分子材料

1. 什么是生物相容性

生物相容性是指高分子材料与生物体之间相互作用结果,以及生物体对这种结果的忍受程度,是生命组织对非活材料产生合乎要求反应的一种性能。高分子材料对生物体作用,是指对人体组织(细胞黏附、炎症反应、细胞增殖、细胞质的转变),血液(溶血、血栓、蛋白黏附等)和免疫(体液免疫反应、细胞免疫反应、补体系统激活等)等系统产生的反应。如果是不良反应,说明高分子材料相容性欠缺或不好。同时，生物体也会影响高分子材料的物理化学性能。

2. 引起生物不相容的原因

与人体接触的高分子材料，若存在生物不相容，会对人体产生不良的副作用。材料的毒性大小，也就是生物不相容性，可能由以下因素引起。

(1) 高分子材料的溶(渗)出物引起的毒性。在高分子材料制备过程中加进的化学品，如引发剂、稳定剂等，以及未聚合单体(单体 100% 聚合是十分困难的)，尽管在高分子材料中的残留量很少，但当材料放入体内，会慢慢溶(渗)出，对人体产生一系列不良的副作用。例如，聚氯乙烯中残留的氯乙烯有致癌作用，并有麻醉作用，会引起皮肤血管收缩而产生疼痛。甲基丙烯酸甲酯进入人体循环，会引起肺功能障碍；乙烯和苯乙烯单体对皮肤或黏膜有刺激作用等。

(2) 材料降解的中间产物或最终产物产生的毒性。高分子材料在使用过程中会发生降解，最终分解产物或分解的中间产物可能有毒性。例如，聚己内酯、聚乳酸等酯类材料，在降解过程中，会造成局部酸性过大，产生无菌性炎症。

(3) 材料在合成和加工过程中带来的细菌或病毒污染。

3. 生物相容性高分子材料

具有生物相容性，能用作生物医用高分子材料的有天然高分子以及改性产物、合成高分子两大类。

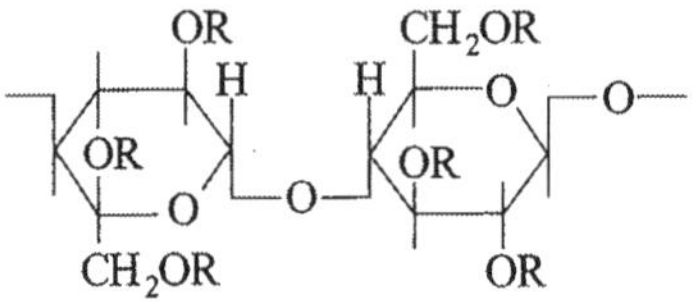

1) 天然高分子及其改性产物

OR　CH_2OR　H　H　O　O　OR　O　OR　O　CH_2OR　OR

1

天然高分子是一类重要的生物医用材料，包括：①各种纤维素，这是由 D-葡萄糖构成的直链多糖，如结构式 **1** 所示。聚合度在 5000～10000 之间。为了使纤维素满足使用要求，对葡萄糖分子上的羟基进行酯化、醚化等反应，制得一系列纤维素，如醋酸纤维素、羧甲基纤维素、甲基纤维素、羟丙基纤维素、乙基纤维素、羟乙基纤维素、羟丙甲纤维素、羟丙甲纤维素钛酸酯

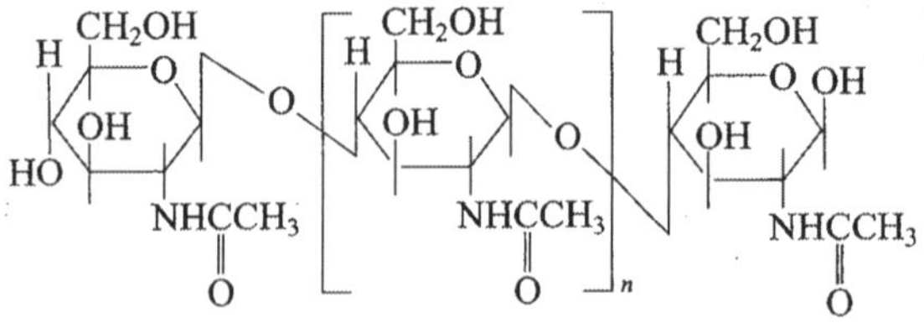

CH_2OH　H　O　OH　HO　$NHCCH_3$　O　O　CH_2OH　H　O　OH　$NHCCH_3$　O　O　n　CH_2OH　H　O　OH　OH　$NHCCH_3$　O

2

等。这类材料具有很好的血液相容性、生物黏附能力、较高的强度，已被广泛用作净化血液的膜材料，药物缓释放微球等生物医用材料。②壳聚糖。甲壳素是一种氨基多糖，具有如 **2** 所示的结构。其重复单元是以 β-1,4 苷键相连。其相对分子质量为 $1\times10^6\sim2\times10^6$，不溶于水、稀酸、碱、醇和醚等许多溶剂，只在少数溶剂，如浓酸、浓碱中溶解或溶胀。将甲壳素在浓碱溶液中加热水解，脱去乙酰基，得到相对分子质量为 $3\times10^5\sim6\times10^5$ 的脱乙酰壳多糖，即壳聚糖。它的用途很广，它具有良好的生物相容性，可作为人工皮肤、手术缝线、体内埋植剂等，也可以用作黏合剂、薄膜包衣、缓释材料等。③明胶。明胶是动物皮、骨等结缔组织胶原蛋白的水解产物。依据制备明胶的水解方法，即酸法还是碱法水解，又将明胶分为酸法明胶和碱法明胶，其等电点分别为 pH 7～9 和 pH 4.7～5.2，主要成分为蛋白质，水解产物为氨基酸。优质明胶的相对分子质量在 $1.0\times10^5\sim1.5\times10^5$ 之间。明胶的强度用直径为 12.7mm 的平底柱塞压入明胶凝胶表面 4mm 所需的质量(Bloom 强度)来测量。优质明胶的 Bloom 强度为 250～300g。明胶的用途很广，可用作各类胶囊的材料。④淀粉及其衍生物。淀粉由两种多糖分子组成，即直链淀粉 **3** 和支链淀粉 **4**。直链淀粉结晶度高，不溶于热水，黏性差。适合于作定位释药载体、填充剂等。支链淀粉结晶度低，在冷水中溶胀形成胶浆，黏性强。适合于作黏合剂、片剂、丸剂和胶囊等。

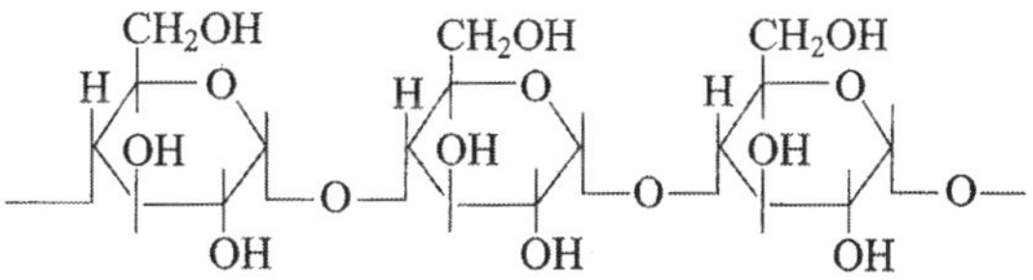

3

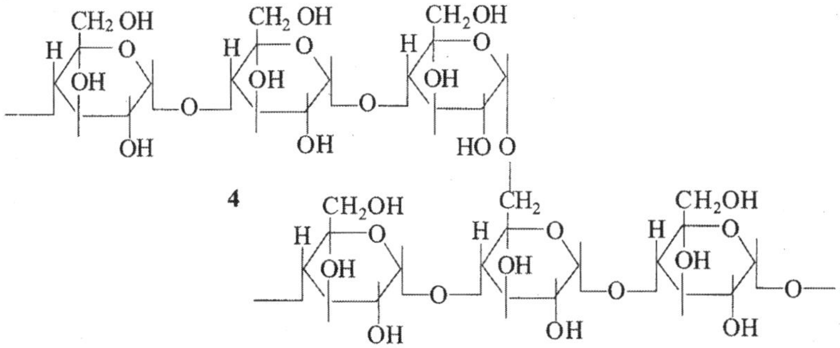

4

此外，淀粉经人工修饰，制得衍生物。例如，在葡萄糖单元引入羧甲基钠基团，制得羧甲基淀粉。通常，每 10 个葡萄糖单元中，有 3～5 个羧甲基。它是一种白色粉末，易吸潮，溶于水，形成网络结构胶体溶液。它的亲水性、膨胀性好，颗粒具有优良的流动性和可压性。可作崩解剂、黏合剂和助悬剂。

除了上述天然高分子及其改性衍生物外，还有植物凝聚素(lectin)、果胶、环糊精、海藻酸和琼胶等。

2) 合成高分子

由于高分子材料的“人工可裁剪性”，形成材料结构和性能的多样性，使合成生物高分子材料成为生物材料中应用最广泛的材料。按结构分，大致有以下几种。

$$-CH_2-\overset{R'}{\underset{O=C-OR}{C}}- \qquad R'=H,\ CH_3$$

$$R=H,\ CH_3,\ C_2H_5,\ C_4H_9,\ CH_2CH_2OH,\ -CH_2-\underset{OH}{CH}-\underset{OH}{CH_2}$$

5

(1) 聚丙烯酸酯或酸类。这类材料的结构式如 **5** 所示。它包括：聚甲基丙烯酸酯、聚丙烯酸酯、聚 α-氰基丙烯酸酯和聚(甲基)丙烯酸。为了改进材料的亲水性，通常在酯基上引进亲水性基团，如羟乙基，1,2-二羟丙基等；为了降低毒性或改善其他性能，酯基 R 可为甲基、乙基、丁基等各种基团。由于结构不同，材料的性能也不一样，在生物材料上有不同的用途。含酯基的聚合物有很好的透明性，例如，聚甲基丙烯酸羟乙酯具有好的生物相容性，是作软接触镜的主要原料，具有柔软、易装载、角膜柔和性好和刺激性小的优点。α-氰基丙烯酸酯聚合速度快，是很好的瞬时黏附材料。(甲基)丙烯酸酯类也可以与其他单体共聚，制备成各种医用材料。例如，甲基丙烯酸与甲基丙烯酸甲酯共聚，可以制备肠溶丙烯酸树脂；而甲基丙烯酸酯与丙烯酸-*N*,*N*-二甲胺乙酯共聚则可作胃溶丙烯酸树脂。

(2) 脂肪族聚酯类。这一类聚合物具有如式 **6** 所示的结构。如聚己内酯、聚丙交酯和聚乙交酯等，是由相应的环内酯进行开环聚合制得。随 n 值减小，生物降解活性增加。其中研究得比较多的是聚乳酸($n=1$，$R=CH_3$)，它是从丙交酯经开环聚合得到的，在生物医用领域有着广泛的应用。例如，作骨夹板、骨螺钉等。该聚合物有很好的强度和生物降解性，可作外科手术缝线。内酯**7**的聚合物，如聚己内酯的生物相容性差，它可以通过与丙交酯等共聚，以期得到生物医学应用。

$$\left[O-(\overset{R}{CH})_n-\overset{O}{\overset{\|}{C}}\right]_m \qquad R-(CH)_n\text{（环内酯，含 }C=O\text{ 与 }O\text{）} \qquad +O\overset{R}{CH}-(CH_2)_m-\overset{O}{\overset{\|}{C}}+ \qquad -(\underset{R}{\overset{R}{Si}}-O)_n-$$

6　　7　　8　　9

$R=H,\ CH_3-$

另一类是生物发酵法得到的，如结构式 **8** 所示的聚羟基脂肪酸酯，通常，$m=1$，$R=CH_3$，C_2H_5 和 C_3H_7，分别称为聚(3-羟基丁酸酯)、聚(3-羟基戊酸酯)和聚(3-羟基己酸酯)。也有少量 $m=2$ 和 3，一般是与 $m=2$ 的共聚物。这类聚羟基脂肪酸酯具有独特的物理性能,已在生物医学领域,如组织修复、细胞培养等方面得到了应用。

(3) 聚硅橡胶类。通常是由八甲基环四硅氧烷经开环聚合反应,得到如 **9** 所示的聚合物。它具有很好的力学性能,很高的弹性和气体透过性,与其他单体共聚,以得到微相分离的材料,提高它的抗凝血性能。聚硅氧烷及其共聚物是制备人工肺、人造血管甚至人造心脏等的重要材料。

(4) 聚氨酯类。这类聚合物具有如 **10** 所示的结构。它是聚合物二元醇与二异氰酸酯经逐步聚合反应得到的。其中 R 可以是脂肪族或芳族基团,由二异氰酸酯决定;而 R′可以是聚醚、聚酯、聚硅氧烷或其他聚合物。是公认的微相分离材料,具有很好的血液相容性,可以用作血液接触的人工脏器,如人工肺、人造血管、人工肾和血液净化用的材料等。

$$-\!\!\left[R'-O\overset{\overset{\displaystyle O}{\|}}{C}NH-R-NH\overset{\overset{\displaystyle O}{\|}}{C}O\right]_n\!\!-$$

10

$$-CH_2-\underset{\underset{\displaystyle R}{|}}{CH}-$$

R =

11 (N-连接的 2-吡咯烷酮基)　**12** $-OH$　**13** (4-吡啶基 N→O)

14 $-Cl$　**15** $-CH_3$　**16** (苯基)

(5) 乙烯类聚合物。除了聚(甲基)丙烯酸酯类外,烯类聚合物中用作生物医用材料的还有聚(*N*-乙烯基吡咯烷酮)**11**、聚乙烯醇 **12**、聚(氧化乙烯吡啶)**13**、聚氯乙烯 **14**、聚丙烯 **15** 和聚苯乙烯 **16**。聚合物 **11** 的相对分子质量一般在 $0.5\times10^4\sim7.0\times10^5$之间。最早用作血液增量剂,具有很好的生物相容性和黏合、增稠、分散、助溶、成膜等特性,广泛用作包衣材料、缓释材料、成膜材料和黏附给药系统的载体等。聚乙烯醇 **12** 一般醇解度在 87%～89%范围内,水溶性最好,具有很好的成膜性能。可用作膜材料、增黏和辅助乳化作用。它可以进一步制成聚乙烯醇缩丁醛或乙烯-乙酸乙烯酯共聚物等。聚(氧化乙烯吡啶)**13** 具有吸附硅酸盐的作用,可作高分子药物。聚氯乙烯具有很好的机械强度,T_g 较高,耐温性好,可用作体外医用材料。

(6) 聚膦类。它是由六氯环三磷氮烯进行熔融开环聚合反应,生成含氯的聚合物 **17**,然后根据应用要求,将各种取代基 R 反应到高分子链上,得到如结构式 **18** 的聚合物。考虑到聚膦腈降解后对人体的作用,侧基 R 多采用不同的氨基酸的甲酯、乙酯、叔丁酯、苄酯等,如甘氨酸、丙氨酸和苯丙氨酸的酯,分别形成聚合物 **18a**、**18b** 和 **18c**。选择这类侧基的原因是:聚合物的降解产物氨基酸酯、氨基酸和醇对人体无害;氨基酸酯的酯键水解,会促进聚合物主链水解;可通过氨基酯结构变化,调节聚合物的聚集态和亲疏水性,调节聚合物的降解性。聚膦腈一般可做成线形和水凝胶聚合物,其生物相容性优于硅橡胶,材料的理化和降解性能比脂肪族聚酯、聚酸酐等变化范围广。可用作药物释放系统的载体等。

$$-\!\!\left[N{=}P(Cl)_2\right]_n\!\!- \quad \mathbf{17} \qquad -\!\!\left[N{=}P(R)_2\right]_n\!\!- \quad \mathbf{18}$$

R= H_2NCH_2COOH **18a**

$H_2NCH(CH_3)COOH$ **18b**

$H_2NCH(CH_2C_6H_5)COOH$ **18c**

(7) 聚醚类。包括聚乙二醇、聚苯醚等。由于聚乙二醇的水溶性,具有较好的生物相容性,所以研究得比较多。

除上述几类聚合物外,能作生物相容性材料的生物医用高分子还有聚脲 **19**,聚砜 **20**,聚碳酸酯 **21**,聚原酸酯 **22**,聚肽 **23** 和聚酰胺 **24** 等。

$$\left[R{-}NHCONH\right]_n \quad \mathbf{19} \qquad -C_6H_4{-}SO_2{-}C_6H_4- \quad \mathbf{20} \qquad \left[R{-}OCO\right]_n \quad \mathbf{21}$$

$$\left[O{-}C(OR)(R'){-}O\right]_n \quad \mathbf{22} \qquad \left[CH(R){-}CO{-}NH\right]_n \quad \mathbf{23} \qquad \left[RCO{-}NH\right]_n \quad \mathbf{24}$$

以上讨论了具有生物相容性的高分子材料。从对引起高分子材料生物不相容性的讨论可知,高分子材料能否作医用或药用,不仅取决于高分子材料本身,还与制备和加工过程有着密切的关系。因此要有严格的手段来表征材料的生物相容性。这包括细胞毒性试验;动物急性和长期毒性试验;致突变、致畸(生殖毒性)和致癌试验;材料的稳定性试验;刺激性试验;热源试验;如果是生物可降解材料,需要有动物体内、外降解、降解周期、降解最终产物(包括中间产物)及降解机理试验;如果与皮肤接触的材料,需要皮肤致敏试验;如果与血液接触,还需要溶血和血液相容性试验等。

6.1.3 高分子材料的血液相容性

1. 血液相容性

血液相容性是生物相容性的一个重要内容。普通材料与生物体内的血液接触时,在 1~2min 内就会在材料表面形成血栓。血栓的形成与血浆蛋白质、凝固因子、血小板等多种血液成分有关,是一复杂的反应。一般认为,材料表面与血液接触后,首先是蛋白质和脂质吸附在材料表面上,这些分子发生构象上的变化,导致血液中各成分的相互作用，而产生块状血栓。人造心脏、人工肾、人工肝、人造血管等均与血液长期接触。形成血栓后，这些人造器件就无法正常工作。这就要求制造这些器件的材料有较好的抗凝血性能。除选择有抗凝血性能的材料外，高分子材料的抗凝血性能，可以通过多种途径来改进：①人工脏器或血管表面光滑，可以减缓血小板、细胞成分在膜面上黏着和凝集，从而阻滞血栓的形成；②使膜表面带有负电荷的基团，使带有负电荷的血小板难于在膜面上凝集；③调节膜面分子结构的亲水性和疏水性的比例，以提高抗血栓的能力；④存在于动物体内的肝素（heparin）具有优良的抗凝血性，将适量的肝素连接在合成材料上，并能在实际使用时，被缓慢地释放出来，以提高抗凝血能力；⑤微相分离的高分子材料具有良好的血液相容性。下面分别介绍这些材料。

2. 抗凝血高分子材料

抗凝血高分子材料的设计和合成，概括起来有以下三个方面。

1）具有微相分离结构的高分子材料

制备微相分离材料有以下三种方法。

(1) 聚氨酯。这类材料中，研究得最多的是聚氨酯（segmented polyether urethane）。作为医用高分子材料的聚氨酯是一种线形多嵌段共聚物，它是由聚醚或聚酯为软段，脲基或氨基甲酸酯为硬段组成，具有优良的生物相容性和力学性能。它的一般结构式如 **25** 和 **26** 所示。

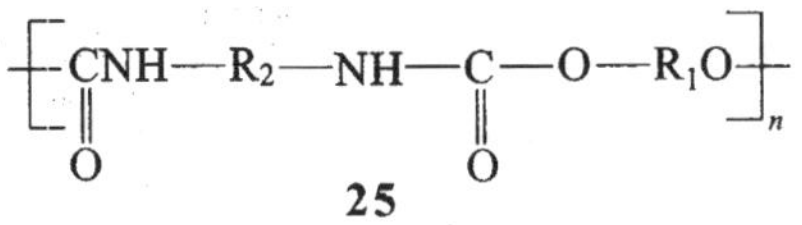

$$\left[\underset{\|\atop O}{C}NH-R_2-NH-\underset{\|\atop O}{C}-O-R_1O\right]_n$$

25

$$\left[\underset{\|\atop O}{C}NH-R_2\left(NH-\underset{\|\atop O}{C}-O-R_1O-\underset{\|\atop O}{C}-NH-R_2\right)_x NH\underset{\|\atop O}{C}NH-R_3-NH\right]_n$$

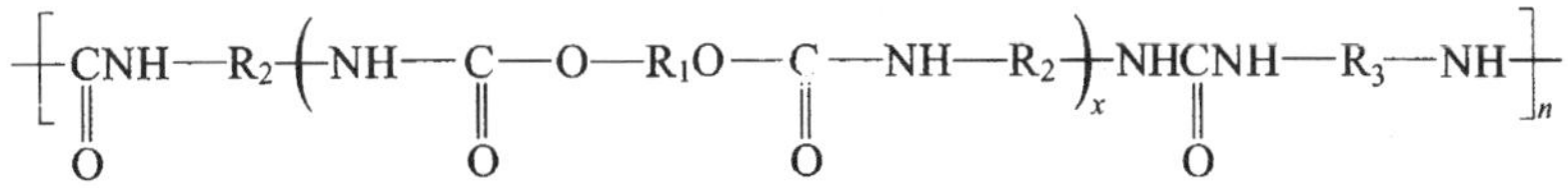

26

Avcothane 及美国的 Ethicon 公司推荐的产品 Biomer 属于这一类。其优良的性能与聚合物的化学组成、聚集态结构有关。现在人们把它的优良性能归纳为材料内的微相分离和微区结构。小角 X 衍射谱图证明，Biomer 中硬链段和软链段的微区大小分别为 1～9nm 和 1.1～2.0nm。

聚氨酯的制备，是通过聚醚或聚酯二元醇与异氰酸酯反应得到预聚物，再加入二元胺或二元醇进一步扩链制得。图 6-1 显示由聚四氢呋喃二元醇和二苯甲基二异氰酸酯反应，得到预聚物 **27**，再用丁二醇或乙二胺作扩链剂，使预聚物进一步反应，得到聚氨酯 **28**。

将得到的聚醚氨酯溶解在 DMF 溶剂中，在热的甘油液面上形成薄膜，再测定

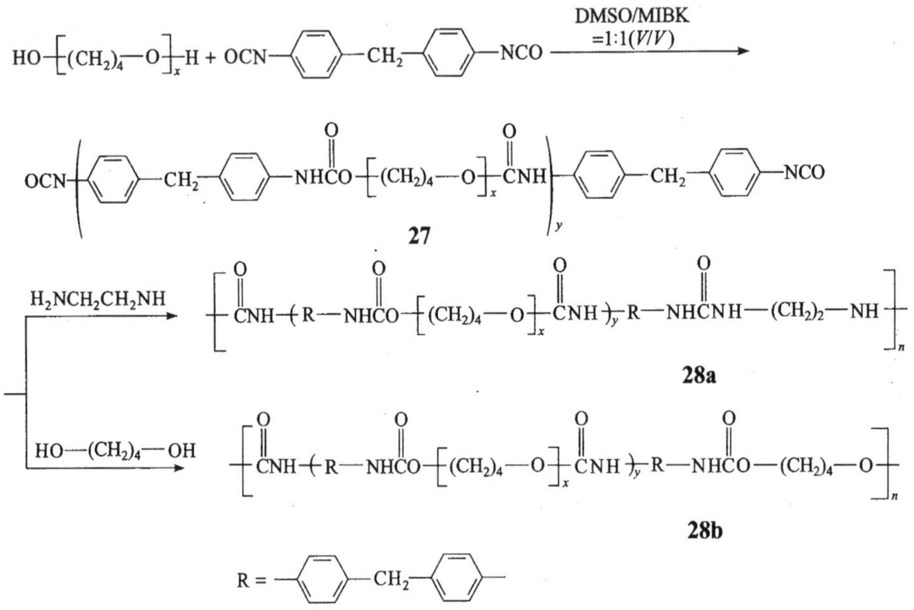

$$HO\!+\!(CH_2)_4\!-\!O\!+_x\!H + OCN\!-\!C_6H_4\!-\!CH_2\!-\!C_6H_4\!-\!NCO \xrightarrow[=1:1(V/V)]{DMSO/MIBK}$$

$$OCN\!\left(\!-C_6H_4\!-\!CH_2\!-\!C_6H_4\!-\!NH\overset{O}{\overset{\|}{C}}O\!+\!(CH_2)_4\!-\!O\!+_x\!\overset{O}{\overset{\|}{C}}NH\!-\right)_y\!C_6H_4\!-\!CH_2\!-\!C_6H_4\!-\!NCO$$

27

$$\xrightarrow{H_2NCH_2CH_2NH} \left[\!-\overset{O}{\overset{\|}{C}}NH\!+\!R\!-\!NH\overset{O}{\overset{\|}{C}}O\!+\!(CH_2)_4\!-\!O\!+_x\!\overset{O}{\overset{\|}{C}}NH\!+_y\!R\!-\!NH\overset{O}{\overset{\|}{C}}NH\!-\!(CH_2)_2\!-\!NH\!-\right]_n$$

28a

$$\xrightarrow{HO-(CH_2)_4-OH} \left[\!-\overset{O}{\overset{\|}{C}}NH\!+\!R\!-\!NH\overset{O}{\overset{\|}{C}}O\!+\!(CH_2)_4\!-\!O\!+_x\!\overset{O}{\overset{\|}{C}}NH\!+_y\!R\!-\!NH\overset{O}{\overset{\|}{C}}O\!-\!(CH_2)_4\!-\!O\!-\right]_n$$

28b

$$R = -C_6H_4-CH_2-C_6H_4-$$

图 6－1　从聚四氢呋喃二元醇与二苯甲基二异氰酸酯聚合制备聚醚氨酯

微区尺寸。一般认为聚醚软段形成连续相，硬段聚集形成分散相微区。

(2) 嵌段共聚物。从两个不相容的均聚物，制成两嵌段或多嵌段共聚物会发生微相分离。例如，具有结构如 **29** 的线形聚芳醚砜-聚醚氨酯嵌段共聚物，当软段/硬段的质量比为 0.44～1.08 时，产物为浅黄透明无定形塑料弹性体，经 140℃ 处理后，出现部分结晶。聚砜链段的引入，促使相分离产生，醚砜氨醚硬段形成球形微区，分散在聚醚软段形成的连续相中，微区最大直径约为 100～120nm，大多数为 30～50nm。

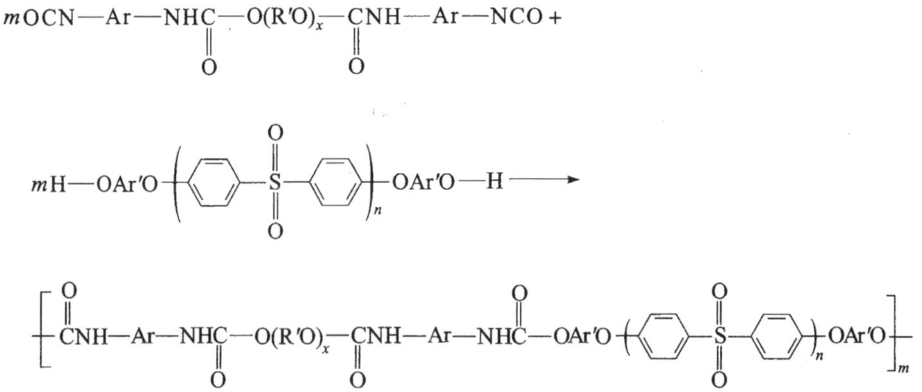

$$m\,OCN\!-\!Ar\!-\!NH\underset{\underset{O}{\|}}{C}\!-\!O(R'O)_x\!-\!\underset{\underset{O}{\|}}{C}NH\!-\!Ar\!-\!NCO +$$

$$m\,H\!-\!OAr'O\!\left(\!-C_6H_4\!-\!\underset{\underset{O}{\|}}{\overset{O}{\overset{\|}{S}}}\!-\!C_6H_4\!-\right)_n\!OAr'O\!-\!H \longrightarrow$$

$$\left[\!-\overset{O}{\overset{\|}{C}}NH\!-\!Ar\!-\!NH\underset{\underset{O}{\|}}{C}\!-\!O(R'O)_x\!-\!\underset{\underset{O}{\|}}{C}NH\!-\!Ar\!-\!NH\overset{O}{\overset{\|}{C}}\!-\!OAr'O\!\left(\!-C_6H_4\!-\!\underset{\underset{O}{\|}}{\overset{O}{\overset{\|}{S}}}\!-\!C_6H_4\!-\right)_n\!OAr'O\!-\right]_m$$

29

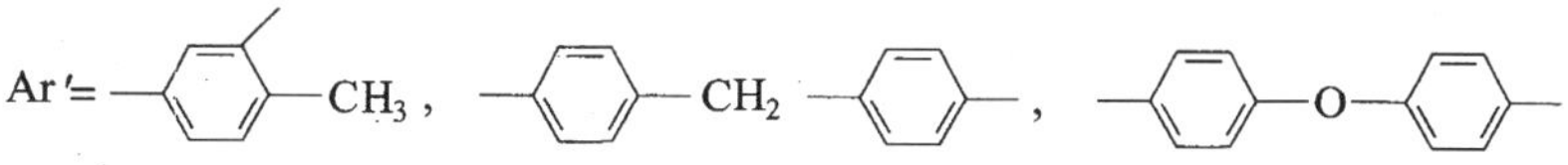

Ar′= TDI-2, 4　MDI　ODI

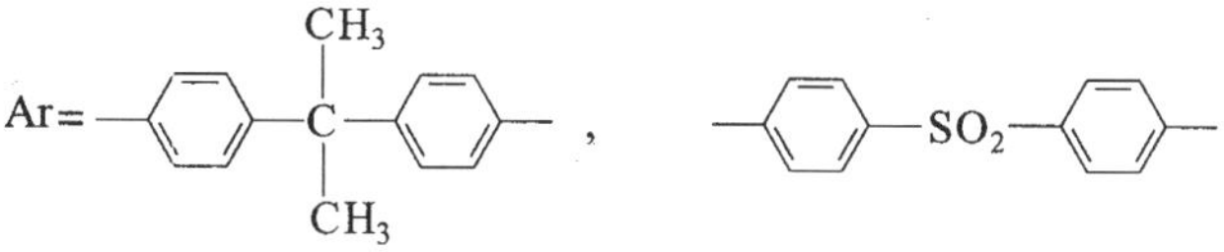

Ar=

作为血液相容性材料，更好的是亲水和疏水链段形成的嵌段共聚物。例如，嵌段共聚物 **30** 是亲水的聚甲基丙烯酸羟乙酯和聚苯乙烯形成的 ABA 三嵌段共聚物。当甲基丙烯酸羟乙酯在共聚物中的摩尔分数为 0.608 时，共聚物呈亲水、疏水性相间的层状结构。此时聚合物上，黏附的血小板最少，且黏附的血小板几乎不发生变形和凝聚，说明适宜的微相分离，不仅可以抑制血小板的黏附，还能抑制血小板的变形、活化和凝聚。

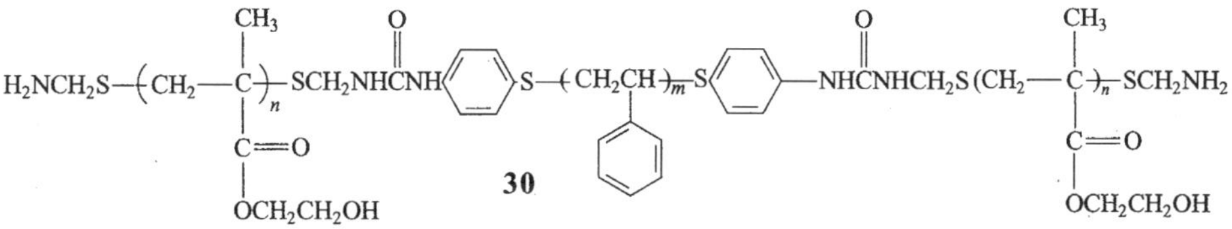

30

(3) 接枝聚合。在疏水性聚合物链上，接枝亲水性的聚合物，可形成微相分离的材料。例如，聚乙烯醇缩丁醛是疏水性材料。聚乙烯醇在缩丁醛反应中，始终会有羟基未反应。可利用该羟基，在 Ce^{4+} 存在下，引发丙烯酰胺进行接枝聚合反应[见反应式(6-1)]，得到如结构式 **31** 所示的接枝共聚物。

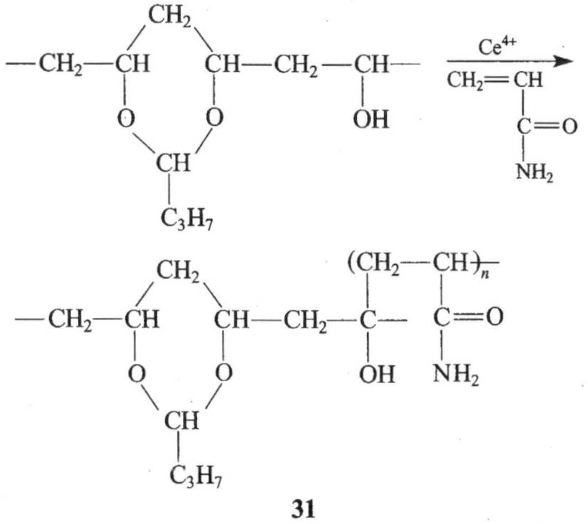

(6-1)

31

2) 高分子材料的表面接枝改性

对材料的表面接枝改性，是提高材料的抗凝血性能的一个重要手段。接枝方法，不外乎化学和物理法，如在硅橡胶表面接枝多肽。在含有少量氨基的硅橡胶表面，氨基引发化合物 **32** 开环聚合，进行碱性水解后，聚硅氧烷表面就接枝上聚天冬氨酸[见反应式(6-2)]。

$$-\overset{\overset{CH_3}{|}}{\underset{\underset{\underset{\underset{NH_2}{|}}{CH_2}}{\underset{|}{CH_2}}}{\underset{|}{Si}}}-O-\overset{\overset{CH_3}{|}}{\underset{\underset{CH_3}{|}}{Si}}-O- \quad \xrightarrow[\textbf{32}]{\text{32}: \ \text{CH}_2\text{COOCH}_2\text{C}_6\text{H}_5\text{-CH-C(=O)-O-C(=O)-NH (环)}} \quad -\overset{\overset{CH_3}{|}}{\underset{|}{Si}}-O-\overset{\overset{CH_3}{|}}{\underset{\underset{CH_3}{|}}{Si}}-O- ,\ Si-CH_2CH_2-NH\!\left(\underset{\underset{O}{\|}}{C}-\underset{\underset{CH_2\underset{\underset{O}{\|}}{C}OCH_2C_6H_5}{|}}{CH}-NH\right)_n$$

$$\xrightarrow{OH^-} -\overset{\overset{CH_3}{|}}{\underset{|}{Si}}-O-\overset{\overset{CH_3}{|}}{\underset{\underset{CH_3}{|}}{Si}}-O- ,\ Si-CH_2CH_2-NH\!\left(\underset{\underset{O}{\|}}{C}-\underset{\underset{CH_2\underset{\underset{O}{\|}}{C}OH}{|}}{CH}-NH\right)_n \qquad (6-2)$$

也可以用等离子体法、高能射线法、紫外光法和臭氧法，在要接枝的聚合物表面生成自由基，引发亲水性单体，如乙烯基吡咯烷酮、乙酸乙烯酯、丙烯酸羟乙酯和丙烯酰胺等聚合，得到改性的聚合物。例如，在聚醚氨酯表面改性，用臭氧使环氧乙烷和环氧丙烷共聚物中，叔碳上形成自由基，引发丙烯酰胺聚合[见反应式(6-3)]，在聚醚氨酯表面形成亲水层。

$$-CH_2\underset{\underset{CH_3}{|}}{C}HO-CH_2CH_2O- \xrightarrow{O_3} -CH_2\overset{\overset{OOH}{|}}{\underset{\underset{CH_3}{|}}{C}}O-CH_2CH_2O-$$

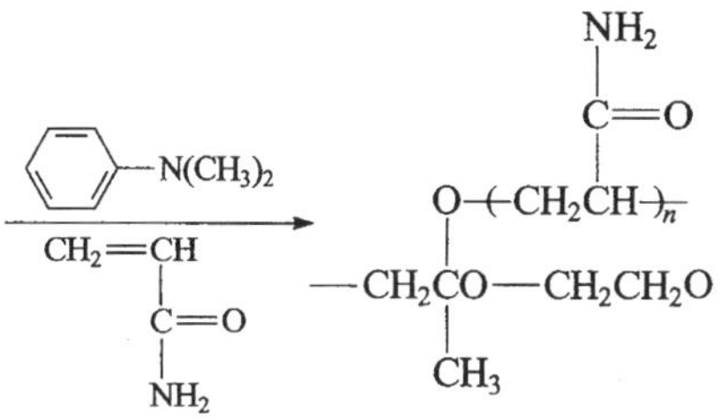

(6－3)

聚氧化乙烯有非常好的抗凝血性能，例如，将相对分子质量为 100 000 的聚氧化乙烯涂在玻璃板上，可以防止狂犬病毒在玻璃板上吸附。将相对分子质量为 6000 的聚氧化乙烯加到凝血酶的溶液中，可以防止凝血酶在玻璃板上的吸附。所以在聚合物表面接枝聚氧化乙烯，可改善聚合物的抗凝血性能。

3）高分子材料的肝素化或离子化

聚离子络合物(polyion complex)，如聚离子化合物 **33**，具有良好的抗凝血性能。

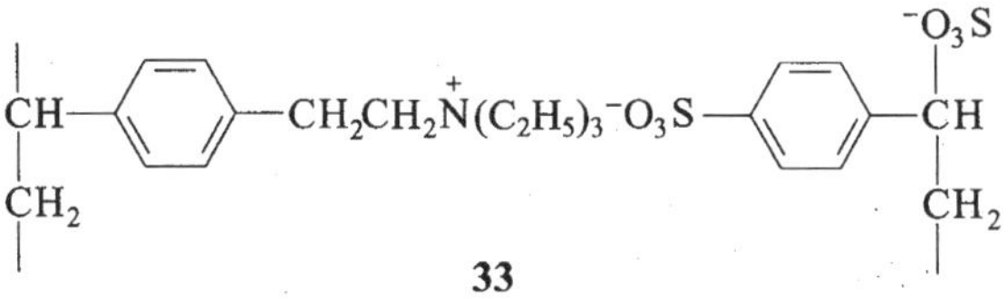

33

众所周知，肝素也是一种聚阴离子，是一种防止凝血的多糖类聚合物，其结构式如 **34** 所示。

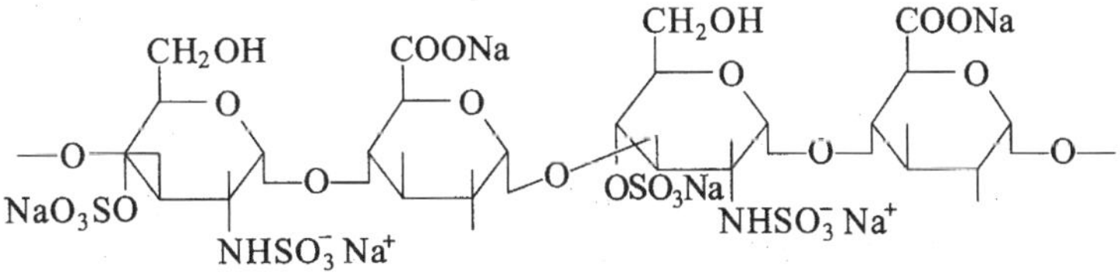

34

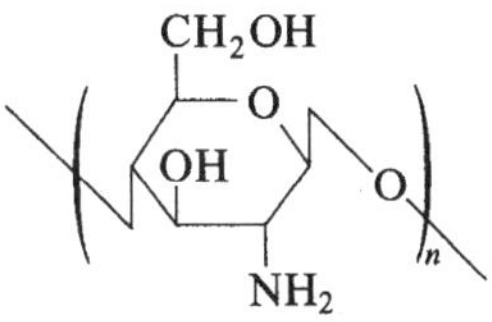

从上面的结构可以看出，该聚合物具有基团 $—NHSO_3^-$，是一聚阴离子。人工合成该聚合物十分困难。因此，人们从自然界中找替代物。例如，螃蟹壳、虾壳等含有甲壳质(Chitin)，经氢氧化钠处理，可以得到甲壳素 **35**。经硫酸磺化，得到类似于肝素的聚阴离子，同样起抗凝血作用。

35

肝素的抗凝血性能的机理通常认为是，催化和增加抗凝血酶Ⅲ(ATⅢ)对凝血酶的结合而防止凝血。其作用机理有三种解释：一是肝素仅与 ATⅢ结合，诱导其构象发生变化，使其易与凝血酶形成凝血酶/ATⅢ络合物，从凝血酶完全丧失参与凝血的能力；二是肝素与凝血酶结合，使凝血酶的构象发生变化，易与 ATⅢ结合，形成 ATⅢ/肝素-凝血酶络合物；三是 ATⅢ和凝血酶同时结合到肝素上。第一种机理被人们广泛接受，但是，其他两种机理也可以解释一些现象。

将肝素接到高分子材料表面，可提高抗凝血性能。接的方法有物理吸附法和化学反应法两种。前者结合不太牢固，但构象可保持。后一方法，肝素在高分子上稳定，但构象不易保持。用物理吸附法吸附肝素时，高分子材料表面应有阳离子基团，如用反应(6-4)，使表面具有季铵基团，再与带阴离子的肝素结合。

$$\begin{array}{c} -CH_2-CH- \\ | \\ C{=}O \\ | \\ OCH_2CH_2N(CH_3)_2 \end{array} \xrightarrow{CH_3I} \begin{array}{c} -CH_2-CH- \\ | \\ C{=}O \quad I^- \\ | \\ OCH_2CH_2\overset{+}{N}(CH_3)_3 \end{array} \tag{6-4}$$

3. 抗凝血高分子材料的应用

1）人造血管

对人造血管材料的要求，与人造心脏不同。要求高分子材料具有多孔性和抗凝血性能。若人造血管接入人体后，流经它的血液中，蛋白质可能析出而堵塞血管，则血液就不能把营养和氧气输送到生物体需要的部位，也不能排泄生物体内由于新陈代谢产生的有毒物质。所以用作人造血管的高分子材料必须具有抗凝血性。除了采用具有微相分离结构的高分子材料外，还可以在血管表面接上肝素。接肝素的高分子一般含有胺基侧链，经季铵化生成聚阳离子[见反应式(6-4)]。通过吸附的方法把肝素连接到高分子上。若用的时间过长，也许会发生血栓现象。

人们也利用材料本身的光滑性，来防止血液凝固。如硅橡胶制品表面很光滑，可以用来作人造血管。若将肝素接到硅橡胶表面，则抗凝血性能更好。日本最近成功地用氯乙烯-乙烯-乙酸乙烯共聚物，经适当处理，使聚合物中氯原子被硫取代。用这样的材料制成的人造血管效果较好。

2）血液净化系统膜材料及人工肾

人体通过肾脏将血液中的代谢废物、过剩的电解质和水排入尿中，泄出体外。如果肾脏不能工作，则需要用其他方法来净化血液。净化血液的方法有：血液透析；血液过滤；血液透析过滤；血浆分离以及使用吸附剂的直接血液灌流、血浆灌流等方法。

作为血液净化系统的高分子材料的要求是：具有优良的血液相容性；透水性好；尿毒性物质的相对分子质量一般在 500～5000 之间，要求高分子材料对这些物质的透过性要好，对溶质相对分子质量的依赖性要小；含水时膜的机械强度要高。

(1) 血液透析法。血液流过透析膜的一侧,而膜的另一侧流过灭菌的透析液。血液中的废物、过剩的电解质和水透过膜,进入透析液。通过增加血液的流量、降低膜的厚度、增加透析液的流量和透析膜的面积来提高透析效率。

用作血液透析的膜,应具有优良的血液相容性,对相对分子质量在 500～5000 之间的尿毒物质透过性要好。目前用作透析膜的高分子材料有:铜氨法再生纤维素;丙烯腈-间烯丙基苯磺酸钠共聚物;聚碳酸酯,聚甲基丙烯酸甲酯立体复合物中孔纤维;醋酸纤维素中孔纤维,聚(乙烯-乙酸乙烯)中孔纤维。其中实际使用的,以再生纤维为主,其中以铜氨法的再生纤维素居多。

(2) 血液过滤法的基本原理类似于肾小球。通常用超滤膜过滤掉血液中的毒物之后,适当补充体液,以调节血液的浓度。常用的超滤膜有聚砜膜或中孔纤维、三醋酸纤维素膜、聚酰胺中孔纤维等。

(3) 血浆分离。肾病、肝病患者在血液中出现了不正常的蛋白质、抗原、抗体、免疫复合体等,血浆分离的目的就是要将这些不正常的物质除去,交换成新的血浆。现在多采用孔径为 0.2～0.4nm 的多孔分离膜进行分离。膜材料为三醋酸纤维素、聚砜、聚碳酸酯等。

聚丙烯腈能制成强度很高的薄膜和中孔纤维。由于聚丙烯腈的疏水性,用于透析膜时不理想。为此采用共聚的方法提高材料的亲水性[见反应式(6-5)和(6-6)],由(6-6)制备的高分子材料,其韧性可以提高。

$$\underset{\mathrm{CN}}{\mathrm{CH_2{=}CH}} + \underset{\mathrm{CH_2-C_6H_4-SO_3H}}{\mathrm{CH_2{=}CH}} \longrightarrow -\!\!\left[\mathrm{CH_2-\underset{CN}{CH}}\right]_n\!\!-\!\!\left[\mathrm{CH_2-\underset{CH_2-C_6H_4-SO_3H}{CH}}\right]_m\!\!- \tag{6-5}$$

$$\underset{\mathrm{CN}}{\mathrm{CH_2{=}CH}} + \mathrm{CH_2{=}\overset{CH_3}{\underset{C{=}O\ \ \ OCH_2CH_2N(CH_3)_2}{C}}} \longrightarrow -\!\!\left[\mathrm{CH_2-\underset{CN}{CH}}\right]_n\!\!-\!\!\left[\mathrm{CH_2-\overset{CH_3}{\underset{C(=O)OCH_2CH_2N(CH_3)_2}{C}}}\right]_m\!\!- \tag{6-6}$$

36

将全同和间同立构的聚甲基丙烯酸 β-羟乙酯与己二异氰酸酯反应,生成了交联的聚合物[见反应式(6-7)]。它们对不同化合物的渗透性是不一样的。例如,交联的全同立构聚合物的扩散顺序为:尿素>NaCl>乙酰胺;交联的间同立构聚合物的扩散顺序为:NaCl>尿素>乙酰胺。

$$\begin{array}{c} CH_3 \\ | \\ -CH_2-C- \\ | \\ C=O \\ | \\ OCH_2CH_2OH \end{array} + OCN(CH_2)_6NCO \longrightarrow$$

$$\begin{array}{l} | \\ CH_3-C-C(=O)-OCH_2CH_2OH \\ \quad | \\ \quad CH_2 \\ \quad | \\ CH_3-C-C(=O)-OCH_2CH_2O-C(=O)NH-(CH_2)_6-NHC(=O)-OCH_2CH_2OC(=O)-C-CH_3 \\ \quad | \\ \quad CH_2 \\ \quad | \end{array} \qquad \begin{array}{l} \qquad\qquad\qquad | \\ HOCH_2CH_2OC(=O)-C-CH_3 \\ \qquad\qquad\qquad | \\ \qquad\qquad\qquad CH_2 \end{array}$$

(6-7)

用反应(6-8)制成的乙烯-乙烯醇共聚物,当乙烯基含量为30%时,其膜有最佳血液相容性、透过性、机械强度和安全性。

$$CH_2=CH_2 + \underset{\substack{| \\ OAc}}{CH_2=CH} \xrightarrow[\text{2. EtONa/EtOH}]{\text{1. 聚合}} -\!\!\left(CH_2CH_2\right)_n\!\!-\!\!\left(CH_2-\underset{\substack{| \\ OH}}{CH}\right)_m\!\!- \qquad (6-8)$$

3) 富氧膜与人工肺

在进行心脏手术时,常用体外人工心肺装置代行其功能。另外,呼吸功能不良患者需要辅助性人工肺。人工肺有两大类:一类是氧气直接与血液接触的气泡型人工肺。它廉价、易溶血、损伤血液,只能使用数小时,适用于成人手术。另一类是气体通过薄膜与血液交换 O_2 和 CO_2,可连续使用数日。作人工肺的膜要求:①有较大的气体透过系数 P;分离系数 α_{O_2/N_2} 要大。这两个综合性能好的高分子材料,有利于人工肺的小型化。②有优良的血液相容性。③机械强度好。④耐灭菌性能好。

气体的透过系数(P)可用式(6-9)来计算

$$P=\frac{273.2}{76T}\frac{LV}{Ap'}\frac{\Delta p}{\Delta t} \qquad (6-9)$$

式中,$\Delta p/\Delta t$ 为稳态时的压力变化;V 和 T 分别为气体的体积和温度(298K);p' 为被测气体的压力;A 和 L 分别为膜的面积和厚度。

表6-1列出了用作人工肺的富氧膜以及对氧和二氧化碳的透过系数。可以看到,已成为商品的膜有硅橡胶(SR),聚烷基砜(PAS)和硅酮/聚碳酸酯共聚物,它们的综合性能好,所以可用作人工肺的材料。

表 6-1　人工肺用膜的气体透过系数 P_m^*

膜	全厚/μm	膜厚/μm	$P_{m(O_2)}$	$P_{m(CO_2)}$
硅橡胶(Dow 化学公司),Silastic®聚酯绸布增强	190	160	1.38×10^{-3}	7.60×10^{-3}
硅酮(Silicome)/聚碳酸酯共聚物(G. E. 公司。MEM213®,均质膜)	50	50	1.44×10^{-3}	8.73×10^{-3}
聚烷基砜(Polyallcysultone, PAS)微孔性聚丙烯膜增强	25	25	10.86×10^{-3}	45.40×10^{-3}

* 透过系数 P_m 的单位是[mL(STP)·cm·min^{-1}·m^{-2}·Pa^{-1}](25℃)。

用 SiO_2 作填料加到硅橡胶中,经硫化,制成的填料硅橡胶 SSiR,它的抗张强度大,血液相容性差。若把 SiR 与 SSiR 粘在一起,形成复合膜。SiR 一侧与血液接触,SSiR 与空气接触。这样既可保持优良的血液相容性,又可增强膜的强度。除此以外,也可以用尼龙、绸布或无纺布来增强 SiR。

除了上述商品化的膜以外,正在研究中的高分子膜还有聚烷基砜(相对分子质量>10^5)的膜,其 $P_{m(O_2)}$、$P_{m(CO_2)}$都较大,且对血液的相容性也好。

聚硅氧烷和聚碳酸酯的嵌段共聚物 **37**,能将空气富集成含 40%氧的空气。

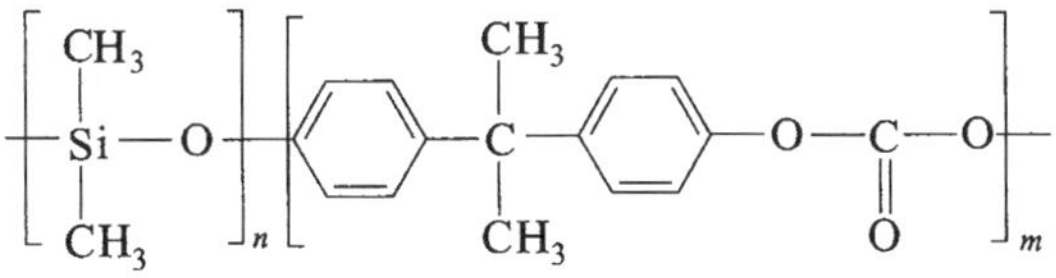

$$\left[-\mathrm{Si}(CH_3)_2-O-\right]_n\left[-C_6H_4-C(CH_3)_2-C_6H_4-O-C(=O)-O-\right]_m$$

37

富氧膜除了作人工肺以外,还可以制成口罩,使哮喘病、心脏病患者呼吸到富氧空气,以减轻病人的痛苦。

另外一种高分子材料,聚(γ-甲基-L-谷氨酸酯)(PMLG)分别用二氯乙烷(DCE)、三氟乙酸(TFA)和蚁酸(FA)为溶剂制成膜。溶剂种类、膜的含水量对膜的透气性能有明显的影响(见表 6-2)。表中列出 PMLG-FA 膜是十分有趣的。它从水中富集溶解氧的能力很强,即 P_{O_2}值较高。为潜水者提供水中吸氧的装置是有意义的开发领域。

表 6-2　PMLG 膜气体透过性的比较(30℃)

膜	水化度	氧透过系数/[mL(STP)·cm·min^{-1}·m^{-2}·Pa^{-1}]		P_ω/P_g	活化能/(kJ/mol)		$P_{m(O_2)}/P_{m(N_2)}$	$P^{**}_{m(CO_2)}/P_{m(O_2)}$
		P_ω^*	P_g^*		EP_ω	EP_g		
PMLG-DCE	0.109	9.24×10^{-7}	7.86×10^{-7}	1.2	34.7	34.9	3.5	10
PMLG-TFA	0.116	1.35×10^{-7}	3.50×10^{-8}	3.9	43.5	43.1	6.5	3.7
PMLG-FA	0.845	1.44×10^{-5}	1.16×10^{-9}	12000	5.0	50.7	6.2	1.8

* P_g 是氧气透过系数,P_ω 是溶解在水中氧的透过系数;

** $P_{m(O_2)}$,$P_{m(N_2)}$,$P_{m(CO_2)}$分别为氧气、氮气和二氧化碳的透过系数。

6.1.4　高分子材料的生物降解性

1．生物降解性

在自然环境下，聚合物的降解受多种因素的影响，如热、紫外线、辐射、大气、微生物、水和电等。而聚合物的体内降解则不同，主要因素是水(包括 pH)、酶。降解发生在聚合物主链上的不稳定键。与低分子水解速率类似，大分子上各种键的水解速率有如下顺序。

$$-O\overset{O}{\overset{\|}{C}}O- > -\overset{O}{\overset{\|}{C}}O- > -HN\overset{O}{\overset{\|}{C}}O- > -O\overset{|}{\overset{O}{\overset{|}{C}}}O- > -\overset{O}{\overset{\|}{C}}NH-$$

这顺序仅仅是大致的，只具有理论指导意义，因为聚合物的形态、连接的基团等会影响水解速率。首先，聚合物的结构决定了水解速率。如杂链聚合物(主链除碳原子外，还有 O、N、P 等元素)比碳链聚合物水解快。疏水侧基较大，疏水性强的聚合物，吸水性差，难以水解。

聚合物的聚集态结构对水解也是有影响的。结晶聚合物难水解。聚合物的规整性高，水在聚合物基体中扩散困难，所以水解速率慢。

通常，聚合物的相对分子质量和分布对聚合物降解也有影响。相对分子质量大，水解速度慢。相对分子质量分布宽，水解首先发生在相对分子质量低的部分。

人体的不同组织、不同器官的 pH、酶及其他成分不同，同一种聚合物材料，在人体内不同部位，降解速率也有不同。

2．生物降解聚合物的应用

1) 手术缝线

外科手术用的缝线有非吸收性缝线和吸收性缝线两种。非吸收性缝线有金属线、天然纤维和人造纤维，如涤纶、尼龙等。

吸收性缝线有天然材料如肠线，也有人工合成的如 Dexon。后者是通过反应式(6－10)所示的方法合成的，得到的聚酯的相对分子质量为 30 000 左右，熔点为 208℃，可用熔融法纺丝。一般聚酯的结构单元中，亚甲基越少，生物降解活性越好。若用 Dexon 高分子做成吸收性缝线，大约在体内 3 个月就会被完全分解而吸收掉。

$$CH_3-\underset{O-C(=O)-}{CH}\!-\!O\!-\!C(=O)\!-\!CH(CH_3)\!-\!O \ (\text{丙交酯}) \xrightarrow[SnCl_2]{CH_3(CH_2)_{10}-CH_2OH} CH_3(CH_2)_{11}-O\!\left[\!-\overset{O}{\overset{\|}{C}}\underset{CH_3}{\underset{|}{C}}HO\overset{O}{\overset{\|}{C}}\underset{CH_3}{\underset{|}{C}}HO-\right]_n\!\!-H \tag{6-10}$$

2）体内固定装置

该装置包括两个方面，一是要求植入的聚合物在创伤愈合过程中，缓慢降解。这类材料主要用于骨折内固定装置，如骨夹板、骨钉等。长期以来，国内外一直采用不锈钢金属材料，由于其应力遮挡保护，易形成骨质疏松，且要进行二次手术。现在采用立体选择性聚合制备的聚（L-乳酸）（PLLA），植入三年后，在缓慢降解后期，出现炎症和肿胀并发症，可能是由未降解聚合物所致。为此，制备高相对分子质量的聚（D-乳酸），它具有更好的生物相容性。当它的相对分子质量超过 1×10^6 以后，其强度可满足骨钉材料的要求。如果仍嫌强度不足，可用增强方法。增强材料可以是碳纤维、PLA 纤维、氢氧化铝、羟基磷灰石等。

另一种是要求材料在相当长时间内缓慢降解。在一定时间内，材料表面上培养组织组胞，让其生长成组织、器官，如软骨、肝、血管、神经和皮肤等。

3）组织修复

使用聚乳酸及其共聚物作支持材料。移植上器官、组织的生长细胞，使其形成自然组织，这称为外科替代疗法，即组织工程。例如，用 PLLA 制成底层多孔，顶层致密的双层膜作为皮肤替代品基材。底层供黏附皮肤及伤口，顶层培养细胞。可用于三级烧伤及大面积皮肤缺陷的治疗。

6.1.5　其他医用高分子材料

1．接触透镜

（1）种类。接触透镜有软、硬片两种。硬片直径 7.0～9.5mm，厚 0.2mm；软片直径 12～15mm，厚 0.03～0.6mm，它装配在角膜上以矫正视力。

（2）对材料的要求。对作接触透镜的材料有严格要求，因为角膜上无血管组织，直接通过泪液层从大气中吸入氧气进行新陈代谢作用。因此要求：①材料具有良好的透气性，否则会因代谢减慢而导致眼睛浮肿，也可适当减少透镜面积，减少对角膜的覆盖，让边缘部分的角膜加强吸氧，辅助代谢；②材料纯度高，材料中低分子化合物如单体、引发剂碎片、增塑剂等尽量减少，以免刺激眼睛；③透明度好，强度高，耐老化等；④有较好的透水性，我们知道聚甲基丙烯酸甲酯（PMMA）透明，但亲水性差。所以，一般采用甲基丙烯酸 β-羟乙酯（HEMA）与甲基丙烯酸甲酯共聚,制得共聚物 **38**[见反应式(6-11)]。由于 **38** 具有一定的亲水性,可以作接触透镜的材料。

$$CH_2{=}C(CH_3)COOCH_3 + CH_2{=}C(CH_3)COOCH_2CH_2OH \longrightarrow \text{-}\!\!\left[CH_2-C(CH_3)(COOCH_3)\right]_n\!\!\left[CH_2-C(CH_3)(COOCH_2CH_2OH)\right]_m\text{-} \quad (\mathbf{38}) \tag{6-11}$$

目前制成硬片的材料有聚甲基丙烯酸甲酯,聚甲基丙烯酸硅烷酯(TPiMA)、醋酸丁酸纤维素(CAB)。以聚甲基丙烯酸甲酯为主,TPiMA 在普及中。作为软片材料以 PHEMA 为主,聚丙甲基硅氧烷(硅橡胶)正在试验阶段,含水的聚乙烯基吡啶有少量应用。

甲基丙烯酸单甲氧羟丙酯、*N*-乙烯基吡咯烷酮和甲基丙烯酸甲酯的三元共聚物 **39**[见反应式(6-12)]的透气性、亲水性和机械强度均比纯 PHEMA 好,可望作接触透镜的材料。

$$CH_2{=}C(CH_3)C(=O)OCH_2CH(OH)CH_2OCH_3 + CH_2{=}C(CH_3)C(=O)OCH_3 + CH_2{=}CH\text{-}N(\text{吡咯烷酮}) \longrightarrow$$

$$\text{-}\!\!\left[CH_2-C(CH_3)(C(=O)OCH_2CH(OH)CH_2OCH_3)\right]_m\!\!\left[CH_2-C(CH_3)(COOCH_3)\right]_n\!\!\left[CH_2-CH(N\text{-吡咯烷酮})\right]_l\text{-} \quad (\mathbf{39}) \tag{6-12}$$

由甲基丙烯酸 γ-甲氧基-β-羟丙酯与 1%交联剂、双甲基丙烯酸乙二醇酯进行共聚合反应,得到的交联共聚物,平衡吸水量是聚甲基丙烯酸 β-羟乙酯的 3 倍,可能是含有亲水性的侧基所致。

2. 补牙材料

有些合金和高分子材料都可用作补牙材料。最早用的单体是甲基丙烯酸甲酯,交联剂用化合物 **40**。通常用硼化合物作引发剂,尽管在补牙材料中含其他的充填料，也难以避免单体在聚合过程中的体积收缩，减少了与牙齿的黏结力。为了克服这一缺点，人们将甲基丙烯酸甲酯与膨胀单体如化合物 **41** 以适当的比例混合。由于单体 **41** 在聚合过程中产生体积膨胀，除抵消一部分甲基丙烯酸甲酯在聚合过程中的体积收缩外，还产生稍稍的体积膨胀，大大增强了补牙效果。

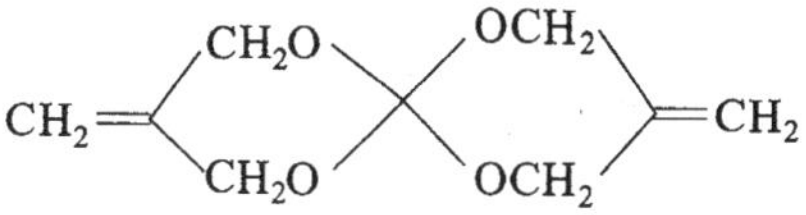

41

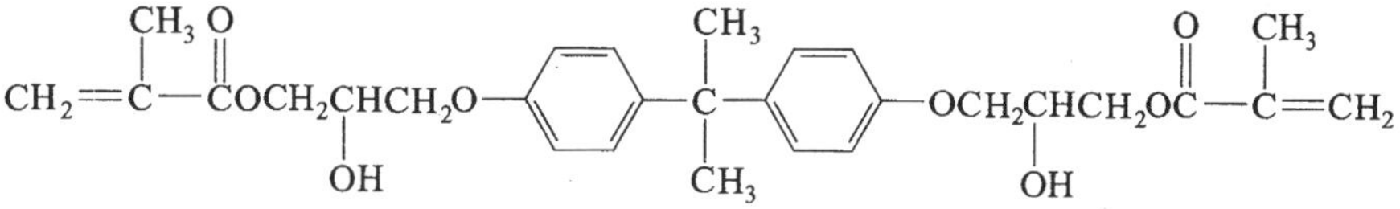

40

对于单体 **42** 及 **43**，同时含有疏水基和亲水基，对牙齿的黏合作用和生物相容性比较好，使用时，让其充分渗入牙组织，然后聚合，利于牙齿的矫正和黏合。

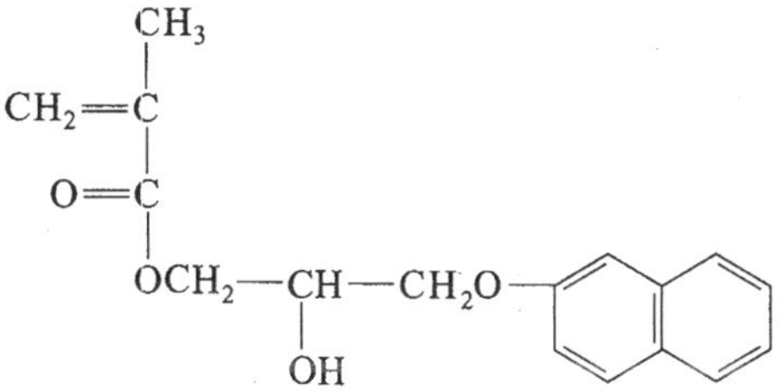

42

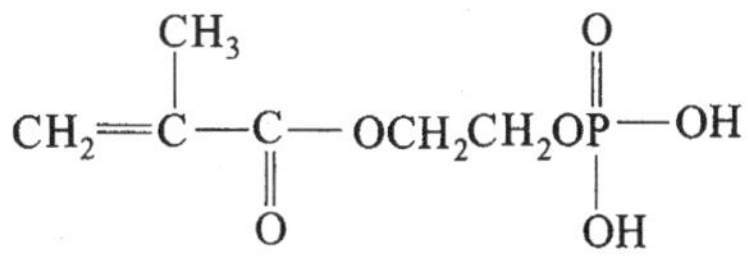

43

3．医用黏合剂

医用黏合剂在医疗中应用比较广泛，如骨折的黏合；人工关节和生物体骨之间的固定；牙齿的黏合和修补；组织界面的缝合；手术后缝合处微血管渗血的制止等。

α-氰基丙烯酸酯是通过反应(6－13)制备的。它是一种瞬时黏合剂，又称组织黏合剂。其中 R 可以是甲基到辛基的任何基团。R 基团小，聚合活性高，但对神经的毒性大。一般用 α-氰基丙烯酸丁酯。

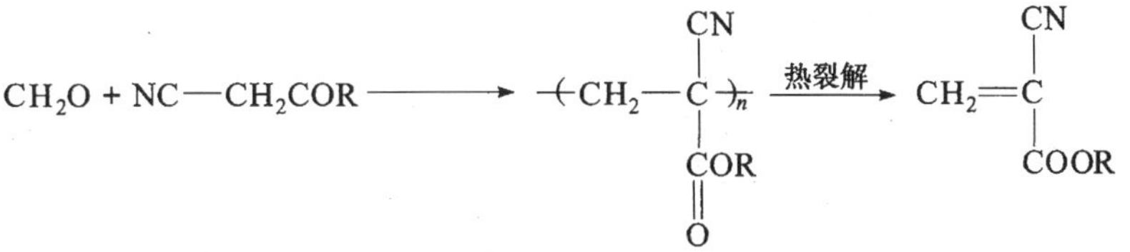

$$CH_2O + NC-CH_2COR \longrightarrow \left[CH_2-\underset{\underset{O}{\|}{COR}}{\overset{CN}{C}} \right]_n \xrightarrow{\text{热裂解}} CH_2=\underset{COOR}{\overset{CN}{C}} \quad (6-13)$$

α-氰基丙烯酸酯对不同材质都有优良的黏结力，且黏合速度快，不仅可以作为组织黏合剂，还可以用作家庭用瞬时黏合剂。

用甲基丙烯酸甲酯把聚甲基丙烯酸甲酯调成糊状，加入过氧化苯甲酰和 *N*,*N*-二甲基苯胺作引发剂。将此糊状物填入骨和人工关节连接处，常温固化10min，即可完成骨和人工关节间的固定。

化合物 **42** 和 **43** 可以用作牙齿矫正或修补时的黏合剂。这两种单体含有亲水基团和疏水基团，对齿质有较好的黏结性和生物相容性，让单体充分渗入组织，而后聚合。

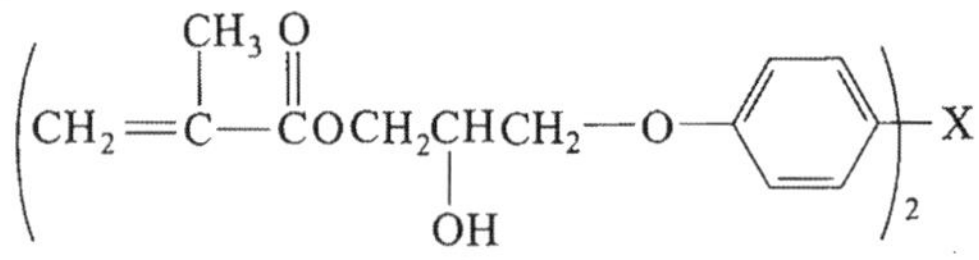

$$\left(CH_2{=}\overset{\overset{\displaystyle CH_3}{|}}{C}{-}\overset{\overset{\displaystyle O}{\|}}{C}OCH_2\underset{\underset{\displaystyle OH}{|}}{C}HCH_2{-}O{-}C_6H_4{-}\right)_2X$$

$X=SO_2, C(CH_3)_2$　　**44**

化合物 **44** 也同时具有亲水和疏水基团，聚合时放热较小，体积收缩也小。聚合后，形成体型结构的聚合物，耐磨、膨胀系数小。引发剂可用紫外光或者过氧化苯甲酰与 *N*,*N*-二甲基苯胺组成的氧化还原体系。

4. 高吸水性高分子

1）功能和性质

高吸水性高分子在国内外引起了人们极大的兴趣。脱脂棉和手纸只能吸收自重 30 倍的水，而高吸水性高分子可以吸收自重数百甚至数千倍的水。国内外用于生理卫生用品、餐巾纸及吸收液体用材料，并已工业化生产。如 VCC 公司的聚环氧乙烷，美国农业部开发的淀粉接枝聚丙烯腈 H-SPAN 等。

2）种类和制备方法

高吸水性高分子材料可分为：淀粉衍生物系列、纤维素衍生物系列；聚丙烯酸系列和聚乙烯醇系列。在结构上，它们有以下共同点：①分子中有强吸水性基团，如羟基、羧基等。聚合物分子与水分子能形成氢键等，因此对水等强极性分子有一定的相互作用力；②聚合物为交联高分子，在溶剂中不溶。吸水后能迅速溶胀，保持一定的机械强度；包裹在交联网络中的水不易流失和挥发；③聚合物具有较高的相对分子质量。相对分子质量增加，溶解度下降，吸水后机械强度增加，吸水能力也能提高。

(1) 淀粉型高分子吸水剂。这是最早开发的产品，其结构特征是以支链淀粉为主要原料，经过高分子反应，在分子内引入亲水性基团，并适当交联，在网状结构内可以吸收大量水分。例如 H-Span 是小麦淀粉糊化后，以硝酸铈作引发剂，接枝聚丙烯腈，再经水解，将腈基转化成酰胺基；或者进一步水解成羧基，形成强极性吸水性基团，成为高吸水性高分子。三洋化成工业公司 1975 年开发淀粉接枝聚丙烯酸钠，1978 年形成商品投放市场。

(2) 纤维素高分子吸水剂。纤维素具有与淀粉相似的结构。将纤维素羧甲基化制备的羧甲基纤维素,再经适当交联,就可得到高吸水性高分子。一般为白色粉末,易吸水形成高黏度的透明胶状溶液。使用时需要支撑材料,多用于尿不湿。这种材料吸水量小,但吸水速度快。

(3) 丙烯酸型高吸水性树脂。聚甲基丙烯酸是水溶性聚合物,经过适当交联,可得到高吸水性树脂。其吸水量与交联度和交联方式有密切关系,是影响产品质量的关键,对此,各公司严格保密。通常是丙烯酸在碱性溶液中进行溶液聚合。过硫酸钾为引发剂,于 100℃下反应半小时,得到白色粉末。由于自身不溶于水,可以反复使用。主要用于农业上的吸水保墒,吸收的水分中,95%以上供农作物吸收。

(4) 聚乙烯醇(PVA)型高分子吸水剂。PVA 是亲水性较强的聚合物。通常是将乙酸乙烯酯-甲基丙烯酸甲酯共聚物水解,得到含有羟基和—COOH 的聚合物,乙酸乙烯酯-马来酸酐共聚物不仅可以吸收水分,而且对乙醇也有较强的吸收能力。

6.2　负载型药用高分子

常见的药物大部分为小分子药物。从 20 世纪 60 年代开始,就有人致力于高分子药物的研究,他们从药物的分子设计出发,合成了不少具有药效的高分子药物,如高分子抗菌剂、高分子驱虫药、高分子麻醉剂、镇痛剂和消炎剂等。与小分子药物比较,高分子药物具有毒性小、药效高、进入体内能有效地到达发病部位,具有缓释放等优点,特别是高分子抗癌药物的问世,给控制癌症的转移及治疗癌症带来了新的希望。目前高分子药物品种繁多,概括起来可分为:①负载型高分子药物;②高分子本身具有药效的高分子药物。

6.2.1　负载型高分子药物的缓释放

负载型高分子药物是指高分子仅作载体,没有药效的一类高分子药物。

1. 低分子药物的缺点

长期以来,病人传统服用片剂、药丸或者使用针剂后,身体内的药物浓度发生如图 6-2 所示的变化。病人服药后,药片或药丸进入胃中,药物溶解并被身体吸收。体内的药物浓度迅速升高到峰值。这时超过了治疗疾病所需要浓度的许多倍。这不必要的药物会对身体产生副作用,使人不舒服,甚至出现中毒症状。例如抗癌药物,不仅能杀死癌细胞,过量的药物也会杀死正常细胞,影响治疗效果。随着胃中药物的消耗,体内药物的浓度就逐渐下降,直到不起治疗作用的药物浓度。

于是病人要继续服药。如此循环,直到病愈。可见传统的服药方式,体内药物的浓度呈波浪式,因此迫切需要改变这种传统的服药方式。这就要发展一种缓释放药物,它能使体内的药物浓度保持在治疗疾病所需要的浓度,使药物在指定的部位,持续而稳定地发挥作用。或者减少药物的用量和给药的次数,控制药物的吸收速度和排泄速度,维持体内所需的药物浓度。

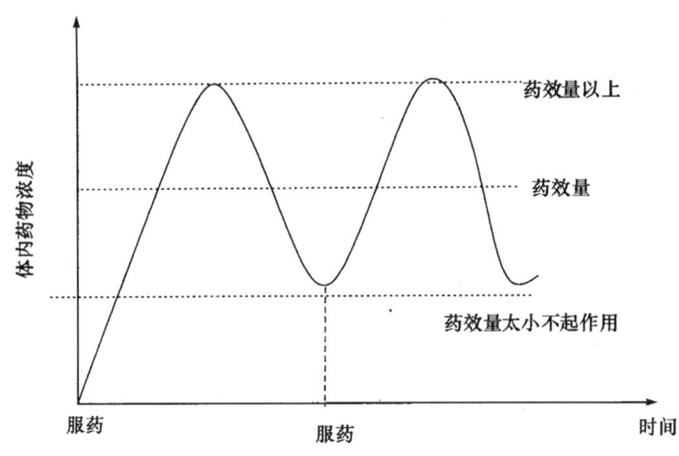

图 6-2　传统服药方式体内药物浓度的变化

2. 药物与高分子的复合方法

在制药领域,以赋予缓释性为目的,将药物与高分子材料复合制备成缓释放药物。概括起来,有以下三种方法:①通过高分子反应,将小分子药物共价键联到高分子链上;②将药物与大分子单体反应,再进行聚合或共聚合;③将药物封入高分子基体内。这三种方法得到的高分子药物,起药理作用的仍是小分子药物,高分子链只起辅助作用。只是前两种方法,药物是以化学键连接到高分子链上,需要选择合适的化学键,使它易于分解。

3. 药用高分子

用于控释药物的高分子材料可分为非生物降解和生物降解高分子两大类。

1) 非生物降解型高分子

这些聚合物不易生物降解,释药结束后常需手术取出。早期用作载体的多为这类材料。

硅橡胶具有良好的生物相容性,易于加工和消毒灭菌,许多药物在硅橡胶中渗透系数较高。因此早期研究中,硅橡胶作载体的研究较多。乙烯-乙酸乙烯酯共聚物(EVA)是另一类研究得较早的高分子。这类材料具有良好的生物相容性及加工成型性，改变共聚物中单体的种类和含量，调节聚合物的性能。

2）生物降解型高分子

这类材料除了具有良好的机械性能和热性能外，还能在生物体内，因酶促水解反应，降解成小分子参与体内代谢和排泄，不会长期滞留在体内。从化学角度，生物降解机理有三种类型：①疏水性聚合物，通过主链上不稳定键的水解，变成相对分子质量低的水溶性高分子；②不溶于水的高分子，通过侧链基团的水解，变成水溶性高分子；③疏水性的聚合物经不稳定的交联键的水解变成了溶解于水的线性高分子。机理①的高分子分解成小分子，体现生物降解高分子的特点。机理②的聚合物，水解后，相对分子质量变化不大，机理③反映水凝胶，从交联结构水解成线形水溶性聚合物。生物降解型高分子载体的释药机理以药物的扩散为辅，材料的降解为主，使难以控制的亲水性药物，获得满意的释放行为。具体的释药行为依材料的性质以及药物与材料的相互作用而定。

目前已投入应用和正在开发的生物降解型高分子材料可分为：①天然高分子。一类是多糖类天然高分子，包括壳聚糖、淀粉、海藻酸等。另一类是蛋白质，如骨胶原。②合成高分子，如聚乳酸、聚乙烯醇及其共聚物、聚己内酯、聚原酸酯、聚氨基酸等。③生物合成高分子，在第 1 章中已讲述。

在非生物降解型高分子和生物降解型高分子中，相对来说，生物降解型高分子研究得较多，所以先讲述生物降解型高分子。

6.2.2　聚合物的生物降解及高分子药物的缓释放

1. 高分子的生物降解

聚合物的生物降解有两种基本形式：一是在整个聚合物网络内，高分子以恒定速率同时发生水解，这称为均一水解或本体降解。另一种是从固体聚合物表面开始水解，直到聚合物全部分解为止，这称为非均匀水解或表面水解。当聚合物进行非均匀水解时，膜的表面积一定，药物的释放由聚合物的水解速率所决定。可以通过改变单位体积聚合物中的药物含量来控制药物的释放量；改变每个药片膜的厚度，来调节使用寿命和控制药物的扩散速率。

典型的表面水解例子是聚合物 **45**。它是由 3,9-二亚甲基-2,4,8,10-四氧螺[5,5]十一烷 **46** 与 1,6-己二醇进行加成聚合反应得到的[见反应式(6－14)]。化合物 **46** 可以与多种二元醇如乙二醇、双酚 A 和 1,4-二羟基环己烷等反应，生成各种聚合物(见表 6－3)。螺环碳酸酯上的双键比较活泼，能与二元醇进行加成聚合反应，得到高相对分子质量的聚合物。若用酸作催化剂，得到的是交联高分子材料；若用弱电子接受体，如 CCl_4 作溶剂进行聚合反应，能形成大量的凝胶。所以该聚合反应的溶剂一般为四氢呋喃(THF)，也可以用少量的碘和吡啶作催化剂，以制备高相对分子质量的线形聚合物。

表 6-3 不饱和螺环原酸酯 49 与不同二元醇的聚合反应

二元醇	聚合物相对分子质量 $\overline{M}_n$	$\overline{M}_w/\overline{M}_n$
$HO{+}CH_2{+}_6OH$	228 000	1.45
 $HOCH_2-C_6H_{10}-CH_2OH$	43 500	1.64
 $HO-C_6H_{10}-OH$	81 400	1.91
$HOCH_2CH_2OH$	13 000	1.61
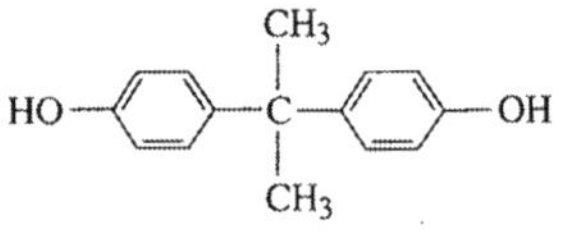 $HO-C_6H_4-C(CH_3)_2-C_6H_4-OH$	9 500	1.65

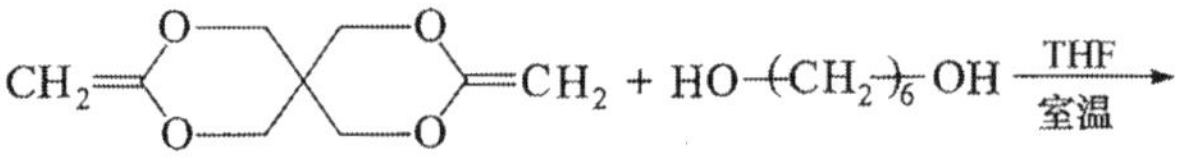

$$CH_2{=}(\text{螺环原酸酯})\!{=}CH_2 + HO{+}CH_2{+}_6OH \xrightarrow[\text{室温}]{THF}$$

46

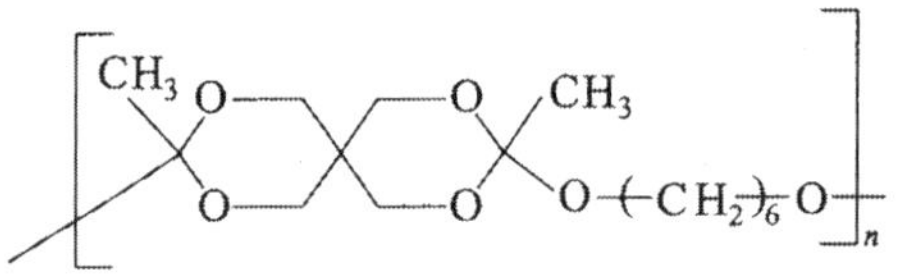

$$\left[\text{螺环原酸酯}(CH_3)(CH_3)-O{+}CH_2{+}_6O\right]_n \tag{6-14}$$

45

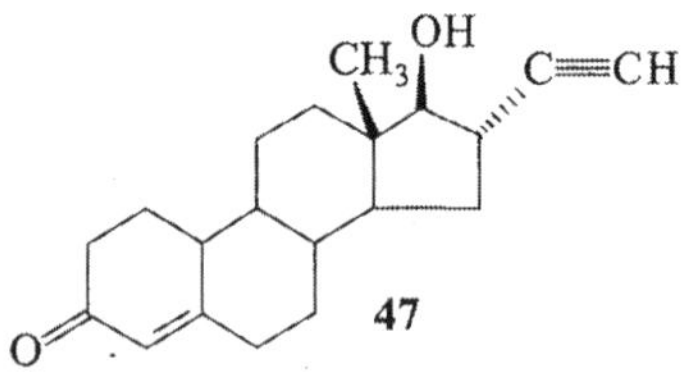

47

从小分子药物 **47** 和表面水解型聚合物 **45** 制备高分子缓释放药物为例，说明制备缓释放药物的基本原理。将聚合物 **45**、化合物 **47** 和碳酸钠配成糊状物，混合均匀，用流延法成膜。再用机械方法将膜裁制成直径为 6.3mm，厚度为 1.2mm 或 0.6mm的圆盘。在 pH=7.4，37℃下进行缓释放药物的试验。即间隔一定时间，测定释放出来的药物总量。将它与时间作图(见图 6-3)，可以发现在长达 160 天和 130 天时间内，药物的缓释放速度极好地符合零级动力学。由直线的斜率可以计算出含 20%(质量分数)和 10%(质量分数)药物的释放速率分别为 0.029mg/d，和 0.013mg/d。可见药物的负载量增加一倍，缓释速率增加一倍。

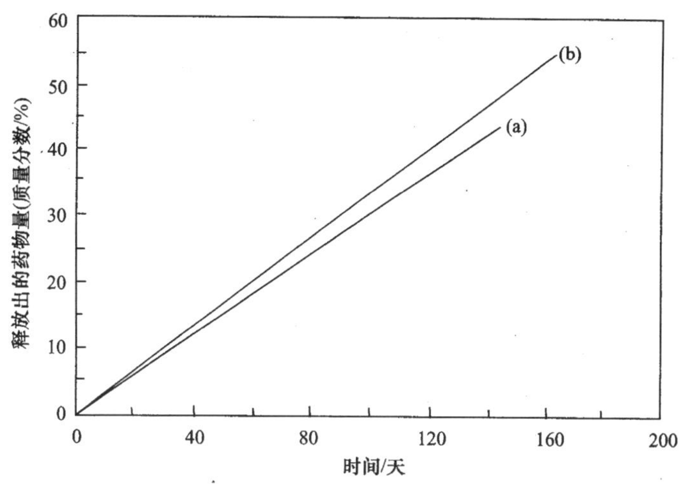

图 6-3　用聚合物**45** 和药物 **47** 制成的药物的缓释放特性
载药量(质量分数)分别为(a)10%;(b)20%

在缓释放药物中,碳酸钠的作用是:一般憎水聚合物,刚开始的水解速度很慢。经过一段时间后,表面开始水解,生成了水溶性的降解产物,增加了聚合物的亲水性,水解速度逐步加快(见图 6-4)。加了碳酸钠后,它有吸水性,一开始,由于吸水作用,碳酸酯的水解立即进行。随着亲水基团增加,碳酸钠的碱性又能降低螺环碳酸酯的水解速度,因为螺环碳酸酯在碱性水溶液中是稳定的。

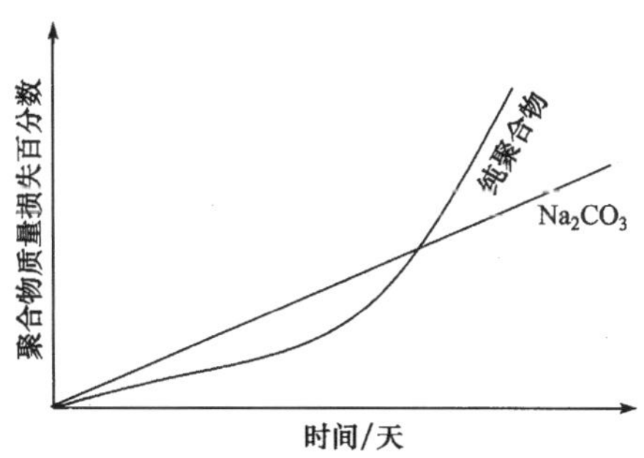

图 6-4　Na_2CO_3 对聚合物 **14** 水解的影响

在聚合物中加中性盐,如氯化钠和硫酸钠等,对水解反应也是有影响的。氯化钠的吸水性高,水解速度较快。而硫酸钠的吸水性小一些,水解速率较慢。由上述讨论可知,用不同聚合物制备缓释放药物的效果是不一样的。例如聚缩醛作缓释放药物时,其药物的缓释放速率呈非线性,难以用作缓释药物的高分子材料。

对于聚合物的均一降解,则有另外完全不同的特点。它存在一诱导期。在诱导期内,聚合物的降解是逐步进行的,在表观上看不出有什么失重。当相对分子质量降解到某一值时，失重相对较快。线形聚乳酸(PLA)的降解，是一自催化反应。在降解开始时，PLA分子稳定；随水解反应进行，降解反应逐步加速。例如，聚合度为11的PLA，前60周内，才断其中一个键，再经10周断第二个键；再经1周，断其余所有的键。发生均一水解时，药物的释放速率，同时受药物的扩散和聚合物的水解所控制。

以上两种降解机理是极端的情况。一般情况下，两种机理都存在。对某一种聚合物，只是某一种机理占优势而已。

2．生物降解控释系统的原理

根据控释制剂的释药原理，可分为四种类型。

(1) 降解型控释系统。高分子材料为表面降解机理。包埋的药物基本不迁移。药物随聚合物降解，从外向里，逐步释放出来。

(2) 扩散型控释系统。由均一降解机理的聚合物组成。在聚合物降解前或降解过程中，通过基片的孔隙或通道向外扩散，释放药物。

(3) 扩散型控释贮库系统。在均一降解的聚合物内，包裹药物。药物以扩散形式释放。只有当药物扩散完后，胶囊才降解。

(4) 溶蚀聚剂系统。药物通过不稳定化学键，连到可降解的高分子支持体上。随着不稳定键的断裂，药物不断释放，基材也降解。

无论哪一种控释系统，释药主要受聚合物的降解方式、药物在载体上的扩散两个因素的影响。如果降解速率大于扩散速率，则释药速率主要由降解速度决定。反之，由扩散速率决定。因此，控释系统的释药机理分为两大类：降解控释机理和扩散控释机理。下面分别讨论这两种机理。

3．降解控释机理

药物均匀分散在可降解的载体中，形成一整体系统。如果所用聚合物是均一降解，则降解速率与比表面积无关。开始时，释药慢。随着聚合物部分降解和溶解，释药速率增加。例如，丙交酯和乙交酯共聚物为载体的释药装置。随共聚物中乙交酯的含量增加，水解速度加快。当乙交酯含量在20%以上时，开始释药速度慢，随聚合物降解和溶解，释药速度迅速增加。

如果载体释药方式为表面降解，释药速率受装置的比表面积及几何形状影响。对于片状，释药速率为

$$\mathrm{d}M_t/\mathrm{d}t = BC_0A \qquad (6-15)$$

式(6-15)中，t 为释药时间；M_t 为时间 t 时的释药量；B 为装置的表面降解速率($\mathrm{d}x/\mathrm{d}t$)；C_0 为单位面积的药量；A 为表面积。积分得释药量 M_t：

$$M_t = ABC_0t \qquad (6-16)$$

$$M_\infty = ABC_0t_\infty \qquad (6-17)$$

累积释药百分数：
$$M_t / M_\infty = t / t_\infty \tag{6-18}$$
在式(6－17)和式(6－18)中，M_∞为释药总量；t_∞为聚合物完全溶解的时间。

对于半径为 r_0 的圆柱形装置，释药速率为：
$$dM_t/dt = BC_0 \times 2\pi h(r_0 - B_t) \tag{6-19}$$
积分得：
$$M_t = 2\pi hBC_0t(r_0 - B_t/2) \tag{6-20}$$
$$M_\infty = \pi r_0^2 C_0 h \tag{6-21}$$

因为 $r_0 = Bt_\infty$，所以
$$M_t/M_\infty = 2t/t_\infty - (t/t_\infty)^2 \tag{6-22}$$

对于半径为 r 的球形释药装置，则有释药公式(6－23)：
$$M_t/M_\infty = 1 - [1-(t/t_\infty)]^3 \tag{6-23}$$

如果将累积释药百分数 M_t/M_∞对释放时间百分数 t/t_∞ 作图，则三种形状的释药装置有如图 6－5 所示的曲线。

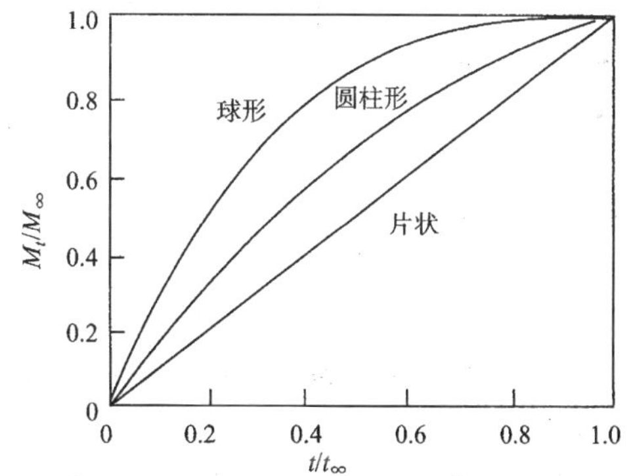

图 6－5　含均匀分散药物且服从表面降解的高分子做成的各种形状装置的释药曲线

4. 扩散控释系统

1) 整体控释系统

这是指药物溶解或分散于载体基质中，在释药时，系统保持完整性。假如，固体药物颗粒均匀分散在载体中，且 $C_0 \gg C_{s,m}$，载体内药物的含量(V/V)小于 5%，药物分子在载体中，经聚合物分子链之间的孔隙扩散，而不是孔道扩散。这时，载体降解的贡献远小于扩散速率。释药主要以扩散形式进行。该系统释药，可用 Higuchi 方程式表示，如式(6－24)所示。
$$dM_t/dt = A/2 \times (2C_0DC_{s,m}/t)^{-1/2} \tag{6-24}$$
式中，A 为释药面积；D 为扩散系数；$C_{s,m}$是药物在载体中的溶解度；C_0 是药物在装置中的总浓度；从式(6－24)可知，dM_t/dt 与时间 $t^{1/2}$呈正比。如果载体是可降解的聚合物，则药物在聚合物中，扩散系数 D 及 $C_{s,m}$并非为常数，需加以纠正。设 P 为药物在聚合物中的渗透系数，$P = DC_{s,m}$。降解以一级动力学进行，则 $P = P_0\exp(kt)$，式中，P_0 为降解前药物在聚合物中的渗透系数；k 为一级降解速率常数。则有式(6－25)
$$dM_t/dt = A/2 \times [2C_0P_0\exp(kt)/t]^{1/2} \tag{6-25}$$

图 6－6 中，曲线 1 表示药物在聚合物中仅以扩散释放[式(6－24)]；曲线 2 表示药物以扩散和聚合物生物降解释药同时存在[式(6－25)]。

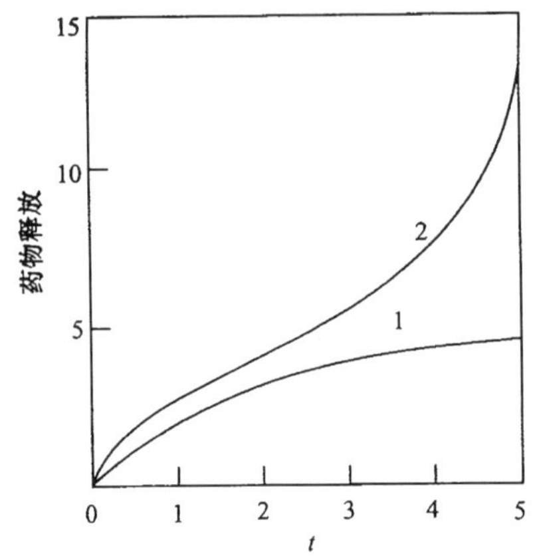

图 6-6　片状聚合物装置理论释药曲线
1. 单一扩散；2. 腐蚀与扩散同时存在

典型的例子是抗癌药物阿糖胞苷，从乳酸和羟基乙酸共聚物中释放。前期是单一扩散释药，到一定时间后，转变溶蚀-扩散机理。如图 6-6 中曲线 2 一样，存在一转折点。

2) 扩散型控释贮库系统

药物包裹在惰性(即非降解型聚合物)或降解聚合物膜材中。释药速率取决于载体的性质、厚度、面积及装置形状。一般所用膜材为均一降解高分子材料。在贮库内，药物释放完后，聚合物才全部降解。所以释药动力学与膜材料的降解动力学基本无关。

所用聚合物膜，大致分为三类。

(1)大孔膜，孔径在 0.05～0.1μm，绝大多数药物，包括一些生物大分子药物均能通过该膜。其扩散方程为：

$$Q = D'K'\varepsilon\Delta C/\tau L \tag{6-26}$$

式中，Q 为渗透速率；D' 为药物在聚合物中的扩散系数；K' 为药物在膜内外介质中的分配系数；ΔC 为药物在膜两侧的浓度梯度；L 为膜厚度；ε 和 τ 分别为膜的孔隙率和曲率。

(2) 微孔膜，孔径范围在 0.01～0.05μm。与生物大分子的大小接近，因此，药用扩散还受到孔隙结构、几何形状及药物在孔壁分配的影响。设其影响因子为 $\upsilon(\upsilon<1)$，则渗透速率 Q 为

$$Q = \upsilon D'K'\varepsilon\Delta C/\tau L \tag{6-27}$$

(3)无孔膜，药物在高分子链间的自由体积内扩散，则渗透速率 Q 为

$$Q = DK\Delta C/L \tag{6-28}$$

式中，D 为药物在聚合物中的扩散系数；K 为药物在膜中饱和浓度与在介质中溶解度的比值。

该类缓释放药物的典型例子是胶囊方式制备的高分子药物。例如，早期的 OROS 缓释放药物。它是在固体药物的表面涂上一层半渗透膜，膜上有一小渗透孔，外形如普通的片剂(见图 6-7)。当药物服用到体内，水选择性地透过膜，慢慢地溶解药物，并产生压力，迫使溶解了的药物水溶液，通过小渗透孔排出到体内。药物以恒定的速率排出OROS 体系，直到全部药物用完为止。空了的膜排出体外。

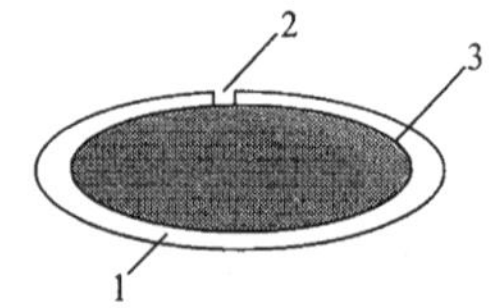

图 6-7　OROS 口服药缓释放示意图
1. 半渗透膜；2. 小渗透孔；3. 小分子药物

另外一种是 Ocusert 体系，是将小分子药物和半渗透膜组装成的一种缓释放药物。治疗青光眼(glaucoma)的传统药物为毛果芸香碱(Pilocarpine)滴剂。刚滴到眼睛时，由于药物浓度过大，病人十分疼痛，且很难受。而青光眼的唯一症状是看一定距离的东西比较模糊，所以有些病人不愿意治疗，而延误了青光眼治愈的机会。如果把毛果芸香碱制成缓释放药物，即将毛果芸香碱、聚合物和其他化合物溶解在适当的溶剂中，调成糊状制成膜。将膜裁制成椭圆形状，将其放在能控制缓释放速率的膜中间，如图6-8所示。这样得到的缓释放药物放在眼皮内，毛果芸香碱以恒定的速度(20～40μg/d)释放出来。目前制成的这种缓释放药物可持续使用七天左右，用完后，把药物取出，换新的药物，仍可继续使用。这种方法简便，患者可以自己操作；眼压降低效果是点滴的 10 倍，而副作用比点药法大大降低，且没有不舒适感；疗效很高。

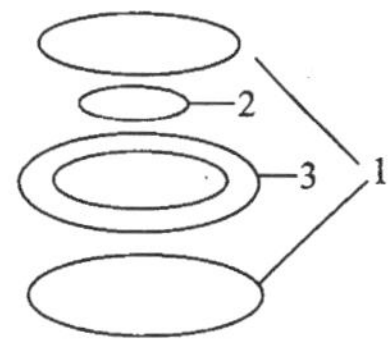

图 6-8 Ocusert 体系

1. 半渗透膜；2. 毛果碱药物；3. 半渗透膜做成的环

5. 可降解聚剂，即溶蚀聚剂系统

聚剂是指将小分子药物，通过共价键结合到可降解的高分子上。药物分子通过键的断裂释放出来。这种药物又称前体药物。有四种制备方法。

(1) 小分子药物直接反应到高分子载体上，如反应式(6-29)所示。当药物分子上有可反应的官能团，如 COOH，OH，NH_2 等，可通过高分子反应，直接键联到高分子主链上。

$$\mathrm{A} + -\mathrm{M}-\mathrm{M}-\mathrm{M}-\mathrm{M}-\mathrm{M}- \longrightarrow -\mathrm{M}-\mathrm{M}-\underset{\underset{\mathrm{A}}{|}}{\mathrm{M}}-\mathrm{M}-\mathrm{M}- \qquad (6-29)$$

例如，杀虫剂 2,4-二氯酚乙酸，通过酯化反应，接到聚乙烯醇的主链上[见反应式(6-30)]。

$$\text{2,4-}Cl_2C_6H_3-OCH_2-\overset{\overset{\displaystyle O}{\|}}{C}OH + -CH_2-\underset{\underset{\displaystyle OH}{|}}{CH}- \longrightarrow -CH_2-\underset{\underset{\displaystyle O\overset{}{C}(=O)-CH_2-O-C_6H_3Cl_2\text{-2,4}}{|}}{CH}- \qquad (6-30)$$

青霉素**48**通过酰胺键，接到聚乙烯醇和聚乙烯胺共聚物主链上[见反应式(6-31)]。

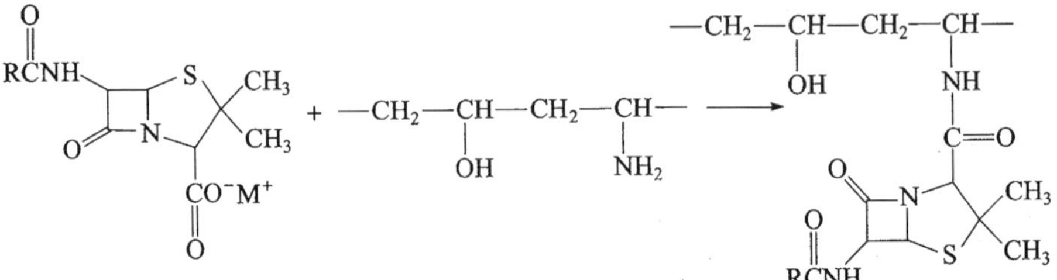

48

(6-31)

(2) 小分子药物分子接活泼的反应性基团，再接到高分子支持体上[见反应式(6-32)]。

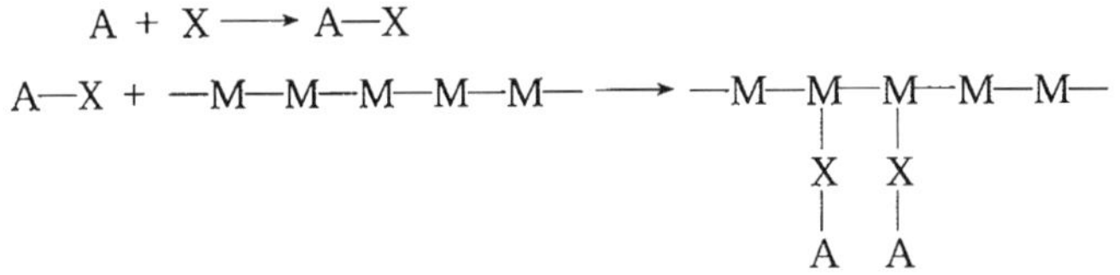

$$A + X \longrightarrow A-X$$

$$A-X + -M-M-M-M-M- \longrightarrow -M-\underset{\underset{A}{|}}{\underset{X}{|}}{M}-\underset{\underset{A}{|}}{\underset{X}{|}}{M}-M-M- \qquad (6-32)$$

如果药物分子上没有可反应的官能团，或者官能团不够活泼，则首先在药物分子引入一个反应基团，然后再与聚合物反应。例如，化合物 **49** 上的羟基不够活泼，应先与 $COCl_2$ 反应，再接到多肽聚合物上，得到缓释放药物**50**[见反应式(6-33)]。

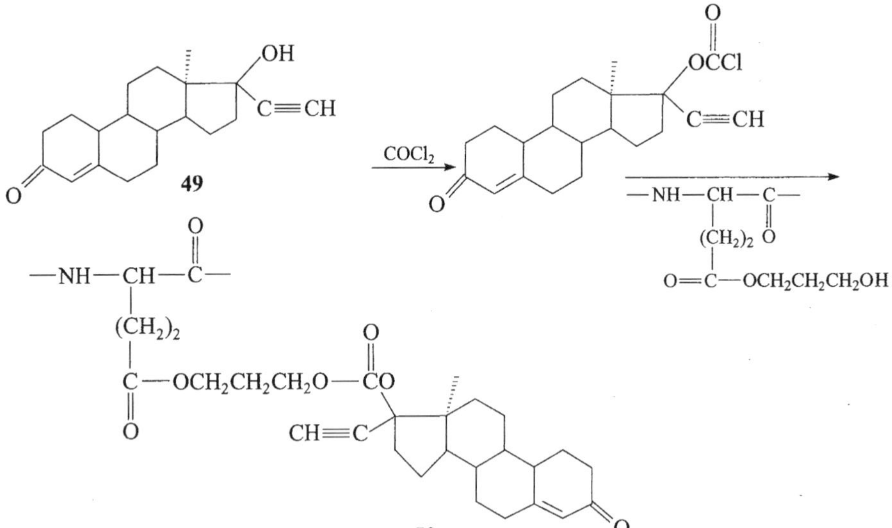

49

$COCl_2$

$-NH-CH-C-$

$(CH_2)_2$ O

$O=C-OCH_2CH_2CH_2OH$

50

(6-33)

(3) 首先合成含有药物的烯类单体，再进行聚合反应，制得含药物的均聚物或共聚物[如反应式(6-34)]。

$$\mathrm{A + M \longrightarrow A{-}M \longrightarrow \{M(A)\}_n} \tag{6-34}$$

例如,化合物 **51** 有消炎和镇痛作用。它可以与丙烯酰氯反应,得到单体 **52**,再进行自由基聚合,得到高分子药物**53**[见反应式(6-35)]。把它制成片剂,服到体内,由于水解作用缓慢地释放小分子药物,起到治疗疾病的效果。在 37℃下,pH=1.2 的缓冲溶液中,其释放量与时间成正比。

$$CH_2{=}C(CH_3){-}C({=}O){-}Cl + HO{-}C_6H_4{-}NHC({=}O)CH_3\ (\mathbf{51}) \longrightarrow CH_2{=}C(CH_3){-}C({=}O){-}O{-}C_6H_4{-}NHC({=}O)CH_3\ (\mathbf{52}) \longrightarrow {+}CH_2{-}C(CH_3)[C({=}O){-}O{-}C_6H_4{-}NHC({=}O)CH_3]{+}_n\ (\mathbf{53}) \tag{6-35}$$

采用同样的方法,也可以将具有解热止痛作用的水杨酸接到高分子上,制成高分子药物[见反应式(6-36)]。在 37℃下,pH=1.2 的缓冲溶液中,最初的释药速率很快,以后变慢,并趋向平稳。

$$CH_2{=}C(CH_3){-}COCl + HO{-}C_6H_4{-}COOH \xrightarrow{Et_3N} CH_2{=}C(CH_3){-}C({=}O){-}O{-}C_6H_4{-}COOH \xrightarrow{BPO} {+}CH_2{-}C(CH_3)[C({=}O){-}O{-}C_6H_4{-}COOH]{+}_n \tag{6-36}$$

(4) 当药物分子含有两个可聚合的基团,可直接聚合或与其他单体共聚,生成均聚物或共聚物[见反应式(6-37)]。

$$\mathrm{A \longrightarrow {+}A{+}_n} \tag{6-37}$$

一个具体的例子是高分子抗癌药物的合成。5-氟尿嘧啶是比较好的抗癌药物,对白血病也有一定的疗效。可是它的副作用比较大,当 CF_3 代替 F,疗效提高,毒性也增加。5-氟尿嘧啶治疗癌症的机理不清楚,可能与取代氟有关。为了减少氟代尿嘧啶的副作用,提高它的药效,可把氟代尿嘧啶接到高分子上。例如,将氟代尿嘧啶 **54** 溶解在二甲基甲酰胺中,再用无水碳酸钾在 60℃ 下处理,得到了氟代尿嘧啶双钾盐,再与 N,N'-多次甲基双(2-氯乙酰胺)**55** 进行缩聚反应,得到了主链上含氟代尿嘧啶的高分子[见反应式(6－38)]。

$$\text{5-CF}_3\text{-uracil } (\mathbf{54}) + \mathrm{ClCH_2\overset{O}{\overset{\|}{C}}NH{-}(CH_2)_6{-}NH\overset{O}{\overset{\|}{C}}CH_2Cl}\ (\mathbf{55}) \xrightarrow[\text{DMF},60℃]{K_2CO_3} \left[-N(\text{5-CF}_3\text{-uracil})N-CH_2\overset{O}{\overset{\|}{C}}NH{-}(CH_2)_6{-}NH\overset{O}{\overset{\|}{C}}CH_2- \right]_n \qquad (6-38)$$

还可以利用反应(6－39),将 5-氟尿嘧啶接到高分子上。

$$\text{5-F-uracil} + \mathrm{CH_2{=}C(COOMe){-}CH_2COOMe} \xrightarrow{CH_3ONa/MeOH} \mathrm{H_3COOCCH_2{-}CH(COOCH_3){-}CH_2{-}}N(\text{5-F-uracil})$$

$$\xrightarrow[CH_3OH]{H_2N\text{+}CH_2\text{+}_nNH_2} \left[\text{+}CH_2\text{+}_n NH\overset{O}{\overset{\|}{C}}CH_2{-}\underset{CH_2{-}N(\text{5-F-uracil})}{CH}{-}\overset{O}{\overset{\|}{C}}NH- \right]_m \quad n=3,4,5,6,10 \qquad (6-39)$$

上述具有酰胺结构的高分子,能与生物体内的大分子生成氢键,使高分子药物易与受体结合。酰胺键易受到肿瘤细胞酶的降解,释放出 5-氟尿嘧啶,发挥其抗肿瘤细胞的作用。

无论哪一种聚剂,都是将低分子药物通过酯键、酰胺键等接到高分子主链上,得到的高分子药物可以做成片剂或针剂。依靠体内的水解作用,将低分子药物水解下来,起到治疗疾病的效果。

6. 高分子材料的作用

高分子药物中高分子起的作用是:①增加药效。有些药物服用后,药效作用太快,以致于来到发病部位就全部分解了。利用胶囊技术,药物包在半渗透膜内就可防止这一问题的发生,增加药效。②有些药物很难闻,或者很难吃,患者十分不愿意服用,如磺胺药等。高分子药物可以克服这一缺点。③减少副作用。由于缓释放作用,减少了服用量,副作用也减轻了。

6.2.3　脉冲式药物释放系统

前面讲的持续式药物释放系统(SDDS)并不适合于所有药物。如加压素必须间歇给药,才能有效治疗尿崩症。异丙肾上腺素缓解支气管痉挛,L-多巴治疗帕金森氏病,西米替丁治疗胃溃疡,它们的间歇给药效果比持续给药效果好。为此,提出了脉冲式药物释放系统(PDDS)的概念,即控制释药量、释药持续时间、释药迟滞时间进行脉冲式给药,它与持续式给药系统有明显差别(见图 6-9)。时辰药理为从受体-药物亲和力随受体-药物接触时间的变化着手,对 PDDS 提高疗效给予理论支持。且 PDDS 系统,给药量少,毒副作用小,用药安全系数高,更有利于患者的长期使用。特别对于多肽、蛋白质药物如生长激素、胰岛素等,在体内的释放具有生理节律性,药理作用特别强,用量必须十分精确,制成脉冲式给药系统就显得格外重要。

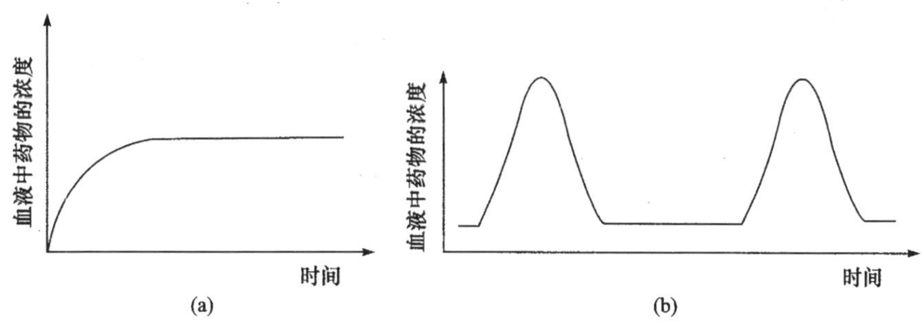

图 6-9　(a)持续药物释放系统和(b)脉冲药物释放系统在血液中药物浓度随时间的变化

目前,PDDS 大致可分为两大类,一类是程序型脉冲式药物释放系统,另一类是智能型脉冲式药物释放系统。

1. 程序型脉冲式药物释放系统(PPDDS)

1) 渗透泵体系

该系统由高分子材料和药物组成。释药行为完全由高分子材料的自身性质所决定，无需其他控制条件。其关键是严格控制释药迟滞时间和持续时间。对释药迟滞时间的控制主要通过调节高分子膜强度、亲疏水性和降解性来实现，如渗透泵体系，如图 6－10 所示。以聚（*d*，*l*-乳酸）（PLA）为泵壳，一端开口，盖以聚（*d*，*l*-乳酸-*co*-乙交酯）膜（PLGA）。泵内装有药物 FSH 及发泡剂。水渗入泵后，与起泡剂作用产生压力，冲破 PLGA 膜而快速释药。改变 PLGA 的组成，以制备不同强度的膜，从而决定了各渗透泵的不同释药迟滞时间。

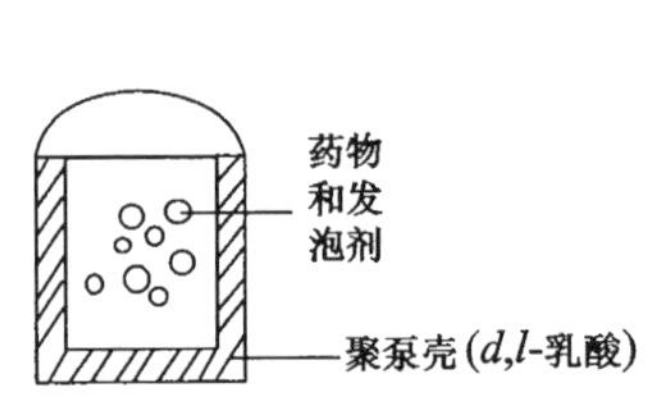

图 6－10　渗透泵体系释药示意图

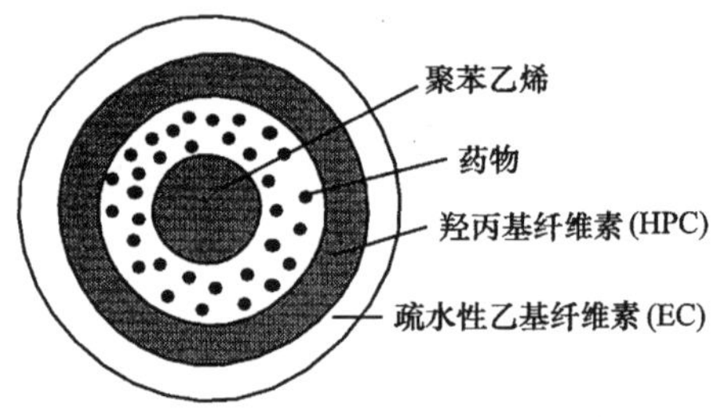

图 6－11　球形渗透泵释药示意图

也可以做成球形释药系统，如图 6－11 所示。由内到外的组成是，聚苯乙烯（作为核）、药物、羟丙基纤维素（HPC）和乙基纤维素（EC）。水渗透过 EC，使 HPC 溶胀。形成的溶胀压，使 EC 膜破裂而释药。EC 膜厚度决定了膜的强度，从而决定了释药的延迟时间。将不同延迟时间的系统混合，可实现多个脉冲释药。

2）高分子降解性

利用高分子的降解性来控制延迟时间。将软膏状的聚原酸酯包裹药物，可以阻止药物通过聚合物膜扩散（如图 6－12 所示）。当它降解到一定程度，释药才开始。控制原酸酯上取代基和相对分子质量，以控制聚原酸酯的水解速度。这种降解释药机制，不仅可控制释药的延迟时间，而且也控制了释药速度。降解慢的聚原酸酯，延迟和释药时间均较长。

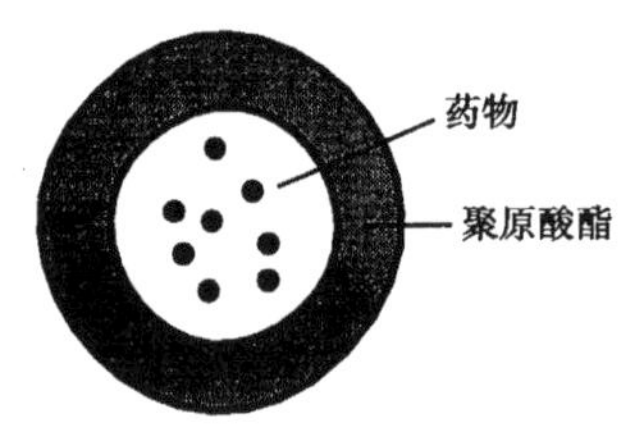

图 6－12　高分子降解释药机理示意图

2. 智能型脉冲式药物释放系统（IPDDS）

根据信号来源不同，分为外界刺激应答型脉冲式药物释放系统（EPDDS）和自调节脉冲式药物释放系统（SPDDS）。前者受外界信号，如温度、电场、光、磁场、超声波等控制释药。后者受体内活性化学物质控制，具有自动调节，因人、因时释药的特点。

1）外界刺激应答型脉冲式药物释放系统

（1）温敏水凝胶（TSH）。有些聚合物，例如，聚（*N*-异丙基丙烯酰胺）

(PNIPAAM)水凝胶，在最低临界溶解温度 LCST(32℃)时，能迅速发生相转变，且这种转变具有可逆性。在聚合物中引入第二共聚组分，以调节 PNIPAAM 共聚物水凝胶的 LCST，使其更好地满足临床需要。根据其对温度响应所产生的释药行为不同，分为反向温敏水凝胶释药系统(NTSH)及正向温敏水凝胶释药系统(PTSH)，其机理分别见图 6-13 和图 6-14。

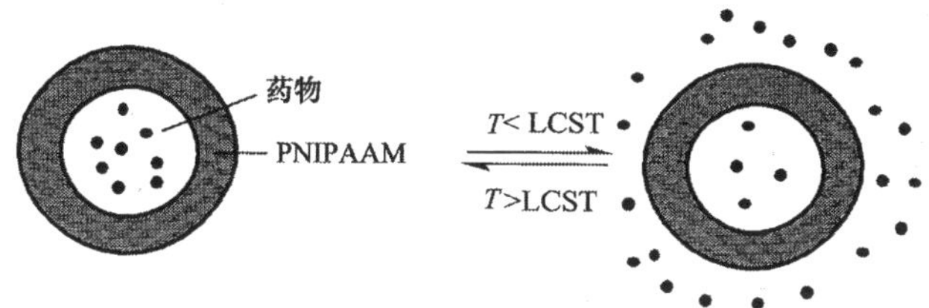

图 6-13　反向温敏水凝胶释药机理

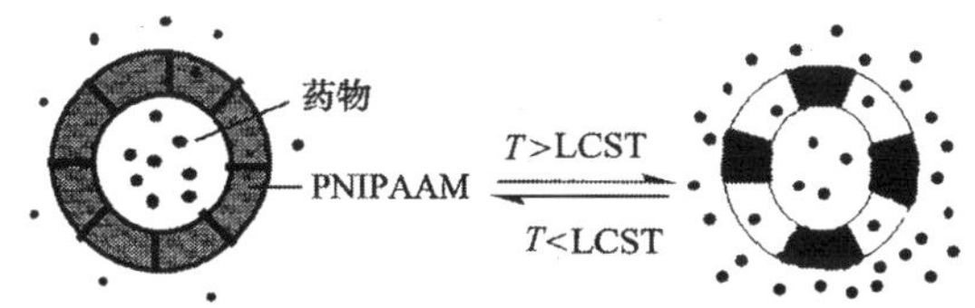

图 6-14　正向温敏水凝胶释药机理

① 反向温敏水凝胶释药系统。NTSH 选用疏水性单体(丙烯酸酯)为第二共聚组分，当温度稍高于 LCST 时，疏水性基团在系统表面形成致密层，阻止水凝胶整体收缩，从而完全阻断内部药物向外扩散。温度低于 LCST 时，水凝胶膨胀释药。

② 正向温敏水凝胶释药系统。将 PNIPAAM 与水溶性单体，丙烯酰胺共聚，得到的水凝胶包裹药物，制成温敏性药物。当温度高于 LCST 时，由于第二单体亲水性强，亲水性单体整体收缩达到平衡，把所载药物挤出，释放药物。当温度小于 LCST 时，水凝胶膨胀，扩散层加厚，药物的扩散速度减慢，但不会出现像 NTSH 那样药物完全被阻断的现象。

(2) 电场控制释药系统。该系统以电信号为控制源，聚电解质为药物载体。根据电解质对电场响应不同，分为电敏性水凝胶和电溶性复合物。

将聚丙烯酸水凝胶包裹药物，如匹鲁卡品，随电流开或关，发生收缩或膨胀，从而控制药物释放。电场强度对释药速度和释药量有很大影响。

将聚环氧乙烷和聚丙烯酸分别溶于水。当两者的配比为 1∶1 时，由于分子间氢键形成了络合物。调节溶液的 pH＜5，会形成粉末状沉淀。过滤，在丙酮/水(65/35，V/V)溶液中，浸泡 1h，得到胶黏状溶胀粒子。将 10mg 胰岛素悬浮于

10mL 上述聚合物溶液中。调节悬浮液至 pH 5 以下，即形成聚合物沉淀。将含有胰岛素的聚合物制成圆片状，胰岛素含量为 0.2%～0.5%。将此圆片浸泡在生理盐水中 3 天，胰岛素的总释放量小于载药量的 4%。通 5mA 电流，阳极附近的 pH 升高，聚合物溶蚀，胰岛素释放；关闭电流，胰岛素几乎不释放。

2) 自调节脉冲式药物释放系统(SPDDS)

SPDDS 可分为调节型药物释放系统和触发型药物释放系统。前者在体内信号作用下，释放出一部分药物，并随刺激信号的消失而停止释药，具有可逆性。后者一受到信号刺激，释放出全部药物，释药具有不可逆性。

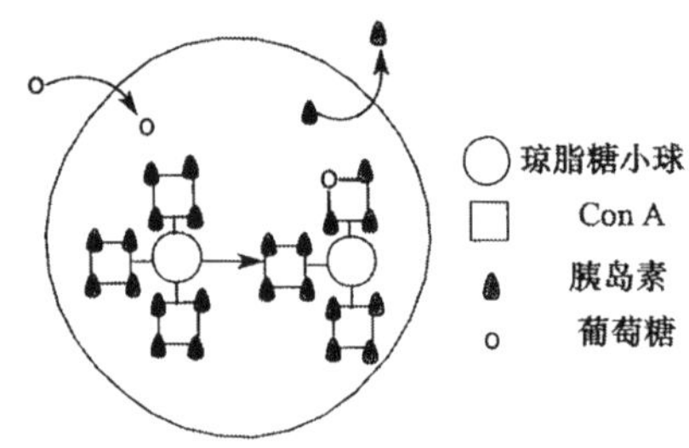

图 6－15　竞争吸附型胰岛素释药系统

(1) 调节型药物释放系统。典型的方法是用胰岛素治糖尿病。将糖基化的胰岛素、伴刀豆蛋白 A(Con A)吸附在琼脂糖小球上，外层包裹一聚合物薄膜，如图 6－15 所示。当血液中的葡萄糖量超标时，它会扩散进高分子膜。由于葡萄糖的浓度高，会取代吸附在 Con A 上的胰岛素，从而释药，即胰岛素进入血液。当血糖正常时，糖基胰岛素对 Con A 的亲和力比葡萄糖高，所以不会释药。

另一种方法是通过酶-底物反应，引起 pH 值变化，从而改变 pH 敏感性聚合物的渗透性或降解性来实现脉冲释药。例如，将胰岛素用水溶性聚合物和葡萄糖氧化酶包起来(见图 6－16)。当血液中的葡萄糖的含量增加时，葡萄糖氧化酶将葡萄糖氧化成葡萄糖酸，使聚合物质子化。同性电荷相斥，共聚物网络增大，胰岛素释放。

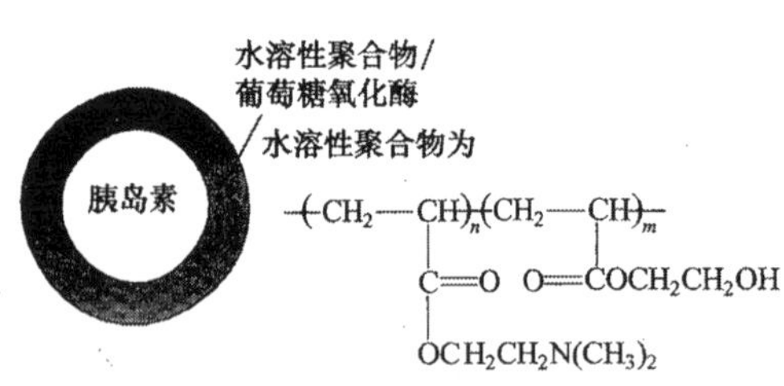

图 6－16　pH 敏感聚合物释药系统

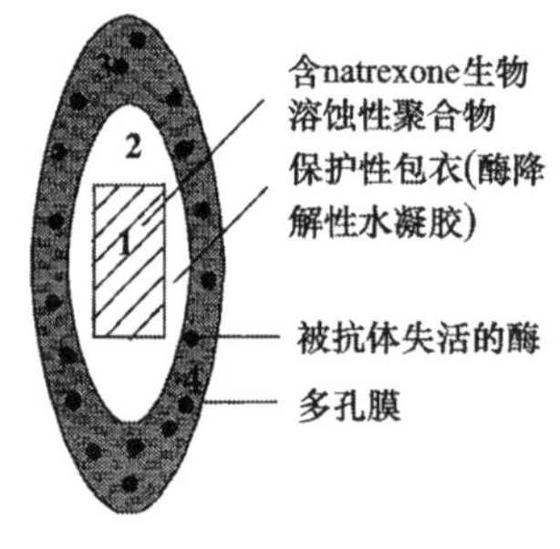

图 6－17　用于戒毒的触发型药物释放系统

(2) 触发型药物释放系统。这是一种不可逆药物释放系统。例如，利用酶的可逆失活，制备触发型药物释放系统。以用于戒毒的释药系统为例说明其基本原理，该装置的构造见图 6－17。natrexone 是戒毒药。最内层 1 为含 natrexone 的、pH 敏感溶蚀性高分子，如，甲基乙烯醚与马来酸酐共聚物，其溶蚀性可通过改变烷基乙烯基醚上 R 基团的大小来控制。在低 pH 时稳定;在生理条件,pH=7.4 时,聚合物会被溶蚀,释放出 natrexone。内层 2 是酶降解性水凝胶,如淀粉酶水解的酸性淀粉水凝胶。3 是可逆活性酶,如淀粉酶,活动期可降解水凝胶。最外层 4 是多孔膜,允许吗啡和 natrexone 分子通过,而酶和抗体不能通过。当血液中有吗啡时,吗啡分子可通过大孔膜,与失活酶的抗体结合,使酶的活性中心暴露(通常,半抗原吗啡以共价键键合在酶活性中心附近,然后与抗体结合。由于抗体分子很大,遮盖了酶的活性中心,酶处于静止期)。它催化降解水凝胶保护层,pH 敏感的高分子接触到 pH=7.4 的液体,就开始溶蚀,释放出 natrexone,而制止药性发作。

另一种较为简单的释药装置,如图 6-18 所示。将药物 natrexone 包在某种敏感的聚合物内。聚合物表面以共价键结合半抗原吗啡,通过半抗原与抗体结合,形成聚合物微球的保护层,避免体内酶破坏聚合物。当血液中吗啡浓度大时,夺取了保护层中的抗体,使聚合物暴露。在酶的作用下,聚合物分解,释放出药物。

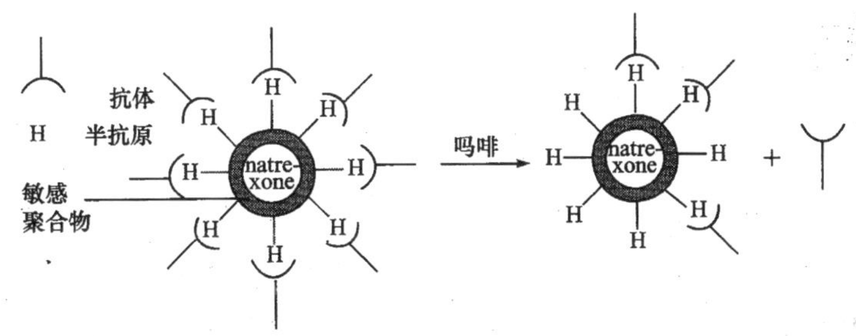

图 6-18 用于戒毒的触发型释药的简单装置

6.3 高分子药物

这类高分子药物是指具有一定相对分子质量的整体高分子才显示特定的药效。若把分子链切断,则丧失药效。严格说来,这一类是真正的高分子药物,不过目前数量较少。

6.3.1 血液增量剂

血液增量剂又称为人造血液。是第二次世界大战中,德国人发现聚乙烯基吡咯烷酮具有很好的血液相容性,对各种血型均无副作用。但是单体或低相对分子质量的聚乙烯基吡咯烷酮均不能起血液增量剂的作用。所谓血液增量剂就是它不具有输送 O_2 和 CO_2 的功能,所以并非人造血液,只能作血液减少时的应急补充。

真正的人造血液的研究是从 20 世纪 50 年代开始的。血液中能起输送氧功能的是血红素，结构示意图如图 6－19 所示。Fe 原子有六个配位键，平面上四个键与 N 紧密配位。上下两个键中，一个与球蛋白结合，另一个与 O_2、CO_2 或 N_2 结合。这就是说 O_2 和 CO_2 可以互相置换，从而起到输送氧气和 CO_2 的功能。一旦该位置被 CO 占据，就会形成牢固的键，血液中毒，失去了输送氧的功能。以此模型来合成人造血液，例如，聚(4-乙烯基咪唑)代替球蛋白，接上由动物血液中提取出来的血红素，形成如图 6－20 所示的结构，对输送 O_2、CO_2 进行试验，结果证明它与血液的功能完全相似。但在动物体内的试验尚未成功，可能是聚(4-乙烯基咪唑)上C—C键与血液的相容性较差。

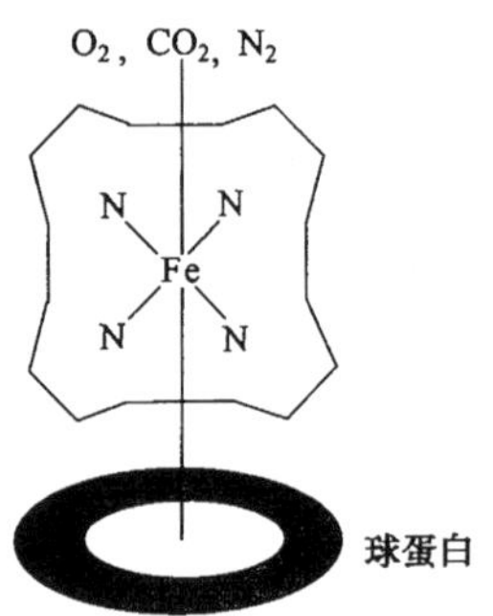

图 6－19 血红素结构示意图

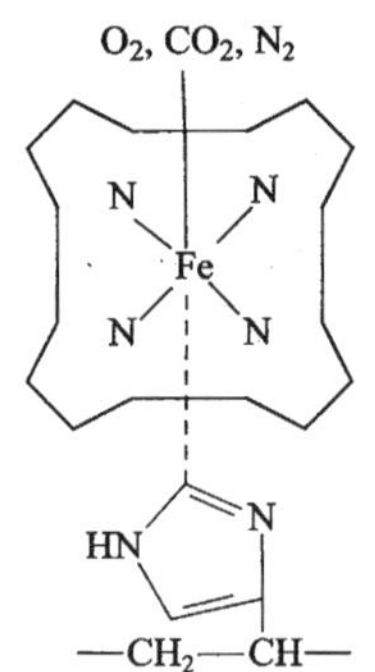

图 6－20 聚(4－乙烯基咪唑)血红素

现在日本生产的全氟烃(Fe)乳化液能起到输氧的作用，可以作为短期血液。我国中国科学院上海有机化学研究所研制成功的全氟烃乳化液，已作为人造血液用于临床，具有代表性的全氟烃的化合物如结构式 **56～59** 所示。

56

$N(C_4F_9)_3$

57

58

$CF_2CF_2CF_2CF_3$

59

右旋糖酐**60**也可用作血液增量剂。它是以蔗糖为原料生产的，采用肠膜状明串珠菌（*Leuconostoc mesenteroides*）静止发酵制备。作为血液增量剂，右旋糖酐的相对分子质量应为 $5\times10^4\sim9\times10^4$ 之间，相对分子质量太大，黏度大，不易与水混合，对红细胞有凝结作用；相对分子质量太小，在体内保留时间太短。右旋糖酐主要用于大量失血后，补充血液容量、提高血浆渗透压。右旋糖酐在体内缓慢水解后，成为葡萄糖，被人体吸收。右旋糖酐的碳酸酯用于抗动脉硬化和作为抗凝血剂，还可以作为抗癌药物的增效剂使用。

60

6.3.2　干扰素

病毒进入人体后，在进入细胞之前，抗原体能消灭之。一旦病毒进入细胞，抗原体就不再起作用，而要靠一种干扰素去消灭它。干扰素平时处于睡眠状态，在病毒进入细胞后，如何尽快地唤醒干扰素，这就是靠一种诱起剂（interferon inducer）。它本身不起药物作用，所以只要一定量就可以了。具有一定相对分子质量的聚乙烯腺嘌呤 **61**，有希望成为一个很好的诱起剂。

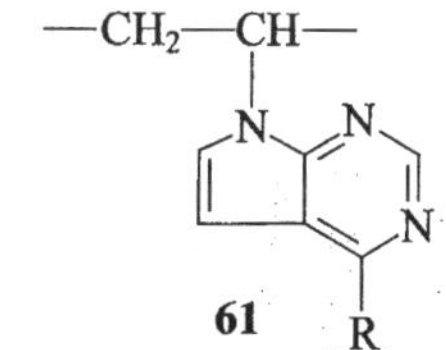

61

$R=NH_2, NHCH_3, N(CH_3)_2$

6.3.3　聚氨基酸

一些聚氨基酸具有抗菌活性，但是，相应的小分子氨基酸却没有药理活性，例如聚 L-赖氨酸可以抑制 E. Coli 菌，但单体 L-赖氨酸却无此活性。

6.3.4　聚离子化合物

1. 阳离子聚合物

人们已经发现，聚阳离子和阴离子具有各种药理活性。例如，天然产物 **62** 具有镇痉挛作用，用于治痉挛性疾病；在手术时使骨胳松弛。从结构上分析，该分子中有二个 N 阳离子，且相隔一定距离。因此有人合成化合物 **63**，药理试验证明，它也具有极强的镇痉挛作用。进一步合成高分子 **64**，该化合物镇痉挛作用强度、持续时间、毒性（LD_{50}）与大分子中基团 X、取代基 R 及聚合度 n 有关（见表 6－4）。

由表中的数据可以看出，高分子阳离子的药理活性的持续时间，普遍比低分子长 11～18 倍。聚合物 1P 和 2P 的作用强度，比相应的低分子高 100 倍，但毒性却提高了 33～19 倍。表 6－4 中列出的聚合物 3P 比 3M 的作用强度降低了 4 倍，毒

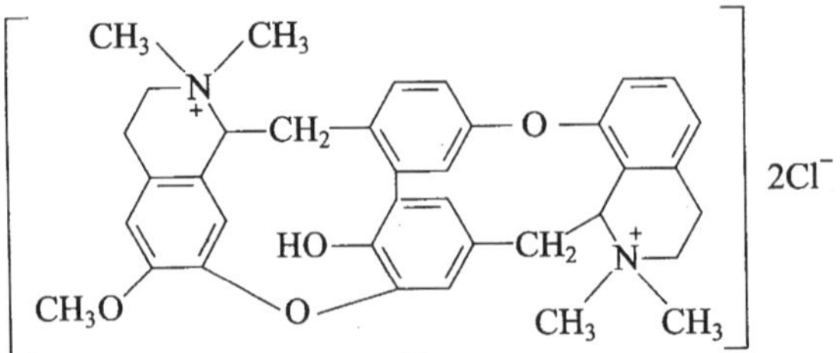

$$[\ldots]\ 2Cl^-$$

62

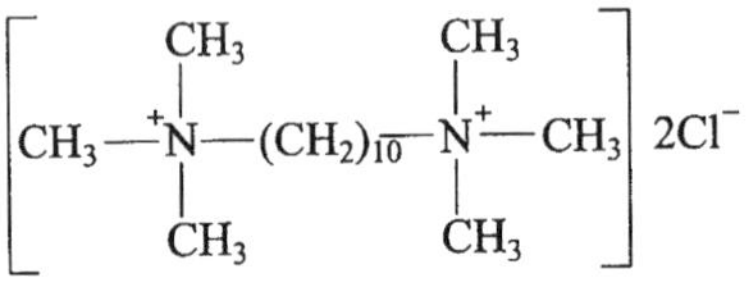

$$\left[CH_3-\overset{+}{N}(CH_3)_2-(CH_2)_{10}-\overset{+}{N}(CH_3)_2-CH_3\right]\ 2Cl^-$$

63

$$Br-CH_2-C_6H_4-CH_2\left[\overset{+}{N}R_2-CH_2-X-CH_2-\overset{+}{N}R_2\right]_n CH_2CH_2-N(CH_3)_2\cdot 2nBr^-$$

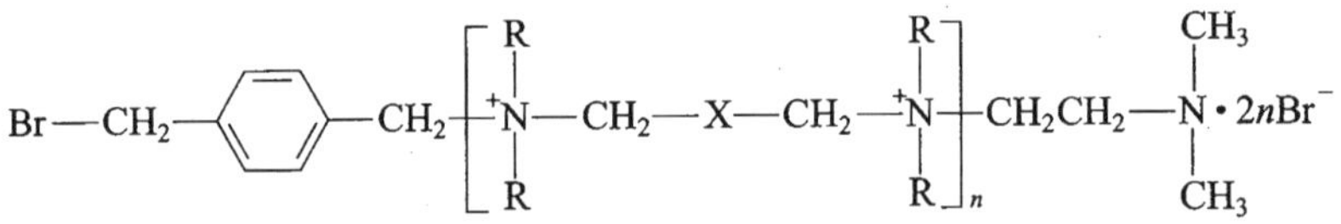

64

性却是 3M 的 1/2。可见聚合度对药物的作用强度和毒性都是十分重要的。

表 6－4　高分子的结构对药理活性的影响

编号	R	X	平均聚合度 $\bar{X}_n$	LD_{50}/(mg/kg)	作用强度/(mg/kg)	持续时间/min
1M	CH_3-	$-C_6H_4-$	-	50	50	10～15
1P	CH_3-	$-C_6H_4-$	30	1.5	0.5	>180
2M	C_2H_5-	$-C_6H_4-$	-	15	50	10～15
2P	C_2H_5-	$-C_6H_4-$	22	0.8	0.5	>180
3M	CH_3-	$-(CH_2)_8-$	-	0.9	0.05	8
3P	CH_3-	$-(CH_2)_8-$	37	1.8	0.2	>90

2．阴离子聚合物

阴离子聚合物具有杀菌、抗病毒等药效;抑制癌细胞增长,它还能产生免疫活性、诱导产生干扰素,具有免疫、抗病毒、抗肿瘤活性的作用。最引人注目的是二乙烯基醚与顺丁烯二酸酐共聚制得的吡喃共聚物[见反应式(6－40)]。

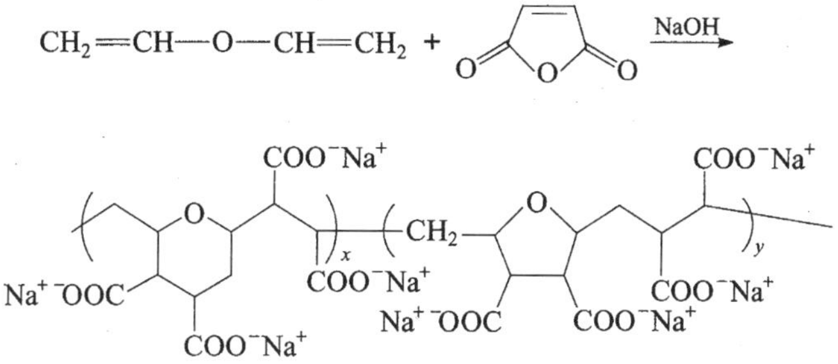

$$CH_2{=}CH{-}O{-}CH{=}CH_2 + \text{(马来酸酐)} \xrightarrow{NaOH}$$

$$\text{(聚合物 65：} COO^-Na^+ \text{ 取代的吡喃环与呋喃环结构单元，下标 } x, y \text{)} \qquad (6-40)$$

65

聚合物 **65** 是干扰素诱起剂，能直接抑制许多病毒的繁殖，有持续的抗肿瘤活性，能治白血病、肉瘤泡状口腔炎症、脑炎。该聚合物的毒性虽比其他阴离子聚合物低得多，但用于临床试验，仍较高。作为人类的抗癌药仍在研究之中。

6.3.5　克矽平

聚(2-乙烯基吡啶)氧化物是一种用于治疗矽肺病的聚合物药物，商品名称为克矽平。其合成方法见反应式(6－41)。

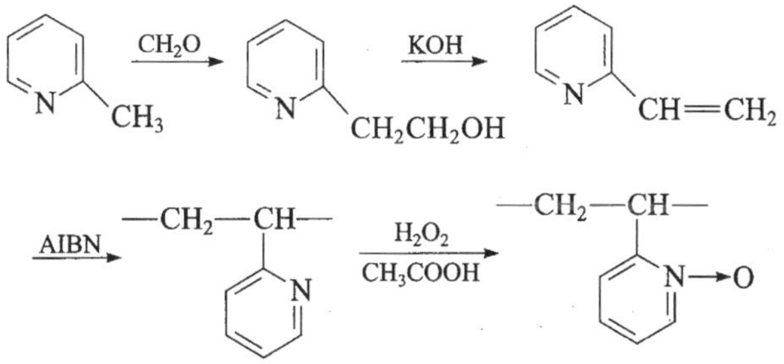

$$\text{2-甲基吡啶 } (CH_3) \xrightarrow{CH_2O} \text{2-吡啶基 } CH_2CH_2OH \xrightarrow{KOH} \text{2-吡啶基 } CH{=}CH_2$$

$$\xrightarrow{AIBN} {-}CH_2{-}CH{-} \text{(2-吡啶基)} \xrightarrow[CH_3COOH]{H_2O_2} {-}CH_2{-}CH{-} \text{(吡啶基 } N{\rightarrow}O\text{)} \qquad (6-41)$$

66

聚合物**66**能吸收在肺上形成的硅酸阴离子，从而减轻矽肺病人的痛苦。

6.4　高分子药物的分子设计

Ringsdorf 提出了如图 6－21 所示的高分子药物模型。它把理想的高分子药物分成三段。每一段行使不同的功能。第一段：要提供整个高分子药物所需要的水溶性、脂溶性和无毒性。药物高分子的药效取决于它被生物体吸收的程度，而吸收与高分子的溶解度有关。药物通过细胞膜的速率，在很大程度上取决于脂溶解度。因此，高分子药物应同时具有水溶性、脂溶性。为了增加水溶性，分子链上应引进聚乙烯吡咯烷酮和聚丙烯酸羟乙酯等水溶性聚合物。为了增加脂溶性，在高分子上应引进长链烷基。在高分子上引入氧化吡啶基可以降低药物的毒性。

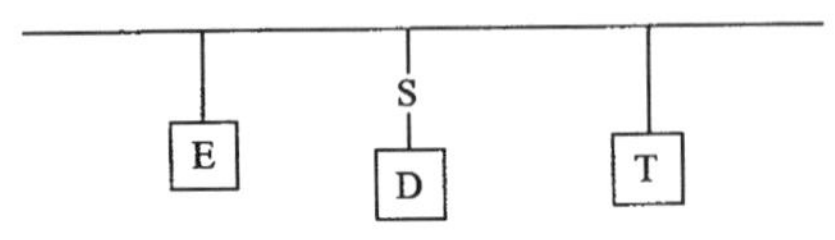

E:水溶性基团和脂溶性基团;

D:药物;

S:固定药物的基团,用于缓释放;

T:输送药物的官能团

图 6-21 Ringsdorf 的高分子药物模型

第二段:将小分子药物固定在高分子链上,并能缓慢释放。一般可以通过酯键、酰胺键等,将小分子药物接到高分子上。一旦药物高分子到达发病部位,由于酶的作用,使药物缓慢释放。

第三段:是为了转运药物而设计的。欲使药物准确地到达发病部位,常在分子中引入亚砜、甲酰胺和磺酰胺等基团。因为亲核性的细胞壁、细胞组织容易吸收含有这些基团的药物。例如用磺酰基团作运输药物的基团,有可能使药物选择性到达癌细胞。因为癌病患者的血液,其 pH 值和正常人不一样,通常呈弱酸性,故可能与磺酰胺基团相互作用。

例如,抗癌药**67**具有上述结构。

—HNCH(C=O)NH—CH(C=O)NHCH—C(=O)— ← 聚谷氨酸作骨架

侧链:CH_2CH_2COOH ← 亲水基团;$CH_2CH_2C(=O)NH-C_6H_4-NHCH_2CH_2Cl$ ← 抗肿瘤药部分;$CH_2CH_2CONH-Ig$ ← 免疫球蛋白为引导体

67

参考文献

陈建海. 2003. 药用高分子材料与现代医药. 北京:科学出版社

陈庆华, 瞿文. 2000. 多肽、蛋白质类药物缓释剂型的研究进展. 中国药学杂志, 35(3):147~150

丁富新,江田民,昝佳等. 2004. 功能高分子在新型给药系统中的应用. 精细化工,21(12):923~926

何天白, 胡汉杰. 2001. 功能高分子与新技术. 北京:化学工业出版社. 95~106

黄维垣, 闻建勋. 1994. 高技术有机高分子材料进展. 北京:化学工业出版社. 298~361

刘华钢, 陆石英. 2005. 植入缓控释制剂系统研究概况. 现代医药卫生, 21(2):157~159

万东华, 株滔,许小平. 2004. 缓控释给药系统中高分子聚合物的应用. 中国医药工业杂志, 35(11):692~695

奚廷斐. 2004. 生物材料进展. 生物医药工程与临床,8(4):244~248

Brownlee M, Cerami A A. 1979. Glucose-controlled insulin-delivery system: semisynthetic insulin bound to lectin. Science, 206:1190～1191

Heller J. 1988. Chemically self-regulated drug deliver systems. J. Controlled release, 8: 111～125

Ishihara K, Muramoto N. 1985. pH-Induced reversible permeability control of the 4-carboxy acrylanilide-methyl methacrylate copolymer membrane. J. Polym. Sci. Polym. Chem., 23:2841～2850

Jimoh A G, Wise J D, Gresser J D. 1995. Pulsed FSH release from an implantable capsule system. J. Contolled release, 34:87～95

Kwon I C, Bae Y H, Kim S W. 1991. Electrically erodible polymer gel for controlled release of drugs. Nature, 354: 291～293

Okano T, Bae Y H, Jacobs H etc. 1990. Thermally on-off switching polymers for drug permeation and release. J. Controlled release, 11:255～265

Pitt C G. 1986. Self regulated and triggered drug delivery systems. Pharm. Int., 7(4):88～91

Sawahata K, Yasunag H H, Osada Y. 1990. Electrically controlled drug delivery system using polyelectrolyte gels. J. Controlled Release, 14: 253～256

Ueda S, Ibuki R, Kimura S. 1994. Development of a novel drug release system, time-controlled explosion system (TES) Ⅲ relation between lag time and membrane thickness. Chem. Pham. Bull., 42(2): 364～367

Yoshida R, Kaneko Y, Sakai K. 1994. Positive thermosensitive pulsatile drug release using negative thermosensitive hydrogels. J controlled Release, 32: 97～102

第 7 章　光敏高分子

光敏高分子是指在光照下,高分子吸收了光能后,使分子内或分子间产生了化学的或结构的变化,如发生交联反应生成不溶物;或者发生光分解反应,生成可溶物;或结构变化而使材料的颜色发生变化等多种现象。光敏高分子包括感光树脂,光致变色高分子,光导高分子,高分子光敏剂和增感剂等。

7.1　感光高分子

感光性高分子又称感光树脂,它是指高分子体系吸收光能后,在分子间或分子内产生化学变化。吸收光能的不一定仅是高分子本身,也包括光敏剂等一类感光化合物,它们吸收了光能后引发的各种反应,造成聚合物在某种溶剂中溶解度的变化。感光树脂主要用于印刷和集成电路的制作等。

感光树脂有两种:一种是光照后发生交联,或聚合成为不溶性树脂。溶剂显影

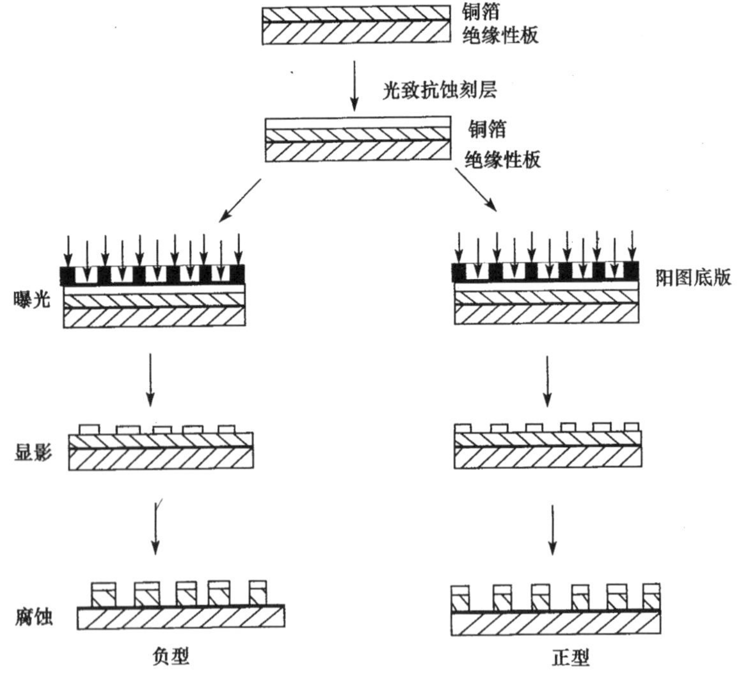

图 7-1　照相制版刻蚀工艺原理

时，未曝光的感光树脂溶解，曝光部分不溶解而形成负像，这种称为负型树脂。另一种树脂在曝光后，发生光分解反应，溶剂将树脂的分解部分溶解而成为正像，这种称为正型树脂(见图 7－1)。一般这种树脂的涂层很薄，只有几微米。刻蚀时，覆盖感光树脂的铜箔不易被腐蚀。在感光树脂中，负型高分子的应用要比正型广泛得多。

作为照相制版技术中使用的感光高分子，必须具备以下性质：①有好的感度和高的分辨率。一般地讲，光照射量变化最小，而聚合物有很大的溶解度变化。②有很好的成膜能力，即形成的膜越薄、越均匀越好。③薄膜的物理化学性能好。

以光交联反应的光致刻蚀剂有五种类型，如图 7－2 所示。这五种反应方式均已在工业上得到应用。

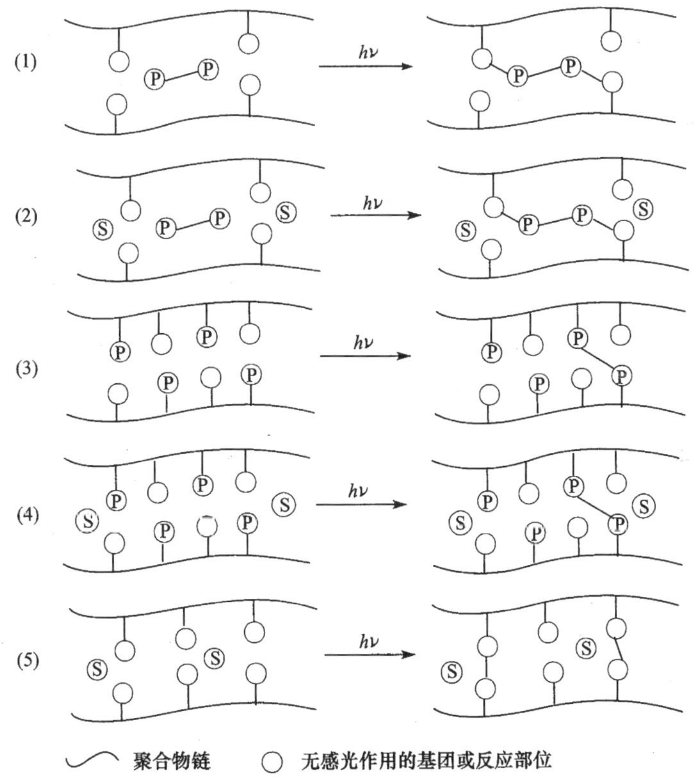

图 7－2　感光性高分子的交联反应

图 7－2 显示的光化学反应，一是光交联剂吸收光能后激发，与聚合物反应，形成交联。例如将天然橡胶或聚异戊二烯橡胶进行适度的环化，得到环化橡胶。然

后与化合物 **1** 混合，得到的光敏刻蚀剂，因溶解性好，其分辨率可达 2～3μm。二是因交联剂的感光性不强，必须加入光敏剂 S。后者吸收光能后，将光能转移到光交联剂。它被激发后，进行光交联反应。例如醇溶性聚酰胺，多官能团单体和光敏剂，如二苯甲酮组成的混合物。三是感光基团键联在高分子主链上，在光的作用下，它被激发，与其他感光基团或官能团键合而发生交联反应。例如将 α-苯基马来酰亚胺键联在聚甲基丙烯酸酯主链（见结构式 **2**）上。四是由于键联在高分子主链上的感光基团的感光性能不强，需要加入光敏剂，以增强它的感度。例如聚合物 **3** 与 1,2-苯并蒽醌组成的体系。五是聚合物中的官能团，通过光敏剂的作用而进行反应。如聚合物 **4** 与光聚合引发剂组成的体系。

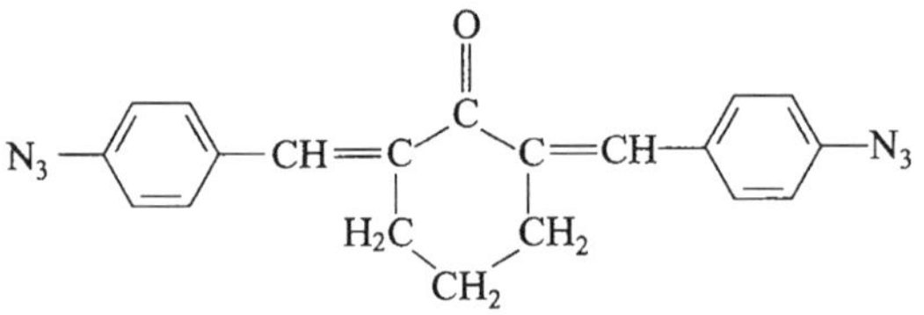

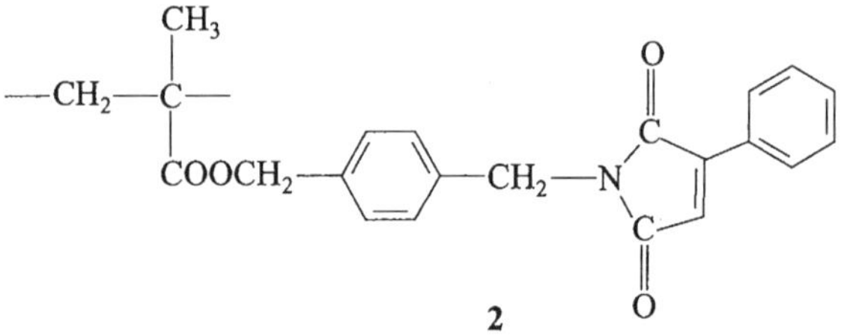

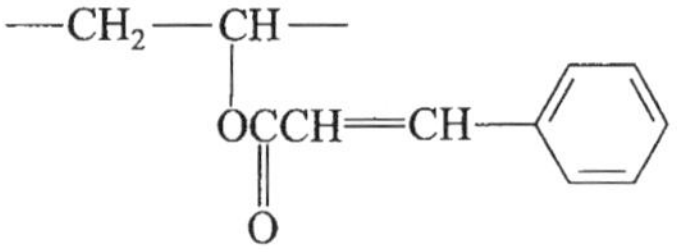

7.1.1　感光性化合物与高分子组成的体系

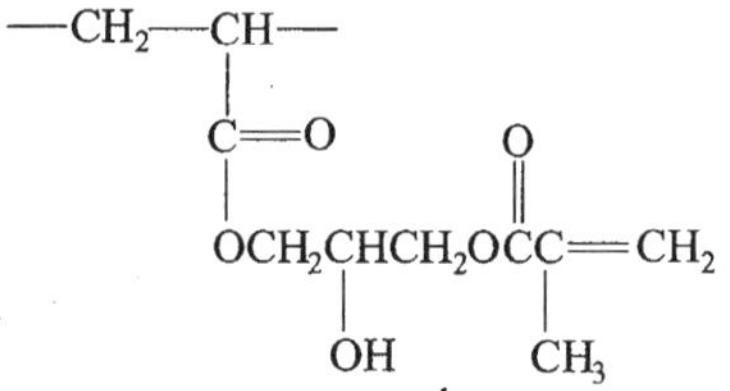

这类感光高分子是将感光化合物与高分子混合而成的。感光性化合物一般为重铬酸盐类，芳香族重氮化合物，芳香族叠氮化合物和有机卤素化合物等。

1. 重铬酸盐系感光高分子

重铬酸盐系感光高分子是将重铬酸盐，通常为重铬酸铵与各种水溶性高分子配制而成。例如，将 $\bar{X}_n = 500$，皂化度为 80%～90% 的聚乙烯醇（PVA）90g，在

80℃，搅拌下溶于 1000mL 水中。冷却后，加 15g 重铬酸铵即成感光液。将它涂在锌或镁板上，干燥后即成感光膜。照相时，用弧光灯使底板感光，水洗去未曝光的高分子，即可成像。

重铬酸盐使高分子化合物的光固化反应机理，通常认为是按反应式(7－1)进行的。

$$—CH_2—CH(OH)— + Cr^{6+} \longrightarrow —CH_2—C(=O)— + Cr^{3+}$$

$$\longrightarrow —CH(—O—)—CH_2—C(=O—)— \text{(O、O 与 Cr 配位成环)} + —C(=O—)—CH_2—C(=O—)— \text{(O、O 与 Cr 配位成环)} \qquad (7-1)$$

在 PVA 给氢体存在下，Cr(Ⅵ)吸收光能后，被还原成 Cr(Ⅲ)，而 PVA 被氧化成酮。所生成的 Cr(Ⅲ)化合物与 PVA 配位，发生了交联固化反应。

关于重铬酸盐的光化学反应已经有了较为详细的研究。在重铬酸盐的水溶液中，铬离子以 $Cr_2O_7^{2-}$，$HCrO_4^-$，CrO_4^{2-} 等形式存在。其中只有 $HCrO_4^-$ 是光致活化的。当 pH>8 时，体系中不存在 $HCrO_4^-$，所以重铬酸盐不起光化学反应。这一类感光高分子感度依赖于溶液的 pH 值。首先用添加氨水的方法使感光液呈碱性，因体系中不存在 $HCrO_4^-$，不具有感光性。成膜时，氨挥发而成酸性，使体系中出现 $HCrO_4^-$，而具有感光性。因此不必在暗室中配感光液。在重铬酸盐中，最好的感光剂是重铬酸铵。

Cr(Ⅲ)的配位数为 6，能与它形成配位键的基团有—OH、 NH_2、—COOH、—$CONH_2$、—SO_2H和酮基等具有孤对电子的基团。因此，Cr(Ⅲ)几乎能使所有水

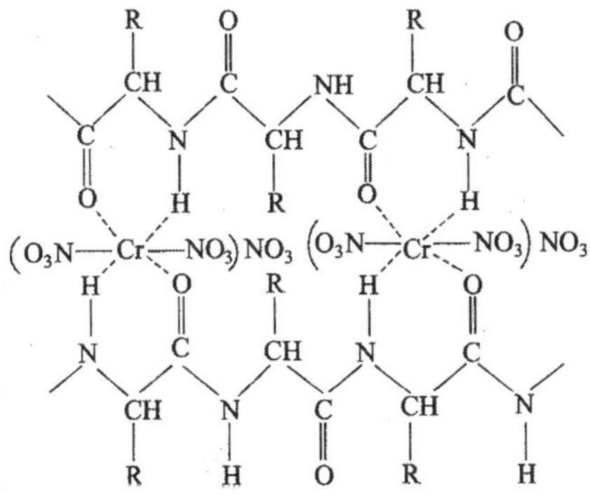

图 7－3　在硝酸铬存在下，光固化明胶的结构

溶性的高分子固化。其中,包括合成的高分子,如聚酯,聚酰胺等;天然高分子,如明胶等。明胶固化后形成的膜有如图 7－3 所示的结构。

这类感光高分子具有相当好的感光速率;用水作溶剂,比较安全;除了集成电路外,完全能满足通常加工所需要的分辨率(50μm 左右);剥离也比较方便;价格便宜。缺点是废水中含有六价铬,需要处理才能排放;感光特性受温度的影响较大;调配成了重铬酸盐光致抗蚀剂,或者涂布制成感光膜后,会有反应,不能长期保存,应随时调配,随时使用。

2. 芳香族重氮化合物

重氮化合物遇热、光均不稳定。通常认为,它吸收光能后,激发成单线态,生成自由基和活性离子。在溶液中进行光化学反应时,对光化学反应产物有很大的影响。例如,在紫外光作用下,重氮盐分解,可生成苯自由基[见反应式(7－2a)]和苯阳离子[见反应式(7－2b)]。在乙醇中,前者生成取代苯[见反应式(7－3a)];后者则生成苯烷基醚产物[见反应式(7－3b)]。取代基 R 对反应产物有很大影响,吸电子强的取代基,如硝基,易生成苯自由基。在乙醇中,得到的是取代苯[见反应式(7－3a)]。

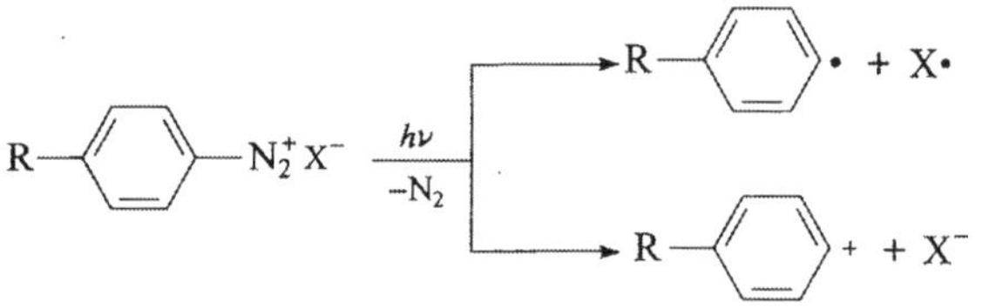

$$R-C_6H_4-N_2^+X^- \xrightarrow[-N_2]{h\nu} R-C_6H_4\cdot + X\cdot \qquad (7-2a)$$

$$R-C_6H_4-N_2^+X^- \xrightarrow[-N_2]{h\nu} R-C_6H_4^+ + X^- \qquad (7-2b)$$

$$R-C_6H_4\cdot + CH_3CH_2OH \longrightarrow R-C_6H_5 + CH_3\dot{C}HOH \qquad (7-3a)$$

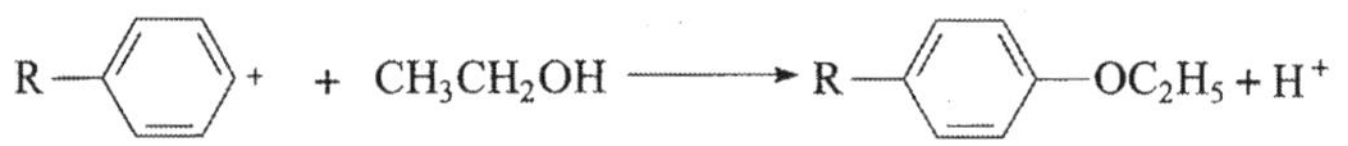

$$R-C_6H_4^+ + CH_3CH_2OH \longrightarrow R-C_6H_4-OC_2H_5 + H^+ \qquad (7-3b)$$

将重氮化合物与聚合物,例如,双重氮盐 **5** 与聚乙烯醇配制成感光液,成膜后,在光照下发生如反应式(7－4)所示的反应。在紫外光作用下,双重氮盐 **5** 分解生成联苯自由基和阳离子;自由基中间体夺取 PVA 的叔碳氢,生成链自由基 **6** 。它进一步反应,可发生高分子链断裂反应[反应式(7－4a)];或发生偶联,生成交联产物 **7** [反应式(7－4b)]和 **8** [反应式(7－4c)]。

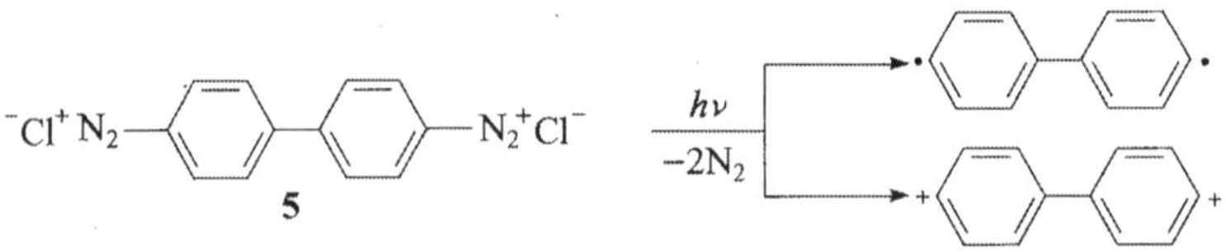

$$^-Cl^+N_2-C_6H_4-C_6H_4-N_2^+Cl^- \; (\mathbf{5}) \xrightarrow[-2N_2]{h\nu} \cdot C_6H_4-C_6H_4\cdot \;\; ; \;\; ^+C_6H_4-C_6H_4^+$$

$$\cdot C_6H_4{-}C_6H_4\cdot + {-}CH_2{-}CH(OH){-} \longrightarrow {-}CH_2{-}\dot{C}(OH){-}\ (\mathbf{6}) + C_6H_5{-}C_6H_5 \qquad (7-4)$$

$${-}CH_2{-}\dot{C}(OH){-} + \cdot C_6H_4{-}C_6H_4\cdot \longrightarrow {-}CH_2CHO + \cdot CH_2{-}CH(OH){-} \qquad (7-4a)$$

$$\longrightarrow {-}CH_2C(OH)CH_2CH(OH)CH_2CH(OH){-} \text{ crosslinked with } {-}CH_2{-}C(OH)CH_2CH(OH){-}\ (\mathbf{7}) \qquad (7-4b)$$

$$\longrightarrow {-}CH_2{-}C(OH)(C_6H_4{-}C_6H_4{-}C(OH)(CH_2{-}CH(OH){-})CH_2{-}){-}CH_2{-}CH(OH){-}\ (\mathbf{8}) \qquad (7-4c)$$

生成的联苯阳离子,发生如反应式(7－5)所示的反应,联苯阳离子与 PVA 的 OH 基反应,生成带醚键的交联结构。

$$^{+}C_6H_4{-}C_6H_4{}^{+} + {-}CH_2{-}CH(OH){-} \longrightarrow {-}CH_2{-}CH(O{-}C_6H_4{-}C_6H_4{-}O{-}CH({-}CH_2{-})CH_2{-}CH(OH){-}){-}CH_2{-}CH(OH){-} + 2H^{+} \qquad (7-5)$$

生成的联苯自由基,会还原生成联苯,影响感光效率。所以,为提高感光度,不仅要提高光分解的效率,而且要提高生成碳正离子的量子效率。因此人们研究了不同取代基对生成碳正离子的量子效率的影响(见表 7－1)。一般来讲,苯环的对位引入吸电子基团,量子效率减少;引入推电子基团,量子效率增加。在光照下,重氮基分解放出氮气时,必须接受一个电子才能形成中性气体,所以对位推电子基团有利于化合物的光分解生成自由基或正碳离子。另外,在对位引入胺基 R_2N—,除了增加量子效率外，还改善了化合物的热稳定性，可用作复印材料。

表 7－1　取代基对碳正离子量子效率的影响

化合物	量子效率	化合物	量子效率
$C_6H_5—N_2^+$	0.38	$F—C_6H_4—N_2^+$	0.50
$Cl—C_6H_4—N_2^+$（对位）	0.29	$CH_3O—C_6H_4—N_2^+$	0.52
$Cl—C_6H_4—N_2^+$（间位）	0.41	$HO—C_6H_4—N_2^+$	0.51
$Cl—C_6H_4—N_2^+$（邻位）	0.18	$(CH_3)_2N—C_6H_4—N_2^+$	0.58

以芳族重氮化合物为例，来说明重氮有机化合物作复印材料的机理。通常情况下，在紫外光作用下，它分解生成酚类化合物，如反应式(7－6)所示。

$$C_6H_5—N_2^+X^- \xrightarrow[H_2O]{h\nu} C_6H_5—OH + N_2 + H^+ \tag{7-6}$$

未曝光部分保留的重氮化合物，浸于用来制备偶氮染料的偶联剂（主要为苯酚类）的碱溶液中，便生成了偶氮染料而显色[见反应式(7－7)]。即曝光部分不显色，未曝光部分显色，得到了与原稿一样的阴图像。

$$C_6H_5—N_2^+X^- + C_6H_5—OH \longrightarrow C_6H_5—N{=}N—C_6H_4—OH + 盐 \tag{7-7}$$

重氮有机化合物不耐热，与树脂的相容性也有待解决。因此，人们研究了重氮树脂，以代替重氮有机化合物。如采用反应式(7－8)来合成重氮树脂。

$$C_6H_5—NH—C_6H_4—NH_2 + NaNO_2 + HCl \longrightarrow C_6H_5—NH—C_6H_4—N_2^+Cl^-$$

$$C_6H_5—NH—C_6H_4—N_2^+Cl^- + CH_2O \longrightarrow \left[CH_2—C_6H_3(NH—C_6H_4—N_2^+Cl^-)—CH_2\right]_n \tag{7-8}$$

使用结果表明，具有二聚以上不同相对分子质量，即 $n=2\sim3$ 的齐聚物比较稳定，而且感度也好。它在光的作用下，发生如反应式(7－9)所示的反应。释放出来的硫酸，催化齐聚物 **9** 与 PVA 发生反应，生成了交联结构的聚合物[见反应式(7－10)]。

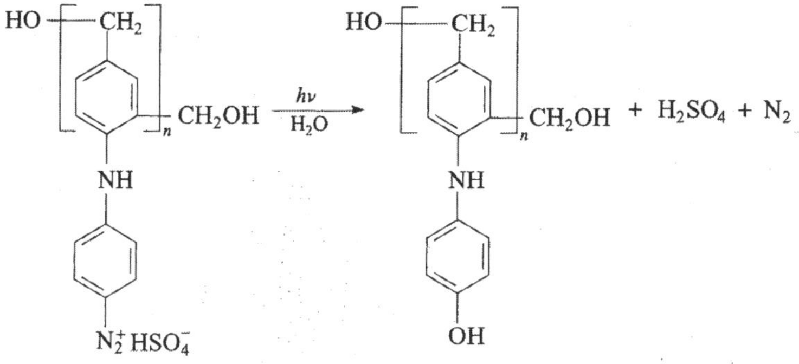

$$\text{HO}\!-\!\left[\!-\!CH_2\!-\!C_6H_3(\text{NH}\!-\!C_6H_4\!-\!N_2^+HSO_4^-)\!-\!\right]_n\!-\!CH_2OH \xrightarrow[H_2O]{h\nu} \text{HO}\!-\!\left[\!-\!CH_2\!-\!C_6H_3(\text{NH}\!-\!C_6H_4\!-\!OH)\!-\!\right]_n\!-\!CH_2OH + H_2SO_4 + N_2 \quad (7-9)$$

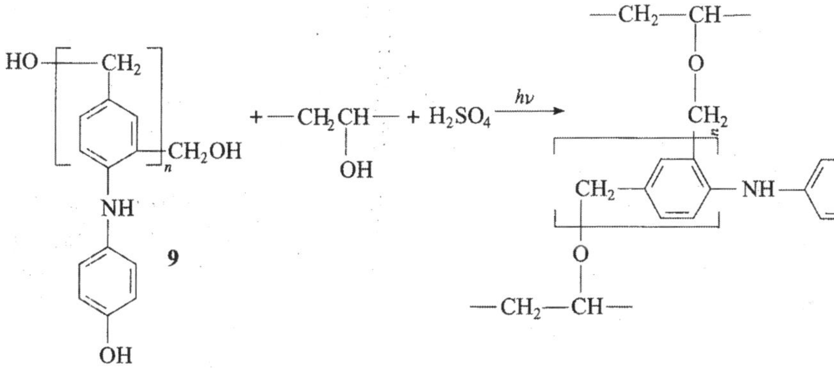

$$\underset{\mathbf{9}}{\text{HO}\!-\!\left[\!-\!CH_2\!-\!C_6H_3(\text{NH}\!-\!C_6H_4\!-\!OH)\!-\!\right]_n\!-\!CH_2OH} + \!-\!CH_2CH(OH)\!-\! + H_2SO_4 \xrightarrow{h\nu} \left[\!-\!CH_2(O\!-\!CH(CH_2\!-\!)\!-\!)\!-\!C_6H_3(\text{NH}\!-\!C_6H_4\!-\!OH)\!-\!CH_2(O\!-\!CH(CH_2\!-\!)\!-\!)\!-\!\right]_n \quad (7-10)$$

缩聚反应(7－8)得到的产物中，只有具有缩醛结构的化合物，如齐聚物 **9** 才具有光固化效应；而没有羟甲基的树脂，如 **10**，其胶黏性和感度都很差，无实际应用价值。重氮树脂与 PVA 组成的感光树脂具有较高感度的原因是，重氮基在光分解时，释放出的游离酸，会催化 PVA 上羟基的脱水反应，生成交联聚合物。

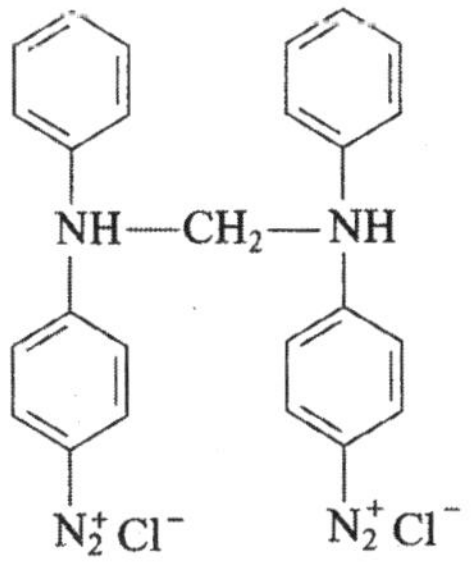

$$\underset{\mathbf{10}}{Cl^-N_2^+\!-\!C_6H_4\!-\!N(C_6H_5)H\!-\!CH_2\!-\!NH(C_6H_5)\!-\!C_6H_4\!-\!N_2^+Cl^-}$$

重氮与重铬酸铵感光树脂的特性是有差别的。例如，将曝光时间与感光剂的浓度作图(图 7－4)，可以发现，重铬酸盐浓度与曝光时间呈反比，即浓度越大，曝光时间越短；而重氮盐的浓度存在一极小值，即比该浓度小和大时，都要延长曝光时间，才能得到满意的结果。

通常重氮树脂在光照下发生光交联反应。有时候也会变成光分解型树脂，例如，金属(铝)表面用磷钨酸处理，再涂重氮树脂和高分子的水溶液，制成的感光树

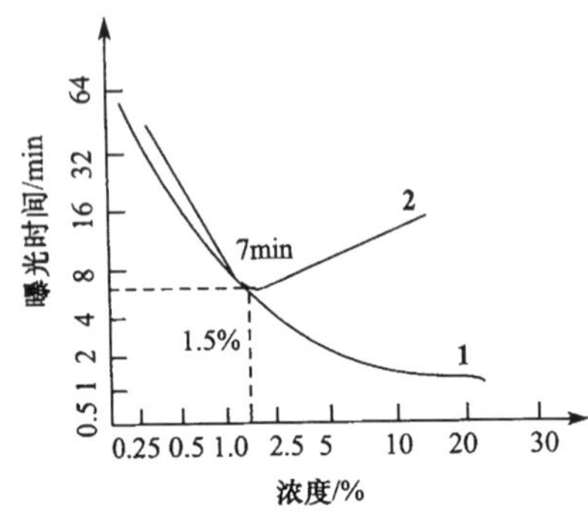

图 7-4　曝光时间与感光剂浓度的关系（高分子为聚乙烯醇）

1. 重铬酸盐；2. 重氮盐

脂。由于在铝板表面上形成重氮铝盐，而不溶于水和有机溶剂。将其曝光时，感光部分的树脂分解。然后用丙酸和水组成的显影液显影，是阳图型树脂。

由重氮化合物的紫外吸收光谱可以发现，一般重氮化合物在吸收波长为 350～400nm 处呈最大吸收。人们总希望吸收出现在长波长区域，以利于用可见光曝光。可以改变化合物的结构，例如化合物 **11** 的最大吸收出现在 600nm 处。波长的吸收范围为 470～630nm。

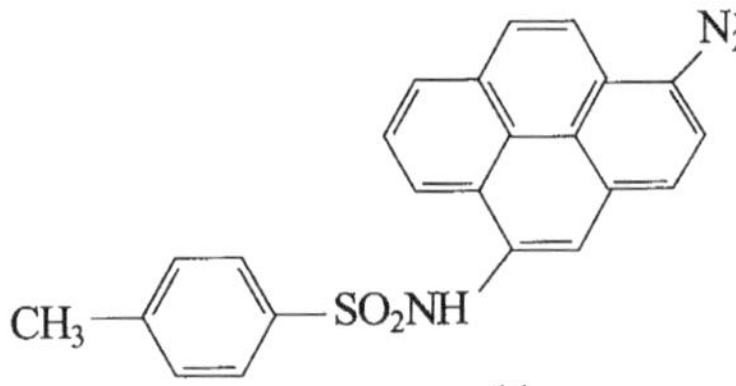

11

用作感光材料的重氮化合物还有如结构式 **12**、**13** 和 **14** 。邻醌重氮化合物 **12** 在水溶液中，经紫外光照，发生如反应式(7-11)所示的反应，定量地转变为环戊二烯酸 **15** 。

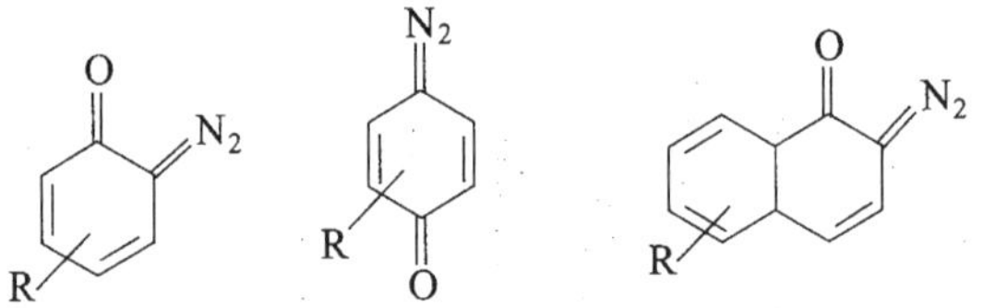

12　**13**　**14**

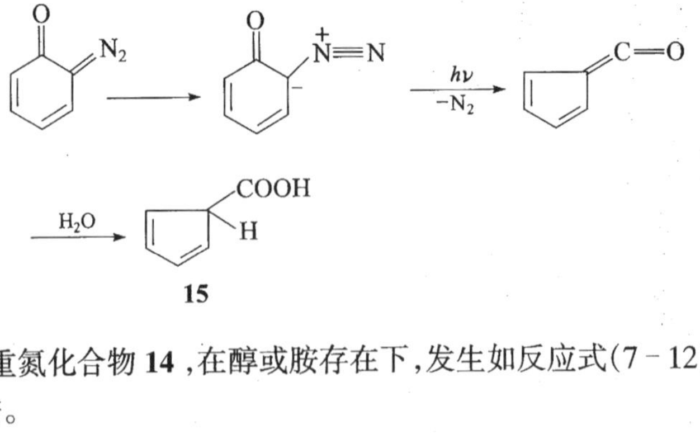

15　(7-11)

相似地，重氮化合物 **14** ，在醇或胺存在下，发生如反应式(7-12)所示的反应，生成酯和酰胺。

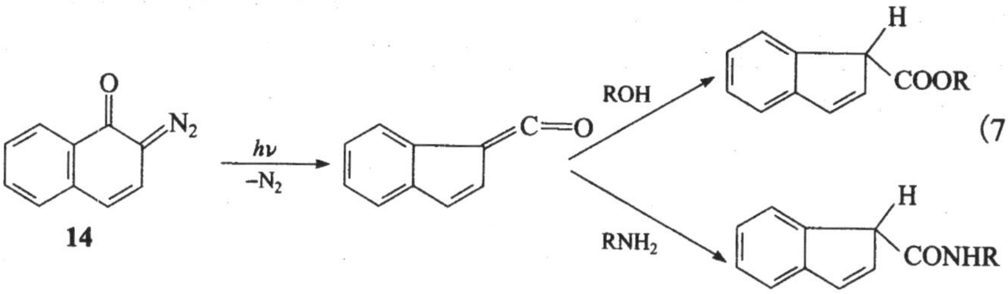

14 —hν, $-N_2$→ C=O —ROH→ (H, COOR); —RNH_2→ (H, CONHR)　(7-12)

对于对醌重氮化合物 **13**，则是按反应式(7-13)进行光化学反应，得到耐热高分子。这是一种阴图型的感光材料。至今其光化学反应机理仍不很清楚，有人认为是自由基历程，因为在取代苯存在下会发生偶联反应生成联苯[见反应式(7-14)]。也有人认为是离子型反应机理，因为它能与 THF 共聚，生成共聚物[见反应式(7-15)]。

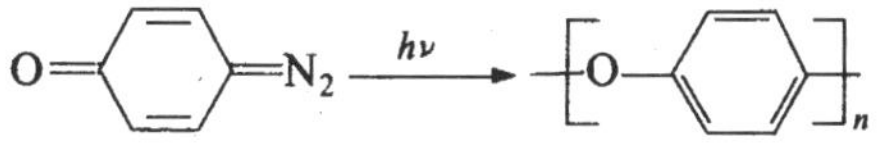

(7-13)

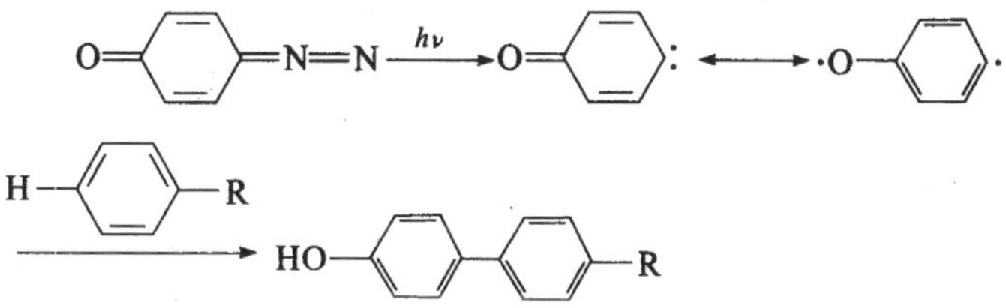

(7-14)

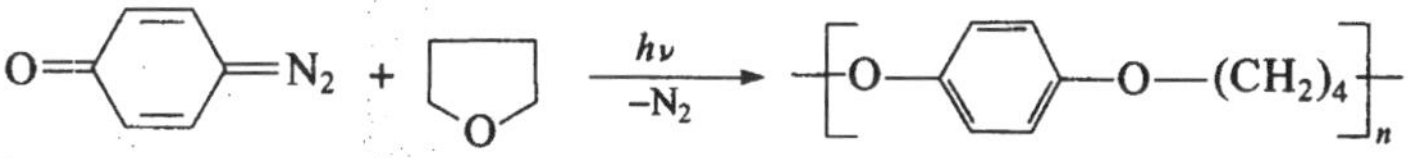

(7-15)

对苯醌重氮化合物，如化合物 **16** 和 **17** 在光照下能进行聚合反应，得到不溶性聚合物。它不能作为感光树脂单独使用，通常与酚醛树脂混合均匀，涂在铝板等金属表面，曝光后，未曝光部分溶解在碱性溶液中，曝光部分是亲油性的，可以附着油墨，可用作阴图型平版印刷的感光层。邻萘醌重氮化合物中，工业应用的化合物有 **18** 和 **19** 。其他化合物或因不稳定，或因感度低，实际上不能使用。

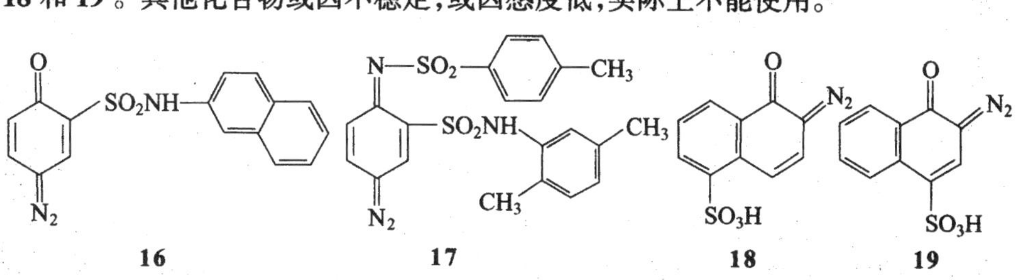

16　**17**　**18**　**19**

曝光部分，感光层上部的感光化合物 **18** 分解生成烯酮 **20** [见反应式

(7－16a)]。它与感光层下部未感光的邻萘醌重氮化合物 **18** 反应，生成内酯 **21** 。它在碱水溶液中显影时，打开内酯环，生成羧酸钠 **22** [见反应式(7－16b)]。它与共存的线形酚醛树脂一起溶出。

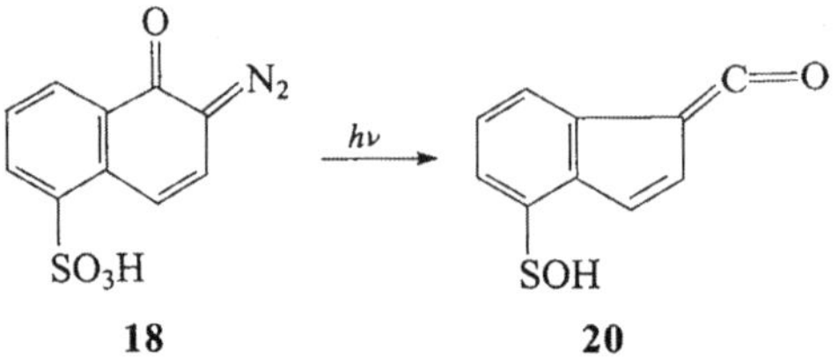

$$\mathbf{18}\ (SO_3H,\ N_2,\ O) \xrightarrow{h\nu} \mathbf{20}\ (C{=}O,\ SOH) \tag{7-16a}$$

$$\mathbf{18} + \text{(C=O, }SO_3H) \longrightarrow \mathbf{21}\ (O{-}C{=}O,\ SO_3H,\ SO_3H) \xrightarrow{NaOH} \mathbf{22}\ (OH,\ CO\bar{O}\overset{+}{N}a,\ SO_3^-Na^+,\ SO_3^-Na^+) \tag{7-16b}$$

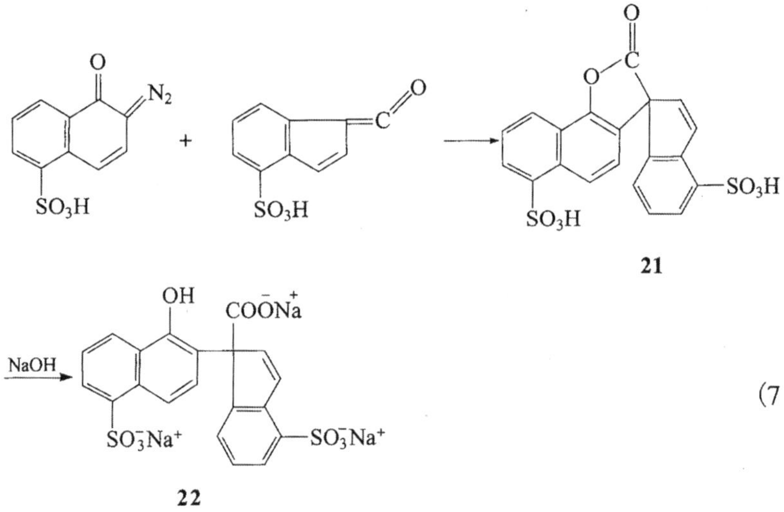

未曝光部分的感光层，显影时，在碱的催化作用下，与共存的线形酚醛树脂发生如反应式(7－17)所示的交联反应，变成了碱不溶的聚合物，而形成图像。如果在感光材料中，含有酸性范围的变色染料，如甲基黄，则光照部分受羧酸的作用，能形成反差鲜明的图像。

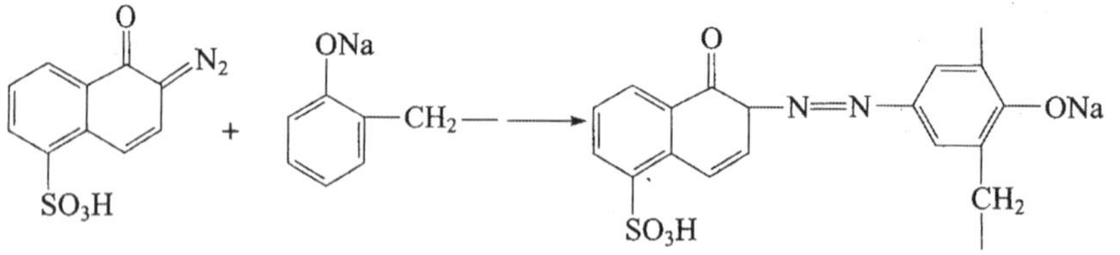

$$(O,\ N_2,\ SO_3H) + (ONa,\ CH_2{-}) \longrightarrow (O,\ N{=}N,\ ONa,\ CH_2,\ SO_3H) \tag{7-17}$$

邻萘醌重氮化合物通常与线性酚醛树脂等碱溶性高分子混合使用。除此以外，其他的聚合物还有：苯乙烯-马来酸酐共聚物；聚乙烯醇缩羟基苯甲酸酯；聚乙烯醇缩羟基苯甲醛；丙烯酸树脂；多羟基聚苯乙烯和明胶等。

3. 芳香族叠氮化合物

1) 光化学反应

叠氮化合物在光照作用下发生如反应式(7－18)所示的反应，放出氮气。生成的亚氮化合物 **23**，会发生如反应式(7－19)～(7－21)所示的各种反应。

$$\text{Ph—N}_3 \longrightarrow [\text{Ph—N}_3]^* \longrightarrow \text{Ph—}\dot{\text{N}}\cdot + \text{N}_2 \quad (\textbf{23}) \tag{7-18}$$

(1) 二聚。活泼的化合物 **23** 会二聚，生成偶氮化合物[见反应式(7－19)]。

$$\text{Ph—}\dot{\text{N}}\cdot \longrightarrow \text{Ph—N=N—Ph} \tag{7-19}$$

(2) 碳氢键的插入反应。活泼的亚氮化合物 **23** 可以插入碳氢键[见反应式(7－20a)]。插入伯碳氢键、仲碳氢键和叔碳氢键的效率比为 1∶10∶100。可见插入叔碳氢键是十分容易的。

$$\text{Ph—}\dot{\text{N}}\cdot + \text{—}\overset{|}{\underset{|}{\text{C}}}\text{—H} \longrightarrow \text{Ph—NH—}\overset{|}{\underset{|}{\text{C}}}\text{—} \tag{7-20a}$$

2-叠氮联苯在紫外光作用下，失去氮，生成 68%～74% 的咔唑和 9%～12% 的偶氮化合物[见反应式(7－20b)]。

$$\text{2-叠氮联苯 (N}_3\text{)} \xrightarrow[-\text{N}_2]{h\nu} \text{咔唑 (NH)} + \text{2,2'-偶氮联苯 (—N=N—)} \tag{7-20b}$$

(3) 向双键加成。通常，亚氮化合物能与双键进行加成反应，但苯基叠氮却难以进行，而碳酰叠氮倒容易进行这样的加成反应。得到的产物不是氮丙啶环，而是经重排后的产物[见反应式(7－21)]。

$$(\text{CH}_3)_3\text{C}\overset{\text{O}}{\overset{\|}{\text{C}}}\text{—}\dot{\text{N}}\cdot + \text{环己烯} \longrightarrow (\text{CH}_3)_3\text{C}\overset{\text{O}}{\overset{\|}{\text{C}}}\text{—N(氮丙啶并环己烷)} \longrightarrow (\text{CH}_3)_3\text{C}\overset{\text{O}}{\overset{\|}{\text{C}}}\text{—N=环己基} \;\;\text{或}\;\; (\text{CH}_3)_3\text{C}\overset{\text{O}}{\overset{\|}{\text{C}}}\text{—NH—环己烯基} \tag{7-21}$$

(4) 夺氢反应。夺氢反应分两个阶段进行，如反应式(7－22)所示。起初阶段，夺取氢而成为氨基自由基，被夺取氢的化合物也生成自由基[见反应式(7－22a)]。这两个自由基的自旋方向相同，只要自旋方向不变，就不能键合。所以氨基自由基夺取其他的氢，生成一级胺[见反应式(7－22b)]。

$$C_6H_5\ddot{N}\cdot + -\overset{|}{\underset{|}{C}}-H \longrightarrow C_6H_5\dot{N}H + \cdot\overset{|}{\underset{|}{C}}- \qquad (7-22a)$$

$$C_6H_5\dot{N}H + -\overset{|}{\underset{|}{C}}-H \longrightarrow C_6H_5NH_2 + \cdot\overset{|}{\underset{|}{C}}- \qquad (7-22b)$$

(5) 苯酚类化合物的反应。单线态亚氮化合物夺取苯酚上的氢，将酚羟基变换成醌型[见反应式(7－23)]。

$$C_6H_5\ddot{N}\cdot + R\text{-}C_6H_3\text{-}OH \longrightarrow C_6H_5NH_2 + C_6H_5\text{-}N{=}C_6H_3(R){=}O \qquad (7-23)$$

除了叠氮苯以外，还有苯磺酰叠氮 **24** 和苯碳酰基叠氮 **25** 。其光分解机理与叠氮苯十分相似。例如，在紫外光照下，化合物 **24** 光分解，生成 N_2 和亚氮化合物 **26** [见反应式(7－24)]。活泼的化合物 **26** ，随反应体系的不同，会进行各种反应。如与甲醇的反应[见反应式(7－25a)]；与苯和甲苯的反应[见反应式(7－25b)和(7－25c)]。

$C_6H_5SO_2N_3$ **24**　　$C_6H_5C(=O)\text{—}N_3$ **25**

$$\underset{\mathbf{24}}{C_6H_5\text{—}SO_2N_3} \xrightarrow[-N_2]{h\nu} \underset{\mathbf{26}}{C_6H_5\text{—}SO_2\text{—}\ddot{N}\cdot} \qquad (7-24)$$

$$\underset{\mathbf{26}}{C_6H_5\text{—}SO_2\text{—}\ddot{N}\cdot} \xrightarrow{CH_3OH} C_6H_5\text{—}SO_2NHOCH_3 \qquad (7-25a)$$

$$\mathbf{26} \xrightarrow{C_6H_6} C_6H_5\text{—}SO_2NH\text{—}C_6H_5 \qquad (7-25b)$$

$$\mathbf{26} \xrightarrow{C_6H_5CH_3} (CH_3)C_6H_5\!>\!N\text{—}SO_2\text{—}C_6H_5 \longrightarrow CH_3\text{—}C_6H_4\text{—}NHSO_2\text{—}C_6H_5 \qquad (7-25c)$$

2）由芳族叠氮化合物制成的感光高分子

芳香族磺酰叠氮化合物经光分解，生成了磺酰亚氮化合物，它与甲醇发生夺氢反应［见反应式(7－25a)］，与烃基发生插入反应［见反应式(7－25b)］以及与双键进行加成反应［见反应式(7－25c)］。通常，叠氮化合物与许多水溶性高分子混合使用，制成感光性高分子。例如化合物 **27** 与聚(*N*-乙烯基吡咯烷酮)、聚丙烯酰胺、甲基纤维素、聚(L-谷氨酸钠)、乙烯醇和马来酸酐共聚物、乙烯醇和丙烯酰胺共聚物以及聚乙醇缩丁醛等组成感光树脂。也可以将该化合物与天然橡胶或人造橡胶混合使用。如聚异戊二烯具有如 **28**、**29** 和 **30** 所示的结构。光分解生成的亚氮基团，与结构单元 **28** 反应相比，更易与聚合物中结构单元 **29** 和 **30** 上的双键反应，光固性也好。

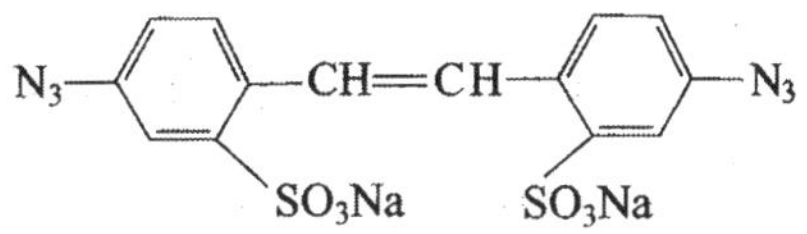

$$N_3-C_6H_3(SO_3Na)-CH=CH-C_6H_3(SO_3Na)-N_3$$

27

$$-CH_2-C(CH_3)=CHCH_2- \qquad -CH_2CH(C(CH_3)=CH_2)- \qquad -CH_2-C(CH_3)(CH=CH_2)-$$

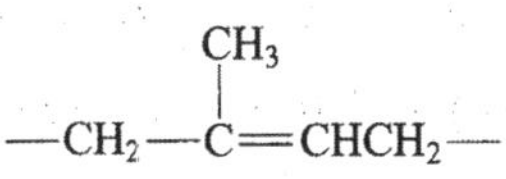

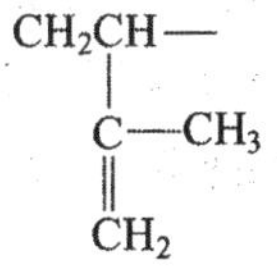

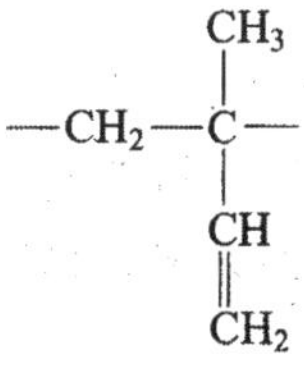

28　　**29**　　**30**

在紫外光照下，芳族酰基叠氮化合物发生如反应式(7－26)所示的反应，生成了芳香族异氰酸酯。其量子效率与所用的溶剂有关。在环己烷中，20℃，量子效率仅为 0.21。添加二苯甲酮后，在异丙醇中的反应初期量子效率高达 12.6。

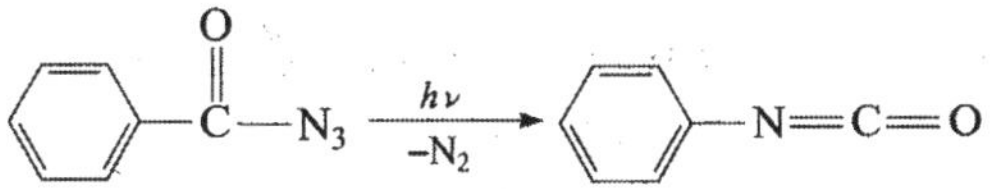

$$C_6H_5-C(=O)-N_3 \xrightarrow[-N_2]{h\nu} C_6H_5-N=C=O \qquad (7-26)$$

化合物 **31** 与聚丁二烯组成的感光树脂，其光固化反应按反应式(7－27)和(7－28)进行，生成了交联共聚物。交联反应可以是亚氮化合物 **32** 的夺氢产物 **33** 的偶合反应［见反应式(7－28a)］；也可以是亚氮化合物 **32** 与聚丁二烯的双键的反应［见反应式(7－28b)］；或者是化合物 **32** 与 **33** 的偶合反应［见反应式(7－28c)］。

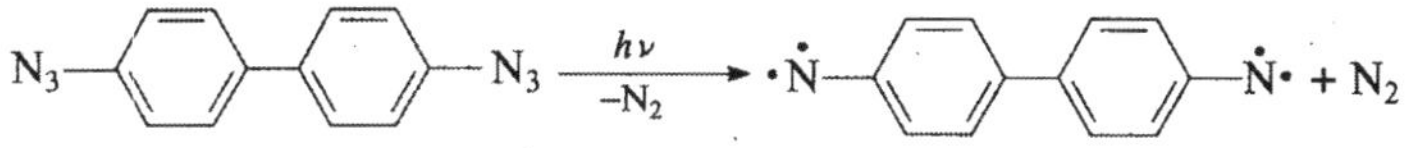

$$N_3-C_6H_4-C_6H_4-N_3 \xrightarrow[-N_2]{h\nu} \cdot\dot{N}-C_6H_4-C_6H_4-\dot{N}\cdot + N_2 \qquad (7-27)$$

31　　**32**

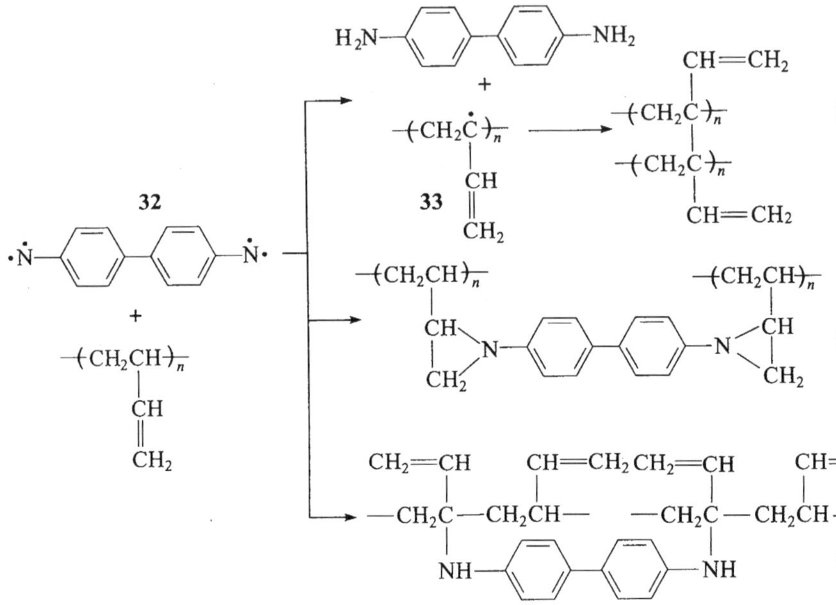

(7-28a)

(7-28b)

(7-28c)

除化合物 **31** 外，双叠氮化合物 **34～37** 与合成橡胶或它们的环化橡胶配合，制成感光树脂。它们进行的光固化反应与反应(7-27)和(7-28)十分相似。化合物 **37** 可以和尼龙系列聚合物组成一系列感光树脂。

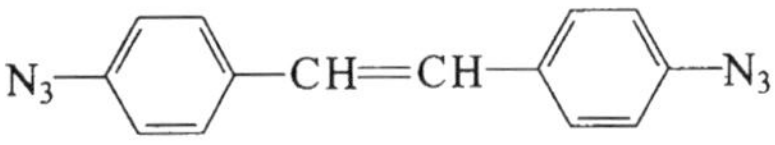

34 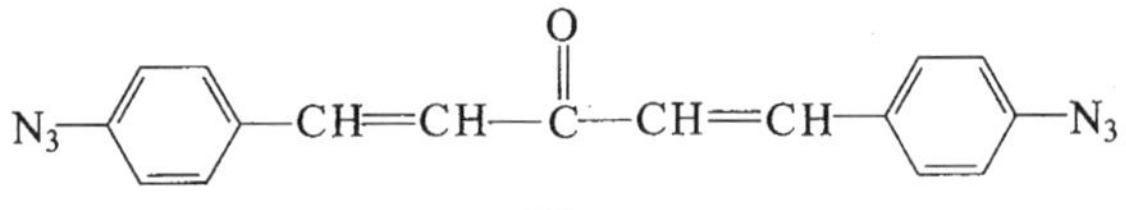　**35**

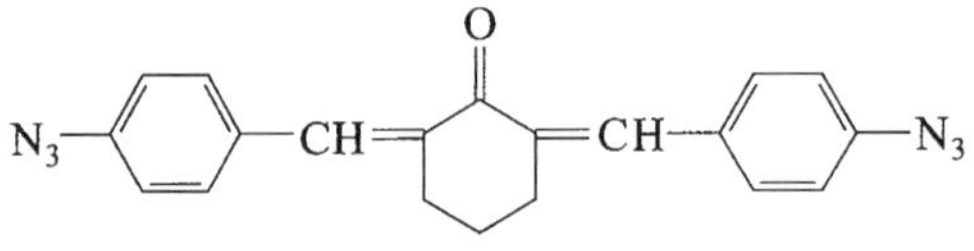

36

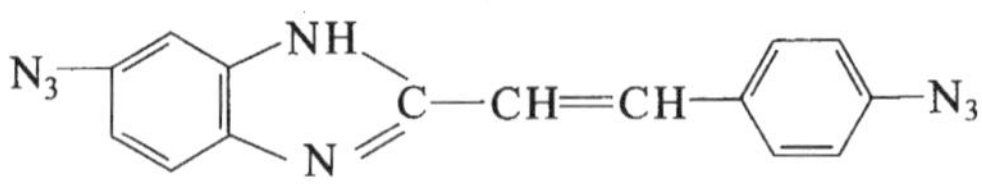

37

4. 其他感光化合物

1) 芳香族硝基化合物

在紫外光照射下，邻硝基苯甲醛进行光化学反应，生成邻亚硝基安息香酸[见反应式(7-29)]。化合物 **38** 是 2-硝基-5-羟基苯甲醛与邻苯二甲酸的缩合物。它可以与线性酚醛树脂混合,制成阳图型预涂感光版。因为未光照部分,**38** 上醛基与酚醛树脂发生缩合反应;光照部分,却生成了可溶性化合物。

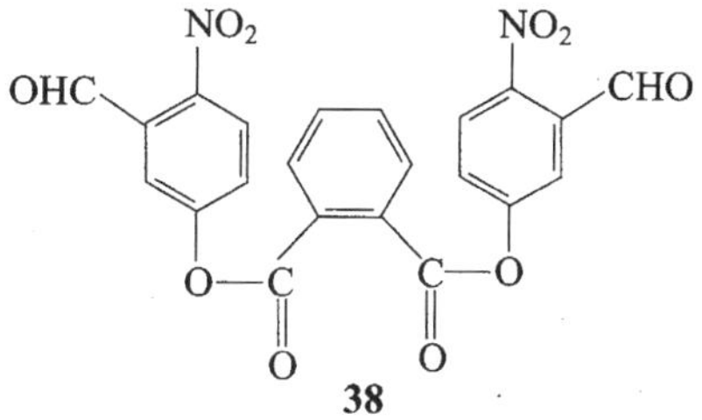

38

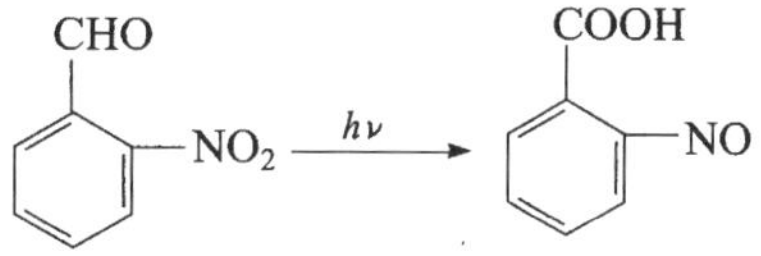

$$\text{(o-CHO)}C_6H_4NO_2 \xrightarrow{h\nu} \text{(o-COOH)}C_6H_4NO \qquad (7-29)$$

2) 有机卤化物

在紫外光作用下,有机卤化物易光分解生成自由基,所以,它经常用作光聚合反应的引发剂。例如三卤代化合物 **39** ,在光照下解离的卤自由基,夺去被氨基活化的、苯环上的对位活泼氢,生成苯自由基,它与碳自由基发生偶合反应。此反应反复进行,最终得到三苯甲烷结构的化合物 **40** [见反应式(7-30)]。

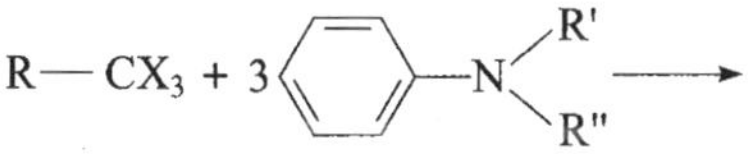

$$R—CX_3 + 3\,C_6H_5N(R')(R'') \longrightarrow$$

39

40

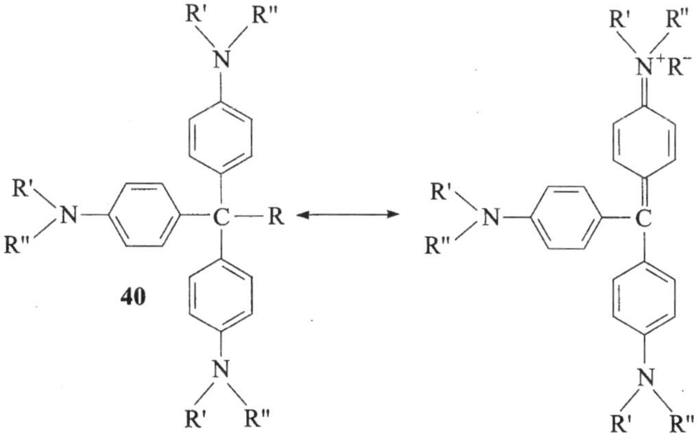

$$(7-30)$$

改变芳族胺的种类,可以获得多种颜色,是一种有机照相材料。将这个原理应用到感光性高分子材料的制备。例如,将芳族胺合成在聚甲基丙烯酸酯的侧基上,得到聚合物 **41** 。它与有机溴化合物 **42** 混合均匀,制成膜。在紫外光照下,发生了如反应式(7-31)所示的光化学反应。在生成染料的同时,发生了交联反应,这已经用作预涂凸版的光致抗蚀剂。

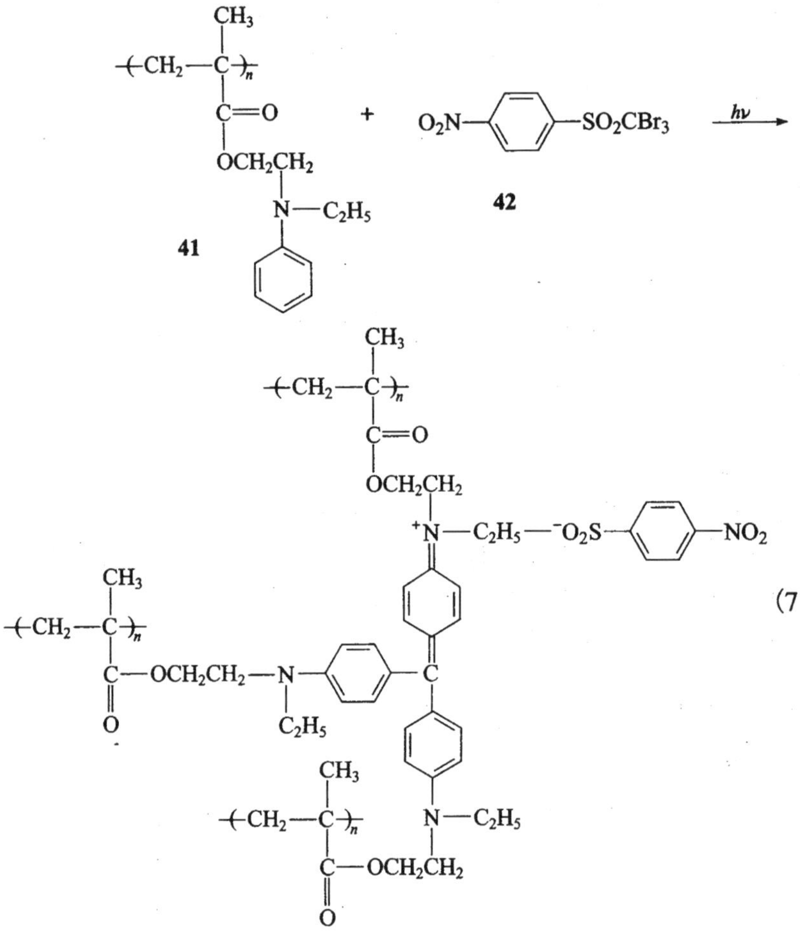

41　　42

(7-31)

7.1.2　具有感光侧基的高分子

这一类感光高分子是指本身具有感光性的高分子材料。基本原理是在紫外光作用下，双键进行二聚反应。这类感光树脂的一般组成如下：感光性高分子、光敏剂、溶剂、染料、颜料与添加剂。

1. 肉桂酸酯型

1）肉桂酸酯的光化学反应

肉桂酸酯的光化学反应早已经被人们详细研究。在溶液中，分子间的距离较大，不容易发生分子间的反应，而只能进行顺反式异构化反应[见反应式(7-32)]。

$$\underset{trans\text{-}}{C_6H_5\text{—CH=CH—}COOH} \underset{\text{黑暗}}{\overset{h\nu}{\rightleftharpoons}} \underset{cis\text{-}}{C_6H_5\text{—CH=CH—}COOH} \tag{7-32}$$

$$\underset{\alpha}{C_6H_5\text{—CH=CH—}COOH} \xrightarrow{h\nu} \underset{\mathbf{43}}{\text{环丁烷}(COOH, C_6H_5; C_6H_5, COOH)} \tag{7-33a}$$

$$\underset{\beta}{C_6H_5\text{—CH=CH—}COOH} \xrightarrow{h\nu} \underset{\mathbf{44}}{\text{环丁烷}(C_6H_5, C_6H_5; COOH, COOH)} \tag{7-33b}$$

$$\underset{\gamma}{C_6H_5\text{—CH=CH—}COOH} \xrightarrow{h\nu} \text{不发生反应} \tag{7-33c}$$

反式肉桂酸有三种晶体结构，即 α，β，γ 三种晶形。它们在光照作用下，发生如反应式(7－33)所示的反应。α-晶形肉桂酸生成首尾二聚型的 α-吐星酸 **43**［见反应式(7－33a)］。β-晶型的光化学反应，生成头–头型的 β-吐星酸 **44**［见反应式(7－33b)］。这是因为 α 和 β 型晶体的间距约为 0.36nm，在光照下易发生二聚。γ 晶体的分子间距离为 0.47～0.51nm，由于间距大，在光作用下，不起反应。

2) 肉桂酸酯高分子的合成

从发现聚乙烯醇肉桂酸酯能作感光树脂以来，至今已合成了许多这一类型的感光高分子。其合成方法可以是先合成单体，再聚合。也可以通过高分子反应，将肉桂酸酯接到高分子上。

下面分别叙述各种合成方法。

(1) 通过高分子反应的方法。将肉桂酰基通过高分子反应的方法接到 PVA 上［见反应式(7－34)］，得到的高分子制成感光树脂，在光照下发生如反应式(7－35)所示的二聚反应。这是负型树脂。商品牌号有 KPR、TPR 感光液，用于标牌、印刷电路、化学刻蚀、腐蚀凸版等制作。

$$\text{—}CH_2\underset{|\atop OH}{CH}\text{—} + C_6H_5\text{—CH=CH}\overset{O}{\overset{\|}{C}}Cl \longrightarrow \text{—}CH_2\underset{|\atop O}{CH}\text{—}\ \ C_6H_5\text{—CH=CHC=O} \tag{7-34}$$

$$\text{(crosslinking of poly(vinyl cinnamate) chains by } h\nu \text{, [2+2] cyclobutane formation)} \tag{7-35}$$

除此以外，也可将肉桂酰基接到其他各种高分子上，如环氧树脂[见反应式(7-36)]，酚醛树脂[见反应式(7-37)]和聚甲基丙烯酸 β-羟乙酯等[见反应式(7-38)]。

$$-O-C_6H_4-C(CH_3)_2-C_6H_4-OCH_2CH(OH)CH_2- + C_6H_5-CH{=}CHC(=O)Cl \longrightarrow -O-C_6H_4-C(CH_3)_2-C_6H_4-OCH_2CH(OC(=O)CH{=}CH-C_6H_5)CH_2- \tag{7-36}$$

$$\text{(phenolic resin: Ar(OH)-CH}_2\text{-Ar(OH))} + C_6H_5-CH{=}CHC(=O)Cl \longrightarrow \text{Ar(OH)-CH}_2\text{-Ar(OC(=O)CH{=}CH-C}_6H_5) \tag{7-37}$$

$$-(CH_2C(CH_3)(COOCH_2CH_2OH))_n- + C_6H_5-CH{=}CHC(=O)Cl \longrightarrow -(CH_2C(CH_3)(COOCH_2CH_2O-C(=O)CH{=}CH-C_6H_5))_n- \tag{7-38}$$

除了肉桂酸基树脂外，还有其他类型，具有相似光化学反应的感光树脂，例如，由反应式(7-39)和(7-40)所示制备的感光树脂。

$$\text{—}CH_2\underset{\underset{OH}{|}}{CH}\text{—} + C_6H_5\text{—}CH{=}CH\text{—}CH{=}CH\text{—}\overset{\overset{O}{\|}}{C}Cl \xrightarrow{\text{吡啶}} \text{—}CH_2\underset{\underset{O=\overset{}{C}CH=CH—CH=CH—C_6H_5}{|\;O\;|}}{CH}\text{—} \quad (7-39)$$

$$\text{—}CH_2\underset{\underset{O=COCH_2CH—CH_2\ (\text{环氧, }\diagdown O\diagup)}{|}}{CH}\text{—} + CH_2{=}CH\overset{\overset{O}{\|}}{C}OH \longrightarrow \text{—}CH_2\underset{\underset{O=\underset{\underset{OCH_2\underset{\underset{OH}{|}}{C}HCH_2O\overset{\overset{O}{\|}}{C}CH=CH_2}{|}}{C}}{|}}{CH}\text{—} \quad (7-40)$$

也可以使不具有感光性的反应物通过高分子反应，生成感光性基团。例如聚甲基乙烯基酮与苯甲醛反应，生成了含有感光基的高分子[见反应式(7-41)]。

$$\text{—}CH_2\text{—}\underset{\underset{\underset{\underset{CH_3}{|}}{C=O}}{|}}{CH}\text{—} + C_6H_5\text{—}CHO \longrightarrow \text{—}CH_2\text{—}\underset{\underset{\underset{\underset{CH=CH—C_6H_5}{|}}{C=O}}{|}}{CH}\text{—} \quad (7-41)$$

一般来讲，要通过高分子反应制取新的感光高分子，一种是考虑高分子，另一种是考虑感光基团。前者要把高分子的性质带到感光高分子中。例如聚乙烯醇，着眼于羟基，设计能与羟基反应的感光基团。后者要利用各种感光基的特长，将其合理地接到高分子上。例如，要利用肉桂酰基的热稳定性和储存稳定性；芳族叠氮化合物的高感度等，将其合理地接到适用的高分子上。

(2) 先合成单体、再聚合。例如，先合成肉桂酸酯单体 **45**，再进行阳离子聚合得到感光高分子[见反应式(7-42)]。在聚合反应过程中，要控制反应条件，防止因环化反应使树脂的感光度降低。

$$CH_2{=}CHOCH_2CH_2Cl + NaO\underset{\underset{O}{\|}}{C}CH{=}CH\text{—}C_6H_5 \xrightarrow{Et_4N^+\cdot Br^-}$$

$$\underset{\mathbf{45}}{CH_2{=}CHOCH_2CH_2O\underset{\underset{O}{\|}}{C}CH{=}\underset{\underset{C_6H_5}{|}}{CH}} \xrightarrow[\text{甲苯}]{BF_3\cdot OEt_2} \text{+}CH_2\underset{\underset{OCH_2CH_2O\underset{\underset{O}{\|}}{C}CH=\underset{\underset{C_6H_5}{|}}{CH}}{|}}{CH}\text{+}_n \quad (7-42)$$

bp. 116~118℃/6.67Pa

$$CH_2{=}CH\text{-}C_6H_4\text{-}ONa + C_6H_5\text{-}CH{=}CH\text{-}\overset{O}{\overset{\|}{C}}Cl \longrightarrow \underset{\mathbf{46}}{CH_2{=}CH\text{-}C_6H_4\text{-}O\overset{O}{\overset{\|}{C}}CH{=}CH\text{-}C_6H_5} \xrightarrow{BF_3\cdot OEt_2} \text{+}CH_2CH\text{+}_n\text{(}C_6H_4\text{-}O\overset{O}{\overset{\|}{C}}CH{=}CH\text{-}C_6H_5\text{)} \qquad (7-43)$$

也可以制备含肉桂酰基的苯乙烯单体 **46**，通过阳离子聚合，得到感光树脂[见反应式(7-43)]。相对来说，自由基聚合易生成环化结构，降低感度。通常，这类树脂要与适当的光敏剂混合均匀，可得到感度、热稳性、与金属的黏结性能和抗氢氟酸腐蚀均好的感光树脂。用于集成电路等微小元件的光刻工艺。

(3) 通过缩聚反应的方法制备。肉桂酸缩水甘油酯与马来酸酐进行聚合反应，得到的聚合物 **47** 中，除在主链上有双键外，还含有肉桂酰基[见反应式(7-44)]，是性能比较好的感光树脂。

$$\text{(maleic anhydride)} + \underset{O}{CH_2\text{—}CHCH_2}\text{-}O\overset{}{C}{=}O\text{(-}CH{=}CH\text{-}C_6H_5\text{)} \longrightarrow \text{+}\overset{O}{\overset{\|}{C}}CH{=}CH\overset{O}{\overset{\|}{C}}OCH_2CHO\text{+}_n\text{(}CH_2O\overset{O}{\overset{\|}{C}}CH{=}CH\text{-}C_6H_5\text{)}\ \mathbf{47} \qquad (7-44)$$

丙二酸乙酯 **48** 与二元醇进行缩聚反应，得到含肉桂醛基的聚酯[见反应式(7-45)]。由该聚合物制成的光刻胶，具有很好的感光性能。例如，当 $n=3$ 的光刻胶，在 350～355nm 紫外光照 1s 左右，即可刻出分辨率为 0.75μm 的线条，并能耐 16min 以上的氢氟酸腐蚀。

$$\underset{\mathbf{48}}{C_2H_5O\overset{O}{\overset{\|}{C}}\text{—}\underset{\underset{CH\text{-}CH{=}CH\text{-}C_6H_5}{\|}}{C}\text{—}\overset{O}{\overset{\|}{C}}OC_2H_5} + HO\text{+}CH_2\text{+}_n OH \longrightarrow \text{+}\overset{O}{\overset{\|}{C}}\text{—}\underset{\underset{CH\text{-}CH{=}CH\text{-}C_6H_5}{\|}}{C}\text{—}\overset{O}{\overset{\|}{C}}O\text{+}CH_2\text{+}_n O\text{+}_x \quad n=2,3,4,5,6 \qquad (7-45)$$

通过缩聚反应(7-46)，可以合成在主链上含有感光基的高分子。

$$CH_3\overset{\overset{O}{\|}}{C}-C_6H_4-\overset{\overset{O}{\|}}{C}CH_3 + OCH-C_6H_4-CHO \longrightarrow$$

$$-\!\!\left[\overset{\overset{O}{\|}}{C}-C_6H_4-\overset{\overset{O}{\|}}{C}CH{=}CH-C_6H_4-CH{=}CH\right]_n- \tag{7-46}$$

(4) 开环聚合反应。首先合成能进行开环聚合反应的单体,再在适当条件下进行开环聚合,制得感光树脂。在这一类单体中,典型的是环氧基团的开环聚合反应。例如,含有肉桂酸酯基的环氧单体 **49** 和 **50**,在阳离子催化剂作用下,进行阳离子开环聚合。可以通过与其他单体进行共聚合,来控制高分子的感光性能。

$$\underset{\backslash\,O\,/}{CH_2-CH}-CH_2O\underset{\underset{O}{\|}}{C}-CH{=}CH-C_6H_5$$

49

$$\underset{\backslash\,O\,/}{CH_2-CH}-CH_2O\underset{\underset{O}{\|}}{C}-C_6H_4-\overset{\overset{O}{\|}}{C}-CH{=}CH-C_6H_5$$

50

3) 感光树脂的改性

为了赋予感光树脂的实用性,要提高它的溶解性能,黏结性能,成膜性能,力学性能和改变玻璃化转变温度等,除了引入新的功能基外,还要引进一些其他基团。具体的改性方法有:

(1) 高分子反应。以聚乙烯醇肉桂酸酯为代表的光致抗蚀剂,显影液为有机溶剂。为作业环境安全,需用水作显影液。因此要求在高分子链上有如—OH、—COOH、—SO_3H 等亲水基团存在。通常,引进了水溶性基团,如反应式(7-47)所示,再引入感光基团,必定会减少感光基的数量,从而降低了感度。感度低的感光树脂就没有应用价值。所以要控制适当条件,使引入的水溶性基团对感度影响最小。

$$-CH_2\underset{\underset{OH}{|}}{CH}-CH_2\underset{\underset{OH}{|}}{CH}-CH_2\underset{\underset{OH}{|}}{CH}- + \text{(琥珀酸酐)} \longrightarrow -CH_2\underset{\underset{OH}{|}}{CH}-CH_2\underset{\underset{O-\overset{\overset{}{}}{C}(=O)-CH_2CH_2-\underset{\underset{O}{\|}}{C}OH}{|}}{CH}-CH_2\underset{\underset{OH}{|}}{CH}- \tag{7-47}$$

另一种方法是,引入具有水溶性基团的感光基,如感光高分子 **51** 和 **52** 等。

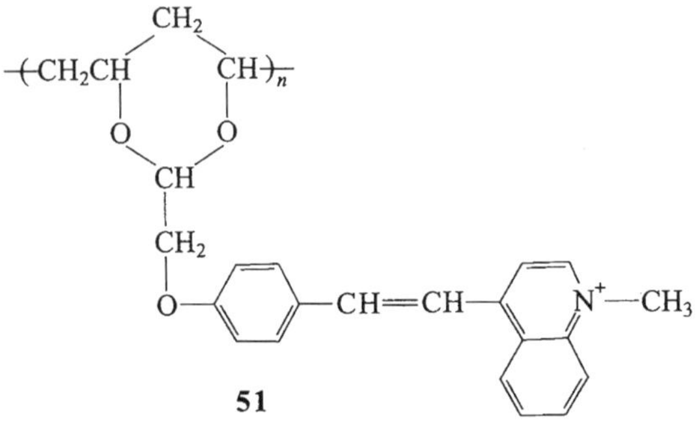

51

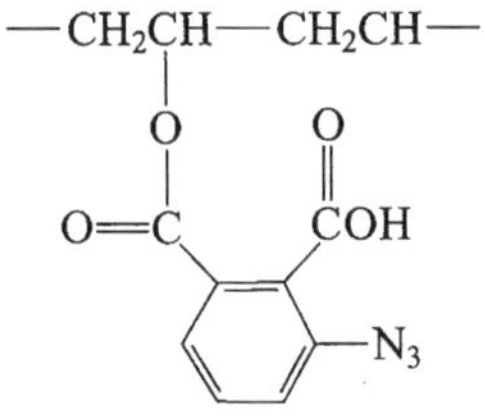

52

(2) 共聚改性。为使感光膜具有很好的成膜性、黏结性及溶解性等，可选择适当的单体与含有感光基的单体共聚。例如，含感光基的单体与甲基丙烯酸丁酯共聚[见反应式(7-48)]，得到的感光高分子成膜性好，可用1,1,1-三氯乙烷显影。

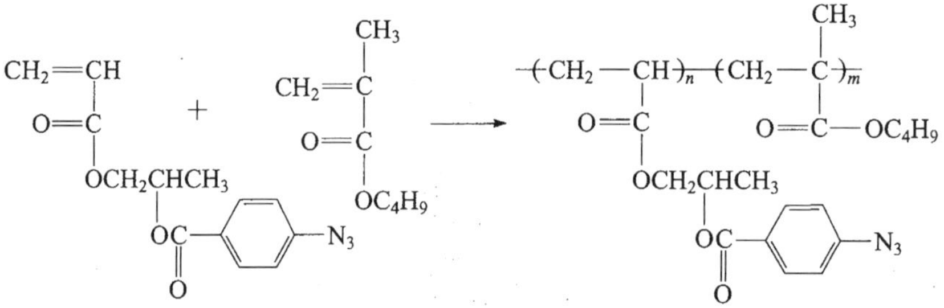

(7-48)

(3) 共混方法。肉桂酰基感光树脂要在300nm左右的紫外光照下，进行光化学反应。用可见光曝光则更方便一些。可以用共混的方法将光敏剂如化合物**53**加入到感光树脂中，使用波长可增至400nm以上。它的光敏机理为，首先由光敏剂吸收光而变为激发单线态(S_{sn})，然后进行系间窜跃成为激发三线态(Ts_1)。它将能量转移到邻近的肉桂酰基，使其成为激发三线态(Tc_1)，然后进行环丁烷反应而交联。使激发三线态的能量有效地从光敏剂转移到肉桂酰基，只有Ts_1和Tc_1值接近时，效果最佳。所以光敏剂**54**是肉桂酸酯有效的光敏剂。

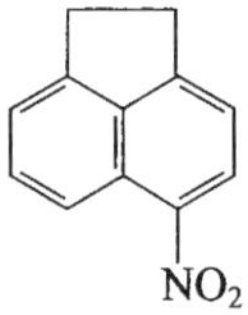

53 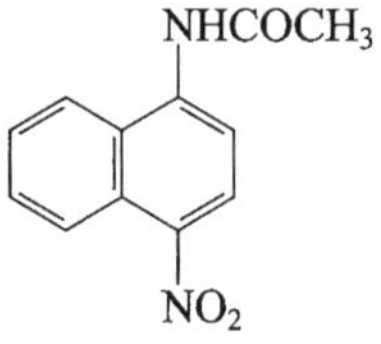　　54

将聚合物**55**和光敏剂**56**混合制得感光高分子，是具有光二聚感光基的负片型感光树脂，主要用于印刷工业、电子工业。它具有受氧影响小、保存性好、与金属黏结性好的优点，是当前消耗量较大的感光高分子之一。

2. 具有重氮和叠氮基的感光高分子

这类树脂属于光分解型感光高分子，可分为重氮醌类树脂和叠氮醌类树脂。

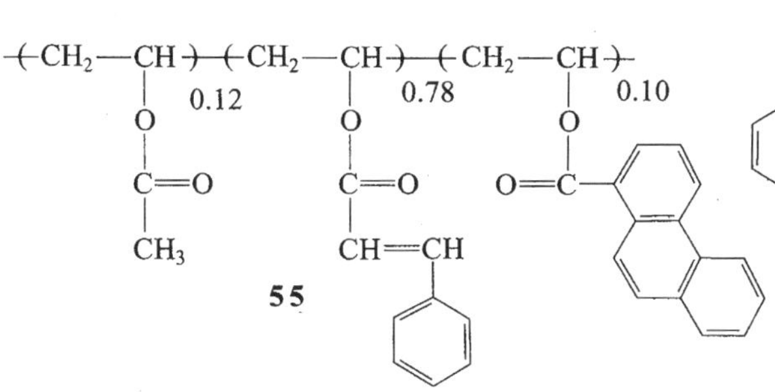

55

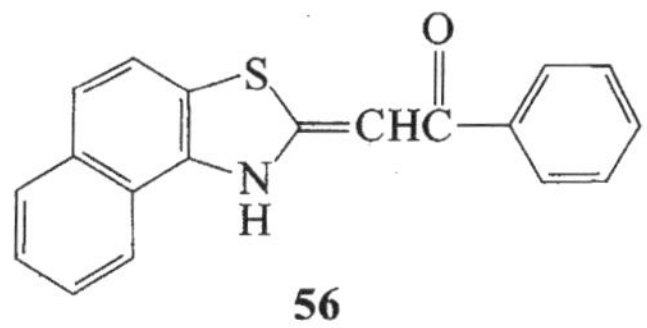

56

1) 具有重氮基的感光高分子

按反应式(7－49)和(7－50)合成的重氮感光高分子,遇光分解为碱溶性产物,所以是阳图型感光材料。

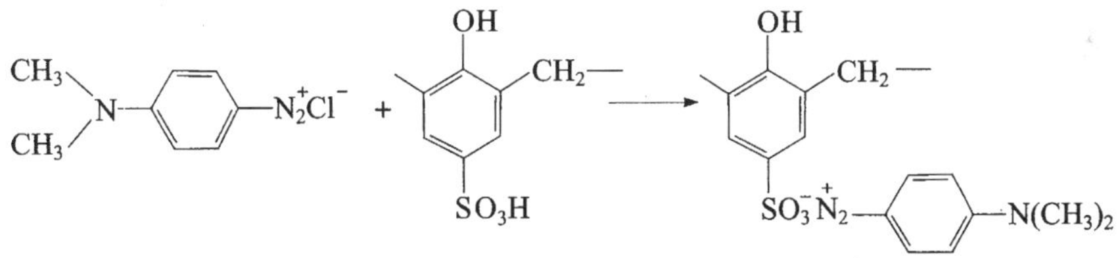

(7－49)

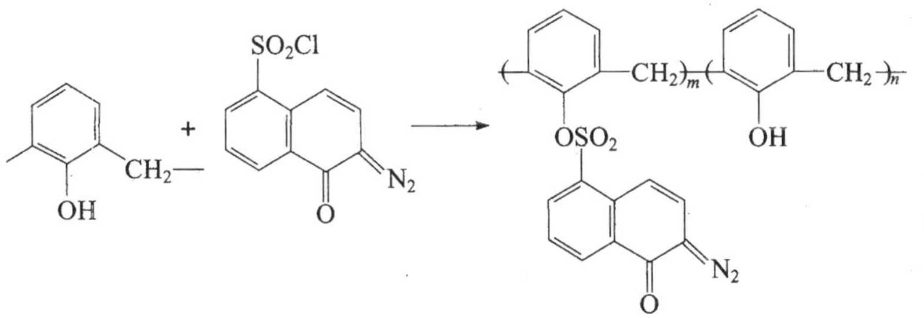

(7－50)

也有一部分重氮基、邻醌重氮基的高分子,例如,由反应式(7－51)和(7－52)制成的感光树脂 **57** 和 **58** 是光交联型的负型树脂。因为重氮基分解后生成的活性基与羟基等基团反应而进行交联。

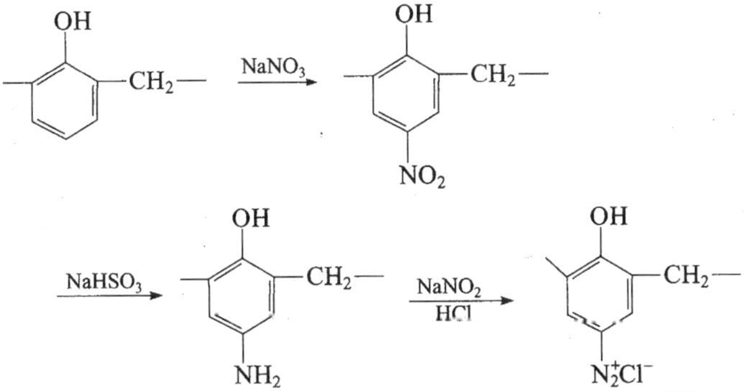

(7－51)

57

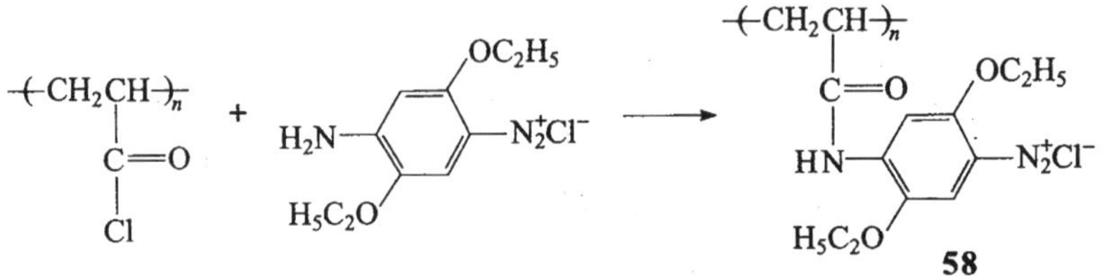

58

(7-52)

2) 叠氮系感光高分子

叠氮系感光高分子以苯基叠氮、苯磺酰叠氮基和苯甲酰叠氮为感光基，通过高分子反应把这些感光基接到高分子主链上，或者由含有这些感光基的单体聚合而成。

通过高分子反应，可制备叠氮高分子。例如，将部分皂化了的聚乙烯醇与叠氮邻苯二甲酸酐反应[见反应式(7-53)]，或与叠氮苯甲醛反应[见反应式(7-54)]，分别得到感光高分子。

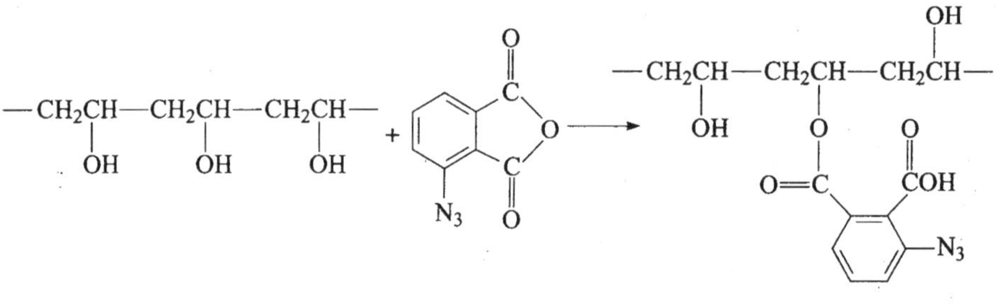

(7-53)

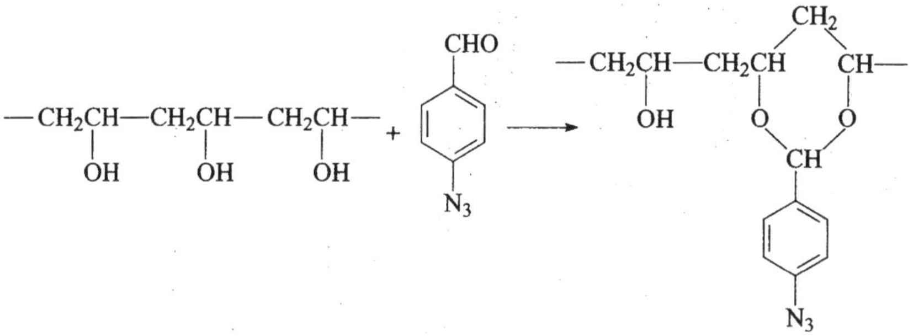

(7-54)

除此以外，通过高分子反应还可以制备许多叠氮高分子，如聚合物 **59** 和 **60** 。这类感光高分子比肉桂酸酯类的感度要高。例如，将高聚合度的 PVA 与对叠氮苯甲酰氯反应。如果 PVA 上，80%以上的羟基被酯化，得到的感光高分子的感度为聚乙烯醇肉桂酸酯的 2000 倍，且感度与聚合物的相对分子质量有关(见图 7-5)。

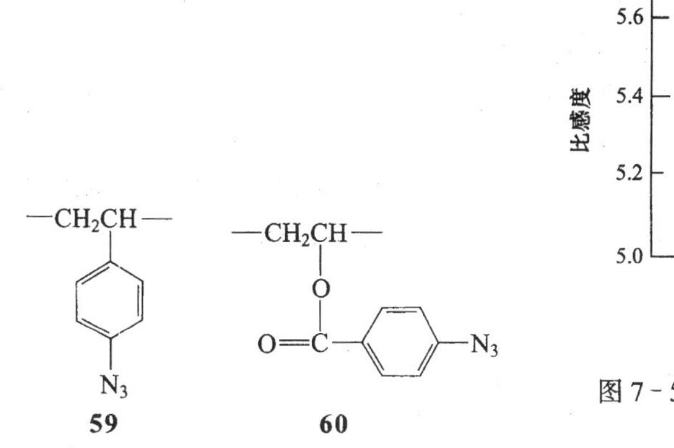

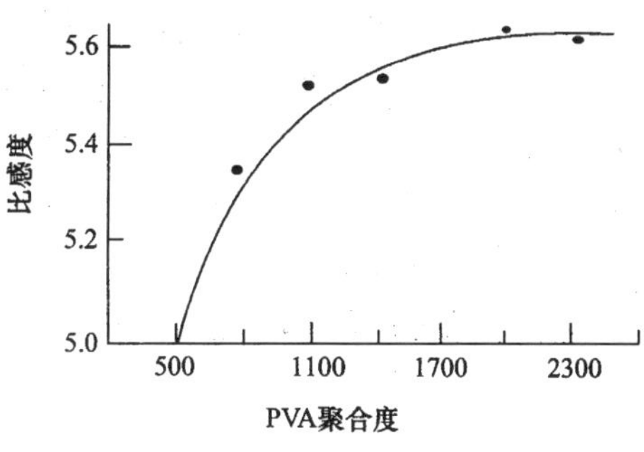

图 7-5　PVA 的聚合度与聚合物 **60** 的感度的关系

这一类感光高分子的光化学反应机理，与相应的低分子叠氮化合物是一样的。在光照下，高分子上的叠氮基团分解，生成氮气和活泼的亚氮基团。生成的亚氮基经偶联、与碳氢键的插入反应，或夺取主链上的氢，在主链上生成自由基，进一步偶联，发生交联反应[见反应式(7-55)]。

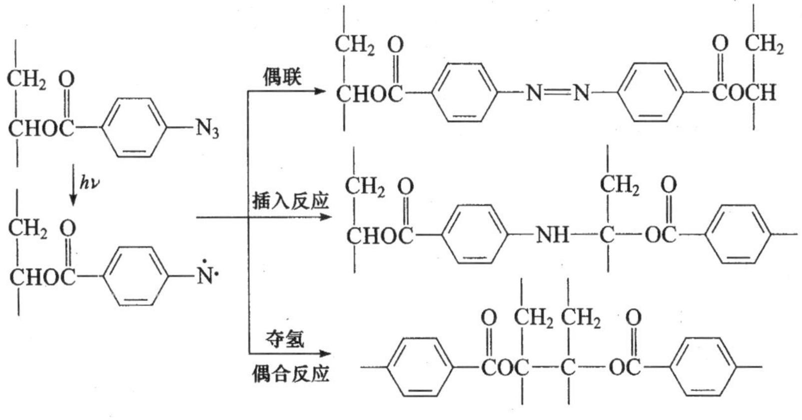

偶联　插入反应　夺氢偶合反应　(7-55)

含有磺酰基叠氮或碳酰基叠氮的感光高分子，例如，聚合物 **61**、**62** 和 **63** 等具有工业应用的叠氮高分子，发生与反应式(7-55)相同的光化学反应，是光交联型即负型树脂。其光化学反应与相应的低相对分子质量感光化合物一样，先失去氮，生成亚氮基团，再与高分子发生偶联、插入、加成等反应，使高分子交联。

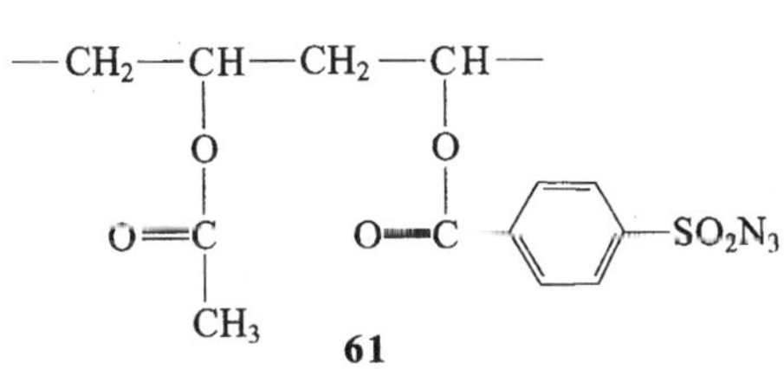

61 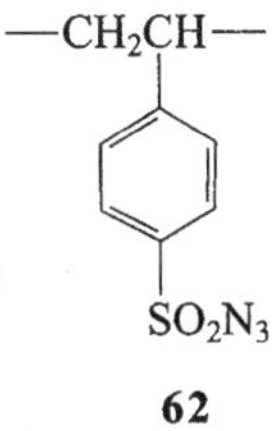　**62** 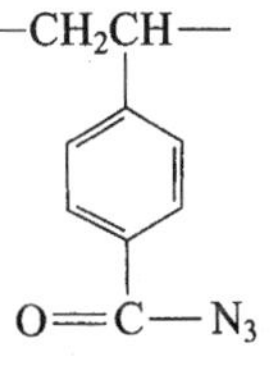　**63**

为了提高感度和在长波长区域使用的可能性，叠氮高分子要与光敏剂结合使用。适合于作叠氮化合物的光敏剂有芳族酮类、芳族硝基化合物、三苯甲烷类染料等。选择的光敏剂，其三线态能量高于叠氮化合物的起光敏作用，低于叠氮化合物的则不起作用。例如对于硝基叠氮感光化合物，三线态能量在55～60 kcal/mol的5-硝基苊、2-硝基芴等能有效地作用，而在55kcal/mol以下联苯甲酰芴等不起光敏作用。加入光敏剂**64**的感光高分子，可使用波长为580nm的光。

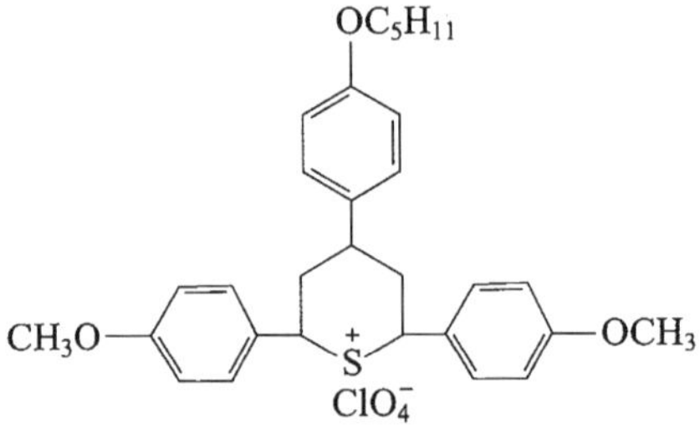

OC_5H_{11}

CH_3O　$\overset{+}{S}$　OCH_3

ClO_4^-

64

为了改善感光高分子的黏结性、着色性等，常使用其共聚物。例如，马来酸酐与甲基乙烯基醚共聚物，然后引进感光基团和带颜色的基团[见反应式(7-56)]。

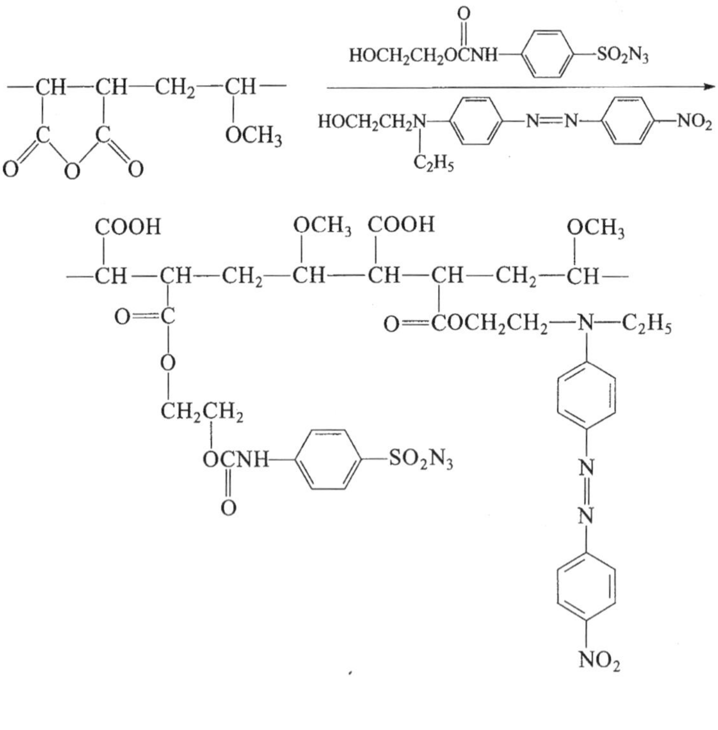

$HOCH_2CH_2OCNH—C_6H_4—SO_2N_3$

$—CH—CH—CH_2—CH—$　OCH_3

$HOCH_2CH_2N(C_2H_5)—C_6H_4—N=N—C_6H_4—NO_2$

COOH　OCH_3　COOH　OCH_3

$—CH—CH—CH_2—CH—CH—CH—CH_2—CH—$

$O=C$　$O=COCH_2CH_2—N—C_2H_5$

O

CH_2CH_2

$OCNH—C_6H_4—SO_2N_3$　(7-56)

O

N=N

NO_2

3. 具有其他感光基的高分子

1) 含1,2,3-噻二唑及其衍生物的高分子 1,2,3-噻二唑化合物存在如反应(7－57)所示的光化学反应。在光的作用下,失去氮,发生分解反应,生成硫酮卡宾中间体。它进一步发生偶合,生成二聚体[见反应式(7－58)];或者歧化偶合[见反应式(7－59)]或者交叉偶合[见反应式(7－60)]。

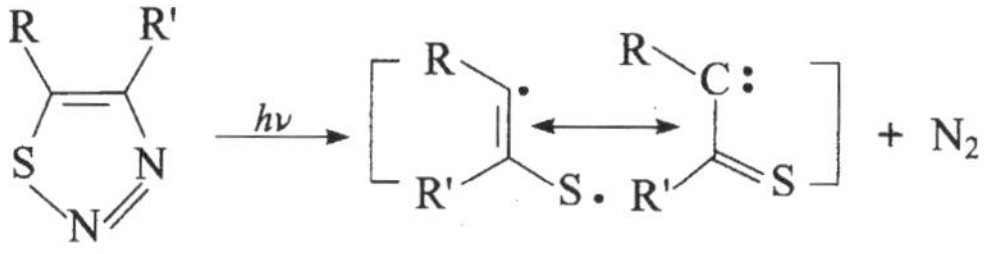

(7－57)

偶合 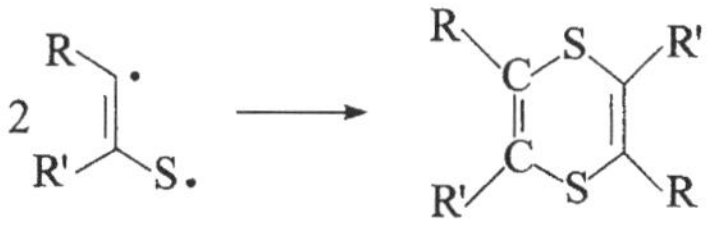 (7－58)

歧化偶合 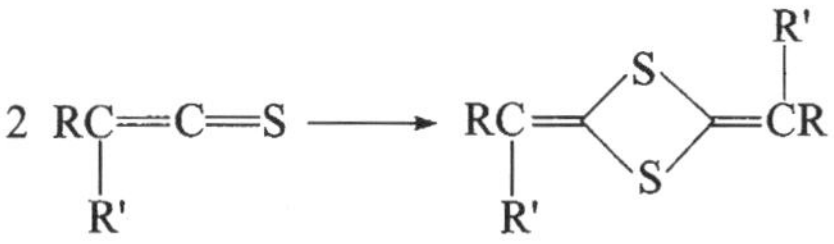 2 RC═C═S ⟶ (7－59)

交叉偶合 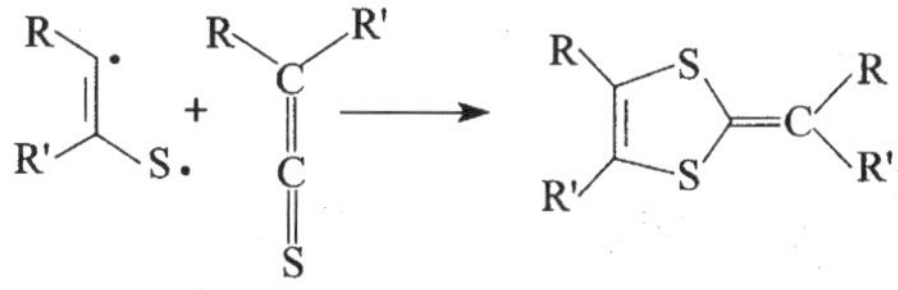 (7－60)

若将1,2,3-噻二唑及其衍生物接到环氧树脂上,得到感光树脂 **65**;或者接到聚酯上,得到聚合物 **66**。这一类感光高分子的光反应机理,如反应式(7－57)～(7－60)所示。发生光分解,生成硫酮卡宾中间体,进而发生偶合、歧化偶合或交叉偶合等反应,生成交联聚合物。所以,是一类负型感光高分子。

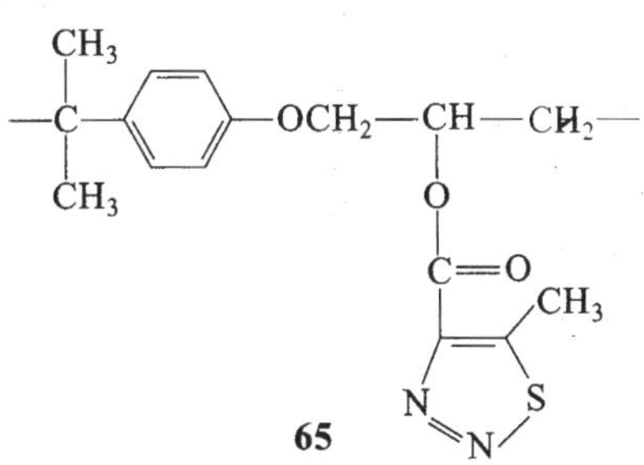

65 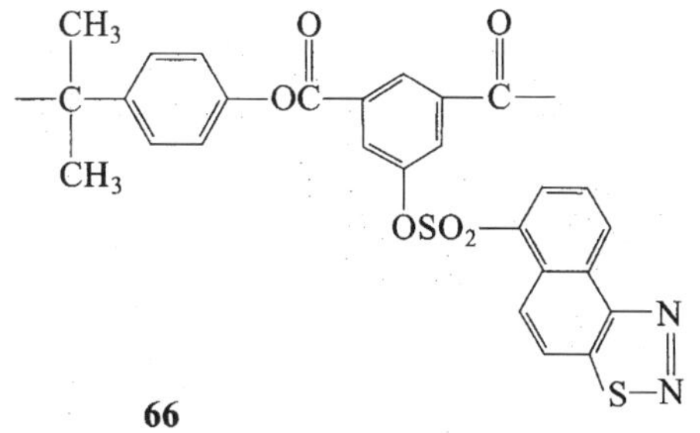　**66**

2) 含硫高分子

含有二硫代甲酰胺和二硫代碳酸酯基的聚合物具有光化学反应活性。如聚合物 **67** 和 **68**,在光照下,C—S 键之间(虚线处)会断裂,进行交联反应,是一类负型感光高分子。

$$-CH_2CH- \quad \text{(67: } -CH_2CH- \text{ with side chain } -OC(=O)CH_2 \vdots SC(=S)-NHR\text{)}$$

67

$$-CH_2CH- \quad \text{(68: } -CH_2CH- \text{ with } -C_6H_4-CH_2 \vdots SC(=S)-NHR\text{)}$$

68

3) 含硝基感光高分子

聚乙烯醇与邻硝基苯甲醛反应,生成了缩醛产物[见反应式(7-61)]。在光照下发生交联反应。其反应机理尚不清楚。

$$-CH_2CH(OH)CH_2CH(OH)- + o\text{-}O_2NC_6H_4CHO \longrightarrow -CH_2-CH(O)-CH_2-CH(O)- \text{(cyclic acetal: O–CH(}C_6H_4NO_2\text{)–O)} \tag{7-61}$$

也可以用聚(甲基丙烯酸邻硝基苯甲醇酯)作感光液。它在光照下,发生如反应式(7-62)所示的反应,得到水溶性高分子,是正型树脂。

$$\left(CH_2C(CH_3)(C(=O)OCH_2C_6H_4NO_2)\right)_n \longrightarrow \left(CH_2C(CH_3)(COOH)\right)_n + o\text{-}O_2NC_6H_4CHO \tag{7-62}$$

7.1.3　光聚合组成型

在光照下,聚合体系中产生如自由基、活性离子等聚合活性基,引发单体聚合称为光聚合反应;由光聚合单体组成的感光液,形成了光聚合组成型感光高分子。它的组成是单体、聚合物或齐聚物、光聚合引发剂、热聚合阻聚剂、增塑剂、颜料或染料等,是一多组分体系。它主要用于复印、光致抗蚀剂等感光材料,UV油墨,光固化涂料,光胶黏剂等。

1. 光聚合引发剂

光聚合可以是单体吸收光能,形成自由基,而引发聚合的直接光聚合;也可以是光敏剂吸收能量后,引发聚合的光敏聚合。它可以是在光照下,光敏剂变为自由

基,引发单体聚合;也可以光敏剂吸收光被激发,将能量转移给单体而引发的聚合反应。作为光敏聚合的引发剂,可以是:

(1) 羰基化合物(吸收波长通常是 360～400nm)。通常,在光照下,羰基化合物均裂,生成自由基,如反应式(7－63)和(7－64)所示。

$$C_6H_5-CH(OH)-C(=O)-C_6H_5 \xrightarrow{h\nu} C_6H_5-\dot{C}H(OH) + \cdot\overset{O}{\overset{\|}{C}}-C_6H_5 \tag{7-63}$$

$$CH_3-\overset{O}{\overset{\|}{C}}-\overset{O}{\overset{\|}{C}}-CH_3 \xrightarrow{h\nu} 2CH_3-\overset{O}{\overset{\|}{C}}\cdot \tag{7-64}$$

(2) 偶氮化合物(吸收波长 340～400nm)。在光照下,通常失去 N_2,生成自由基[见反应式(7－65)]。

$$CH_3-C(CH_3)(CN)-N=N-C(CH_3)(CN)-CH_3 \xrightarrow[-N_2]{h\nu} 2CH_3-\dot{C}(CH_3)(CN) \tag{7-65}$$

(3) 有机硫化合物。如二硫化合物在光照下,分解生成自由基[见反应式(7－66)]。

$$R-S-S-R \xrightarrow{h\nu} 2R-S\cdot \tag{7-66}$$

2. 单体的光聚合

在光照下能进行聚合的单体很多,例如 2,5-二苯乙烯基吡嗪 **69** 的晶体,在紫外光照射下聚合,形成高相对分子质量、高熔点的结晶性高分子[见反应式(7－67)]。

$$C_6H_5-CH=CH-(C_3N_3)-CH=CH-C_6H_5 \ (\mathbf{69}) \xrightarrow{h\nu} \left[-(C_3N_3)-HC\langle CH(C_6H_5)\rangle_2 CH-\right] \tag{7-67}$$

3. 光聚合单体与聚合物组成的体系

具有二个或二个以上能光聚合的感光基的单体,在光作用下聚合成体型、不溶于溶剂的聚合物。一般讲,纯光聚合单体在聚合过程中,会发生体积收缩,不宜作制版用感光材料。所以,将这些单体与线性聚合物混合均匀,配制成感光树脂,经光照后形成网状结构,得到不熔的聚合物。低沸点的单体易挥发,有毒性,也不宜作感光树脂,通常使用高沸点单体。

1) 单体

常用的单体有以下几类。

(1) 多元醇丙烯酸酯,如二丙烯酸乙二醇酯和 **70** 。

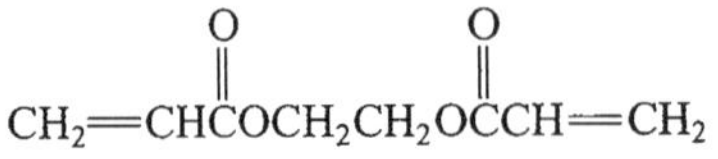

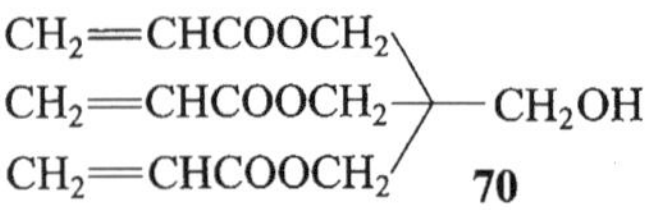

$$CH_2{=}CHCOCH_2CH_2OCCH{=}CH_2 \quad (\text{两个C上各有}{=}O)$$

$$(CH_2{=}CHCOOCH_2)_3C{-}CH_2OH$$

70

(2) 多元羧酸不饱和酯。如 1,2,4-苯三甲酸丙烯酯和 **71** 。

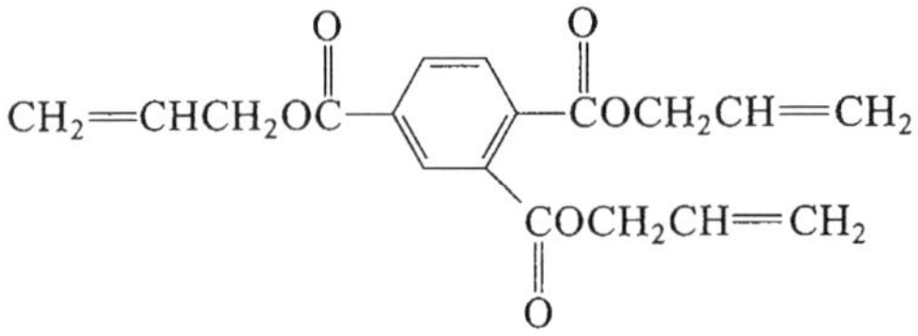

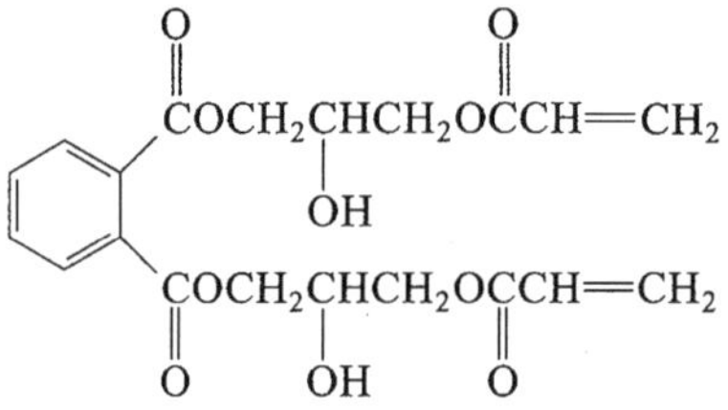

$$CH_2{=}CHCH_2OC(O){-}C_6H_3{-}[C(O)OCH_2CH{=}CH_2]_2$$

$$C_6H_4[C(O)OCH_2CH(OH)CH_2OC(O)CH{=}CH_2]_2$$

71

(3) 不饱和酰胺。能与聚酰胺混溶性好的单体,一般以带有酰胺键的单体为好。常用的有 N,N'-亚甲基双丙烯酰胺 **72** 和单体 **73**。

$$CH_2{=}CHC(O)NHCH_2NHC(O)CH{=}CH_2$$

72

$$C_6H_4[NHC(O)CH{=}CH_2]_2$$

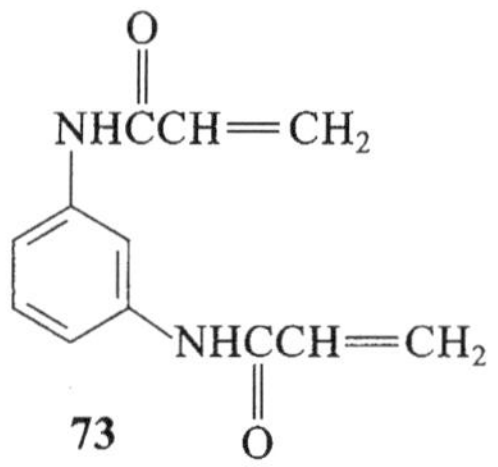

73

(4) 缩水甘油基单体,如双酚 A-环氧丙烷**74** 。

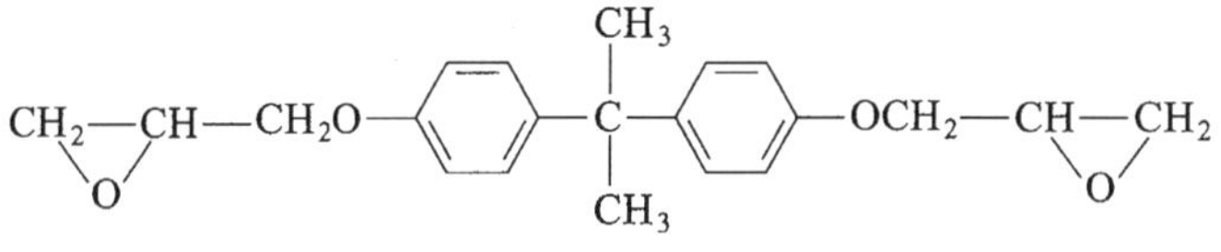

$$\overset{O}{\overbrace{CH_2{-}CH}}{-}CH_2O{-}C_6H_4{-}C(CH_3)_2{-}C_6H_4{-}OCH_2{-}\overset{O}{\overbrace{CH{-}CH_2}}$$

74

2) 具有功能基的高分子

为满足实用的感度和成膜性,通常将成膜性好的、具有感光基或没有感光基的高分子,与光聚合单体混合使用。这些聚合物可以是:

(1) 环氧树脂。环氧树脂有很好的成膜性、黏接性能,它与光聚合单体配合,就可制备性能好的感光树脂。例如,相对分子质量约为 1000 的环氧树脂,季戊四醇四丙烯酸酯和光聚合引发剂 2-叔丁基蒽醌混合均匀,就可得到相当好的感光性介电体薄膜。

(2) 不饱和聚酯。这类树脂常用于感光性凸版、光固化涂料和胶黏剂等。其中,侧基含有不饱和基团的聚酯,例如,通过反应式(7-68)所示反应制备的聚酯,具有很好的光固化性能,可用于光固化涂料。

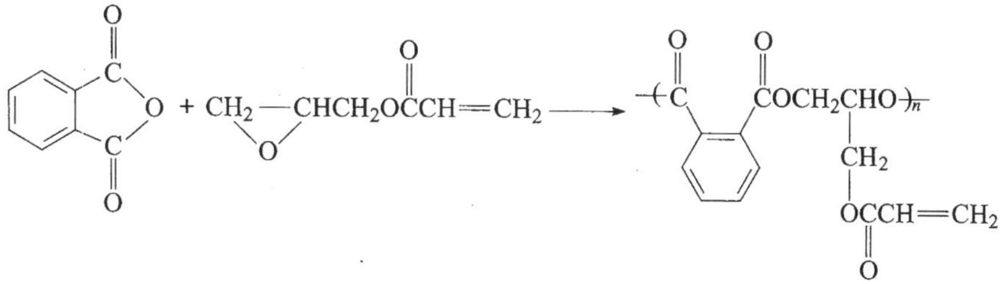

$$\text{邻苯二甲酸酐} + CH_2\text{—}CHCH_2O\overset{O}{\overset{\|}{C}}CH{=}CH_2\ (\text{环氧}) \longrightarrow \left[\overset{O}{\overset{\|}{C}}\text{—}C_6H_4\text{—}\overset{O}{\overset{\|}{C}}OCH_2\underset{\underset{\underset{OCCH{=}CH_2\ (C{=}O)}{|}}{CH_2}}{\underset{|}{CH}}O\right]_n \tag{7-68}$$

含有端不饱和基的聚酯,例如,由聚乙二醇、顺丁烯二酸酐和甲基丙烯酸缩水甘油酯聚合而成的齐聚物 **75** ,是可以用水显影的、高感度感光性树脂。

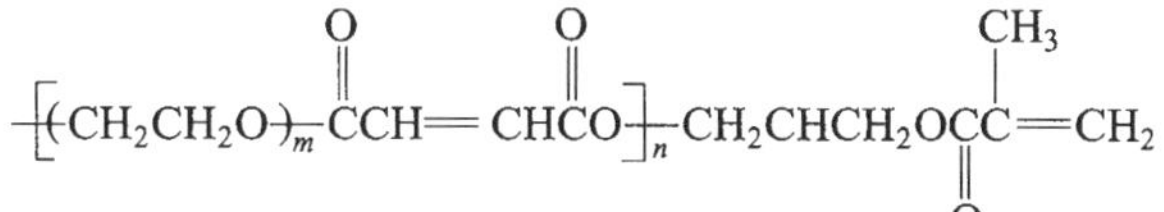

$$\left[\left(CH_2CH_2O\right)_m\overset{O}{\overset{\|}{C}}CH{=}CH\overset{O}{\overset{\|}{C}}O\right]_n CH_2CHCH_2O\underset{\underset{O}{\|}}{C}\overset{CH_3}{\overset{|}{C}}{=}CH_2$$

75

(3) 聚氨酯。聚氨酯具有良好的弹性,可用作感光性树脂凸版和弹性体。双键可在主链、侧基或末端。例如,甲基丙烯酸羟乙酯、聚乙二醇和 2,4-甲苯二异氰酸酯聚合,得到齐聚物 **76** ,可用作光固化涂料。

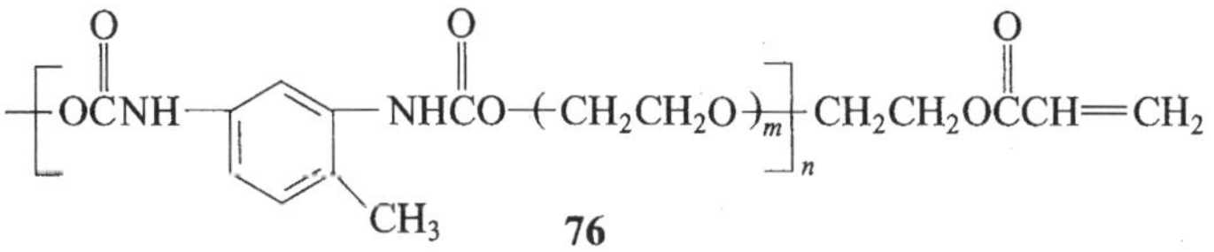

$$\left[O\overset{O}{\overset{\|}{C}}NH\text{—}C_6H_3(CH_3)\text{—}NH\overset{O}{\overset{\|}{C}}O\left(CH_2CH_2O\right)_m\right]_n CH_2CH_2O\overset{O}{\overset{\|}{C}}CH{=}CH_2$$

76

(4) 聚酰胺。聚酰胺作为光聚合型感光高分子的结合剂,已用于印刷。其中大部分是醇溶性聚酰胺与多功能单体的混合物。例如,己二酸己二胺、癸二酸和 ε-己内酰胺的共聚尼龙,溶在乙醇中,加入多功能基单体 **72** 和少量的光聚合引发剂如二苯甲酮、热阻聚剂对苯二酚配制成乙醇的浓溶液。蒸发掉溶剂后,制成感光树脂。

7.1.4 描述感光高分子的物理量

目前照相中,主要采用银盐照相法,称为普通照相法。对于使用银盐以外的感光材料称为非银盐照相法。描述感光高分子性能的物理量有以下几个。

1. 感光速度(感度 S)

感度 S 定义为:引起某一基准量感光材料的变化所必须的曝光量,用式

(7－69)表示。

$$S=\frac{\text{变化(反应)量}(R)}{\text{曝光量}(E)} \tag{7-69}$$

对于普通照相法,查特性曲线在 $D=D_t+0.10$ 处的正值即为感度。对于感光高分子还没有一般的求值法,通常用灰梯度尺法。

感光材料遇光后,会因所照光量不同而产生变化。对于银盐照相来讲是指还原成银的数量。对于感光高分子来讲,是指参与反应的分子数目。在实际测量时,经过显影、定影处理后,出现的目测量,即银盐为照相密度(D),感光高分子是指经溶剂溶解后,剩余膜厚的变化。

2. 特性曲线

感光材料光照后发生的变化与光照量有密切关系。对于银盐照相密度 D 与曝光量作图,可得如图 7－6 所示的特性曲线。图上 A 为曝光不足部分,B 为曝光适当部分,C 为曝光过度,D 继续增加曝光量,密度反而减少。B 大体为直线,与横轴的交角 α 的 $\mathrm{tg}\alpha$ 称作 r,是表示图像调子的值即反差。L 称为宽容度,指照相材料的容量大小,即色调是否丰富。

对于感光高分子材料可以给出同样的特性曲线。阳图型和阴图型光致抗蚀剂的特性曲线如图 7－7 所示。测定剩余膜厚的方法很多,例如,测定聚乙烯醇肉桂酸酯类型的感光树脂的感度,可采用测定曝光前单位面积感光膜的质量(w_0),和曝光、显影后,单位面积剩余膜的质量(w)之比(w/w_0)为剩余膜产率。

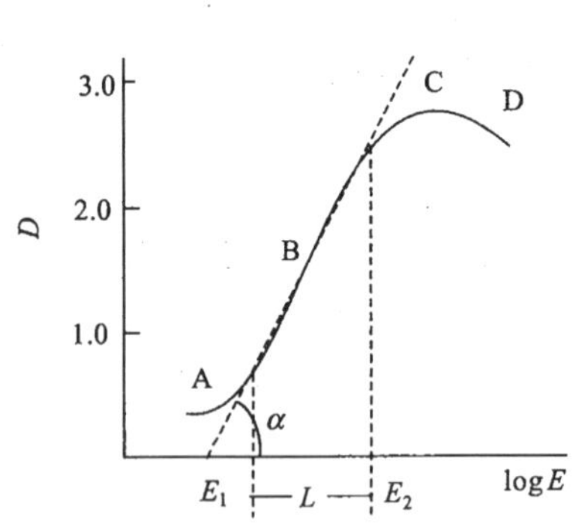

图 7－6　照相的特性曲线

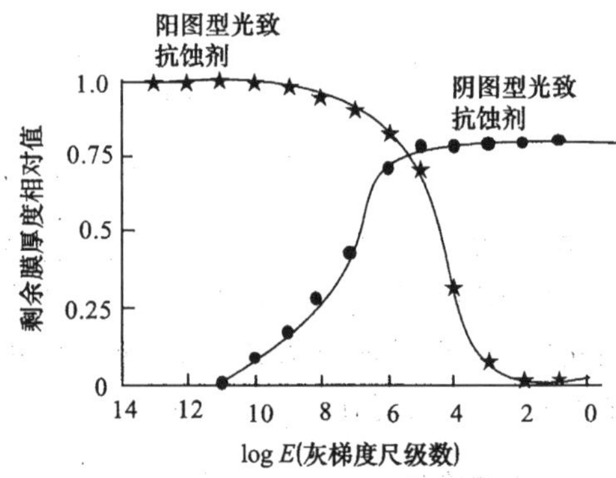

图 7－7　感光高分子的特性曲线

3. 分辨力

分辨力是指 2 条以上等间距排列的线与线之间的幅度能够在感光面上再现的宽度(最小线宽)。也有以在单位长度上等间隔排列的线数表示。如说分辨率为

200 条/mm，是指能清晰区别 5μm 的间隔线条。

影响分辨力的主要因素，对于银盐来说是银粒子的大小，对感光高分子来说，其粒子就是分子的大小，最大也只有 10nm，所以进一步提高分辨力还是有可能的。

7.2 光致变色高分子及酸敏变色

7.2.1 光致变色

光致变色性是指某些无色的有机或无机化合物，在紫外光照射或电子轰击后，从 A 的无色(或 A 色)变成 B 的有色(或 B 色)。在另一种波长光或热的作用下，又从 B 回到 A。这是可逆变化的。有机化合物的光致变色起因于化合物的结构发生可逆变化。例如，顺反异构、开环或进行氧化还原反应等，使化合物的吸收光谱发生变化，即颜色变化。例如反应式(7－70)，稳定态 A 为无色，在紫外光照射下，转变为亚稳定态、有色的 B。

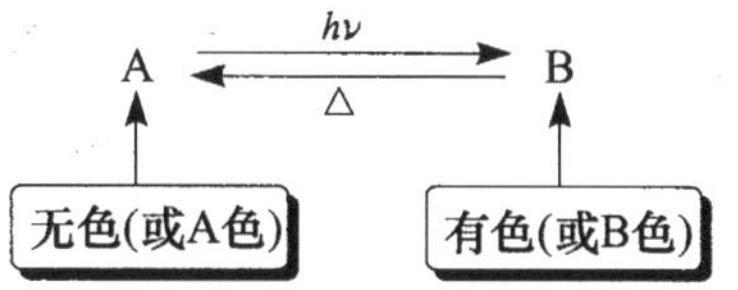

$$A \underset{\triangle}{\overset{h\nu}{\rightleftharpoons}} B$$

无色(或A色)　　有色(或B色)

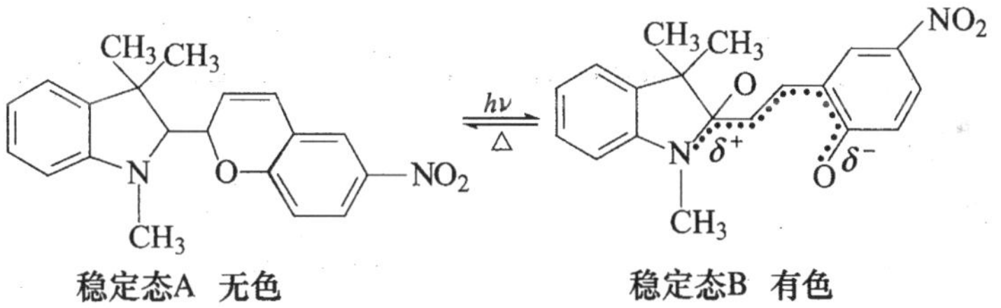

CH_3 CH_3 N CH_3 O NO_2 $\underset{\triangle}{\overset{h\nu}{\rightleftharpoons}}$ CH_3 CH_3 O NO_2 N δ^+ O δ^- CH_3　　(7－70)

稳定态A 无色　　稳定态B 有色

同样情况，光致变色高分子是在光照射下，高分子的化学结构发生变化，它的吸收波长也发生了变化，引起了颜色的变化。光致变色有两种，一种是无色(或浅色)变为深色，称为正性光致变色；另一种是从深色变为无色，称为逆光致变色。

光致变色高分子材料引起了人们的广泛兴趣，因为它在图像显示，光信息存储，滤光元件，摄影模板，光控开关，以及制造护目镜、自动调节室内光线的窗玻璃，军事上的伪装隐蔽色和密写信息记录材料等方面有广泛用途。下面分别讨论几类光致变色高分子材料。

1. 硫卡巴腙体系

硫卡巴腙与 Hg^{2+} 络合生色是分析化学中灵敏的显色剂。它在光照射下，会发生如反应式(7－71)所示的结构变化，改变了化合物的吸收波长，产生颜色的变化。将这一结构合成在高分子上，得到了光致变色高分子。例如，用反应式(7－72)或

(7－73)所示的方法合成光致变色高分子**77**和**78**。它们的光致变色性见表7－2。

表7－2　硫卡巴腙聚合物的光致变色性

共聚物					最大吸收量/nm	
No	R	R_1	R_2	共聚单体	光照前	光照后
77	H	C_6H_5	C_6H_5	St	490	580
77	H	C_6H_5	C_6H_5	MA	480	580
77	H	$\beta C_{10}H_7$	$\beta C_{10}H_7$	MA	500	800
77	CH_3	C_6H_5	C_6H_5	St	480	580
78	H	C_6H_5	C_6H_5	St	490	575

St:苯乙烯;MA:丙烯酸甲酯。

(7－71)

(7－72)

77

(7－73)

$$\text{—CH}_2\overset{\overset{\text{CH}_3}{|}}{\underset{\underset{\text{NHCH}_2\text{OH}}{|}}{\underset{\text{C=O}}{\underset{|}{\text{C}}}}}\text{—} + \text{NH}_2\text{—C}_6\text{H}_4\text{—Hg—S—C}(\text{=N—NHR}_1)(\text{N=NR}_2) \longrightarrow \text{—CH}_2\overset{\overset{\text{CH}_3}{|}}{\underset{|}{\text{C}}}\text{—}\ \ \text{C(=O)NHCH}_2\text{NH—C}_6\text{H}_4\text{—Hg—S—C}(\text{=N—NHR}_1)(\text{N=NR}_2) \quad \mathbf{78} \tag{7-73}$$

由表 7－2 可知，改变 R_1 和 R_2 基团，吸收波长会变化，从而材料的颜色发生了变化。

2. 光致变色的偶氮体系

偶氮苯化合物在光照下发生顺、反互变异构，吸收波长也会改变，出现颜色的变化[见反应式(7－74)]。

$$\text{CH}_3\overset{\overset{\text{O}}{\|}}{\text{C}}\text{—NH—C}_6\text{H}_4\text{—N=N—C}_6\text{H}_5\ (\mathbf{80}\ \textit{tran-}) \rightleftharpoons \text{CH}_3\overset{\overset{\text{O}}{\|}}{\text{C}}\text{—NH—C}_6\text{H}_4\text{—N=N—C}_6\text{H}_5\ (\mathbf{79}\ \textit{cis-}) \tag{7-74}$$

例如，顺式－对乙酰胺基偶氮苯 **79** 的最大吸收峰为 340nm，反式异构体 **80** 则为 380nm。虽然顺、反异构体的吸收峰值仅差 40nm，消光系数却相差很大，反式要比顺式异构体大 4 倍。因此，偶氮分子具有光致变色性。将偶氮基接到高分子主链上，制成光致变色聚合物，如 **81**，**82**，**83** 。它们在紫外光作用下会发生顺、反异构的变化。合成这类光致变色高分子有两种方法，一是共聚方法，如将含偶氮苯的单体与苯乙烯共聚，得到光致变色高分子[见反应式(7－75)]。

$$\text{—CH}_2\text{CH—(2-OH-C}_6\text{H}_3\text{)—N=N—C}_6\text{H}_5 \quad \mathbf{81}$$

$$\text{—CH}_2\text{CH—C}_6\text{H}_4\text{—N=N—C}_6\text{H}_4\text{—N(CH}_3)_2 \quad \mathbf{82}$$

$$\text{—CH}_2\text{CH—C}_6\text{H}_4\text{—N=N—NH—C}_6\text{H}_5 \quad \mathbf{83}$$

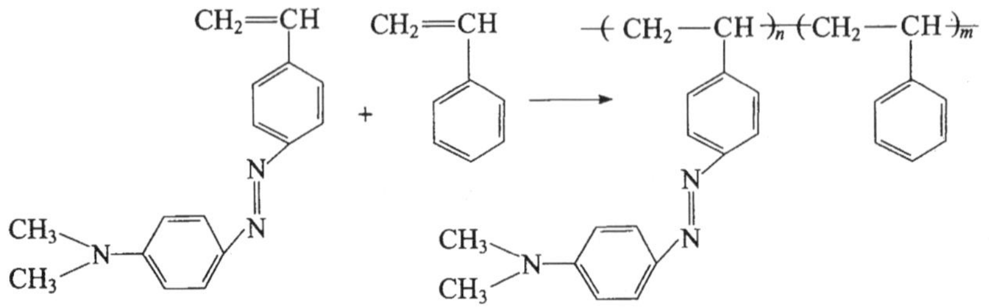

(7-75)

也可以通过缩聚反应来合成，得到聚合物 **84** [见反应式(7-76)]。

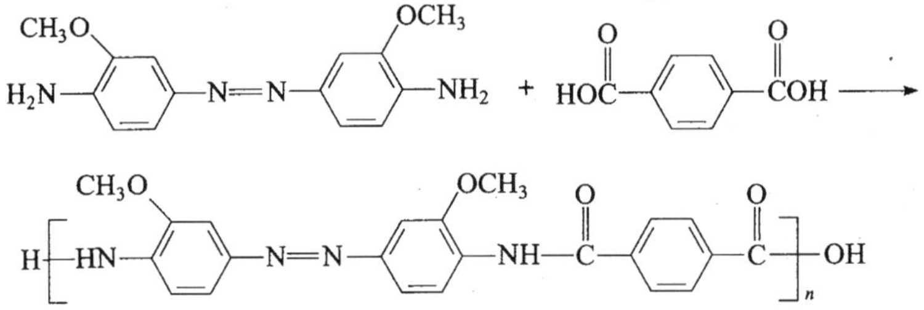

(7-76)

84

高分子的结构对偶氮高分子的光致变色性能有很大影响。当偶氮基为侧基，低 pH 值时，分子会卷曲成一无规线团，使顺、反异构速度变慢。当 pH 值高时，大分子伸直，顺、反异构变快，发色和消色的速度比相应的低分子偶氮化合物快。如果偶氮基团在主链上，由于顺、反异构的空间阻碍，光致变色速度比小分子模型化合物慢。

3. 光致变色的螺苯并吡喃体系

螺苯并吡喃衍生物，如 *N*-(苯甲基)-6-硝基-3,3′-二甲基螺-(2H-1 苯并吡喃-2,2′-吲哚)(**85**)，经光照后，C—O 键断裂，环打开，生成化合物 **86**。加热后，闭环回复到无色化合物 **85** [见反应式(7-77)]。

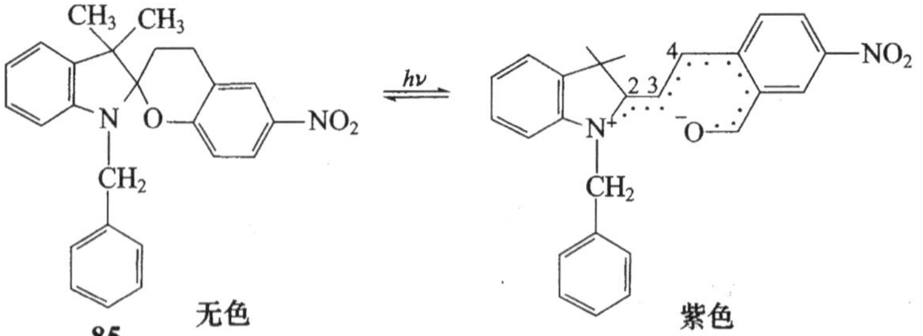

(7-77)

85 无色　　**86** 紫色

将这一结构通过高分子反应接到高分子主链上,或先合成含有这一结构的单体,再进行聚合反应,则可得到光致变色的高分子。例如,化合物 **87** 与聚肽反应,得到聚合物[见反应式(7-78)]。在光照下,会产生如反应式(7-77)所示的颜色变化,即从闭环的无色,转变到开环的紫色。

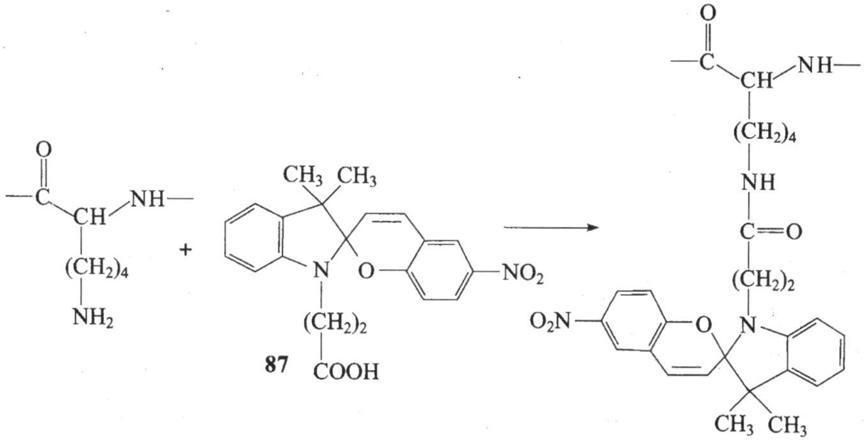

(7-78)

聚合物的光致变色性质不仅取决于螺吡喃本身,也取决于聚合物的结构。表7-3列出了四个含螺吡喃的聚合物与相应的单体 **88**、**89**、**90** 和 **91** 的光致变色性能。聚合物的光致变色性质有一定差异,除**91** 以外,其他聚合物的消色反应速率常数(k_2)和相应的单体几乎相同。单体**91** 的消色速率是它聚合物的二倍。部花菁消色闭环时,C3 和 C4 间的共价键必须转动。**91** 的 C3 上有一苯环取代基,转动时存在空间位阻。

表 7-3 螺吡喃共聚物(cop)与其单体(mon)在丙酮中的光致变色行为

聚合物及单体	88		89		90		91	
	mon	cop	mon	cop	mon	cop	mon	cop
λ_{max}(nm)	577	577	567	567	526	478	569	577
$k_2\times10^{-3}/s^{-1}$	8.2	9.9	1.3	1.0	1.7	1.7	2.0	1.05
E_a/(kJ/mol)	22.3	22.4	24.3	24.5	22.1	25.6	21.6	23.0

其中,**88**,**89**,**90** 和 **91** 的结构式为

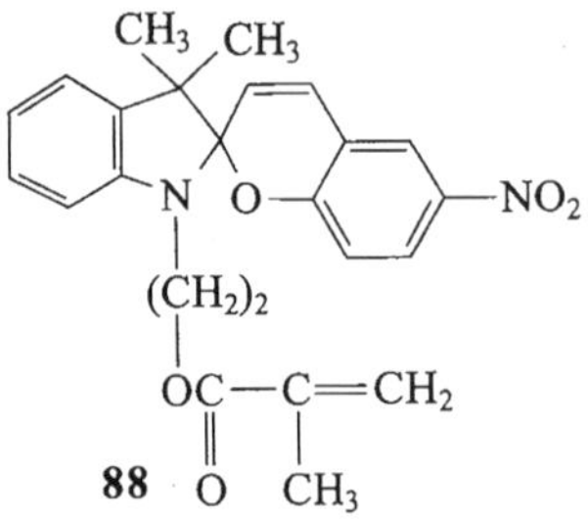

88 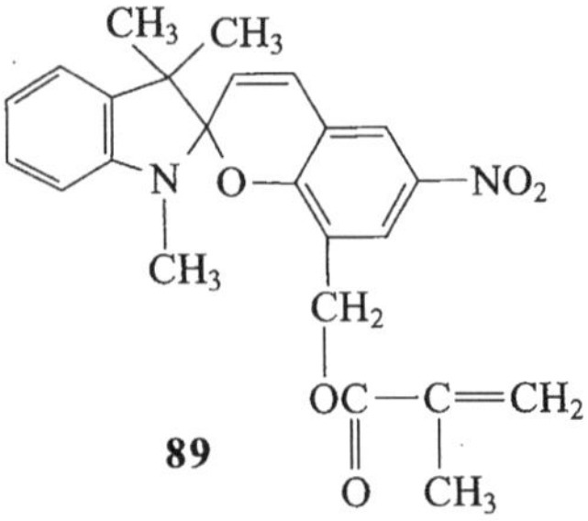　89

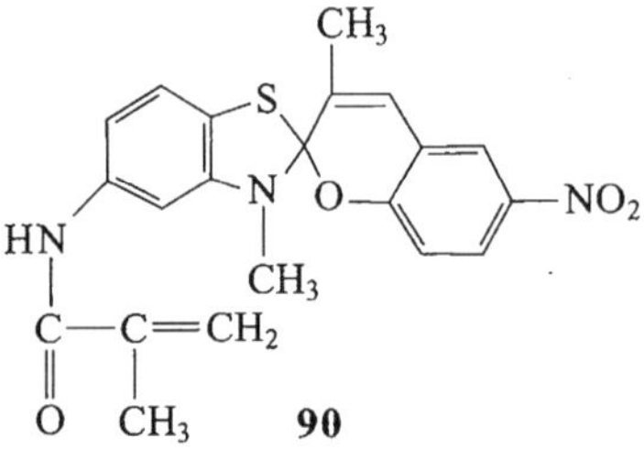

90 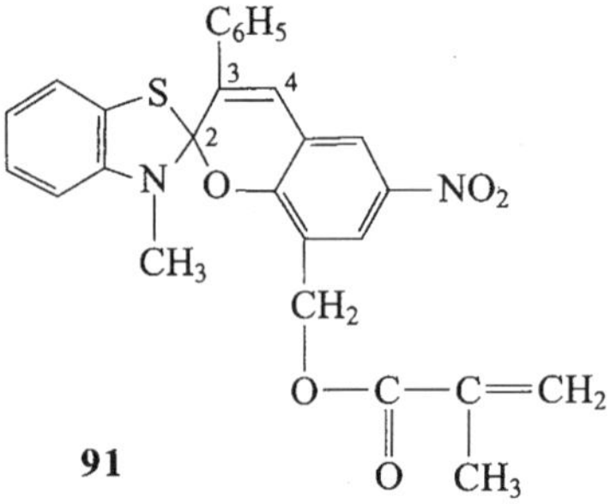　91

4. 水杨叉替苯胺体系

在光照下,水杨叉替苯胺发生如反应式(7－79)所示的结构变化。这是由于亚甲胺基邻位羟基质子转移互变异构,而导致颜色的变化。视网膜中的视色素在光照下,发生了质子的转移,而导致深红色的视紫色质转变为黄绿色的视黄绿色质。这一光致变色机理,对仿生光致变色材料的开发是有益的启示。

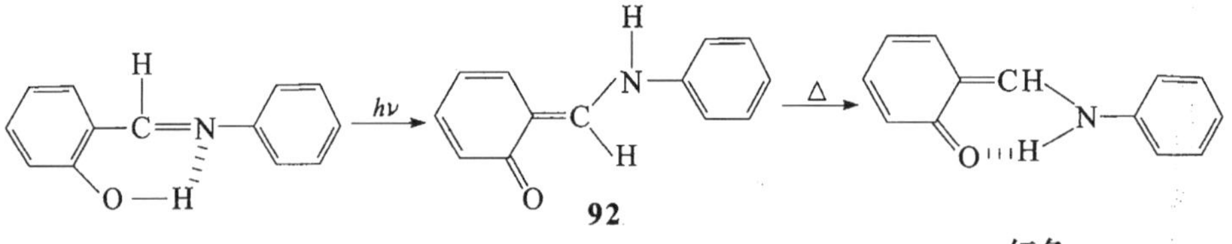

淡黄色　$\xrightarrow{h\nu}$　92　$\xrightarrow{\Delta}$　红色

(7－79)

可以用多种方法,将这一结构合成在高分子上,例如,将双水杨醛化合物 **93** 与对苯二胺进行缩合反应,得到具有光致变色性的聚合物 **94** [见反应式(7－80)]。

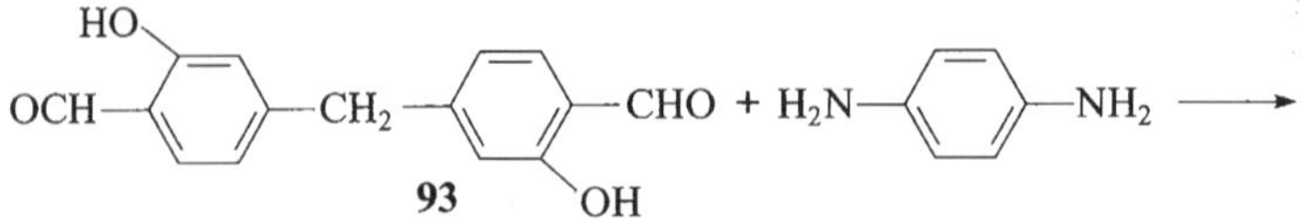

93 + $H_2N-C_6H_4-NH_2$ ⟶

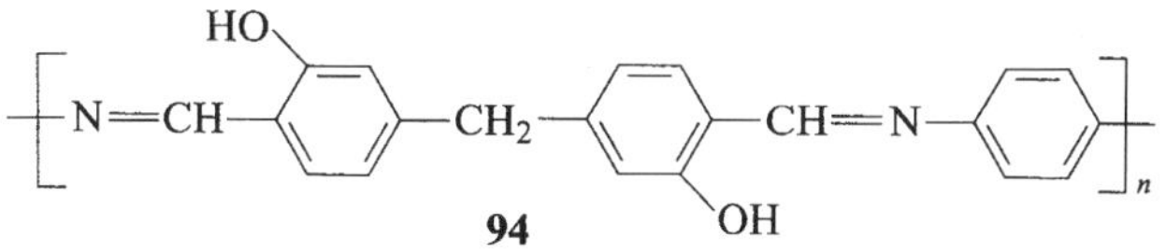

(7-80)

94

5. 聚噻嗪体系

噻嗪化合物的变色特性，是噻嗪分子的氧化还原反应所致的。化合物 **95** 在 Fe^{2+} 等还原剂的作用下，经光照，生成半醌式中间体 **96**，继而快速歧化，生成无色的化合物 **97**。发色反应则是在 Fe^{3+} 的氧化下，变成半醌式中间体，最后氧化成深色的化合物 **95** [见反应式(7-81)]，所以光照下是消色反应，黑暗下是发色反应。可以通过高分子反应，将化合物 **95** 反应到聚合物 **98** 上，得到光致变色高分子 **99** [见反应式(7-82)]。

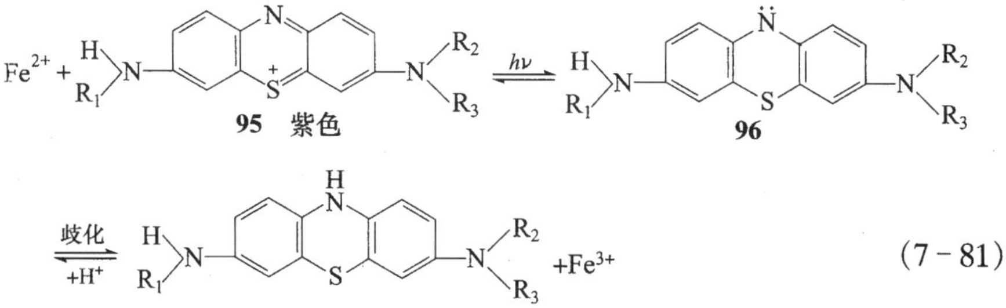

95 紫色　**96**

97 无色　(7-81)

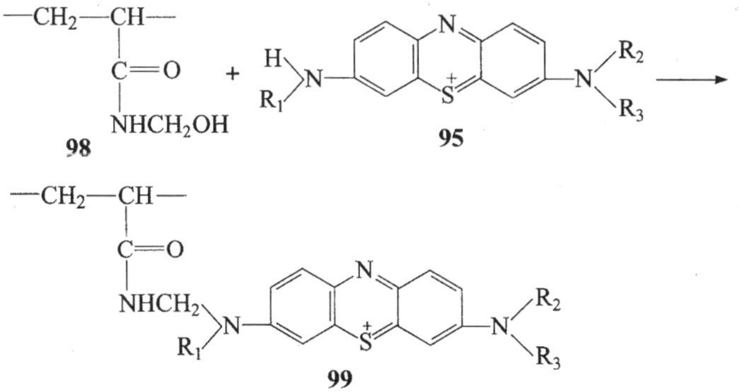

98　**95**

99　(7-82)

由于聚乙烯醇、乙醇胺等是电子给体，可提高变色材料的光敏性。一般通过共聚方法，引进乙醇胺基团。例如，丙烯酸羟甲胺和丙烯酸 *N*,*N*-二羟乙基乙基胺酯共聚，得到共聚物 **100**，再通过高分子反应，引进基团 **95** 得光致变色高分子 **101** [见反应式(7-83)]。这样，不需要添加 Fe^{2+}，就可进行光致变色反应，提高了聚合物的光灵敏度。增加聚合物中三乙醇胺的含量，能迅速提高聚合物对光的灵敏度；增加聚合物溶液的酸度，会降低聚合物中三乙醇胺的给电子能力，导致消色速率的降低。

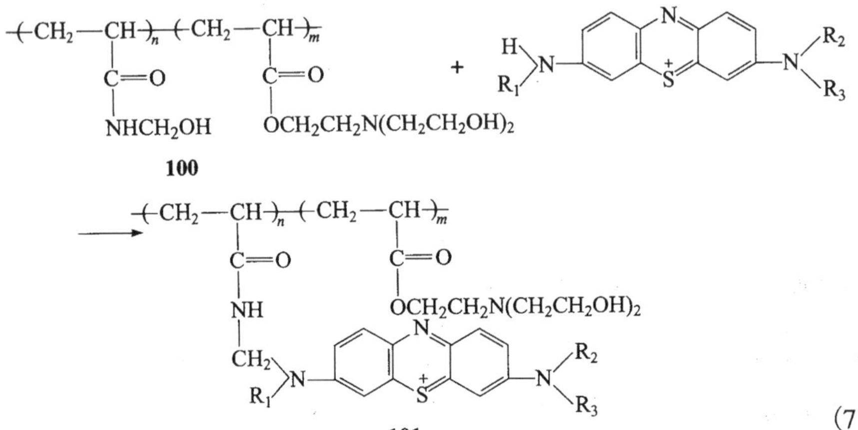

$$\text{-(}CH_2\text{—}\underset{\underset{\underset{NHCH_2OH}{|}}{C=O}}{CH}\text{)}_n\text{-(}CH_2\text{—}\underset{\underset{\underset{OCH_2CH_2N(CH_2CH_2OH)_2}{|}}{C=O}}{CH}\text{)}_m + \text{(H)(}R_1\text{)N—[phenothiazinium, }N, S^+\text{]—N(}R_2\text{)(}R_3\text{)}$$

100

$$\longrightarrow \text{-(}CH_2\text{—}\underset{\underset{\underset{NH—CH_2—N(R_1)—[phenothiazinium, N, S^+]—N(R_2)(R_3)}{|}}{C=O}}{CH}\text{)}_n\text{-(}CH_2\text{—}\underset{\underset{\underset{OCH_2CH_2N(CH_2CH_2OH)_2}{|}}{C=O}}{CH}\text{)}_m \qquad (7-83)$$

101

7.2.2 酸敏变色

酸敏变色是指高分子在光照下发生化学反应,不可逆地释放发出质子,使酸或碱指示剂变色而显示图像。这与光致变色机理不同。

聚乙烯基咔唑(PVK)是一重要的高分子光导材料,用于静电复印、缩微照相、全息记录、信息储存等技术领域。

PVK-CBr_4 及酸碱指示剂组成光敏层,在聚酯薄膜或其他基质上涂布,再在表面覆盖醇溶性树脂保护层组成酸敏片。该片优点是实时显像、分辨率高(1000～3000 条线/mm),并可重复使用。其成像原理是 PVK 作为电子给体、CBr_4 作为电子受体,两者形成电荷转移(CT)络合物[见反应式(7-84)]。此络合物的吸收波长为 360～450nm。故用此波长的光照射激发 CT 络合物[见反应式(7-85)],立即解离出游离基[见反应式(7-86)];$PVK^+\cdot$ 与 CBr_4 反应产生 H^+ 和溴代聚(*N*-乙烯基咔唑)[见反应式(7-87)];质子使酸碱指示剂(Ind)显色成图像[见反应式(7-88)]。

$$PVK + CBr_4 \rightleftharpoons CTC \qquad (7-84)$$

$$CTC \overset{h\nu}{\rightleftharpoons} CTC^* \qquad (7-85)$$

$$CTC^* \rightleftharpoons PVK^+\cdot + CBr_4^-\cdot \qquad (7-86)$$

$$CBr_4 + PVK^+\cdot \rightleftharpoons Br\text{—}PVK + CBr_3\cdot + H^+ \qquad (7-87)$$

$$Ind + H^+ \rightleftharpoons HInd \qquad (7-88)$$

指示剂若用无色的孔雀绿隐色体,则它与质子反应呈绿色[见反应式(7-89)],是负型片。若用结晶紫作指示剂,未曝光部分为紫色,曝光区为无色,所以是正型片。曝光后,光敏片图像经氨水处理可以消像,此光敏片可重复使用。但不能使用溶剂,若洗掉了 CBr_4 和指示剂,此片不能反复使用,但仍可用氨水消像。

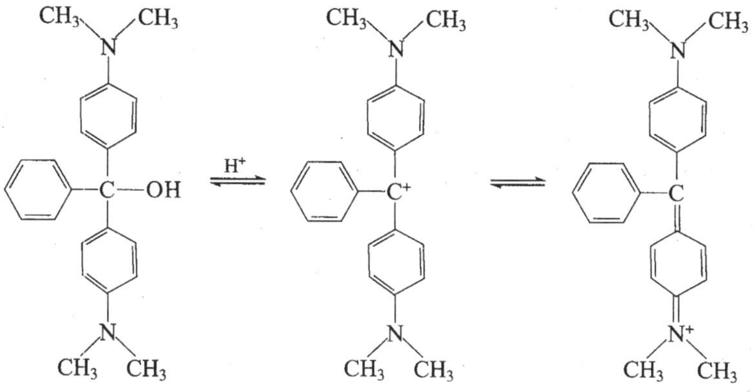

无色(未曝光区) $\xrightleftharpoons{H^+}$ $\rightleftharpoons$ 绿色(曝光区) (7-89)

根据这一原理,凡是光化学反应过程中,能释放出质子的材料,均可用于制造酸敏片。例如,聚合物 **102**、**103** 和 **104** 。这些聚合物在光照下,均会发生光化学反应,放出 HCl 或 HBr。例如,**102** 在光照下会释放出 HBr[见反应式(7-90)]。

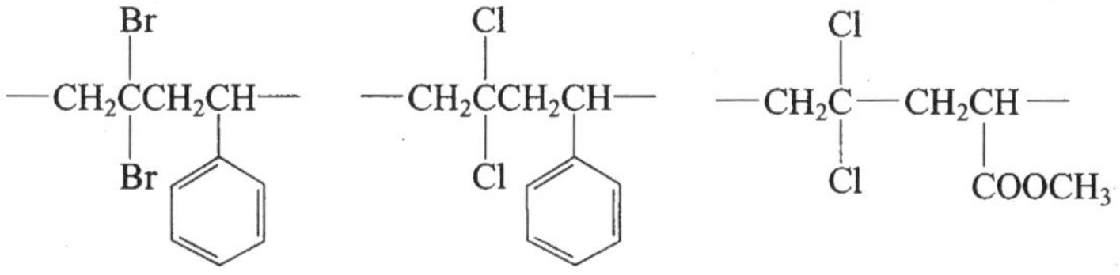

$$—CH_2CBr_2CH_2CH(C_6H_5)— \quad —CH_2CCl_2CH_2CH(C_6H_5)— \quad —CH_2CCl_2—CH_2CH(COOCH_3)—$$

102 **103** **104**

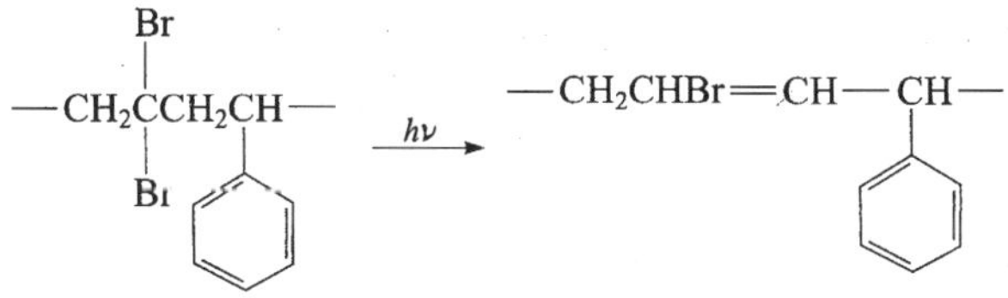

$$—CH_2CBr_2CH_2CH(C_6H_5)— \xrightarrow{h\nu} —CH_2CHBr{=}CH—CH(C_6H_5)— \qquad (7-90)$$

所以,含卤高分子如偏溴乙烯和苯乙烯的共聚物,或偏氯乙烯和丙烯酸甲酯的共聚物,与酸敏指示剂均匀混合,可以组成记录材料。在电磁辐射或微粒辐射,例如红外光、可见光、X 射线、电子束、α-粒子作用下,发生颜色的变化,形成图像。这种材料具有实时显像,高灵敏度,可长时间储存和图像色泽均匀等优点。广泛用于静电复印、缩微照相、全息记录和信息储存等。

7.3 光降解高分子

几乎所有的高分子化合物都存在耐光老化的问题。如何赋予高分子的耐光性,是一项十分有意义的工作。近年来,公害问题越来越受到人们的重视,废塑料的处理又成了问题。为此,如何赋予高分子光降解特性,这又是人们研究的重要课题之一。要使废弃的塑料完全光降解,达到实用程度是一件很困难的事情。若将加速光降解的研究结果,用在光照相制版的推广和应用上,会更快取得效果。即在光作用下,高分子降解成可溶性化合物,制成阳图型感光材料。制备光降解高分子时,通常可采用两种方法:一种是合成见光就能分解的高分子,如合成含羰基的聚合物;另一种是合成能促进高分子降解的试剂,如乙醛基水杨酸金属盐等。

7.3.1　光降解高分子

1. 光降解反应机理

理想的光降解高分子应为主链断裂。这又可分为无规降解和光解聚两种。

(1) 无规降解。在光照下,高分子主链断裂,生成自由基,接着发生各种反应,使自由基失活,如反应式(7-91)所示的反应称为无规降解。

$$—M—M—M—M—M— \xrightarrow{h\nu} —M—M\cdot + \cdot M—M—M— \quad (7-91)$$

(2) 光解聚。在光照下,高分子链的某一键断裂生成自由基,接着一个又一个单体单元分解下去,最终生成单体,如反应式(7-92a)~(7-92e)所示。

引发反应:$—M—M—M—M—M— \xrightarrow{h\nu} —M—M\cdot + \cdot M—M—M—$　(7-92a)

解聚反应:$—M—M—M—M\cdot \longrightarrow —M—M—M\cdot + M$　(7-92b)

$$—M—M—M\cdot \longrightarrow —M—M\cdot + M \quad (7-92c)$$

$$—M—M\cdot \longrightarrow —M\cdot + M \quad (7-92d)$$

终止反应:$—M\cdot \longrightarrow —M$(失活)　(7-92e)

光引发机理有两种类型,一种是从高分子链的末端依次解聚;另一种是主链的某一部分不规则地断裂,形成自由基,进一步解聚。

2. 光量子效率

光量子效率 ϕ 是指某一体系每吸收一个光子所断裂键的数目,可用式(7-93)计算。

$$\phi = \frac{\text{主链断裂数目}}{\text{体系吸收的光子数目}} = \frac{wN}{MI_a t} \times P \quad (7-93)$$

式中,w 为样品质量(g);M 为单体的相对分子质量;N 为阿伏伽德罗常数;t 为光照时间;I_a 为高分子吸收的光强;P 为光降解度。

在溶液中,高分子的光降解会引起溶液黏度的变化。将极限黏度公式代入式(7-93),则可得式(7-94)。

$$\phi = \frac{CN}{Mn_0} \frac{([\eta]_0/[\eta]_p)^{1/a} - 1}{I_a t} \quad (7-94)$$

式中,C 为高分子溶液的浓度。

知道 ϕ 值，对于理解光降解机理十分有用。$\phi \leqslant 1$ 的反应叫做直接反应。由激发分子直接引起的反应是直接反应。$\phi > 1$ 是连锁反应，只有吸收一个光子发生二次或二次以上的反应，ϕ 才有可能大于 1。

在固体中，主链断裂的量子效率依赖于玻璃化温度。在较 T_g 低的温度下，主链断裂的量子效率小。一旦超越 T_g，ϕ 值突然增大，最后趋近定值。

3. 光降解型高分子

(1) 聚烷基乙烯基酮。聚甲基乙烯基酮，或者甲基乙烯基酮与苯乙烯，甲基丙烯酸甲酯（MMA）和氯乙烯的共聚物均能很好地进行光降解反应［见反应式(7－95a)和(7－95b)］。

$$—CH_2\underset{\underset{CH_3}{|}}{\overset{}{CH}}(COCH_3)CH_2CH(COCH_3)— \xrightarrow{h\nu} —C(COCH_3){=}CH_2 + CH_2(COCH_3)—CH_2— \tag{7-95a}$$

$$—CH_2CH(COCH_3)CH_2CH(COCH_3)— \xrightarrow{h\nu} —CH(COCH_3)—CH_3 + CH(COCH_3){=}CH— \tag{7-95b}$$

这种聚合物的光量子效率很高。例如甲基乙烯基酮与 MMA 的共聚物其量子效率 $\phi = 0.20$，如此高的量子效率，是因为在光照下，发生断链反应是经过七元环中间结构［见反应式(7－96)］。

$$—CH_2—CH(C(=O\cdots H)CH_3)—CH_2—C(COOCH_3)(CH_2)—CH_2— \xrightarrow{h\nu} \left[\sim\!\sim CH_2—C(CH_3){=}C(OH)—CH_3\right] + CH_2{=}CH—C({=}O)OCH_3$$
$$\downarrow$$
$$\sim\!\sim CH_2—CH(CH_3)—C({=}O)—CH_3 \tag{7-96}$$

除了甲基乙烯酮外，能进行光降解的聚合物还有聚甲基异丙烯基酮、乙基乙烯基酮和叔丁基乙烯基酮等。

(2) 聚乙烯基苯基酮。一般的高分子材料在 300nm 以下的短波长光的照射下，显示光降解特性。但在 300nm 以上的近紫外光或可见光照射下，光降解甚少。聚乙烯基苯基酮在 400nm 附近仍吸收光，并进行光降解。量子效率较高（$\phi = 0.2 \sim 0.3$），其降解机理为 Norrish Ⅱ 型［见反应式(7－97)］，即形成六元环结构。

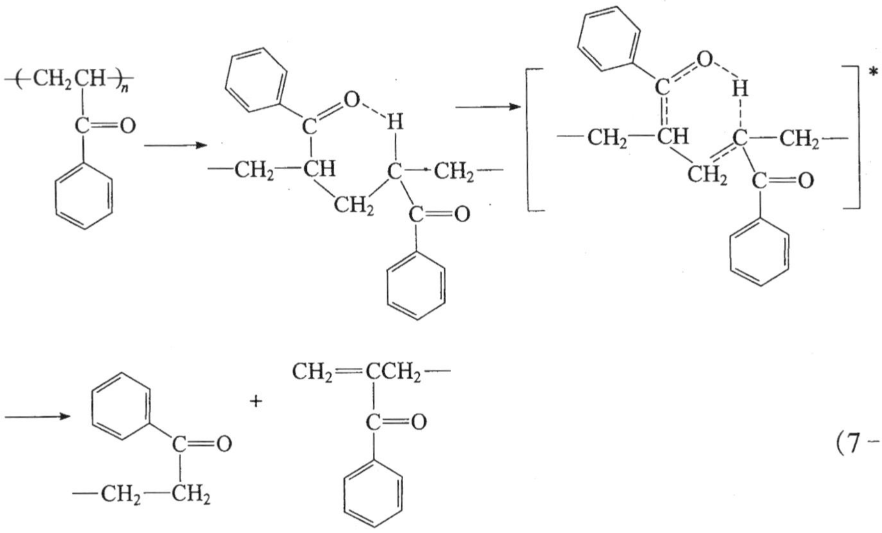

$$\text{(7-97)}$$

乙烯基苯基酮和其他单体的共聚物也显示有效的光降解特性，例如，将苯乙烯和 α-甲基苯乙烯分别与乙烯基苯基酮共聚得共聚物 **105** 和 **106**。共聚物 **106** 的光降解效率远低于与苯乙烯的共聚物 **105**，因为后者(**106**)难以形成六元环结构。

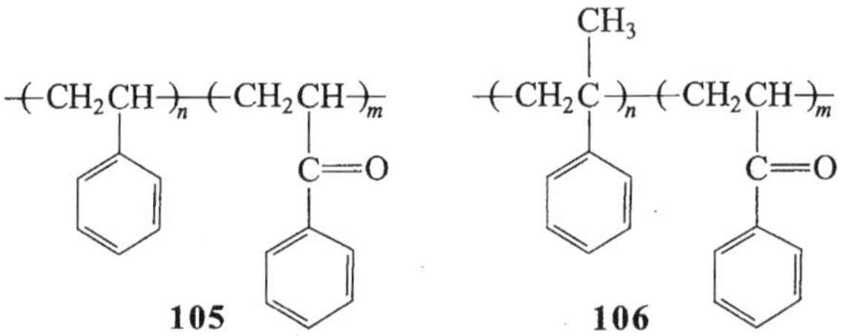

105　　**106**

(3) 与一氧化碳的共聚物。乙烯和一氧化碳(1%～9%，摩尔分数)共聚，生成的共聚物，在光照下，会发生如反应式(7-98)和(7-99)所示的光降解。即羰基碳与相邻的碳之间的共价键均裂，生成自由基，称为 Norrish Ⅰ 型光降解[见反应式(7-98)]；另一是主链断裂过程中发生氢转移，称为 Norrish Ⅱ 型光降解[见反应式(7-99)]。在常温下，优先进行 NorrishⅡ型光降解。NorrishⅠ型光降解的温度依赖性很大。在25℃，不超过10%，在120℃时，NorrishⅠ型和Ⅱ型光降解的比例差不多相等，其 $\phi=0.05$。

$$-CH_2(CH_2)_3\overset{O}{\overset{\|}{C}}CH_2CH_2- \xrightarrow{h\nu} -CH_2CH_2\overset{O}{\overset{\|}{C}}\cdot + \cdot CH_2CH_2CH_2- \ (\text{Norrish I}) \rightarrow -CH_2CH_2\cdot + CO \quad (7-98)$$

$$-CH_2(CH_2)_3\overset{O}{\overset{\|}{C}}CH_2CH_2- \xrightarrow{h\nu} -CH_2(CH_2)_3\overset{O}{\overset{\|}{C}}CH_3 + CH_2{=}CH- \ (\text{Norrish II}) \quad (7-99)$$

苯乙烯、氯乙烯和丙烯酸酯类均能和CO共聚，得到的共聚物能在光照下进行光降解反应[见反应式(7-100)]。

$$CO + CH_2{=}CH(C_6H_5) \xrightarrow[\text{过硫酸铵,60℃}]{\text{水,表面活性剂}} -\overset{\overset{O}{\|}}{C}-CH_2CH(C_6H_5)- \xrightarrow{h\nu} CO + CH_2{=}C(C_6H_5)- \qquad (7-100)$$

(4) 聚砜。聚砜能吸收320～340nm的光，发生光降解[见反应式(7-101a)～(7-101c)]。对于烷烃聚砜也发生如反应式(7-102)所示的光降解反应。用电子射线短时间照射聚砜，就能发生分解反应，是优良的阳图型电子射线抗蚀剂。

$$-O-C_6H_4-SO_2-C_6H_4-O-C_6H_4-C(CH_3)_2-C_6H_4-O- \xrightarrow{h\nu}$$

$$\rightarrow -O-C_6H_4-SO_2-C_6H_4-O\cdot + \cdot C_6H_4-C(CH_3)_2-C_6H_4-O- \qquad (7-101a)$$

$$\rightarrow -O-C_6H_4-SO_2\cdot + \cdot C_6H_4-O-C_6H_4-C(CH_3)_2-C_6H_4-O- \qquad (7-101b)$$

$$\rightarrow -O-C_6H_4-SO_2-C_6H_4-O-C_6H_4\cdot + \cdot C(CH_3)_2-C_6H_4-O- \qquad (7-101c)$$

$$-CH_2CH(CH_2CH_3)SO_2- \xrightarrow{h\nu} -CH_2CH(CH_2CH_3)\cdot + \cdot SO_2- \qquad (7-102)$$

7.3.2 聚合物中加光促进剂

由表7-4所列的、常用聚合物的光降解参数可知，多数高分子的光敏感区在太阳光的波长之外。即使在深紫外区(254nm)，光降解反应的光子效率也比较低。应该说这些聚合物是稳定的。这类聚合物的光老化，可能是生产和使用过程中，引入了具有光敏作用的杂质造成的。为促进聚合物的光降解，可在聚合物中加入光敏剂。

表 7-4 最常用聚合物的光降解参数

聚合物	光敏感区 /nm	ϕ(254nm)	聚合物	光敏感区 /nm	ϕ(254nm)
聚四氟乙烯	<200	$<1\times10^{-5}$	聚甲基丙烯酸甲酯	214	2×10^{-4}
聚乙烯	<200	$<4\times10^{-2}$	聚乙丙酰胺		6×10^{-4}
聚丙烯	<200	$\sim1\times10^{-1}$	聚苯乙烯	260,210	$\sim1\times10^{-3}$
聚氯乙烯	<200	$\sim1\times10^{-4}$	聚碳酸酯	260	$\sim2\times10^{-4}$
醋酸纤维素	<250	$\sim1\times10^{-3}$	聚对苯二甲酸乙二醇酯	290,240	$>1\times10^{-4}$

最常见的光敏剂为酮和醌类衍生物,例如二苯甲酮、1,4-萘醌等。它们吸收大于 300nm 的光线,跃迁到激发态后,与相邻高分子发生脱氢反应,将能量转给聚合物,链断裂形成自由基而引起分解反应。

$$\text{C}_{10}\text{H}_7\text{—N=CH—CH(OH)—CH}_2\text{—CH}_3$$

107

另外,水杨醛的 Fe^{2+},Mn^{2+},Cu^{2+} 和 Co^{2+} 盐可作为紫外光分解促进剂。在聚乙烯、聚丙烯和聚苯乙烯中加入 0.005% 的水杨醛盐,约经 100h 太阳光照,聚合物会降解掉。促进剂 **107** 能使聚丙烯进行紫外光氧化分解反应。

7.4 高分子光稳定剂

7.4.1 紫外光稳定剂的作用原理

为了提高聚合物材料的抗光老化性能,一般要在聚合物中混进一定量的低分子紫外光吸收剂、光氧化稳定剂,以增加高分子材料的抗光老化性能,这些化合物称为聚合物的光稳定剂。高分子的光老化,包括光降解、光交联和光氧化等反应。因此,高分子的抗光老化的基本原理有两种:一是对光进行屏蔽、吸收,或者将光能转化成无害方式,防止自由基的产生;二是切断光老化链式反应的进行路线,使其对聚合物主链不产生破坏力。以往的研究表明,自由基的产生是光老化过程中最重要的一步。因此阻止自由基的生成和清除已经生成的自由基,是保证聚合物稳定的两个重要方面。

(1) 阻止聚合物中产生自由基的方法是:①尽量减少聚合物中残留的催化剂、杂质,特别是光敏性杂质。②采用表面涂层或反光材料,阻止光的射入;或者在聚合物中加入光稳定性颜料。③在聚合物中加入激发态淬灭剂,以淬灭光激发分子。

(2) 清除光激发产生的有害自由基,可以加入自由基捕捉剂。

(3) 加入抗氧剂。氧的存在,可以大大加快聚合物的光老化速率。在聚合物中加抗氧化剂,清除聚合物内存在的氧化物,阻止光氧化反应。

7.4.2 光稳定剂的种类

高分子光稳定剂按其反应模式,可以分为以下几类:光屏蔽剂、激发态淬灭剂、抗氧剂。下面分别介绍。

1. 光屏蔽剂

光屏蔽剂有两类:①光屏蔽添加剂,以阻止聚合物对光的吸收;②紫外光吸收剂,它吸收紫外光将其转化为无害的形式耗散。

光屏蔽添加剂,如颜料、炭黑等分散在聚合物中,它吸收或反射有害的紫外光和可见光,阻止光激发过程。颜料对光的吸收仅局限在聚合物表面,从而保护内层聚合物。炭黑不仅吸收光,而且捕捉自由基,缺点是颜色和光泽不好。

紫外光吸收剂大多数能进行光重排,如反应式(7-103)和(7-104)所示。它们是利用分子内的互变异构反应来储存和耗散光能。耗散的能量以热的形式转移。

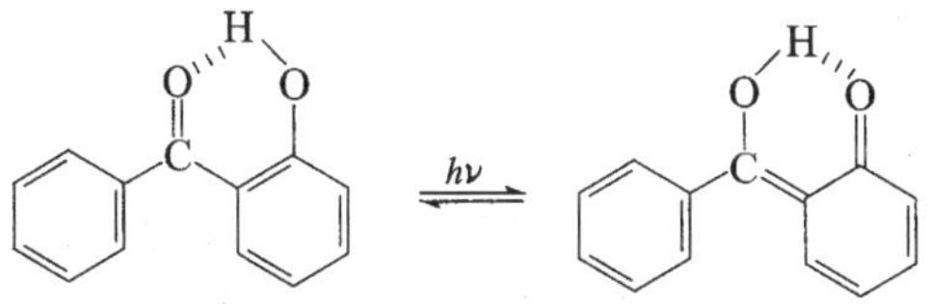

(7-103)

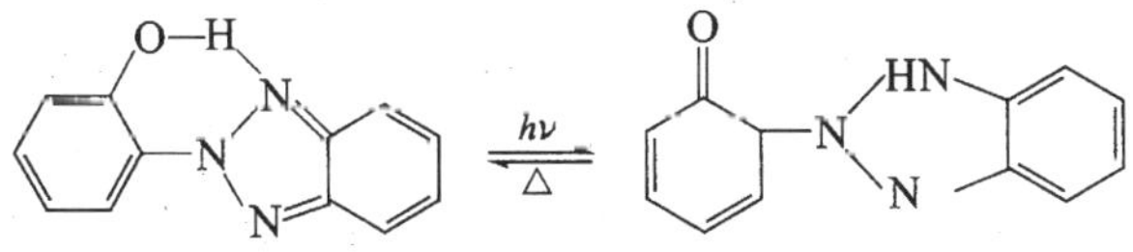

(7-104)

2. 激发态淬灭剂

激发态的分子,将能量转移给淬灭分子,自身失去活性。淬灭分子吸收的能量以无害方式耗散掉,对聚合物起稳定作用。激发态分子与淬灭剂之间的转移能量,可以通过辐射方式的长程能量转移,或者通过碰撞交换能量的短程能量转移实现。前者要求两者具有与激发态发射光谱相重叠的吸收光谱,自由基淬灭效率高,通常加入量为 0.01%就能有效地稳定聚合物。常用激发态淬灭剂为过渡金属络合物,例如化合物 **108** 和 **109**。

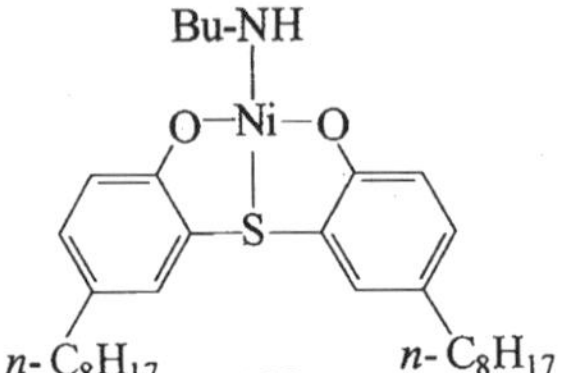

108 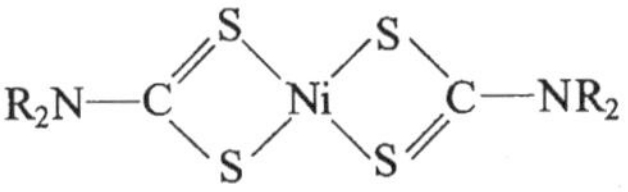　　109

3. 抗氧剂

通常，抗热氧化剂也可用于抗光氧化剂。它可以是：①酚，是一类抗氧剂，如化合物 **110** 和 **111**。它们在紫外光作用下，稳定性差，作用不能持久。②高立体位阻的脂肪胺，有较好的抗光氧化能力。例如2,2,6,6-四甲基哌啶类衍生物 **112**，可有效地阻止聚丙烯树脂的老化。其机理是在自由基、氧、光和过氧化物作用下，胺被氧化生成 N—O 自由基，它能有效地捕捉大分子自由基，防止光老化反应的进行。

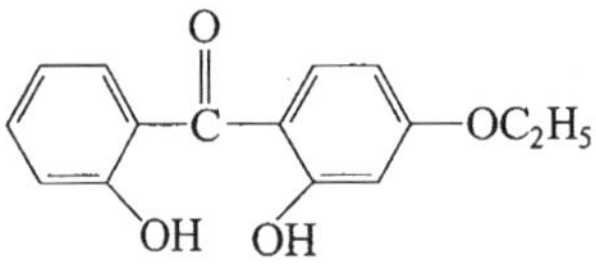

110 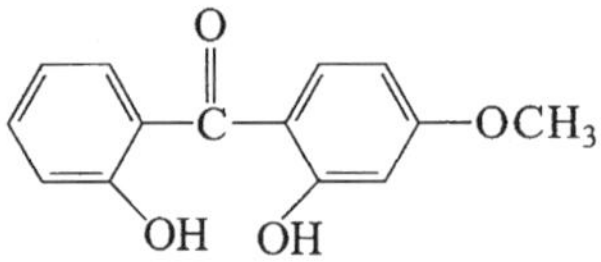　　111 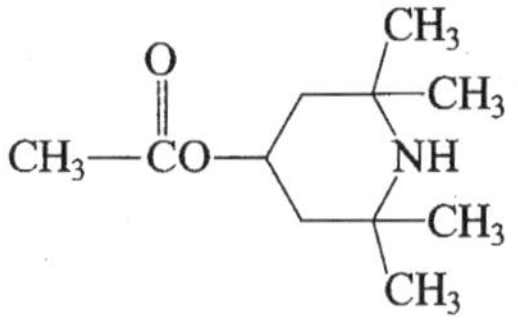　　112

7.4.3　聚合物型光稳定剂

低分子助剂普遍存在的缺点是，在加工成型过程中，易挥发、渗出、被溶剂萃取等而降低了抗光老化性能。加入高分子紫外光吸收剂，光氧化稳定剂不仅可以克服上述缺点，而且还具有无毒、无致癌性、无过敏性，增加与聚合物相容性等优点。

紫外光吸收剂吸收对高分子断链有害的紫外线，然后以不会损坏聚合物的形式释放出吸收的能量。化合物 **113**、**114**、**115** 和 **116** 是典型的紫外光吸收剂。若在这些化合物上引入乙烯基、丙烯基、丙烯酰基、甲基丙烯酰基和乙烯氧基等，则可制得聚合物紫外光吸收剂。单体 **117**、**118**、**119** 和 **120** 是具有代表性的紫外光吸收剂的可聚合单体。典型的合成方法见反应式(7－105)。得到的单体可以均聚，也可以共聚。得到的聚合物具有与低分子相似的抗老化性能。

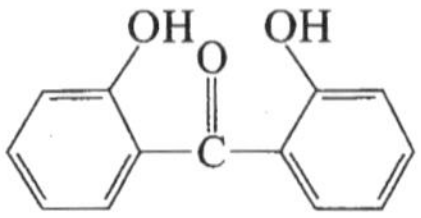

113 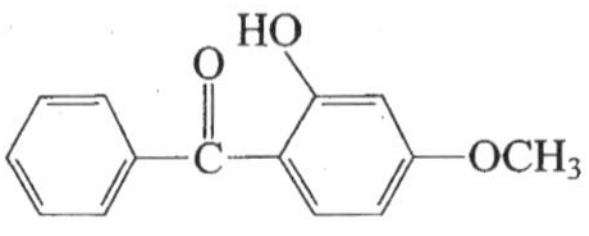　　114 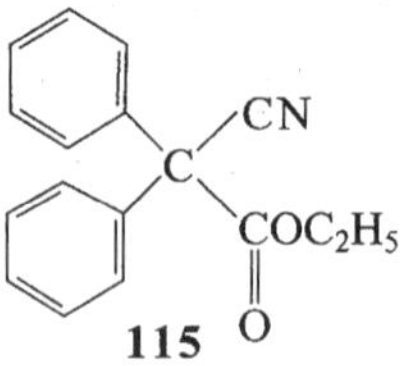　　115 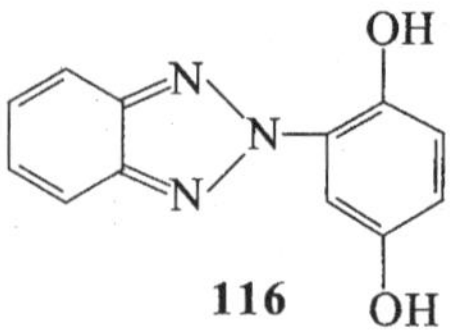　　116

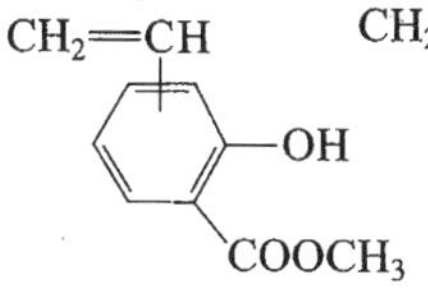

117 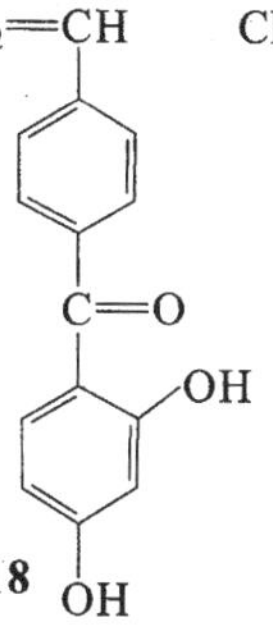　118 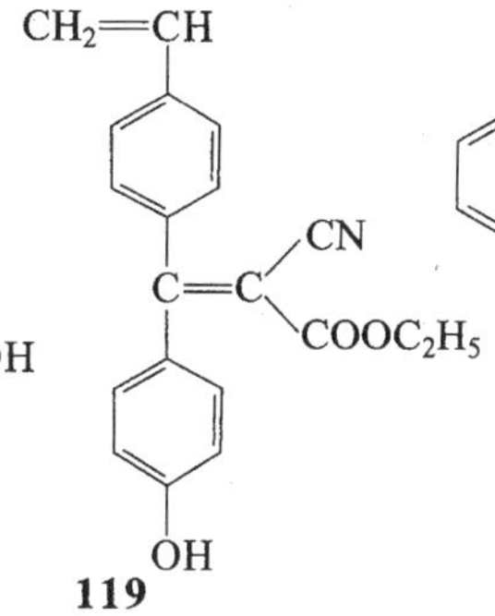　119 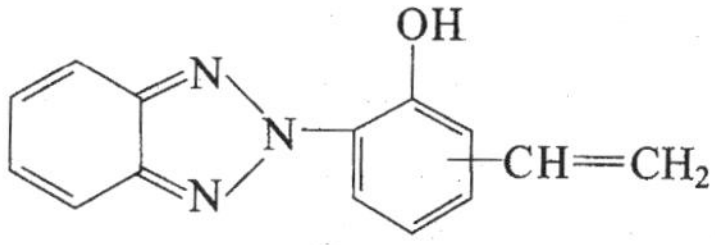　120

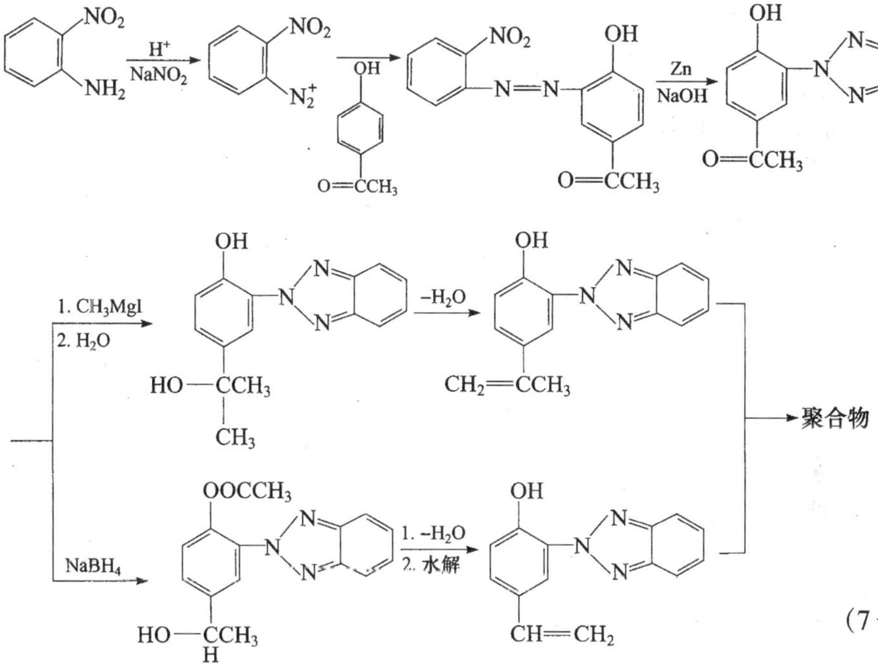

(7-105)

当单体 **120** 接到无规聚丙烯、乙丙共聚物、乙烯-乙酸乙烯共聚物和聚甲基丙烯酸甲酯上时，这些聚合物具有良好的抗老化性能。尤其对聚丙烯酸酯类聚合物，在正常的室外环境中，能有效地保护聚合物 20 年。

参考文献

任家强，叶楚平，葛汉青，李陵岚. 2004. 吲哚啉螺吡喃光致变色化合物研究的最新进展. 染料与染色，41(2)：67～70

苏育志，牛永平，梁兆熙. 2003. 光致变色聚合物的光学性能与应用. 高分子材料科学与工程，19(2)：57～64

王斋民，程江，文秀芳，皮丕辉，杨卓如. 2004. 印制电路板用液态 UV 感光成像油墨的研究进展. 合成材料老化与应用，33(3)：28～33

吴国生,陈尚庸. 1994. 光致色变聚合物. 黄维垣、闻建勋主编. 高技术有机高分子材料进展. 北京:化学工业出版社, 251~275

杨松杰,田禾. 2003. 有机光致变色材料最新研究进展. 化工学报,54(4):497 ~ 507

永松元太郎, 乾英夫. 1984. 感光性高分子. 丁一、余尚先、金昱泰译. 北京:科学出版社

周亮. 2003. 紫外光固化涂料——液态光致抗蚀剂. 中国生漆,1:14~20

Colburn W S. 1997. Review of materials for holographic optics. J Imaging Sci. & Technol. 41(5): 443~445

Fouassier J P, Allonas X, Burget D. 2003. Photopolymerization reactions under visible lights: principle, mechanisms and examples of applications. Progress in Organic Coatings, 47: 16~36

Monroe B M, Weed G C. 1993. Photoinitiators for free-radical-initiated photoimaging systems. Chem. Rev., 93: 435~448

Rehab A. 1995. New photosensitive polymers as negative photoresis materials. Europ. Polym. J., 34(12): 1845~1855

Selvam P, Babu V K, Nanjundan S. 2005. Synthesis, characterization and photocrosslinking properties of polyacrylamides having bromo substituted pendant cinnamoyl moieties. Europ. Polym. J., 41: 35~45

Selvam P, Nanjundan S. 2005. Synthesis and characterization of new photoresponsive acrylamide polymers having pendant chalcone moieties. React. & Functional Polymers, 62 (2): 179~193

Yoda N. 1997. Recent development of advanced functional polymers for semiconductor encapsulants of integrated circuit chips and high temperature photoresist for electronic applications. Polymers For Advanced Technologies, 8: 215~226

第 8 章　液晶高分子及能量转换高分子

8.1　液晶高分子

1950 年，发现胆甾型液晶后，液晶的概念才被引入高分子领域。20 世纪 70 年代，美国 Du Pont 公司研究开发出芳香族聚酰胺，用液晶纺丝的方法制成了高强度、高模量的芳香族聚酰胺纤维。从此高分子液晶的研究进入了一个新阶段。

8.1.1　液晶简述

液晶既具有像晶体一样的各向异性，又具有液体一样的流动性，是固相与液相的中间态。

1．相转变与液晶相

在自然界中，物质通常以固体、液体和气体三种状态存在，分别称为固相、液相和气相。构成液体的分子可以在整个体系中自由流动，不固定在一定位置，不具有长程有序。所以，液体在各方向的物理性质是同性的。固体中的分子或原子有序、规整排列，形成晶格，且具有长程有序。晶体在各个方向的物理性质有差别，呈现各向异性。

当外界条件，如温度、压力发生变化，物质可以在三种相态之间互相转换，即发生相变。大多数物质在相变时，没有中间状态。但是，有一些固体物质的分子，在低温时，不仅位置有序，而且取向有序。当温度升高到某一值时，物质先失去位置有序形成液体，但保留取向有序，其物理性质仍保留各向异性。这种液体称为液晶。当温度进一步提高，失去取向有序，变成了各向同性液体。相应的温度称为清亮点（T_i）。

2．有序性和液晶的结构

在液晶中，分子有序程度不同，存在不同的液晶相。所有的液晶都具有取向有序，不同液晶具有不同程度的位置有序。除此以外，还有的液晶存在键取向有序。根据液晶分子的排列形式和有序性，液晶相可分为以下三种。

1）向列型液晶（nematic liquid crystal）

通常用符号 N 来表示。它是唯一没有位置有序性的液晶。液晶分子间相互平行排列，其从优方向称为指向矢，如图 8－1(a)中的 n。液晶相可以围绕指向矢旋转，其结构不受影响，即存在一旋转对称轴。在外力作用下，非常容易沿此方向流动。

2）近晶型液晶（smectic liquid crystal）

通常用S表示。除了沿指向矢 n 的取向有序外，还具有一定程度的位置有序。根据位置有序程度，近晶型液晶又可分为以下几种。

（1）S_A 和 S_C 液晶，它们具有一维位置有序，形成层状结构。层厚与液晶分子长度的数量级相当。层与层之间几乎无关联，比较容易滑动。S_A 液晶的层内，分子长轴倾向于垂直层面，与指向矢 n 平行排列[见图8-1(b)]。S_C 液晶的层内，分子长轴与该层面法线有一倾斜角[见图8-1(c)]。由于这种对称性差异，S_A 为单轴，S_C 为双轴。一般随温度降低，S_A 液晶先于 S_C 出现。

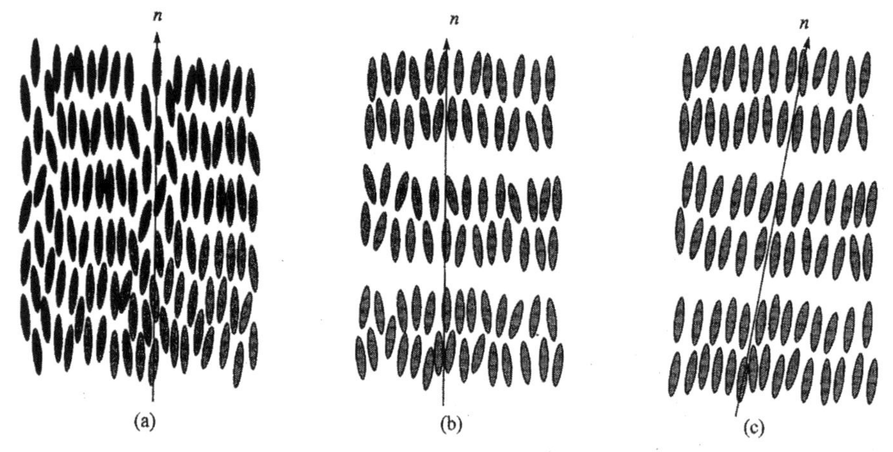

图8-1　(a)向列相N，(b)近晶相 S_A 和(c)近晶相 S_C 的结构示意图

（2）S_B，S_F 和 S_I 液晶是位置二维有序。层间为一维有序，但相互关联弱。液晶分子在层内呈六角形有序排列。S_B 液晶的层内，分子与层面垂直平行排列。S_F 和 S_I 液晶，分子与层法线有一倾斜角，S_F 朝正六边形的一个边倾斜成一定角度，为单斜晶形；S_I 朝六边形的顶点方向倾斜一定角度。

（3）S_D，S_E，S_G，S_H，S_L 和 S_K 液晶为位置三维有序，但比晶体的相关性差。层与层之间相关性较强，相关程度为数十至数百个分子层，类似晶体，但有可观的位置和取向无序。S_D 液晶呈立方对称特性，与塑晶相似。S_E 液晶，层内分子的重心呈正交型排列，而不是正六边形。S_G 液晶，从与层面垂直方向看，与 S_B 液晶相同，呈正六边形，不同的是分子的长轴朝正六边形的一个顶点倾斜成一定角度，为单斜晶型。S_H 液晶，层内结构与 S_E 相同，但是分子的长轴向六边形的顶点方向倾斜成一定角度。

3）胆甾型液晶（cholesteric liquid crystal）

常用Ch表示。由于这类液晶中许多是胆甾醇衍生物，胆甾醇液晶便成了这类液晶的总称。Ch 液晶中，长形分子基本上是扁平的，它们的长轴在片层平面上。依靠端基的相互作用，彼此排列成平行的层状结构。相邻两层中，分子长轴的取向，由于伸出片层平面外的光学活性基团的作用，规则地扭转一定角度。连续层面上，长轴取向方向的这种角度变化呈螺旋线形，在旋转 360°后，分子的长轴取向方向复原。这两个取向相同的分子层之间的距离，称为螺距，是表征这类液晶的重要物理量。

3. 有序参数和指向矢

液晶分子取向有序，常用指向矢 n 来描述液晶中分子的排列状态，进而讨论液晶的各种各向异性。指向矢可以通过外界条件，如力场、静电场和磁场等来控制，这是液晶作为显示器的主要原理。

液晶分子一般为近乎刚性的分子。在一定温度或浓度范围内，液晶分子有多少是沿着 n 方向相互平行排列，这种规则排列的完整性如何，需要用一种平均量，即有序参数 S 来表示取向的有序程度。它是液晶分子长轴和指向矢的夹角 θ 的函数。一般采用 $<\cos^2\theta>$ 为函数。如果所有分子都沿 n 取向，则 $<\cos^2\theta>=1$；若都与 n 垂直，则 $<\cos^2\theta>=0$；如果分子取向是无规的，则 $<\cos^2\theta>=1/3$。所以，分子的不同排列和取向分布，$<\cos^2\theta>$ 的值是不同的。一般分子完全有序排列，$S=1$；完全无序，$S=0$。所以，有序参数 S 和 $<\cos^2\theta>$ 有如式(8－1)所示的关系。

$$S = (3 < \cos^2\theta > - 1)/2 \tag{8-1}$$

S 可作为衡量分子取向有序程度的一个重要参数，它是温度的函数。随温度升高而降低，当温度升高到 T_i 时，$S=0$。S 是一个重要的物理量，它表示液晶物理性质的各向异性，直接影响液晶的诸多参数，如弹性常数，黏滞系数、介电各向异性、双折射的大小等。S 表示液晶取向的微观特征，n 是液晶取向的宏观特征。

8.1.2　液晶高分子的结构

液晶高分子的结构应该能满足液晶相的取向要求。通常，能够形成液晶的高分子应由以下结构单元组成。

1. 液晶基元

能形成液晶的物质，通常具有刚性结构。其分子长(L)和宽(D)的比例 $R\gg 1$，呈棒状。例如，4,4′-二甲氧基氧化偶氮苯(**1**)液晶，分子的长宽比 $R\approx 2.6$，长厚比 $R'\approx 5.2$。所以，液晶基元通常是由连接官能团(interconnecting group)将两个或以上刚性环连接起来形成的。例如，二联苯、三联苯、苯甲酰氧苯、1,2-二苯基乙烯、1,2-二苯基乙炔和苯甲亚胺基苯等，具有刚性和棒状外形，构成了常见的液晶基元。除了芳环以外,刚性环还可以是反式-环己烷、反式-2,5-双取代基-1,3-二氧环戊烷和1,3-二硫杂环己烷等。连接官能团一般为—CH_2 ═N—,—N ═N—,$\leftarrow$CH ═CH$\rightarrow_n$,$\leftarrow$C≡C$\rightarrow_n$和—CH ═N—N ═CH—等。含有双键或炔基的官能团能限制刚性环的自由旋转,增加分子长度和维持分子的刚性。由于酯基和酰胺基的共振作用,限制了酯碳氧键(或酰胺的碳氮键)的自由旋转,也是有效的连接官能团。

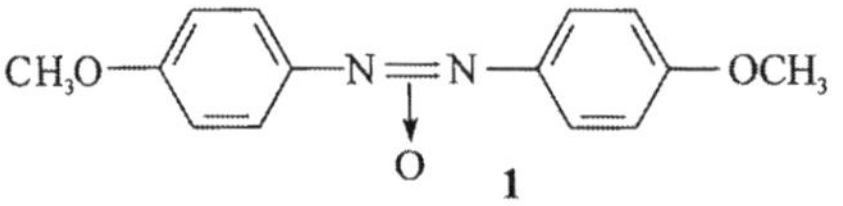

CH_3O—⟨苯环⟩—N═N(→O)—⟨苯环⟩—OCH_3

1

2. 柔性间隔基(flexible spacers)

一般,液晶基元是通过柔性间隔基接到高分子主链上,形成液晶高分子。例如,液晶聚合物**2**是通过柔性间隔基,六亚甲基将二联苯液晶基元接到聚甲基丙烯酸酯主链上。该聚合物在温度119～136℃之间,呈近晶型液晶。若二联苯不通过间隔基,直接接到高分子主链上,如聚合物**3**;或者只通过一个亚甲基接到高分子主链上,如**4**,均不呈现液晶相,是无定形聚合物。这是由于高分子链的热运动,趋向于形成无规线团,妨碍了液晶基元取向形成液晶相。柔性间隔基的去偶作用,是指高分子主链的热运动对液晶基元取向的影响减小了。显然,间隔基的长度对液晶相的形成和稳定性是有影响的。

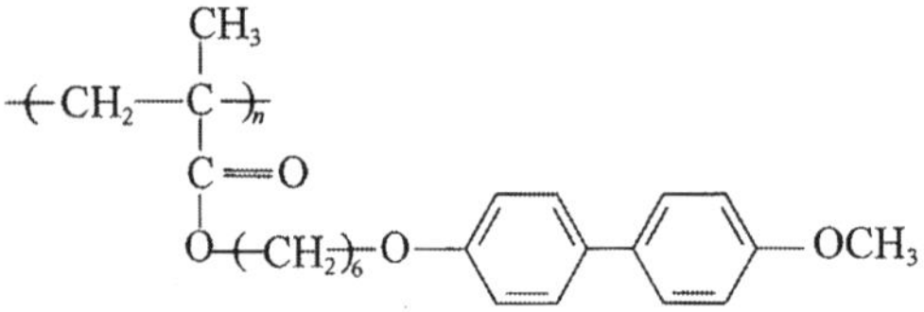

2　K119S136i

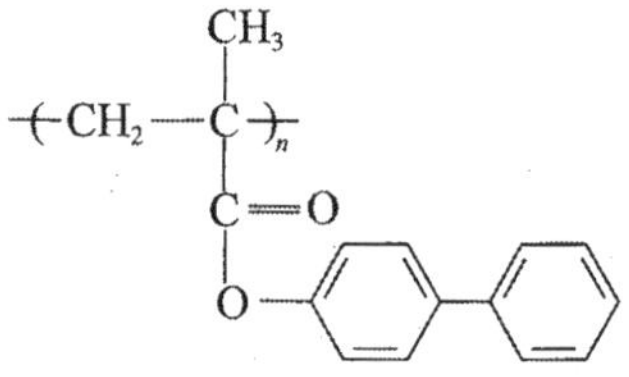

3　g170i

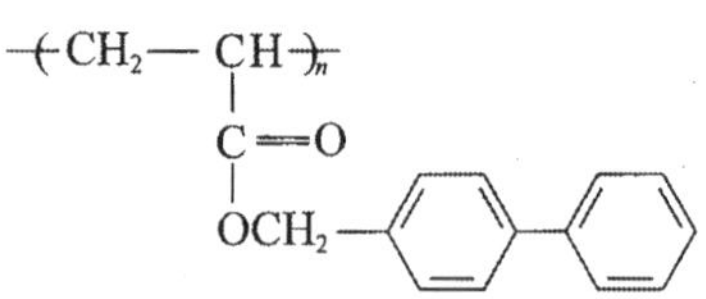

4　g50i

3. 高分子液晶的结构

根据液晶基元在高分子链中的位置,液晶高分子可分为:

(1) 主链型液晶高分子。是指液晶基元在高分子主链上的液晶高分子。它可以是由连接官能团将液晶基元联起来,形成的高分子,如图 8-2(a)所示。例如,对苯二甲酰对苯二胺(PPTA),是一溶致型液晶。在常温下,它的浓硫酸溶液为向列型液晶。也可以通过高分子链将液晶基元连起来,形成高分子液晶,如图 8-2(b)所示。一个例子是对苯二甲酸乙二醇酯(PET)与对羟基苯甲酸(HBA)的共聚物 **5**。可以看作是高分子链将液晶基元苯甲酰氧苯连起来形成的。

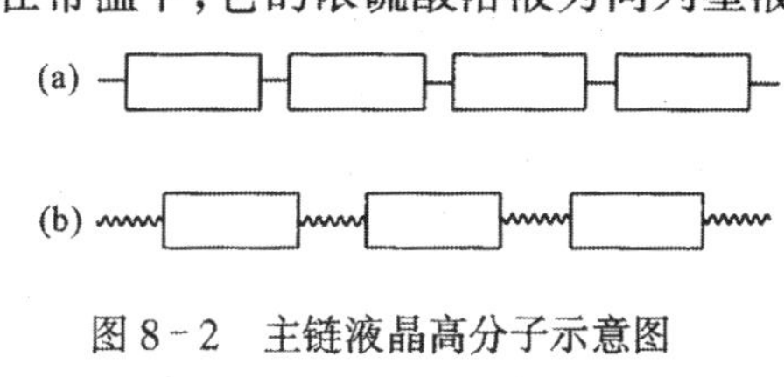

图 8-2　主链液晶高分子示意图

$$\left[\overset{O}{\overset{\|}{C}} - C_6H_4 - \overset{O}{\overset{\|}{C}}OCH_2CH_2O \right]_n \overset{O}{\overset{\|}{C}} - C_6H_4 - O\overset{O}{\overset{\|}{C}} - C_6H_4 - O -$$

5

(2) 侧链型液晶高分子。是指液晶基元在高分子的侧链上,如图 8-3 所示。例如,聚(甲基丙烯酰氧己基氧联苯腈)的侧基上含有液晶基元联苯腈。图 8-3 所示的侧链液晶高分子的主链为线形聚合物。除此以外,也有液晶基元连接到环状齐聚物上;或者多个液晶基元键联后,通过柔性间隔基,接到高分子主链上。由于这类高分子液晶的合成相对容易;变化参数较多,例如,主链的种类、相对分子质量、规整度,柔性间隔基的种类和长度等,所以研究得较为广泛。

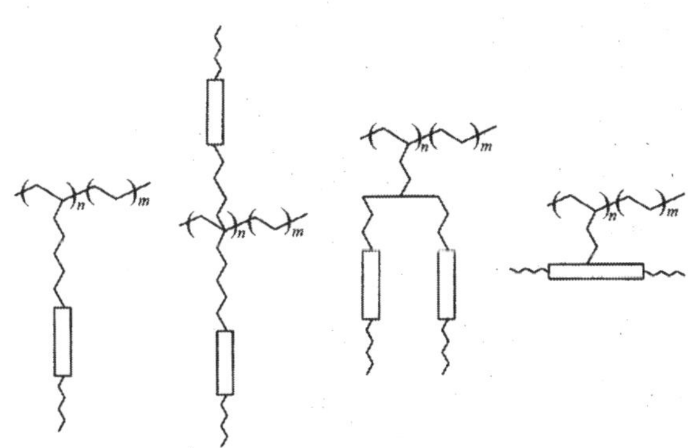

图 8-3　侧链高分子液晶结构示意图

(3) 混合型液晶高分子(combined liquid crystal polymers)。这类液晶高分子是指在主链和侧基上,均含有液晶基元,如图 8-4 所示。液晶基元通过柔性间隔基连接到液晶主链的柔性间隔基上[见图 8-4(a)];或连接到主链的液晶基元上[见图 8-4(b)];或接到刚性的主链上[见图 8-4(c)],即主链上无柔性间隔基,只有刚性液晶基元。两个相交的液晶基元,插入到柔性聚合物主链上[见图 8-4(d)]。

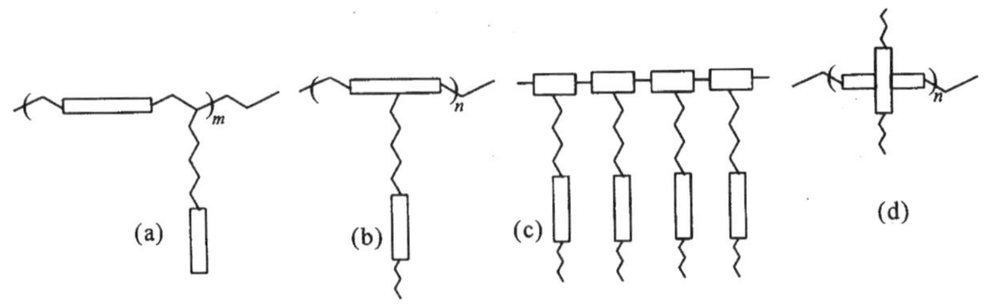

图 8-4　混合型液晶高分子的结构示意图

一般来讲，液晶高分子中应含有液晶基元和柔性间隔基团。随着研究的深入，也发现有的液晶高分子中，并不一定存在明确的液晶基元。例如聚合物 **6** 上，并不包含常见的刚性液晶基元，却能在很广的温度范围内出现液晶相。

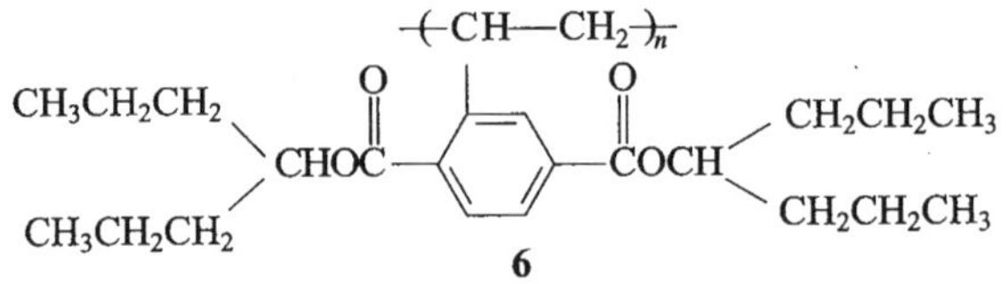

$-\!\!\left(CH-CH_2\right)\!\!-_n$

$CH_3CH_2CH_2$　O　O　$CH_2CH_2CH_3$

CHOC—(苯环)—COCH

$CH_3CH_2CH_2$　$CH_2CH_2CH_3$

6

4. 溶致型液晶和热致型液晶

溶致型液晶高分子是指聚合物在溶解过程中，达到一定浓度时，形成了有序排列，产生各向异性。例如聚对氨基苯甲酰胺(PpBA)在 *N*,*N*-二甲基甲酰胺溶液中(有时要加入一些氯化锂或氯化钙)可以形成液晶相。在溶液中形成液晶的最低浓度，称为液晶相的临界浓度。它与温度、相对分子质量和相对分子质量分布、聚合物结构和所用溶剂有关。

热致型液晶高分子是指聚合物在加热熔融过程中，到达一定温度时，高分子位置有序逐渐消失，但保留取向有序，具有各向异性，形成了液晶相。

8.1.3　侧链液晶高分子的分子设计和合成

1. 分子结构与液晶性

侧链液晶高分子由三部分组成：高分子骨架，液晶基元和柔性间隔基。在合成液晶高分子时，要考虑这三个结构对液晶的相结构和形态的影响。

1) 高分子骨架

为减小高分子主链对液晶基元取向排列的影响，最好采用具有柔性好的聚合物，如环氧聚合物、聚硅氧烷和聚丙烯酸酯等为主链。通常这些聚合物的玻璃化转变温度 T_g 较低。同一液晶基元的清亮点 T_i 变化不大，而 T_g 降低，意味着聚合物形成液晶的温度范围加宽($T_i - T_g$)，液晶的使用温度范围扩大。表 8-1 的数据说明高分子骨架对液晶相的形成和稳定性有较大的影响。

表 8-1　高分子主链对相变温度的影响

液晶基元和间隔基 $\text{-(}CH_2\text{)}_2\text{-}O-$	$-CH_2-C(CH_3)-$（侧基 $O=CO-$）			$-CH_2-CH-$（侧基 $O=CO-$）			$-Si(CH_3)O-$		
	T_g	T_i/℃	ΔT	T_g	T_i/℃	ΔT	T_g	T_i/℃	ΔT
$\text{-(}CH_2\text{)}_2\text{-}O-C_6H_4-\overset{O}{\overset{\|}{C}}O-C_6H_4-OCH_3$	369	394	25	320	350	30	288	334	46
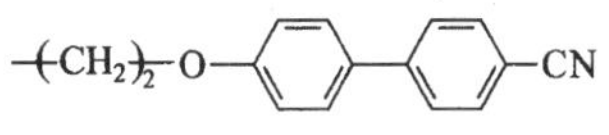 $\text{-(}CH_2\text{)}_2\text{-}O-C_6H_4-C_6H_4-CN$	333	393	60	308	393	85	287	443	156

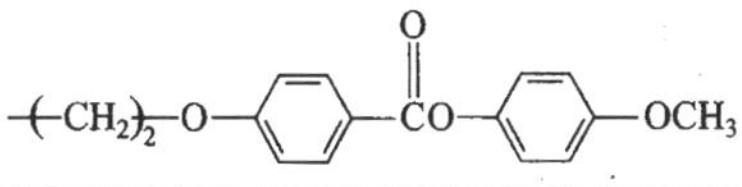

聚合物的相对分子质量对液晶相的形成是有影响的。例如,研究聚合物 **7** 的不同聚合度对相变温度及热焓的影响,结果列于表 8-2 中。由表中的数据可知,随聚合度从 13 增加至 114,聚合物的 T_g 和液晶的 T_i 以及热焓均增加。对不同的高分子链,影响程度是不一样的。例如,与聚合物 **7** 相同的液晶基元,主链为聚硅氧烷,在聚合度 10 之前,T_g 和 T_i 迅速增加;聚合度再增加,T_g 和 T_i 的增加趋势减缓。

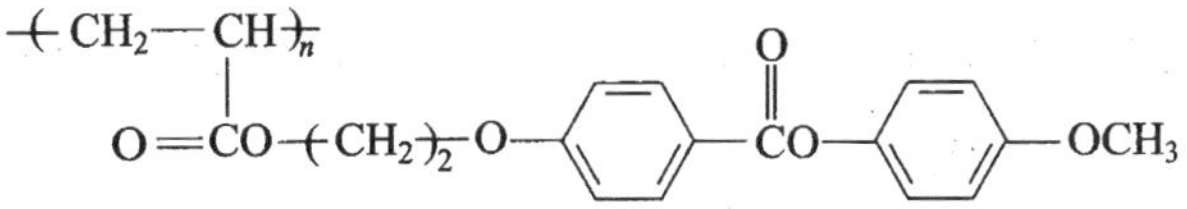

$$\text{-(}CH_2-CH\text{)}_n\text{-}$$
$$O=\overset{|}{C}O\text{-(}CH_2\text{)}_2\text{-}O-C_6H_4-\overset{O}{\overset{\|}{C}}O-C_6H_4-OCH_3$$

7

表 8-2　液晶聚合物 7 的相对分子质量对相变温度的影响

M_n	聚合度	相变温度/℃	ΔH_i(kJ/mol)
4500	13	g53N100i	0.6
14000	41	g59N114i	0.6
39000	114	g62N116i	0.9

注:g 表示玻璃化转变;N 指向列型液晶;i 表示变成各向同性液体的清亮点。

侧链液晶聚合物主链的立体规整性对相变温度是有影响的。例如聚合物 **8**,若为无规聚甲基丙烯酸酯,在 117℃,由结晶转变为近晶型液晶;清亮点温度约在 127~131℃。若为全同立构聚合物,由结晶转变为近晶型液晶的温度为 131℃,由近晶型转变为各向同性液体的温度为 135℃。

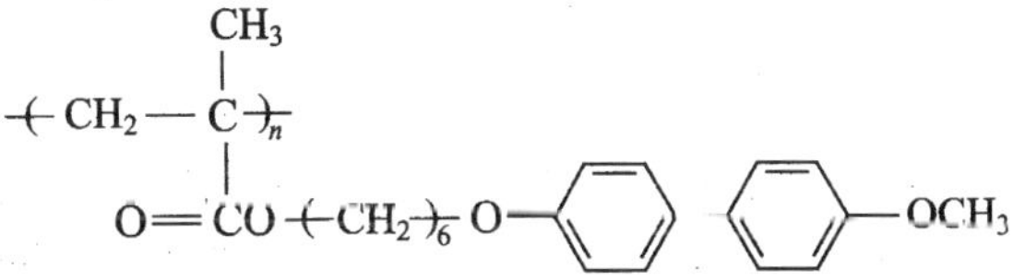

$$\text{-(}CH_2-\overset{CH_3}{\overset{|}{C}}\text{)}_n\text{-}$$
$$O=\overset{|}{C}O\text{-(}CH_2\text{)}_6\text{-}O-C_6H_4\quad C_6H_4-OCH_3$$

8

2) 柔性间隔基团

“柔性间隔基去偶模型”是设计侧链液晶高分子的基本模型。其基本思想是，在液晶基元和高分子主链之间插入柔性间隔基，以使主链高分子的扇运动不干扰液晶基元的取向排列，从而不会影响液晶相的形成。所以，柔性间隔基的种类和长度，对液晶基元的取向排列和热相变温度有很大的影响。

(1) 影响液晶结构。例如，聚合物**9**具有相同的液晶基元4-甲氧基联苯和不同的柔性间隔基。没有间隔基时，即 $m=0$ 的聚合物显示近晶型液晶 S225i；当间隔基短，如 $m=2$ 时，呈向列型液晶，g120N152i；当间隔基再增长时，如 $m=6$ 和 11，又显示近晶型液晶，相变温度分别为：K119S136i 和 g54S_C87S_A142i。

$$\begin{array}{c} CH_3 \\ | \\ -\!\!\left(CH_2-C\right)_n\!\!- \\ | \\ O=CO-\!\left(CH_2\right)_m O-\!\!\langle\bigcirc\rangle\!\!-\!\!\langle\bigcirc\rangle\!\!-OCH_3 \end{array}$$

9

(2) 相变温度。间隔基长度不仅影响液晶相的结构，而且会影响相变温度。影响的规律随液晶基元的不同而不同，例如，液晶基元为联苯的高分子**10**，其 T_g 基本上保持一恒定值；但是，清亮点温度 T_i 对间隔基元 m 值作图时，存在奇-偶变化规律，即 m 为偶数值的 T_i 大于相邻为奇数值的 T_i，如图 8-5 所示。如果把连

$$\begin{array}{c} -\!\!\left(CH_2-CH\right)_n\!\!- \\ | \\ O=CO-\!\left(CH_2\right)_m\!\!-\!\!\langle\bigcirc\rangle\!\!-\!\!\langle\bigcirc\rangle\!\!-C_5H_{11} \end{array}$$

10

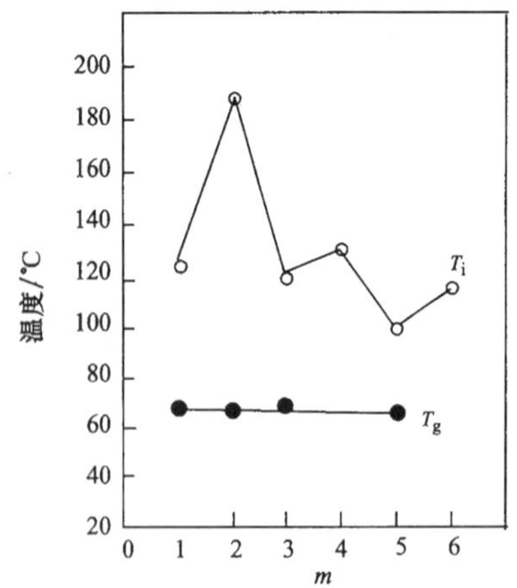

图 8-5 液晶高分子**10**的玻璃化转变温度和清亮点与间隔基元长度的关系

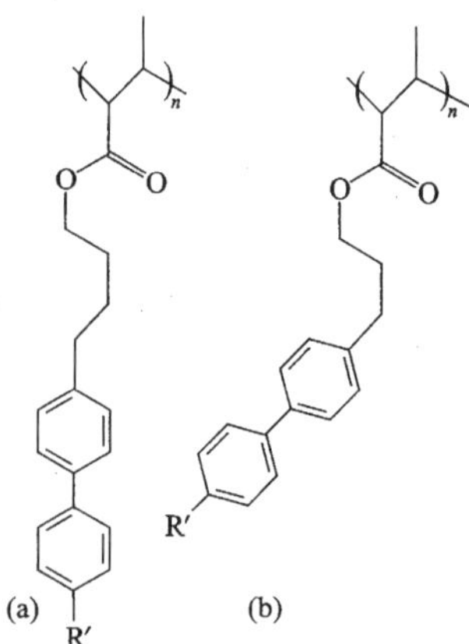

图 8-6 柔性间隔基为奇、偶值时，液晶基元与聚合物主链的相对位置示意图

接基团酯基作为柔性间隔基的一部分，当 m 为偶数值时，液晶基元垂直于聚合物主链[见图 8-6(a)]；m 为奇数值时，液晶基元与聚合物主链间有一角度[见图 8-6(b)]。因此，柔性间隔基为偶数值的液晶基元比奇数值的更容易形成液晶相，其 T_i 较邻近的奇数值的 T_i 高。

对于不同的液晶基元，柔性间隔基对相变温度的影响是不一样的。例如液晶高分子 **11**，其 T_g 随柔性间隔基的长度增加而下降；而清亮点温度，随间隔基长度的增加，起始下降，随后又增加(见图 8-7)。

$-\!\!(CH_2-CH)_n-$，侧基：$O{=}CO-(CH_2)_m-C_6H_4-CO-O-C_6H_3(X)-CN$

11

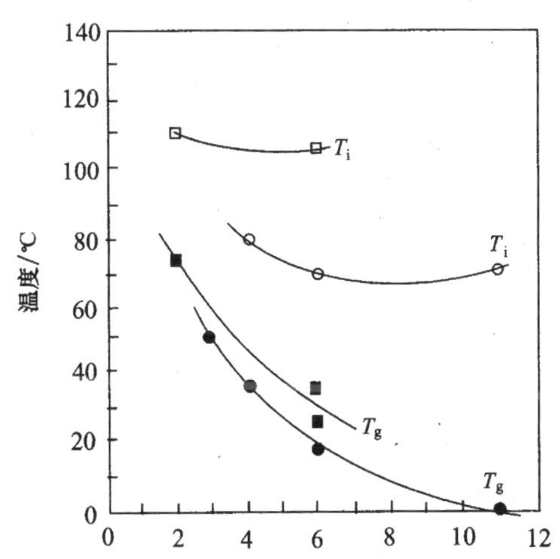

图 8-7　聚合物 **11** 的柔性间隔基长度对相变温度的影响

X = H: ■ □ ； X = F: ● ○

3) 液晶基元

液晶基元的长度对液晶相和热稳定性是有影响的。表 8-3 中的结果说明，在液晶高分子 **12** 中，随着液晶基元的长度增加，即从苯至二联苯，再到三联苯，液晶相的热稳定性提高了；液晶相的有序度也增加。

$-\!\!(Si(CH_3)-O)_n-$，侧基：$(CH_2)_3-O-C_6H_4-COR$

12

表 8-3　液晶高分子 12 中，液晶基元长度对相变温度的影响

R	相变温度/℃	R	相变温度/℃
OCH_3	g15N61i		K95N125i
OCH_3	K139N319i		K200N360i
OCH_3	K200N360i		

注：K 为晶体；N 为向列型液晶；i 表示变成各向同性液体的清亮点。

液晶基元的末端基团的长度对液晶相和相变温度也有影响。例如，在联苯的 4′位有烷基取代基的液晶基元(如图 8-8 所示)，存在与小分子液晶相似的奇-偶现象。如果末端甲基不计算在内，含偶数碳原子的取代基上，末端甲基与液晶基元同轴，增加了分子的长宽比[见图 8-8(a)]。它的相变温度 T_i 和有序性应比含奇数碳原子的液晶基元高，因为含奇数碳原子的末端甲基与液晶基元不同轴[见图 8-8(b)]，不利于它的有序平行排列，形成液晶相。

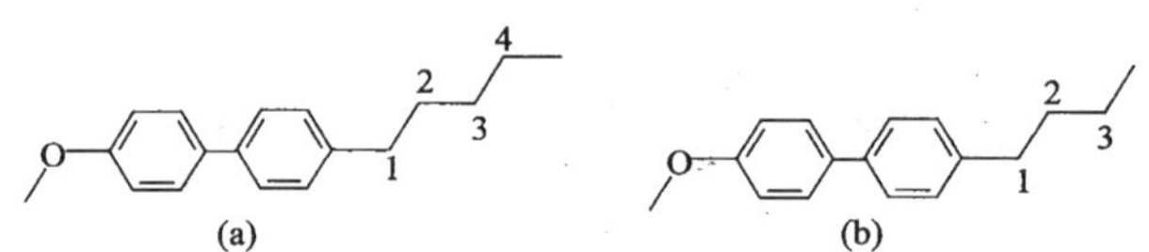

图 8-8　4,4′-双取代联苯的末端取代基中奇偶碳原子的不同构象

对于由连结基团，如酯基形成的液晶基元，酯基的连接方式对液晶相和相变温度是有影响的(见图 8-9)。例如，聚合物 **13** 和 **14**，主链均为聚硅氧烷，间隔基为烷基，末端官能团为腈基，都是一样的。不同的是**13** 是 4′-腈基苯甲酸苯酯；**14** 是 4-苯甲酸腈基苯酯。两聚合物的相对分子质量很高，可以考虑相变温度与相对分子质量无关。结果发现，不论柔性间隔链多长，两者均形成近晶型液晶。不同的是聚合物 **13** 的相变温度 T_g、T_m 和 T_i 均高于相应的聚合物 **14**。而且前者的侧链会结晶，后者则不会。可能的原因是，**14** 在互相交叉排列时，腈基和酯基的立体相互作用，限制了它的有序排列[见图 8-10(b)]；而聚合物 **13** 在交叉双层排列时不存在这种情况[见图 8-10(a)]。

2. 侧链液晶高分子的合成

1) 链式聚合反应

通常的方法是，先合成含有液晶基元的单体，例如，先合成含液晶基元的丙烯酸酯、甲基丙烯酸酯、丙烯酰胺和苯乙烯单体，然后进行聚合反应，得到高分子液

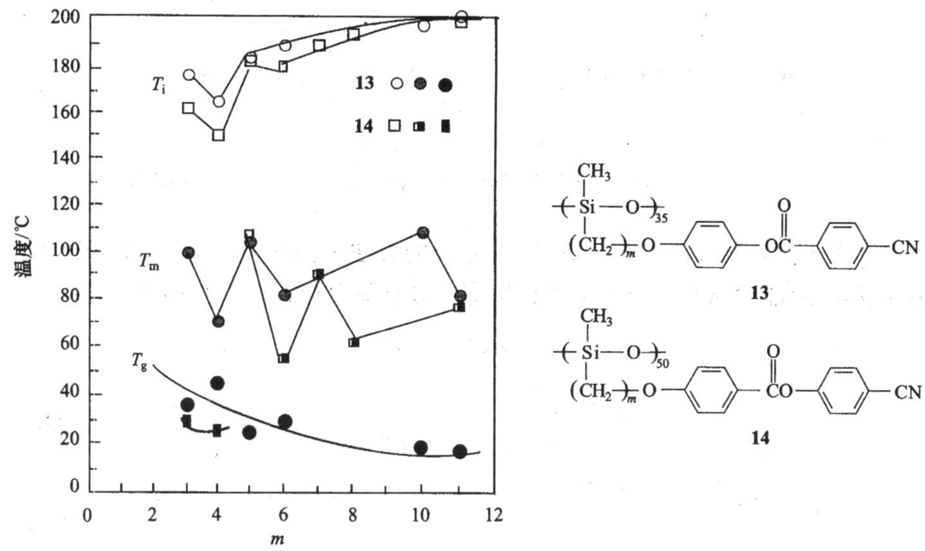

图 8-9　液晶高分子 **13** 和 **14** 中，
酯键结构对相变温度的影响

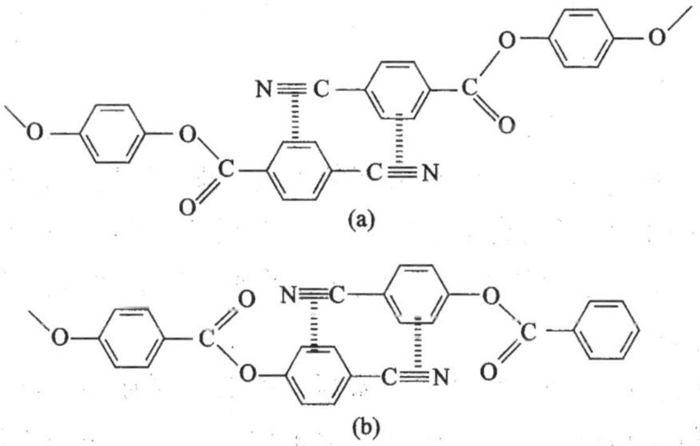

(a)

(b)

图 8-10　液晶基元腈基苯甲酸苯酯和苯甲酸腈基苯酯的相互作用和交替排列

晶。合成单体时，首先要考虑将柔性间隔基团，如$\leftarrow\!\!(CH_2)\!\!\rightarrow_n$，$\leftarrow\!\!(CH_2CH_2O)\!\!\rightarrow_n$等接到液晶基元上。例如，将 6-溴己醇与 4-戊基联苯酚钠反应[见反应式(8-2)]，再与丙烯酰氯反应，生成含液晶基元的单体[见反应式(8-3)]。

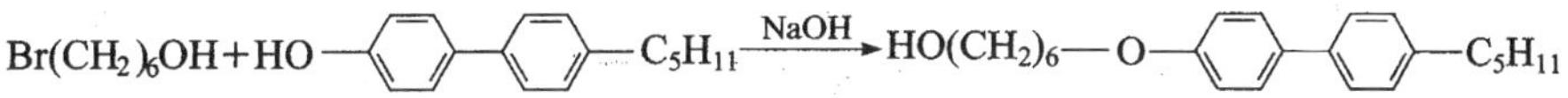

$$Br(CH_2)_6OH+HO-C_6H_4-C_6H_4-C_5H_{11}\xrightarrow{NaOH}HO(CH_2)_6-O-C_6H_4-C_6H_4-C_5H_{11}\tag{8-2}$$

$$CH_2{=}CH\overset{O}{\overset{\|}{C}}Cl + HO(CH_2)_6{-}O{-}C_6H_4{-}C_6H_4{-}C_5H_{11} \longrightarrow CH_2{=}CH\overset{O}{\overset{\|}{C}}{-}O(CH_2)_6{-}O{-}C_6H_4{-}C_6H_4{-}C_5H_{11} \quad (8-3)$$

将这些单体聚合成液晶高分子,最方便的方法是自由基聚合。如苯乙烯衍生物、(甲基)丙烯酸酯类的自由基聚合反应。分别见反应式(8-4)和(8-5)。

$$CH_2{=}CH{-}C_6H_4{-}CH_2{-}O{+}CH_2{+}_n{-}\square{\sim\sim} \xrightarrow{R\cdot} {+}CH_2{-}\underset{C_6H_4{-}CH_2{-}O{+}CH_2{+}_n{-}\square{\sim\sim}}{CH}{+}_n \quad (8-4)$$

$$CH_2{=}\overset{R}{C}{-}\underset{\|}{C}(O){-}O{+}CH_2{+}_n{-}\square{\sim\sim} \xrightarrow{R\cdot} {+}CH_2{-}\overset{R}{\underset{C(=O){-}O{+}CH_2{+}_n{-}\square{\sim\sim}}{C}}{+}_n$$

R = —H, —Cl, —CH_3

(8-5)

如果要制备立构规整性聚合物,或者相对分子质量可控,相对分子质量分布窄的聚合物,则要采用阴离子聚合或基团转移聚合反应。但很难为活性聚合,主要是它们的侧基上含有活泼的苯甲酸酯。在阴离子或基团转移聚合反应中,该基团十分活泼,会参与反应。

活性自由基聚合的发展,为这类单体制备相对分子质量可控,相对分子质量分布窄的聚合物提供了可能。例如,在过氧化苯甲酰和2,2,6,6-四甲基-1-哌啶氮氧稳定自由基存在下,使苯乙烯聚合[见反应式(8-6)]。以得到的聚苯乙烯 **15** 作大分子引发剂,引发单体 **16** 进行自由基聚合,得到相对分子质量可控、相对分子质量分布窄的嵌段共聚物 **17**[见反应式(8-7)]。

$$C_6H_5CH{=}CH_2 + C_6H_5\overset{O}{\overset{\|}{C}}{-}OO{-}\overset{O}{\overset{\|}{C}}C_6H_5 + \text{TEMPO}(N{-}O\cdot) \longrightarrow C_6H_5\overset{O}{\overset{\|}{C}}O{+}CH_2{-}\underset{C_6H_5}{CH}{+}_n O{-}N\text{(2,2,6,6-tetramethylpiperidine)} \quad \mathbf{15}$$

(8-6)

$$\mathbf{15} + CH_3O-C_6H_4-OC(=O)-C_6H_3(CH=CH_2)-C(=O)O-C_6H_4-OCH_3 \ (\mathbf{16}) \longrightarrow$$

$$\text{+}CH_2-CH(C_6H_5)\text{+}_n\text{—}\text{+}CH_2-CH[C_6H_3(C(=O)O-C_6H_4-OCH_3)(OC(=O)-C_6H_4-OCH_3)]\text{+}_m \ (\mathbf{17}) \qquad (8-7)$$

共聚物 **17** 中，一段为聚苯乙烯链，另一段为具有热致液晶性的液晶高分子链。

原子转移自由基聚合(ATRP)也可用于合成液晶高分子。例如，使用聚乙二醇大分子引发剂 **18**，以氯化亚铜和六甲基三乙烯基四胺分别作催化剂和配体，引发单体 **19** 聚合[见反应式(8－8)]；得到的嵌段共聚物 **20**($M_n=29700$，$M_w/M_n=1.07$)作大分子引发剂，再引发单体 **21** 聚合[见反应式(8－9)]，得到相对分子质量可控、相对分子质量分布较窄的两亲性三嵌段共聚物。

$$CH_3(OCH_2CH_2)_{114}O-C(=O)-CBr(CH_3)_2 \ (\mathbf{18}) + CH_2=C(CH_3)-C(=O)-O-(CH_2)_{11}O-C_6H_4-C_6H_4-CN \ (\mathbf{19}) \xrightarrow[\text{苯甲醚}/80℃]{CuCl/HMTETA}$$

$$CH_3(OCH_2CH_2)_{114}O-C(=O)-C(CH_3)_2\text{+}CH_2-C(CH_3)[C(=O)-O-(CH_2)_{11}O-C_6H_4-C_6H_4-CN]\text{+}_{52}Br \ (\mathbf{20}) \qquad (8-8)$$

$$\mathbf{20} + CH_2=C(CH_3)-C(=O)-O-(CH_2)_{11}O-C_6H_4-N=N-C_6H_4-C_4H_9 \ (\mathbf{21}) \xrightarrow[\text{苯甲醚}/80℃]{CuCl/HMTETA}$$

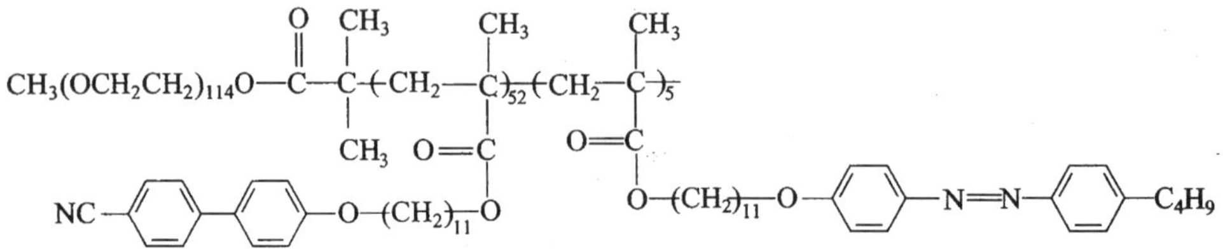

$$CH_3(OCH_2CH_2)_{114}O-\overset{O}{\overset{\|}{C}}-\underset{CH_3}{\underset{|}{\overset{CH_3}{\overset{|}{C}}}}-(CH_2-\underset{O=C-O-(CH_2)_{11}-O-C_6H_4-C_6H_4-CN}{\overset{CH_3}{\overset{|}{C}}})_{52}(CH_2-\underset{O=C-O-(CH_2)_{11}-O-C_6H_4-N=N-C_6H_4-C_4H_9}{\overset{CH_3}{\overset{|}{C}}})_5 \tag{8-9}$$

得到的无论是二嵌段，还是三嵌段共聚物均显示近晶型液晶。三嵌段共聚物中含有偶氮基的液晶基元，它具有光响应特性。反式偶氮苯具有棒状结构，是液晶基元；而顺式结构为弯曲形状，不显示液晶相。在反复的反式-顺式-反式循环中，偶氮苯会垂直偏振光方向有序排列。偶氮苯的这些功能会影响嵌段共聚物中非偶氮基液晶基元，使聚合物显示新的性能。

用 ATRP 合成液晶高分子的另一个例子，是用功能性引发剂 **22** 引发单体 **23** 聚合，得到了相对分子质量可控（$M_n = 10\ 000 \sim 21\ 000$）、相对分子质量分布较窄（$M_w/M_n = 1.12 \sim 1.32$）的聚合物 **24**[见反应式(8-10)]。聚合物 **24** 显示近晶型液晶；液晶基元具有双层结构。在稀溶液和固体膜中均观察到从 4-腈基联苯到引发剂结构单元的能量转移。

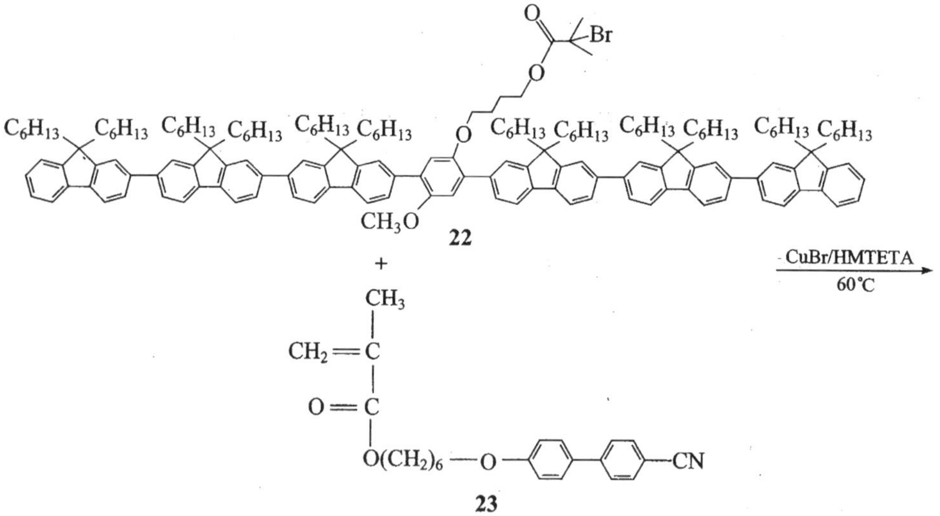

C_6H_{13} C_6H_{13} C_6H_{13} C_6H_{13} C_6H_{13} C_6H_{13} O C_6H_{13} C_6H_{13} C_6H_{13} C_6H_{13} C_6H_{13} C_6H_{13}

O, Br, O, CH_3O

22

\+

$$CH_2=\overset{CH_3}{\overset{|}{C}}-\underset{O(CH_2)_6-O-C_6H_4-C_6H_4-CN}{\underset{|}{C}}=O$$

23

$\xrightarrow[60^\circ C]{CuBr/HMTETA}$

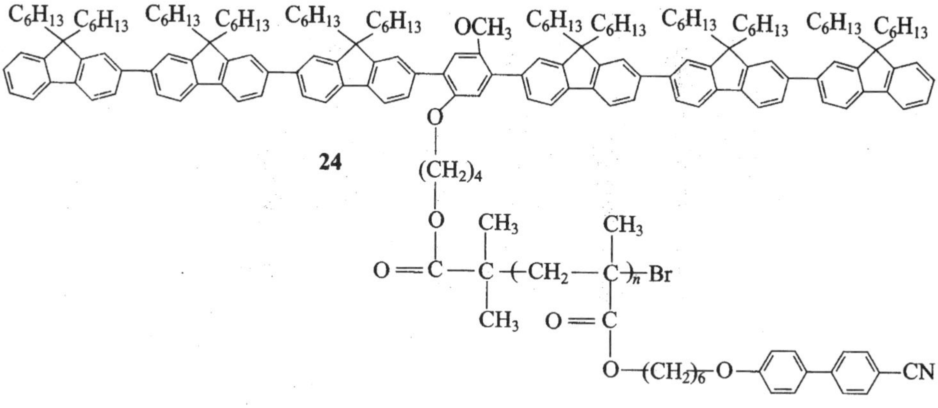

24

(8－10)

带有液晶基元的乙烯基醚可以进行阳离子聚合，得到液晶高分子。反应式(8－11)是这一聚合反应的通式。

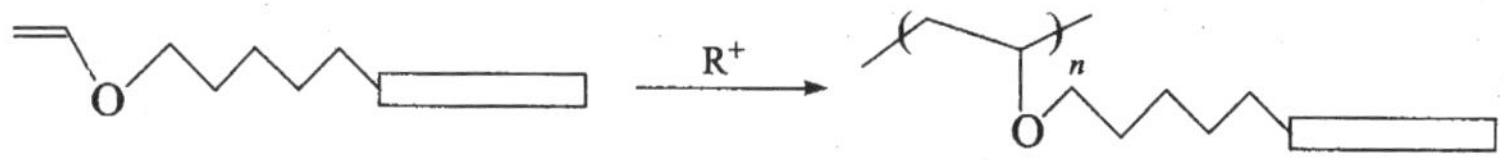

(8－11)

一个例子是 BF_3OEt_2 阳离子引发剂，在甲苯中，引发带有纤维二糖的乙烯基醚单体 **25**，进行阳离子聚合反应。尽管有很大的液晶基元纤维二糖，仍能得到可溶性聚合物[见反应式(8－12)]。如果在－15℃，采用 $CH_3CH(O\textit{i}Bu)Cl/ZnI_2$ 作引发剂，则为活性阳离子聚合反应。

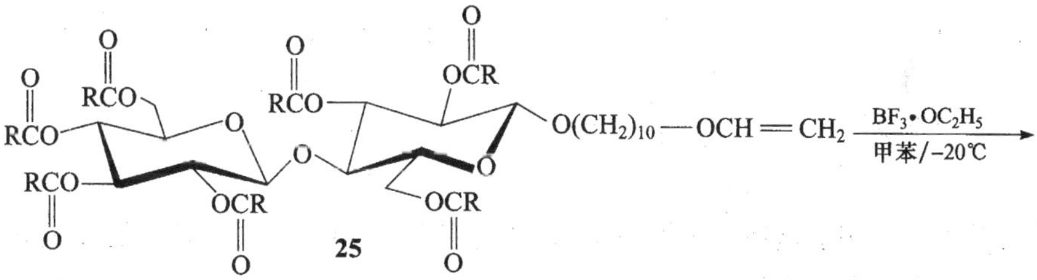

25

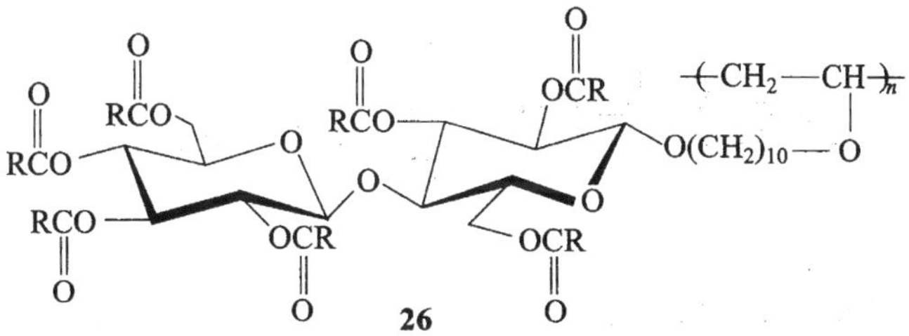

26

(8－12)

聚合物 **26** 是液晶聚合物，能形成液晶相。最可能的结构是由液晶基元纤维二糖，规则地堆砌形成盘状圆柱形。聚合物主链呈伸展状，形成互不相关的圆柱形，如图 8－11 所示。

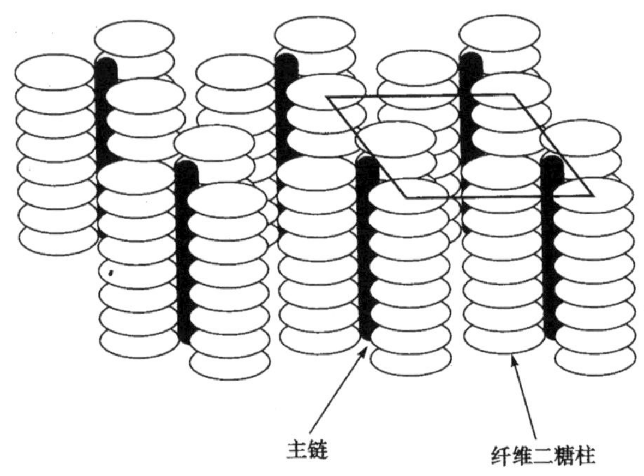

图 8 - 11　聚合物形成的最可能的液晶相结构

环状单体，如带液晶基元的环氧乙烷、环氧丁烷和杂环化合物的衍生物，在阳离子引发剂作用下，能进行开环聚合，得到液晶高分子，如反应式(8 - 13)和(8 - 14)所示。

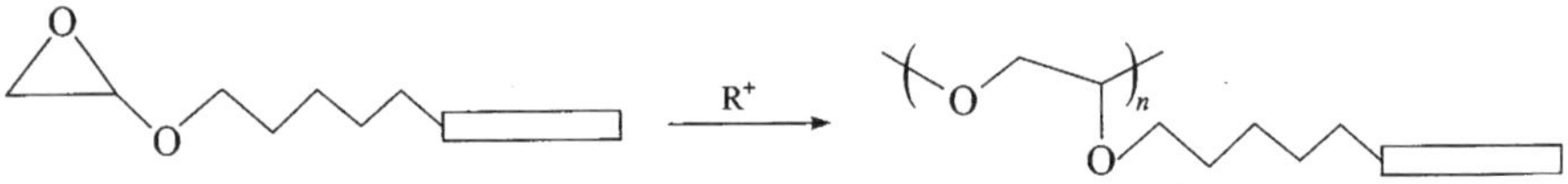

$\xrightarrow{R^+}$

(8 - 13)

$\xrightarrow{R^+}$

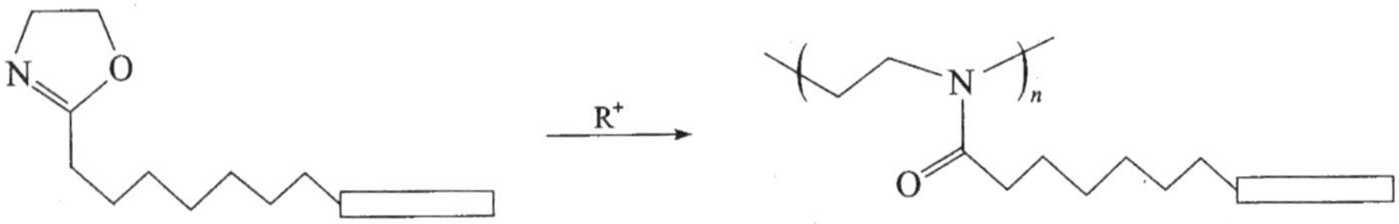

(8 - 14)

其中一个例子是环氧丁烷衍生物 **27** 的阳离子开环聚合，制备聚醚为主链的液晶高分子 **28**[见反应式(8 - 15)]。

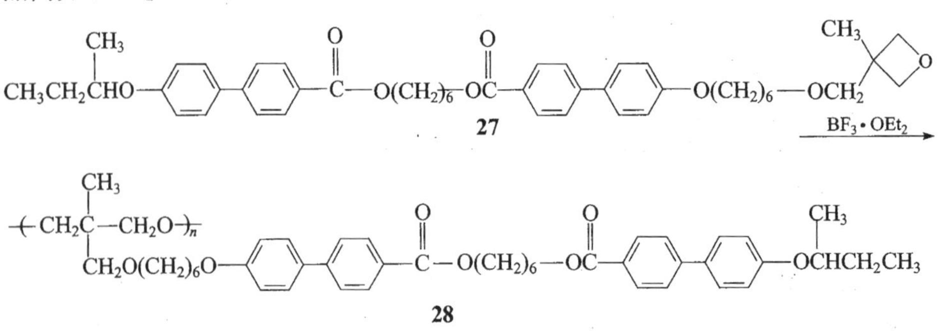

$CH_3CH_2CH(CH_3)O-C_6H_4-C_6H_4-C(=O)-O(CH_2)_6-OC(=O)-C_6H_4-C_6H_4-O(CH_2)_6-OCH_2-C(CH_3)(\text{oxetane})$

27

$\xrightarrow{BF_3 \cdot OEt_2}$

$-\!\!\!\left(CH_2C(CH_3)(CH_2O(CH_2)_6O-C_6H_4-C_6H_4-C(=O)-O(CH_2)_6-OC(=O)-C_6H_4-C_6H_4-OCH(CH_3)CH_2CH_3)-CH_2O \right)\!\!\!-_n$

28

(8 - 15)

用 BF_3OEt_2 和 $(EtO)_4BF_4$ 作引发剂时，为避免生成环状低聚物，要在较低温度下进行聚合反应。一般在 -60℃ 下，滴加 BF_3OEt_2；在室温下，进行聚合反应。较高的单体浓度和高真空度有利于得到相对分子质量较高的聚合物。聚合物 **28** 显示近晶型液晶相。

2) 逐步聚合反应

多种逐步聚合反应可以用来制备液晶高分子。

(1) 聚酯反应。可以先合成含有液晶基元的二元酯单体，再与二元醇(可以含液晶基元)进行缩合反应，得到液晶高分子，如反应式(8-16)所示。

$H_5C_2OC(=O)—CH—C(=O)OC_2H_5$ + HO—R—OH $\xrightarrow{-C_2H_5OH}$ $\left[OC(=O)—CH—C(=O)O—R\right]_n$

R= ▭ 或脂肪基、低聚醚链　　(8-16)

例如，二元酯 **29** 和二元醇 **30** 进行缩合反应，得到主链和侧链液晶聚合物[见反应式(8-17)]。在不同的温度范围，分别显示晶体(K)，近晶型 S_C，近晶型 S_A，向列型液晶(N)相和各向同性液体(i)。与相应的主链或侧链液晶高分子比较，该聚合物的液晶相的热稳定性提高了。

$C_2H_5OC(=O)—CH(R)—C(=O)OC_2H_5$ (**29**) + $HO\!-\!(CH_2)_6\!-\!O\!-\!C_6H_4\!-\!C_6H_4\!-\!O\!-\!(CH_2)_6\!-\!OH$ (**30**) $\xrightarrow{-C_2H_5OH}$

$\left[(CH_2)_6O—C_6H_4—C_6H_4—O—(CH_2)_6OC(=O)—CH(R)—C(=O)O\right]_n$　　(8-17)

K_1 108 K_2 112 S_C 131 S_A 136 N 155i

R= $—(CH_2)_6O—C_6H_4—N{=}N—C_6H_4—OCH_3$

另一方法是先在二元醇上接液晶基元，再与二元酯进行缩合反应[见反应式(8-18)]。

HO—C_6H_3(—CH_2—O—C_6H_4—N=N—C_6H_4—OCH_3)—OH + $C_2H_5OC(=O)—C_6H_4—O(CH_2)_nO—C_6H_4—C(=O)OC_2H_5$ $\xrightarrow{-C_2H_5OH}$

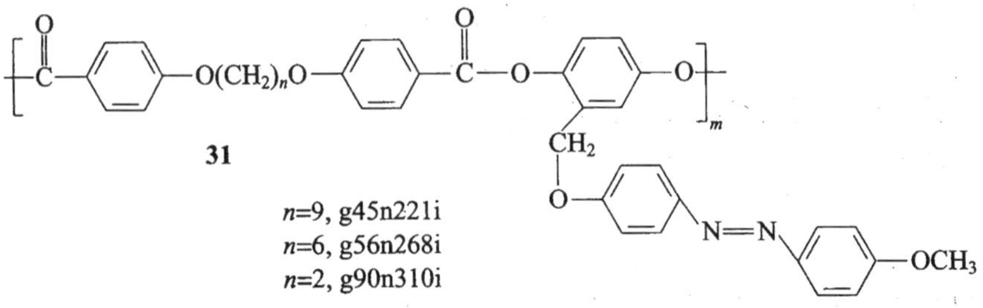

31

n=9, g45n221i
n=6, g56n268i
n=2, g90n310i

(8－18)

得到的聚合物 **31** 显示向列型液晶。

(2) 水解缩聚反应。利用含有液晶基元的二氯硅烷单体，在吡啶存在下，进行水解缩聚反应，制备侧链型聚硅氧烷液晶，如反应式(8－19)所示。

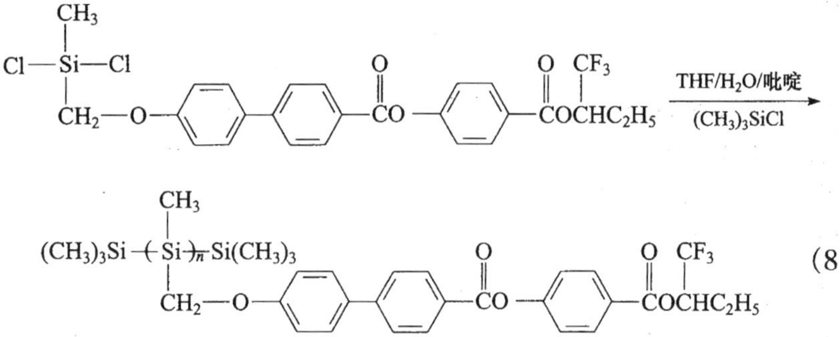

THF/H_2O/吡啶
$(CH_3)_3SiCl$

(8－19)

除了以上的逐步聚合反应外，还有其他的逐步聚合反应，如二元醇和二异腈酸酯的反应，均可用于制备侧链型液晶高分子。

3) 高分子反应

这是功能高分子常用的方法，也可用来合成侧链液晶高分子。合成时，可利用的有机化学反应很多。例如酰氯与羟基的反应[反应式(8－20)]；羧酸钠盐与溴代物的反应[反应式(8－21)]；活泼卤素与羧酸盐的反应[反应式(8－22)]；膦酰氯与醇钠的反应[反应式(8－23)]；硅氢加成反应[反应式(8－24)]等。

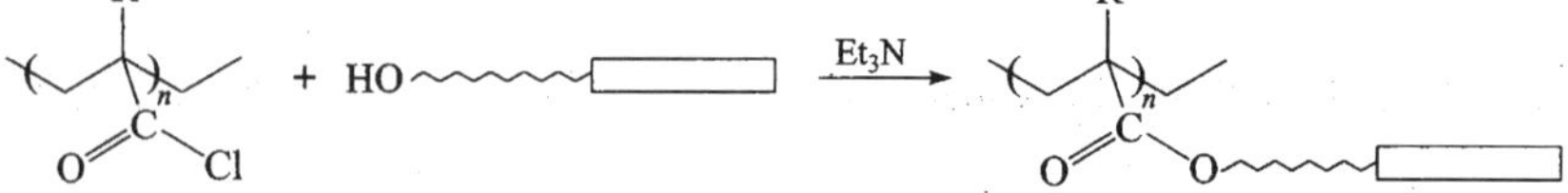

Et_3N

(8－20)

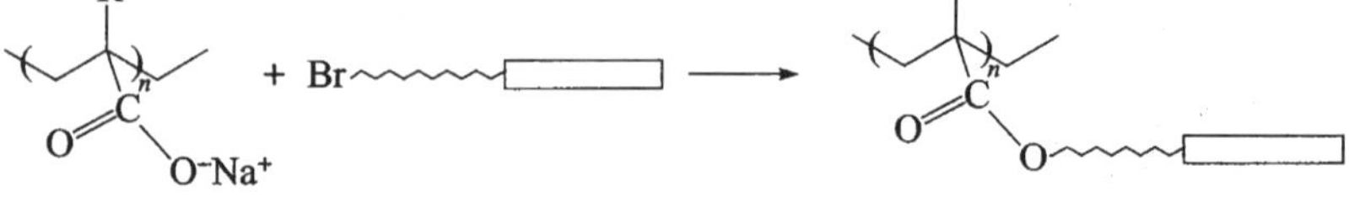

(8－21)

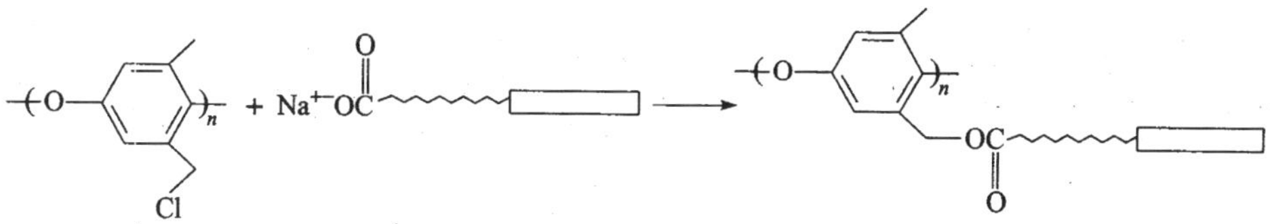

$$+Na^{+}\,{}^{-}OC(O){\sim\sim\sim}\square \longrightarrow \quad (8-22)$$

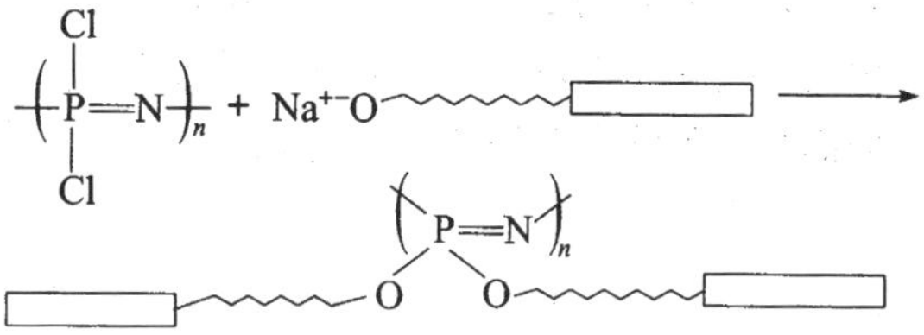

$$-\!\!(P(Cl)_2{=}N)\!\!-_n + Na^{+}\,{}^{-}O{\sim\sim\sim}\square \longrightarrow \quad (8-23)$$

$$-\!\!(O-Si(CH_3)(H))\!\!-_n + CH_2{=}CHCH_2O{\sim\sim\sim}\square \longrightarrow -\!\!(O-Si(CH_3)(CH_2CH_2CH_2O{\sim\sim\sim}\square))\!\!-_n \quad (8-24)$$

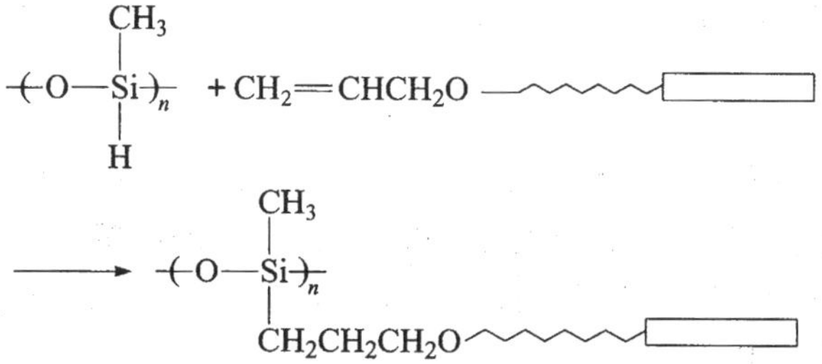

以上这些反应能否定量进行,即所有活泼基团能否完全被液晶基元取代,取决于许多因素,例如,相邻基团作用、立体异构化、反应物与聚合物的相互排斥或吸引等。一般来说,反应要使用液-液或液-固相转移催化剂。在设计反应条件时,一定避免副反应。例如,丙烯酸和甲基丙烯酸是弱酸,它的钠盐水溶液有碱性,足以使液晶基元中脂肪酸苯酚酯水解,形成副反应。

通常,硅氢加成反应[见反应式(8-24)]时,要加铂催化剂。但反应是很难完全的,且存在副反应。

8.1.4　主链型液晶高分子的合成

无论合成溶致型,还是合成热致型液晶高分子,最常用的方法是缩聚反应。这类液晶高分子的共同特点是高分子主链是液晶相指向矢的择优方向。下面分别讨论溶致型和热致型液晶高分子的合成。

1. 溶致型液晶高分子

溶致型液晶高分子,主要包括芳香聚酰胺、芳香族杂环聚合物和聚糖类等。芳香族聚酰胺液晶是通过酰胺键将单体连接而形成的聚合物。例如,聚苯甲酰胺(PBA)和聚苯二甲酸对苯二胺(PPTA)等。PBA 是以对氨基苯甲酸为原料,在亚硫酰氯作用下,缩聚而成的[见反应式(8-25)]。

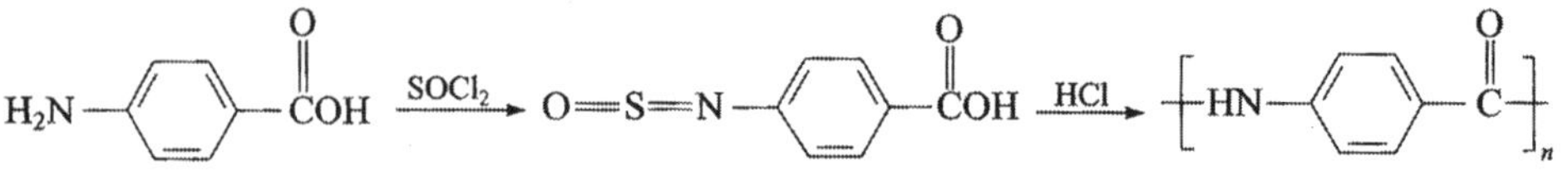

$$H_2N-C_6H_4-COOH \xrightarrow{SOCl_2} O{=}S{=}N-C_6H_4-COOH \xrightarrow{HCl} \left[-HN-C_6H_4-\overset{O}{\overset{\|}{C}}-\right]_n$$

(8-25)

PPTA是由1,4-二氨基苯和对苯二甲酰氯进行溶液缩聚反应得到的[见反应式(8-26)]。为了吸收反应生成的HCl,要加入叔胺。反应介质应使用非质子性强极性溶剂,如二甲基乙酰胺(DMA)、*N*-甲基吡咯烷酮(NMP)等,防止聚合物过早沉淀。为增加芳族聚酰胺在反应介质中的溶解度,可加入适量的LiCl或$CaCl_2$。

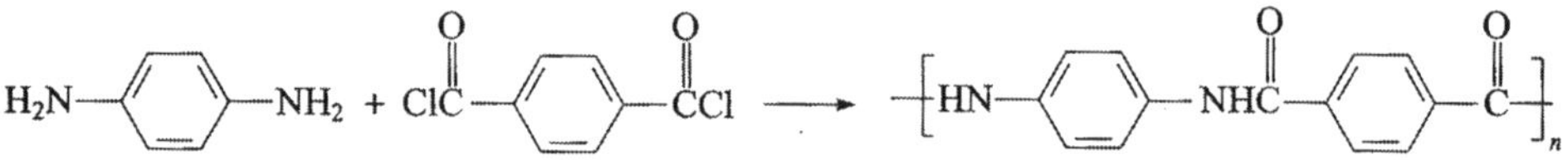

$$H_2N-C_6H_4-NH_2 + ClOC-C_6H_4-COCl \longrightarrow \left[-HN-C_6H_4-NHCO-C_6H_4-CO-\right]_n$$

(8-26)

芳族杂环液晶聚合物又称梯形聚合物,是一种高温稳定性材料,可以在液晶态纺丝,得到高性能纤维。例如,单体**32**和对苯二甲酸进行缩聚反应,生成了聚合物**33**,称为反式-PBT[见反应式(8-27)]。若不用**32**,而用单体**34**进行缩聚反应,得到的产物称为顺式-PBT。

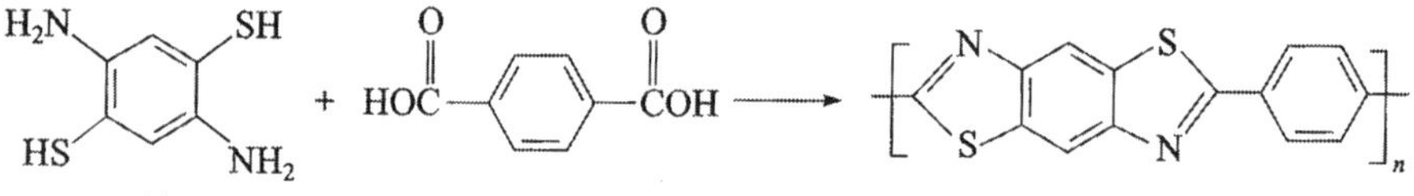

H_2N, SH, HS, NH_2 + HOOC-C_6H_4-COOH ⟶ [N, S, S, N]$_n$

32 **33**

(8-27)

H_2N NH_2 HS SH

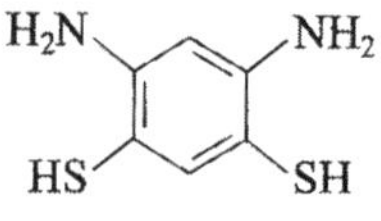

34

大多数生物高分子如多肽、纤维素及其衍生物都能形成液晶态。甲壳素**35**是一种天然多糖,由于存在分子内氢键,很难形成液晶相。但可以通过化学修饰,得到多种衍生物。如用正丁酸酐、丙烯腈和马来酸酐分别处理甲壳胺**36**,分别得到了丁酰化、氰乙基和马来酰化壳聚糖。当酰化度为50%左右时,这些衍生物在水中或在二氯乙酸中,形成的溶致性液晶的临界浓度最高。

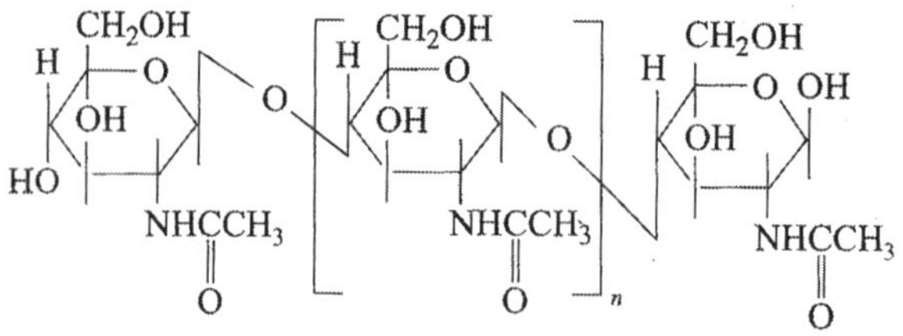

CH_2OH H O HO OH O NHCCH$_3$ O — [CH_2OH H O OH O NHCCH$_3$ O]$_n$ — CH_2OH H O OH OH NHCCH$_3$ O

35

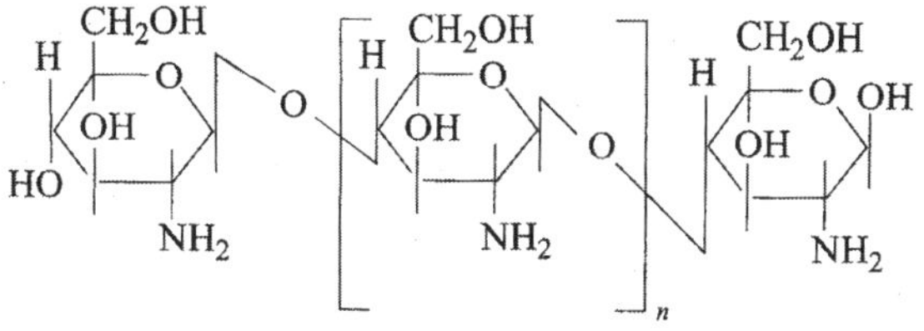

36

2. 热致型液晶高分子

热致型主链液晶高分子主要为芳族聚酯。聚合物在熔融时的有序度与分子主链的刚性有关。刚性好的分子有利于分子的有序排列。但完全由刚性棒状分子形成的高分子，例如，聚对羟甲基苯甲酸，在固态时呈现很高的结晶度，大的分子间作用力，以致在分解温度下难以熔融，所以在设计液晶高分子时要考虑这一点。

1) 高分子结构与液晶性

为了使聚合物既能在较低温度下熔融，又能在熔融时有序排列，可以考虑采用以下的聚合物结构。

(1) 聚合物中引入不对称结构单元。一般在苯环侧面引入大的取代基，例如在对苯二甲酸和对苯二酚中，一个单体上引入苯环取代基，形成如 **37** 所示的结构，它的熔点降到 340℃ 以下。如果苯基取代基不是在对苯二酚上，而是每个对苯二甲酸的苯环上，则熔点进一步降低至 278℃。又如，聚(苯二甲酸对苯二酚)是很难熔融的，若在每个对苯二酚环上引入一个氯原子，所得聚合物的熔点降到 370℃。

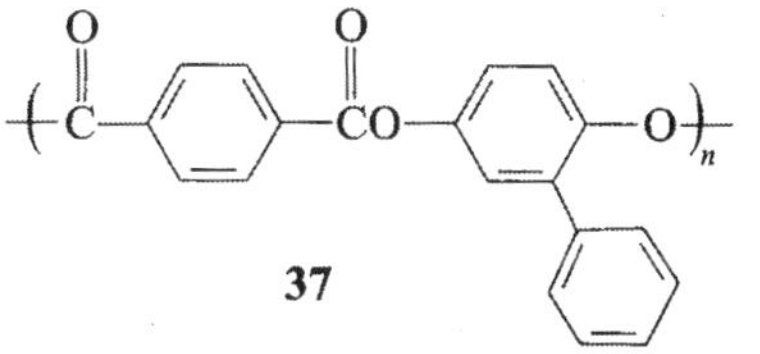

37

(2) 在聚合物主链上引入柔性基团。该柔性基团可以是饱和碳氢链 $\left(CH_2\right)_n$，或者为醚链 $\left(CH_2CH_2O\right)_n$ 等。例如，在刚性主链中，引入乙二醇柔性基团形成的聚合物 **38**，其熔点大为降低。与侧链液晶高分子一样，柔性链和刚性结构的长度，刚性结构的长径比对形成的液晶相和相变温度有较大的影响。柔性链中碳原子数与相变温度之间也存在奇、偶效应。增加柔性链段的柔性，例如，以硅氧烷替代饱和碳链，相变温度会下降。

(3) 单体单元的非线性连接。用等摩尔的对苯二甲酸和联苯二酚混合，再以 1∶2 的比例与对羟基苯甲酸共聚，产物可熔（$T_m = 421℃$），熔融后进入向列型液晶相。若在该体系中加入适量的间苯二甲酸，产物 **39** 的熔融温度可进一步降低，得到适于熔融纺丝的液晶高分子，可制备高强度、高模量的 Ekonol 纤维。因为间苯二甲酸和对苯二甲酸形成的刚性结构不在同一轴上，降低了聚合链的规整度，减少了分子间的作用力。

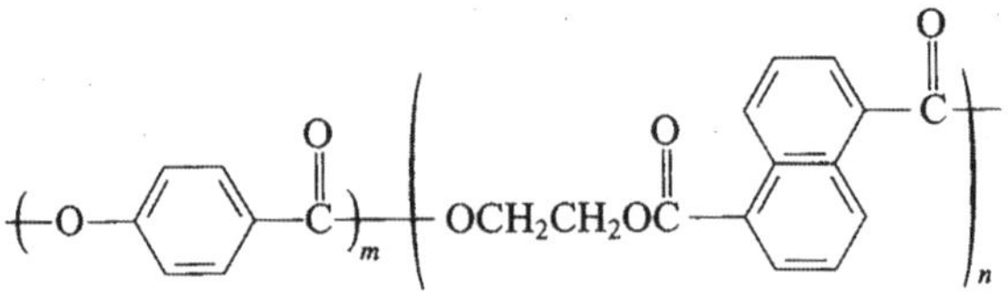

38

如果使对羟基苯甲酸和 6-羟基萘-2-酸缩合，形成的共聚酯 **40**，这两个结构单元也不在同一轴上，呈现一定的非线性，降低了熔点。采用这种方法来降低聚合物的熔点非常有效，常常只要加入百分之十几间位衍生物代替对位单体，就可使聚合物的熔点降低到 350℃ 以下。但是引入过多的间位单体，会在一定程度上破坏聚合物形成液晶相的能力。

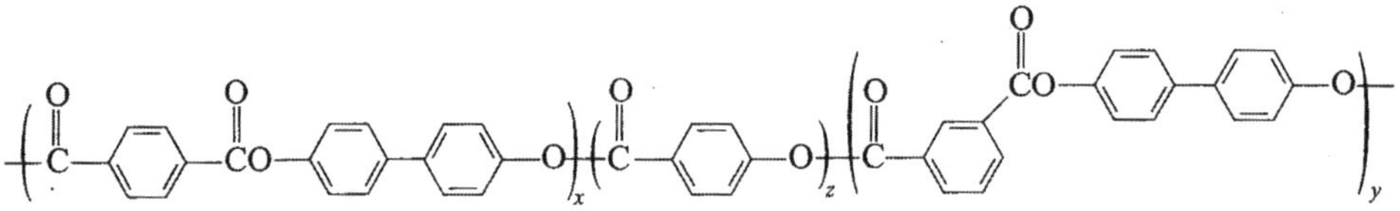

39

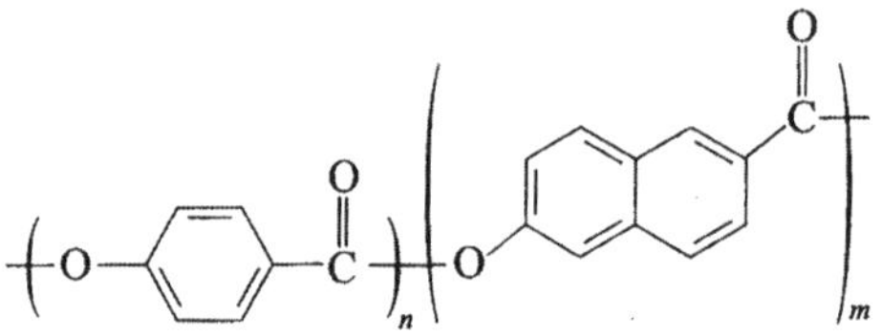

40

2）主链型液晶高分子的合成

聚酯型液晶高分子主要通过酯交换反应制备。例如，聚合物 **41** 是在高于聚合物的熔点温度下，乙酰基衍生物进行缩聚反应，脱去乙酸得到的[见反应式(8-28)]。为防止高温热降解，聚合要在惰性气氛中进行。通常，在聚合过程中，就会观察到液晶相的形成。

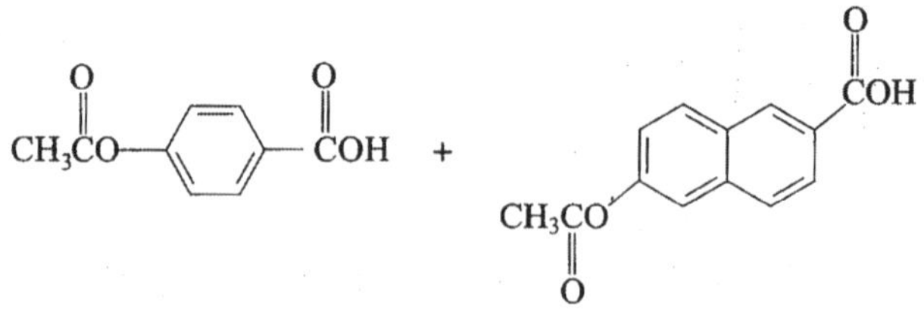

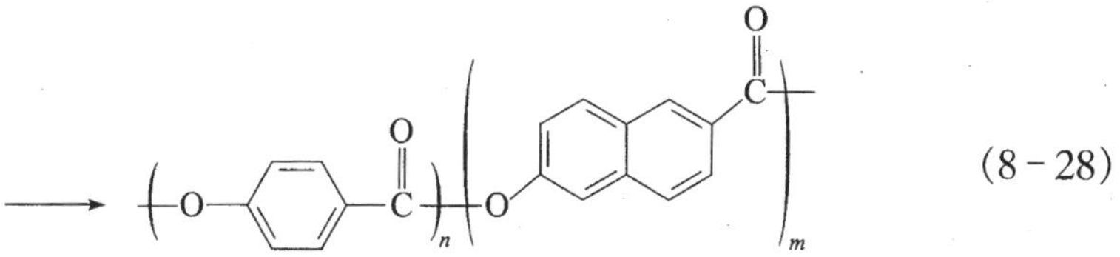

(8－28)

41

聚合反应也可在溶液中进行。例如，单体 **42** 和二元酰氯进行缩聚反应[见反应式(8－29)]，可在 DMF 溶剂中、室温下进行。为吸收生成的 HCl，要加入适量的吡啶。

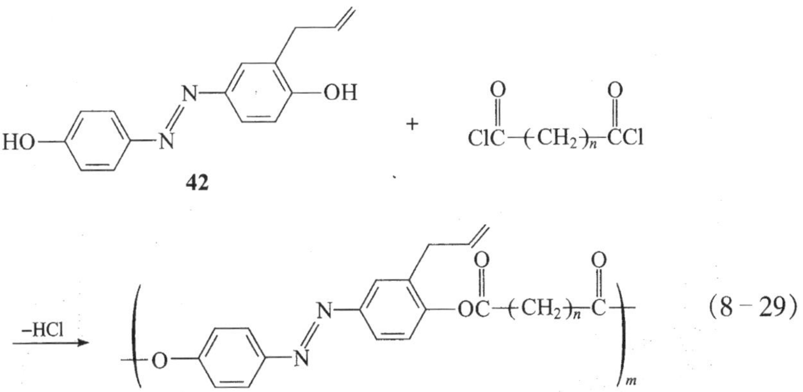

42

$\xrightarrow{-HCl}$ (8－29)

除了聚酯外，还有其他类型，如聚硅氧烷、聚酮、聚胺酯等主链液晶高分子。例如，含双键的单体 **43** 和含氢硅氧烷 **44**，在铂催化剂作用下，进行硅氢加成，得到硅氧烷聚合物[见反应式(8－30)]。当聚合度为 5.5 时，可生成近晶型液晶高分子，当低于该聚合度时，几乎不显示液晶特性。

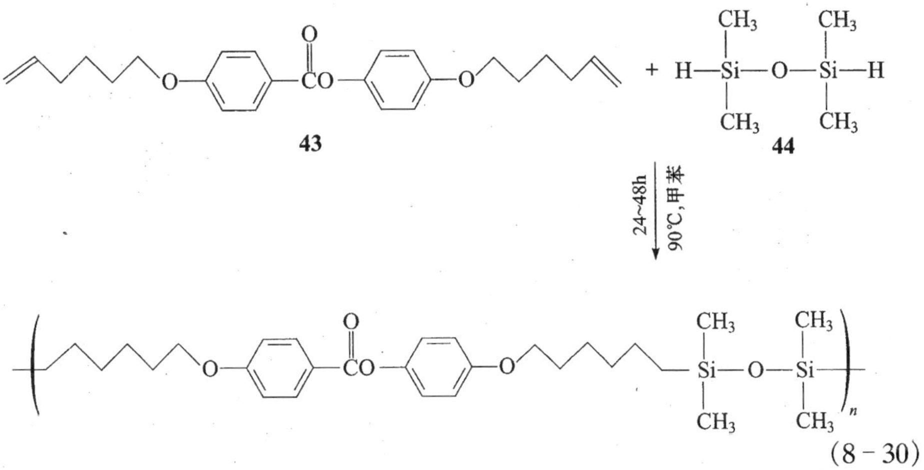

43　**44**

24~48h　90℃，甲苯

(8－30)

通过反应式(8－31)合成聚酮主链型液晶高分子 **45**。缩聚反应是在无水碳酸钾存在下，于甲苯和 TMS(tetramethylene sulfone) 溶剂中进行的。聚合物熔融后，在 280～370℃之间呈现液晶相。

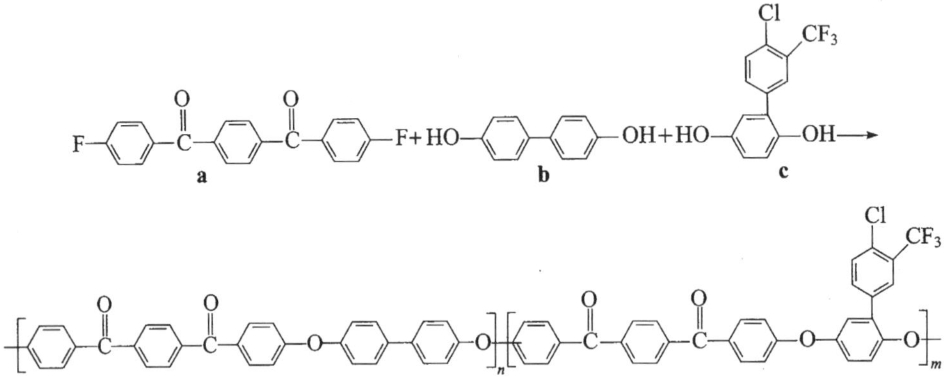

a　　b　　c

45

(8 - 31)

8.1.5　高分子液晶的织构和相变

1. 液晶相织构

液晶相的织构是高分子液晶一种重要的特征织构，对材料的性质有着重要影响。它是在不同温度下，用偏光显微镜观察液晶高分子薄膜得到的。为了避免织构的误判，一般将要观察的样品在某一温度下保持几小时或几天。从液晶相的织构可以判断所形成的是向列型、近晶型，还是胆甾型液晶。

1) 向列型液晶

对一个液晶高分子样品，要有明确的清亮点，在此温度下不分解或不存在其他化学反应。当它从各向同性液体逐渐冷却，首先呈现许多液滴；继续冷却，液滴长大并凝聚，形成大的微区。在正交偏光显微镜下，球状液晶粒子中包含交叉的黑十字，且与上下偏振方向相对应。黑十字的位置不随样品物台的旋转而改变，说明这些粒子的确是球状。向列型液晶高分子也可呈纹影织构。典型的是若干个黑刷子相交于一点的纹影图案。图 8 - 12 所示的是用偏光显微镜观察到单体 **46** 从清亮点冷却至 **175**℃所形成的纹影织构。这说明在这一区域的分子，其指向矢正好与交叉偏振片之一相平行或垂直，使光不能

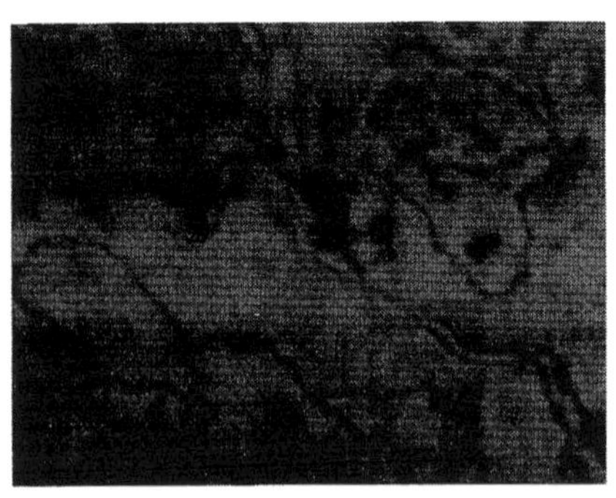

图 8 - 12　单体**46** 从清亮点冷却至 175℃形成的向列型纹影织构(200×)

通过另一偏振片。所以纹影织构实质上是向错分子取向排列方式的一种光学效应。一个核心周围出现 2 条或 4 条或更多条黑刷子。如果转动偏振片，可以看到核心位置不变，黑刷子却随着偏振片的转动而旋转。若黑刷子旋转的方向与偏振片转动的方向相同，称为正向错。负向错则是纹影作相反方向转动。向错强度 S 的定义见式(8－32)。

$$S=\text{黑刷子的数目}/4 \tag{8-32}$$

$$CH_2{=}CH_2{-}CH_2{-}O{-}C_6H_4{-}\overset{O}{\overset{\|}{C}}O{-}C_6H_4{-}\overset{O}{\overset{\|}{C}}O{-}C_6H_4{-}C_4H_9$$

46

2）近晶型液晶

近晶型液晶有十几种，有序性有差别，形成的织构不尽相同。从液晶相的织构来判断不同种类的近晶相有一定的困难。尽管近晶型液晶种类较多，常见的近晶相只有近晶 A、近晶 B 和近晶 C 相三种。近晶 A 和 C 相都能产生焦锥织构，尤其是近晶 A 相。例如，单体 **47**，从各向同性液体冷却至 105℃ 时，形成了如图 8－13 所示的焦锥织构。向列型液晶高分子不会形成焦锥织构，但胆甾型液晶高分子有可能。所以，对于具有手性的液晶高分子形成的焦锥织构，在正确判断其液晶相之前，需要其他方法，如 X 射线衍射等的帮助。较完善的焦锥通常以扇形出现，又称“扇形织构”。不完善的焦锥织构常被称作破扇形织构(broken fan-shaped texture)或破碎焦锥织构(broken focal-conics texture)。焦锥织构除了扇形外，还有多边形织构(polygonal texture)。

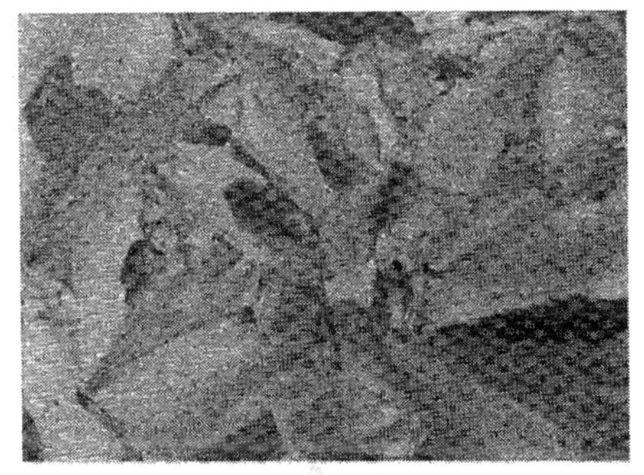

图 8－13　单体**47** 从清亮点冷却到 105℃ 时，显示近晶 A 相的焦锥形织构

$$CH_2{=}CH_2{-}CH_2{-}O{-}C_6H_4{-}\overset{O}{\overset{\|}{C}}O{-}C_6H_4{-}C_6H_4{-}O\overset{O}{\overset{\|}{C}}(CH_2)_8CH{=}CH_2$$

47

近晶 C 相除焦锥织构外，还有纹影织构。当从各向同性液体或从向列相冷却，形成的近晶 C 相，通常为纹影织构，但不排除焦锥织构的出现。

2. 高分子液晶的相变

伴随着聚合物的相态变化，存在着热量的变化。差热分析(DTA)和示差扫描量热法(DSC)是研究高分子相变的常用方法。也可用它们来研究液晶高分子的相

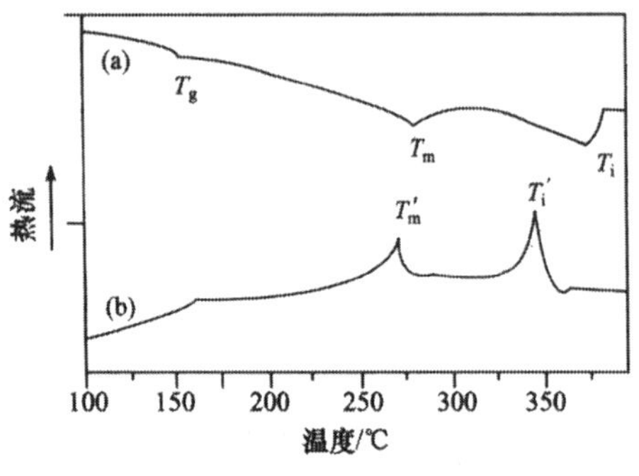

图 8-14　液晶高分子 **45**(组成为**b/c/a**=50∶50∶100)的(a)升温和(b)降温曲线

变和相变温度。例如,图 8-14 是液晶高分子 **45**(组成为:**b/c/a**=50∶50∶100)的升温和降温 DSC 曲线。在升温曲线上,可以看到在 150℃存在一玻璃化转变温度(T_g);在 279℃有一共聚物的熔融温度(T_m);在 371℃的清亮点温度(T_i)。由于单体 c 上有侧基,它的结晶熔融温度低于清亮点温度。所以在加热过程中,发生了晶体熔融转变为液晶相;再由液晶相转变为各向同性液体的变化。冷却过程的相转变过程是相反的。

对于不同结构的液晶高分子,DSC 曲线是不一样的。例如,聚硅氧烷侧链液晶高分子 **48**,不存在晶相的转变。当温度从清亮点下降时,形成液晶相;继续冷却,转变为无定形高分子。大多数主链型液晶高分子在热处理过程中,伴随着链结构的改变和相对分子质量的变化,使同一样品在多次重复测试中,数据不能重复。

CH_3　—Si—O—　$(CH_2)_3$—O—C_6H_4—CO(=O)—O—C_6H_4—OCH_3

48

8.1.6　液晶高分子的应用

液晶高分子有许多特殊性质,在众多领域得到了应用。下面作简要介绍。

1. 高性能工程材料

热致性主链液晶高分子在外力场作用下,易发生分子链取向,可以制备高强度、高模量高分子材料。例如,聚对苯二甲酸对苯二胺进行溶液纺丝,制得了纤维。比强度为钢丝的 6~7 倍;比模量为钢丝或玻纤的 2~3 倍,而密度只有钢丝的 1/5。可在 -45~200℃下使用。其纤维可作降落伞绳、防弹背心和钢盔内衬等。

2. 图形显示

与小分子液晶一样,在电场作用下,高分子液晶可以完成从无序透明态到有序不透明态的转变,能应用在显示器的制作。用作显示的液晶高分子主要为侧链型,它既具有小分子液晶的回复特性和光电敏感性,又具有低于小分子液晶的取向松弛速率,具有良好的加工性能和机械强度。在图形显示方面具有良好的应用前景。

胆甾型液晶高分子具有随温度变化而颜色改变的性质，可用于温度的测量。另一方面，它的螺距会因微量杂质的存在而改变，并导致颜色的变化。这一性质已用于测定某些化学物质的痕量蒸气的指示剂。

3. 信息存储

热致性侧链液晶高分子用作信息存储材料，有多种原理。①透明的向列型液晶高分子材料，激光写入时，局部温度升高，熔融成各向同性液体，失去有序度，从而记录信息。在室温下，可储存较长时间。②利用偶氮化合物的顺、反异构，即反式偶氮基元为棒状结构，能形成液晶相；顺式则不能形成液晶相的原理，存储信息。③用偏振光写入时，在反复的反式-顺式-反式循环中，偶氮苯会垂直偏振光方向有序排列，从而记录信息。侧链液晶高分子用于存储信息，具有寿命长、对比度高、存储可靠、擦除方便等优点，有广阔的发展前景。

8.2　光能转换用高分子材料

太阳能的开发和利用是人类解决能源危机，寻找永久性能源的重要出路之一。根据当前的技术，人类对能源的需求，还不能通过直接使用太阳能来解决。将光能直接转换成化学能、电能或机械能等，是能源领域非常重要的研究课题。目前，太阳能的利用主要有三种方式：①利用太阳能电池，将太阳能转换成电能；②通过太阳能收集器，将太阳能转换成热能；③通过光化学反应，将光能转换成化学能。

8.2.1　光能转换成化学能

1. 利用太阳能分解水

在太阳光作用下，由水分解制氢有多种方法。例如，由 TiO_2（阳极）和白金（阴极）电极组成的太阳光电解水装置，当太阳光照射到 TiO_2 表面，白金电极表面产生氢气，TiO_2 电极表面生成氧气。这里讨论的是在光敏剂、猝灭剂和催化剂的存在下，光照射水，会发生光电子转移反应，释放出 H_2 和 O_2。由于 H_2 燃烧时无污染，它的利用受到人们的关注。其光化学反应的基本原理如反应式(8-33a,8-33b)所示。

$$S \xrightarrow{h\nu} S^* \tag{8-33a}$$

$$S^* + R \longrightarrow S^+ + R^- \tag{8-33b}$$

在光照下，光敏剂 S 激发到激发态 S^*，它与猝灭剂 R 发生电子转移反应，电子从 S^* 转移至 R，分别生成正、负离子[见反应式(8-33b)]。在催化剂作用下，生成的正、负离子分别与水发生氧化还原反应，生成 H_2 和 O_2，光敏剂和猝灭剂回到基态，参加下一轮的光化学反应，不断将水分解成氢气和氧气[见反应式(8-34)和

(8－35)]。

$$4S^{+} + 2H_2O \longrightarrow 4S + 4H^{+} + O_2 \qquad E' = 0.82V \tag{8-34}$$

$$2R^{-} + 2H_2O \longrightarrow 2R + H_2 + 2OH^{-} \qquad E' = 0.41V \tag{8-35}$$

在这一过程中，首先要解决的问题是，如何防止已经离子化的光敏剂(S^{+})和猝灭剂(R^{-})重新结合，以使吸收的光能得到充分利用。为此，要使用功能高分子，使反应体系成为多相体系。例如，猝灭剂(MV^{2+})**49**，是电子受体；光敏剂 **50**[$Ru(bpy)_3^{2+}$]是电子给体。催化剂通常为贵重金属，如 Pt 的化合物。

光敏剂和猝灭剂的高分子化可以将含有这些基团的单体与其他单体共聚，或通过高分子反应，将这些基团接到高分子主链上。如选择的高分子恰当，则光敏剂高分子化后，它的光物理和光化学性能基本不变。**50** 和 **49** 作为光敏剂和猝灭剂参与从水制氢的基本原理如图 8－15 所示。在光作用下，$Ru(bpy)_3^{2+}$ 被激发，它与 MV^{2+} 迅速发生电子转移反应[见反应式(8－36)]。若水中存在 EDTA，它将迅速还原 $Ru(bpy)_3^{3+}$ 生成 $Ru(bpy)_3^{2+}$。而 MV^{+*} 将电子转移到催化剂上，自身恢复。催化剂催化 H^{+} 还原生成氢气。恢复后的光敏剂和猝灭剂再参与下一轮的电子转移反应(见图 8－15)。如此反复，不断产生氢气和氧气，将光能转化为化学能存储起来。在此过程中，主要消耗水和 EDTA，光敏剂和猝灭剂基本不消耗。

$$Ru(bpy)_3^{2+} + MV^{2+} \longrightarrow Ru(bpy)_3^{3+} + MV^{+*} \tag{8-36}$$

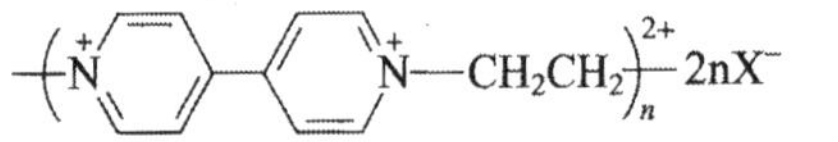

49

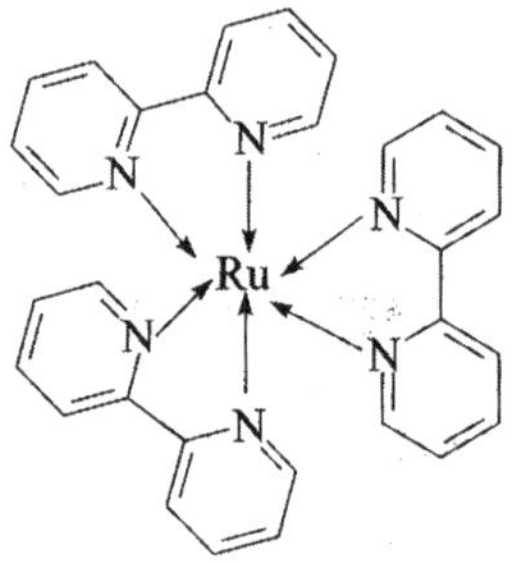

50

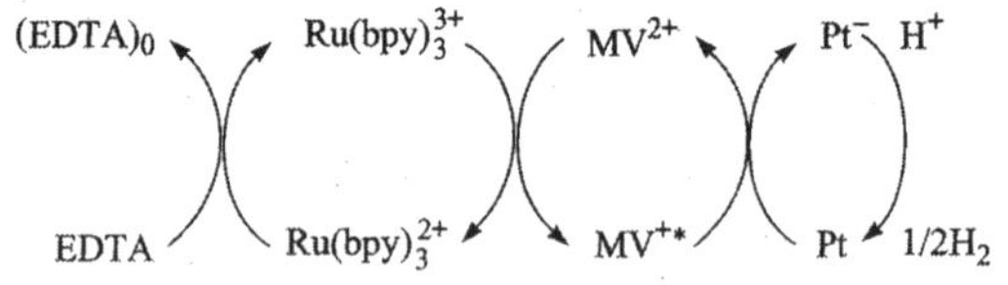

(EDTA)$_0$　$Ru(bpy)_3^{3+}$　MV^{2+}　Pt^{-}　H^{+}

EDTA　$Ru(bpy)_3^{2+}$　MV^{+*}　Pt　$1/2H_2$

图 8－15　光敏剂 **50**、猝灭剂 **49** 和 Pt 催化剂存在下，从水制氢气的原理图

2. 利用互变异变反应存储化学能

许多有机化合物在光照下会发生互变异构化反应，生成高能量的化含物。例如，降冰片二萜，在光照下会发生如反应式(8－37)所示的互变异构反应。

51 $\xrightleftharpoons[\text{催化剂}]{h\nu/\text{光敏剂}}$ 52　$\Delta H = 88\text{kJ/mol}$　(8 - 37)

生成的化合物 **52** 含有二个三元环和一个四元环,具有高的张力。在催化剂作用下,**52** 又回到降冰片二萜,放出热量,这是一个可逆过程。在吸收光能过程中,需要有光敏剂。理想的光敏剂应该具有:①在可见光区有很高的消光系数,以保证光能的吸收;②对光和热稳定,以保证较长的使用寿命;③具有较高量子效率。现在研究的光敏剂有如 **53** 所示的聚合物。

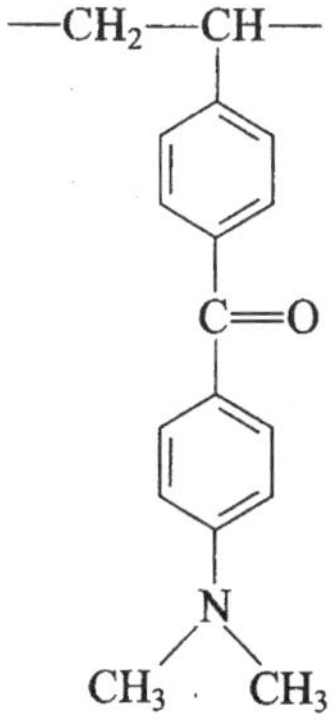

53 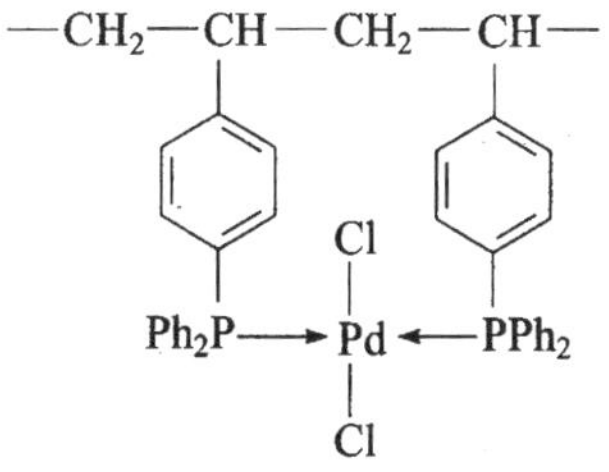　**54** 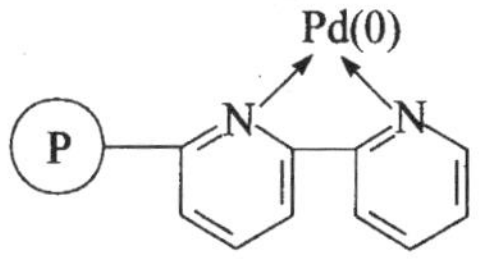　**55**

在 **52** 回复到降冰片二萜时,需要催化剂的参与。对催化剂的要求是:①有很好的化学稳定性,无副反应;②有足够高的活性,使放热反应在短时间内完成;③对环境的稳定性好,有较长的使用寿命;④催化剂要自成一相,容易与反应体系分离,使放热过程易于控制。现在使用的催化剂多为过渡金属络合物,包括钯络合物 **54** 、**55** 等。在太阳能转换为化学能反应中,催化剂和光敏剂必须分开,所以采用不溶性光敏剂是十分必要的。

8.2.2　光能转换成机械能

有些聚合物在光的作用下,会发生互变异构反应。例如,带有偶氮苯基侧链的聚 L-天冬氨酸 **56**,在紫外光照下,侧基会发生由反式向顺式的异构化反应。在暗处,又从顺式回到反式[见反应式(8 - 38)]。

测定该聚合物的圆二色性谱时,若紫外光照后,其符号由正变负,说明聚合的构象从左旋 α-螺旋转变为右旋 α-螺旋结构。当放置在暗处,聚合物的构象又回复到原状。

光照下发生的异构化反应,在合成的无规聚合物中也可以观察到。例如,主链上含有偶氮苯基的聚酰胺 **58**，将其溶解在二甲基甲酰胺溶剂中。紫外光照射该溶液时，可以发现溶液的黏度降低。这是因为偶氮苯发生了从反式向顺式的异构化反应，高分子链呈紧缩状态；再用可见光照射，分子又恢复原状，溶液黏度升高[见反应式(8-39)]。该反应是可逆的，溶液的黏度随紫外光照射而降低、可见光照射而升高(见图 8-16)。用紫外光和可见光交替照射聚酰胺 **58** 的水溶液时，溶液的 pH 值也发生可逆的变化，即随紫外光照射，高分子链长收缩，pH 值降低；随可见光照射，高分子链伸长，pH 值升高(见图 8-17)。

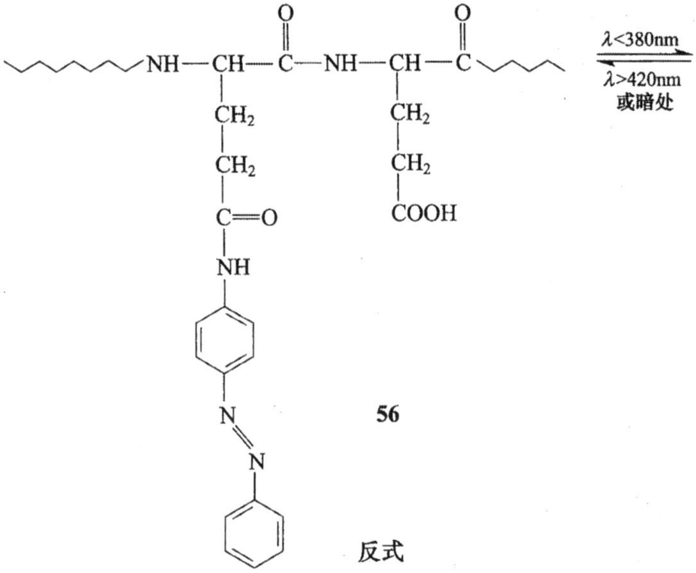

λ<380nm

λ>420nm
或暗处

56

反式　　(8-38)

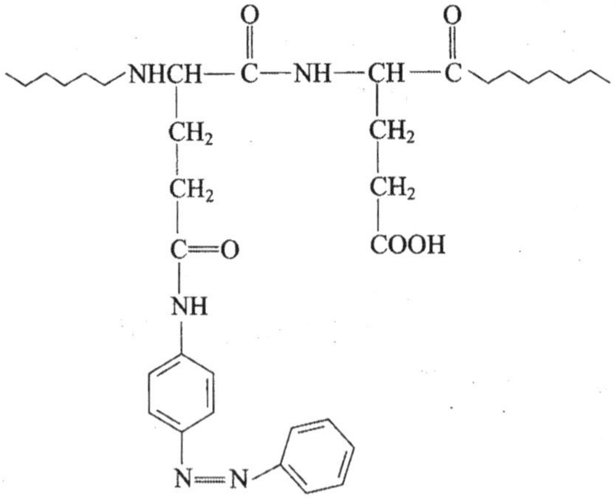

57
顺式

光照可以使分子的构象发生变化，能否使它转变为宏观水平的机械能呢？人们进行了光能转变为机械能的尝试。例如，用紫外光照射螺环吡喃化合物 **59**，碳-氧键断裂，环打开，生成如 **60** 的结构式；在可见光照射(或加热)，发生闭环，恢复**59**所示的结构[见异构化反应式(8-40)]。

—NH—C₆H₄—N=N—C₆H₄—NHC(=O)—C₆H₂(COOH)₂—C(=O)—

$\underset{\text{可见光或黑暗}}{\overset{h\nu}{\rightleftharpoons}}$

反式-58

(8-39)

—NH—C₆H₄—N=N—C₆H₄—NHC(=O)—C₆H₂(COOH)₂—C(=O)—

顺式-58

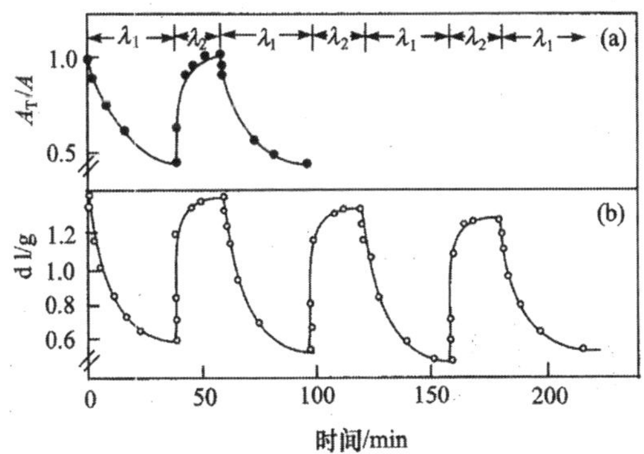

图8-16　对聚合物 **58** 的二甲基甲酰胺溶液，交替照射紫外光(λ_1)和可见光(λ_2)，聚合物的反式含量[(a)]和溶液黏度[(b)]的变化

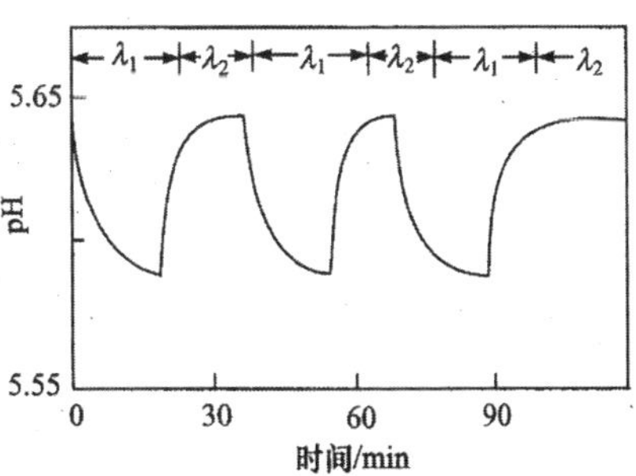

图8-17　在交替照射紫外光(λ_1)和可见光(λ_2)时，聚酰胺 **58** 水溶液的 pH 值变化

59 ⇌(紫外光 / 可见光,热) 60　　(8－40)

若把螺环吡喃化合物合成在高分子主链上,例如,将单体 **61** 和甲基丙烯酸酯共聚。将得到的共聚物制成长 5.5mm,厚 0.48mm 的试样。把试样固定,在其下端固定一适当质量的重物。用紫外光照射纤维,由于吡喃环打开,纤维就伸长。可

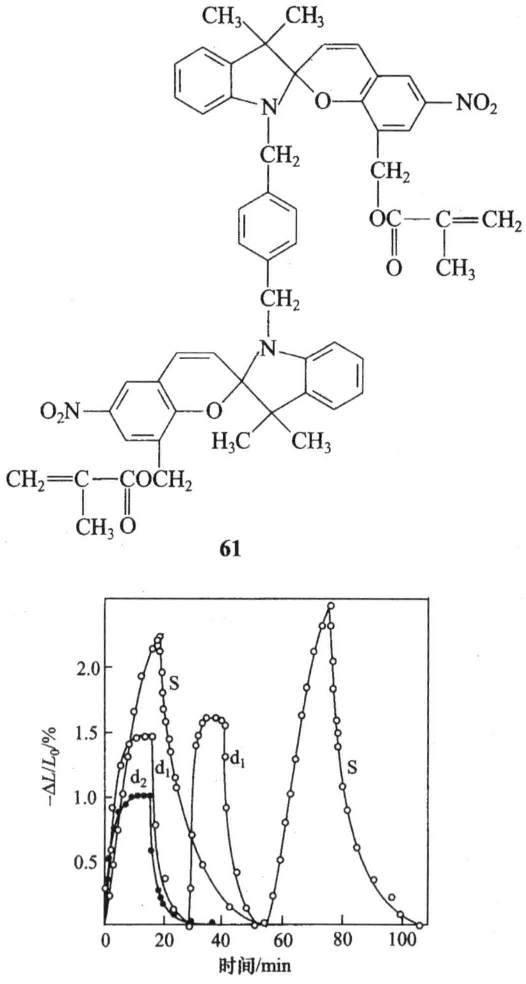

图 8－18　利用 **61** 和甲基丙烯酸甲酯共聚物中,螺苯吡喃光异构化的力化学体系 d1:负荷 26.8g,长 41mm;d2:负荷 18.5g,长 33mm;S:溶胀试样(28%苯),负荷 27g,长 36mm

见光照射时，或将光遮盖，纤维又复原。纤维反复伸长和缩短而作功(见图 8-18)。这种光力效应，是一种极为有趣的现象。

8.2.3 光能转变成电能

1. 太阳能电池的基本原理和材料

太阳能电池是把太阳能转变成电能的装置。通常由在表面形成的浅 p-n 结、正面的梳状电极、覆盖整个背面的欧姆接触和正面的抗反射涂层四部分构成(见图 8-19)。p 区的空穴向 n 区扩散，n 区的电子向 p 区扩散，使 p 区荷负电；n 区荷正电。在 p-n 交界面附近形成一电场，称为内建电场。当太阳光照射光电池时，能量大于构成 p-n 结的半导体材料的禁带宽度 E_g 的光子，将价带电子激发到导带，同时在价带中产生空穴，它们都称为光生载流子。在 p-n 结的结区，光生电子和空穴被内建电场分别推到势垒的 n、p 区边沿，然后向各自的内部扩散，在两端形成电压，这就是光伏效应。若在 p-n 结两端接入外电路，该光生电压可形成电流。从外电路来看，发生光伏效应的 p-n 结就是一个电源，即光电池。

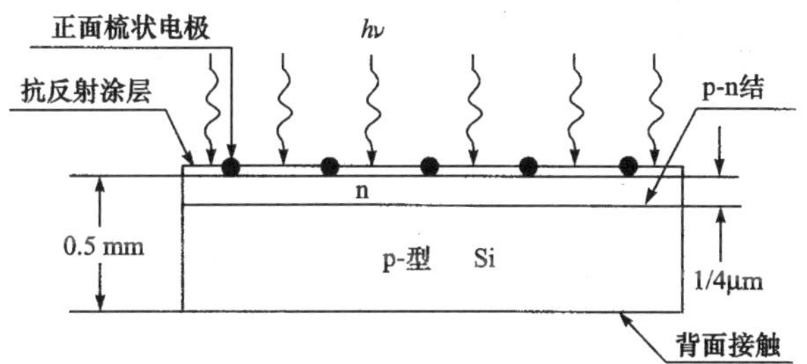

图 8-19 硅 p-n 结太阳能电池示意图

目前大多数太阳能电池是无机材料制成的。主要有以下三类：①结晶硅太阳能电池；②非晶硅太阳能电池；③无机盐，如砷化镓和硫化镉等。其中单晶硅的制作难度大，成本高。非晶硅制作相对容易，可制成很薄的膜。砷化镓的光电转换效率高，达 22%。虽然上述光电池在众多领域中得到应用，并且已工业化生产，但仍存在材料生产工艺方面的困难，难以降低成本，大规模工业生产有一定难度。

2. 聚合物太阳能电池

下面就几种典型的太阳能电池的基本原理和所用的功能高分子材料作一讨论。

(1) 利用不同氧化还原型聚合物的不同氧化还原电势，在导电材料表面进行多层复合，制成类似于无机 p-n 结的单向导电装置，结构如图 8-20 所示。电极 1 上修饰的两种聚合物 **62** 和 **63**，其还原电位分别为 −0.42V 和 −0.64V；聚合物光敏剂 **64** 直接修饰在外层聚合物表面，便于光电子转移过程的进行。此时电极为三层修饰。反电极不与光敏剂接触，没有必要修饰。把两个电极放入电解液中，构成如图 8-20 所示的太阳能电池。

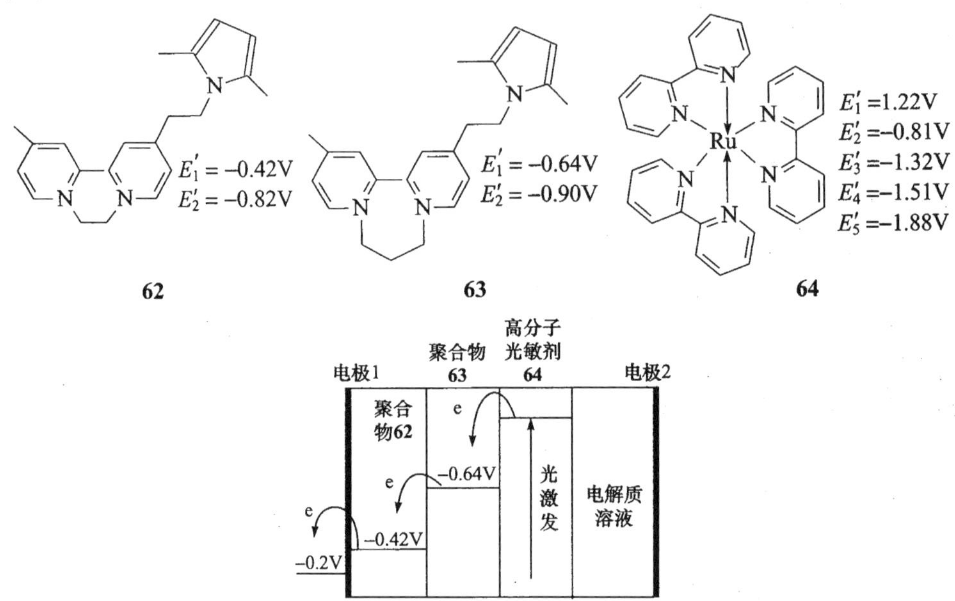

图 8-20　三层聚合物修饰电极太阳能电池工作原理图

聚合物 **62** 中的乙基，连接两个吡啶环中的氮原子，构成了六元环，环张力小。两个吡啶环基本上处在共平面位置上，分子共轭程度较高，比较容易得到一个电子被还原，因此还原电位较高(以饱和甘汞电极为基准，-0.42V)；聚合物 **63** 中，连接基团为丙基，构成一个七元环，环张力大，两个吡啶环不能在同一个平面上，分子内共轭作用较弱，难于得到电子，因此还原电位较低(-0.64V)。当两者构成表面的双层修饰时，电子可以从还原态的聚合物 **63**，向聚合物 **62** 转移，相反过程不能发生。聚合物 **64** 作为光敏剂直接修饰在作为淬灭剂的聚合物 **63** 上，当它被光激发后，直接将电子转移给聚合物 **63**，再经过聚合物 **62**，累积在电极 1 上，形成电压。电子通过外电路，到电极 2，回到电解液。因此在外电路中有光电流产生。

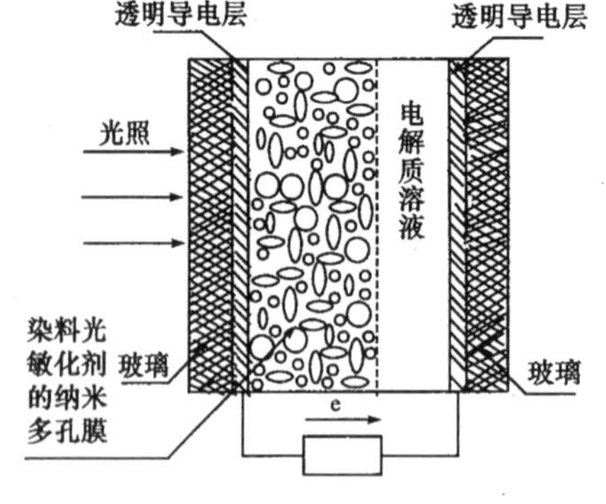

图 8-21　NPC 电池结构示意图

(2) 纳米晶光电化学太阳能电池(NPC)。随着纳米结构半导体材料的发展，又研制出一种纳米晶光电化学太阳能电池。其基本原理如图 8-21 所示。主要由透明导电基片、纳米结构 TiO_2 多孔膜、染料光敏化剂、电解质溶液和透明电极对组成。当能量低于半导体 TiO_2 带隙，但等于染料分子特征吸收波长的入射光，照射在电极上时，吸附在 TiO_2 表面的染料分子中的电子被激发，跃迁至激发态，并向纳米晶 TiO_2 导带注入电子。电子在纳米晶 TiO_2 导带中，靠浓度扩散流向基底，传向外电路。

在 NPC 电池研制过程中，效果最好的敏化剂为 $RuL_2(SCN)_2$，其制备过程比较复杂；钌的价格比较昂贵；染料易被光解，从而导致接触不好，影响光电转换的效率等缺点。解决此问题的一个办法，可以使用导电聚合物敏化 TiO_2 纳米结构电极。例如，用电化学方法将聚吡咯、聚苯胺分别敏化修饰在纳米尺度 TiO_2 多孔膜电极上，制成 NPC 电池。结果说明，使可见光区光吸收增加，光电流增强，光电流起始波长红移至＞600nm，使宽带隙半导体电极的转换效率得到改善。

(3) 光伏打电池。有机聚合物太阳能电池是由电子给体分子组成的 p-型薄膜和电子受体组成的 n-型薄膜组成的活性层，放在阴、阳两极之间，形成如图 8 - 22 所示的伏打太阳能电池。两种有机高分子薄膜构成的平面异介质引起了整流作用、光电流和 PV 效应。

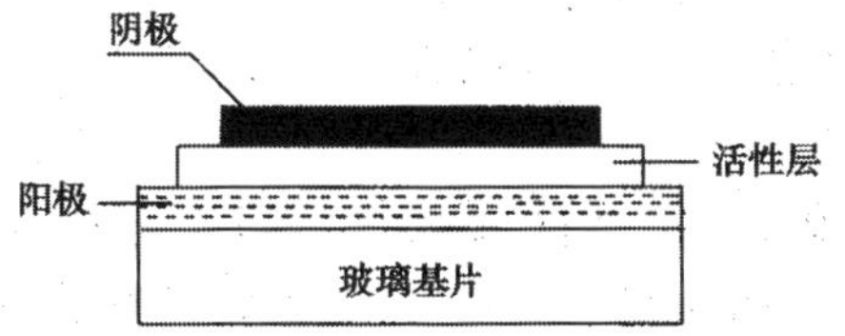

图 8 - 22　有机高分子太阳能电池结构示意图

电子给体材料通常为共轭聚合物，例如，聚(2-甲氧基-5-(2′-乙基己氧基)-1,4-对苯撑乙烯)**65**、**66** 和 **67** 等聚苯撑乙烯撑类(PPVs)外，还有聚噻吩，如聚 3-丁基噻吩，聚 3-己基噻吩和聚 3-辛基噻吩等。它们与富勒烯复合构成本体异质结的效率与 PPV 衍生物相近。另外有聚芴及其共聚物。例如，与含苯并噻二唑共聚，得到的共聚物 **68**，构成本体异质结后，呈现光伏效应。

65

66　　67

68　　69

电子受体材料有 C_{60}及其衍生物、碳纳米管和苝及其衍生物如 **69**。

器件的一般制作工艺如下：在导电玻璃（ITO）上旋涂一层约 80nm 厚的磺化聚苯乙烯掺杂的聚 3,4-乙烯基二氧噻吩作为空穴传输层，然后真空蒸镀一层 70～160nm 厚的聚合物**65** 和 C_{60}的混合薄膜，最后镀上铝电极，封装。

在光照下，共轭聚合物与 C_{60}之间产生了光诱导电子转移，形成了载流子（见图 8-23）。一般认为，光诱导电荷分离和光生载流子的产生，发生在给体-受体微相分离的界面，产生的空穴和电子要分别传输到作用电极上，才能产生光电流。典型的聚合物扩散范围是 10nm。在载流子扩散过程中，如与杂质等复合，会导致器件效率的下降。因此，将电子给体材料如 **65** 和电子受体材料如 C_{60}混合，以增加 p/n 之间的界面面积，使激子在因辐射和非辐射熄灭前到达这一界面，提高光伏效率。

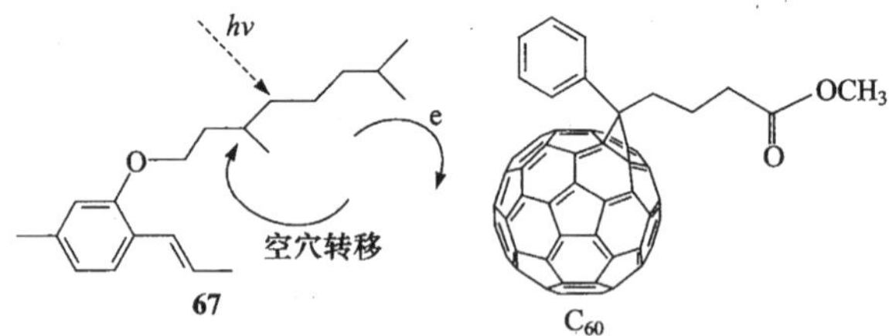

图 8-23　共轭聚合物 **67** 和富勒烯衍生物之间的电荷转移示意图

相对于无机材料，聚合物的柔性好，制作容易，来源广泛，成本低廉，对大规模利用太阳能提供廉价电能具有重要意义。

8.3　力化学体系

8.3.1　肌肉伸缩机理

在分子水平上,肌肉的收缩和舒展是以怎样的机理进行的呢?一般认为是以高能化合物腺苷三磷酸(ATP)形式存在的化学能转变为机械能的过程(见图8-24)。肌肉的主要成分为肌动球蛋白,它是一种由肌动蛋白和肌球蛋白组成的复合物。肌动球蛋白进一步聚集成肌肉纤维。肌球蛋白的相对分子质量为50~60万,它是由纤维状的轻酶解肌球蛋白和近似球状的重酶解肌球蛋白组成。肌球蛋白缔合起来构成肌球蛋白纤维。肌动蛋白是相对分子质量约为5万的球状蛋白质,聚集而扭成双股螺旋,构成肌动蛋白纤维。肌球蛋白纤维和肌动蛋白纤维两者之间通过在肌球蛋白纤维的突出部分,即重酶解肌球蛋白而结合起来,肌肉的舒张和收缩是对应于两种肌肉纤维之间作相对滑动。当神经受到刺激,肌肉细胞中的Ca^{2+}浓度增大,Ca^{2+}与具有高亲核性的肌钙蛋白相结合,肌钙蛋白再结合到肌动蛋白上。由于形成的肌钙蛋白-Ca^{2+}复合物,活化了位于重酶解肌球蛋白部分的腺苷三磷酸水解酶(ATPase)(肌球蛋白具有ATP水解酶的活力,酶的活性在重酶解肌球蛋白上),使得肌球蛋白和肌动蛋白之间开始滑动。至今两者之间的滑动机理以及与ATP水解的关系尚不清楚。肌肉收缩和舒展做功的这一现象是十分有意义的。

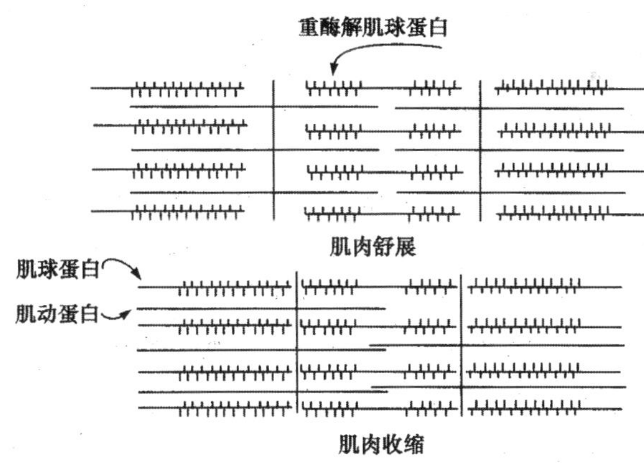

图8-24　肌肉做功原理示意图

8.3.2　力化学体系

1. 酸碱中和反应

肌肉具有把化学能转变成机械能的功能,能否设计一个实验,使化学能转变成机械能？人们进行了实验研究。例如，将聚丙烯酸和聚乙烯醇相混合，制成长5cm、质量为6g的纤维。在酸存在下，加热，发生酯化反应，形成交联的不溶性纤维，在纤维上挂360mg物体，并浸在水中。交替加酸和加碱，可以发现有20%左右的收缩(见图8-25)。因为加碱时，羧基变成了带负电荷的羧酸阴离子，它们之间静电相斥，使高分子链变成伸展状态，纤维伸长；加酸时，高分子链收缩。这种伸缩能够反复2000次以上。从力和做功的观点上看，可以和动物肌肉相媲美。

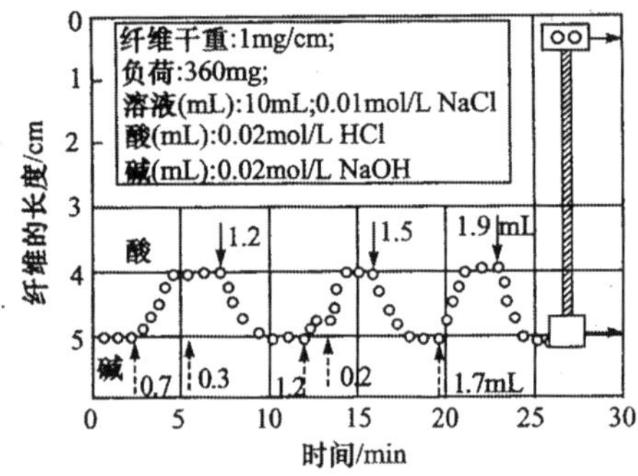

图8-25　用酸碱处理交联聚丙烯酸纤维的力化学循环

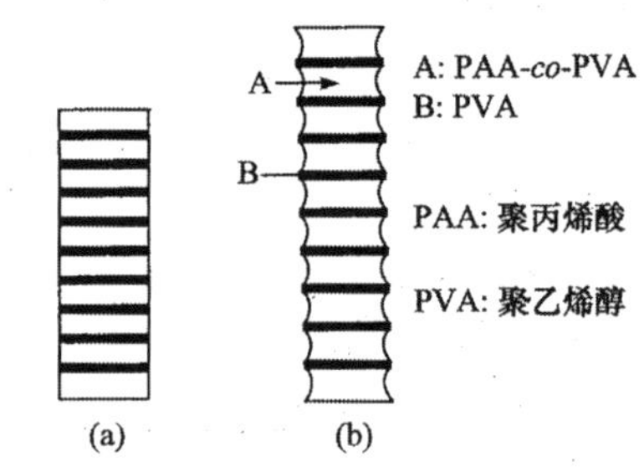

图8-26　由收缩和非收缩层组成的积层型人工肌肉

(a) 在酸性溶液中呈收缩状态；(b) 在碱性溶液中呈伸展状态。不收缩层(黑)；收缩层(白)

在图8-25的例子中，随着纤维的伸缩，其粗细也发生变化。为了消除这个因素，有人建议制成如图8-26所示的积层型人工肌肉。就是把聚丙烯酸-聚乙烯醇(图8-26中的A)和仅有聚乙烯醇(图8-26中的B)各自交联成不溶的聚合物，然后交替排列，制成互相重叠的体系。仅有交联聚乙烯醇的，在水中不溶胀，也不随溶液酸碱性而变化。因此，交联混合膜，在垂直方向收缩和伸长时，宽度变化不大。

将化学能转变成机械能的体系称为力化学体系(mechanochemical system)。反过来也可考虑将机械能转变为化学能的体系，例如，将上述纤维拉长，体系的pH值下降，其变化是可逆的。

2. 利用离子的交换反应

利用中和反应，使体系的pH值变化，实现了化学能向机械能的转变。除此以外，可以利用溶液中的离子与高分子电解质中的反离子进行交换反应，实现力化学体系。例如，将丙烯酸和乙酸乙烯酯共聚物(PAA-PVA)制成纤维，经交联，得到不溶性聚合物。先将其浸在钠盐水溶液中，纤维伸长。然后将Mg^{2+}和Ca^{2+}添加到聚合物水溶液中，纤维就收缩。因为Ca^{2+}和Mg^{2+}与Na^+发生了交换，进入聚合物的Ca^{2+}和Mg^{2+}，使聚丙烯酸分子链间发生交联反应，高分子链收缩。再把乙二胺四乙酸钠盐加到聚合物溶液中，使聚丙烯酸又恢复为钠盐[见反应式(8－41)]，纤维就伸长。

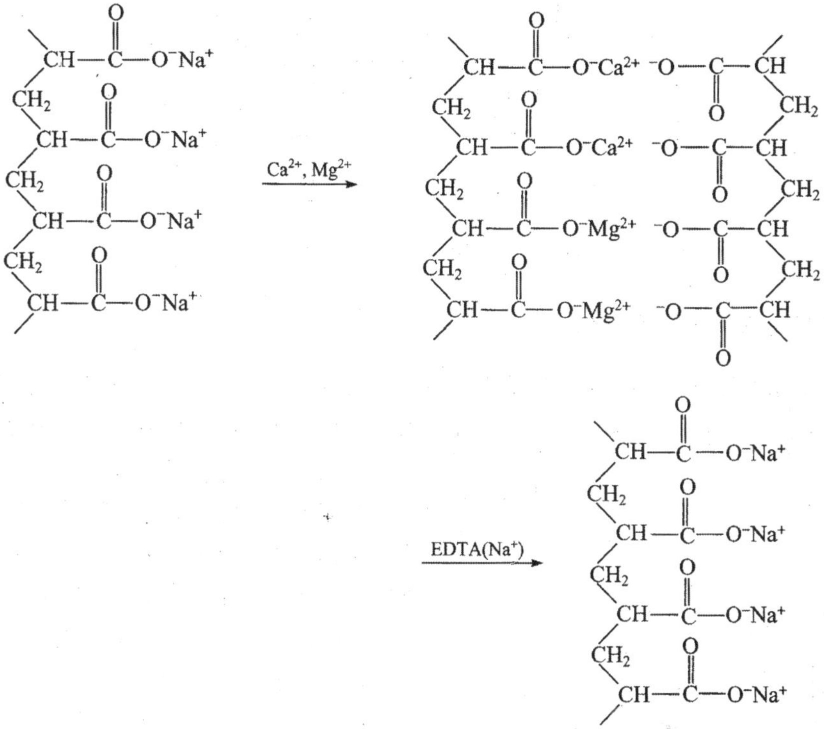

$$\left[-CH_2-\underset{\substack{|\\ C=O\\ |\\ O^-Na^+}}{CH}-\right]_4 \xrightarrow{Ca^{2+},\ Mg^{2+}} \begin{matrix} -CH-COO^-\ Ca^{2+}\ ^-OOC-CH- \\ -CH-COO^-\ Ca^{2+}\ ^-OOC-CH- \\ -CH-COO^-\ Mg^{2+}\ ^-OOC-CH- \\ -CH-COO^-\ Mg^{2+}\ ^-OOC-CH- \end{matrix}$$

$$\xrightarrow{EDTA(Na^+)} \left[-CH_2-\underset{\substack{|\\ C=O\\ |\\ O^-Na^+}}{CH}-\right]_4 \qquad (8-41)$$

3. 氧化还原反应

利用氧化还原反应，将化学能转变成机械能的一个例子是 Cu^+ 和 Cu^{2+} 之间的氧化还原反应。将聚乙烯醇(PVA)制成纤维，并进行适当交联反应。将制成的纤维浸泡在含有 Cu^{2+} 的溶液中，发生如反应式(8－42)所示的反应。即 Cu^{2+} 与 PVA 形成络合物，使 PVA 分子链间发生交联反应，纤维缩短。将氢气通入聚合物体系中，将 Cu^{2+} 还原成 Cu^+，因 Cu^+ 与 PVA 的络合能力差，破坏了分子间交联，纤维伸长。再通氧气进聚合物体系，Cu^+ 又变回 Cu^{2+}，分子间又交联，纤维又收缩，如图 8－27 所示。

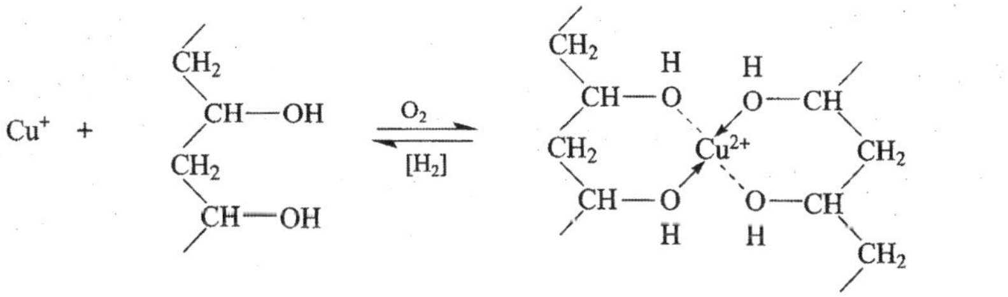

$$Cu^+ + \begin{matrix} -CH_2- \\ -CH-OH \\ -CH_2- \\ -CH-OH \end{matrix} \underset{[H_2]}{\overset{O_2}{\rightleftharpoons}} \begin{matrix} CH_2 & & & & CH_2 \\ CH-O(H) & \cdots & Cu^{2+} & \cdots & (H)O-CH \\ CH_2 & & & & CH_2 \\ CH-O(H) & \cdots & & \cdots & (H)O-CH \end{matrix} \qquad (8-42)$$

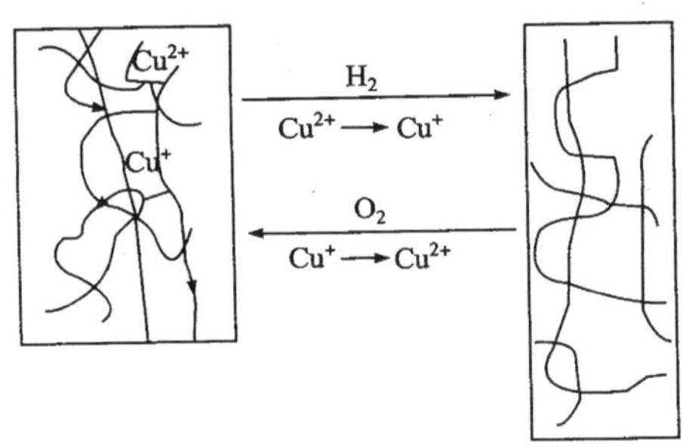

图 8-27　根据铜离子氧化还原制备的 PVA 人工肌模型

4. 利用高分子构象变化

聚丙烯酸和聚乙烯醇的构象是无规线团。而有规构象的高分子，其构象变化有可能导致宏观水平的形态发生显著变化。例如，把羊毛的 α-角蛋白纤维浸泡在高浓度的 LiBr 水溶液中，可以发现，稀释该溶液，纤维迅速收缩；进一步稀释溶液到某一浓度时，纤维反而迅速伸长（见图 8-28）。纤维状蛋白质的 α-角蛋白，主要为 β-结构的结晶。添加 LiBr 破坏了分子间氢键，使 α-角蛋白的熔点下降。继续稀释，α-角蛋白再次结晶，熔点又恢复原状。纤维的收缩和伸长，这个变化既快又可逆。可以利用这个原理设计“引擎”。

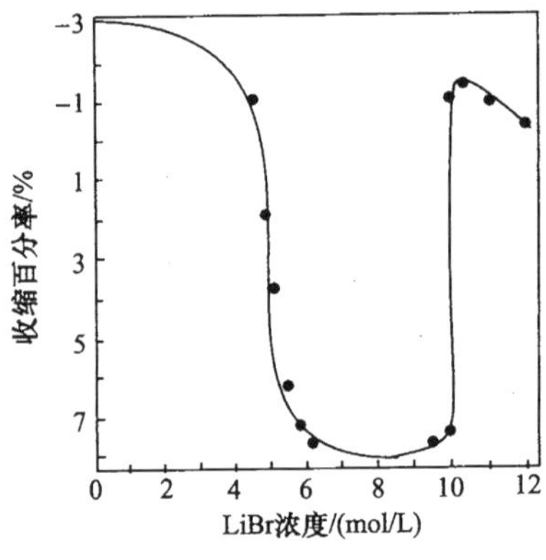

图 8-28　LiBr 浓度与 Lincoln 羊毛纤维长度的关系

图 8-29 是旋转式力化学引擎原理图，是利用交联的胶原纤维随 LiBr 的浓度改变而发生形态变化。交联的胶原纤维挂在直径不同的滑轮 A 和滑轮 B 上，让下边的纤维浸在 LiBr 的浓溶液中，而上边的纤维浸在稀溶液中。在浓溶液中的纤维收缩，稀溶液中的纤维伸长。滑轮 A 和 B 受到相同的拉力，因为滑轮的直径 A>B，由于力矩不同，造成滑轮反时针旋转。这样引擎就转动起来了。由于转动时，浓溶液中的 LiBr 随着纤维的转动不断转移到稀溶液中，溶液的浓度差就会不断减少，转动一直继续到上下两个溶液的浓度达到相等为止。例如，两个滑轮间的距离为 20cm，半径各为 3.44cm、3.05cm，挂的重物重为 44mg，当浓、稀溶液的浓度分别为 11.25mol/L 和 3.0mol/L 时，每分钟转 40 圈，连续转约 1h，旋转速度不变化。

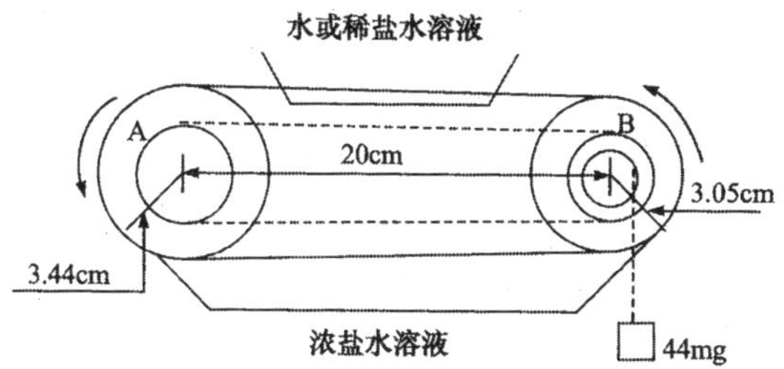

图 8-29　旋转式力化学引擎原理图

参考文献

何天白,胡汉杰. 2001. 功能高分子与新技术. 北京：化学工业出版社. 241～256

黄红敏,贺庆国,蔺洪振等. 2003. 有机半导体光伏打电池——共轭聚合物及其与的复合体系. 物理学和高新技术,32(1):32～35

霍延平,曾和平,江涣峰. 2004. 富勒烯稠含体与共轭聚合物作为有机太阳能电池材料的研究进展. 有机化学, 24(10):1191～1199

井上祥平. 1987. 生物高分子. 宗惠娟,韩哲文,刘志滨译. 北京:科学出版社

柯锦玲. 2004. 液晶高分子及其应用. 塑料, 33(3):86～89

王彦涛,韦玮,刘俊峰等. 2004. 聚合物本体异质结型太阳能电池研究进展. 高分子通报, 6:9～14

晏华. 2000. 超分子液晶. 北京:科学出版社

周其凤,王新久. 1994. 液晶高分子. 北京：科学出版社. 73～95

Acierno D, Amendola E, Bugatti V, etc. 2004. Synthesis and characterization of segmented liquid crystalline polymers with the azo group in the main chain. Macromolecules, 37: 6418～6423

Campo A, Bello A, Pérez E. 2002. Synthesis of new side-chain liquid-crystalline polyoxetanes with two mesogenic groups connected by a flexible spacer in the side chain. Macromol. Chem. Phys., 203: 975～984

Jia Y G, Zhang B Y, He X Z etc. 2005. Synthesis and phase behavior of nematic liquid crystalline elastomers derivatived from smectic crosslinking agent. J Appl. Polm. Sci., 98: 1712～1719

McARDLE C B. 1989. Side chain Liquid crystal polymers. New York: Blackie and Son Ltd.

Takaragi A, Miyamoto T, Minoda M etc. 1998. Thermotropic liquid crystalline poly(vinyl ether)s with pendant cellobiose residues: synthesis and mesophase structure. Macromol. Chem. Phys., 199: 2071～2077

Wan X H, Tu Y F, Zhang D, Zhou Q F. 1998. Chin. J. Polym. Sci., 16: 377

Yu H F, Shishido A, Ikeda T, Iyoda T. 2005. Novel amphiphilic diblock and triblock liquid-crystalline copolymers with well-defined structures prepared by atom transfer radical polymerization. Macromol. Rapid Commun., 26: 1594～1598

Yu X F, Lu S, Ye C, etc. 2006. ATRP synthesis of oligofluorene-based liquid crystalline conjugated block copolymers. Macromolecules. 39: 1364～1375